ALLE ZEIT WACH
1842

Robert Gasch · Klaus Knothe

Strukturdynamik

Band 2: Kontinua und ihre Diskretisierung

Mit 210 Abbildungen

Springer-Verlag Berlin Heidelberg New York
London Paris Tokyo Hong Kong 1989

Prof. Dr.-Ing. Robert Gasch
Prof. Dr.-Ing. Klaus Knothe

Institut für Luft- und Raumfahrt
Technische Universität Berlin
Straße des 17. Juni 135
D-1000 Berlin 12

ISBN 3-540-50771-X Springer-Verlag Berlin Heidelberg New York
ISBN 0-387-50771-X Springer-Verlag New York Berlin Heidelberg

CIP-Kurztitelaufnahme der Deutschen Bibliothek:
Gasch, Robert: Strukturdynamik/Robert Gasch; Klaus Knothe. Berlin; Heidelberg; New York; London; Paris; Tokyo: Springer.
NE: Knothe, Klaus:
Bd. 2. Kontinua. - 1989
ISBN 3-540-50771-X (Berlin . . .) brosch.
ISBN 0-387-50771-X (New York . . .) brosch.

Satz: Macmillan India Ltd., Bangalore 25;
Druck: Mercedes-Druck, Berlin; Bindearbeiten: Lüderitz & Bauer, Berlin.
2068/3020-543210-Gedruckt auf säurefreiem Papier.

Berichtigung

Seite 58, Gl. (3.29a): Der Ausdruck r_j^+ enthält nicht den Term $e^{i\Omega t}$.

Seite 261, Gl. (11.12): Vor dem Ausdruck $\delta \boldsymbol{u}_k^T$ fehlt das Symbol $\sum_k$.

Seite 265: Wir danken dem Kollegen Springer, TU Hannover, für den Hinweis auf diesen Fehler. Zeile 2 ff nach Gl. (11.20) muß lauten:

‚Bei der Angabe der virtuellen Verschiebung $\delta \boldsymbol{x}^{(1)}$ muß man von der quadratischen Entwicklung der Transformationsmatrix, vergleiche Band 1, Gl. (7.92), ausgehen, um alle linearen Effekte zu erfassen:

$$\delta \boldsymbol{x}^{(1)} = \delta \boldsymbol{u}^{(1)} - \langle \boldsymbol{t}^{(1)} \rangle \, \delta \boldsymbol{\beta}^{(1)} + \frac{1}{2} \, \delta [\langle \boldsymbol{\beta}^{(1)} \rangle \langle \boldsymbol{\beta}^{(1)} \rangle] \; \boldsymbol{t}^{(1)} \quad . \tag{11.21a}$$

Die beiden ersten, aus einer linearen Entwicklung entstehenden Terme lauten in ausgeschriebener Form:‘ (Es folgt Gl. (11.21b).)

Seite 266, Zeile 1 ff von Abschnitt 11.2.3:

‚Die virtuelle Arbeit der Massenkräfte δW_m läßt sich damit auswerten:

$$\begin{aligned} -\delta W_m &\equiv \int\int\int \delta \boldsymbol{x}^{(0)T} \; \rho \; \delta \ddot{\boldsymbol{x}}^{(0)} \; dx^{(1)} \; dy^{(1)} \; dz^{(1)} \\ &= \int\int\int \rho \; [\delta \boldsymbol{u}^{(1)T} - \delta \boldsymbol{\beta}^{(1)T} \langle \boldsymbol{t}^{(1)} \rangle^T \\ &\quad + \frac{1}{2} \boldsymbol{t}^{(1)T} \; (\langle \boldsymbol{\beta}^{(1)} \rangle \langle \delta \boldsymbol{\beta}^{(1)} \rangle + \langle \delta \boldsymbol{\beta}^{(1)} \rangle \langle \boldsymbol{\beta}^{(1)} \rangle) \;] \times \\ &\quad \text{(weiter wie bisher)} \end{aligned} \tag{11.24}$$

Die Auswertung der einzelnen Ausdrücke ist zwar etwas mühsam, aber letztlich problemlos. Als Ergebnis erhält man bei Berücksichtigung aller linearen Ausdrücke ...‘

Es folgt Gl.(11.25). Den letzten Ausdruck im Term D in Gl. (11.25) ersetzen durch:

$$+ \int \delta \boldsymbol{\beta}^{(1)T} \begin{bmatrix} \mu_{my} - \mu_{mz} & 0 & 0 \\ 0 & \mu_{my} & 0 \\ 0 & 0 & 0 \end{bmatrix} \boldsymbol{\beta}^{(1)} \; dx^{(1)}$$

Gasch/Knothe, Strukturdynamik
Band 2: Kontinua und ihre Diskretisierung

Inhaltsverzeichnis

Inhalt des Bandes 1: Diskrete Systeme

1 Einleitung

Im **ersten Band** wurden ausschließlich *diskrete Systeme* behandelt, d.h. mechanische Modelle, die aus einem oder mehreren starren Körpern bestehen und demzufolge eine endliche Zahl von Freiheitsgraden besitzen. Das Bewegungsverhalten wird dann durch ein *System von gewöhnlichen Differentialgleichungen* beschrieben.

Im **zweiten Band** wenden wir uns *kontinuierlichen Systemen* zu, d.h. Systemen, bei denen Elastizität und Masse kontinuierlich verteilt sind. Sie haben daher unendlich viele Freiheitsgrade. Mathematisch führt das auf eine Beschreibung durch *partielle Differentialgleichungen*. Ein Beispiel für ein derartiges kontinuierliches System ist der Biegebalken von Bild 1.1, bei dem die Steifigkeit und die Massebelegung auch noch ortsabhängig sind. Als Lösung der partiellen Bewegungsdifferentialgleichung erhält man orts- und zeitabhängige Biegeschwingungen.

Ob ein mechanisches System als starrer Körper oder als Kontinuum idealisiert wird, hängt in erster Linie von der Fragestellung ab. Für lauftechnische Untersuchungen eines Schienenfahrzeuges, bei denen nur Vorgänge unterhalb von 20 Hz interessieren, reicht es aus, einen Eisenbahnradsatz als starren Körper zu idealisieren, wie wir es in Band I, Bild 3.28 getan haben. Fragt man aber nach den akustischen Schwingungen des Radsatzes, d.h., interessiert man sich für den Hörbereich von 20 bis 20000 Hz, so ist es erforderlich, den Radsatz als Kontinuum zu modellieren.

Um die Behandlung schwingungsfähiger mechanischer Systeme als Kontinua geht es im ganzen zweiten Band. Letztlich werden wir aber auf formalem Weg das Kontinuum in vielen Fällen wieder diskretisieren und damit die partielle Differentialgleichung auf ein System von gewöhnlichen Differentialgleichungen zurückführen.

Die *Idealisierung* der Struktur ist ein wesentlicher Schritt zu Beginn jeder strukturdynamischen Analyse. Sie ist aber nur möglich, wenn eine klare Vorstellung von den *Lastfällen* und Anregungen vorliegt, die zu untersuchen sind.

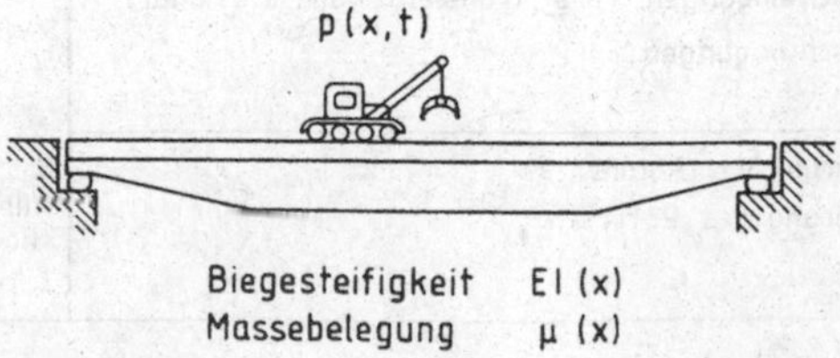

Bild 1.1. Brückenträger mit veränderlicher Massebelegung $\mu(x)$ und Biegesteifigkeit $EI(x)$

Grundaufgabe der Strukturdynamik ist es, für diejenigen dynamischen Belastungen, die man als krititsch ansieht, die Schwingungsantworten vorauszuberechnen.

Bedenklich sind Lastfälle, die zu zu hohen Materialbeanspruchungen führen oder die im Fall von Fahrzeugen den Benutzer zu hohen Beschleunigungen aussetzen. Oft müssen, um die Funktionsfähigkeit zu gewährleisten, auch Verformungsgrenzen eingehalten werden: Bei Turbinen und Elektromotoren müssen die Rotorschwingungen so klein bleiben, daß es zu keinen Überbrückungen des Spiels zwischen Rotor und Gehäuse kommt. Für das Beispiel eines Turbosatzes wurden in Tabelle 1.1 verschiedene Lastfälle zusammengestellt.

Die *strukturdynamische Analyse* läuft meist nach dem Schema von Tabelle 1.2 ab:

1. *Auflistung der Lastfälle.* Wie beim Beispiel des Turbosatzes unterscheidet man gewöhnlich zwischen Lastfällen des Normalbetriebs (stationärer Betrieb und Manöver), Lasten aus Störfällen und Crash- und Katastrophenlasten.
2. *Idealisierung der Struktur.* Um rechnen zu könnnen, muß ein mechanisches Modell erstellt werden, das das dynamische Verhalten für die verschiedenen Lastfälle hinreichend genau wiedergibt. Der Berechnungsingenieur hat hierbei zu entscheiden, ob für die Modellierung starre Körper, Federn und Dämpfer ausreichen oder ob im mechanischen Modell auch Balken, Platten, Scheiben oder Schalen Verwendung finden. Welches Modell gewählt wird und wieviele Freiheitsgrade dabei einzuführen sind, ist letztlich abhängig von der Fragestellung und von den Lastfällen, die wichtig sind.
3. *Generierung der Bewegungsgleichungen.* Behandelt man beispielsweise den Turbosatz von Bild 1.2 nach der Methode der finiten Elemente und verwendet zur Idealisierung biegeelastische Balkenabschnitte und Gleitlagerelemente, so er-

Tabelle 1.1. Beispiele von dynamischen Lastfällen für einen Turbosatz im Normalbetrieb sowie bei Stör- und Katastrophenfällen

	Schwingungsursachen	Folgen	
Normalbetrieb	Hochlauf	Durchfahrt der kritischen Drehzahlen (instationär)	
	stationärer Betrieb	stationäre Unwuchtschwingungen	linear ↓
	Synchronisierungsstoß	transiente Torsionsschwingungen	
	u.a.m.	...	
Störfälle	Generatorkurzschluß	transiente Torsionsschwingungen	
	Schaufelflug	Biegeschwingungen (erst transient, dann stationär)	↑
	Wellenanriß	Biegeschwingungen	
	u.a.m.	...	
Katastrophenfälle	Polkappenexplosion	Zerstörung des Rotors	
	Bruch der Welle	Zerstörung des Rotors	nichtlinear
	u.a.m.	...	

Tabelle 1.2. Ablauf einer strukturdynamischen Analyse.

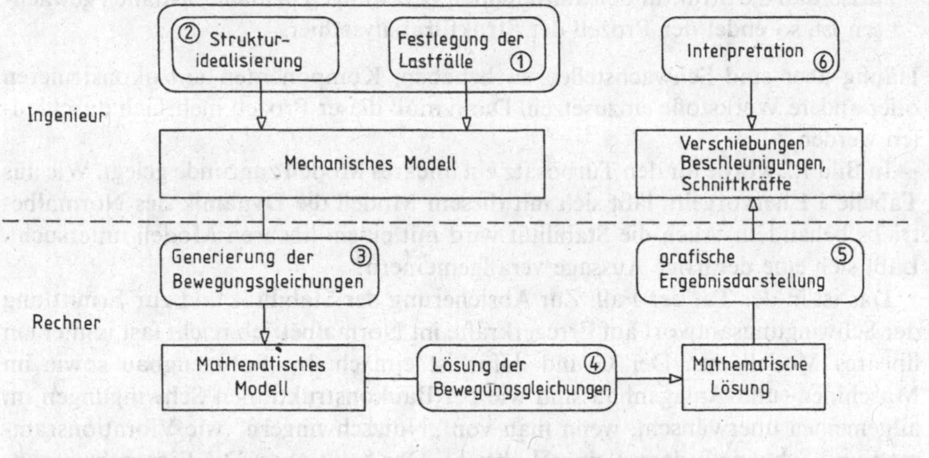

hält man das in Bild 1.2 angedeutete *lineare Differentialgleichungssystem.* Jeder Normallastfall von Tabelle 1.1 liefert dabei eine andere rechte Seite $\tilde{\boldsymbol{p}}$.

4. *Lösung der Bewegungsgleichungen.* Von dem linearen Bewegungsdifferentialgleichungssystem muß zunächst die homogene Lösung $\tilde{\boldsymbol{u}}_h$ ermittelt werden, die Auskunft über die Stabilität des Systems gibt. Ist sie garantiert, dann sind die partikulären Lösungen $\tilde{\boldsymbol{u}}_p$ für die verschiedenen Lastfälle zu ermitteln, durch die die erzwungenen Schwingungen des Systems beschrieben werden. Treten mehrere Lastfälle gleichzeitig auf, so muß superponiert werden.
5. *Grafische Ergebnisdarstellung.* Aufstellen und Lösen der Bewegungsgleichungen ist heute praktisch vollständig dem Rechner übertragen. Um die riesigen Datenmengen, die man als Ergebnis erhält, überschaubar zu halten, setzt man den Rechner auch dazu ein, zeitliche Verläufe von Verschiebungen, Beschleunigungen oder Schnittlasten grafisch darzustellen.

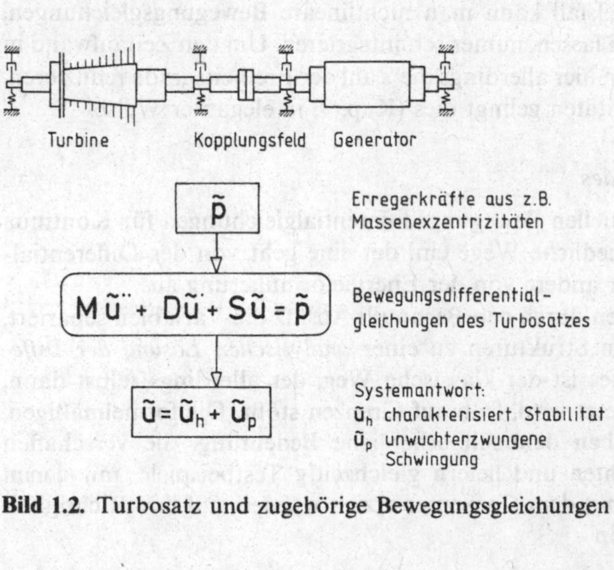

Bild 1.2. Turbosatz und zugehörige Bewegungsgleichungen

6. *Auswertung und Interpretation der Ergebnisse.* Zeigt die Auswertung der Ergebnisse, daß die Struktur den auftretenden Belastungen in allen Lastfällen gewachsen ist, so endet der Prozeß der Strukturanalyse hier.

Häufig aber sind Schwachstellen zu beheben, Komponenten umzukonstruieren oder andere Werkstoffe einzusetzen. Dann muß dieser Prozeß mehrfach durchlaufen werden.

In Bild 1.2 wurde für den Turbosatz ein lineares Modell zugrunde gelegt. Wie aus Tabelle 1.1 hervorgeht, läßt sich mit diesem Modell die Dynamik des Normalbetriebs behandeln. Auch die Stabilität wird mit einem linearen Modell untersucht. Läßt sich eine derartige Aussage verallgemeinern?

Das ist in der Tat der Fall: Zur Absicherung der Stabilität und zur Ermittlung der Schwingungsantwort auf Erregerkräfte im Normalbetrieb reicht fast immer ein lineares Modell aus. Der Grund dafür ist einfach: Im Fahrzeugbau sowie im Maschinen- und Anlagenbau sind wie bei Baukonstruktionen Schwingungen im allgemeinen unerwünscht, wenn man von „Nutzschwingern" wie Vibrationsrammen und Schwingförderern einmal absieht. Das heißt aber: Die Eigenschwingungen müssen klein bleiben (stabiles System), auch die erzwungenen Schwingungen dürfen im Normalbetrieb nicht allzu groß werden, weil sonst die Funktionstüchtigkeit leidet. Man bewegt sich hier also im Bereich kleiner und damit zumeist linearer Schwingungen. Ein Systementwurf, der zu hohen Resonanzausschlägen im Normalbetrieb oder gar zu Instabilitäten führt, wird von vornherein modifiziert werden, ohne daß man erst durch ein nichtlineares Modell genauer klärt, wie groß die Resonanzausschläge im einzelnen werden oder wie groß der Grenzzykel wird, auf dem sich das linear instabile System infolge von Nichtlinearitäten wieder fängt.

Die Schwingungsausschläge bei Störfällen sind u.U. schon so hoch, daß kurzzeitig Nichtlinearitäten ins Spiel kommen. Crash- und Katastrophenlasten führen immer in den nichtlinearen Bereich, weil hierbei große Verformungen auftreten und Fließgrenzen der Werkstoffe überschritten werden.

Wir konzentrieren uns in diesem Band auf den „Normalfall", die Behandlung *linearer Systeme.* Im Zweifelsfall kann man nichtlineare Bewegungsgleichungen, wenn sie sich nicht umgehen lassen, numerisch integrieren. Um den Zeitaufwand in Grenzen zu halten, wird man hier allerdings die Zahl der Freiheitsgrade reduzieren. Im Fall lokaler Nichtlinearitäten gelingt dies (Kap. 9) in eleganter Weise.

Gliederung des zweiten Bandes

Zur Untersuchung der partiellen Bewegungsdifferentialgleichungen für Kontinua schlagen wir zwei unterschiedliche Wege ein: der eine geht von der Differentialgleichungsformulierung, der andere von der Energieformulierung aus.

In den Kap. 2 bis 4 werden durch den Bernoulli-Ansatz die Variablen separiert, wodurch man bei einfachen Strukturen zu einer *analytischen Lösung der Differentialgleichung* gelangt. Dies ist der klassische Weg, der allerdings selbst dann, wenn der Computer eingesetzt wird, früh auf Grenzen stößt. Die formelmäßigen, analytischen Lösungen haben dennoch erhebliche Bedeutung. Sie verschaffen phänomenologische Einsichten und liefern gleichzeitig Testbeispiele, mit denen numerische Lösungen, die mit dem Computer erzielt wurden, auf ihre Richtigkeit überprüft werden können. In

Kapitel 2: Analytische Lösungen einfacher schwingender Kontinua

wird daher der Biegebalken in aller Ausführlichkeit behandelt. Auch die Bewegungsgleichungen von Platten und Scheiben werden hergeleitet.

Kapitel 3: Geschlossene Lösungen für Bewegungsvorgänge von Kontinua— Behandlung als modal entkoppeltes System

zeigt, wie mit Hilfe der modalen Analyse die Lösungen der partiellen Bewegungsgleichungen von Kap. 2 für beliebige Lastfälle in eleganter und physikalisch transparenter Form formuliert werden können. Auch ohne daß es explizit vorgeführt wird, wird hier klar, wie diese Lösungsform auf beliebige ungedämpfte oder proportional gedämpfte Strukturen anwendbar ist. Die Analogie zur modalen Analyse diskreter Systeme (Band I, Kap. 4) fällt hier unmittelbar an. Im anschließenden

Kapitel 4: Das Verfahren der Übertragungsmatrizen

wird dargestellt, wie sich bei unverzweigten Strukturen wie Antriebssträngen oder Durchlaufträgern die Eigenformen und Eigenfrequenzen, aber auch die Systemantworten bei harmonisch erzwungenen Schwingungen sehr effizient ermitteln lassen. Als erstes, speziell auf den Computer zugeschnittenes Berechnungsverfahren besticht das Verfahren der Übertragungsmatrizen durch seine kompakte Formulierung und seine Rechnerökonomie. Mit ihm werden aber auch die Grenzen der Differentialgleichungsverfahren erreicht. Weiter reichen die *Energieverfahren*, die als Näherungsverfahren den Anspruch aufgeben, eine geschlossene Lösung für partielle Differentialgleichungen (etwa in Form einer unendlichen Reihe) zu liefern. Sie sind mit einer Lösung im energetischen Mittel zufrieden. In

Kapitel 5: Energieformulierungen als Grundlage für Näherungsverfahren

wird das Prinzip der virtuellen Verrückungen für Durchlaufträger, Rahmentragwerke und Platten hergeleitet, das die Ausgangsbasis für energetische Näherungsverfahen bildet.

Kapitel 6: Der Rayleigh-Quotient und das Ritzsche Verfahren

legt die beiden „klassischen" Näherungsverfahren dar, die mit globalen, d.h. über die ganze Struktur laufenden Ansatzfunktionen arbeiten (Bild 1.3). Dabei liefert der *Rayleighquotient*, der einen eingliedrigen Ansatz verwendet, nur einen Wert für die erste Eigenfrequenz. Der mehrgliedrige *Ritz-Ansatz* gestattet es auch, höhere Eigenfrequenzen und Eigenformen zu berechnen.

Typisch ist, daß durch die Einführung von Ansatzfunktionen aus der partiellen Differentialgleichung ein System von *gewöhnlichen Differentialgleichungen* entsteht, wie wir es von diskreten Systemen her kennen. Durch die Einführung von Ansatzfunktionen wird die Struktur auf formalem Weg diskretisiert. Das ist auch der Weg, der in

Kapitel 7: Die Methode der finiten Elemente

eingeschlagen wird. Die Methode der finiten Elemente, die sich in der Strukturdynamik weitgehend durchgesetzt hat, kann heute als das Standardverfahren be-

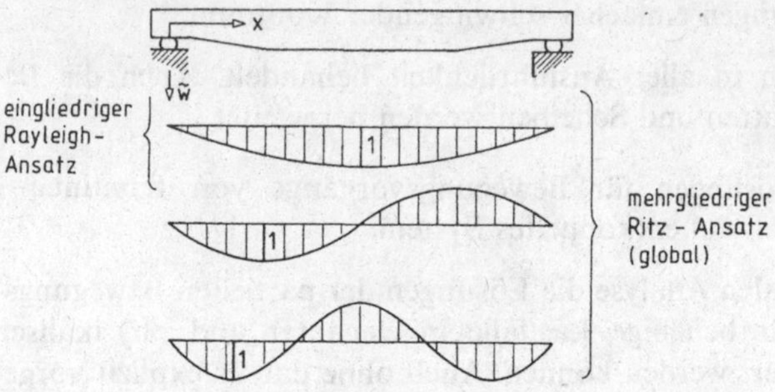

Bild 1.3. Eingliedriger bzw. mehrgliedriger Ansatz beim Rayleigh-Quotienten und beim Ritzschen Verfahren (globale Ansatzfunktionen).

zeichnet werden. Im Gegensatz zum klassischen Ritz-Verfahren, das mit globalen Ansatzfunktionen diskretisiert, verwendet das Finite-Elemente-Verfahren *lokale Ansatzfunktionen.* Man zerlegt die Struktur in Elemente und approximiert den Gesamtverschiebungszustand Element für Element (Bild 1.4).

Das Finite-Element-Verfahren läßt sich auch auf sehr komplizierte Strukturen anwenden. Für Scheiben- und Plattenelemente findet man verhältnismäßig leicht geeignete Ansatzfunktionen. Bei Schalen wird das schon schwieriger. Exemplarisch erfolgt die Übertragung für räumliche Rahmentragwerke.

Die genaue Erfassung der Steifigkeiten eines komplizierten schwingungsfähigen Gebildes wie einer Fahrzeug- oder Flugzeugzelle, die aus Spanten, Stringern und Häuten aufgebaut ist (vgl. Bild 0.3, Band I), führt oft auf Modelle mit vielen tausend Freiheitsgraden. Praktisch interessieren aber meist nur die niedrigen Eigenfrequenzen im Bereich von 0 bis vielleicht 150 Hz, wenn man von Aufgabenstellungen der Akustik einmal absieht. Dann liegt es nahe, vor der Lösung der Bewegungsgleichungen eine *Reduktion der Zahl der Freiheitsgrade* zu versuchen. Ein einfacher, aber höchst wirksamer Weg wird in

Kapitel 8: Ausnutzung von Symmetrieeigenschaften

aufgezeigt. Mit jeder Symmetrieebene läßt sich die Zahl der Freiheitsgrade etwa halbieren. In

Kapitel 9: Reduktion der Zahl der Freiheitsgrade

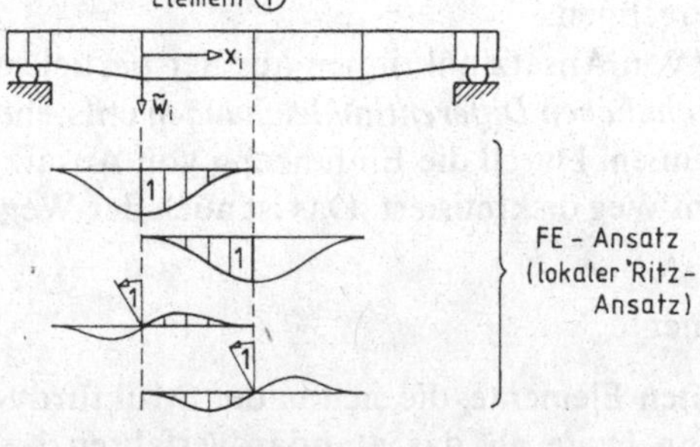

Bild 1.4. Methode der finiten Elemente als Ritz-Verfahren mit lokalen Ansatzfunktionen

wird vorgeführt, wie durch statische oder dynamische Kondensation die Zahl der Freiheitsgrade großer Systeme ohne nennenswerten Genauigkeitsverlust für die unteren Eigenfrequenzen drastisch verringert werden kann.

Wie die Vorgehensweise von Kap. 8 und 9 bei sehr großen Strukturen gleichzeitig oder mehrfach hintereinandergeschaltet eingesetzt werden können, wird in

Kapitel 10: Substrukturtechniken

vorgeführt. Zwei mögliche Vorgehensweisen, die *modale Synthese mit gefesselten Koppelstellen* und die *modale Synthese mit freien Koppelstellen* werden anhand von durchgerechneten Beispielen verglichen.

Die letzten beiden Kapitel beschäftigen sich mit sehr speziellen Problemen der Dynamik. In

Kapitel 11: Bewegungsgleichungen von rotierenden elastischen Strukturen

wird diskutiert, wie die Finite-Element-Gleichungen eines nicht rotierenden Systems zu erweitern sind, wenn dieses System (z. B. ein Propeller) um eine feste Achse rotiert. Ist die Drehachse selbst wieder in eine elastische, nicht rotierende Struktur eingebettet, dann werden die Bewegungsgleichungen im allgemeinen *zeitvariant*. In

Kapitel 12: Stabilität von periodisch zeitvarianten Systemen – Parametererregung

wird zunächst das prinzipielle Lösungsverhalten derartiger Systeme besprochen. Anschließend werden zwei systematische Lösungswege (Floquet, Hill) aufgezeigt. Im Gegensatz zur ursprünglichen, in der Einleitung zu Band I geäußerten Absicht haben wir dieses Kapitel doch aufgenommen, weil das davorliegende Kap. 11 fast zwingend auf die Behandlung der periodisch zeitvarianten Systeme von Differentialgleichungen führt.

Unterstützt haben uns beim Abfassen des zweiten Bandes der Strukturdynamik von unseren Mitarbeitern die Herren Dipl.-Ing. D. Bosin, Dipl.-Ing. A. Groß-Thebing, Dipl.-Ing. K. Hempelmann, Dipl.-Math. G. Kleintges, Dipl.-Ing. B. Ripke, Dipl.-Ing. R. de Silva, Dipl.-Ing. G. Wang und Dipl.-Ing. H. Wessels. Besondere Erwähnung verdient Herr Dr.-Ing. M. Person, der praktisch Mitverfasser von Kap. 12 ist. Zu diesem Kapitel über zeitvariante Systeme verdanken wir auch Herrn Dr.-Ing. Renger viele nützliche Hinweise und Kommentare. Zahlreiche Einzelhinweise zu den Kap. 2 bis 9 kamen von Studenten, die in den letzten Jahren unsere Lehrveranstaltung „Schwingungsberechnung elastischer Kontinua" besucht haben. Bei Kap. 10 hat uns die Diskussion mit dem Kollegen Link aus Kassel noch ganz zum Schluß wertvolle Anregungen gegeben.

Nicht unerwähnt dürfen die Institutionen bleiben, die über viele Jahre die Forschungsarbeiten unserer Arbeitsgruppen

a) Dynamik von Rotor und Fundament,
b) Dynamik schneller Schienenfahrzeuge und
c) Dynamik von Windkraftanlagen

finanziell unterstützten, nämlich die Deutsche Forschungsgemeinschaft (a, c), der Berliner Senator für Wirtschaft (a, c) sowie der Bundesminister für Forschung und

Technologie (b). Ohne die Ergebnisse und Erfahrungen aus diesen Arbeitsgruppen wäre das zweibändige Lehrbuch der Strukturdynamik nicht zustande gekommen.

Unser früherer Mitarbeiter, Herr Dipl.-Ing. H. Steinborn, hat dankenswerter Weise in der Endphase das Gesamtmanuskript noch einmal kritisch durchleuchtet und dabei viele kleine Unstimmigkeiten beseitigt.

Geschrieben haben das Manuskript Frau E. Schemmerling, Frau Chr. Balder und Frau D. El-Dali. Die Zeichnungen haben Frau Chr. Koll und Frau K. Peters angefertigt. Bei Ihnen bedanken wir uns für die Geduld und die Ausdauer, mit der Sie uns halfen, das komplizierte Manuskript fertigzustellen. Dem Verlag danken wir für die gute Zusammenarbeit.

2 Analytische Lösungen einfacher schwingender Kontinua

2.1 Einleitung

Nur in ganz wenigen Fällen ist die Lösung der ort- und zeitabhängigen partiellen Bewegungsdifferentialgleichungen von Kontinua in *analytischer* Form möglich, d.h. in Form einer unendlichen Einfach- oder Doppelreihe, deren Koeffizienten sich in *geschlossener Form* angeben lassen. Mechanische Systeme, für die derartige analytische Lösungen möglich sind, sind in Bild 2.1 a bis c wiedergegeben. Hierbei muß praktisch immer vorausgesetzt werden, daß die Steifigkeits- und Massenverteilung konstant oder zumindest bereichsweise konstant sind. Dies ist schon bei der Turbinenschaufel von Bild 2.1d nicht mehr der Fall, so daß hier Näherungslösungen erforderlich sind. Bei Flächentragwerken sind analytische Lösungen zudem nur bei ganz speziellen Formen und Randbedingungen möglich. Für eine gepfeilte Kragplatte als Modell für einen Flugzeugflügel (Bild 2.1e) gibt es bereits keine analytische Lösung mehr.

Für die Untersuchung realer technischer Systeme ist man zumeist auf numerische Lösungen angewiesen. Analytische Lösungen hingegen dienen anderen Zwecken:

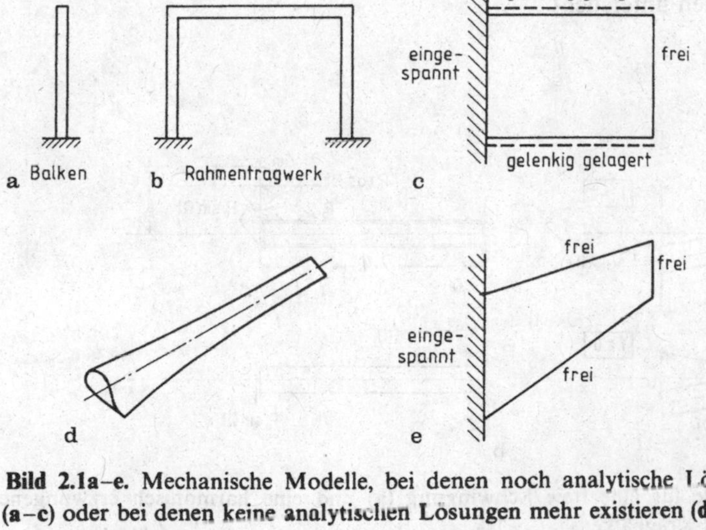

Bild 2.1a–e. Mechanische Modelle, bei denen noch analytische Lösungen möglich sind (a–c) oder bei denen keine analytischen Lösungen mehr existieren (d, e)

— Mit analytischen Lösungen lassen sich grundsätzliche phänomenologische Einsichten in das Systemverhalten gewinnen. Umfangreiche Parameteruntersuchungen sind zumeist erst aufgrund analytischer Lösungen möglich.
— Analytische Lösungen für stark vereinfachte mechanische Modelle dienen der Überprüfung rein numerischer Lösungen für komplexe mechanische Modelle.
— Schließlich werden analytische Lösungen als Testfälle für neuentwickelte numerische Verfahren herangezogen.

In Kap. 2 beschäftigen wir uns mit analytischen Lösungen für freie und harmonisch erzwungene Schwingungen, ohne auf das Hilfsmittel der modalen Entkopplung zurückzugreifen; in Kap. 3 werden wir dann modal entkoppeln, womit sich analytische Lösungen auch bei beliebiger Erregung angeben lassen.

Eines der einfachsten Beispiele für ein Kontinuum ist ein Balken mit Biegesteifigkeit und Massenbelegung. In Abschn. 2.2 wird hierfür die partielle Bewegungsdifferentialgleichung aufgestellt und für freie und harmonisch erzwungene Schwingungen gelöst.

2.2 Aufstellung und Lösung der Bewegungsdifferentialgleichung des schubstarren biegeelastischen Balkens

Als Beispiel für eine *freie Schwingung* betrachten wir den einseitig eingespannten Balken von Bild 2.2a, dessen freies Ende $x = l$ durch ein Seil ausgelenkt wird. Die Biegelinie wird durch die statische Durchsenkung $w_{stat}(x)$ beschrieben. Zum Zeitpunkt $t = 0$ wird das Seil plötzlich durchgeschnitten. Der Balken kann dann freie Schwingungen ausführen.

Bei dem Kragbalken von Bild 2.2b läuft am freien Ende eine exzentrische Masse Δm mit der Kreisfrequenz Ω um. Nach Abklingen von Anfangsstörungen handelt es sich um eine *harmonisch erzwungene Schwingung.* Beide betrachteten Beispiele werden im folgenden untersucht.

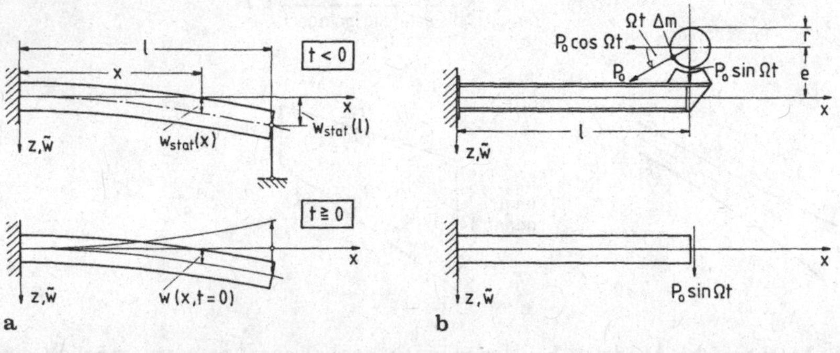

Bild 2.2a, b. Beispiele für eine freie Schwingung (**a**) und eine harmonisch erzwungene Schwingung (**b**) eines Kragbalkens

2.2.1 Differentialgleichung, Randbedingungen, Anfangsbedingungen

Wie schon in Band I behandeln wir ausschließlich *lineare Schwingungen* (kleine Verschiebungen, linear-elastisches Materialverhalten). Wir interessieren uns vorerst nur für *Biegeschwingungen*. Die Gerade $z = 0$ ist die *neutrale Faser*, bezüglich derer Biegung und Dehnung entkoppelt sind. Der Balken ist *schubstarr*, sodaß sich der Verschiebungszustand allein durch die Querverschiebung $w(x, t)$ beschreiben läßt.

Aufstellung der Bewegungsdifferentialgleichung

Zur Aufstellung der Bewegungsdifferentialgleichung benötigt man drei Gruppen von Gleichungen: die Gleichgewichtsbedingungen, ein Elastizitätsgesetz und eine kinematische Beziehung. Diese Gleichungen sind im folgenden zusammengestellt, wobei die Abkürzungen $(\ )' = \partial/\partial x$ und $(\ )^{\cdot} = \partial/\partial t$ verwendet werden:

Gleichgewichtsbedingungen

$$\tilde{M}' - \tilde{Q} = 0, \qquad (2.1a)$$

$$\tilde{Q}' + \tilde{p} - \mu \ddot{\tilde{w}} = 0; \qquad (2.1b)$$

zusammengefaßt

$$\tilde{M}'' + \tilde{p} - \mu \ddot{\tilde{w}} = 0, \qquad (2.2)$$

Elastizitätsgesetz

$$\tilde{M} = B\tilde{\varkappa}, \qquad (2.3)$$

Kinematik

$$\tilde{\varkappa} = -\tilde{w}'' \qquad (2.4)$$

Die *Gleichgewichtsbedingungen* (2.1a, b) werden an einem unverformten Balkenelement (Bild 2.3) aufgestellt.

Das *Elastizitätsgesetz* beim schubstarren, biegeelastischen Balken ist der lineare Zusammenhang zwischen Biegemoment und Krümmung. Proportionalitätskonstante ist die Biegesteifigkeit $B(x)$, die ebenso wie $\mu(x)$ ortsabhängig sein kann. Bei konstantem Elastizitätsmodul gilt mit dem Trägheitsmoment I

$$B(x) = EI(x). \qquad (2.5)$$

Als inhomogene Bewegungsdifferentialgleichung ergibt sich

$$[B(x)\tilde{w}''(x)]'' + \mu(x)\ddot{\tilde{w}}(x) = \tilde{p}(x) \qquad (2.6)$$

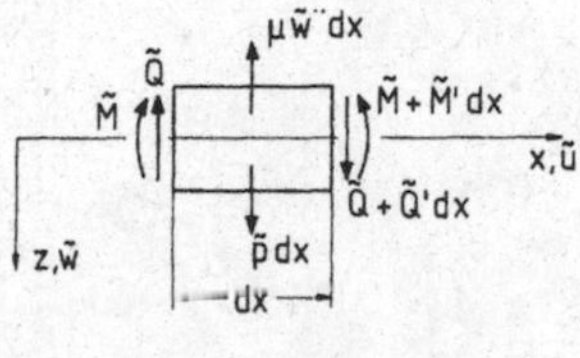

Bild 2.3. Gleichgewicht am Balkenelement.
μ = Massenbelegung, $\tilde{Q}$ = Querkraft, $\tilde{M}$ = Biegemoment,
$\tilde{p}$ = Linienlast

und im Fall konstanter Biegesteifigkeit

$$B\tilde{w}'''' + \mu\ddot{\tilde{w}} = \tilde{p}. \tag{2.7}$$

Randbedingungen

Da bei der Bewegungsdifferentialgleichung (2.6) bzw. (2.7) vierte Ableitungen nach x auftreten, sind vier Randbedingungen, an jedem Balkenende zwei, erforderlich. In Tabelle 2.1 ist zusammengestellt, welche einfachen Randbedingungen auftreten können.

Der Balken von Bild 2.2 ist am linken Ende eingespannt, am rechten Ende verschwinden bei der freien Schwingung Biegemoment und Querkraft:

$$w(0, t) = 0, \quad w'(0, t) = 0, \tag{2.8a, b}$$

$$M(l, t) = 0, \quad Q(l, t) = 0. \tag{2.8c, d}$$

Anfangsbedingungen

Die Bewegungsgleichungen enthalten zweite Zeitableitungen, daher müssen zum Zeitpunkt $t = 0$ Verschiebungen und Geschwindigkeiten für jede Stelle x vorgegeben werden. Bei dem Beispiel von Bild 2.2a gilt

$$w(x, t = 0) = w_{\text{stat}}(x), \tag{2.9a}$$

$$\dot{w}(x, t = 0) = 0. \tag{2.9b}$$

Um angeben zu können, welche Schwingungen das sich selbst überlassene System von Bild 2.2a nach dem Durchtrennen des Seils ausführt, muß die homogene Bewegungsdifferentialgleichung (2.7) für die Randbedingungen Gl. (2.8) und die Anfangsbedingungen Gl. (2.9) gelöst werden.

2.2.2 Lösung der Differentialgleichung und Einbau der Randbedingungen

Zur *Lösung der homogenen, partiellen Bewegungsdifferentialgleichung*

$$B\tilde{w}'''' + \mu\ddot{\tilde{w}} = 0 \tag{2.10}$$

Tabelle 2.1. Einfache Randbedingungen

Symbol	Bezeichnung	Randbedingung
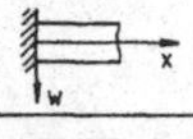	eingespannt	$w(0,t) = w'(0,t) = 0$
	gelenkig gelagert	$w(0,t) = M(0,t) = 0$
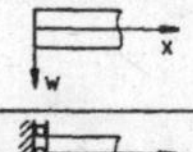	frei	$M(0,t) = Q(0,t) = 0$
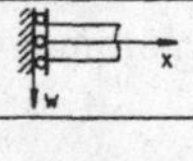	querkraftfrei	$w'(0,t) = Q(0,t) = 0$

wird der Bewegungsverlauf $w(x, t)$ als Produkt aus einer ortsabhängigen Biegelinie $w(x)$ und einer Zeitfunktion $q(t)$ geschrieben (*Produktansatz von Bernoulli*):

$$w(x, t) = w(x)\,q(t). \tag{2.11}$$

Durch diesen Produktansatz läßt sich die Gl. (2.10) in die Form

$$\frac{Bw''''(x)}{\mu w(x)} = -\frac{\ddot{q}(t)}{q(t)} = \text{const}$$

bringen. Die bei dieser Separation der Variablen $q(t)$ und $w(x)$ auftretende, zunächst noch unbekannte Konstante bezeichnen wir als ω^2. Anstelle einer partiellen Differentialgleichung ergeben sich auf diese Weise zwei *gewöhnliche Differentialgleichungen*

$$\ddot{\tilde{q}} + \omega^2 \tilde{q} = 0, \tag{2.12a}$$

$$Bw''''(x) - \omega^2 \mu w(x) = 0. \tag{2.12b}$$

Die Lösung für den Zeitverlauf läßt sich unmittelbar hinschreiben:

$$\tilde{q} = q \sin(\omega t + \beta) \tag{2.13a}$$

bzw.

$$\tilde{q} = q_s \sin \omega t + q_c \cos \omega t, \tag{2.13b}$$

wobei außer der Frequenz ω auch die Amplitude q und die Phasenlage β noch offen sind. Schwieriger ist die Ermittlung der Biegelinie $w(x)$.

Lösung der gewöhnlichen, ortsabhängigen Differentialgleichung

Mit der Abkürzung

$$\lambda^4 = \mu\omega^2/B \tag{2.14}$$

erhält man als gewöhnliche Differentialgleichung und als zugehörige Randbedingungen

$$w''''(x) - \lambda^4 w(x) = 0, \tag{2.15}$$

$$w(0) = 0, \qquad w'(0) = 0, \tag{2.16a, b}$$

$$M(l) = 0, \qquad Q(l) = 0. \tag{2.16c, d}$$

Setzt man die Lösung von Gl. (2.15) in der Form eines Exponentialansatzes an:

$$w(x) = \sum_{k=1}^{4} c_k \mathrm{e}^{\lambda_k x}, \tag{2.17}$$

so ergibt die charakteristische Gleichung

$$\lambda_k^4 = \lambda^4$$

mit den vier Lösungen

$$\lambda_{1,2} = \pm\lambda \quad \text{und} \quad \lambda_{3,4} = \pm \mathrm{i}\lambda.$$

Da sich die Exponentialfunktionen des Ansatzes (2.17) mit diesen Lösungen zu hyperbolischen und trigonometrischen Funktionen kombinieren lassen, kann man die Lösung auch gleich in der Form

$$w(x) = A_1 \cosh(\lambda x) + A_2 \cos(\lambda x) + A_3 \sinh(\lambda x) + A_4 \sin(\lambda x) \tag{2.18}$$

angeben. Für die Einarbeitung der Randbedingungen erweist sich eine Kombination von hyperbolischen und trigonometrischen Funktionen, die als Rayleigh-Funktionen $R_i(x)$ bezeichnet werden, als besonders vorteilhaft:

$$\begin{aligned} w(x) &= a_1(\cosh\lambda x + \cos\lambda x) + a_2(\sinh\lambda x + \sin\lambda x) \\ &\quad + a_3(\cosh\lambda x - \cos\lambda x) + a_4(\sinh\lambda x - \sin\lambda x) \\ &= a_1 R_1(x) + a_2 R_2(x) + a_3 R_3(x) + a_4 R_4(x). \end{aligned} \tag{2.19}$$

Faßt man die unbekannten Koeffizienten a_i in einem Vektor $\boldsymbol{a}^T = \{a_1, a_2, a_3, a_4\}$ zusammen, so läßt sich formulieren:

$$w(x) = \{R_1(x), R_2(x), R_3(x), R_4(x)\} \begin{Bmatrix} a_1 \\ a_1 \\ a_3 \\ a_4 \end{Bmatrix}. \tag{2.20}$$

Eine letzte, besonders elegante und kompakte Darstellung der Lösung erhält man, wenn man einen *Zustandsvektor*

$$\boldsymbol{x}^T = \{w(x), w'(x), M(x), Q(x)\}$$

einführt und den Vektor $\boldsymbol{a}$ durch den Zustandsvektor $\boldsymbol{x}(0)$ an der Stelle $x = 0$ ausdrückt:

$$\begin{Bmatrix} w(x) \\ w'(x) \\ M(x) \\ Q(x) \end{Bmatrix} = \frac{1}{2} \begin{bmatrix} R_1(x) & \frac{R_2(x)}{\lambda} & -\frac{R_3(x)}{\lambda^2 B} & -\frac{R_4(x)}{\lambda^3 B} \\ \lambda R_4(x) & R_1(x) & -\frac{R_2(x)}{\lambda B} & -\frac{R_3(x)}{\lambda^2 B} \\ -\lambda^2 B R_3(x) & -\lambda B R_4(x) & R_1(x) & \frac{R_2(x)}{\lambda} \\ -\lambda^3 B R_2(x) & -\lambda^2 B R_3(x) & \lambda R_4(x) & R_1(x) \end{bmatrix} \begin{Bmatrix} w(0) \\ w'(0) \\ M(0) \\ Q(0) \end{Bmatrix} \tag{2.21}$$

Zustandsvektor an der Stelle x	Übertragungsmatrix $\boldsymbol{T}(x, \lambda)$	Zustandsvektor für $x = 0$

oder abgekürzt:

$$\boldsymbol{x}(x) = \boldsymbol{T}(x, \lambda) \cdot \boldsymbol{x}(0). \tag{2.21a}$$

Die Gln. (2.21) gelten für jeden beliebigen Balken mit konstanter Biegesteifigkeit und Massebelegung. Allerdings sind nicht nur die im Vektor $\boldsymbol{x}(0)$ zusammengefaßten Zustandsgrößen sondern auch ω^2 und damit $\lambda^4 = \mu\omega^2/B$ noch offen.

Einbau der Randbedingungen, Eigenfrequenzen und Eigenfunktionen

Um alle Randbedingungen einbauen zu können, schreibt man in Gl. (2.21) für die Stelle $x = l$, wobei man die Rayleigh-Funktionen wieder durch trigonometrische und hyperbolische Funktionen ersetzt, für die man abgekürzt schreibt

$$C = \cosh \lambda l, \quad S = \sinh \lambda l, \quad c = \cos \lambda l \quad \text{und} \quad s = \sin \lambda l,$$

dann gilt:

$$\begin{Bmatrix} w(l) \\ w'(l) \\ M(l) \\ Q(l) \end{Bmatrix} = \frac{1}{2} \begin{bmatrix} C+c & \dfrac{S+s}{\lambda} & -\dfrac{C-c}{\lambda^2 B} & -\dfrac{S-s}{\lambda^3 B} \\ \lambda(S-s) & C+c & -\dfrac{S+s}{\lambda B} & -\dfrac{C-c}{\lambda^2 B} \\ -\lambda^2 B(C-c) & -\lambda B(S-s) & C+c & \dfrac{S+s}{\lambda} \\ -\lambda^3 B(S+s) & -\lambda^2 B(C-c) & \lambda(S-s) & C+c \end{bmatrix} \begin{Bmatrix} w(0) \\ w'(0) \\ M(0) \\ Q(0) \end{Bmatrix}. \tag{2.22}$$

Die Randbedingungen des einseitig eingespannten Balkens, Gl. (2.16), können jetzt unmittelbar in (2.22) eingeführt werden, wobei die beiden ersten Spalten der Matrix, da sie mit $w(0) = 0$ bzw. $w'(0) = 0$ multipliziert werden müssen, gar nicht mehr explizit angegeben zu werden brauchen:

$$\begin{matrix} \\ \\ M(l)=0\rightarrow \\ Q(l)=0\rightarrow \end{matrix} \begin{Bmatrix} w(l) \\ w'(l) \\ 0 \\ 0 \end{Bmatrix} = \frac{1}{2} \begin{bmatrix} * & * & -\dfrac{C-c}{\lambda^2 B} & -\dfrac{S-s}{\lambda^3 B} \\ \text{Angabe} & & -\dfrac{S+s}{\lambda B} & -\dfrac{C-c}{\lambda^2 B} \\ \text{nicht erfor-} & \text{derlich} & C+c & \dfrac{S+s}{\lambda} \\ * & * & \lambda(S-s) & C+c \end{bmatrix} \begin{Bmatrix} 0 \\ 0 \\ M(0) \\ Q(0) \end{Bmatrix} \begin{matrix} \leftarrow w(0)=0 \\ \leftarrow w'(0)=0 \\ \\ \\ \end{matrix}$$

Aus den Zeilen 3 und 4 ergibt sich das algebraische, homogene Gleichungssystem

$$\frac{1}{2} \begin{bmatrix} \cosh \lambda l + \cos \lambda l & \dfrac{\sinh \lambda l + \sin \lambda l}{\lambda} \\ \lambda(\sinh \lambda l - \sin \lambda l) & \cosh \lambda l + \cos \lambda l \end{bmatrix} \begin{Bmatrix} M(0) \\ Q(0) \end{Bmatrix} = \begin{Bmatrix} 0 \\ 0 \end{Bmatrix}, \tag{2.23}$$

das nur dann eine nichttriviale Lösung besitzt, wenn die Determinante der Koeffizientenmatrix verschwindet, d.h. für

$$1 + \cos \lambda l \cosh \lambda l = 0. \tag{2.24}$$

Einen Überblick über die Nullstellen $\lambda_i l$ von Gl. (2.24) und damit über die Eigenfrequenzen ω_i verschafft man sich durch eine grafische Auswertung von Gl. (2.24) in der Form $\cos \lambda l = -1/\cosh \lambda l$ (s. Bild 2.4).

Wir wissen nun, mit welchen Eigenfrequenzen ω_i das sich selbst überlassene System schwingen kann, kennen aber noch nicht die zugehörigen Eigenschwingungsformen (Eigenfunktionen). Zu ihrer Bestimmung setzen wir den Eigenwert $\lambda_i l$ in Gl. (2.23) ein. Da für die Eigenwerte die Determinante des Gleichungssystems gerade verschwindet, besitzt die Matrix den Rangabfall $d = 1$, so daß einer der Koeffizienten, beispielsweise $M(0)$ frei wählbar ist. Wählt man

$$M(0) = -\lambda_i^2 B/(\cosh \lambda_i l + \cos \lambda_i l),$$

so wird

$$Q(0) = \lambda_i^3 B/(\sinh \lambda_i l + \sin \lambda_i l).$$

Damit ist der gesamte Zustandvektor $\boldsymbol{x}(0)$ an der Stelle $x = 0$ bekannt. Die i-te Eigenschwingungsform ergibt sich damit aus der ersten Zeile von Gl. (2.21) bis auf einen konstanten Faktor zu

$$w_i(x) = \frac{\cosh \lambda_i x - \cos \lambda_i x}{\cosh \lambda_i l + \cos \lambda_i l} - \frac{\sinh \lambda_i x - \sin \lambda_i x}{\sinh \lambda_i l + \sin \lambda_i l}. \tag{2.25}$$

Eigenwerte, Eigenfrequenzen und Eigenformen für die drei untersten Eigenschwingungen sind in Tabelle 2.2 angegeben.

Eigenfrequenzen bei anderen Lagerungen

Für anders gelagerte Balken sind die Eigenfrequenzen in Tabelle 2.3 zusammengestellt. Da an jedem Balkenende vier verschiedene Lagerungsfälle auftreten können, ergeben sich zehn verschiedene Kombinationen, von denen aber nur sechs (von Starrkörperverschiebungsmöglichkeiten abgesehen) auf unterschiedliche Eigenwertgleichungen führen. Die Eigenfrequenzen erhält man aus den in Tabelle 2.3 angegebenen Eigenwerten λ über die Beziehung

$$\omega_k = (\lambda_k l)^2 \sqrt{\frac{B}{\mu l^4}}.$$

Die Eigenschwingungsformen ergeben sich durch Auswerten von Gl. (2.25), vergleiche auch [2.5].

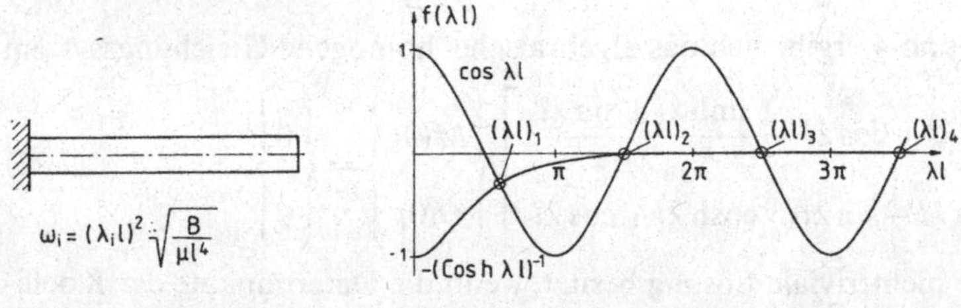

Bild 2.4. Grafische Bestimmung der Nullstellen von Gl. (2.24) und damit der Eigenfrequenzen eines Kragbalkens

Tabelle 2.2. Eigenfrequenzen und Eigenformen eines Kragbalkens

Eigen-schwingung	Eigenwert $\lambda_i l$	Eigenfrequenz ω_i	Eigenform
1	1,875	$3{,}516\sqrt{\frac{B}{\mu l^4}}$	
2	4,694	$22{,}035\sqrt{\frac{B}{\mu l^4}}$	
3	7,855	$61{,}699\sqrt{\frac{B}{\mu l^4}}$	

Tabelle 2.3. Eigenwertgleichungen und Eigenwerte unterschiedlich gelagerter biegeelastischer Balken (in Anlehnung an Marguerre [2.1])

System	Eigenwertgleichung	Starrkörper-eigenformen	niedrigste, nicht verschwindende Eigenwerte λl und asymptotischer Grenzwert		
	$\cos\lambda l = 0$		$\frac{1}{2}\pi$	$\frac{3}{2}\pi$	$(n-\frac{1}{2})\pi$
	$1+\cos\lambda l\cosh\lambda l = 0$		1,87510	4,69409	$(n-\frac{1}{2})\pi$
	$\frac{1}{\lambda l}(\tan\lambda l+\tanh\lambda l) = 0$		2,36502	5,49780	$(n-\frac{1}{4})\pi$
	$(\lambda l)^3(\tan\lambda l+\tanh\lambda l) = 0$	eine			
	$\frac{1}{\lambda l}\sin\lambda l = 0$		π	2π	$n\pi$
	$(\lambda l)^3\sin\lambda l = 0$	eine			
	$\frac{1}{(\lambda l)^3}(\tanh\lambda l-\tan\lambda l) = 0$		3,92660	7,06858	$(n+\frac{1}{4})\pi$
	$(\lambda l)(\tanh\lambda l-\tan\lambda l) = 0$	eine			
	$\frac{1}{(\lambda l)^4}(1-\cosh\lambda l\cos\lambda l) = 0$		4,73004	7,85320	$(n+\frac{1}{2})\pi$
	$(\lambda l)^4(1-\cosh\lambda l\cos\lambda l) = 0$	zwei			

Vollständige Lösung ohne Anpassung an die Anfangsbedingungen

Der Produktansatz (2.11) ist im Fall der freien Schwingung zu kurz gegriffen, da unendlich viele Eigenschwingungsformen an der Bewegung beteiligt sind. Man muß also schreiben

$$\tilde{w} = \sum_{i=1}^{\infty} w_i(x)q_i(t) \tag{2.26}$$

mit dem zeitlich veränderlichen Amplitudenverlauf

$$\tilde{q}_i = q_i \sin(\omega_i t + \beta_i) \tag{2.27a}$$

oder

$$\tilde{q}_i = q_{si} \sin \omega_i t + q_{ci} \cos \omega_i t. \tag{2.27b}$$

In unserem Fall lautet dann die Gesamtlösung

$$\tilde{w} = \underbrace{\sum_{i=1}^{\infty} \left[\frac{\cosh \lambda_i x - \cos \lambda_i x}{\cosh \lambda_i l + \cos \lambda_i l} - \frac{\sinh \lambda_i x - \sin \lambda_i x}{\sinh \lambda_i l + \sin \lambda_i l} \right]}_{\text{Eigenform } w_i(x)} \underbrace{(q_{si} \sin \omega_i t + q_{ci} \cos \omega_i t)}_{\text{Zeitverlauf } q_i(t)}. \tag{2.28}$$

2.2.3 Anpassung der Lösung an die Anfangsbedingungen

Die unbekannten Koeffizienten q_{si} und q_{ci} müssen so gewählt werden, daß die Anfangsbedingungen

$$w(x, t = 0) = w_{stat}(x) \tag{2.9a}$$

und

$$\dot{w}(x, t = 0) = 0 \tag{2.9b}$$

erfüllt werden. Mit der Lösung (2.27) erhält man die beiden Gleichungen

$$\sum_{i=1}^{\infty} w_i(x) q_{ci} = w_{stat}(x) \tag{2.29a}$$

und

$$\sum_{i=1}^{\infty} w_i(x) q_{si} = 0. \tag{2.29b}$$

Man erkennt zwar noch unmittelbar, daß Gl. (2.29b) dadurch erfüllt wird, daß man $q_{si} = 0$ setzt, schwieriger ist aber die Erfüllung von Gl. (2.29a). Man kann sich beispielsweise dadurch behelfen, daß man nur drei Eigenformen $w_1(x)$, $w_2(x)$, $w_3(x)$ berücksichtigt und fordert, daß Gl. (2.29a) gerade an drei Stellen erfüllt wird (Bild 2.5).

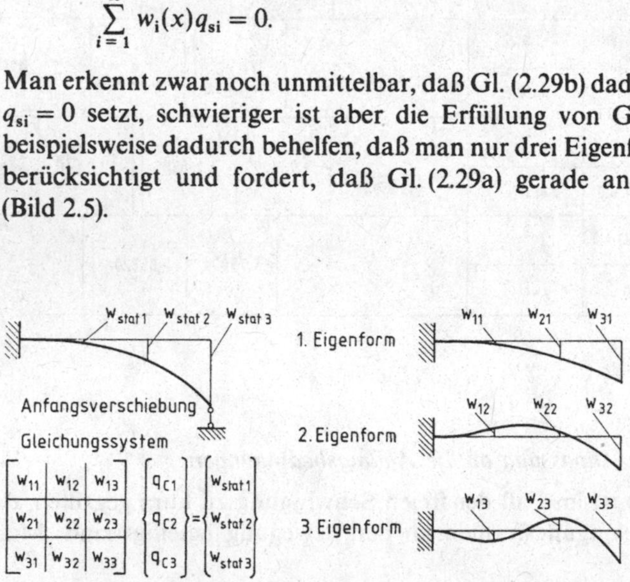

Bild 2.5. Anpassung der dreigliedrigen Lösung an die Anfangsbedingungen durch Kollokation

Die Lösung des in Bild 2.5 schematisch wiedergegebenen Gleichungssystems liefert die gesuchten Koeffizienten q_{c1} bis q_{c3}, so daß damit die Gesamtlösung feststeht. Die drei Einzelanteile der freien Schwingung sind zwar harmonische Schwingungen, die superponierte Lösung ist aber keine periodische Schwingung mehr, da die Eigenfrequenzen nicht mehr in einem ganzzahligen Verhältnis zueinander stehen.

Der Verlauf der Stabendverschiebung (Bild 2.6a) erscheint noch nahezu harmonisch, da hier der Einfluß der ersten Eigenform dominiert. Im Verlauf des Einspannmomentes $M(0, t)$ (Bild 2.6b) kommen die höheren Eigenformen zur Geltung, wodurch der nicht-periodische Verlauf offenkundig wird.

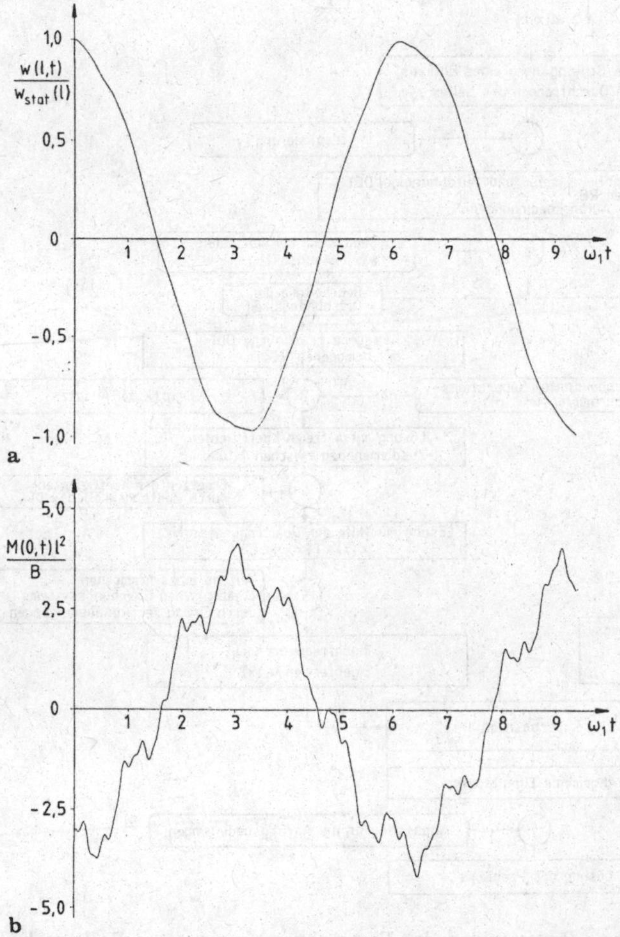

Bild 2.6a, b. Zeitverlauf der Stabendverschiebung $w(l, t)$ (**a**) und des Einspannmomentes $M(0, t)$ (**b**) eines Kragbalkens

2.2.4 Zusammenfassung

In Bild 2.7 ist der Ablauf der Rechnung zur Ermittlung der freien Schwingungen eines Kragbalkens bei Vorgabe einer Anfangsauslenkung in sieben Einzelschritten zusammenfassend wiedergegeben. Die meiste Arbeit machte bei dieser Rechnung die Ableitung der Übertragungsmatrix $\boldsymbol{T}(x, \omega)$. Wir werden in Abschn. 2.4 Über-

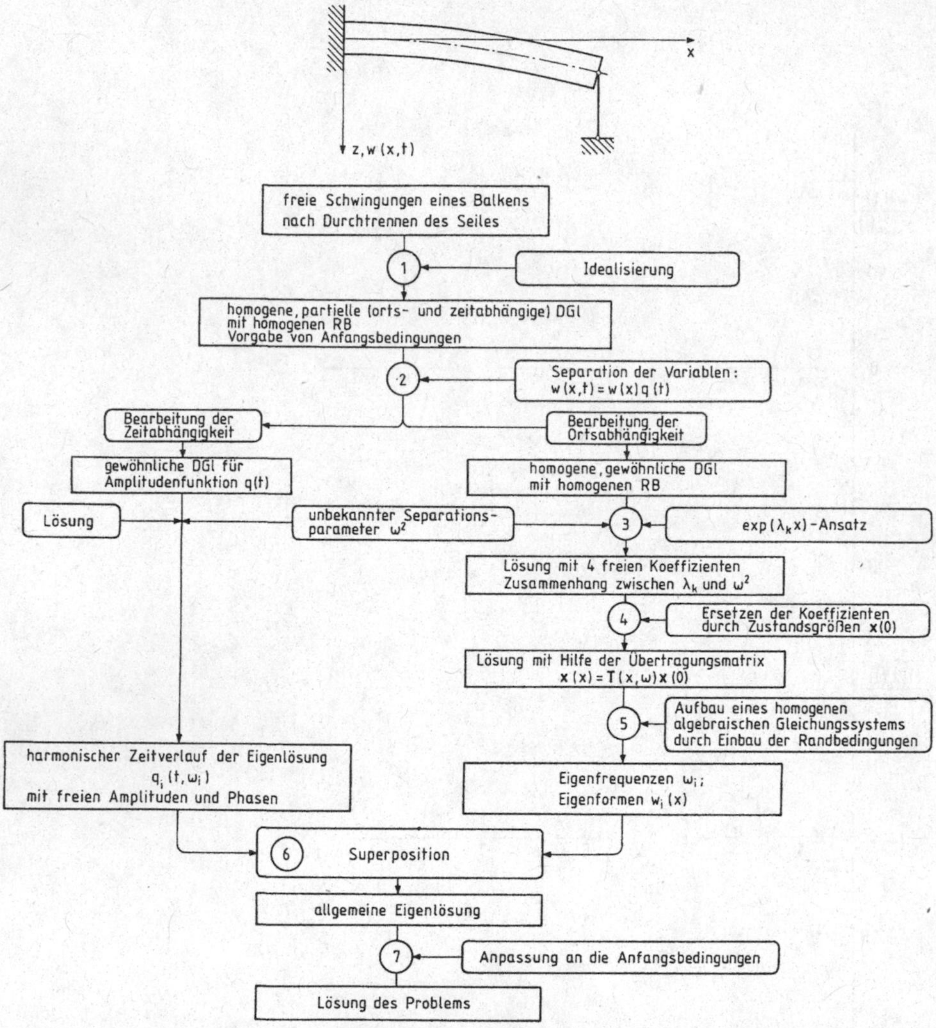

Bild 2.7. Ablauf der Lösung zur Bestimmung der Eigenschwingungen eines Balkens bei Vorgabe von Anfangsbedingungen

tragungsmatrizen auch für andere Typen von Kontinua angeben. Der Zusammenhang zwischen λ_k und ω^2, der bei uns durch die einfache Beziehung

$$\lambda_{1,2} = \pm \sqrt[4]{\mu\omega^2/B}, \qquad \lambda_{3,4} = \pm \mathrm{i} \sqrt[4]{\mu\omega^2/B}$$

erfaßt wird, wird dabei zum Teil erheblich komplizierter. Unbefriedigend bleibt, daß die Koeffizienten q_{ci} von Gl. (2.29a) durch Kollokation ermittelt werden müssen, wodurch es sich streng genommen nicht mehr um eine analytische Lösung handelt. Dieses Problem läßt sich bei der modalen Darstellung der Lösung, auf die wir in Kap. 3 eingehen wollen, vermeiden.

2.3 Lösung der Bewegungsdifferentialgleichung bei harmonischer Erregung – eingeschwungener Zustand

Harmonische Schwingungen untersuchen wir am Beispiel des Kragbalkens von Bild 2.8, an dessen freiem Ende ein Motor mit einer exzentrischen Masse Δm sitzt, die mit der Kreisfrequenz Ω umläuft. Zu dieser Unwucht gehört die Zentrifugalkraft $P = \Delta m \Omega^2 r$, die sich in eine Horizontalkraft und in eine Vertikalkraft zerlegen läßt.

Zur Vereinfachung vernachlässigen wir die Motormasse M und die Masse Δm der umlaufenden Unwucht gegenüber der Balkenmasse und setzen die Exzentrizität e der Motorachse zu 0. Biegeschwingungen des Balkens werden dann nur durch die Vertikalkraft $P \sin \Omega t$ angeregt, so daß im weiteren das mechanische Modell in der unteren Hälfte von Bild 2.8 betrachtet wird.

Hierfür lauten die Randbedingungen

$$w(0, t) = 0 \quad \text{und} \quad w'(0, t) = 0, \tag{2.30a, b}$$

$$M(l, t) = 0 \quad \text{und} \quad Q(l, t) = P \sin \Omega t. \tag{2.30c, d}$$

Die Angabe von *Anfangsbedingungen* für einen festen Zeitpunkt $t = 0$ ist nur dann erforderlich, wenn man sich für den Einschwingvorgang interessiert. Wir interessieren uns zunächst für die Lösung im eingeschwungenen Zustand, bei dem eine (wenn auch noch so geringe) Dämpfung dafür gesorgt hat, daß die Anfangs-

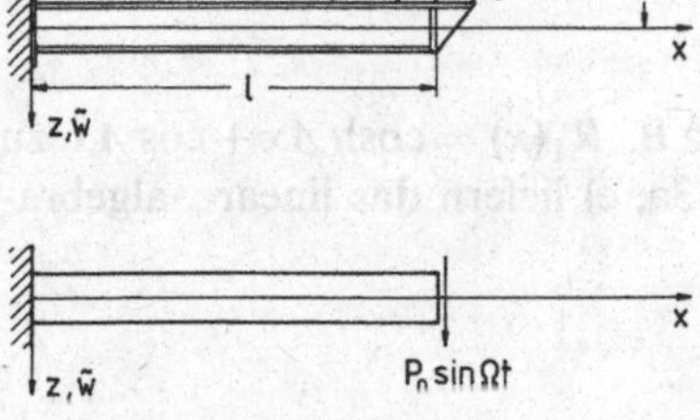

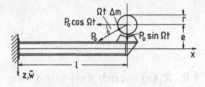

Bild 2.8. Kragbalken unter Unwuchterregung

störungen abgeklungen sind. Das Problem wird dann durch die Differentialgleichung

$$B\tilde{w}'''' + \mu\ddot{\tilde{w}} = 0 \tag{2.10}$$

und durch die Randbedingungen (2.30a–d) beschrieben.

Separation der Variablen

Die Separation der Variablen ist hier besonders einfach, da das System bei harmonischer Erregung auch harmonisch antworten wird:

$$w(x, t) = w(x) \sin \Omega t\,. \tag{2.31}$$

Anders als bei der freien Schwingung ist die Frequenz Ω jetzt von vornherein bekannt. Mit der Abkürzung

$$\Lambda^4 = \mu\Omega^2/B$$

lautet die gewöhnliche Differentialgleichung für die Biegelinie $w(x)$

$$w''''(x) - \Lambda^4 w(x) = 0. \tag{2.32}$$

Führt man den Ansatz (2.31) auch noch in die Randbedingungen ein, so erhält man aus Gl. (2.30d)

$$Q(l, t) = -Bw'''(x) \sin \Omega t = P \sin \Omega t\,.$$

Als Randbedingungen für die gewöhnliche Differentialgleichung (2.32) ergibt sich damit

$$w(0) = 0 \quad \text{und} \quad w'(0) = 0\,, \tag{2.33a, b}$$

$$M(l) = 0 \quad \text{und} \quad Q(l) = P = \Delta\Omega m^2 r. \tag{2.33c, d}$$

Lösung der gewöhnlichen, ortsabhängigen Differentialgleichung

Mit der Ableitung der Lösung von Gl. (2.32) brauchen wir uns keine Mühe zu machen. Wir können die Lösung z. B. in Form von Gl. (2.21) übernehmen, müssen nur λ durch

$$\Lambda = \sqrt[4]{\frac{\mu\Omega^2}{B}} \tag{2.34}$$

ersetzen, so daß für die Rayleigh-Funktionen z.B. $R_1(x) = \cosh \Lambda x + \cos \Lambda x$ zu schreiben ist. Die beiden Randbedingungen (2.33a, c) liefern das lineare, algebraische Gleichungssystem

$$\frac{1}{2}\begin{bmatrix} \mathrm{C}+\mathrm{c} & (\mathrm{S}+\mathrm{s})/\Lambda \\ \Lambda(\mathrm{S}-\mathrm{s}) & \mathrm{C}+\mathrm{c} \end{bmatrix} \begin{Bmatrix} M(0) \\ Q(0) \end{Bmatrix} = \begin{Bmatrix} 0 \\ P \end{Bmatrix}$$

mit den Lösungen

$$M(0) = -\frac{S+s}{\Lambda(1+Cc)}P, \tag{2.35a}$$

$$Q(0) = \frac{C+c}{1+Cc}P. \tag{2.35b}$$

Angabe der Gesamtlösung

Setzt man die so ermittelten Schnittkräfte $M(0)$ und $Q(0)$ in Gl. (2.21) ein und berücksichtigt wieder, daß $w(0) = 0$ und $w'(0) = 0$, so liegt die Gesamtlösung $w(x)$ fest.

Um die endgültige, orts- und zeitabhängige Lösung zu erhalten, muß noch mit $q_s(t) = \sin \Omega t$ multipliziert werden. Ausgeschrieben erhält man dann als Verschiebungszustand $w(x, t)$ und als Biegemomentenzustand $M(x, t)$:

$$\tilde{w} = \frac{P}{2B\Lambda^3}\left[\frac{(\sin \Lambda l + \sinh \Lambda l)}{(1+\cos \Lambda l \cosh \Lambda l)}(\cosh \Lambda x - \cos \Lambda x) - \frac{(\cos \Lambda l + \cosh \Lambda l)}{(1+\cos \Lambda l \cosh \Lambda l)}(\sinh \Lambda x - \sin \Lambda x)\right]\sin \Omega t, \tag{2.36a}$$

$$\tilde{M} = -\frac{P}{2\Lambda}\left[\frac{(\sin \Lambda l + \sinh \Lambda l)}{(1+\cos \Lambda l \cosh \Lambda l)}(\cosh \Lambda x + \cos \Lambda x) - \frac{(\cos \Lambda l + \cosh \Lambda l)}{(1+\cos \Lambda l \cosh \Lambda l)}(\sinh \Lambda x + \sin \Lambda x)\right]\sin \Omega t. \tag{2.36b}$$

Interpretation der Lösung, kritische Frequenzen, Resonanzfall

Bei der Diskussion der Lösung (2.36) stellt man fest, daß unendlich große Amplituden auftreten können, wenn der im Nenner stehende Ausdruck zu Null wird, d.h. für

$$1 + \cos \Lambda l \ \cosh \Lambda l = 0. \tag{2.37}$$

Die $\Lambda_i l$-Werte, die man als Lösung von Gl. (2.37) erhält, sowie die zugehörigen kritischen Erregerfrequenzen sind natürlich die gleichen, die wir von der freien Schwingung (vgl. Tabelle 2.2) her schon kennen; siehe Tabelle 2.4.

Tabelle 2.4. Kritische Erregerfrequenzen eines Kragbalkens

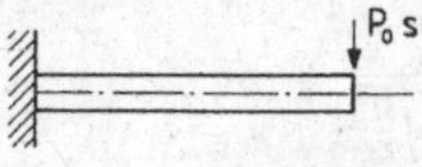	Kritische Erregerfrequenzen
$\Lambda_1 l = 1{,}875$	$\Omega_{krit,1} = 3{,}516\sqrt{\frac{B}{\mu l^4}} \equiv \omega_1$
$\Lambda_2 l = 4{,}694$	$\Omega_{krit,2} = 22{,}035\sqrt{\frac{B}{\mu l^4}} \equiv \omega_2$
$\Lambda_3 l = 7{,}855$	$\Omega_{krit,3} = 61{,}697\sqrt{\frac{B}{\mu l^4}} \equiv \omega_3$

Kritisch sind die auf die Eigenfrequenzen fallenden Erregerfrequenzen deswegen, weil das System bei diesen Frequenzen in Resonanz schwingt. Im *Resonanzfall* treten sehr große Schwingungsamplituden auf, bei linearen, ungedämpften Systemen rein rechnerisch sogar unendlich große Schwingungsamplituden. Zwar werden diese Schwingungsamplituden durch eine stets vorhandene geringe Strukturdämpfung oder durch Nichtlinearitäten in der Struktur begrenzt, trotzdem treten im allgemeinen so große Schwingungsausschläge auf, daß zumindest ein Dauerbetrieb in Resonanznähe nicht möglich ist.

Vergrößerungsfunktion

Wie sich die Schwingungsamplituden in Abhängigkeit von der Erregerfrequenz verändern, läßt sich in entsprechender Weise wie bei Diskontinua durch Vergrößerungsfunktionen darstellen. Die Maximalamplitude der dynamisch veränderlichen Stabendverschiebung wird hierzu auf eine statische Verschiebung bezogen. Als Bezugsverschiebung wählen wir die Stabendverschiebung des Kragbalkens unter Eigengewicht,

$$w_{\text{stat}}(l) = \frac{\mu g l^4}{8B}.$$

Als Vergrößerungsfunktion für die Stabendverschiebung ergibt sich dann

$$V(\Lambda l) \equiv \frac{w_{\text{dyn, max}}(l)}{w_{\text{stat}}(l)} = \underbrace{\left(\frac{\Delta m}{\mu l}\right)\frac{B}{\mu l^4}\frac{r}{g}}_{\text{Vorfaktor } \bar{V}} 8\Lambda l \,\frac{(\sin \Lambda l \cosh \Lambda l - \cos \Lambda l \sinh \Lambda l)}{(1 + \cos \Lambda l \cosh \Lambda l)} \tag{2.38a}$$

Die Vergrößerungsfunktion hängt außer vom Vorfaktor $\bar{V}$ nur noch von Λl ab. Sie läßt sich damit in Abhängigkeit von Λl oder in Abhängigkeit von der Erregerfrequenz Ω grafisch darstellen (Bild 2.9).

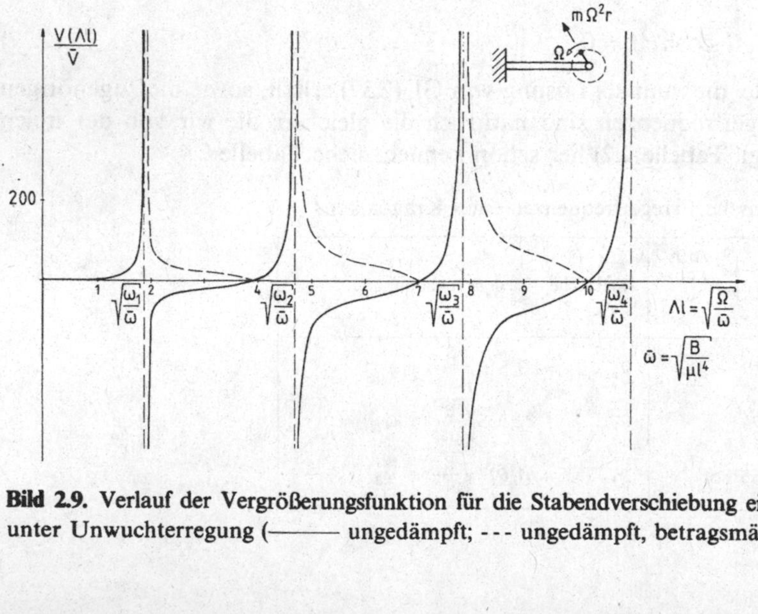

Bild 2.9. Verlauf der Vergrößerungsfunktion für die Stabendverschiebung eines Kragbalkens unter Unwuchterregung (——— ungedämpft; - - - ungedämpft, betragsmäßig)

Vielfach beschränkt man sich bei der Darstellung der Vergrößerungsfunktion auf die Angabe der Beträge. Die entsprechenden Kurven sind gestrichelt eingetragen.

Die Vergrößerungsfunktion ist durch die folgenden Eigenschaften charakterisiert:

— Für verschwindende Erregerfrequenz ($\Omega = 0$) ergibt sich $V(0) = 0$. Für $\Omega = 0$ gibt es keine erregende Zentrifugalkraft und dementsprechend auch keine Verschiebung.
— Für die kritischen Frequenzen $\Omega_{\mathrm{krit},i}$ ergeben sich unendlich große Werte für die Vergrößerungsfunktion, $V(\Lambda_i l) \to \infty$. Da die im Nenner der Lösung stehende Funktion $(1 - \cosh \Lambda l \cos \Lambda l)$ bei den kritischen Frequenzen eine Nullstelle besitzt und damit gerade ihr Vorzeichen ändert, muß es an diesen Stellen auch zu einem Vorzeichenwechsel bei der Vergrößerungsfunktion kommen.
— Von der ersten Unendlichkeitsstelle an liegt zwischen zwei Unendlichkeitsstellen der Vergrößerungsfunktion jeweils eine Nullstelle. Diese Nullstelle erhält man, indem man den Zähler von Gl. (2.37) zu Null setzt. Dies führt auf die Beziehung $\tan \Lambda l = \tanh \Lambda l$.
— Je höher man mit der Erregerfrequenz kommt, um so ausgeprägter sind, zumindest im hier betrachteten ungedämpften Fall, die Unendlichkeitsstellen.

Der Vollständigkeit halber soll auch noch die Vergrößerungsfunktion angegeben werden, wenn es sich nicht um eine Unwuchterregung, sondern um eine Erregung

$$\tilde{P} = P_0 \sin \Omega t$$

mit *konstanter, erregerfrequenzunabhängiger Kraftamplitude P* handelt (Bild 2.10). In diesem Fall kann man die dynamische Maximalamplitude auf die statische Stabendverschiebung unter der Kraft P_0

$$w_{\mathrm{stat}}(l) = \frac{P_0 l^3}{3B}$$

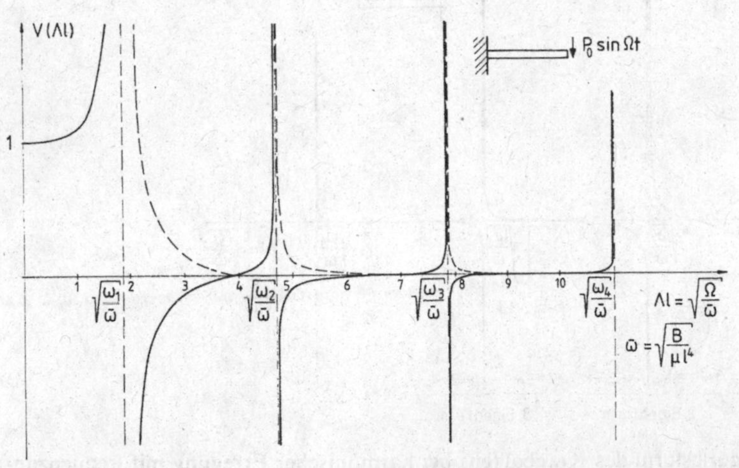

Bild 2.10. Verlauf der Vergrößerungsfunktion für die Stabendverschiebung eines Kragbalkens bei Erregung mit konstanter Kraftamplitude

beziehen und erhält damit als Vergrößerungsfunktion

$$V(\Lambda l) \equiv \frac{w_{\text{dyn, max}}(l)}{w_{\text{stat}}(l)} = \frac{3}{(\Lambda l)^3} \frac{(\sin \Lambda l \cosh \Lambda l - \cos \Lambda l \sinh \Lambda l)}{(1 + \cos \Lambda l \cosh \Lambda l)}. \tag{2.38b}$$

Natürlich gibt es auch jetzt noch Unendlichkeitsstellen. Je höher man aber mit der Erregerfrequenz ansteigt, um so ausgedehnter wird der Frequenzbereich in der Nähe einer Nullstelle, in dem praktisch keine Vergrößerung der Schwingungsamplitude mehr zu beobachten ist. Erst in unmittelbarer Nähe der höheren Resonanzstellen steigt die Vergrößerungsfunktion sehr steil gegen ∞ an. Bei Berücksichtigung von Dämpfung gibt es dann nur noch ganz schwache Resonanzüberhöhungen.

Schwingungsformen im Resonanzfall, Tilgerpunkte

Bild 2.11 zeigt, welche Schwingungsformen sich bei den verschiedenen Erregerfrequenzen einstellen. Für $\Omega = 0$ ist die Schwingungsform proportional zur statischen Biegelinie $w_{\text{stat}}(x)$. An der 1. Resonanzstelle werden die Ausschläge im ungedämpften Fall unendlich groß. Kurz unterhalb von Ω_1 ist die Schwingungsform praktisch die 1. Eigenform, die sich kaum von der statischen Biegelinie unterscheidet. In der Resonanzstelle ändert die Vergrößerungsfunktion ihr Vorzeichen (Phasensprung). Kurz hinter der Resonanzstelle ist die Schwingungsform wieder proportional zur 1. Eigenform, jetzt allerdings so, daß sich bei positiver Last eine negative Verschiebung ergibt. Der Balken schwingt in Gegenphase zur Erregerkraft. Ähnlich sieht es kurz vor und kurz hinter der 2. Resonanzstelle aus. Zwischen der 1. und der 2. Resonanzstelle gibt es eine Erregerfrequenz, bei der am Stabende ($x = l$) keine Verschiebungen auftreten. Die Schwingungsform an dieser Stelle ist ebenfalls im Bild 2.11 angegeben. Man erkennt deutlich, daß es sich um eine Übergangsform zwischen der 1. und der 2. Eigenform handelt. Das gleiche

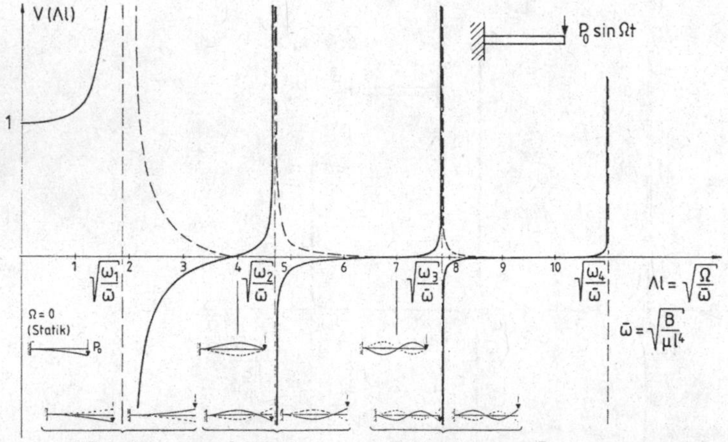

Bild 2.11. Schwingungsform des Kragbalkens bei harmonischer Erregung mit frequenzunabhängiger Erregerkraftamplitude in Abhängigkeit von der Erregerfrequenz

„Spiel" des Übergangs von einer Eigenform in die nächste zwischen zwei Resonanzstellen wiederholt sich zwischen den höheren Resonanzstellen. Es kommt damit zwischen zwei Resonanzstellen stets zur Ausbildung eines Tilgerpunktes.

2.4 Der biegeelastische Balken mit Zusatzeffekten

Analytische Lösungen, mit denen sich das Schwingungsverhalten biegeelastischer Balken beschreiben läßt, sind auch dann noch möglich, wenn Zusatzeffekte wie elastische Bettung, Druck- oder Zugvorspannung oder Schubelastizität und Drehträgheit auftreten. In den Abschn. 2.4.1 bis 2.4.3 geben wir für diese drei Fälle die Ausgangsgleichungen, die Bewegungsdifferentialgleichungen und die daraus abgeleiteten Übertragungsmatrizen an. Übertragungsmatrizen für den Fall, daß auch noch bestimmte Kombinationen von Zusatzeffekten auftreten, findet man beispielsweise in [2.2, 2.3]. In Abschn. 2.4.4 untersuchen wir den Einfluß derartiger Zusatzeffekte auf die Eigenfrequenzen.

2.4.1 Elastisch gebetteter Biegebalken

Von einer elastischen Bettung spricht man, wenn der Biegebalken durch kontinuierlich verteilte, elastische Federn unterstützt wird (Bild 2.12). Diese Art von elastischer Bettung wurde wohl erstmals von Winkler [2.4] verwendet, um das statische Verhalten von Eisenbahnschienen, die über Schwellen im Schotter gelagert sind, zu untersuchen. Das Modell läßt sich auch auf dynamische Untersuchungen übertragen [2.5]. Anwendung findet es beispielsweise, um den Einfluß eines Gummituches auf das Schwingungsverhalten von zwei gegeneinander gepreßten Druckwalzen zu erfassen ([2.6], siehe Aufgabe 2.5).

Bei der Gleichgewichtsbedingung muß außer der Trägheitskraft noch die Rückstellkraft $k\tilde{w}$ berücksichtigt werden, wodurch die Bewegungsdifferentialgleichung für freie Schwingungen die folgende Form annimmt:

$$(B\tilde{w}'')'' + k\tilde{w} + \mu\ddot{\tilde{w}} = 0 . \qquad (2.39)$$

Für die Untersuchung von Eigenschwingungen läßt sich diese partielle Differentialgleichung durch den Ansatz (2.11) in Verbindung mit (2.13a) wieder in eine gewöhnliche Differentialgleichung

$$(Bw'')'' - \mu(\omega^2 - k/\mu)w = 0 \qquad (2.39a)$$

überführen. Mit der Abkürzung

$$\lambda^{*4} = (\mu\omega^2 - k)/B \qquad (2.40)$$

Bild 2.12. Modell eines Balkens mit elastischer Bettung

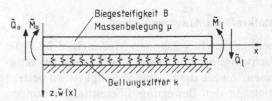

ergibt sich die schon bekannte Differentialgleichung

$$w''''(x) - \lambda^{*4} w(x) = 0 . \tag{2.41}$$

Übertragungsmatrix

Die Übertragungsmatrix kann vom Balken ohne Bettung übernommen werden, wenn man λ durch λ^* ersetzt, vgl. Gl. (2.43). Für einfache Randbedingungen sind die λ^*-Werte in Tabelle 2.3 angegeben. Die eigentlich interessierenden Eigenfrequenzen ω erhält man anschließend aus

$$\omega^2 = \frac{\lambda^{*4} B}{\mu} + \frac{k}{\mu}. \tag{2.42}$$

Erwartungsgemäß kommt es stets zu einer Erhöhung der Eigenfrequenzen. Die Eigenformen bleiben erhalten [2.19].

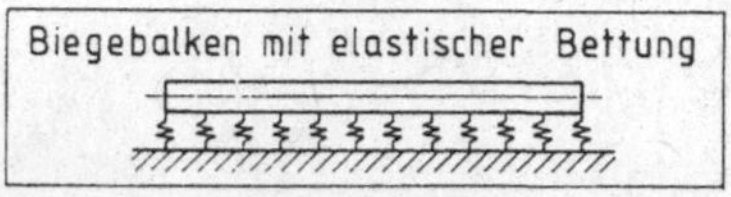

Zustandsvektor: $\boldsymbol{x}^{\mathrm{T}} = \{w, w', M/B, Q/B\}$

Übertragungsmatrix:

$$\begin{Bmatrix} w(x) \\ w'(x) \\ \dfrac{M}{B}(x) \\ \dfrac{Q}{B}(x) \end{Bmatrix} = \frac{1}{2} \begin{bmatrix} \mathrm{C}+\mathrm{c} & \dfrac{1}{\lambda^*}(\mathrm{S}+\mathrm{s}) & \dfrac{1}{\lambda^{*2}}(\mathrm{C}-\mathrm{c}) & \dfrac{1}{\lambda^{*3}}(\mathrm{S}-\mathrm{s}) \\ \lambda^*(\mathrm{S}-\mathrm{s}) & \mathrm{C}+\mathrm{c} & \dfrac{1}{\lambda^*}(\mathrm{S}+\mathrm{s}) & \dfrac{1}{\lambda^{*2}}(\mathrm{C}-\mathrm{c}) \\ \lambda^{*2}(\mathrm{C}-\mathrm{c}) & \lambda^*(\mathrm{S}-\mathrm{s}) & \mathrm{C}+\mathrm{c} & \dfrac{1}{\lambda^*}(\mathrm{S}+\mathrm{s}) \\ \lambda^{*3}(\mathrm{S}+\mathrm{s}) & \lambda^{*2}(\mathrm{C}-\mathrm{c}) & \lambda^*(\mathrm{S}-\mathrm{s}) & \mathrm{C}+\mathrm{c} \end{bmatrix} \begin{Bmatrix} w_0 \\ w_0' \\ \dfrac{M_0}{B} \\ \dfrac{Q_0}{B} \end{Bmatrix}, \tag{2.43}$$

$$\lambda^* = \sqrt[4]{\frac{(\mu\omega^2 - k)}{B}}, \quad \omega^2 = \frac{\lambda^{*4} B}{\mu} + \frac{k}{\mu}, \qquad (2.40), (2.42)$$

$$\mathrm{C} = \cosh \lambda^* x, \ \mathrm{S} = \sinh \lambda^* x, \ \mathrm{c} = \cos \lambda^* x, \ \mathrm{s} = \sin \lambda^* x.$$

2.4.2 Biegebalken mit axialer Normalkraft im Ausgangszustand

Will man bei dem auf einem Rahmenfundament gelagerten Motor (Bild 2.13) die untere Eigenfrequenz für die Querschwingung von Motor und Querriegel möglichst tief legen und verringert zu diesem Zweck die Stielbiegesteifigkeit, so besteht die Gefahr des Ausknickens der Stiele. In den Bewegungsdifferentialgleichungen

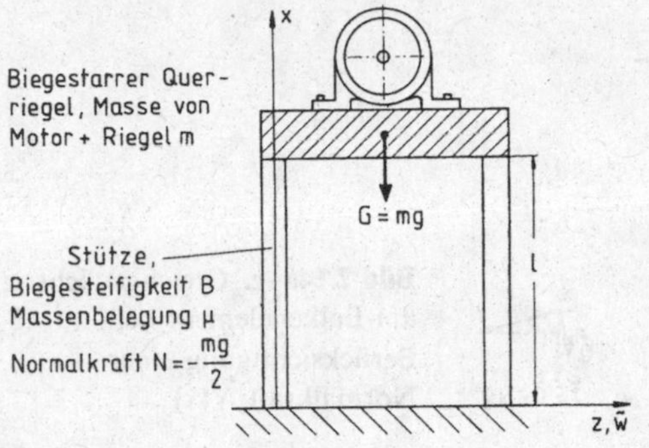

Bild 2.13. Rahmenfundament mit Motormasse

der Stiele muß dann neben der Biegesteifigkeit B und der Massenbelegung μ auch noch die Druckkraft aus dem Eigengewicht von Motor und Riegel berücksichtigt werden.

Während eine konstante axiale Druckkraft im Balken zu einer Erniedrigung der Eigenfrequenzen führt, wird die Eigenfrequenz durch eine axiale Zugkraft erhöht. Ein Beispiel hierfür sind rotierende Turbinenschaufeln, bei denen die Fliehkräfte zu einer positiven, allerdings nicht mehr konstanten, sondern über die Schaufellänge veränderlichen Normalkraft führen.

Bewegungsdifferentialgleichung und Randbedingungen

Das Elastizitätsgesetz, Gl. (2.3), und die Kinematik, Gl. (2.4), bleiben unverändert und können gleich zusammengefaßt werden:

Gleichgewicht

$$\tilde{M}' - \tilde{Q} = 0, \qquad (2.1a)$$

$$(\tilde{Q} + \underline{\underline{N\tilde{w}'}})' - \mu\ddot{\tilde{w}} = 0, \qquad (2.44)$$

Elastizitätsgesetz und Kinematik

$$\tilde{M} = -B\tilde{w}''. \qquad (2.45)$$

Die einzige Abweichung gegenüber dem normalkraftfreien, biegeelastischen Balken ergibt sich beim Gleichgewicht in z-Richtung (unterstrichener Term in Gl. (2.44)). Diese Gleichgewichtsbedingung wird am verformten System gebildet (Theorie 2. Ordnung), vergleiche Bild 2.14.

Nach Elimination von $\tilde{Q}$ und $\tilde{M}$ ergibt sich die Bewegungsdifferentialgleichung

$$[B(x)\tilde{w}'']'' - [N(x)\tilde{w}']' + \mu\ddot{\tilde{w}} = 0. \qquad (2.46)$$

Bei der Formulierung der Rand- und Übergangsbedingungen und damit auch bei der Ableitung der Übertragungsmatrix muß anstelle der Querkraft $\tilde{Q}$ die $\tilde{Z}$-Komponente der inneren Schnittkräfte verwendet werden (Bild 2.14c):

$$\tilde{Z}(l) = \tilde{Q}(l) + N(l)\tilde{w}'(l) = \tilde{M}'(l) + N(l)\tilde{w}'(l). \qquad (2.47)$$

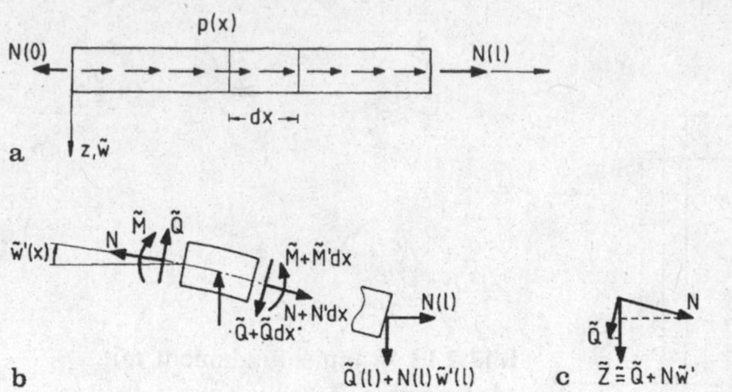

Bild 2.14a–c. Gleichgewicht am Balkenelement bei Berücksichtigung einer Normalkraft $N(x)$

Bei der im folgenden angegebenen Übertragungsmatrix wurde bei der Ableitung nicht nur die Biegesteifigkeit, sondern auch die Normalkraft als konstant angesetzt.

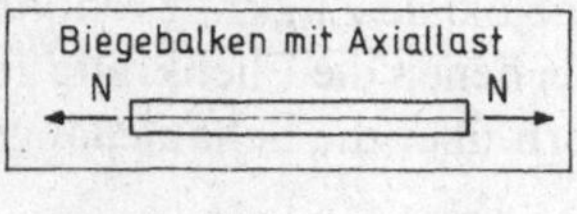

Zustandsvektor: $\boldsymbol{x}^{\mathrm{T}} = \{w, w', M/B, Z/B\}$,

mit $Z = Q + Nw'$.

Übertragungsmatrix:

$$\begin{Bmatrix} w(x) \\ w'(x) \\ \dfrac{M(x)}{B} \\ \dfrac{Z(x)}{B} \end{Bmatrix} = \frac{1}{\lambda^2+\lambda^{*2}} \begin{bmatrix} \lambda^{*2}\mathrm{C}+\lambda^2\mathrm{c}^* & \lambda\mathrm{S}+\lambda^*\mathrm{s}^* & -\mathrm{C}+\mathrm{c}^* & -\dfrac{1}{\lambda}\mathrm{S}+\dfrac{1}{\lambda^*}\mathrm{s}^* \\ \lambda\lambda^*(\lambda^*\mathrm{S}-\lambda\mathrm{s}^*) & \lambda^2\mathrm{C}+\lambda^{*2}\mathrm{c}^* & -\lambda\mathrm{S}-\lambda^*\mathrm{s}^* & -\mathrm{C}+\mathrm{c}^* \\ -\lambda^2\lambda^{*2}(\mathrm{C}-\mathrm{c}^*) & -\lambda^3\mathrm{S}+\lambda^{*3}\mathrm{s}^* & \lambda^2\mathrm{C}+\lambda^{*2}\mathrm{c}^* & \lambda\mathrm{S}+\lambda^*\mathrm{s}^* \\ -\lambda\lambda^*(\lambda^{*3}\mathrm{S}+\lambda^3\mathrm{s}^*) & -\lambda^2\lambda^{*2}(\mathrm{C}-\mathrm{c}^*) & \lambda\lambda^*(\lambda^*\mathrm{S}-\lambda\mathrm{s}^*) & \lambda^{*2}\mathrm{C}+\lambda^2\mathrm{c}^* \end{bmatrix} \begin{Bmatrix} w_0 \\ w'_0 \\ \dfrac{M_0}{B} \\ \dfrac{Z_0}{B} \end{Bmatrix} \tag{2.48}$$

Abkürzungen:

$$\cosh\lambda x = \mathrm{C},\quad \sinh\lambda x = \mathrm{S},\quad \cos\lambda^* x = \mathrm{c}^*,\quad \sin\lambda^* x = \mathrm{s}^*,$$

$$\lambda = \sqrt{\sqrt{\left(\frac{N}{2B}\right)^2 + \frac{\mu\omega^2}{B}} + \frac{N}{2B}}, \tag{2.49a}$$

$$\lambda^* = \sqrt{\sqrt{\left(\frac{N}{2B}\right)^2 + \frac{\mu\omega^2}{B}} - \frac{N}{2B}}. \tag{2.49b}$$

2.4.3 Der Biegebalken mit Schubelastizität und Drehträgheit (Timoshenko-Balken)

Die Biegeschwingungen von Balken bei Berücksichtigung von Schubdeformationen und Drehträgheiten wurden erstmals von Timoshenko [2.7, 2.8] untersucht, weshalb man üblicherweise vom Timoshenko-Balken spricht. Weitergehende Theorien, die z. B. auch noch Querkontraktionseffekte berücksichtigen [2.9], sind nur von geringer praktischer Bedeutung.

Schubelastizitätseffekte sind besonders ausgeprägt bei Sandwich-Balken, die aus zwei Deckblechen mit relativ hoher Dehnsteifigkeit (z.B. aus glasfaserverstärktem Kunststoff) bestehen, während der Kern ein wesentlich weicheres Material ist. Neben der Biegedeformation, die schon beim schubstarren Biegebalken auftritt, ist jetzt auch noch eine Schubdeformation möglich (Bild 2.15).

Aufgrund dieser zusätzlichen Deformationsmöglichkeit ist zur Beschreibung des Verschiebungszustands des Balkens neben der Querverschiebung $\tilde{w}(x)$ auch noch die Querschnittsneigung $\tilde{\beta}(x)$ erforderlich (Bild 2.16).

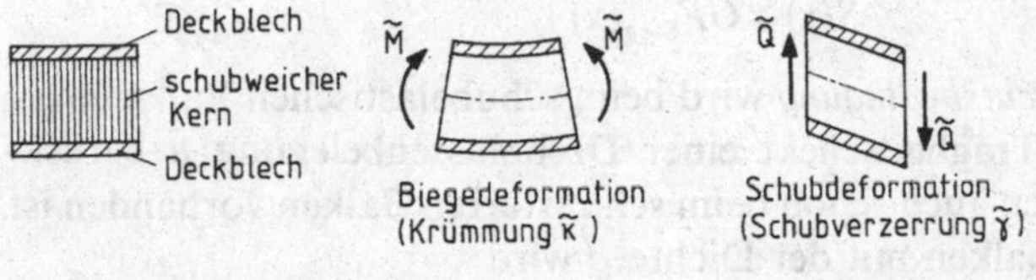

Bild 2.15. Deformationsmöglichkeiten eines Balkenabschnitts mit Schub- und Biegeelastizität

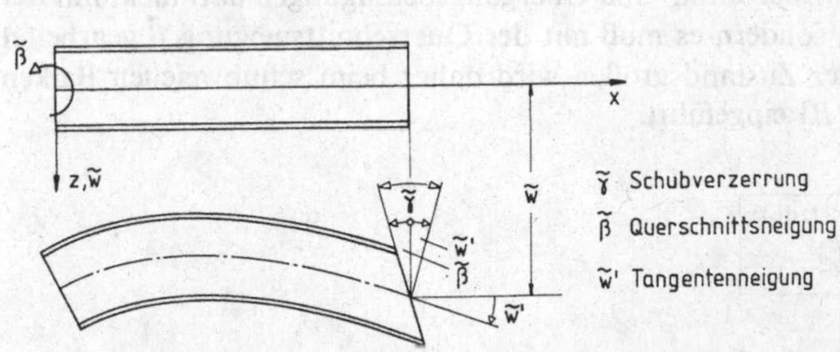

Bild 2.16. Kinematische Beziehungen beim schubelastischen Biegebalken

Der Übersichtlichkeit halber stellen wir nachfolgend die Grundgleichungen des schubstarren und des schubelastischen Biegebalkens gegenüber:

Schubstarrer Fall		Schubelastischer Fall	
Gleichgewicht			
$\tilde{M}'-\tilde{Q}=0,$	(2.2a)	$\tilde{M}'-\tilde{Q}-\hat{\mu}\ddot{\tilde{\beta}}=0,$	(2.50a)
$\tilde{Q}'-\mu\ddot{\tilde{w}}=0,$	(2.2b)	$\tilde{Q}'-\mu\ddot{\tilde{w}}=0;$	(2.50b)
Elastizitätsgesetz			
$\tilde{M}=B(x)\tilde{\varkappa},$	(2.3)	$\tilde{M}=B(x)\tilde{\varkappa},$	(2.51a)
		$\tilde{Q}=S(x)\tilde{\gamma};$	(2.51b)
Kinematik			
$\tilde{\varkappa}=-\tilde{w}'',$	(2.4)	$\tilde{\varkappa}=\tilde{\beta}',$	(2.52a)
		$\tilde{\gamma}=\tilde{\beta}+\tilde{w}'.$	(2.52b)

Der wesentliche Unterschied zwischen dem schubstarren und dem schubelastischen Biegebalken besteht in der *Kinematik*. Die Krümmung ermittelt man beim schubelastischen Balken aus der Schrägstellung zweier infinitesimal benachbarter Querschnitte, Gl. (2.52a); die Beziehung für die Schubverzerrung liest man aus Bild 2.16 ab. Ein zusätzliches *Elastizitätsgesetz* ist jetzt für die Schubdeformation erforderlich, Gl. (2.51b). Als Schubsteifigkeit $S(x)$ setzt man üblicherweise [2.7–2.9]

beim Rechtecksquerschnitt $S(x) \cong \frac{5}{6} GF(x)$,

beim I-Profil $S(x) \cong GF_{\text{Steg}}(x)$.

In der *Momentengleichgewichtsbedingung* wird beim schubelastischen Balken auch noch der d'Alembertsche Trägheitseffekt einer Drehmassenbelegung $\hat{\mu}$ berücksichtigt, der strenggenommen auch schon beim schubstarren Balken vorhanden ist. Bei einem isotropen Biegebalken mit der Dichte ϱ wird

$$\mu = \varrho F \quad \text{und} \quad \hat{\mu} = \varrho I.$$

Bei der Formulierung der Rand- und Übergangsbedingungen darf nicht mit der Tangentenneigung $\tilde{w}'$, sondern es muß mit der Querschnittsneigung $\tilde{\beta}$ gearbeitet werden. Als Vektor der Zustandsgrößen wird daher beim schubweichen Balken $\boldsymbol{x}^{\mathrm{T}} = \{w, -\beta, M/B, Q/B\}$ eingeführt.

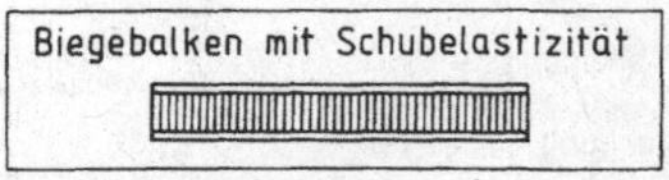

Zustandsvektor: $\boldsymbol{x}^{\mathrm{T}} = \{w, -\beta, M/B, Q/B\}$

Übertragungsmatrix:

$$\begin{Bmatrix} w(x) \\ -\beta(x) \\ \dfrac{M(x)}{B} \\ \dfrac{Q(x)}{B} \end{Bmatrix} = \frac{1}{2\bar{\lambda}^2\sqrt{1+\bar{\sigma}}}$$

$$\begin{bmatrix} \lambda^2\mathrm{C}+\lambda^{*2}\mathrm{c}^* & \lambda\mathrm{S}+\lambda^*\mathrm{s}^* & -\mathrm{C}+\mathrm{c}^* & \dfrac{1}{\bar{\lambda}^4}(\lambda^3\mathrm{S}-\lambda^{*3}\mathrm{s}^*) \\ \bar{\lambda}^4\left(\dfrac{\mathrm{S}}{\lambda}-\dfrac{\mathrm{s}^*}{\lambda^*}\right) & \bar{\lambda}^4\left(\dfrac{\mathrm{C}}{\lambda^2}+\dfrac{\mathrm{c}^*}{\lambda^{*2}}\right) & -\bar{\lambda}^4\left(\dfrac{\mathrm{S}}{\lambda^3}+\dfrac{\mathrm{s}^*}{\lambda^{*3}}\right) & -\mathrm{C}+\mathrm{c}^* \\ \bar{\lambda}^4(-\mathrm{C}+\mathrm{c}^*) & \bar{\lambda}^4\left(-\dfrac{\mathrm{S}}{\lambda}+\dfrac{\mathrm{s}^*}{\lambda^*}\right) & \bar{\lambda}^4\left(\dfrac{\mathrm{C}}{\lambda^2}+\dfrac{\mathrm{c}^*}{\lambda^{*2}}\right) & \lambda\mathrm{S}+\lambda^*\mathrm{s}^* \\ \bar{\lambda}^4(-\lambda\mathrm{S}-\lambda^*\mathrm{s}^*) & \bar{\lambda}^4(-\mathrm{C}+\mathrm{c}^*) & \bar{\lambda}^4\left(\dfrac{\mathrm{S}}{\lambda}-\dfrac{\mathrm{s}^*}{\lambda^*}\right) & \lambda^2\mathrm{C}+\lambda^{*2}\mathrm{c}^2 \end{bmatrix} \begin{Bmatrix} w_0 \\ -\beta_0 \\ \dfrac{M_0}{B} \\ \dfrac{Q_0}{B} \end{Bmatrix}. \quad (2.53)$$

Abkürzungen:

$$\cosh\lambda x=\mathrm{C},\ \sinh\lambda x=\mathrm{S},\ \cos\lambda^* x=\mathrm{c}^*,\ \sin\lambda^* x=\mathrm{s}^*,$$

$$\lambda=\sqrt{\sqrt{\left(\frac{\mu\omega^2}{2S}\right)^2+\frac{\mu\omega^2}{B}}-\frac{\mu\omega^2}{2S}},\quad \lambda^*=\sqrt{\sqrt{\left(\frac{\mu\omega^2}{2S}\right)^2+\frac{\mu\omega^2}{B}}+\frac{\mu\omega^2}{2S}}, \quad (2.54)$$

$$\bar{\lambda}=\sqrt[4]{\frac{\mu\omega^2}{B}},\quad \bar{\sigma}=\frac{\mu\omega^2 B}{4S^2}.$$

2.4.4 Eigenfrequenzen des Biegebalkens mit Zusatzeffekten

Die Ermittlung der Eigenfrequenzen zu den in Tabelle 2.5 zusammengestellten Bewegungsdifferentialgleichungen des biegeelastischen Balkens mit Zusatzeffekten ist bei allgemeinen Randbedingungen, auch wenn man unmittelbar von der Übertragungsmatrix ausgeht, bei einer Von-Hand-Rechnung außerordentlich aufwendig und fehleranfällig. Will man sich aber nur einen Überblick darüber verschaffen, wie sich die einzelnen Einflüsse auf die Eigenfrequenzen auswirken, dann betrachtet man einen beiderseits einspannungsfrei gelagerten Balken mit konstanten Querschnittswerten (Bild 2.17). Die gewöhnlichen, ortsabhängigen Differentialgleichungen aus Tabelle 2.5 lassen sich in allen Fällen lösen, wenn man einen Ansatz der Form

$$w(x)=\sum_{n=1}^{\infty} c_n \sin n\pi x/l$$

Tabelle 2.5. Bewegungsdifferentialgleichungen für einen biegeelastischen Balken mit unterschiedlichen Zusatzeffekten

Systemskizze	Bezeichnung	partielle Differentialgleichung (variable Kenngrößen)	gewöhnliche Differentialgleichung nach Separation	Gleichungen zur Ermittlung der Zustandsgrößen
B(x), μ(x) 	schubstarrer Balken	$(B\tilde{w}'')'' + \mu\ddot{\tilde{w}} = 0$	$(Bw'')'' - \mu\omega^2 w = 0$	$\tilde{M} = -B\tilde{w}''$ $\tilde{Q} = -(B\tilde{w}'')'$
B(x), μ(x), c(x) 	elastisch gebetteter schubstarrer Balken	$(B\tilde{w}'')'' + c\tilde{w} + \mu\ddot{\tilde{w}} = 0$	$(Bw'')'' + cw - \mu\omega^2 w = 0$	$\tilde{M} = -B\tilde{w}''$ $\tilde{Q} = -(B\tilde{w}'')'$
B(x), μ(x), N(x) 	schubstarrer Balken mit Normalkraft im Ausgangszustand	$(B\tilde{w}'')'' - (Nw')' + \mu\ddot{\tilde{w}} = 0$	$(Bw'')'' - (Nw')' - \mu\omega^2 w = 0$	$\tilde{M} = -B\tilde{w}''$ $\tilde{Q} = -(B\tilde{w}'')'$ $\tilde{Z} = -(B\tilde{w}'')' + N\tilde{w}'$
B(x), μ(x), $\hat{\mu}$(x) 	schubstarrer Balken mit Massen- und Drehmassenbelegung	$(B\tilde{w}'')'' + \mu\ddot{\tilde{w}} - \hat{\mu}\ddot{\tilde{w}}'' = 0$	$(Bw'')'' - \mu\omega^2 w + \hat{\mu}\omega^2 w' = 0$	$\tilde{M} = -B\tilde{w}''$ $\tilde{Q} = -(B\tilde{w}'')' + \hat{\mu}\ddot{\tilde{w}}'$
B(x), S(x), μ(x), $\hat{\mu}$(x) 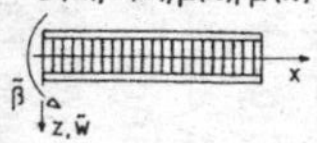	Timoshenko-Balken	$(B\tilde{\beta}')' - S(\tilde{w}' + \tilde{\beta}) - \hat{\mu}\ddot{\tilde{\beta}} = 0$ $[S(\tilde{w}' + \tilde{\beta})]' - \mu\ddot{\tilde{w}} = 0$	$(B\beta')' - S(w' + \beta) + \hat{\mu}\omega^2\beta = 0$ $[S(w' + \beta)]' + \mu\omega^2 w = 0$	$\tilde{M} = B\tilde{\beta}'$ $\tilde{Q} = S(w' + \tilde{\beta})$
		(Konstante Kenngrößen) $B\tilde{w}'''' + \mu\ddot{\tilde{w}} - (\hat{\mu} + \frac{B\mu}{S})\tilde{w} + \frac{\hat{\mu}\mu}{S}\tilde{w}^{\cdots\cdot} = 0$	$B\tilde{w}'''' + \mu\omega^2 w - (\hat{\mu} + \frac{B\mu}{S})\omega^2 w'' + \frac{\mu\hat{\mu}}{S}\omega^4 w = 0$	
B(x), S(x), (x), N(x) 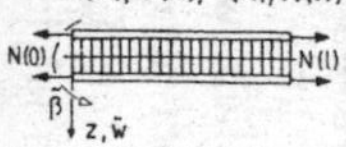	schubweicher Balken mit Normalkraft im Ausgangszustand	$(B\tilde{\beta}')' - S(\tilde{w}' + \tilde{\beta}) = 0$ $[S(\tilde{w}' + \tilde{\beta})]' + (N\tilde{w}')' - \mu\ddot{\tilde{w}} = 0$	$(B\beta')' - S(w' + \beta) = 0$ $[S(w' + \beta)]' + (Nw')' + \mu\omega^2 w = 0$	$\tilde{M} = B\tilde{\beta}'$ $\tilde{Z} = S(\tilde{w}' + \tilde{\beta}) + N\tilde{w}'$

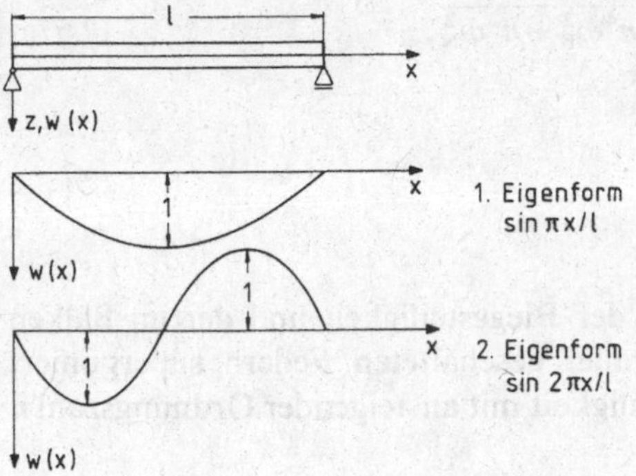

Bild 2.17. Beiderseits einspannungsfrei gelagerter Balken, 1. und 2. Eigenform

mit der Eigenfunktion $\sin n\pi x/l$ verwendet. Die Ergebnisse, die in Tabelle 2.6 zusammengefaßt sind, werden nachfolgend für zwei Fälle erläutert.

a) *Biegeelastischer Balken mit Axiallast.* Die Eigenfrequenz-Verringerung durch eine *Druckkraft* im Stab, Gl. (2.56), ist bei der niedrigsten Eigenfrequenz ($n=1$) am ausgeprägtesten. Beim Erreichen der Knicklast wird die erste Eigenfrequenz zu Null, der Balken schwingt dann nicht mehr, sondern knickt monoton aus.

Im Fall einer axialen *Zugkraft*, Gl. (2.57), wurde für die Eigenfrequenz eine andere Darstellung gewählt,

Tabelle 2.6. Eigenfrequenzen eines biegeelastischen Balkens mit Zusatzeffekten

System	Biegebalken	Parameter	Eigenfrequenzen ω	
ohne Zusatzeffekte	B, μ; l	$\omega_B^2 = \dfrac{B\pi^4}{\mu l^4}$	$\omega_n^2 = n^4\,\omega_B^2$	(2.55)
mit Axiallast (P als Druckkraft)	P; B, μ; P	$\nu = \dfrac{P}{P_{kr}}$ Eulerlast $P_{kr} = \pi^2 B/l^2$	$\omega_n = n^2\,\omega_B\sqrt{1-\dfrac{\nu}{n^2}}$	(2.56)
mit axialer Zugkraft	N; B, μ; N	$\omega_N^2 = \dfrac{N\pi^2}{\mu l^2}$	$\omega_n^2 = n^4\,\omega_B^2 + n^2\,\omega_N^2$	(2.57)
mit Bettung	B, μ; c	$\omega_c^2 = \dfrac{c}{\mu}$	$\omega_n^2 = n^4\omega_B^2 + \omega_c^2$	(2.58)
mit Schubelastizität	B, μ, S	$\omega_S^2 = \dfrac{S\pi^2}{\mu l^2}$	$\dfrac{1}{\omega_{BS,n}^2} = \dfrac{1}{n^4\omega_B^2} + \dfrac{1}{n^2\omega_S^2}$	(2.59)
mit Drehträgheit	B, μ, $\hat{\mu}$	$\omega_{\hat{\mu}}^2 = \dfrac{B\pi^2}{\hat{\mu} l^2}$	$\dfrac{1}{\omega_n^2} = \dfrac{1}{n^4\omega_B^2} + \dfrac{1}{n^2\omega_{\hat{\mu}}^2}$	(2.60)

$$\omega_{BN,\,n} = \sqrt{\underbrace{\frac{B(n\pi)^4}{\mu l^4}}_{\substack{\text{Biegestei-}\\\text{figkeits-}\\\text{effekt}}} + \underbrace{\frac{N(n\pi)^2}{\mu l^2}}_{\substack{\text{Vorspan-}\\\text{nung (Seil-}\\\text{wirkung)}}}} = \sqrt{n^4\omega_B^2 + n^2\omega_N^2}, \qquad (2.57a)$$

aus der hervorgeht, daß die Einflüsse der Biegesteifigkeit und der im Balken wirkenden Vorspannung wie bei parallel geschalteten Federn superponiert werden, wobei der Einfluß der Biegesteifigkeit mit ansteigender Ordnungszahl n dominiert.

b) *Balken mit Biege- und Schubelastizität.* Biegeelastizität und Schubelastizität wirken hingegen wie zwei in Reihe geschaltete Federn:

$$\frac{1}{\omega_{BS,\,n}^2} = \frac{1}{n^4\omega_B^2} + \frac{1}{n^2\omega_S^2}. \qquad (2.59)$$

Mit ansteigender Ordnungszahl n schlägt hierbei der Effekt der Schubelastizität durch. Solange die Biegeelastizität noch dominiert, steigen die Eigenfrequenzen mit dem Quadrat der Ordnungszahl an; bei höheren Ordnungszahlen steigen die Eigenfrequenzen wegen der Dominanz der Schubelastizität hingegen nur noch linear mit der Ordnungszahl an. Um diesen Einfluß auch quantitativ abschätzen zu können, betrachten wir zwei Träger mit einem Höhen-Längen-Verhältnis von 1:10, von dem der eine ein I-Profil, der zweite ein Rechteckprofil besitzt (Bild 2.18).

Für beide Querschnitte wurden die nach Gl. (2.59) ermittelten Eigenfrequenzen auf die niedrigste Eigenfrequenz des jeweils schubstarren Balkens bezogen. In Bild 2.19 sind die so normierten Eigenfrequenzen für beide Balken bei Berücksichtigung

$$\frac{h}{l} = \frac{1}{10}$$

$$B = EI \cong \frac{Eth^3}{2}$$

$$S \cong G F_{Steg} = \frac{Eth}{2(1+\nu)}$$

$$\mu = \varrho F \cong 3\varrho\,ht$$

$$\bar{\mu} = \varrho I \cong \frac{\varrho t h^3}{2}$$

$$\frac{t}{h} \ll 1$$

$$B = EI = \frac{Eh^4}{12}$$

$$S \cong \frac{5GF}{6} = \frac{5}{6}\frac{E}{2(1+\nu)}\,h^2$$

$$\mu = \varrho F = \varrho h^2$$

$$\bar{\mu} = \varrho I = \frac{\varrho h^4}{12}$$

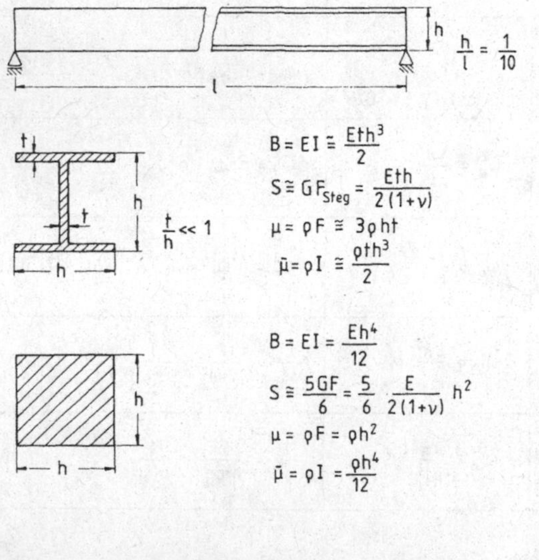

Bild 2.18. Träger zur Untersuchung des Einflusses der Schubelastizität

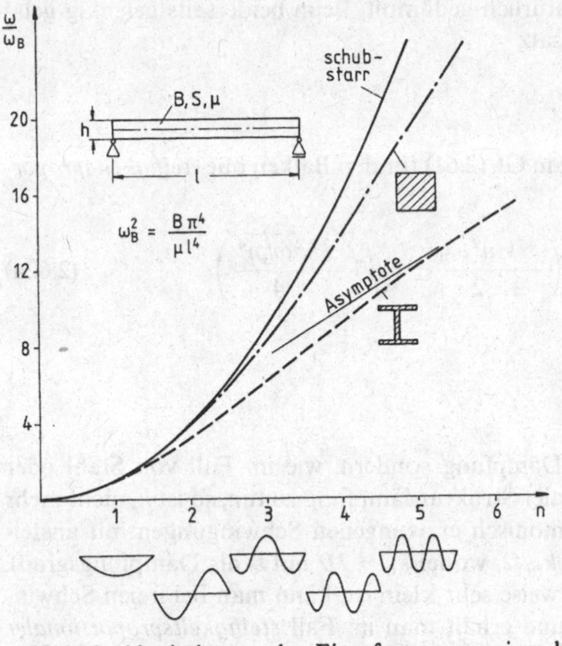

Bild 2.19. Abminderung der Eigenfrequenzen eines biegeelastischen Balkens bei Berücksichtigung von Schubelastizität

der Schubelastizität in Abhängigkeit von der Ordnungszahl dargestellt, wobei zum Vergleich die Eigenfrequenzen des schubstarren Balkens gegenübergestellt wurden. Beim Balken mit I-Profil ist deutlich zu erkennen, daß bereits von $n = 4$ an die Eigenfrequenzen nur noch linear mit der Ordnungszahl ansteigen. Man muß sich allerdings darüber im klaren sein, daß hier auch die Grenze der Gültigkeit der Balkentheorie erreicht ist.

2.4.5 Biegebalken mit Proportionaldämpfung

Die Bewegungsdifferentialgleichung eines Balkens mit steifigkeitsproportionaler, viskoser Dämpfung läßt sich im Anschluß an die Ausführungen im Abschn. 5.4 von Band I leicht aufstellen. Wenn in jeder Faser des Balkens elastische und dämpfende Eigenschaften parallel geschaltet sind (Voigt-Kelvin-Modell),

$$\tilde{\sigma} = E(\tilde{\varepsilon} + k_s \dot{\tilde{\varepsilon}}),$$

so ergibt sich als Momenten-Krümmungs-Gesetz

$$\tilde{M} = B(\tilde{\varkappa} + k_s \dot{\tilde{\varkappa}}).$$

Als Bewegungsdifferentialgleichung folgt daraus für $B = \text{const}$

$$B\tilde{w}'''' + k_s B\dot{\tilde{w}}'''' + \mu\ddot{\tilde{w}} = 0. \tag{2.61}$$

Die freie Schwingung ist jetzt natürlich gedämpft. Beim beiderseits gelenkig gelagerten Balken gilt daher der Ansatz

$$\tilde{w} = \sum_{n=1}^{\infty} c_n \sin(n\pi x/l) e^{\lambda_n t},$$

und man erhält nach Einführung in Gl. (2.61) für den Balken mit *steifigkeitsproportionaler, viskoser Dämpfung*

$$\lambda_n = -\delta_n \pm i\omega_n = n^2\omega_B\left(-\frac{k_s n^2 \omega_B}{2} \pm i\sqrt{1 - \frac{k_s^2 \omega_B^2 n^4}{4}}\right) \tag{2.62a}$$

mit

$$\omega_B^2 = \frac{B\pi^4}{\mu l^4}.$$

Hat man es nicht mit viskoser Dämpfung sondern, wie im Fall von Stahl oder Beton, mit steifigkeitsproportionaler Strukturdämpfung zu tun, so ist k_s nicht mehr konstant, sondern sinkt bei harmonisch erzwungenen Schwingungen mit ansteigender Erregerfrequenz ab ($k_s = k_0/\Omega$, wobei $k_0 = 2D$ mit D als Dämpfungsgrad). Da der Dämpfungsgrad üblicherweise sehr klein ist, kann man bei freien Schwingungen Ω durch $n^2\omega_B$ ersetzen und erhält man im Fall *steifigkeitsproportionaler Strukturdämpfung*

$$\lambda_n = n^2\omega_B(-D \pm i\sqrt{1 - D^2}) \cong n^2\omega_B(D \pm i). \tag{2.62b}$$

2.5 Ebene Flächentragwerke

Auch für ebene Flächentragwerke lassen sich unter bestimmten Bedingungen noch analytische oder „halbanalytische" Lösungen angeben [2.10, 2.11]. Wir beschränken uns auf Scheiben und Platten, für die wir die Bewegungsgleichungen zuerst in kartesischen Koordinaten (Abschn. 2.5.1) und anschließend in Polarkoordinaten (Abschn. 2.5.2) herleiten. Im Abschn. 2.5.3 folgen einige Bemerkungen zu analytischen Lösungen für Platten.

2.5.1 Bewegungsgleichungen für Scheiben und Platten in kartesischen Koordinaten

Die folgenden Bezeichnungen für Scheibe und Platte sind in Bild 2.20 erläutert:

$\tilde{u}, \tilde{v}$ Scheibenverschiebungen,
$\tilde{n}_x, \tilde{n}_y, \tilde{n}_{xy}$ Scheibenschnittkräfte (pro Längeneinheit),
$\tilde{w}$ Plattenverschiebung,
$\tilde{\beta}_x, \tilde{\beta}_y$ Querschnittsneigung,
$\tilde{q}_x, \tilde{q}_y$ Querkräfte (pro Längeneinheit),
$\tilde{m}_x, \tilde{m}_y, \tilde{m}_{xy}$ Biege- und Drillmomente (pro Längeneinheit).

Die Richtung und die Indizierung der in Bild 2.20a und b an den positiven Schnittufern eingetragenen Schnittkräfte (Pfeile) und Momente (Doppelpfeile)

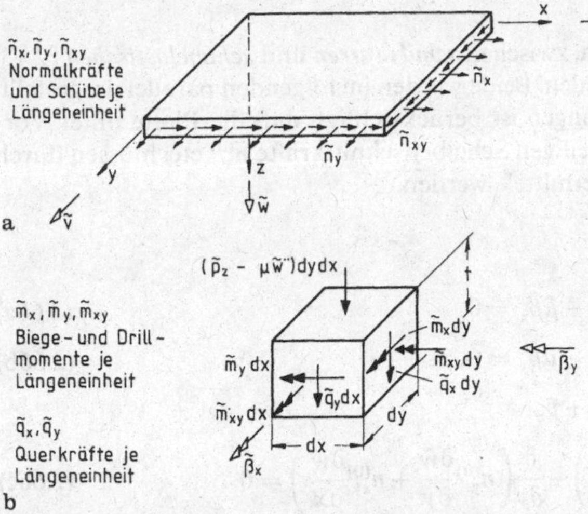

Bild 2.20a, b. Bezeichnungen für Scheibengrößen (**a**) und für Plattengrößen (**b**) bei Verwendung von kartesischen Koordinaten

orientiert sich an den zugehörigen Spannungen. Die zu einer positiven Querkraft $\tilde{q}_x$ ($=\tilde{q}_{xz}$) gehörigen Schubspannungen τ_{xz} weisen an einem positiven x-Schnittufer in Richtung der positiven z-Achse. Die zu einem positiven Biegemoment $\tilde{m}_x$ gehörigen Spannungen σ_x weisen auf der $+z$-Seite des positiven x-Schnittufers in Richtung der positiven x-Achse. Querschnittsneigungen $\tilde{\beta}_x$ sind positiv, wenn die zugehörigen Doppelpfeile in die gleiche Richtung zeigen wie die Momentenpfeile $\tilde{m}_x$ (siehe Bild 2.20b). Diese „ingenieurmäßige" Vorzeichendefinition wird beispielsweise von Girkmann [2.12] verwendet.

Grundgleichungen der Scheibe

Gleichgewicht

$$\partial \tilde{n}_x/\partial x + \partial \tilde{n}_{xy}/\partial y + \tilde{p}_x - \mu \ddot{\tilde{u}} = 0, \tag{2.63a}$$

$$\partial \tilde{n}_y/\partial y + \partial \tilde{n}_{xy}/\partial x + \tilde{p}_y - \mu \ddot{\tilde{v}} = 0; \tag{2.63b}$$

Elastizitätsgesetz

$$\begin{Bmatrix} \tilde{n}_x \\ \tilde{n}_y \\ \tilde{n}_{xy} \end{Bmatrix} = \frac{Et}{1-\nu^2} \begin{bmatrix} 1 & \nu & 0 \\ \nu & 1 & 0 \\ 0 & 0 & \frac{1-\nu}{2} \end{bmatrix} \begin{Bmatrix} \tilde{\varepsilon}_x \\ \tilde{\varepsilon}_y \\ \tilde{\gamma}_{xy} \end{Bmatrix}; \tag{2.64}$$

Kinematik

$$\varepsilon_x = \partial \tilde{u}/\partial x, \quad \varepsilon_y = \partial \tilde{v}/\partial y, \quad \gamma_{xy} = \partial \tilde{u}/\partial y + \partial \tilde{v}/\partial x. \tag{2.65}$$

Die Bewegungsgleichungen für $\tilde{u}$ and $\tilde{v}$ erhält man durch Elimination der Verzerrungen und der Schnittkräfte.

Plattengleichungen

Bei Platten muß, wie bei Balken, zwischen *schubstarren* und *schubelastischen* [2.13, 2.14] Platten unterschieden werden. Beide werden im folgenden parallel dargestellt. Bei den Gleichgewichtsbedingungen ist berücksichtigt, daß die Platte unter Vorspannung stehen kann. Die jeweiligen Scheibenschnittkräfte $n_x^{(0)}$ etc. müssen durch eine statische Vorabrechnung ermittelt werden.

Gleichgewicht

$$\partial \tilde{m}_x/\partial x + \partial \tilde{m}_{xy}/\partial y - \tilde{q}_x - \hat{\mu}\ddot{\tilde{\beta}}_x = 0, \tag{2.66a}$$

$$\partial \tilde{m}_y/\partial y + \partial \tilde{m}_{xy}/\partial x - \tilde{q}_y - \hat{\mu}\ddot{\tilde{\beta}}_y = 0, \tag{2.66b}$$

$$\partial \tilde{q}_x/\partial x + \partial \tilde{q}_y/\partial y - \mu\ddot{\tilde{w}} + \tilde{p}_z + \frac{\partial}{\partial x}\left(n_x^{(0)}\frac{\partial \tilde{w}}{\partial x} + n_{xy}^{(0)}\frac{\partial \tilde{w}}{\partial y}\right) + \frac{\partial}{\partial y}\left(n_y^{(0)}\frac{\partial \tilde{w}}{\partial y} + n_{xy}^{(0)}\frac{\partial \tilde{w}}{\partial x}\right) = 0. \tag{2.66c}$$

Elastizitätsgesetz

$$\begin{Bmatrix} \tilde{m}_x \\ \tilde{m}_y \\ \tilde{m}_{xy} \end{Bmatrix} = B \begin{bmatrix} 1 & \nu & 0 \\ \nu & 1 & 0 \\ 0 & 0 & \frac{1-\nu}{2} \end{bmatrix} \begin{Bmatrix} \tilde{\varkappa}_x \\ \tilde{\varkappa}_y \\ 2\tilde{\varkappa}_{xy} \end{Bmatrix}, \quad B = \frac{Et^3}{12(1-\nu^2)}, \tag{2.67a}$$

$$\begin{Bmatrix} \tilde{q}_x \\ \tilde{q}_y \end{Bmatrix} = \begin{bmatrix} S & 0 \\ 0 & S \end{bmatrix} \begin{Bmatrix} \tilde{\gamma}_{xz} \\ \tilde{\gamma}_{yz} \end{Bmatrix}, \quad S = \frac{5}{6}Et. \tag{2.67b}$$

Kinematik

schubelastisch		schubstarr	
$\tilde{\varkappa}_x = \partial \tilde{\beta}_x/\partial x,$	(2.68a)	$\tilde{\varkappa}_x = -\partial^2 \tilde{w}/\partial x^2,$	(2.69a)
$\tilde{\varkappa}_y = \partial \tilde{\beta}_y/\partial y,$	(2.68b)	$\tilde{\varkappa}_y = -\partial^2 \tilde{w}/\partial y^2,$	(2.69b)
$2\tilde{\varkappa}_{xy} = \partial \tilde{\beta}_y/\partial x + \partial \tilde{\beta}_x/\partial y;$	(2.68c)	$\tilde{\varkappa}_{xy} = -\partial^2 \tilde{w}/\partial x \partial y;$	(2.69c)
$\tilde{\gamma}_{xz} = \tilde{\beta}_x + \partial \tilde{w}/\partial x,$	(2.70a)	$\tilde{\gamma}_{xz} = 0,$	
$\tilde{\gamma}_{yz} = \tilde{\beta}_y + \partial \tilde{w}/\partial y;$	(2.70b)	$\tilde{\gamma}_{yz} = 0.$	

Exemplarisch ist nachfolgend die *Bewegungsdifferentialgleichung* für den Fall der belastungsfreien, schubstarren Platte mit verschwindender Drehträgheit und mit konstanten Scheibenkräften $n_x^{(0)}$ etc. in der Plattenmittelebene angegeben:

$$B(\partial^4 \tilde{w}/\partial x^4 + 2\partial^4 \tilde{w}/\partial x^2 \partial y^2 + \partial^4 \tilde{w}/\partial y^4) + \mu\ddot{\tilde{w}} - (n_x^{(0)}\partial^2 \tilde{w}/\partial x^2 + n_y^{(0)}\partial^2 \tilde{w}/\partial y^2 + 2n_{xy}^{(0)}\partial^2 \tilde{w}/\partial x \partial y) = 0. \tag{2.71}$$

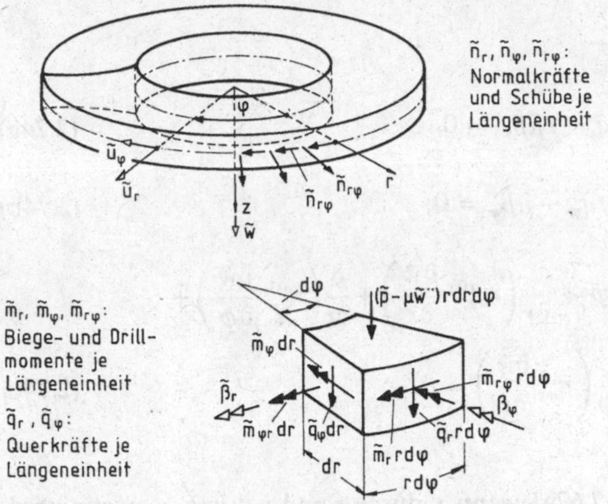

Bild 2.21. Bezeichnungen für Scheibengrößen (oben) und für Plattengrößen (unten) bei Verwendung von Polarkoordinaten

2.5.2 Bewegungsgleichungen für ebene Flächentragwerke in Polarkoordinaten

Bei Verwendung von Polarkoordinaten (Bild 2.21) werden die Gleichungen, mit Ausnahme des Elastizitätsgesetzes, komplizierter. Die Beziehungen für die schubelastische Platte wurden übernommen von Mindlin [2.15] und Irretier [2.16, 2.17].

Gleichungen der Scheibe

Gleichgewicht

$$\frac{\partial(r\tilde{n}_r)}{\partial r} + \frac{\partial \tilde{n}_{\varphi r}}{\partial \varphi} - \tilde{n}_\varphi - r\mu\ddot{\tilde{u}}_r = 0, \tag{2.72a}$$

$$\frac{\partial \tilde{n}_\varphi}{\partial \varphi} + \frac{\partial(r\tilde{n}_{r\varphi})}{\partial r} + \tilde{n}_{\varphi r} - r\mu\ddot{\tilde{u}}_\varphi = 0. \tag{2.72b}$$

Elastizität

wie Gl. (2.64), aber x durch r und y durch φ ersetzt.

Kinematik

$$\tilde{\varepsilon}_r = \frac{\partial \tilde{u}_r}{\partial r}, \tag{2.73a}$$

$$\tilde{\varepsilon}_\varphi = \frac{\partial \tilde{u}_\varphi}{r\partial \varphi} + \frac{\tilde{u}_r}{r}, \tag{2.73b}$$

$$\tilde{\gamma}_{r\varphi} = \frac{\partial \tilde{u}_r}{r\partial \varphi} + \frac{\partial \tilde{u}_\varphi}{\partial r} - \frac{\tilde{u}_\varphi}{r}. \tag{2.73c}$$

Auf die Angabe der Bewegungsgleichungen wird verzichtet.

Gleichungen der Platte

Gleichgewicht

$$\frac{\partial(r\tilde{m}_r)}{\partial r} + \frac{\partial \tilde{m}_{\varphi r}}{\partial \varphi} - \tilde{m}_\varphi - r\tilde{q}_r - r\hat{\mu}\ddot{\tilde{\beta}}_r = 0, \tag{2.74a}$$

$$\frac{\partial \tilde{m}_\varphi}{\partial \varphi} + \frac{\partial(r\tilde{m}_{r\varphi})}{\partial r} + \tilde{m}_{r\varphi} - r\tilde{q}_\varphi - \hat{\mu}\ddot{\tilde{\beta}}_\varphi = 0, \tag{2.74b}$$

$$\frac{\partial(r\tilde{q}_r)}{\partial r} + \frac{\partial \tilde{q}_\varphi}{\partial \varphi} - r\mu\ddot{\tilde{w}} + r\tilde{p} + \frac{\partial}{\partial r}\left(rn_r^{(0)}\frac{\partial \tilde{w}}{\partial r}\right) + \frac{\partial}{\partial r}\left(n_{r\varphi}^{(0)}\frac{\partial \tilde{w}}{\partial \varphi}\right) +$$

$$+ \frac{\partial}{r\partial \varphi}\left(n_\varphi^{(0)}\frac{\partial \tilde{w}}{\partial \varphi}\right) + \frac{\partial}{\partial \varphi}\left(n_{\varphi r}^{(0)}\frac{\partial \tilde{w}}{\partial r}\right) = 0. \tag{2.74c}$$

Elastizitätsgesetz

wie bei der Rechteckplatte, Gl. (2.67a), wenn x durch r und y durch φ ersetzt wird.

Kinematik

schubelastisch		schubstarr	
$\varkappa_r = \frac{\partial \tilde{\beta}_r}{\partial r}$,	(2.75a)	$\varkappa_r = -\frac{\partial^2 w}{\partial r^2}$,	(2.76a)
$\varkappa_\varphi = \frac{\partial \tilde{\beta}_\varphi}{r\partial \varphi} + \frac{\tilde{\beta}_r}{r}$,	(2.75b)	$\varkappa_\varphi = -\left(\frac{\partial^2 \tilde{w}}{r^2\partial \varphi^2} + \frac{\partial \tilde{w}}{r\partial r}\right)$,	(2.76b)
$2\varkappa_{r\varphi} = \frac{\partial \tilde{\beta}_r}{r\partial \varphi} + \frac{\partial \tilde{\beta}_\varphi}{\partial r} - \frac{\tilde{\beta}_\varphi}{r}$;	(2.75c)	$\varkappa_{r\varphi} = -\frac{\partial}{\partial r}\left(\frac{1}{r}\frac{\partial \tilde{w}}{\partial \varphi}\right)$;	(2.76c)
$\tilde{\gamma}_{rz} = \tilde{\beta}_r + \frac{\partial \tilde{w}}{\partial r}$,	(2.77a)		
$\tilde{\gamma}_{\varphi z} = \tilde{\beta}_\varphi + \frac{\partial \tilde{w}}{r\partial \varphi}$.	(2.77b)		

Die *Bewegungsgleichung* für die belastungsfreie, schubstarre Platte ohne Vorspannung lautet

$$B\left(\frac{\partial^2}{\partial r^2} + \frac{1}{r}\frac{\partial}{\partial r} + \frac{1}{r^2}\frac{\partial^2}{\partial \varphi^2}\right)^2 \tilde{w} + \mu\ddot{\tilde{w}} = 0. \tag{2.78}$$

2.5.3 Anmerkungen zu analytischen Lösungen bei Platten

Vollständig analytische Lösungen für Platten sind nur in wenigen, ausgewählten Fällen möglich, so z. B. bei der allseitig gelenkig gelagerten Rechteckplatte (Naviersche Lösung, Aufgabe 2.7). Vielfach ist die analytische Vorgehensweise auf einen Teil des Lösungsweges beschränkt, anschließend sind numerische Auswertungen erforderlich. Man spricht dann von *halbanalytischen Lösungen*. Die Voraussetzungen sind durchwegs die gleichen: Es muß möglich sein, die partiellen Differentialgleichungen durch einen geeigneten Ansatz in gewöhnliche Differentialgleichungen zu überführen.

Levysche Lösung für Rechteckplatten

Bei Rechteckplatten, die an zwei gegenüberliegenden Rändern gelenkig gelagert sind (Bild 2.22), läßt sich die partielle Differentialgleichung (2.71) für die freie Schwingung der schubstarren Rechteckplatte durch einen Ansatz der Form

$$\tilde{w}(x, y) = \sum_{n=1}^{N} w_n(x) \sin(n\pi y/b) e^{i\omega t} \tag{2.79}$$

in N gewöhnliche Differentialgleichungen entkoppeln.

Verzichten wir auch noch auf die Berücksichtigung von Vorspannung, so ergibt sich die gewöhnliche Differentialgleichung

$$B\left[\tilde{w}_n'''' - 2\left(\frac{n\pi}{b}\right)^2 \tilde{w}_n'' + \left(\frac{n\pi}{b}\right)^4 \tilde{w}_n\right] - \mu\omega^2 \tilde{w}_n = 0. \tag{2.80}$$

Die Lösung dieser gewöhnlichen Differentialgleichung, die wieder geschlossen möglich ist, läßt sich, wie beim Balken, in Form einer Übertragungsmatrix angeben. Damit lassen sich dann nicht nur Platten mit beliebigen Randbedingungen an den Rändern $x = 0$ und $x = a$ behandeln, sondern auch Plattenstreifen, die aus mehreren derartigen Rechteckplatten zusammengesetzt sind [2.10].

Kreisplatten und Kreisringplatten

Bei Kreisplatten und bei Kreisringplatten ist ein ähnliches Vorgehen möglich. Hier führt man einen Fourier-Ansatz in Umfangsrichtung ein:

$$\tilde{w}(r, \varphi) = \sum_{n=1}^{N} w_n(r) \cos n\varphi \, e^{i\omega t}. \tag{2.81}$$

Die gewöhnliche Differentialgleichung, die man dann erhält, besitzt allerdings keine konstanten Koeffizienten mehr, so daß eine Lösung mit einfachen transzendenten Funktionen nicht mehr gelingt. Man benötigt für die Lösung Bessel-Funktionen [2.18].

Bei vielen technischen Konstruktionen, beispielsweise bei Scheiben von Turbomaschinen oder bei Eisenbahnrädern, treten Kreisplatten veränderlicher Dicke

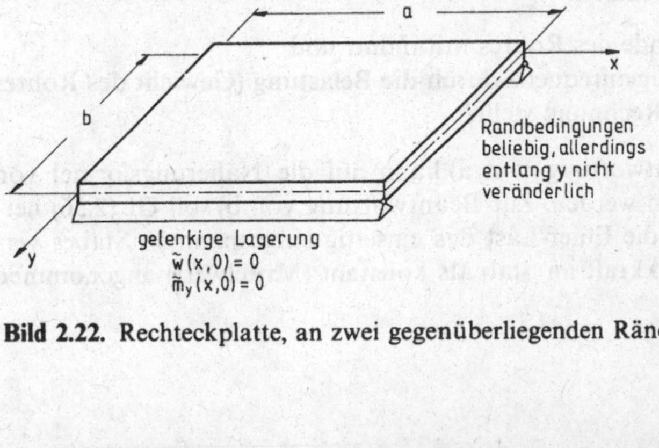

Bild 2.22. Rechteckplatte, an zwei gegenüberliegenden Rändern gelenkig gelagert

auf. Man ist dann in jedem Fall auf numerische Lösungen angewiesen. Es bringt trotzdem eine Reihe von Vorteilen, soweit als möglich analytisch vorzugehen und erst ganz zum Schluß numerische Verfahren einzusetzen [2.16, 2.17]. Die Verwendung von Fourier-Ansätzen in Umfangsrichtung hat beispielsweise automatisch zur Folge, daß die Knotenlinien der Eigenschwingungsformen exakt erfaßt werden. Die Lösung der gewöhnlichen Differentialgleichungen in radialer Richtung liefert nur noch die Knotenkreise. Man erhält mit einer derartigen *teilanalytischen Vorgehensweise* also automatisch eine Klassifikation der Eigenschwingungsformen nach Knotenlinien und Knotenkreisen.

2.6 Übungsaufgaben

Aufgabe 2.1. Übertragungsmatrix des Dehnstabes

Für einen Dehnstab mit Normalkraft $N(x)$, Stablängsverschiebung $u(x)$, konstanter Dehnsteifigkeit D und konstanter Massenbelegung μ soll die Übertragungsmatrix hergeleitet werden, mit der sich das dynamische Verhalten eines Stababschnitts beschreiben läßt.

Aufgabe 2.2. Kragbalken mit Einzelmasse

Unter Verwendung der Übertragungsmatrix von Gl. (2.22) ist die Eigenwertgleichung eines einseitig eingespannten Balkens mit zusätzlicher Masse m am Balkenende zu ermitteln (Bild 2.23). Wie lautet eine Näherungsformel für die Änderung des 1. Eigenwerts bzw. der 1. Eigenfrequenz, wenn man annimmt, daß $m/\mu l \ll 1$.

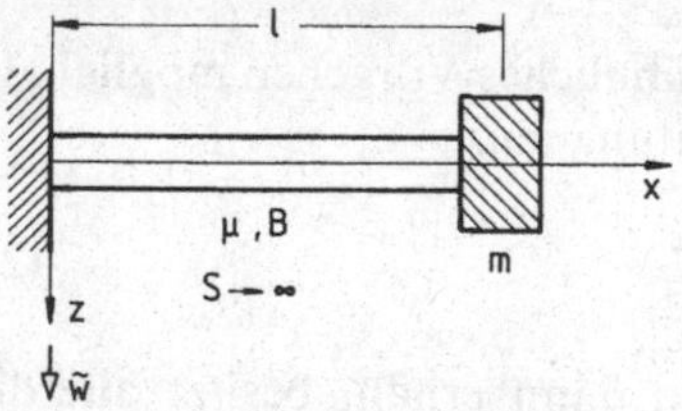

Bild 2.23. Balken mit Endmasse, Bezeichnungen

Aufgabe 2.3. Eigenfrequenz eines eingespannten Rohres

Ein eingespanntes Rohr (Abmessungen siehe Bild 2.24) trägt an seinem Ende Aufbauten von ca. 20 kg. Wie groß ist die 1. Eigenfrequenz, wenn man die Masse der Aufbauten vernachlässigt? Ist zu erwarten, daß sich die 1. Eigenfrequenz um mehr als 1% ändert, wenn man

(a) die Zusatzmasse am Ende des Rohres mitnimmt und
b) die Abminderung der Eigenfrequenz durch die Belastung (Gewicht des Rohres und der Aufbauten) in Rechnung stellt?

Lösungshinweis: Zur Beantwortung von a) kann auf die Näherungsformel von Aufgabe 2.2 zurückgegriffen werden. Zur Beantwortung von b) soll Gl. (2.56) herangezogen werden, wobei die Euler-Last des einseitig eingespannten Stabes verwendet wird und die Druckkraft im Stab als konstant (Mittelwert) angenommen wird.

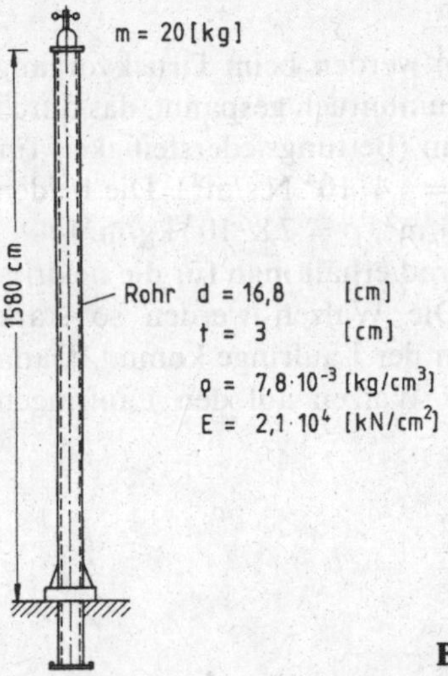

Bild 2.24. Rohr mit Aufbauten, System und Abmessungen

Aufgabe 2.4. Dynamische Steifigkeitsmatrix

Ausgehend von der Übertragungsmatrix in Gl. (2.22) ist die sogenannte dynamische Steifigkeitsmatrix zu ermitteln. Mit dieser läßt sich berechnen, wie groß bei einem harmonischen Bewegungsvorgang die Amplituden der Stabendschnittkräfte

$$\boldsymbol{s}^{\mathrm{T}} = \{-Q(0), -M(0), Q(l), M(l)\}$$

in Abhängigkeit von den Amplituden der Stabendverschiebungen

$$\boldsymbol{u}^{\mathrm{T}} = \{w(0), -w'(0), w(l), -w'(l)\}$$

sind, d.h.

$$\boldsymbol{s} = \boldsymbol{S}_{\mathrm{dyn}}(\Omega)\boldsymbol{u}.$$

Die Komponenten in den beiden Vektoren $\boldsymbol{s}$ und $\boldsymbol{u}$ wurden so angeordnet, daß das Skalarprodukt $\boldsymbol{u}^{\mathrm{T}}\boldsymbol{s}$ einen mechanisch sinnvollen Arbeitsausdruck ergibt, siehe auch Bild 2.25.

Wie lautet der Ausdruck für $\boldsymbol{S}_{\mathrm{dyn}}(\Omega)$? Wie erhält man aus $\boldsymbol{S}_{\mathrm{dyn}}$ die Steifigkeitsmatrix für statische Belastung?

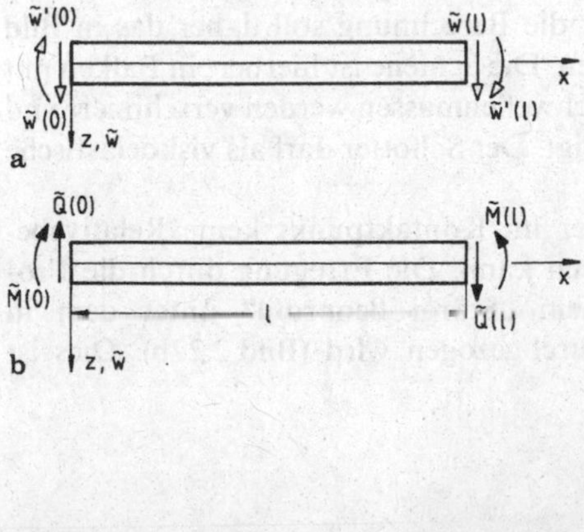

Bild 2.25a, b. Zur Definition von Verschiebungsgrößen (**a**) und Schnittkraftgrößen (**b**) am Stabanfang und am Stabende

Aufgabe 2.5. Eigenschwingungen von Druckwalzen

Zwei Walzen einer Druckwalzengruppe (Bild 2.26) werden beim Druckvorgang gegeneinander gepreßt. Über beide Walzen ist ein Gummituch gespannt, das durch eine viskoelastische Bettung idealisiert werden kann (Bettungsfedersteifigkeit für ein Tuch: $c = 5{,}5 \cdot 10^7\ \mathrm{N/m^2}$, Bettungsdämpfung $d = 4{,}4 \cdot 10^4\ \mathrm{N\,s/m^2}$). Die beiden Walzen sind massive Stahlzylinder ($E = 2{,}1 \cdot 10^{11}\ \mathrm{N/m^2}$, $\varrho = 7{,}8 \cdot 10^3\ \mathrm{kg/m^3}$).

Welche Eigenfrequenz und welchen Dämpfungsgrad erhält man für die niedrigste Gegentaktschwingung der beiden Walzen? Die Walzen werden so stark aufeinandergepreßt, daß es nicht zu einem Abheben der Laufringe kommt. Dann darf vereinfachend angenommen werden, daß die Walzen auf den Laufringen gelenkig gelagert sind (Bild 2.26, unten).

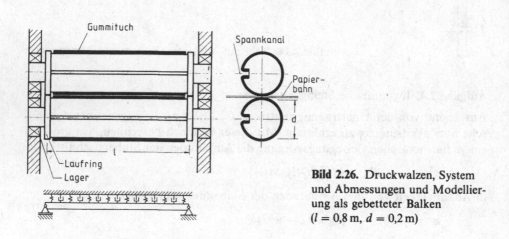

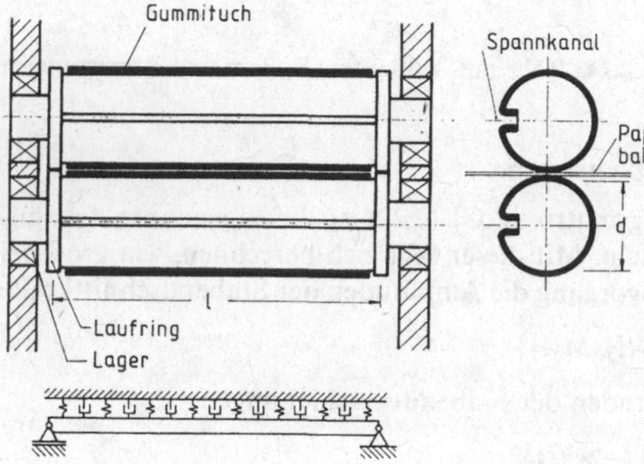

Bild 2.26. Druckwalzen, System und Abmessungen und Modellierung als gebetteter Balken ($l = 0{,}8\ \mathrm{m}$, $d = 0{,}2\ \mathrm{m}$)

Aufgabe 2.6. Vertikalschwingungen eines Eisenbahngleises

Es sollen die erzwungenen Vertikalschwingungen eines Eisenbahngleises bei der Überfahrt eines Radsatzes untersucht werden (Bild 2.27). Beide Schienen besitzen periodische, vertikale Profilstörungen $\Delta z = z_0 \sin 2\pi x/L$. Gesucht ist insbesondere die Frequenz $f = v_0/L$, bei der eine Resonanzüberhöhung zu erwarten ist.

Aus Messungen weiß man, daß bis zur ersten Resonanzstelle Radsatz, Schienen und Schwellen im Gleichtakt auf dem Schotter schwingen und daß die Biegelinie über mehrere Schwellen erstreckt ist. Für die Berechnung soll daher das in Bild 2.27b angegebene Modell verwendet werden. Die Schiene ist hierbei ein Balken mit Biegesteifigkeit und Massebelegung. Die Schwellenmassen werden verschmiert und als zusätzliche Massebelegung berücksichtigt. Der Schotter darf als viskoelastische Bettung modelliert werden.

Der Radsatz ist ein starrer Körper, der im Kontaktpunkt keine Relativbewegungen gegenüber der Schiene ausführen kann. Die Erregung durch die Profilstörung wird dadurch erreicht, daß ein „Störgrößenprofil" unter dem in x-Richtung unverschieblichen Radsatz durchgezogen wird (Bild 2.27b). Dies ist

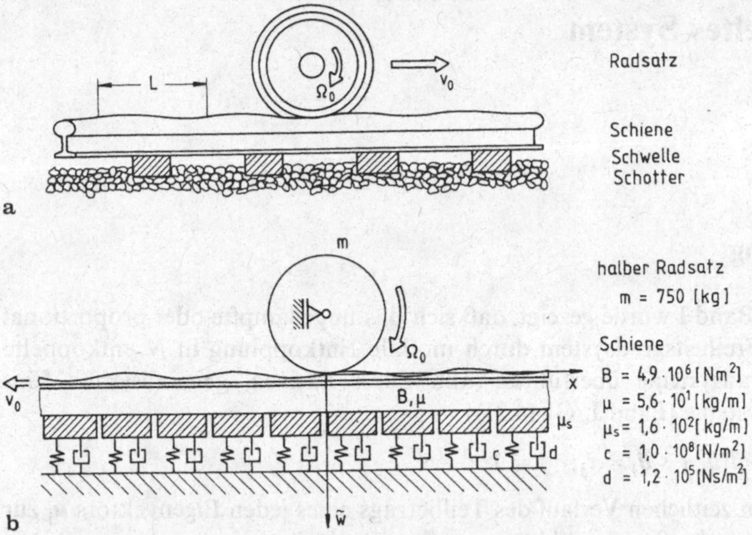

Bild 2.27a, b. Radsatz auf Gleis. System (**a**) sowie zugehöriges mechanisches Modell (**b**) mit den Daten für Massen, Steifigkeiten und Dämpfungen

gerechtfertigt, da die Wellenausbreitungsgeschwindigkeit in der Schiene wesentlich größer ist als die Fahrgeschwindigkeit v_0.

Wie lauten die Bewegungsdifferentialgleichungen der Schiene? Welche Randbedingungen gelten für $x \to \infty$, und wie lassen sich diese Randbedingungen erfüllen? Welche Randbedingungen gelten an der Stelle $x = 0$?

Es soll die Vergrößerungsfunktion für die Vertikalverschiebung an der Stelle $x = 0$ berechnet und für die angegebenen Daten grafisch dargestellt werden. Bei welcher Frequenz $f = v_0/L$ liegt etwa die Resonanzstelle?

Lösungshinweis: Es empfiehlt sich, die Rechnung im Komplexen durchzuführen.

Aufgabe 2.7. Eigenschwingungen einer gelenkig gelagerten Rechteckplatte

Bei einer allseits gelenkig gelagerten Rechteckplatte läßt sich die Bewegungsdifferentialgleichung mit einem Doppel-Sinusreihenansatz analytisch lösen (Naviersche Lösung). Wie lautet dieser Ansatz, wenn man die Koordinaten und Abmessungen von Bild 2.22 verwendet? Welche Eigenfrequenzen erhält man?

Skizziere die Knotenlinien von drei unteren Eigenschwingungsformen. Warum können bei einer Quadratplatte auch noch die in Bild 2.28 skizzierten Eigenschwingungsformen auftreten?

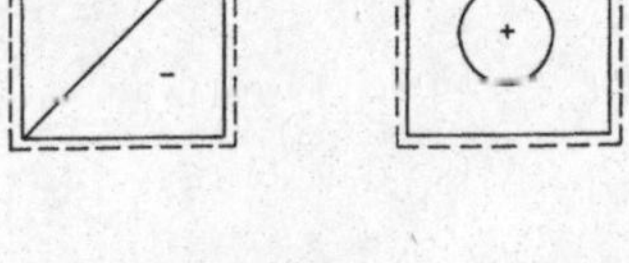

Bild 2.28. Untere Eigenschwingungsformen bei einer Quadratplatte

3 Geschlossene Lösungen für die Bewegungsvorgänge von Kontinua – Die Behandlung als modal entkoppeltes System

3.1 Einleitung

In Kap. 4 von Band I wurde gezeigt, daß sich das ungedämpfte oder proportional gedämpfte N-Freiheitsgradsystem durch modale Entkopplung in N entkoppelte Ein-Freiheitsgradsysteme überführen läßt. Diese fiktiven, generalisierten Ein-Freiheitsgradsysteme (Band I, Gl. (4.21))

$$m_j \ddot{\tilde{q}}_j + d_j \dot{\tilde{q}}_j + s_j \tilde{q}_j = \tilde{r}_j, \quad j = 1 \ldots N$$

beschreiben den zeitlichen Verlauf des Teilbetrags eines jeden Eigenvektors $\boldsymbol{u}_j$ zur Gesamtantwort $\boldsymbol{u}$ des Systems, d.h.

$$\tilde{\boldsymbol{u}} = \sum_{j=1}^{N} \boldsymbol{u}_j \tilde{q}_j.$$

Oft schafft die modale Behandlung erst die für den Praktiker nötige physikalische Transparenz.

Wir gehen in diesem Kapitel von der Erwartung aus, daß sich auch schwingende Kontinua, die ungedämpfte oder proportional gedämpft sind, modal zerlegen und in entkoppelte Ein-Freiheitsgradsysteme überführen lassen. Das Beispiel, an dem wir diese Erwartung überprüfen wollen, ist der Biegebalken aus Kap. 2, der durch die partielle Differentialgleichung

$$[B(x)\tilde{w}''(x)] + \mu(x)\ddot{\tilde{w}}(x) = \tilde{p}(x) \tag{2.6}$$

beschrieben wird. An die Stelle der Eigenvektoren $\boldsymbol{u}_j$ treten beim Kontinuum allerdings Eigenfunktionen $\varphi_j(x)$[1] als Eigenformen auf. Die Gesamtantwort $\tilde{w}(x)$ läßt sich, sobald die modale Zerlegung gelungen ist, wieder aus den Teilbeiträgen der Eigenformen superponieren

$$\tilde{w}(x) = \sum_{j=1}^{\infty} \varphi_j(x) \tilde{q}_j.$$

Um die modale Zerlegung durchführen zu können, sind wie beim N-Freiheitsgradsystem aus Band I Orthogonalitätsbedingungen erforderlich, die wir für das Beispiel des Biegebalkens in Abschn. 3.2 herleiten wollen. Das erste noch offene

---

[1] In Kap. 2 wurden die Eigenfunktionen mit $w_j(x)$ bezeichnet. Hier und im folgenden verwenden wir durchwegs die Bezeichnung $\varphi_j(x)$ für die Eigenfunktionen.

Problem aus Kap. 2, die Anpassung der freien Schwingung an die Anfangsbedingungen ohne Kollokation, läßt sich mit Hilfe der Orthogonalitätsbedingungen elegant erledigen (Abschn. 3.3). Auch die Behandlung des Bewegungsverhaltens von Kontinua für beliebige, transiente Erregung bereitet nun keinerlei Schwierigkeiten mehr (Abschn. 3.4).

Das Resonanzverhalten infolge harmonischer Erregerkräfte wurde zwar bereits in Kap. 2 diskutiert, durch die modale Darstellung in Abschn. 3.5 wird die Lösung aber transparenter und ermöglicht einen Vergleich mit dem Resonanzverhalten diskreter Systeme. Abschließend kommt noch zur Sprache, wie sich unterschiedliche Dämpfungen auf Dämpfungsgrad und Resonanzüberhöhung auswirken (Abschn. 3.6).

3.2 Orthogonalitätsbeziehungen für Balken mit einfachen Randbedingungen

Um die Orthogonalitätsbedingungen formulieren zu können, wird die partielle Bewegungsdifferentialgleichung der freien Schwingung

$$[B(x)\tilde{w}'']'' + \mu(x)\ddot{\tilde{w}} = 0$$

durch den aus Kap. 2 bekannten Produktansatz

$$\tilde{w}(x) = \varphi(x)\sin(\omega t + \beta)$$

in die gewöhnliche Differentialgleichung

$$[B(x)\varphi'']'' - \mu(x)\omega^2\varphi(x) = 0$$

überführt. Wir beschränken uns auf einen einfeldrigen Balken mit einfachen Randbedingungen an den Rändern $x = 0$ und $x = l$, Bild 3.1, d.h. wir schließen federnde Lagerungen vorerst aus.

Wir gehen außerdem davon aus, daß die Eigenschwingungsaufgabe gelöst ist, d.h., daß die Eigenfunktionen $\varphi_j(x)$ bekannt sind. Zwei Eigenfunktionen $\varphi_j(x)$ und $\varphi_k(x)$ müssen dann die homogene Differentialgleichung

$$[B(x)\varphi_j(x)'']'' - \omega_j^2\mu(x)\varphi_j(x) = 0, \tag{3.1a}$$

$$[B(x)\varphi_k(x)'']'' - \omega_k^2\mu(x)\varphi_k(x) = 0, \tag{3.1b}$$

erfüllen. Man multipliziert nun Gl. (3.1a) mit $\varphi_k(x)$ und Gl. (3.1b) mit $\varphi_j(x)$ und integriert von 0 bis l:

$$\int_0^l [(B\varphi_j'')''\varphi_k - (B\varphi_k'')''\varphi_j]\,dx = (\omega_j^2 - \omega_k^2)\int_0^l \mu\varphi_k\varphi_j\,dx.$$

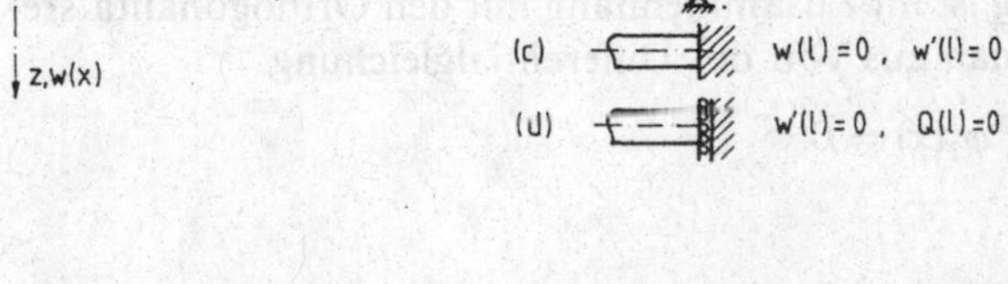

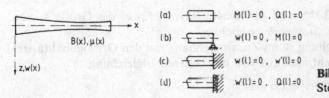

Bild 3.1. Balken veränderlicher Steifigkeit, Randbedingungen

Nach zweimaliger Intergration bleiben von dem Integral auf der linken Seite nur noch Randterme übrig:

$$(\omega_j^2 - \omega_k^2)\int_0^l \mu\varphi_j\varphi_k\,dx = [(B\varphi_j'')'\varphi_k - (B\varphi_k'')'\varphi_j]\Big|_0^l - [(B\varphi_j'')\varphi_k' - (B\varphi_k'')\varphi_j']\Big|_0^l. \tag{3.2}$$

Für alle vier in Bild 3.1 angegebenen Randbedingungen verschwinden die Randterme von Gl. (3.2). Es gilt also

$$(\omega_j^2 - \omega_k^2)\int_0^l \mu\varphi_j\varphi_k\,dx = 0 \quad \text{für} \quad j \neq k.$$

Es sind nun zwei Fälle zu unterscheiden:

a) Solange nur Einfachwurzeln ω_j^2 auftreten, ist stets

$$\omega_j \neq \omega_k \quad \text{und somit} \quad \int_0^l \mu\varphi_j\varphi_k\,dx = 0.$$

b) Im Fall von Doppelwurzeln oder Mehrfachwurzeln ist zwar $\omega_j = \omega_k$, bei der Bestimmung der zugehörigen Eigenfunktionen φ_j und φ_k kann man die Koeffizienten aber stets so festlegen, daß ebenfalls

$$\int_0^l \mu\varphi_j\varphi_k\,dx = 0.$$

Somit lautet die *1. oder Massen-Orthogonalitätsrelation*

$$\int_0^l \mu(x)\varphi_j(x)\varphi_k(x)\,dx = 0 \quad \text{für} \quad j \neq k, \tag{3.3a}$$

$$\int_0^l \mu(x)\varphi_j^2(x)\,dx = m_j \neq 0, \tag{3.3b}$$

wenn dafür gesorgt wird, daß beim Auftreten von Doppelwurzeln oder Mehrfachwurzeln die Koeffizienten so festgelegt werden, daß Gl. (3.3a) erfüllt ist.

Die *2. oder Steifigkeits-Orthogonalitätsrelation* erhält man, wenn man Gl. (3.1a) mit $\varphi_k(x)$ multipliziert, von 0 bis l integriert und durch partielle Integration umformt zu

$$\int_0^l B(x)\varphi_j''(x)\varphi_k''(x)\,dx = 0 \quad \text{für} \quad j \neq k, \tag{3.4a}$$

$$\int_0^l B(x)\,[\varphi_j''(x)]^2\,dx = s_j \neq 0. \tag{3.4b}$$

Die Größe m_j von Gl. (3.3b) wird als *generalisierte Masse*, die Größe s_j von Gl. (3.4b) als *generalisierte Steifigkeit* bezeichnet.

Noch eine weitere Gleichung ist im Zusammenhang mit den Orthogonalitätsrelationen von Interesse. Geht man aus von der Differentialgleichung

$$[B(x)\varphi_j''(x)]'' - \mu(x)\omega_j^2\varphi_j(x) = 0,$$

multipliziert mit $\varphi_j(x)$, integriert zwischen 0 und 1 und führt anschließend noch eine partielle Integration durch, bei der die Randbedingungen eingebaut werden, so erhält man

$$\int_0^l B(\varphi_j'')^2 \, dx - \omega_j^2 \int_0^l \mu\varphi_j^2 \, dx = 0$$

und mit Gln. (3.3b) und (3.4b) den Ausdruck

$$\omega_j^2 = s_j/m_j, \tag{3.5}$$

der die Bezeichnungen generalisierte Masse und generalisierte Steifigkeit plausibel macht. Die Orthogonalitätsbedingungen (3.3) und (3.4) gelten für einen Balken mit einfachen Randbedingungen (Bild 3.1). Auch für komplizierte linear-elastische Kontinua, beispielsweise für Rahmentragwerke mit Einzelmassen, für Platten oder Schalen lassen sich die Orthogonalitätsbedingungen in einer ähnlich einfachen Form angeben. Die Ableitung derartiger allgemeiner Orthogonalitätsrelationen wollen wir bis zu Kap. 5 zurückstellen.

3.3 Freie Schwingungen: Die Anpassung an die Anfangsbedingungen durch modales Vorgehen

In Kap. 2 erfolgte die Anpassung der Lösung an die Anfangsbedingungen durch Kollokation. Hierbei war die Inversion des algebraischen Gleichungssystems in Bild 2.5 erforderlich.

Mit den Orthogonalitätsrelationen gelingt es nun leicht, die Lösung der freien Schwingung, Gl. (2.26),

$$\tilde{w} = \sum_{j=1}^{\infty} \varphi_j(x)(q_{sj} \sin \omega_j t + q_{cj} \cos \omega_j t)$$

an die Anfangsbedingungen (Bild 3.2)

$$w(x, t = 0) = w_{stat}(x)$$

$$w^{\cdot}(x, t = 0) = 0$$

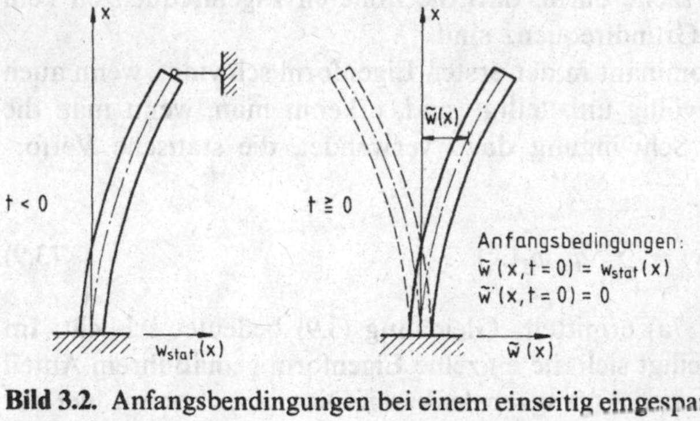

Bild 3.2. Anfangsbedingungen bei einem einseitig eingespannten, mit einem Seil ausgelenkten Balken

anzupassen. Man kann hierfür entweder die Steifigkeits-oder die Massen–Orthogonalitätsrelationen verwenden. Benutzt man die Massenorthogonalitäten, so muß man in die Anfangsbedingungen den Lösungsansatz $\tilde{w}$ einführen, mit $\mu(x)\varphi_k(x)$ multiplizieren und über den Bereich $x = 0$ bis $x = l$ integrieren:

$$\sum_{j=1}^{\infty} \int_0^l \varphi_j(x)\varphi_k(x)\mu(x)\,dx\, q_{cj} = \int_0^l \varphi_k(x)\mu(x)w_{stat}(x)\,dx, \tag{3.6a}$$

$$\sum_{j=1}^{\infty} w_j \int_0^l \varphi_j(x)\varphi_k(x)\mu(x)\,dx\, q_{sj} = 0. \tag{3.6b}$$

Mit den Massenorthogonalitäten ergibt sich dann

$$q_{cj} = \frac{1}{m_j}\int_0^l \varphi_j(x)\mu(x)w_{stat}(x)\,dx, \tag{3.7a}$$

$$q_{sj} = 0. \tag{3.7b}$$

Als Lösung der freien Schwingung erhält man damit

$$\tilde{w} = \sum_{j=1}^{\infty} \frac{1}{m_j}\int_0^l \varphi_j(\xi)\mu(\xi)w_{stat}(\xi)\,d\xi\,\varphi_j(x)\cos\omega_j t. \tag{3.8a}$$

Hätte man für die Anpassung an die Anfangsbedingungen die Steifigkeitsorthogonalität verwendet, hätte man die freien Schwingungen in folgender Form erhalten:

$$\tilde{w} = -\sum \frac{1}{s_j}\int_0^l \varphi_j''(\xi)M_{stat}(\xi)\,d\xi\,\varphi_j(x)\cos\omega_j t. \tag{3.8b}$$

Im Bild 3.3 ist der Zeitverlauf der Stabendverschiebung $\tilde{w}(l)$ wiedergegeben. Der Einfluß der 1. Eigenform mit der Schwingungsdauer $T_1/\bar{T} = 2\pi/3{,}516$ dominiert, und die höheren Eigenformen spielen nur eine untergeordnete Rolle. Bei dem (hier nicht dargestellten) Verlauf des Einspannmomentes $\tilde{M}(0)$ würde der Einfluß der höheren Eigenformen deutlicher zur Geltung kommen. Es ist aber bereits beim Zeitverlauf $\tilde{w}(l)$ ersichtlich, daß es sich nicht mehr um eine rein periodische Bewegung handelt, auch wenn die Einzelanteile, vergleiche Gl. (3.8), harmonisch verlaufen. Das hat seine Ursache darin, daß die höheren Eigenfrequenzen kein ganzzahliges Vielfaches der Grundfrequenz sind.

Weshalb das System so dominant in der ersten Eigenform schwingt, wenn auch die höheren Formen nicht völlig unbeteiligt sind, erkennt man, wenn man die Lösung (3.8a) für die freie Schwingung dazu verwendet, die statische Verformungslinie darzustellen:

$$\tilde{w}(x, t = 0) = w_{stat}(x) = \sum_{j=1}^{\infty} q_{cj}\varphi_j(x), \tag{3.9}$$

q_{cj} wird hierbei aus Gl. (3, 7a) ermittelt. Gleichung (3.9) bedeutet schlicht: Im Gesamtschwingungsbild beteiligt sich die einzelne Eigenform gemäß ihrem Anteil an der Darstellung der statischen Anfangsauslenkung. Diese aber kommt hier der ersten Eigenform sehr nahe, $w_{stat}(x) \cong \varphi_1(x)$.

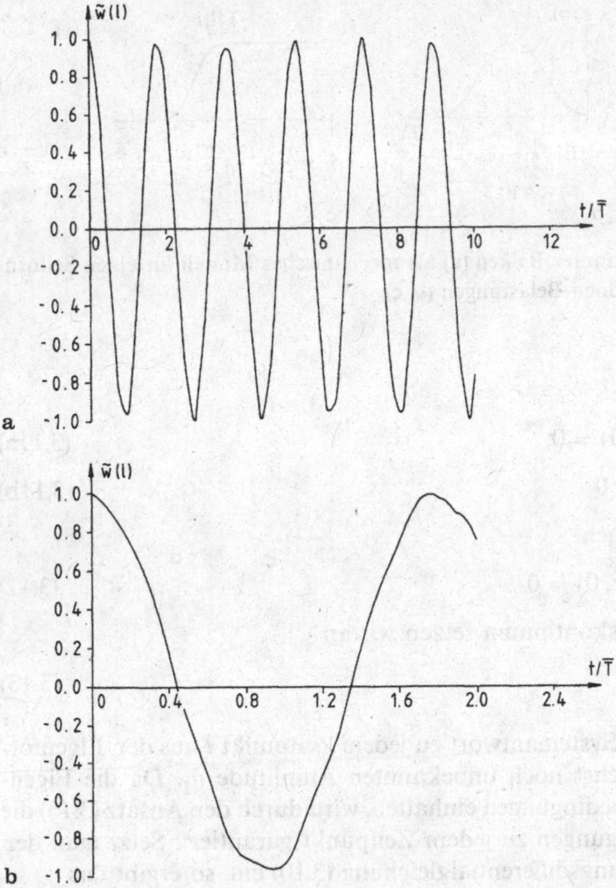

Bild 3.3a, b. Zeitlicher Verlauf der Stabendverschiebungen bei einem einseitig eingespannten Balken bei Vorgabe einer Anfangsauslenkung ($\bar{T} = \sqrt{\mu l^4 / B}$)

3.4 Lösung für allgemeine, transiente Erregung

Mit der modalen Entkopplung läßt sich ohne Schwierigkeiten auch eine Rechnung für beliebige, transiente Erregung durchführen.

Als Beispiel dient uns ein durch einen einseitig eingespannten Balken idealisierter Schornstein unter der Böenbelastung von Bild 3.4b. Auf den zeitlichen Verlauf von Erregung und Systemantwort kommt es hierbei im einzelnen nicht an. Es könnte genau so gut ein gemessener Zeitschrieb $f(t)$ zugrunde gelegt werden. Die Differentialgleichung lautet

$$(B\tilde{w}'')'' + \mu\ddot{\tilde{w}} = \tilde{p}, \tag{3.10}$$

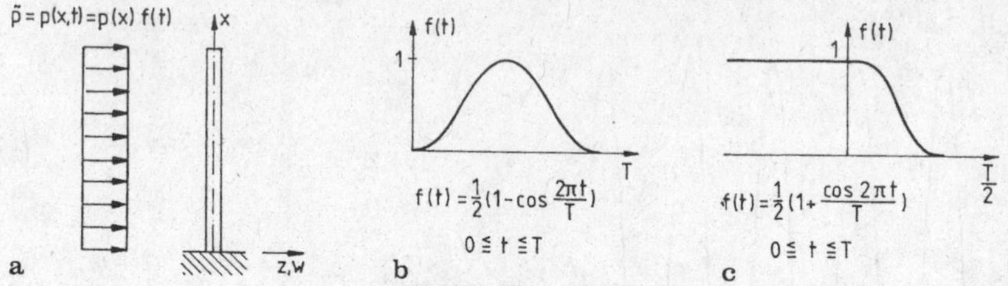

Bild 3.4a–c. Einseitig eingespannter Balken (**a**) als mechanisches Modell für einen Schornstein bei zwei verschiedenen Böen-Belastungen (**b, c**)

mit den Randbedingungen

$$\tilde{w}(0) = 0, \quad \tilde{w}' = (0) = 0, \tag{3.11a}$$

$$\tilde{M}(l) = 0, \quad \tilde{Q}(l) = 0 \tag{3.11b}$$

und den Anfangsbedingungen

$$\tilde{w}(x,0) = 0, \quad \dot{\tilde{w}}(x,0) = 0. \tag{3.12}$$

Entsprechend wie beim Diskontinuum setzen wir an

$$\tilde{w} = \sum_{j=1}^{\infty} \varphi_j(x)\tilde{q}_j, \tag{3.13}$$

d.h., wir superponieren die Systemantwort zu jedem Zeitpunkt t aus den Eigenformen $\varphi_j(x)$ mit einer zunächst noch unbekannten Amplitude $\tilde{q}_j$. Da die Eigenfunktionen $\varphi_j(x)$ die Randbedingungen einhalten, wird durch den Ansatz (3.13) die Einhaltung der Randbedingungen zu jedem Zeitpunkt garantiert. Setzt man den Ansatz (3.13) in die Bewegungsdifferentialgleichung (3.10) ein, so ergibt das

$$\sum_{j=1}^{\infty} [(B\varphi_j''(x))''\tilde{q}_j + \mu(x)\varphi_j(x)\ddot{\tilde{q}}_j] = \tilde{p}. \tag{3.14}$$

Um die Orthogonalitätsrelationen (3.3) und (3.4) ausnutzen zu können, multiplizieren wir mit $\varphi_k(x)$ und integrieren zwischen 0 and l. Die Integrale verschwinden sämtlich, außer für $j = k$ (beim 1. Integral ist noch eine partielle Integration erforderlich). Als Ergebnis erhält man

$$s_j\tilde{q}_j + m_j\ddot{\tilde{q}}_j = \tilde{r}_j \quad \text{für} \quad j = 1 \ldots \infty, \tag{3.15}$$

wobei $\tilde{r}_j$ die sogenannte *generalisierte Belastung* ist, die als Abkürzung für

$$\tilde{r}_j = \int_0^l \varphi_j(\xi)p(\xi)\,\mathrm{d}\xi f(t) = r_j f(t) \tag{3.16}$$

steht.

Aus der partiellen Differentialgleichung (3.10) sind damit unendlich viele gewöhliche Differentialgleichungen (3.15) geworden, die den zeitlichen Verlauf der Eigenfunktionsamplituden beschreiben. Das System, das durch die partielle Differentialgleichung (3.10) beschrieben wird, ist damit *modal entkoppelt* worden.

Die Anfangsbedingungen für die $\tilde{q}_j$ sind im vorliegenden Fall denkbar einfach. Aus Gl. (3.12) erhält man

$$q_j(0) = q_j^{\cdot}(0) = 0. \tag{3.17}$$

Bei der Belastung von Bild 3.4c, bei der eine bis $t = 0$ zeitlich unveränderliche Windbelastung plötzlich abflaut, sieht es hinsichtlich der Anfangsbedingungen anders aus. Aus

$$\tilde{w}(x,0) = w_0(x), \quad \tilde{w}^{\cdot}(x,0) = 0 \tag{3.18}$$

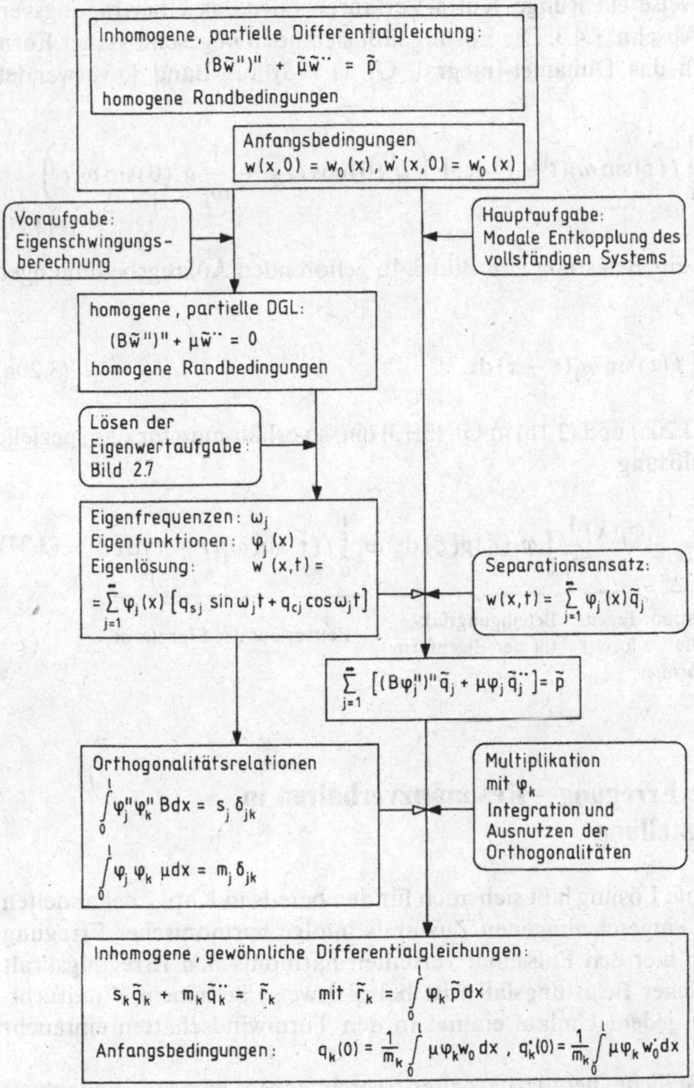

Bild 3.5. Die modale Entkopplung einer inhomogenen partiellen Differentialgleichung

folgt

$$q_j(0) = \frac{1}{m_j} \int_0^l \mu(x) \varphi_j(x) w_0(x) \, dx, \tag{3.19a}$$

$$\dot{q}_j(0) = 0. \tag{3.19b}$$

Der Rechengang der modalen Zerlegung einer inhomogenen, partiellen Differentialgleichung ist in Bild 3.5 noch einmal übersichtlich dargestellt. Vergleicht man mit Tabelle 4.2 aus Band I, so erkennt man deutlich die Analogie zwischen Diskontinuum und Kontinuum. Zur Weiterbehandlung von Gl. (3.15) läßt sich jedes für den Schwinger von einem Freiheitsgrad taugliche Integrationsverfahren benutzen, beispielsweise ein Runge–Kutta-Verfahren oder das Übertragungsverfahren aus Band I, Abschn. 1.4.3. Die Lösung läßt sich noch in geschlossener Form angeben, wenn man das Duhamel-Integral, Gl. (1.175) aus Band I, verwendet. Damit erhält man

$$\tilde{q}_j = \frac{r_j}{m_j \omega_j} \int_0^l f(\tau) \sin \omega_j (t - \tau) \, d\tau + \left(q_j(0) \cos \omega_j t + \frac{1}{\omega_j} \dot{q}_j(0) \sin \omega_j t \right) \tag{3.20}$$

oder speziell für die zur Belastung von Bild 3.4b gehörenden Anfangsbedingungen (3.17)

$$\tilde{q}_j = \frac{r_i}{m_j \omega_j} \int_0^l f(\tau) \sin \omega_j (t - \tau) \, d\tau. \tag{3.20a}$$

Setzt man die Gln. (3.20a) und (3.16) in Gl. (3.13) ein, so erhält man für das spezielle Beispiel die Gesamtlösung

$$w(x,t) = \underbrace{\sum_{j=1}^{\infty}}_{\substack{\text{Summation}\\ \text{über alle}\\ \text{Eigenformen}}} \underbrace{\varphi_j(x)}_{\substack{\text{Eigen-}\\ \text{form } j}} \underbrace{\frac{1}{s_j} \int_0^l \varphi_j(\xi) p(\xi) \, d\xi}_{\substack{\text{Beteiligungsfak-}\\ \text{tor der Eigenform}}} \underbrace{\omega_j \int_0^l f(\tau) \sin \omega_j (t-\tau) \, d\tau}_{\text{Zeitverlauf der Eigenform}} . \tag{3.21}$$

3.5 Harmonische Erregung—Resonanzverhalten in modaler Darstellung

Eine modal aufgebaute Lösung läßt sich auch für den bereits in Kap. 2 behandelten Fall des stationären eingeschwungenen Zustands infolge harmonischer Erregung angeben. Wir wollen hier den Fall einer verteilten harmonischen Erregungskraft untersuchen. Ein solcher Belastungsfall tritt beispielsweise bei einem Windturbinenblatt auf, das bei jedem Umlauf einmal in den Turmwindschatten eintaucht (Leeläufer), Bild 3.6.

Um das Grundsätzliche herauszuarbeiten, vereinfachen wir auf ein ebenes Problem und betrachten nur die Biegeschwingungen in Windrichtung (ohne Flieh-

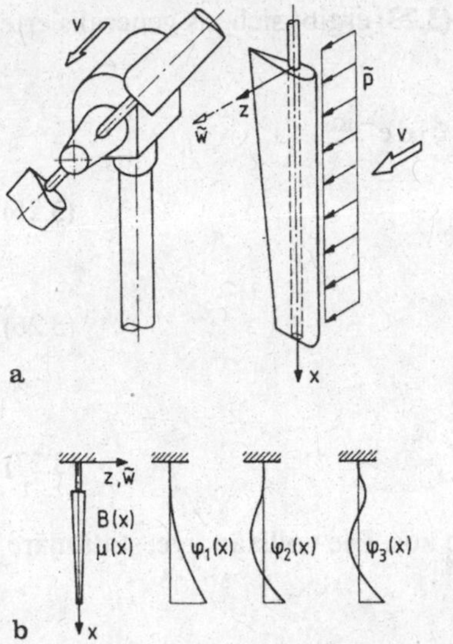

Bild 3.6a, b. Periodische Erregung eines Windturbinenblattes durch den Turmschatten (**a**). Erste Biegeeigenformen $\varphi_1(x)$, $\varphi_2(x)$, $\varphi_3(x)$ in Windrichtung (**b**)

kraftversteifung, gyroskopische Effekte, Biegetorsionskopplung usw.)

$$[B(x)\tilde{w}'']'' + \mu(x)\ddot{\tilde{w}} = \tilde{p}. \tag{3.22}$$

Von der allgemeinen, periodischen Erregung durch die Luftkräfte

$$\tilde{p} = p_0(x) + \sum_{n=1}^{\infty} p_n^c(x)\cos n\Omega t + p_n^s(x)\sin n\Omega t$$
$$= \sum_{-\infty}^{\infty} p_n(x)e^{in\Omega t}$$

berücksichtigen wir zunächst nur die Grundwelle und lassen zur Schreibvereinfachung den Index 1 weg

$$\begin{aligned}\tilde{p} &= p^c(x)\cos\Omega t + p^s(x)\sin\Omega t\\ &= p^+(x)e^{+i\Omega t} + p^-(x)e^{-i\Omega t},\end{aligned} \tag{3.23}$$

mit

$$\begin{aligned}p^+(x) &= \tfrac{1}{2}[p^c(x) - ip^s(x)],\\ p^-(x) &= \tfrac{1}{2}[p^c(x) + ip^s(x)].\end{aligned} \tag{3.24}$$

Führt man, wie im Fall transienter Erregung, den Eigenformansatz nach Gl. (3.13) ein,

$$\tilde{w} = \sum_{j=1}^{\infty} \varphi_j(x)\tilde{q}_j,$$

so erhält man durch die modale Zerlegung wiederum Gl. (3.15),

$$m_j\ddot{\tilde{q}}_j + s_j\tilde{q}_j = \tilde{r}_j, \quad j = 1, 2, \ldots$$

Für die spezielle harmonische Erregung nach Gl. (3.23) ergibt sich als generalisierte Erregung aus Gl. (3.16)

$$\begin{aligned} \tilde{r}_j &= \int_0^l \varphi_j(\xi) p^+(\xi) \mathrm{d}\xi \, \mathrm{e}^{+\mathrm{i}\Omega t} + \int_0^l \varphi_j(\xi) p^-(\xi) \mathrm{d} \, \mathrm{e}^{-\mathrm{i}\Omega t} \\ &\equiv r_j^+ \mathrm{e}^{+\mathrm{i}\Omega t} \qquad\qquad\qquad + r_j^- \mathrm{e}^{-\mathrm{i}\Omega t}. \end{aligned} \tag{3.25}$$

Mit dem Gleichtaktansatz für die Antwort

$$\tilde{q}_j = q_j^+ \mathrm{e}^{+\mathrm{i}\Omega t} + q_j^- \mathrm{e}^{-\Omega t} \tag{3.26}$$

findet man die Amplitude q_j^+ zu

$$q_j^+ = \frac{r_j^+}{s_j[1 - (\Omega/\omega_j)^2]}. \tag{3.27}$$

Die Gleichung für die Amplitude q_j^- sieht genauso aus. Die vollständige, stationäre Schwingungsantwort lautet

$$\tilde{w} = \sum_{j=1}^{\infty} \varphi_j(x)[q_j^+ \mathrm{e}^{+\mathrm{i}\Omega t} + q_j^- \mathrm{e}^{-\mathrm{i}\Omega t}], \tag{3.28a}$$

oder noch kompakter geschrieben:

$$\tilde{w} = 2\mathrm{Re} \sum_{j=1}^{\infty} \varphi_j(x) q_j^+ \mathrm{e}^{+\mathrm{i}\Omega t}, \tag{3.28b}$$

vgl. Band I, Gl. (1.111). Explizit ergibt sich nach dem Einsetzen von q_j^+ also für die stationäre Schwingungsantwort

$$\tilde{w}(x, t) = 2\mathrm{Re} \sum_{j=1}^{\infty} \frac{1}{s_j[1 - (\Omega/\omega_j)^2]} \varphi_j(x) \underbrace{\int_0^l \varphi_j(\xi) p^+(\xi) \mathrm{d}\xi}_{r_j^+} \mathrm{e}^{\mathrm{i}\Omega t} \tag{3.29a}$$

oder rein reell formuliert

$$\tilde{w}(x, t) = \sum_{j=1}^{\infty} \frac{1}{s_j[1 - (\Omega/\omega_j)^2]} \varphi_j(x) 2 \, |r_j^+| \cos(\Omega t - \beta_j). \tag{3.29b}$$

Interpretation und Vergleich mit der Darstellung des Resonanzverhaltens nach Kapitel 2

Zum Vergleich wird die Lösung der stationären Schwingungsantwort des Kragbalkens unter harmonischer Endlast in Form von Gl. (2.36a) und in modal zerlegter Form gegenübergestellt:

$$\begin{aligned} \tilde{w} = \frac{P_0}{2B\Lambda^3} \Bigg[&\frac{(\sin \Lambda l + \sinh \Lambda l)}{(1 + \cos \Lambda l \cosh \Lambda l)} (\cosh \Lambda x - \cos \Lambda x) \\ &- \frac{(\cos \Lambda l + \cosh \Lambda l)}{(1 + \cos \Lambda l \cosh \Lambda l)} (\sinh \Lambda x - \sin \Lambda x) \Bigg] \sin \Omega t, \end{aligned} \tag{2.36a}$$

$$\tilde{w} = \sum_{j=1}^{\infty} \frac{1}{s_j[1 - (\Omega/\omega_j)^2]} \varphi_j(x) \varphi_j(l) P_0 \sin \Omega t. \tag{3.30}$$

Die modale Darstellung ist durchsichtiger. Man erkennt sofort, daß bei resonanznaher Anregung ($\Omega \cong \omega_j$) die zugehörige Eigenform $\varphi_j(x)$ dominiert, weil im Nenner $[1-(\Omega/\omega_j)^2]$ sehr klein wird. Die Resonanzpeaks von Bild 2.11 und der 180°-Phasensprung an diesen Stellen finden damit eine sehr einfache, natürliche Erklärung.

Auch das Tilgerpunktphänomen zwischen den Resonanzstellen, das in Bild 2.11 erkennbar ist, erklärt sich zwanglos: Liegt die Erregerfrequenz beispielsweise zwischen der ersten und der zweiten Resonanzstelle, $\omega_1 < \Omega < \omega_2$, dann hat sich im Frequenzgang der ersten Eigenform schon der Vorzeichenwechsel vollzogen ($\Omega > \omega_1$), während für die zweite sowie alle höheren Eigenformen noch das Pluszeichen gilt. Für jede Stelle des Balkens muß dann bei irgendeiner Frequenz zwischen ω_1 und ω_2 Ruhe eintreten.

Nur wenn in Gl. (3.29b) die generalisierte Erregungskraftamplitude r_j^+ „zufällig" Null wird, weil die Gewichtung der physikalischen Erregungskraftverteilung $p^+(\xi)$ mit der Eigenform $\varphi_j(\xi)$ (Gl. (3.29a)) das so ergibt, fällt ein Resonanzpeak völlig aus. Im vorliegenden Beispiel des Turbinenblatts im Turmnachlauf tritt das nicht auf. Beim Auswuchten von Rotoren wird dieser „Zufall" systematisch herbeigeführt.

3.6 Dämpfungseinfluß

Läßt man, wie schon im Abschn. 2.4.5, ein viskoelastisches Materialverhalten mit steifigkeitsproportionaler Dämpfung zu, so gelingt es weiterhin, mit den Eigenformen $\varphi_j(x)$ des konservativen Systems modal zu entkoppeln. Auch die Annahme einer massenproportionalen Dämpfung $k_m \mu(x)\tilde{w}^{\cdot}$ behindert die modale Zerlegung nicht.

Aus der Bewegungsgleichung eines solchen Biege-Schwingers mit Proportionaldämpfung

$$[B(x)\tilde{w}'']'' + k_s[B(x)\tilde{w}'']''^{\cdot} + \mu(x)\tilde{w}^{\cdot\cdot} + k_m\mu(x)\tilde{w}^{\cdot} = \tilde{p} \tag{3.31}$$

ergeben sich mit dem Ansatz

$$\tilde{w} = \sum_{j=1}^{\infty} \varphi_j(x)\tilde{q}_j \tag{3.13}$$

völlig analog zum Vorgehen in Abschn. 3.4 die modal entkoppelten Bewegungsgleichungen

$$m_j\tilde{q}_j^{\cdot\cdot} + d_j\tilde{q}_j^{\cdot} + s_j\tilde{q} = \tilde{r}_j. \tag{3.32}$$

Sie enthalten nun noch das Dämpfungsglied

$$d_j = k_s s_j + k_m m_j, \tag{3.33}$$

das, wie sollte es anders sein, der generalisierten Masse respektive der generalisierten Steifigkeit proportional ist.

Betrachtet man ein solches System unter harmonischer Erregung, so ergibt sich aus einer Rechnung analog zum Vorgehen in Abschn. 3.5 die stationäre Schwingungsantwort zu

$$\tilde{w} = 2\mathrm{Re}\Bigg\{\sum_{j=1}^{\infty} \underbrace{\varphi_j(x)}_{\text{Eigen-form}} \underbrace{\frac{1}{s_j[1-(\Omega/\omega_j)^2+2\mathrm{i}D_j\Omega/\omega_j]}}_{\text{Frequenzgang}} \underbrace{\int_0^l \varphi_j(\xi)p^+(\xi)\mathrm{d}\xi \mathrm{e}^{\mathrm{i}\Omega t}}_{\text{gewichtete Belastung}}\Bigg\} \tag{3.34}$$

mit dem Dämpfungsgrad

$$D_j = \frac{d_j}{2\sqrt{s_j m_j}}. \tag{3.35}$$

Wir greifen nun noch einmal die Frage auf, die schon für das Diskontinuum in Band I, Abschn. 4.5 diskutiert wurde. Wie wirken sich die verschiedenen Proportionaldampfungsmodelle, d.h.

— die massenproportionale, viskose äußere Dämpfung,
— die steifigkeitsproportionale, viskoelastische innere Dämpfung k_s und
— die steifigkeitsproportionale Strukturdämpfung $k_s \approx k_0/\Omega$

auf den Dämpfungsgrad D_j und die Resonanzüberhöhung aus, wenn man Resonanzstellen mit unterschiedlicher Ordnungszahl $j = 1, 2 \ldots$ miteinander vergleicht?

Die *Dämpfungsgrade* für die drei Modelle sind in Tabelle 3.1 zusammengestellt. Hält man in Erinnerung, daß die Eigenfrequenzen bei Biegebalken mit $\mu = \text{const}$

Tabelle 3.1. Dämpungskonstante und Dämpfungsgrad bei unterschiedlicher Dämpfungsart. Resonanzüberhöhung in Abhängigkeit von der Art der Dämpfung und der Erregung

	steifigkeitsproportionale		massenproportionale
	viskose Dämpfung	Struktur-dämpfung	viskose Dämpfung
Dämpfungsgesetz	$\tilde{\sigma} = (\tilde{\varepsilon} + k_s\dot{\tilde{\varepsilon}})$	$\sigma = E(1 + \mathrm{i}k_0)\,\varepsilon$	$\mu(\ddot{\tilde{w}} + k_m\dot{\tilde{w}})$
Dämpfungskonstante	$d_j = k_s s_j$		$d_j = k_m m_j$
Dämpfungsgrad	$D_j = \frac{1}{2}k_s\omega_j$	$D_j = \frac{1}{2}k_0\frac{\omega}{\Omega}j \cong \frac{1}{2}k_0$ *)	$D_j = \frac{1}{2}k_m\frac{1}{\omega_j}$
Resonanzüberhöhung für $P_0 \sin \Omega t$ 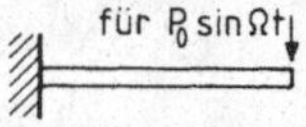	$\sim 1/\omega_j^3$	$\sim 1/\omega_j^2$	$\sim 1/\omega_j$
Resonanzüberhöhung bei Unwucht-erregung 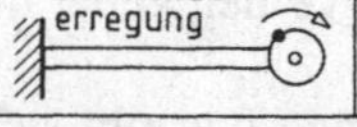	$\sim 1/\omega_j$	~ 1	$\sim \omega_j$

* Da der Einfluß der Dämpfung in der Regel nur in unmittelbarer Resonanznähe interessiert ($\Omega = \omega_j$), setzt man $D_j = k_0/2$

und $B = \text{const}$ etwa mit dem Quadrat der Ordnungszahl j ansteigen (siehe auch Tabelle 2.3), wird deutlich, wie unterschiedlich sich die in den drei Modellen steckenden Annahmen auf den Dämpfungsgrad auswirken. In Band I wurde betont, daß das steifigkeitsproportionale Strukturdämpfungsmodell mit k_0 am ehesten auf eine einigermaßen realitätsnahe Beschreibung des Verhaltens von metallischen Konstruktionen und Stahlbeton führt. Hier ist der Dämpfungsgrad unabhängig von der Ordnungszahl.

Bei der Betrachtung von *Resonanzüberhöhungen* wird alles etwas komplizierter, weil jetzt zusätzlich noch die Erregung selbst frequenzabhängig sein kann und weil auch noch die Gewichtung der Belastung mit Eigenformen unterschiedlicher Ordnungszahl eine Rolle spielt. Um den letzten Einfluß auszuschalten, behandeln wir nur den Kragbalken unter Einzellast, für den man aus Gl. (3.34) mit $\Omega = \omega_j$

$$w_{max}(l, \Omega = \omega_j) = \frac{\varphi_j^2(l)}{2m_j \omega_j^2 D_j} P \tag{3.36}$$

erhält. Die Eigenformen lassen sich beim Kragbalken auf $\varphi_j(l) = 1$ normieren. Die generalisierten Massen m_j sind dann praktisch von der Ordnungszahl unabhängig (ähnlich wie bei Balken auf zwei Stützen, für den $m_j = \mu l/2$ gilt). Gleichung (3.36) ist dann leicht durchschaubar. Ist die Erregerkraft P am Balkenende selbst unabhängig von der Ordnungszahl ($P = P_0$), dann ergibt sich die in der vorletzten Zeile von Tabelle 3.1 angegebene Abhängigkeit von ω_j. Wächst die Erregerkraft aber selbst wie im Beispiel der Unwuchterregung ($P = \Delta m \Omega^2 r$) quadratisch mit der Frequenz an, dann gilt für die Resonanzüberhöhung die unterste Zeile von Tabelle 3.1.

Wir wollen die Aussage der Tabelle 3.1 noch mit einem Beispiel illustrieren (Bild 3.7). Der beiderseits gelenkig gelagerte Balken wird im Viertelspunkt durch einen Motor mit einer umlaufenden Unwucht der Masse m erregt. Die Motormasse wollen wir vernachlässigen, sodaß wir die Eigenformen des beiderseits gelenkig gelagerten Balkens verwenden können. In Bild 3.8 ist die Vergrößerungsfunktion für die Verschiebung des Lastangriffspunktes für drei verschiedene Dämpfungsarten angegeben. Im Fall steifigkeitsproportionaler Strukturdämpfung wurde ein Dämpfungsmaß

$$D_j \cong \frac{k_0}{2} = 0{,}05$$

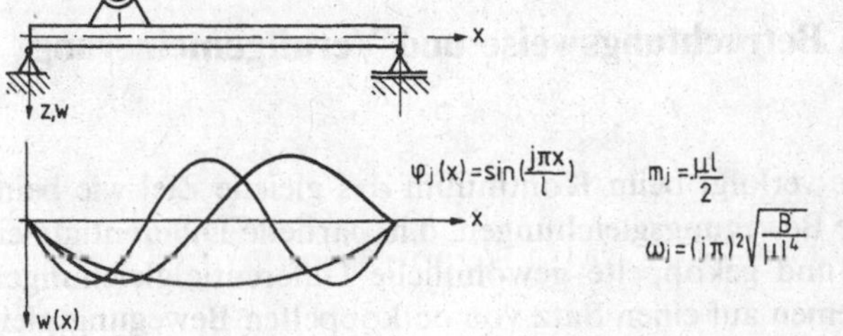

Bild 3.7. Balken mit harmonischer Einzellasterregung im Viertelspunkt

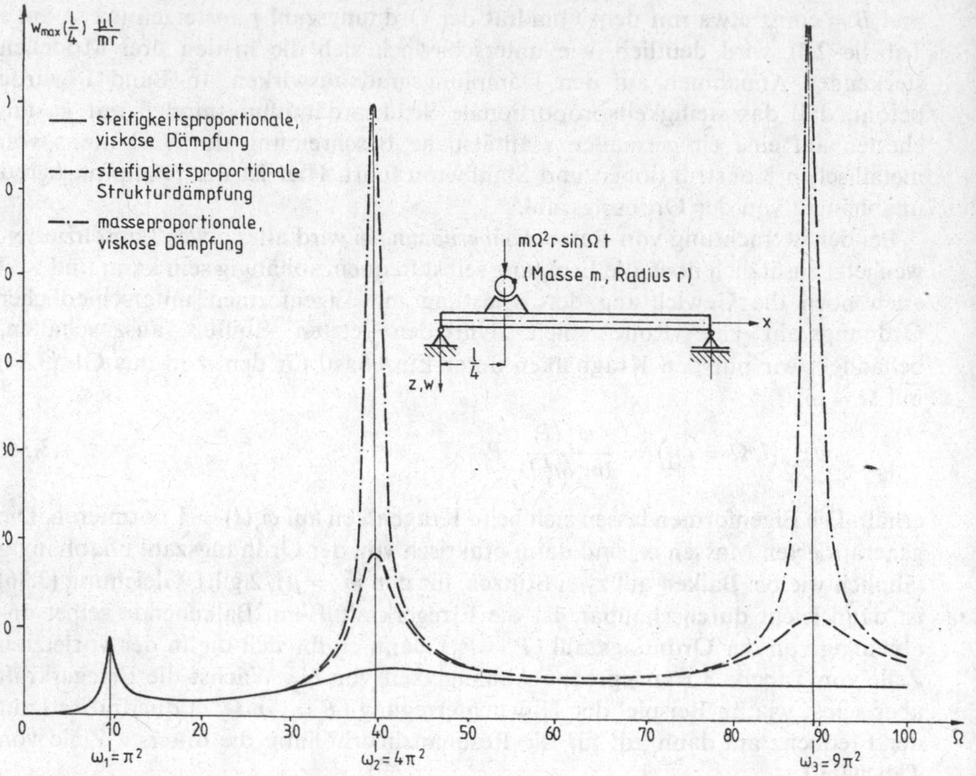

Bild 3.8. Vergrößerungsfunktion für die Verschiebung unter dem Lastangriffspunkt

zugrundegelegt. Die Parameter k_s und k_m wurden so gewählt, daß sich für alle drei Dämpfungsarten an der 1. Resonanzstelle die gleiche Resonanzüberhöhung ergibt. Die bereits in Tabelle 3.1 für den Fall der Unwuchterregung festgestellte Tendenz ist auch in Bild 3.8 deutlich zu erkennen: Während bei steifigkeitsproportionaler Strukturdämpfung die Resonanzüberhöhungen etwa gleich groß bleiben, steigen sie bei masseproportionaler, viskoser Dämpfung mit der Frequenz an und sinken bei steifigkeitsproportionaler, viskoser Dämpfung mit der Frequenz sogar so stark ab, daß an der 3. Eigenfrequenz überhaupt keine Resonanzüberhöhung mehr zu beobachten ist.

3.7 Bilanz zur modalen Betrachtungsweise und Verallgemeinerung

Die modale Vorgehensweise verfolgt beim Kontinuum das gleiche Ziel wie beim Diskontinuum: komplizierte Bewegungsgleichungen, d.h. partielle Differentialgleichungen beim Kontinuum und gekoppelte gewöhnliche Differentialgleichungen bei Mehr-Freiheitsgradsystemen auf einen Satz von entkoppelten Bewegungsgleichungen von Ein-Freiheitsgradsystemen zurückzuführen. Das Vorgehen ist völlig analog, siehe Tabelle 3.2.

Die Eigenformen werden beim Kontinuum durch Eigenfunktionen $\varphi_j(x)$ dargestellt, beim Diskontinuum durch Eigenvektoren $\boldsymbol{u}_j$. Beim Kontinuum läuft die Reihendarstellung bis $j = \infty$, beim Diskontinuum treten nur so viele Glieder auf wie Freiheitsgrade im Spiel sind. Da man in der Praxis aber nur die ersten Glieder der Reihendarstellung berücksichtigt, verwischt sich dieser Unterschied wieder.

Die modale Darstellung der Schwingungsantwort einer Struktur unter harmonischer Erregung weist für ein Kontinuum und ein N-Freiheitsgradsystem jetzt natürlich große Ähnlichkeit auf. Bei Beschränkung auf den ungedämpften Fall ergibt sich:

Kontinuum

$$\tilde{w}(x, t) = 2\mathrm{Re} \sum_{j=1}^{\infty} \frac{1}{s_j[1 - (\Omega/\omega_j)^2]} \varphi_j(x) \int_0^l \varphi_j(\xi) p^+(\xi) \mathrm{d}\xi \, \mathrm{e}^{\mathrm{i}\Omega t}, \tag{3.29a}$$

Diskontinuum

$$\tilde{\boldsymbol{u}} = 2\mathrm{Re} \sum_{j=1}^{N} \frac{1}{s_j[1 - (\Omega/\omega_j)^2]} \boldsymbol{u}_j(\boldsymbol{u}_j^\mathrm{T} \boldsymbol{p}^+) \mathrm{e}^{\mathrm{i}\Omega t}. \qquad \text{(Band I, 4.43)}$$

Auch die geschlossene Lösung für beliebige Erregung in Form der *Duhamel–Integrale* spiegelt diese Analogie wieder.

Kontinuum

$$w(x, t) = \sum_{j=1}^{\infty} \varphi_j(x) \int_0^l \varphi_j(\xi) p(\xi) \mathrm{d}\xi \, \frac{\omega_j}{s_j} \int_0^t f(\tau) \sin \omega_j(t - \tau) \, \mathrm{d}\tau, \tag{3.21}$$

Tabelle 3.2. Gegenüberstellung der Gewinnung der generalisierten Größen bei modaler Zerlegung von Proportionalsystemen in diskreter (links) und kontinuierlicher Formulierung (Balken, rechts)

	$m_j \ddot{\tilde{q}}_j + d_j \dot{\tilde{q}}_j + s_j \tilde{q}_j = \tilde{r}_j$	
	$j = 1 \dots N$	$j = 1 \dots \infty$
Eigenformen	u_j - Vektor	$\varphi_j(x)$ - Funktion
generalisierte Masse m_j	$u_j^T M_s u_j$	$\int_0^l \mu(x) \varphi_j^2(x) dx$
generalisierte Dämpfung d_j	$k_m m_j + k_s s_j$	$k_m m_j + k_s s_j$
generalisierte Steifigkeit s_j	$u_j^T S_s u_j$	$\int_0^l B(x) \varphi_j''^2(x) dx$
generalisierte Belastung p_j	$u_j^T p f(t)$	$\int_0^l \varphi_j(x) p(x) dx$
	$\tilde{u} = \sum_{j=1}^{N} u_j \tilde{q}_j$	$\tilde{w} = \sum_{j=1}^{\infty} \varphi_j(x) \tilde{q}_j$.
	Diskontinuum	Kontinuum

mit $$s_j = \int_0^l \varphi_j''(\xi) B(\xi) \varphi_j''(\xi) \,\mathrm{d}\xi. \tag{3.4b}$$

Aus den Gln. (4.2), (4.7) und (1.164) von Band I erhält man entsprechend für das

Diskontinuum

$$\boldsymbol{u}(t) = \sum_{j=1}^{N} \boldsymbol{u}_j (\boldsymbol{u}_j^{\mathrm{T}} \boldsymbol{p}) \frac{\omega_j}{s_j} \int_0^t f(\tau) \sin \omega_j (t - \tau) \,\mathrm{d}\tau,$$

mit $$s_j = \boldsymbol{u}_j^{\mathrm{T}} \boldsymbol{S} \boldsymbol{u}_j. \qquad \text{(Band I, 4.14b)}$$

Im Lösungsausdruck für das Kontinuum treten örtliche Integrale auf, die aus der physikalischen Erregungskraftverteilung $p(\xi)$ durch die Wichtung mit der Eigenfunktion $\varphi_j(\xi)$ die generalisierte Erregung bilden. Beim Diskontinuum treten anstelle der Integrale Skalarprodukte (Summenausdrücke) auf, die das gleiche leisten: den Erregerkraftvektor $\boldsymbol{p}$ mit dem Eigenvektor $\boldsymbol{u}_j$ zu wichten.

In Kap. 3 gingen wir zunächst davon aus, daß sich die Eigenfunktionen $\varphi_j(\xi)$ analytisch bestimmen lassen. Bei einigen Bauelementen konstanter Steifigkeit und Massebelegung war die Angabe analytischer Lösungen, wie wir gesehen haben, in der Tat möglich. Schon bei dem sehr regelmäßig gebauten und stark idealisierten Glockenturm nach Bild 3.9 wird eine analytische Berechnung der Eigenformen sehr schwierig. Bei realen technischen Strukturen, wie dem Turbosatz nach Bild 3.10 oder der Brücke nach Bild 3.11, müssen die Eigenformen und Eigenfrequenzen mit numerischen Verfahren ermittelt werden, wie sie in den Kap. 4 und 6 vorgestellt werden.

Sobald die Eigenformen aber vorliegen, läßt sich die Schwingungsantwort wieder durch modale Superposition mit den angegebenen Gleichungen ermitteln. Daß bei flächenhaften Gebilden, wie Platten, Scheiben oder Schalen, die Eigenfor-

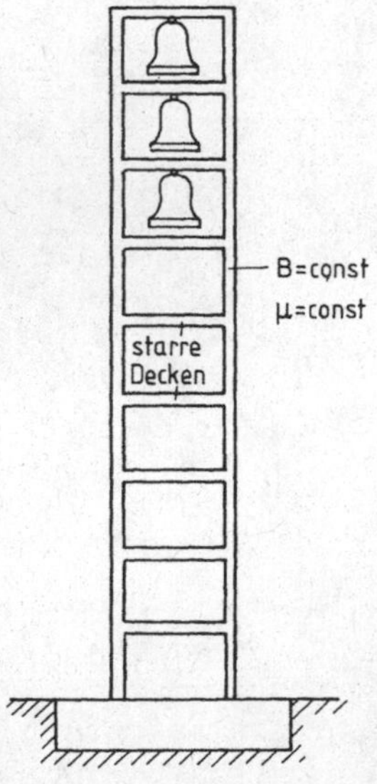

Bild 3.9. Modell eines Glockenturms

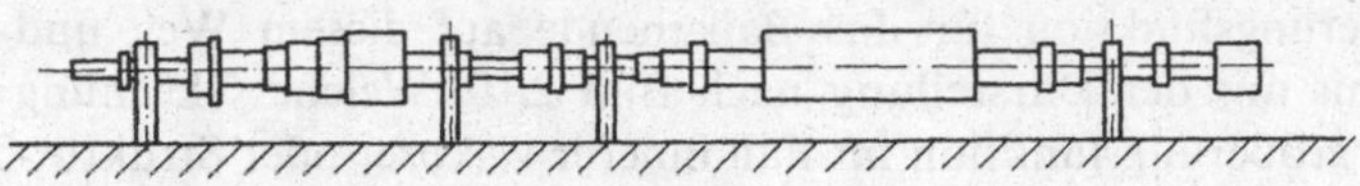

Bild 3.10. Modell einer 60 MW-Turbine

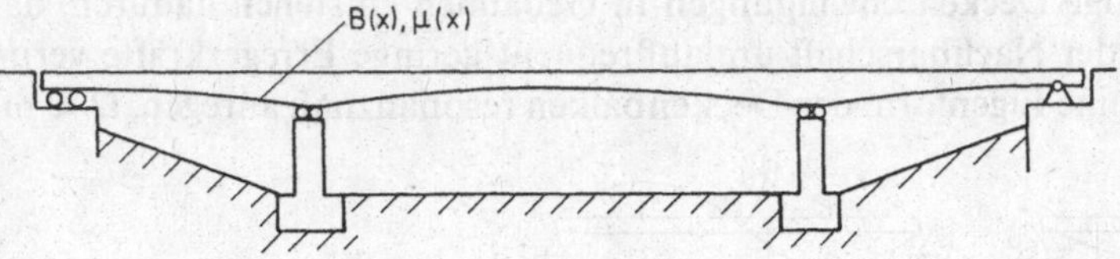

Bild 3.11. Durchlaufträger mit veränderlicher Biegesteifigkeit $B(x)$ und veränderlicher Massenbelegung $\mu(x)$

men von zwei Koordinaten abhängen, $\varphi_j = \varphi_j(x, y)$ bzw. $\varphi_j(r, \varphi)$, oder bei räumlichen Systemen von dreien, ändert nichts an diesem Vorgehen.

Wie bei der modalen Behandlung des Diskontinuums bereitet es keine Schwierigkeiten Dämpfung mit zu berücksichtigen, solange das formale Kriterium erfüllt ist, daß es sich um Proportionaldämpfung handelt. Praktisch lassen sich alle schwach gedämpften Strukturen wie Brücken, Turm- oder Hochhauskonstruktionen, wälzgelagerte Rotoren, Karosserien so behandeln. Wie in Kap. 4 von Band I eingehend diskutiert wurde, führt man in diesen Fällen ein modales Dämpfungsmaß D_j ein. Die Zahlenwerte für dieses Dämpfungsmaß werden experimentell bestimmt oder, wenn kein Prototyp vorhanden ist, von vergleichbaren Konstruktionen übernommen.

Eine Grenze der modalen Behandlung ist erreicht, wenn lokale Dämpfer im Spiel sind, da hierfür das formale Kriterium „Proportionaldämpfung" nicht mehr erfüllt ist. In diesem Fall muß man auf die in Kap. 5 von Band I dargestellte bimodale Behandlung übergehen, für die es aber auf der Ebene der Kontinua (z. Zt.) kein Äquivalent gibt. Praktisch ist das aber keine Einschränkung, weil die Rückführung des Kontinuums in ein gleichwertiges Diskontinuum mit Hilfe der Methode der finiten Elemente (Kap. 7) gelingt, auf das sich dann wieder die bimodale Behandlung anwenden läßt.

3.8 Übungsaufgaben

Aufgabe 3.1. Freie, gedämpfte Schwingung

Wie lautet die Lösung für die freien Schwingungen des Balkens von Bild 3.2, wenn es sich um ein viskoelastisches Material handelt ($\tilde{\sigma} = E\tilde{\varepsilon} + k_s E\tilde{\varepsilon}^{\cdot}$)?

Aufgabe 3.2. Resonanzverhalten des Kragbalkens, modal

In Abschn. 2.3 wurde das Resonanzverhalten des Kragbalkens unter harmonischer Endlast ohne Verwendung der modalen Zerlegung eingehend untersucht. Verwende nun die modale Darstellung nach Abschn. 3.5, Gl. (3.30), zur Überprüfung.

Ermittle die Vergrößerungsfunktion für das Balkenende auf diesem Weg und vergleiche das Ergebnis mit der Darstellung nach Bild 2.10. Welche Gleichung erhält man für die Vergrößerungsfunktion im Fall innerer viskoser oder Strukturdämpfung?

Aufgabe 3.3. Beanspruchung bei schwingenden Gebäudedecken

Spürbare und lästige Deckenschwingungen in Gebäuden entstehen dadurch, daß eine Maschine in der Nachbarschaft umlauffrequent geringe Erregerkräfte verursacht, die zufällig eine Eigenform der Deckenbalken resonanznah anregen, $\Omega \approx \omega_j$.

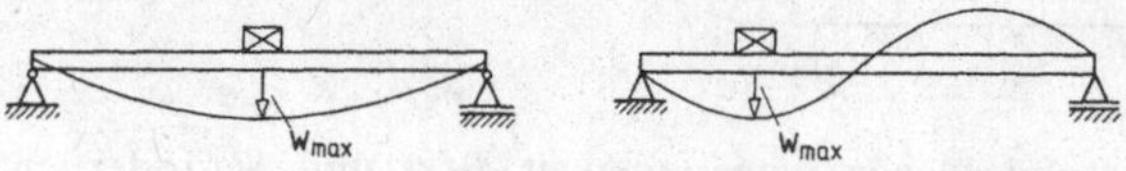

Bild 3.12. Schwingungsmeßort

Wie groß die zusätzlich auftretenden Biegespannungen sind, läßt sich in einfacher Weise aus einer Schwingungsmessung ermitteln. Es muß die Frequenz Ω und der größte auftretende Schwingungsausschlag w_{max} gemessen werden, siehe Bild 3.12. Für den beidseitig gestützten, rechteckigen Balken konstanter Steifigkeit EI und konstanter Massenbelegung $\mu = \varrho F$ (Dichte ϱ, Querschnittsfläche $F = bh$) gilt bei resonanznahem Schwingen

$$\sigma_{max} = \sqrt{E\varrho}\,\sqrt{3}\,w_{max}\,\Omega$$

unabhängig von

— der Balkenlänge l,
— dem Querschnittsverhältnis b/h,
— der Dämpfung k_m und
— der Ordnungszahl der Eigenform.

Wieso?

Aufgabe 3.4. Beanspruchung im Kragbalken

Für den Kragbalken gilt der gleiche Zusammenhang, obwohl nun die Stelle größten Ausschlags (Kragende) w_{max} nicht mehr mit der Stelle größter Beanspruchung (Einspannstelle) zusammenfällt (Bild 3.13). Wieso?

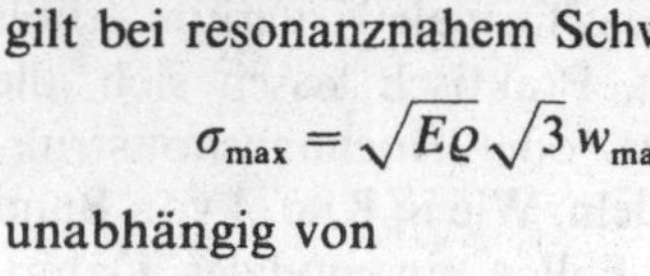

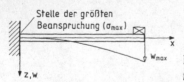

Bild 3.13. Beanspruchungsermittlung durch Schwingungsmessungen beim Kragbalken

Aufgabe 3.5. Campbell-Diagramm

Wie die Schwingungsberechnung für ein Turbinenblatt erfolgt, das den Windschatten des Turms periodisch passiert, wurde in Abschn. 3.5 gezeigt. Wir hatten dort allerdings nur die Erregung durch die Grundwelle, die 1Ω-periodisch ist, berücksichtigt. Deren Antwort ist noch der Beitrag der höheren harmonischen, die 2Ω-, 3Ω-, 4Ω-usw. -periodisch sind, zu überlagern.

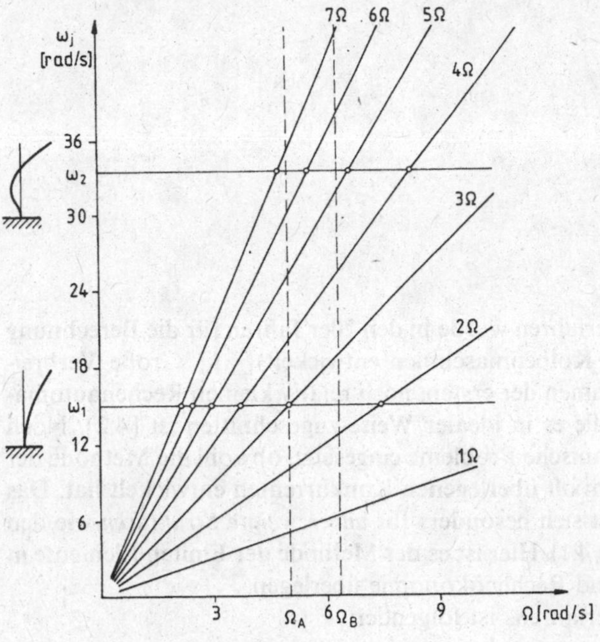

Bild 3.14. Campbell-Diagramm

Im praktischen Dampf-, Gas- und Windturbinenbau umgeht man gerne die genaue Ermittlung der Schwingungsantwort auf diese allgemein periodische Erregung, zumindest in der Entwurfsphase. Man ermittelt nur die Eigenfrequenzen ω_j und sichert resonanzfreien Betrieb dadurch, daß man das Diagramm nach Bild 3.14 zeichnet, das im englischen Sprachraum als Campbell-Diagramm bezeichnet wird.

Wieso ist die Auslegung auf die Betriebsdrehzahl Ω_B (etwa 1 Hz) in Ordnung, während die auf Ω_A (etwa 0, 8 Hz) nicht gut ist?

4 Das Verfahren der Übertragungsmatrizen

4.1 Einleitung

Das Übertragungsmatrizenverfahren wurde in den 20er Jahren für die Berechnung von Drehschwingungen von Kolbenmaschinen entwickelt [4.1]. Große Verbreitung fand es mit dem Aufkommen der ersten, noch relativ kleinen Rechenautomaten in den 50er Jahren, für die es in idealer Weise zugeschnitten ist [4.2]. Noch heute wird es für zahllose technische Probleme eingesetzt, obwohl die Methode der finiten Elemente sich zu einem oft überlegenen Konkurrenten entwickelt hat. Das Übertragungsverfahren eignet sich besonders für *unverzweigte Strukturen* wie den skizzierten Fernsehturm (Bild 4.1). Hier ist es der Methode der Finiten Elemente in Eleganz der Formulierung und Rechenökonomie überlegen.

Der Grundgedanke des Verfahrens ist folgender:

— Die Struktur wird in Teilabschnitte zerlegt (hier Balkenelemente), für die die Schwingungsgleichungen durch Ansätze für die Orts- und Zeitabhängigkeit vorab gelöst werden.

— Die Lösung wird in eine Form gebracht, die es erlaubt, die Zustandsgrößen (Amplituden von Verschiebung, Neigung, Moment, Querkraft) zu Ende eines Abschnitts durch die Zustandsgrößen zu Anfang des Abschnitts auszudrücken:

$$\begin{Bmatrix} -w \\ -w' \\ M \\ Q \end{Bmatrix}_1 = [\,T(\omega)\,] \begin{Bmatrix} -w \\ -w' \\ M \\ Q \end{Bmatrix}_0 .$$

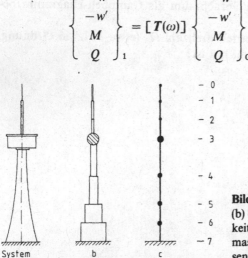

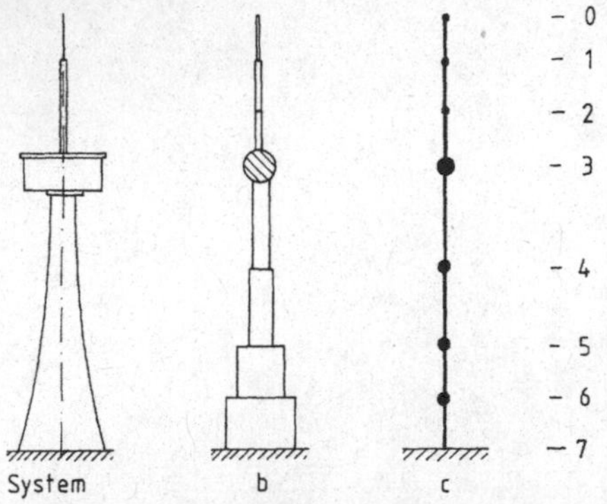

Bild 4.1. Modellierung eines Fernsehturms (b) durch Abschnitte mit konstanter Steifigkeit und Massenbelegung und eine Punktmasse und (c) durch ein reines Punktmassenmodell

Die Übertragungsmatrix ***T*** vermittelt diesen Zusammenhang. In sie gehen die Abschnittseigenschaften wie Masse, Länge, Steifigkeit ein und die Frequenz, mit der das System schwingt.

— Die Schwingungsgleichungen für die Gesamtstruktur werden dann unter Berücksichtigung von Verträglichkeit und Gleichgewicht aus den Lösungen der Teilabschnitte zusammengefügt. Die Zwischenunbekannten der Verbindungsstellen fallen heraus. Bei einer unverzweigten Struktur wie dem Fernsehturm entsteht dann ein sehr kleines Gleichungssystem, das nur noch die Zustandsgrößen vom Anfang (Stelle 0) und vom Ende (Stelle 7) enthält, in das sich die Randbedingungen dieser Stellen leicht einbauen lassen.

Dieses Endgleichungssystem ist also in der Zahl der Unbekannten unabhängig von der Zahl der Abschnitte, die zur Modellierung gewählt werden. Das macht die numerische Ökonomie des Verfahrens aus – aber auch seine gelegentlichen numerischen Schwächen.

Im folgenden wird die Anwendung des Übertragungsmatrizenverfahrens am Biegebalkensystem dargestellt. Zunächst werden die Übertragungsmatrizen für einige Elemente wie Punktmasse, elastische Stützfeder, biegeelastischer Balkenabschnitt mit konstanter Steifigkeit und Massenbelegung aufgestellt, Abschn. 4.2. Dann wird für die Berechnung von Eigenfrequenzen und Eigenformen das Endgleichungssystem formuliert und gelöst, Abschn. 4.3. Auf die Besonderheiten, die bei steifen und starren Zwischenstützen in Durchlaufträgern zu beachten sind, wird im Abschn. 4.4 eingegangen. Die Behandlung erzwungener periodischer Schwingungen mit Hilfe von Übertragungsmatrizen wird im Abschn. 4.5 dargestellt.

Dieses Thema wird im folgenden Abschn. 4.6 noch einmal aufgegriffen für ein spezielles System: Eisenbahngleis unter harmonischer Last. Hier liegen Systemgrenzen im Unendlichen vor, was Zusatzüberlegungen erfordert. In den Abschn. 4.7 bis 4.9 werden die Grenzen der Übertragungsverfahrens aufgezeigt.

4.2 Einige Übertragungsmatrizen

Punktmasse und Masse mit Drehträgheit

Die Übertragungsmatrix eines Abschnitts verknüpft, wie in der Einleitung schon beschrieben, die Zustandsgrößen zu Anfang und zu Ende des harmonisch schwingenden Elements. Befindet sich in einer biegeelastischen Struktur eine *Punktmasse*, Bild 4.2, so lautet die Bewegungsgleichung nach Newton.

$$m\tilde{w}^{\cdot\cdot} = \tilde{Q}_1 - \tilde{Q}_0. \tag{4.1}$$

Bild 4.2. Punktmasse (links), Masse mit Drehträgheit Θ (rechts)

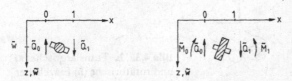

Daraus folgt mit dem Eigenschwingungsansatz $\tilde{w} = w \sin \omega t$ und $\tilde{Q}_0 = Q_0 \sin \omega t$, $\tilde{Q}_1 = Q_1 \sin \omega t$ die Lösung für die Amplituden zu

$$Q_1 = Q_0 - \omega^2 m w. \tag{4.2}$$

Da die Punktmasse keinerlei Längenerstreckung hat, gilt natürlich weiter $w = w_0 = w_1$, $w' = w_0' = w_1'$ und $M_0 = M_1$.

Sortiert man das zusammen mit Gl. (4.2) in die Übertragungsmatrix ein, erhält man schließlich

$$\begin{Bmatrix} -w \\ -w' \\ M \\ Q \end{Bmatrix}_1 = \begin{bmatrix} 1 & 0 & 0 & 0 \\ 0 & 1 & 0 & 0 \\ 0 & 0 & 1 & 0 \\ m\omega^2 & 0 & 0 & 1 \end{bmatrix} \cdot \begin{Bmatrix} -w \\ -w' \\ M \\ Q \end{Bmatrix}_0 \tag{4.3}$$

$$\boldsymbol{x}_1 \quad = \quad \boldsymbol{T}^{\mathrm{m}} \quad \boldsymbol{x}_0$$

$\boldsymbol{T}^{\mathrm{m}}$ ist die Übertragungsmatrix, die die Amplituden des Zustands zu Anfang und zu Ende des Abschnitts verknüpft.

Gesteht man dem Körper mit der Masse m auch noch Drehträgheit Θ zu, Bild 4.2 (rechts), dann liefert die Momentenbilanz noch die Aussage

$$\Theta \ddot{\tilde{w}}' = \tilde{M}_0 - \tilde{M}_1. \tag{4.4}$$

Mit dem harmonischen Ansatz $\tilde{w}' = w' \sin \omega t$ und $\tilde{M}_0 = M_0 \sin \omega t$ bzw. $\tilde{M}_1 = M_1 \sin \omega t$ erhält man

$$M_1 = M_0 + \omega^2 \Theta w'. \tag{4.5}$$

In die Übertragungsmatrix einsortiert führt das zu einer zusätzlichen Besetzung in Zeile 3, Spalte 2 mit $-\omega^2 \Theta$.

Einzelfeder und Drehfeder

Befindet sich in der schwingenden biegeelastischen Struktur eine translatorische Einzelfeder, Bild 4.3a, die vom Festpunkt aus angreift, so liefert die Gleichgewichtsaussage

$$\tilde{Q}_1 = \tilde{Q}_0 + c\tilde{w}_0. \tag{4.6}$$

Setzt man wieder harmonisches Schwingen voraus

$$\tilde{Q}_1 = Q_1 \sin \omega t, \quad \tilde{Q}_0 = Q_0 \sin \omega t, \quad \tilde{w}_0 = \tilde{w}_1 = w \sin \omega t,$$

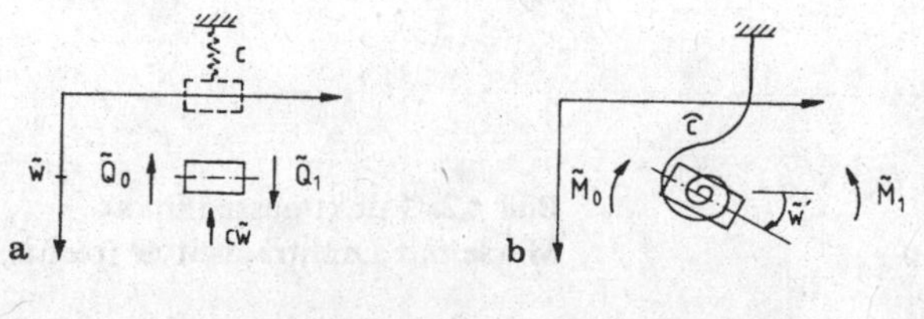

Bild 4.3a, b. Translatorische (a) und rotatorische (b) Einzelfeder

erhält man die Übertragungsmatrix der translatorischen Einzelfeder zu

$$\begin{Bmatrix} -w \\ -w' \\ M \\ Q \end{Bmatrix}_1 = \begin{bmatrix} 1 & 0 & 0 & 0 \\ 0 & 1 & 0 & 0 \\ 0 & 0 & 1 & 0 \\ -c & 0 & 0 & 1 \end{bmatrix} \cdot \begin{Bmatrix} -w \\ -w' \\ M \\ Q \end{Bmatrix}_0 . \tag{4.7}$$

Eine Drehfeder $\hat{c}$ nach Bild 4.3b würde noch zu einer zusätzlichen Besetzung der Position 32 mit der Drehfederkonstanten $\hat{c}$ führen.

Biegeelastischer, masseloser Balkenabschnitt konstanter Steifigkeit

Ein solcher Balkenabschnitt wird in seinem Verformungsverhalten durch die Biegedifferentialgleichung

$$EI\tilde{w}'''' = 0 \tag{4.8}$$

beschrieben. Geht man wieder davon aus, daß die Randbedingungen am Anfang des Balkenelements harmonisch schwankende Größen sind, Bild 4.4

$$\begin{aligned} \tilde{w}(0) &= w_0 \sin \omega t \\ \tilde{w}'(0) &= w'_0 \sin \omega t \\ \tilde{M}(0) &= M_0 \sin \omega t = -EIw''(0) \sin \omega t \\ \tilde{Q}(0) &= Q_0 \sin \omega t = -EIw'''(0) \sin \omega t \end{aligned} \tag{4.9}$$

dann wird auch die Verformungsfigur des Balkenelements rein harmonisch oszillieren. Mit dem Ansatz

$$\tilde{w} = w(x) \sin \omega t$$

findet man die nur noch ortsabhängige Differentialgleichung für die Verformungsamplitude $w(x)$

$$EIw'''' = 0. \tag{4.10}$$

Sie hat die aus der Statik bekannte Lösung

$$w(x) = a_0 + a_1 x + a_2 x^2 + a_3 x^3.$$

Ersetzt man die formalen Konstanten a_0 bis a_3 durch Anpassen an die Anfangsrandbedingungen $w(0) = w_0$; $w'(0) = w'_0$; $M(0) = M_0 = -EIw''(0)$; $Q(0) = Q_0 = -EIw'''(0)$, findet man die Biegelinie zu

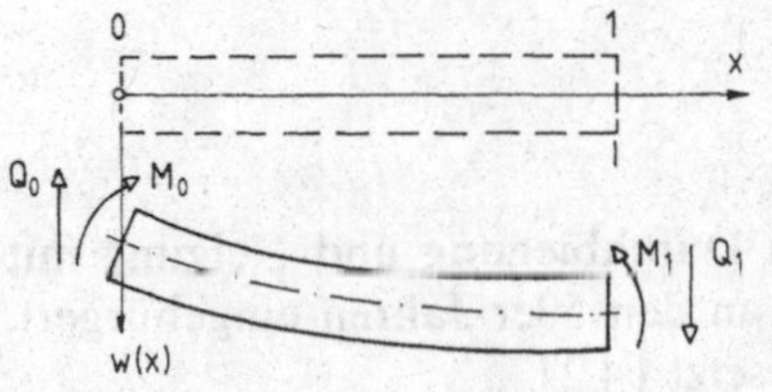

Bild 4.4. Schwingender Balkenabschnitt, Schnittzustandsgrößen am linken und rechten Rand

$$w(x) = w_0 + w'_0 x - \frac{M_0}{2B} x^2 - \frac{Q_0}{6B} x^3. \tag{4.11}$$

$B = EI$ kürzt die Biegesteifigkeit ab. Damit lassen sich am Ende des Balkens bei $x = l$ die gesuchten Größen: Durchbiegung $w(l)$, Neigung $w'(l)$, Moment $M(l) = -EIw''(l)$ und Querkraft $Q(l) = -EIw'''(l)$ ermitteln. Man findet den Zusammenhang

$$\underbrace{\begin{Bmatrix} -w_1 \\ -w'_1 \\ M_1 \\ Q_1 \end{Bmatrix}}_{\boldsymbol{x}_1} = \underbrace{\begin{bmatrix} 1 & l & \frac{l^2}{2B} & \frac{l^3}{6B} \\ 0 & 1 & \frac{l}{B} & \frac{l^2}{2B} \\ 0 & 0 & 1 & l \\ 0 & 0 & 0 & 1 \end{bmatrix}}_{\boldsymbol{T}^B} \underbrace{\begin{Bmatrix} -w_0 \\ -w'_0 \\ M_0 \\ Q_0 \end{Bmatrix}}_{\boldsymbol{x}_0}, \tag{4.12}$$

wobei der Index 1 die Stelle $x = l$ markiert.

Biegeelastischer, massebehafteter Balkenabschnitt

Für den harmonisch oszillierenden Biegebalkenabschnitt mit konstanter Steifigkeit B und Massenbelegung μ hatten wir in Kap. 2 schon die Übertragungsmatrix hergeleitet, Gl. (2.22). Sie lautete

$$\underbrace{\begin{Bmatrix} -w(l) \\ -w'(l) \\ M(l) \\ Q(l) \end{Bmatrix}}_{\boldsymbol{x}_1} = \underbrace{\frac{1}{2}\begin{bmatrix} \mathrm{C}+\mathrm{c} & \frac{\mathrm{S}+\mathrm{s}}{\lambda} & \frac{\mathrm{C}-\mathrm{c}}{\lambda^2 B} & \frac{\mathrm{S}-\mathrm{s}}{\lambda^3 B} \\ \lambda(\mathrm{S}-\mathrm{s}) & \mathrm{C}+\mathrm{c} & \frac{\mathrm{S}+\mathrm{s}}{\lambda B} & \frac{\mathrm{C}-\mathrm{c}}{\lambda^2 B} \\ \lambda^2 B(\mathrm{C}-\mathrm{c}) & \lambda B(\mathrm{S}-\mathrm{s}) & \mathrm{C}+\mathrm{c} & \frac{\mathrm{S}+\mathrm{s}}{\lambda} \\ \lambda^3 B(\mathrm{S}+\mathrm{s}) & \lambda^2 B(\mathrm{C}-\mathrm{c}) & \lambda(\mathrm{S}-\mathrm{s}) & \mathrm{C}+\mathrm{c} \end{bmatrix}}_{\boldsymbol{T}^{\mathrm{B}\mu}(\omega)} \underbrace{\begin{Bmatrix} -w(0) \\ -w'(0) \\ M(0) \\ Q(0) \end{Bmatrix}}_{\boldsymbol{x}_0} \tag{4.13}$$

Dabei waren C und S die Hyperbelfunktion $\cosh \lambda l$ und $\sinh \lambda l$ und c und s die Kreisfunktion $\cos \lambda l$ und $\sin \lambda l$. λ kürzte den Ausdruck

$$\lambda = \sqrt[4]{\mu\omega^2/B}$$

ab, der die Eigenfrequenz des Systems enthielt.

Daß im Zustandsvektor die Amplituden von Durchbiegung und Neigung mit negativem Vorzeichen geführt werden, hat sich in den 50er Jahren eingebürgert. Die Matrizen $\boldsymbol{T}^{\mathrm{B}}$ und $\boldsymbol{T}^{\mathrm{B}\mu}$ sind dann positiv besetzt [4.2].

4.3 Das Übertragungsschema zur Eigenfrequenz- und Eigenformberechnung

Um aus den Übertragungsmatrizen der einzelnen Abschnitte die Gleichungen des gesamten verknüpften Systems aufzubauen, betrachten wir Bild 4.5. Es geht von der Modellierung des Fernsehturms nach Bild 4.1b mit Kontinuumsabschnitten aus, die durch die Übertragungsmatrizen $\boldsymbol{T}_i^{\mathrm{B}\mu}(\omega)$ beschrieben werden, Gl. (4.13). Nur das in luftiger Höhe angebrachte Betriebs- und Caféhaus wird durch eine Punktmasse dargestellt, $\boldsymbol{T}^{\mathrm{m}}(\omega)$, Gl. (4.3).

Eigenfrequenzberechnung

Überall, wo die Abschnittsgrenzen zweier benachbarter Felder zusammenstoßen, müssen die Zustandsvektoren gleich sein, damit Gleichgewicht und Verträglichkeit erfüllt sind. Deshalb lassen sich alle Zustandsvektoren $\boldsymbol{x}_1$ bis $\boldsymbol{x}_7$ durch sukzessives Einsetzen eliminieren. Es verbleibt der Zusammenhang zwischen Anfangs- und Endvektor

$$\boldsymbol{x}_8 = \underbrace{\boldsymbol{T}_8^{\mathrm{B}\mu}(\omega)\,\boldsymbol{T}_7^{\mu}(\omega)\,\boldsymbol{T}_6^{\mathrm{B}\mu}(\omega)\,\boldsymbol{T}_5^{\mathrm{B}\mu}(\omega)\,\boldsymbol{T}_4^{\mathrm{m}}(\omega)\,\boldsymbol{T}_3^{\mathrm{B}\mu}(\omega)\,\boldsymbol{T}_2^{\mathrm{B}\mu}(\omega)\,\boldsymbol{T}_1^{\mathrm{B}\mu}(\omega)}\,\boldsymbol{x}_0,$$

$$\boldsymbol{x}_8 = \qquad \boldsymbol{T}_{\mathrm{ges}}(\omega)\,\boldsymbol{x}_0\,. \tag{4.15}$$

Die Übertragungsmatrix $\boldsymbol{T}_{\mathrm{ges}}(\omega)$ ergibt sich also aus der Produktkette

$$\boldsymbol{T}_{\mathrm{ges}}(\omega) = \boldsymbol{T}_8^{\mathrm{B}\mu}\,\boldsymbol{T}_7^{\mathrm{B}\mu}\,\boldsymbol{T}_6^{\mathrm{B}\mu}\,\boldsymbol{T}_5^{\mathrm{B}\mu}\,\boldsymbol{T}_4^{\mathrm{m}}\,\boldsymbol{T}_3^{\mathrm{B}\mu}\,\boldsymbol{T}_2^{\mathrm{B}\mu}\,\boldsymbol{T}_1^{\mathrm{B}\mu}\,. \tag{4.16}$$

Sie verknüpft den Anfangsvektor $\boldsymbol{x}_0$ mit dem Endvektor $\boldsymbol{x}_8$. Alle sieben massenbelegten Kontinuumsabschnitte und der Einzelmassenabschnitt werden auf diese Weise zu einem einzigen „Gesamtabschnitt" zusammengefaßt

$$\begin{Bmatrix} -w \\ -w' \\ M \\ Q \end{Bmatrix}_8 = \left[\begin{array}{cc|cc} t_{11} & t_{12} & t_{13} & t_{14} \\ t_{21} & t_{22} & t_{23} & t_{24} \\ \hline t_{31} & t_{32} & t_{33} & t_{34} \\ t_{41} & t_{42} & t_{43} & t_{44} \end{array}\right] \cdot \begin{Bmatrix} -w \\ -w' \\ M \\ Q \end{Bmatrix}_0 . \tag{4.15}$$

$$\boldsymbol{x}_8 \qquad = \qquad \boldsymbol{T}_{\mathrm{ges}}(\omega) \qquad \boldsymbol{x}_0$$

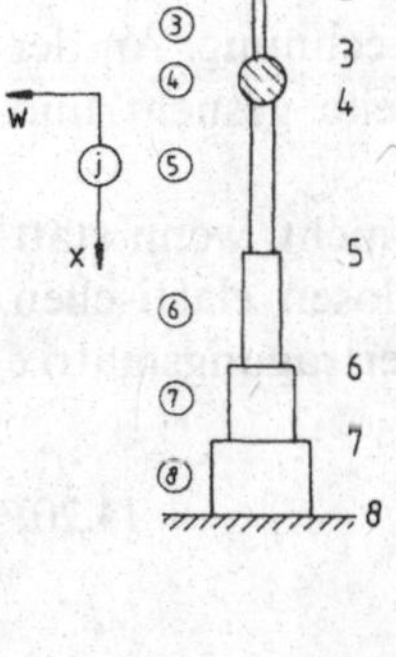

$$x_1 = T^{\mathrm{B}\mu}_{①}\,x_0$$
$$x_2 = T^{\mathrm{B}\mu}_{②}\,x_1$$
$$x_3 = T^{\mathrm{B}\mu}_{③}\,x_2$$
$$x_4 = T^{\mathrm{m}}_{④}\,x_3$$
$$x_5 = T^{\mathrm{B}\mu}_{⑤}\,x_4$$
$$x_6 = T^{\mathrm{B}\mu}_{⑥}\,x_5$$
$$x_7 = T^{\mathrm{B}\mu}_{⑦}\,x_6$$
$$x_8 = T^{\mathrm{B}\mu}_{⑧}\,x_7$$

Bild 4.5. Übertragungsgleichungen

An den Stellen 0 und 8 führt man nun die Randbedingungen ein analog zum Vorgehen in Abschn. 2.2

$$\text{Endrand-bedingungen}\left\{\begin{Bmatrix} 0 \\ 0 \\ M \\ Q \end{Bmatrix}_8 = \left[\begin{array}{cc|cc} t_{11} & t_{12} & \cdot & \cdot \\ t_{21} & t_{22} & \cdot & \cdot \\ \hline \cdot & \cdot & \cdot & \cdot \\ \cdot & \cdot & \cdot & \cdot \end{array}\right] \cdot \begin{Bmatrix} -w \\ -w' \\ 0 \\ 0 \end{Bmatrix}_0\right\}\text{Anfangsrand-bedingungen.} \tag{4.17}$$

Die Kombination der Nicht-Null-Zustandsgrößen vom Anfang des Systems, das sind w_0 und w'_0, mit den Null-Zustandsgrößen am Ende des Systems (w_8 und w'_8) liefert dann ein homogenes Gleichungssystem

$$\begin{Bmatrix} 0 \\ 0 \end{Bmatrix}_8 = \begin{bmatrix} t_{11} & t_{12} \\ t_{21} & t_{22} \end{bmatrix} \begin{Bmatrix} -w \\ -w' \end{Bmatrix}_0 . \tag{4.18}$$

Seine Koeffizienten hängen in komplizierter Weise von den Abschnittsdaten und der Frequenz ω ab, vgl. Gl. (4.16).

Setzt man irgendeine Frequenz ω bei der Bildung von Gl. (4.16) ein, dann werden die Randbedingungen $w_8 = w'_8 = 0$ im homogenen Gleichungssystem (4.18) im allgemeinen nicht erfüllt sein. Hat man aber „zufällig" für ω eine Eigenkreisfrequenz ω_i des Systems eingesetzt, dann wird das homogene Gleichungssystem (4.18) tatsächlich erfüllt. In diesem Fall verschwindet seine Determinante

$$\det(\omega_i) = t_{11}(\omega_i)t_{22}(\omega_i) - t_{12}(\omega_i)t_{21}(\omega_i) = 0. \tag{4.19}$$

Bei der numerischen Berechnung der Eigenfrequenzen geht man nun folgendermaßen vor:

- — Man setzt in die Abschnittsmatrizen $T_1^{B\mu}$ bis $T_8^{B\mu}$ auf Verdacht eine Frequenz ω ein,
- — bildet $T_{ges}(\omega)$ durch Matrizenmultiplikation nach Gl. (4.16) numerisch,
- — prüft, ob die Determinante des homogenen Gleichungssystems (4.19) verschwindet, und
- — wiederholt diese Prozedur durch schrittweises Erhöhen der versuchsweise eingesetzten Frequenz ω.

Durch systematisches Probieren findet man so die gesuchten Eigenfrequenzen ω_i bis zu einer gewünschten Maximalfrequenz.

Bild 4.6 zeigt den „Restgrößenverlauf" $\det(\omega)$ einer solchen Rechnung. An der Stelle eines Vorzeichenwechsels wird mit verfeinerter Schrittweite gesucht und interpoliert, bis bie gewünschte Genauigkeit für ω_i erreicht ist.

Diese Prozedur in der Eigenfrequenzbestimmung ändert sich nicht, wenn statt mit den Kontinuumsabschnitten mit Einzelmassen und masselosen elastischen Feldern modelliert wird, vgl. Bild 4.1. Dann setzt sich nur die Übertragungsmatrix des Gesamtsystems anders zusammen

$$T_{ges}(\omega) = T_7^B T_7^m(\omega) \ldots T_1^B T_1^m(\omega). \tag{4.20}$$

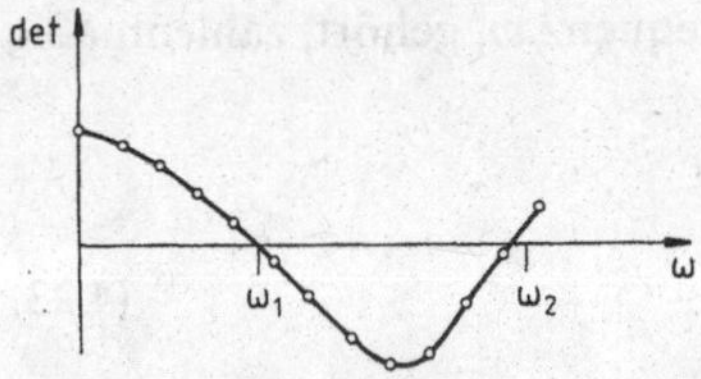

Bild 4.6. Determinantenverlauf und Eigenfrequenzen ω_1 und ω_2

Für die praktische Rechnung ist es sinnvoll, die regelmäßig wiederkehrende Multiplikation der fast leeren Massenmatrix T^{m} mit der Matrix T^{B} des masselosen elastischen Feldes vorab zu erledigen, d.h. als Abschnitts-Übertragungsmatrix sogleich die Kombination

$$T^{Bm} = T^{B} T^{m} = \begin{bmatrix} 1 + \dfrac{m\omega^2 l^3}{6B} & l & l^2/2B & l^3/6B \\ \dfrac{m\omega^2 l^2}{2B} & 1 & l/B & l^2/2B \\ m\omega^2 l & 0 & 1 & l \\ m\omega^2 & 0 & 0 & 1 \end{bmatrix} \tag{4.21}$$

mit $B = EI$ einzuführen.

Eigenformberechnung

Hat man eine Eigenkreisfrequenz ω_i gefunden, gilt es noch die zugehörige Eigenform zu ermitteln. Sie ist, wie wir wissen, in ihrer Form zwar genau definiert, aber in einer Größe noch frei. Wir können daher die Anfangsauslenkung an der Stelle 0 willkürlich festlegen, zweckmäßigerweise auf den Wert $w_0 = 1$, Bild 4.7. Geht man mit diesem Wert für w_0 in das homogene Gleichungssystem (4.18), das für die gefundene Eigenkreisfrequenz ω_i eine verschwindende Determinante aufwies, dann liefert dessen erste (oder auch zweite) Zeile den zu dieser Anfangsauslenkung $w_0 = 1$ gehörigen Wert der Anfangsneigung w_0' der i-ten Eigenform

$$w_0' = -w_0 t_{11}/t_{12} = -t_{11}/t_{12}. \tag{4.22}$$

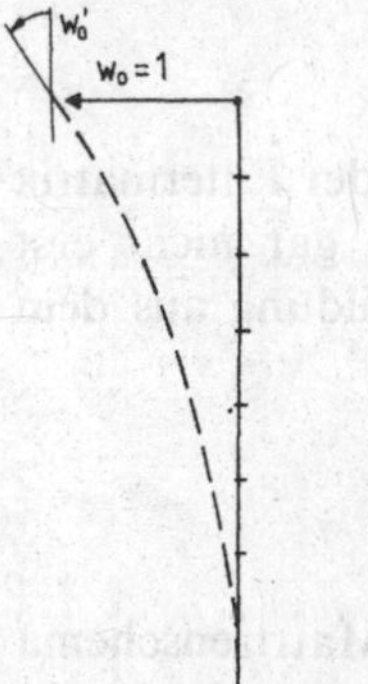

Bild 4.7. Erste Eigenform; Anfangsauslenkung $w_0 = 1$ und Anfangsneigung w_0'

Damit liegt der Zustandsvektor x_0, der zur Eigenfrequenz ω_i gehört, zahlenmäßig fest,

$$x_0 = \begin{Bmatrix} -1 \\ t_{11}/t_{12} \\ 0 \\ 0 \end{Bmatrix}. \tag{4.23}$$

Ihn überträgt man nun durch das System, wie bereits in Bild 4.5 skizziert,

$$x_1 = T_1^{B\mu}(\omega_i)x_0, \quad x_2 = T_2^{B\mu}(\omega_i)x_1 \quad \text{usw.}$$

und erhält so die zur i-ten Eigenform gehörigen Zustandsgrößen. Neben der Eigenform (ausgedrückt durch Durchbiegung und Neigung) fallen so auch noch die zu ihr gehörigen Schnittlasten (Moment und Querkraft) an, ohne daß ein gesonderter Berechnungsgang notwendig wird. Das ist ein Vorteil des Übertragungsmatrizenverfahrens gegenüber anderen Verfahren, wie z.B. dem Finite-Element-Verfahren. Auch sind die so ermittelten Schnittlasten exakte Lösungen der Differentialgleichungen und keine Näherungen wie bei der Finite-Element-Methode, was dort zu Unstetigkeiten an den Feldgrenzen führt.

Matrizenschema

Bei der praktischen Berechnung lassen sich 50% des Rechenenaufwandes einsparen, wenn man nicht von Gl. (4.16) ausgeht und einfach $T_{ges} = T_8^{B\mu} T_7^{B\mu} \ldots T_1^{B\mu}$ ausmultipliziert, sondern noch formal eine Filtermatrix T_0 vorschaltet, die aus allen denkbaren Randbedingungen x_{00} die wirklichen x_0 herausfiltert

$$x_8 = (T_8^{B\mu} T_7^{B\mu} \ldots T_2^{B\mu} T_1^{B\mu}) \underbrace{T_0 \quad x_{00}}_{x_0}, \tag{4.24}$$

wobei

$$\begin{Bmatrix} -w \\ -w' \\ 0 \\ 0 \end{Bmatrix}_0 = \begin{bmatrix} 1 & 0 & 0 & 0 \\ 0 & 1 & 0 & 0 \\ 0 & 0 & 0 & 0 \\ 0 & 0 & 0 & 0 \end{bmatrix} \begin{Bmatrix} -w \\ -w' \\ M \\ Q \end{Bmatrix}_{00} \tag{4.25}$$

$$x_0 \quad = \quad T_0 \quad x_{00}$$

Bildet man dann die Produktkette der Matrizen unter Einschluß der Filtermatrix T_0, dann brauchen die ohnehin mit Nullen besetzten Spalten gar nicht erst berechnet zu werden, Bild 4.8. Sie sind für die Determinantenbildung aus dem homogenen Gleichungssystem auch überflüssig,

$$\begin{bmatrix} t_{11} & t_{12} \\ t_{21} & t_{22} \end{bmatrix} \begin{Bmatrix} -w \\ -w' \end{Bmatrix}_0 = \begin{Bmatrix} 0 \\ 0 \end{Bmatrix}_8 .$$

Die Berechnung der Eigenformen läßt sich ebenfalls an diesem Matrizenschema leicht übersehen. Vom letzten Durchgang, der die Eigenfrequenz ω_i mit der

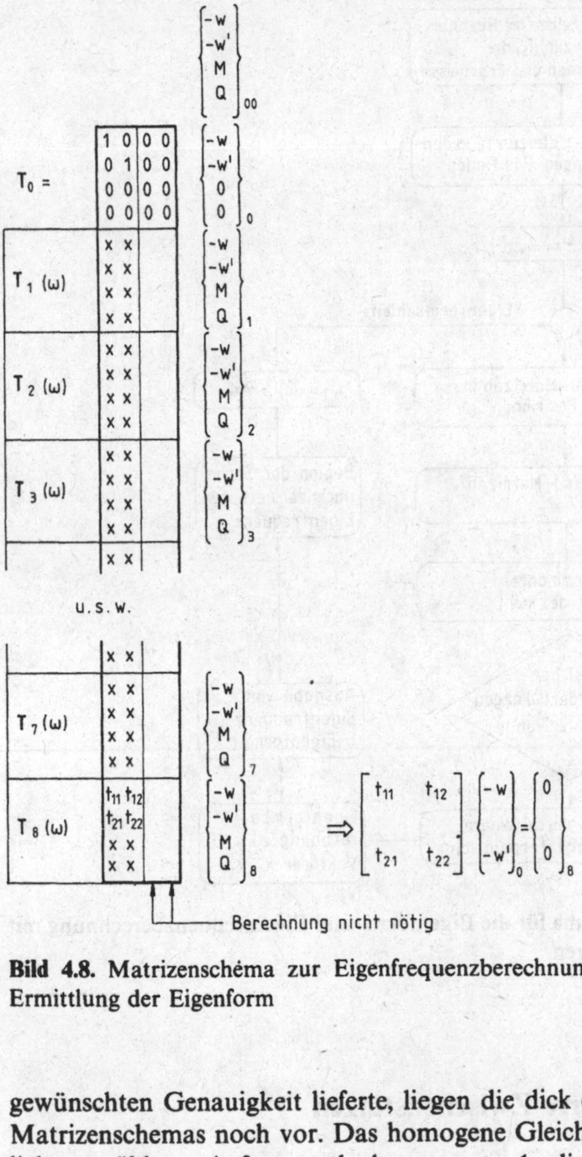

Bild 4.8. Matrizenschema zur Eigenfrequenzberechnung, Gl. (4.24), und anschließender Ermittlung der Eigenform

gewünschten Genauigkeit lieferte, liegen die dick eingerahmten Zahlenfelder des Matrizenschemas noch vor. Das homogene Gleichungssystem liefert zur willkürlich gewählten Anfangsauslenkung $w_0 = 1$ die zugehörige Anfangsneigung $w'_0 = -t_{11}/t_{12}$. Mit dem somit zahlenmäßig vollständig bekannten Anfangsvektor $\boldsymbol{x}_0$

$$\boldsymbol{x}_0^{\mathrm{T}} = \{-1;\quad t_{11}/t_{12};\quad 0;\quad 0\}$$

lassen sich die Zustandsvektoren $\boldsymbol{x}_1$, $\boldsymbol{x}_2$ usw., die in der letzten Spalte des Schemas angeordnet sind, ausrechnen. Sie beschreiben die Eigenform, die Verformungsfigur einschließlich der Schnittlasten.

Ein Ablaufschema für ein Rechenprogramm zur Eigenfrequenz und Eigenformbestimmung nach dem Übertragungsverfahren ist in Bild 4.9 skizziert.

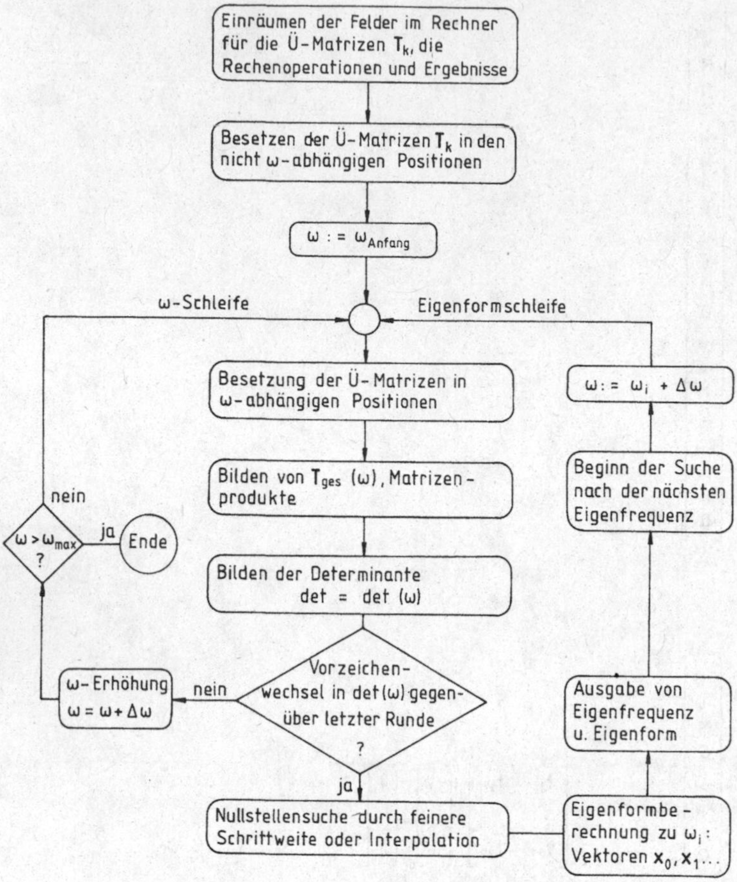

Bild 4.9. Vereinfachtes Ablaufschema für die Eigenform- und Eigenfrequenzberechnung mit dem Übertragungsmatrizenverfahren

4.4 Weiche, steife und starre Zwischenstützen

Weiche Zwischenstützen

Liegen bei einem Biegeschwinger weiche, elastische Zwischenstützen vor, muß die Übertragungsmatrix $\boldsymbol{T}^c$ nach Gl. (4.7) an der entsprechenden Stelle eingeführt werden. Es gilt dann z.B. für den Fall von Bild 4.10

$$\boldsymbol{x}_6 = \boldsymbol{T}_{\text{ges}}(\omega)\boldsymbol{x}_0,$$

wobei die Gesamtübertragungsmatrix folgendermaßen gebaut ist:

$$\boldsymbol{T}_{\text{ges}} = \boldsymbol{T}_6^{\text{B}\mu}\,\boldsymbol{T}_5^{\text{B}\mu}\,\boldsymbol{T}_4^{\text{B}\mu}\,\boldsymbol{T}_3^{\text{B}\mu}\,\boldsymbol{T}_2^{\text{c}}\,\boldsymbol{T}_1^{\text{B}\mu}. \tag{4.26}$$

An dem bisherigen Vorgehen ändert sich nichts.

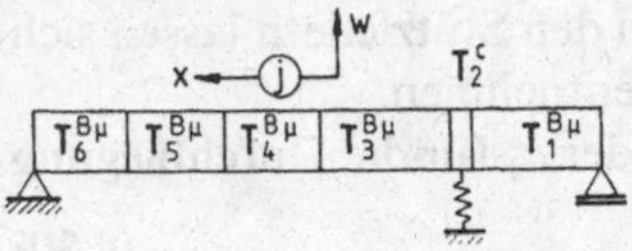

Bild 4.10. Balken mit elastischer Zwischenstütze

Steife und starre Zwischenstützen

Ist die Stützensteifigkeit sehr hoch, z.B. so hoch, daß die erste. Eigenfrequenz des Systems, verglichen mit dem System ohne Stütze, verzehnfacht wird, dann entstehen leicht numerische Schwierigkeiten.

Die Übertragungsmatrix über das Federelement, Gl. (4.7), liefert den Ausdruck

$$Q_1 = Q_0 + cw \tag{4.27}$$

für die Querkraft links der Stütze. cw ist der Querkraftsprung an der Stütze selbst

$$\Delta Q = cw. \tag{4.28}$$

Wird die Stütze nun sehr steif oder gar starr, dann wird das Produkt unbestimmt ($cw = 0 \cdot \infty$). Tatsächlich nimmt natürlich ΔQ einen endlichen Wert an, eben den Wert der Stützenkraft.

Diese numerischen Schwierigkeiten umgeht man, wenn man den Querkraftsprung ΔQ_i an jeder Federangriffsstelle als eigenständige Unbekannte einführt, die bis zum linken Rand übertragen wird, Bild 4.11. Das dort entstehende homogene Gleichungssystem hat, wie bisher, zwei Zeilen, die nun noch um die Gleichgewichtsaussagen an den elastischen Stützen

$$w_i c_i = \Delta Q_i \tag{4.29}$$

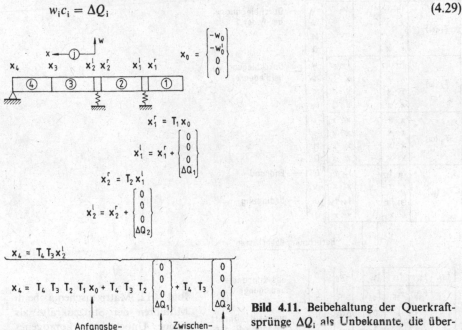

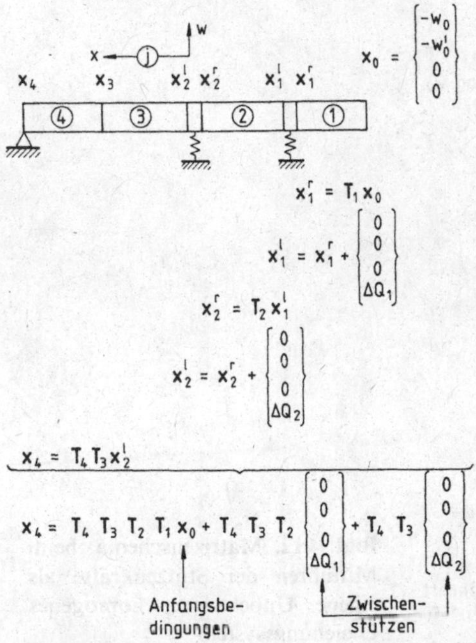

Bild 4.11. Beibehaltung der Querkraftsprünge ΔQ_i als Unbekannte, die übertragen werden

zu ergänzen sind. Die jeweiligen Durchbiegungen w_i an den Stützfedern lassen sich unmittelbar dem Übertragungsschema von Bild 4.12 entnehmen.

Zum Beispiel gilt an der ersten Stützstelle bei der Feder c_1 für die Durchbiegung

$$-w_0 l_{11} - w_0' l_{12} = -w_1. \tag{4.30}$$

Zusammen mit der Kraftaussage nach Gl. (4.29) entsteht so die erste Zusatzzeile zum homogenen Gleichungssystem

$$-w_0 l_{11} - w_0' l_{12} + \Delta Q_1/c_1 = 0. \tag{4.31}$$

Die zweite zusätzliche Gleichung entsteht durch die entsprechende Aussage für die Durchbiegung w_2 an der Stelle der Feder c_2

$$-w_0 l_{21} - w_0' l_{22} + \Delta Q_1 l_{25} + \Delta Q_2/c_2 = 0. \tag{4.32}$$

Mit jeder Stützstelle tritt eine zusätzliche Unbekannte im homogenen Gleichungs-

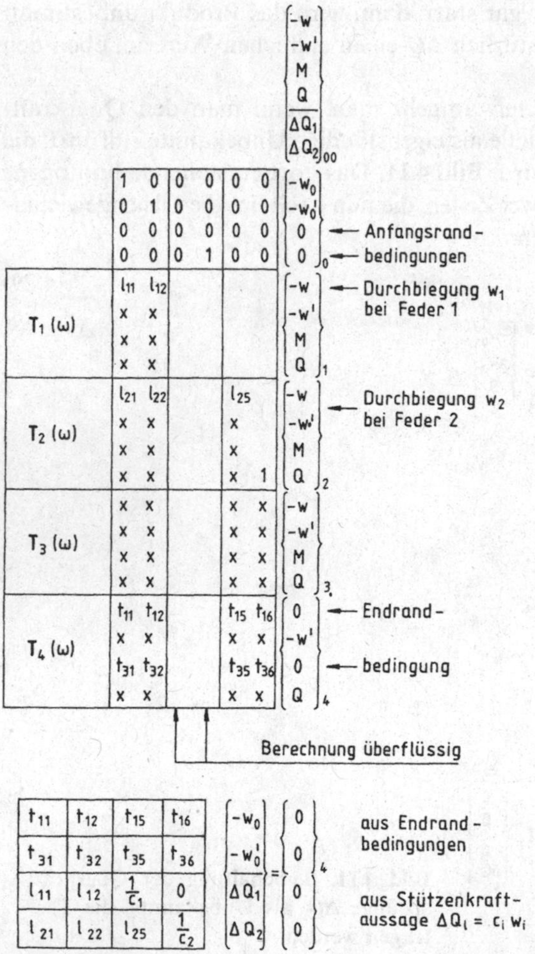

Bild 4.12. Matrizenschema beim Mitführen der Stützenkräfte als eigene Unbekannte; homogenes Gleichungssystem

system auf. Dessen Determinante wird nun zweckmäßigerweise mit Hilfe des Gaußschen Algorithmus gebildet. Bekanntlich läßt sich der Wert der Determinante durch Aufmultiplizieren der Diagonalelemente b_{ii} der dreieckszerlegten Matrix bilden, det $= b_{11} b_{22} b_{33} \ldots$ usw.

Am homogenen Gleichungssystem im Bild 4.12 erkennt man sofort, daß nunmehr der Übergang auf starre Stützen, $c \to \infty$, keine Probleme verursacht.

Ablösen der Unbekannten

Will man vermeiden, daß an jeder Stützenstelle eine neue zusätzliche Unbekannte ins Endgleichungssystem kommt, muß man an jeder Stütze eine Zwischenrechnung einschieben. Sie hat das Ziel, eine alte Unbekannte abzuschütteln, da wo eine neue, die unbekannte Querkraft ΔQ_i, dazukommt.

Die Aussage von Gl. (4.31) läßt sich dazu verwenden, beispielsweise die bislang unbekannte Anfangsneigung w_0' loszuwerden

$$-w_0' = w_0 l_{11}/l_{12} - \Delta Q_1/c_1 l_{12}. \tag{4.33}$$

Unterbricht man hier und drückt w_0' durch w_0 und ΔQ_1 aus, kann man mit nur zwei Unbekannten weiterrechnen. Dadurch läßt sich auch bei vielen Zwischenstützen das Format 2×2 für die Submatrix erhalten, aus der die Determinante zu bilden ist. Freilich wird die Gleichungsorganisation dadurch komplizierter. Einzelheiten entnimmt man der Literatur z.B. [4.3, 4.4].

4.5 Erzwungene, periodische Schwingungen

Krafterregung

Die Behandlung von erzwungenen, harmonischen Schwingungen ist deshalb besonders einfach, weil die Frequenzermittlung entfällt: Das System schwingt nach dem Abklingen von etwaigen Einschwingvorgängen im Takt der Erregerkreisfrequenz Ω. In den bislang aufgestellten Übertragungsmatrizen muß deshalb nur ω durch Ω ersetzt werden.

Der Anfangsvektor $\boldsymbol{x}_0$ wird zunächst wie üblich übertragen bis zur Stelle „2 rechts", Bild 4.13,

$$\boldsymbol{x}_2^{\mathrm{r}} = \boldsymbol{T}_2 \boldsymbol{T}_1 \boldsymbol{x}_0. \tag{4.34a}$$

Dort greift die Erregerkraftamplitude P an, so daß gilt

$$\boldsymbol{x}_2^{\mathrm{l}} = \boldsymbol{x}_2^{\mathrm{r}} + \begin{Bmatrix} 0 \\ 0 \\ 0 \\ P \end{Bmatrix}. \tag{4.34b}$$

Danach wird weiter bis zum linken Rand übertragen,

$$\boldsymbol{x}_4 = \boldsymbol{T}_4 \boldsymbol{T}_3 \boldsymbol{x}_2^{\mathrm{l}}.$$

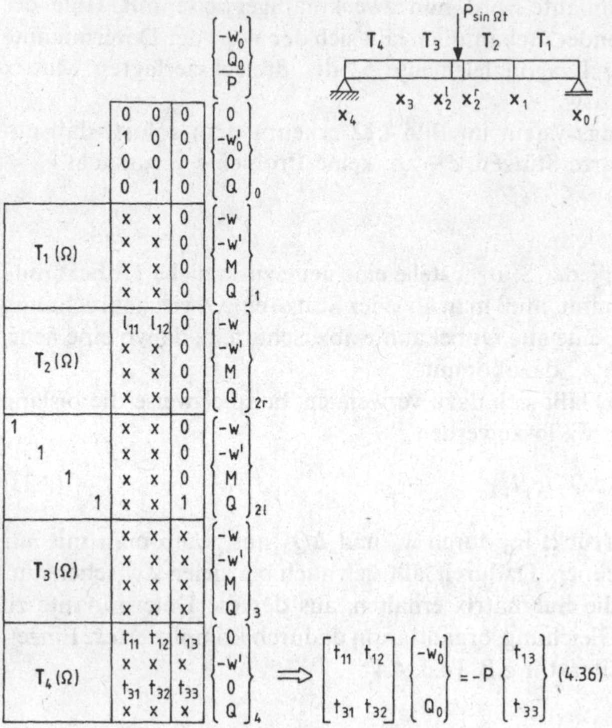

Bild 4.13. Erzwungene Schwingungen infolge harmonischen Kraftangriffs; Matrizenschema, inhomogenes Gleichungssystem

Eliminiert man aus diesen drei Gleichungen x_2^l und x_2^r, so erhält man

$$x_4 = T_4 T_3 T_2 T_1 x_0 + T_4 T_3 \begin{Bmatrix} 0 \\ 0 \\ 0 \\ P \end{Bmatrix}. \tag{4.35}$$

Aus der ersten und der dritten Zeile dieses Gleichungssatzes folgt wegen der Randbedingungen bei x_4 das inhomogene Gleichungssystem (4.36), in dem die Erregerkraftamplitude auf der rechten Seite steht.

Im Matrizenschema ist deshalb eine zusätzliche Spalte für die Auswirkungen der Erregerkraft P vorzusehen. Da die Kraft selbst aber bekannt und vorgegeben ist, entsteht, wenn der Zusammenhang zwischen den Nicht-Null-Zustandsgrößen vom Anfangsvektor (w_0', Q_0) und den Null-Zustandsgrößen vom Endvektor (w_4, $M_4 = 0$) gebildet wird, das inhomogene Gleichungssystem vom Format 2×2. Die Auflösung liefert die zu dieser Erregungskraft und Erregungsfrequenz gehörige Neigung w_0' und Q_0, mit deren Hilfe dann die Zustandsvektoren x_1, x_2, x_3, x_4 berechnet werden können, Bild 4.13.

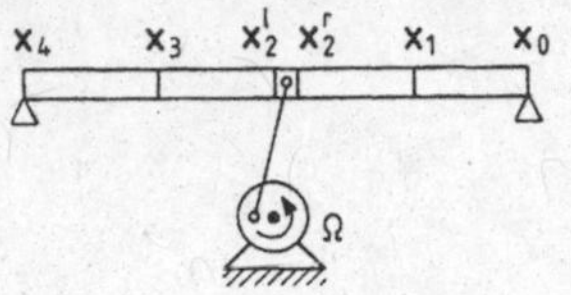

Bild 4.14. Erzwungene Schwingungen infolge harmonischer Wegerregung

Wegerregung

Wirkt statt der harmonischen Krafterregung eine harmonische Wegerregung im System, Bild 4.14, dann tritt an dieser Stelle zwar auch ein Querkraftsprung P auf – die Kraft in der Pleuelstange. Sie ist nun aber unbekannt. Stattdessen ist die Verschiebung an dieser Stelle $\tilde{w}_2 = w_2 \sin \Omega t$ nach Amplitude und Frequenz bekannt und vorgegeben.

Das liefert die zusätzliche Gleichung

$$-w_0' l_{11} + Q_0 l_{12} = w_2. \tag{4.37}$$

Sie kann dem Rechenschema der Krafterregung, Bild 4.13, unmittelbar entnommen werden. Dieses Rechenschema bleibt gültig, ist nun aber anders zu interpretieren: Die Kraft P in der Pleuelstange ist nunmehr unbekannt, während die Verschiebung w_2, die der Kurbeltrieb dem System aufzwingt, bekannt ist. Somit entsteht hier ein inhomogenes Gleichungssystem,

$$\begin{bmatrix} l_{11} & l_{12} & 0 \\ t_{11} & t_{12} & t_{13} \\ t_{31} & t_{32} & t_{33} \end{bmatrix} \begin{Bmatrix} -w_0' \\ Q_0 \\ P \end{Bmatrix} = \begin{Bmatrix} -w_2 \\ 0 \\ 0 \end{Bmatrix}, \tag{4.38}$$

mit drei Unbekannten, in dem die bekannte, vorgegebene Erregungsamplitude w_2 die rechte Seite liefert. Die Auflösung liefert die Anfangsneigung w_0', die Querkraft Q_0 und die Pleuelstangenkraft P. Mit diesen Größen können die übrigen Zustandsvektoren $\boldsymbol{x}_1$, $\boldsymbol{x}_2$ usw. berechnet werden.

Eine allgemeine, periodische Erregung, z.B. ein sägezahnartiger Erregungsverlauf, verursacht nach dem Abklingen etwaiger Einschwingvorgänge eine allgemeine, periodische Antwort. Sie kann, wie in Band I detailliert dargestellt, durch Fourier-Zerlegung gliedweise aus den Beiträgen der einzelnen Harmonischen zusammengefügt werden.

4.6 Harmonische Erregung in einer kettenförmigen Struktur mit Grenzen im Unendlichen

Am Beispiel eines Eisenbahngleises unter harmonischer Erregungskraft wollen wir zeigen, daß mit Hilfe des Übertragungsmatrizenverfahrens auch Systeme behandelbar werden, deren Grenzen im Unendlichen liegen.

Das Bild 4.15 zeigt den prinzipiellen Aufbau des Systems und des mechanischen Ersatzsystems, das der Betrachtung zugrunde liegt. Das obere Feder-Dämpfer-System modelliert die elastische Kunststoffbeilage zwischen Schiene und Schwelle;

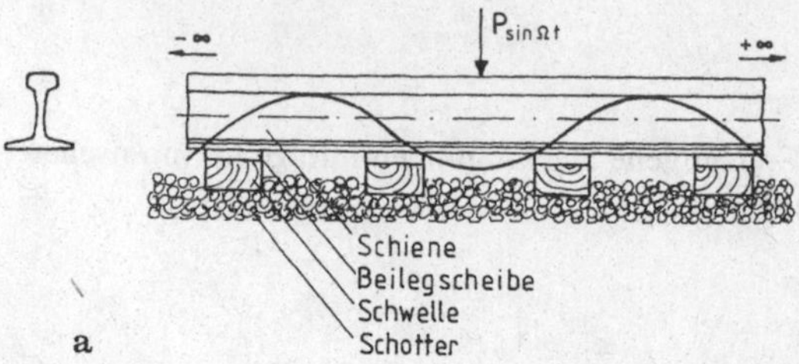

a

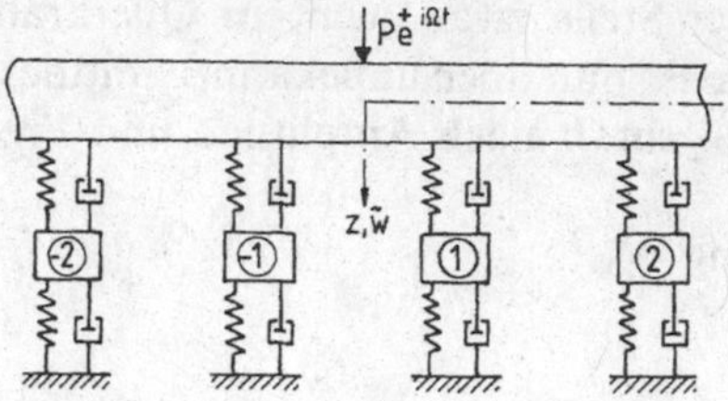

b

Bild 4.15a, b. Unendlich lange Schiene auf diskreten Schwellen; Systemskizze (**a**) und mechanisches Modell (**b**)

das untere Feder-Dämpfer-System beschreibt in etwas grober Annäherung das Verhalten von Schotter und Baugrund.

Die harmonische Erregerkraft

$$P = P^c \cos \Omega t + P^s \sin \Omega t = P^+ e^{i\Omega t} + P^- e^{-i\Omega t} \tag{4.39}$$

wird mit $P^+ = \frac{1}{2}(P^c - iP^s)$; $P^- = \frac{1}{2}(P^c + iP^s)$ komplex umgeschrieben, wobei, wie aus Band I, Kap. 1 bekannt, die Betrachtung der Antwort auf die $P^+ e^{i\Omega t}$-Komponente der Erregung genügt.

Übertragungsmatrix für einen Abschnitt

Da eine harmonische Erregung der Form $e^{i\Omega t}$ vorliegt, werden sich nach Abklingen des Einschwingvorgangs alle im Vektor $\boldsymbol{x}(x, t)$ zusammengefaßten Zustandsgrößen ebenfalls harmonisch ändern:

$$\tilde{\boldsymbol{x}}(x, t) = \boldsymbol{x}(x) e^{i\Omega t}. \tag{4.40}$$

Wir zerlegen nun das unendlich lange System in einzelne, gleichartige Abschnitte der Länge l, Bild 4.16, für die zunächst die Übertragungsmatrix $\boldsymbol{T}$ gesucht wird,

$$\boldsymbol{x}_i = \boldsymbol{T} \boldsymbol{x}_{i-1} \tag{4.41}$$

mit

$$\boldsymbol{x}_i^T = \{-w_i, -w'_i, M_i, Q_i\}.$$

Für die beiden Teilabschnitte der Länge $l/2$ läßt sich die Übertragungsmatrix unmittelbar angeben. Wir können auf die Beziehung Gl. (4.13) zurückgreifen, in der nur l durch $l/2$ zu ersetzen ist,

$$\boldsymbol{x}_l = \boldsymbol{T}^{B\mu}(l/2) \boldsymbol{x}_r, \tag{4.42}$$

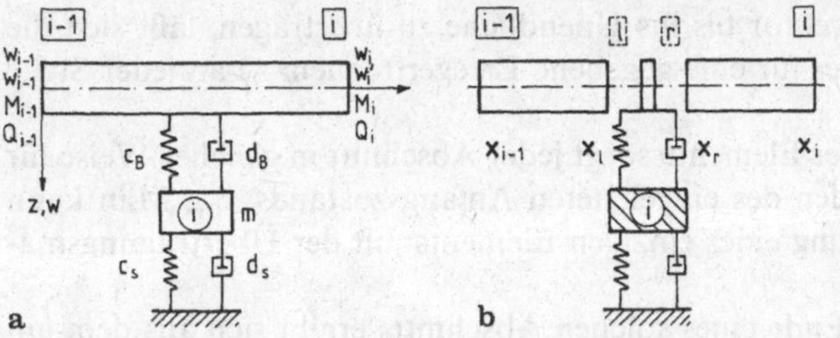

Bild 4.16a, b. Einzelabschnitt (**a**) und Zerlegung in Teilabschnitte (**b**)

$$x_l = T^{B\mu}(l/2)x_{i-1}. \tag{4.43}$$

Was noch fehlt ist der Zusammenhang zwischen x_l und x_r, der das dynamische Verhalten des diskreten Feder-Dämpfer-Massesystems unter harmonischer Erregung beschreibt

$$x_r = T^{mcd}x_l.$$

Für dieses gilt (ohne Herleitung) mit der dynamischen Steifigkeit

$$s_W = \frac{(c_B + i\Omega d_B)(c_S + i\Omega d_S - m\Omega^2)}{c_B + c_S + i\Omega(d_B + d_S) - m\Omega^2}, \tag{4.44}$$

$$\begin{Bmatrix} -w \\ -w' \\ M \\ Q \end{Bmatrix}_r = \begin{bmatrix} 1 & 0 & 0 & 0 \\ 0 & 1 & 0 & 0 \\ 0 & 0 & 1 & 0 \\ -s_w & 0 & 0 & 1 \end{bmatrix} \begin{Bmatrix} -w \\ -w' \\ M \\ Q \end{Bmatrix}_l. \tag{4.45}$$

Damit ist die Übertragungsmatrix T für den Gesamtabschnitt gewonnen

$$x_i = T^{B\mu}(l/2)T^{mcd}T^{B\mu}(l/2)x_{i-1} \equiv Tx_{i-1}.$$

Randbedingungen im Unendlichen

Der Zustandsvektor x_{0r} unmittelbar rechts neben der Einleitungsstelle der harmonischen Kraft $P^+ e^{i\Omega t}$ wird in stets gleicher Weise von Abschnitt zu Abschnitt übertragen. An der Stelle j weit rechts von der Erregung gilt daher

$$x_j = \underbrace{(TTT\ldots T)}_{j\text{-mal}}\ x_{0r} = T^j x_{0r}. \tag{4.46}$$

Im Unendlichen, $j = \infty$, ist der Zustandsvektor abgeklungen, dafür sorgen die Dämpferelemente im System. Allenfalls ist eine stehende, nicht aufklingende Welle als stationärer Zustand denkbar.

Ohne nun den Zustandsvektor bis ins Unendliche zu übertragen, läßt sich die Verformungsfigur des Gleises für eine gegebene Erregerfrequenz Ω an jeder Stelle des Systems ermitteln.

Wegen der Uniformität der Elemente sorgt jeder Abschnitt in gleicher Weise für das allmähliche Verschwinden des eingeleiteten Anfangszustands $\boldsymbol{x}_{0r}$. Man kann sich daher auf die Betrachtung eines einzigen Elements mit der Übertragungsmatrix $\boldsymbol{T}$ beschränken.

Der Zustandsvektor am Ende eines solchen Abschnitts ergibt sich aus dem am Anfang des Abschnitts nach der Übertragungsregel

$$\boldsymbol{x}_i = \boldsymbol{T}\boldsymbol{x}_{i-1}. \tag{4.47}$$

$\boldsymbol{x}_{i-1}$ und $\boldsymbol{x}_i$, die Zustandsvektoren zu Anfang und Ende des Abschnitts, lassen sich aus den Eigenvektoren $\boldsymbol{\varphi}_j$ der Übertragungsmatrix $\boldsymbol{T}$ superponieren,

$$\boldsymbol{x}_{i-1} = \sum_{1}^{4} \boldsymbol{\varphi}_j q_j, \tag{4.48}$$

$$\boldsymbol{x}_i = \sum_{1}^{4} \lambda_j \boldsymbol{\varphi}_j q_j, \tag{4.49}$$

wobei λ_j ein (im allgemeinen komplexer) Proportionalitätsfaktor ist, der angibt, wie sich die Amplitude q_j des Eigenvektors $\boldsymbol{\varphi}_j$ nach der Übertragung über das Feld verändert hat. Setzt man Gln. (4.48) und (4.49) in Gl. (4.47) ein, erhält man das Eigenwertproblem

$$[\lambda_j \boldsymbol{I} - \boldsymbol{T}(\Omega)]\,\boldsymbol{\varphi}_j = 0, \tag{4.50}$$

das für jede Erregerfrequenz Ω gelöst werden kann und dann die zugehörigen Eigenwerte λ_j und Eigenvektoren $\boldsymbol{\varphi}_j$ liefert.

Mit Hilfe dieser Lösung läßt sich der Zustandsvektor $\boldsymbol{x}_i$ nach Gl. (4.49) in der Form

$$\boldsymbol{x}_i = \begin{bmatrix} \boldsymbol{\varphi}_1, \boldsymbol{\varphi}_2, \boldsymbol{\varphi}_3, \boldsymbol{\varphi}_4 \end{bmatrix} \begin{bmatrix} \lambda_1 & & & \\ & \lambda_2 & & \\ & & \lambda_3 & \\ & & & \lambda_4 \end{bmatrix} \begin{Bmatrix} q_1 \\ q_2 \\ q_3 \\ q_4 \end{Bmatrix}_{i-1} \tag{4.51}$$

schreiben, wobei allerdings die Eigenvektoren verworfen werden müssen, deren Eigenwerte betragsmäßig größer als 1 sind. Da, wie man zeigen kann, in unserem Beispiel nur die beiden Eiggenwerte λ_1 und λ_2 betragsmäßig kleiner als 1 sind, für die beiden anderen gilt $\lambda_4 = 1/\lambda_1$ und $\lambda_3 = 1/\lambda_2$, müssen die Beiträge der anderen Eigenwerte ignoriert werden. Sie würden ja gerade die Randbedingungen im Unendlichen „Verschwinden der Amplituden" nicht erfüllen. So verbleiben als „zulässige" Komponenten des nach rechts zu übertragenden Vektors $\boldsymbol{x}_{0r}$

$$\boldsymbol{x}_{0r} = \tfrac{1}{4} \begin{bmatrix} \boldsymbol{\varphi}_1, \boldsymbol{\varphi}_2 \end{bmatrix} \begin{Bmatrix} q_1 \\ q_2 \end{Bmatrix}_{0r}. \tag{4.52}$$

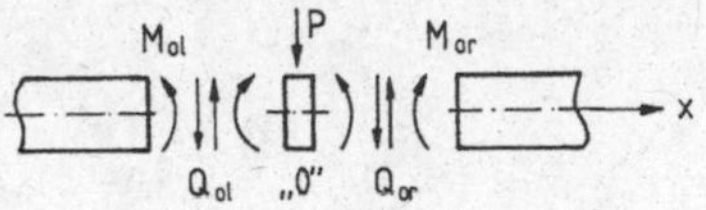

Bild 4.17. Übergangsbedingungen an der Lasteinleitungsstelle

Für das Übertragen nach links (von $i = 0$ bis $i = -\infty$) gilt entsprechend

$$\boldsymbol{x}_{0l} = \begin{bmatrix} \boldsymbol{\varphi}_3, \boldsymbol{\varphi}_4 \end{bmatrix} \begin{Bmatrix} q_3 \\ q_4 \end{Bmatrix}_{0l} . \tag{4.53}$$

Übergangsbedingungen an der Krafteinleitungsstelle

Nun müssen noch die Übergangsbedingungen an der Stelle 0 eingebaut werden. An Bild 4.17 liest man als Übergangsbedingungen ab

$$\boldsymbol{x}_{0l} - \boldsymbol{x}_{0r} = \begin{Bmatrix} 0 \\ 0 \\ 0 \\ P \end{Bmatrix} . \tag{4.54}$$

Führt man hierin die beiden Beziehungen für $\boldsymbol{x}_{0l}$ und $\boldsymbol{x}_{0r}$ gemäß Gln. (4.52) und (4.53) ein, so führt das auf das algebraische Gleichungssystem

$$\begin{bmatrix} \boldsymbol{\varphi}_1, \boldsymbol{\varphi}_2, \boldsymbol{\varphi}_3, \boldsymbol{\varphi}_4 \end{bmatrix} \begin{Bmatrix} -q_{1,0r} \\ -q_{2,0r} \\ q_{3,0l} \\ q_{4,0l} \end{Bmatrix} = \begin{Bmatrix} 0 \\ 0 \\ 0 \\ P \end{Bmatrix} . \tag{4.55}$$

Die Lösung dieses linearen Gleichungssystems ist ohne Schwierigkeiten möglich. Eingesetzt in Gln. (4.52) und (4.53) sind damit die Zustandsvektoren rechts und links neben der Lasteinleitungsstelle, aus denen sich die Zustandsvektoren an jeder beliebigen anderen Stelle ermitteln lassen, bekannt.

Numerische Ergebnisse und Interpretation

Ausgehend von den bei einem Eisenbahngleis vorliegenden realistischen Daten für Massen, Steifigkeiten und Dämpfungen (Bild 4.15) wurden numerische Rechnungen durchgeführt. Die Wurzelortskurve für die für das Systemverhalten charakteristischen Eigenwerte λ_1, λ_2 in Abhängigkeit von der Erregerfrequenz Ω ist in Bild 4.18 wiedergegeben. Diese Wurzelortskurve ist im Zusammenhang mit der Vergrößerungsfunktion für die Verschiebung w_0 unter dem Lastangriffspunkt (Bild 4.19a) zu interpretieren. Die Vergrößerungsfunktion enthält im Bereich von 0 bis etwa 1200 Hz zwei ausgeprägte Maxima bei 170 Hz und 953 Hz und ein schwaches Maximum bei 460 Hz. Bei der Frequenz von 953 Hz kommt die Wurzelortskurve sehr dicht an den Einheitskreis, was darauf hinweist, daß der über den Abschnitt übertragene Zustandsvektor kaum abklingt.

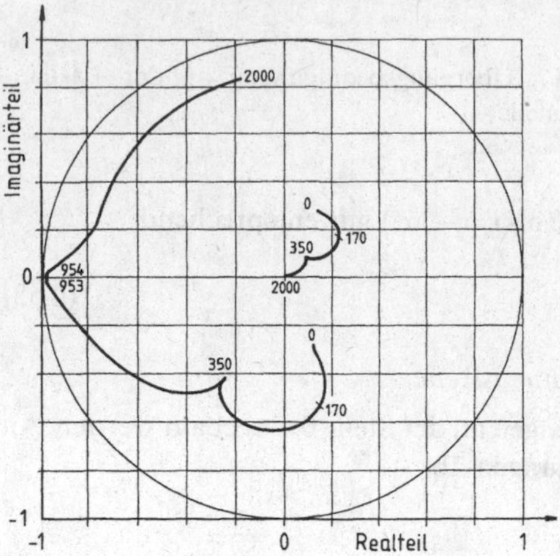

Bild 4.18. Verlauf der Eigenwerte λ_1 und λ_2 in Abhängigkeit von der Erregerfrequenz (Hz)

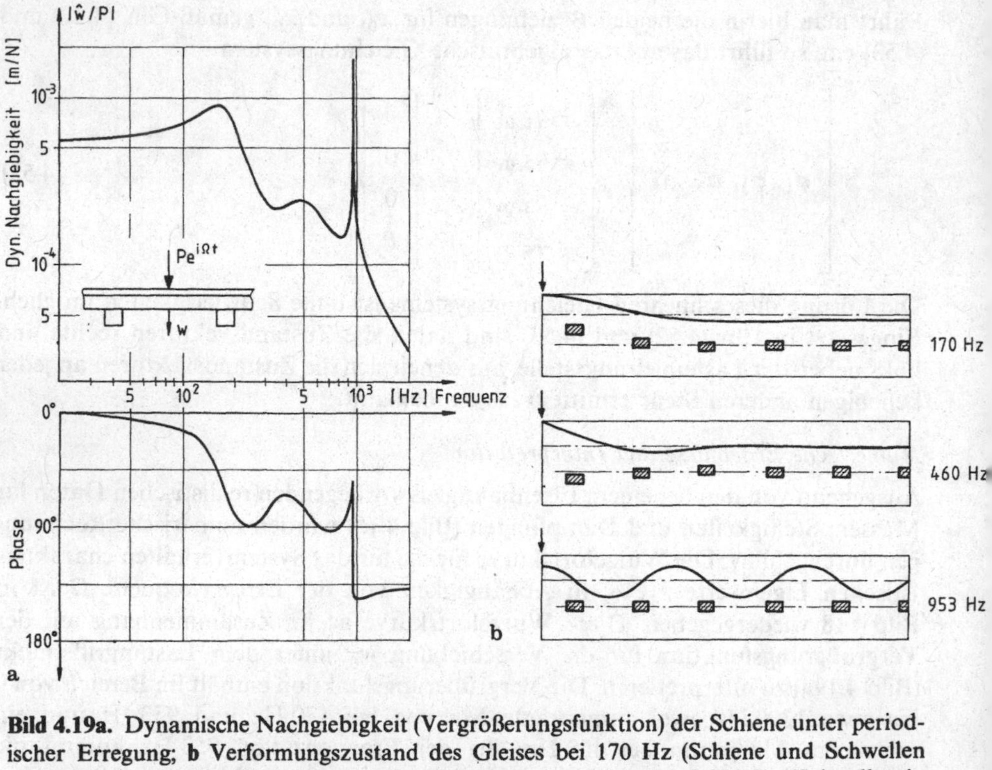

Bild 4.19a. Dynamische Nachgiebigkeit (Vergrößerungsfunktion) der Schiene unter periodischer Erregung; **b** Verformungszustand des Gleises bei 170 Hz (Schiene und Schwellen gleichphasig), 460 Hz (Schiene und Schwellen gegenphasig) und bei 953 Hz (Schwellen in Ruhe)

Für diese drei Erregerfrequenzen ist jeweils ein charakteristischer Verschiebungszustand in Bild 4.19b dargestellt. Bei der ersten „Resonanzstelle" schwingen Schiene und Schwelle in Phase auf den durch den Schotter gegebenen Federn und Dämpfern. An der zweiten Resonanzstelle liegt eine gegenphasige Schwingung von Schienen und Schwellen vor. Beide Schwingungszustände hätte man auch ermitteln können, wenn man die Federn c_S und die Dämpfer d_S verschmiert hätte. Das gilt nicht mehr für den letzten Schwingungszustand bei einer Frequenz von 953 Hz. Hierbei bleibt die Schiene über den Schwellen praktisch in Ruhe, zwischen den Schwellen bildet sich ein nur sehr wenig gedämpfter sinusförmiger Verschiebungszustand aus, der gegenüber Anregungen sehr sensibel ist.

4.7 Gesamtgleichungssystem und verzweigte Strukturen

Gesamtgleichungssystem

Bisher haben wir die klassische Eliminationstechnik des Übertragungsmatrizenverfahrens kennengelernt, die das Randwertproblem als Anfangswertproblem auffaßte, Bild 4.20a. Man schießt sich auf die Endrandbedingungen bei $\boldsymbol{x}_4$ ein,

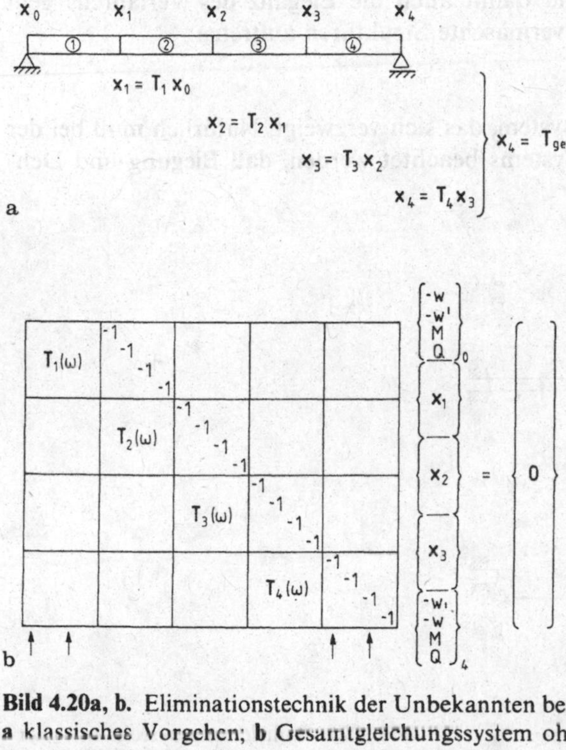

Bild 4.20a, b. Eliminationstechnik der Unbekannten beim Übertragungsmatrizenverfahren: **a** klassisches Vorgehen; **b** Gesamtgleichungssystem ohne Zwischenelimination. Die Pfeile deuten die Spalten an, die wegen der Randbedingungen $w_0 = M_0 = w_4 = M_4 = 0$ entfallen.

indem man durch wiederholtes, versuchsweises Einsetzen von angenommenen Frequenzen ω prüft, ob in

$$\boldsymbol{x}_4 = \underbrace{(\boldsymbol{T}_4, \boldsymbol{T}_3, \boldsymbol{T}_2, \boldsymbol{T}_1)}_{\boldsymbol{T}_{\text{ges}}(\omega)} \boldsymbol{x}_0 \tag{4.56}$$

$w_4 = M_4 = 0$ erfüllt ist. Dieses Probieren ist deshalb so einfach, weil alle Zwischenunbekannten $\boldsymbol{x}_2$, $\boldsymbol{x}_3$ eliminiert wurden. Behält man sie aber bei, erhält man ein entsprechend großes Gleichungssystem (Gesamtgleichungssystem), in dem jeweils ein vierzeiliger Block die Übertragungsgleichung

$$\boldsymbol{x}_{k+1} = \boldsymbol{T}_k \boldsymbol{x}_k \tag{4.57}$$

enthält. Beachtet man noch die Randbedingungen $w_0 = M_0 = w_4 = M_4 = 0$, so entfallen vier Spalten; die Matrix des homogenen Gleichungssystems wird quadratisch. Die Eigenfrequenzen können nun wieder durch systematisches „Zu-Null-Bringen" der Determinante, z. B. über den Gaußschen Algorithmus, ermittelt werden.

Praktisch wird man kaum so vorgehen. Es wird an dieser Überlegung aber deutlich, daß das klassische Übertragungsverfahren eine spezielle Besetztheit der Matrix des Gesamtsystems ausnutzt, die jeweils einen vierzeiligen Block nach dem anderen abzuarbeiten erlaubt.

Diese spezielle Besetztheit und damit auch die Eleganz des Verfahrens geht verloren, wenn verzweigte oder vermaschte Strukturen auftreten.

Verzweigte Strukturen

Bild 4.21 zeigt ein Rohrleitungssystem, das sich verzweigt. Natürlich muß bei der Eigenfrequenzberechnung des Systems beachtet werden, daß Biegung und Deh-

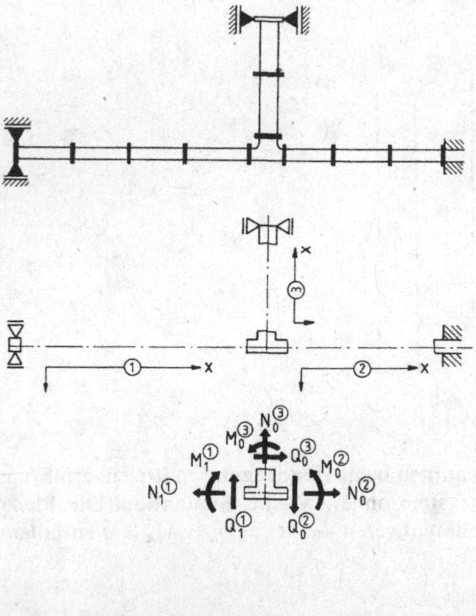

Bild 4.21. Rohrleitungssystem mit Verzweigungsknoten; Knotengleichgewicht

nung nun gleichzeitig auftreten: Die Dehnschwingungen im vertikalen Strang ③ verursachen Biegung in den Strängen ① und ② und umgekehrt. Das bereitet aber keine prinzipiellen Schwierigkeiten.

Die Abschnittsmatrix muß nur auf die Mitnahme der Dehnschwingungen erweitert werden. Beim doppelsymmetrischen Querschnitt und beim runden Rohr sieht das folgendermaßen aus:

$$\begin{Bmatrix} u \\ N \\ \hline -w \\ -w' \\ M \\ Q \end{Bmatrix}_{k+1} = \left[\begin{array}{c|c} \boldsymbol{T}^{D\mu}(\omega) & \boldsymbol{0} \\ \hline \boldsymbol{0} & \boldsymbol{T}^{B\mu}(\omega) \end{array}\right] \begin{Bmatrix} u \\ N \\ \hline -w \\ -w' \\ M \\ Q \end{Bmatrix}_{k} . \tag{4.58}$$

Im Übertragungsvektor treten nun zusätzlich die Längsverschiebungsamplituden u_k und die Längskraftamplituden N_k auf. $\boldsymbol{T}^{D\mu}(\omega)$ ist die Übertragungsmatrix der Dehnschwingung, $\boldsymbol{T}^{B\mu}(\omega)$ die der Biegeschwingung, je nach Modellwahl die nach Gln. (4.13) oder (4.21).

Die Abschnittsmatrizen der Teilstränge lassen sich in jeweils einer Gesamtmatrix des Stranges zusammenfassen:

$$\begin{aligned} \boldsymbol{x}_1^{①} &= \boldsymbol{T}_g^{①}(\omega)\,\boldsymbol{x}_0^{①}, \\ \boldsymbol{x}_1^{②} &= \boldsymbol{T}_g^{②}(\omega)\,\boldsymbol{x}_0^{②}, \\ \boldsymbol{x}_1^{③} &= \boldsymbol{T}_g^{③}(\omega)\,\boldsymbol{x}_0^{③}. \end{aligned} \tag{4.59}$$

Der Oberindex deutet die Strangnummer an.

Probleme entstehen am Verzweigungsknoten. Kommt man von links mit dem Zustandsvektor $\boldsymbol{x}_1^{①}$ an, so geht es rechts mit $\boldsymbol{x}_0^{②}$ und $\boldsymbol{x}_0^{③}$ weiter. Eine Zwischenelimination gelingt nicht.

Wir müssen am Knoten die Schnittkraftübergangsbedingungen (Gleichgewicht) formulieren (Bild 4.21)

$$\begin{aligned} M_1^{①} - M_0^{②} - M_0^{③} &= 0, \\ N_1^{①} - N_0^{②} - Q_0^{③} &= 0, \\ Q_1^{①} - Q_0^{②} + N_0^{③} &= 0. \end{aligned} \tag{4.60}$$

und die geometrischen Übergangsbedingungen (Verträglichkeit)

$$\begin{aligned} & w_1^{①} = w_0^{②};\; w_1'^{①} = w_1'^{②};\; u_1^{①} = u_0^{②} && ① \to ②, \\ & w_1^{①} = -u_0^{③};\; w_1'^{①} = w_0'^{③};\; u_1^{①} = w_0^{③} && ① \to ③. \end{aligned} \tag{4.61}$$

Faßt man die drei Strangaussagen, Gl. (4.59), mit den Randbedingungen der Rohrleitungsenden zusammen und beachtet die Übergangsbedingungen, die Gln. (4.60) und (4.61), entsteht ein Gesamtgleichungssystem, das zunächst 27 Unbekannte aufweist: die 3 × 6 Unbekannten des Verzweigungspunktes und die

3×3 Nicht-Null-Zustandsgrößen an den Rohrenden. Wegen der Einfachheit von Gl. (4.61) lassen sich jedoch noch sechs unbekannte Verschiebungen sofort eliminieren, bei geschicktem Aufbau kann auch noch weiter, bis auf neun Unbekannte, reduziert werden. Die Eigenfrequenzen findet man wie üblich durch iteratives Zu-Null-Bringen der Determinante des verbleibenden homogenen Gleichungssystems, z. B. mit Hilfe des Gaußschen Algorithmus (vgl. Band I, Kap. 8). Die Eleganz und Systematik im Aufbau des Gleichungssystems ist durch die Verzweigung verlorengegangen.

4.8 Numerische Schwierigkeiten

Wege zur Umgehung der numerischen Schwierigkeiten, die bei Durchlaufträgern mit steifen oder starren Stützen auftraten, hatten wir schon in Abschn. 4.4 kennengelernt. Auch die Ermittlung sehr hoher Eigenfrequenzen kann auf numerische Probleme führen, die entweder durch Rechnen mit erhöhter Stellenzahl (double precision) zu überwinden sind oder durch das Mitführen zusätzlicher Unbekannter.

Wie diese Schwierigkeiten entstehen, sieht man schon am Beispiel des einfeldrigen, beiderseits gelenkig gelagerten Balkens konstanter Steifigkeit und Massenbelegung. Mit den Randbedingungen $w(0) = w(l) = 0$; $M(0) = M(l) = 0$ liefert Gl. (4.13) das homogene Gleichungssystem

$$\begin{Bmatrix} 0 \\ 0 \end{Bmatrix} = \begin{bmatrix} (\mathrm{S}+\mathrm{s})/\lambda & -(\mathrm{S}-\mathrm{s})/\lambda^3 B \\ -\lambda(\mathrm{S}-\mathrm{s}) & -(\mathrm{S}+\mathrm{s})/\lambda B \end{bmatrix} \begin{Bmatrix} w' \\ Q \end{Bmatrix}. \tag{4.62}$$

Bildet man die Determinante analytisch, findet man

$$\sinh \lambda l \sin \lambda l = 0, \tag{4.63}$$

was auf

$$\lambda l = n\pi \quad \text{mit} \quad n = 1, 2 \ldots \tag{4.64}$$

führt und auf die Eigenfrequenzen

$$\omega_{\mathrm{n}} = (\lambda_{\mathrm{n}} l)^2 \sqrt{EI/\mu l^4}. \tag{4.65}$$

Letztlich bestimmen die Glieder $\sin \lambda l$ in Gl. (4.62) die Nullstellen der charakteristischen Gleichung.

Rechnet man aber numerisch, dann sind zunächst die vier Matrizenelemente t_{11}, t_{21}, t_{12}, t_{22} zu besetzen, ehe die Determinante ausmultipliziert

$$\det(\lambda l) = t_{11} t_{22} - t_{12} t_{21} \tag{4.66}$$

und auf Null geprüft wird.

Bei hohen λl-Werten geht jedoch durch die Gleitkommarechnung mit beschränkter Mantissenlänge der Einfluß der $\sin \lambda l$-Glieder, die die Nullstellen bestimmen, verloren gegenüber den riesigen Werten, die $\sinh \lambda l \approx \mathrm{e}^{\lambda l}/2$ annimmt.

Betrachten wir für das Element t_{21}

$$t_{21} = -\lambda(\sinh \lambda l - \sin \lambda l) \tag{4.67}$$

die Werte $\sinh \lambda l$ bzw. $\sin \lambda l$ tabellarisch und gehen davon aus, daß der Rechner sechs Stellen in der Mantisse berücksichtigt.

In Tabelle 4.1 erkennt man, daß sich bei $\lambda l = 18$ der Wert von $\sin \lambda l$, der sich zwischen -1 und $+1$ bewegt, gar nicht mehr berücksichtigen läßt. Beim Ausmultiplizieren der Determinante für die Nullstellensuche entstehen infolge der Rundungsfehler kleine Differenzen aus großen Zahlen. Das Vorzeichen der „Null" wird durch den Zufall bestimmt. Die Rechnung bricht zusammen. Die Zahl der Stellen, die der Rechner mitführen muß, muß also größer sein als die Stellenzahl von $e^{\lambda l}/2$ vor dem Komma.

Tabelle 4.1. Numerische Auswertung von Gl. (4.67). Allmähliches Verschwinden des Einflusses von $\sin \lambda l$ bei hohen Werten λl infolge beschränkter Mantissenlänge

λl	$\sinh \lambda l$	$\sin \lambda l$	S–s
3	$1{,}00676 \cdot 10^{1}$	0,141120	$9{,}92648 \cdot 10^{1}$
6	$2{,}01715 \cdot 10^{2}$	−0,279415	$2{,}01994 \cdot 10^{2}$
9	$4{,}05154 \cdot 10^{3}$	0,412118	$4{,}05112 \cdot 10^{3}$
12	$8{,}13773 \cdot 10^{4}$	−0,536573	$8{,}13778 \cdot 10^{4}$
15	$1{,}63450 \cdot 10^{6}$	0,650287	$1{,}63449 \cdot 10^{6}$
18	$3{,}28299 \cdot 10^{7}$	−0,750987	$3{,}28299 \cdot 10^{7}$

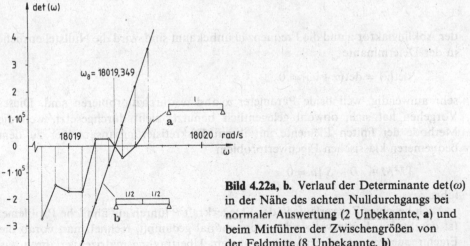

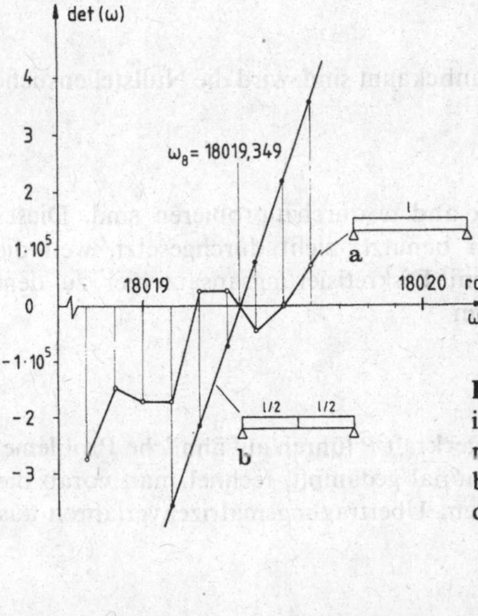

Bild 4.22a, b. Verlauf der Determinante det(ω) in der Nähe des achten Nulldurchgangs bei normaler Auswertung (2 Unbekannte, **a**) und beim Mitführen der Zwischengrößen von der Feldmitte (8 Unbekannte, **b**)

Bild 4.22 zeigt den Verlauf der ersten „wackeligen" Nullstelle beim Eigenwert ω_8 des einfeldrigen Balkens. Dabei wurde mit 32 Stellen, jedoch ohne Normierung, gerechnet.

Zum Kontrast wurde nun nicht mit höherer Genauigkeit gerechnet, die man normalerweise zur Abhilfe der numerischen Probleme an dieser Stelle einsetzt, sondern mit mehr Unbekannten: Der Balken wurde in zwei Felder der Länge $l/2$ aufgeteilt, und die Zwischenunbekannten in der Feldmitte wurden *nicht* eliminiert. Es blieben im Gesamtgleichungssystem (vgl. Bild 4.20) also acht Unbekannte. Hier wird der Nulldurchgang glatt. Erst ab ω_{18} treten die Schwierigkeiten wieder auf, die mit noch mehr Unbekannten noch weiter hinausschiebbar sind.

4.9 Vorzüge und Grenzen des Übertragungsmatrizenverfahrens

Das Übertragungsmatrizenverfahren eignet sich sehr gut zur Ermittlung von Eigenfrequenzen und Eigenformen in unverzweigten und ungedämpften Strukturen wie Durchlaufträgern, Antriebssträngen, Stockwerksrahmenbauten u.a.m.

Für solche Systeme ist es leicht dem Rechner beizubringen. Durch die hochgradige Elimination von Zwischenunbekannten arbeitet es sehr rechenökonomisch. Gegenüber der Finite-Element-Methode hat es den Vorteil, nicht nur die Eigenformen, sondern auch die zugehörigen Schnittlasten zu liefern, ohne daß Zusatzanstrengungen erforderlich sind.

Als *Differentialgleichungsverfahren*, das sofort die Zeitabhängigkeit eliminiert (durch den Ansatz $\sin\omega t$, $\sin\Omega t$ oder $e^{i\Omega t}$), hat es allerdings auch Grenzen: Sind lokale Dämpfer im Spiel, lassen sich erzwungene periodische Schwingungen durchaus berechnen: Die Übertragungsmatrizen und Zustandsvektoren sind dann komplex und nicht mehr reell. Grundsätzlich ändert sich nichts gegenüber der Rechnung in konservativen Systemen. Aber die Eigenwertberechnung, die den Ansatz $e^{\lambda t}$ verlangt, wird in gedämpften Systemen mühsam.

Da im Eigenwert

$$\lambda = \alpha + i\omega$$

der Abklingfaktor α und die Frequenz ω unbekannt sind, wird die Nullstellensuche in der Determinante

$$\det(\lambda) = \det(\alpha + i\omega) = 0$$

sehr aufwendig, weil beide Parameter α and ω durchzuprobieren sind. Dieses Vorgehen hat sich, obwohl gelegentlich benutzt, nicht durchgesetzt, weil die Methode der finiten Elemente mit ihrem Diskretisierungsansatz hier zu dem bequemeren klassischen Eigenwertproblem

$$[\lambda^2 \boldsymbol{M} + \lambda \boldsymbol{D} + \boldsymbol{S}]\boldsymbol{u} = 0$$

führt.

Auch beliebige Zeitverläufe in der Erregerkraft $\tilde{P}$ führen auf ähnliche Probleme. Ist das System konservativ oder proportional gedämpft, rechnet man vorab die Eigenfrequenzen und Eigenformen mit dem Übertragungsmatrizenverfahren aus

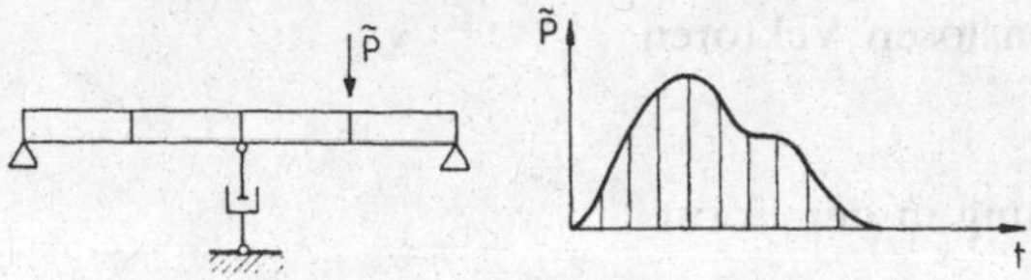

Bild 4.23. Stark gedämpftes System mit allgemeiner, nichtperiodischer Erregung

und setzt dann anschließend die modale Analyse an, um die Antwort auf einen allgemeinen Erregungsverlauf zu ermitteln, vgl. Übungsaufgabe 4.6.

Sind aber lokale Dämpfer im System (Bild 4.23), ist wieder eine Grenze des Verfahrens erreicht. Prinzipiell steht zwar der Weg über den Frequenzbereich offen (Fourier-Transformation der Erregung), weil die Ermittlung der Schwingungsantwort auf periodischen Eingang noch gelingt, auch wenn lokale Dämpfer vorliegen. Aber hier gibt die Methode der finiten Elemente mehr Spielraum, da sie die Behandlung allgemeiner Erregungskraftverläufe sowohl im Zeitbereich als auch im Frequenzbereich offenhält.

4.10 Übungsaufgaben

Aufgabe 4.1. Eigenfrequenz und Eigenformberechnung

Berechne die Eigenfrequenzen und Eigenformen für das skizzierte System mit dem Übertragungsmatrizenverfahren (Bild 4.24).

Für die Rechnung „von Hand" ist es zweckmäßig, dimensionslos vorzugehen. Die dimensionsbehaftete Verknüpfung der Zustandsvektoren

$$\boldsymbol{x}_b = \boldsymbol{T}\boldsymbol{x}_a$$

wird mit der Matrix $\boldsymbol{D}$ dimensionlos gemacht

$$\begin{bmatrix} 1/l^* & & & \\ & 1 & & \\ & & l^*/B^* & \\ & & & l^{*2}/B^* \end{bmatrix}.$$

Hier sind l^* und B^* beliebige Bezugsgrößen, die zweckmäßigerweise gleich l bzw. B

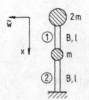

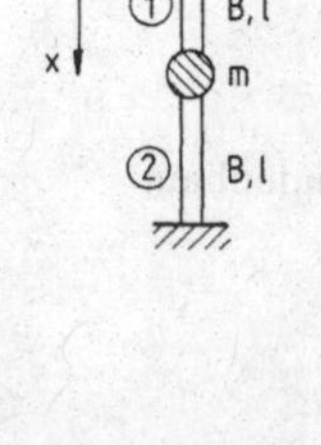

Bild 4.24. Systemskizze, Koordinaten

gewählt werden. Mit den dimensionslosen Vektoren

$$\bar{x}_a = \boldsymbol{D}\boldsymbol{x}_a, \quad \bar{x}_b = \boldsymbol{D}\boldsymbol{x}_b$$

ergibt sich die Übertragungsgleichung in der Form

$$\bar{x}_b = \boldsymbol{D}\boldsymbol{T}\boldsymbol{D}^{-1}\bar{x}_a \equiv \bar{\boldsymbol{T}}\bar{x}_a.$$

a) Stelle die dimensionslosen Übertragungsmatrizen auf; fasse dabei in Anlehnung an Gl. (4.21) die Punktmatrix $\boldsymbol{T}^{\mathrm{m}}$ mit der Feldmatrix $\boldsymbol{T}^{\mathrm{B}}$ zusammen (Abkürzung $\bar{\omega}^2 = \omega^2 ml^3/B$).
b) Ermittle die Eigenfrequenzen numerisch durch systematisches Probieren in Anlehnung an das Ablaufschema (Bild 4.9). Hilfestellung für die Suche: $0,1 < \bar{\omega}_1^2 < 0,2$ und $14 < \bar{\omega}_2^2 < 15$. Skizziere den Restgrößenverlauf $\det(\bar{\omega})$ im Bereich $0 < \bar{\omega}^2 < 20$.
c) Ermittle die Eigenvektoren (Verformungen, Schnittkräfte). Skizziere die Verformungsfiguren.
d) Zeige, daß die Determinante die charakteristische Gleichung eines ungedämpften 2-Freiheitsgradsystems ist, die den Aufbau

$$a_4\bar{\omega}^4 + a_2\bar{\omega}^2 + a_0 = 0$$

hat. Gehe dazu für das Übertragungsverfahren „untypisch" vor und bilde die Produktkette $\bar{\boldsymbol{T}}_{\mathrm{ges}}(\bar{\omega})$ formelmäßig und daraus die Determinante.

Aufgabe 4.2. Kontinuierliches System

Was ändert sich gegenüber Aufgabe 1 am Berechnungsgang, wenn das System im ersten Feld die Massenbelegung 2μ und die Biegesteifigkeit B hat und im zweiten Feld die Massebelegung μ und die Biegesteifigkeit B?

Aufgabe 4.3. Stockwerkrahmenbau

Der skizzierte Stockwerksrahmenbau (Bild 4.25) schwingt lateral. Da die Struktur „kettenförmig" ist, eignet sich das Übertragungsmatrizenverfahren für die Schwingungsberechnung. Betrachte vereinfachend die Geschoßdecken als biegestarr, aber massebehaftet, Masse m_k. Die tragenden Stützen sind daher oben und unten starr

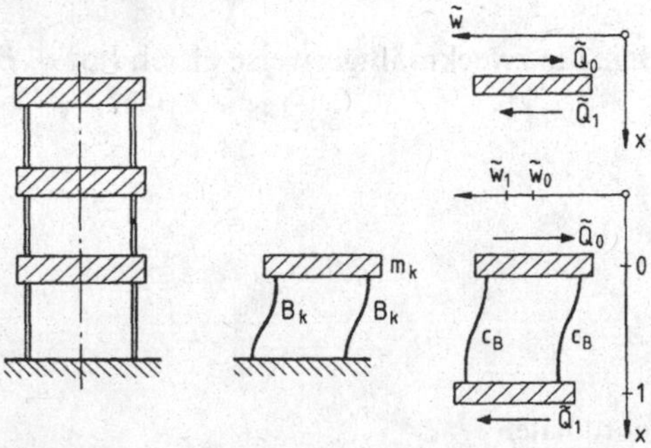

Bild 4.25. Stockwerksrahmenbau, Idealisierung

eingespannt. Die Biegesteifigkeit der dehnstarren Stiele beträgt jeweils B_k. Die Masse der Stützen wird zunächst vernachlässigt.

Stelle die Übertragungsmatrix für den „Abschnitt“ auf, der aus der Masse m_k und den biegeelastischen Stielen besteht. Fasse die Punktmasse und das elastische Feld zu einer „Etagenmatrix“ zusammen.

Aufgabe 4.4. Massebehaftete Stützen

Gib nun die Übertragungsmatrix für die elastischen Stützen an unter Berücksichtigung ihrer Massenbelegung μ. Nimm Gl. (2.22) zu Hilfe.

Aufgabe 4.5. Torsionsschwingungen eines Antriebsstrangs

Das Übertragungsmatrizenverfahren eignet sich sehr gut zur Ermittlung der Eigenfrequenzen und der periodisch erzwungenen Schwingungen in Antriebssträngen (Bild 4.26).

a) Leite für den skizzierten Antriebsstrang die Übertragungsmatrizen für das Element Drehfeder $\bar{c}$, Drehmasse Θ und den Kontinuumsabschnitt konstanter Drehsteifigkeit GI_T und konstanter Drehmassenbelegung $\hat{\mu}$ ab.
b) Schreibe die Gesamt-Übertragungsmatrix

$$\boldsymbol{x}_{\text{Ende}} = \boldsymbol{T}_{\text{ges}}(\omega)\boldsymbol{x}_{\text{Anfang}}$$

hin; gib die zugehörigen Randbedingungen für Anfangs- und Endvektor an. Wie lautet die Restgrößengleichung det = det(ω)?

Aufgabe 4.6. Modale Torsionsschwingungsanalyse

An den „Scheiben“ Θ_2 und Θ_3 der Verbrennungskraftmaschine (Bild 4.26) greifen die „Gaskräfte“ $\tilde{M}_1$ und $\tilde{M}_2$ beim 2-Takter als umlaufperiodische Drehmomente

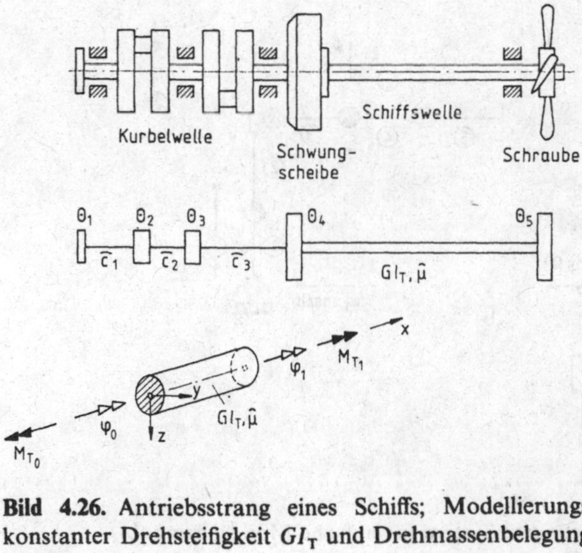

Bild 4.26. Antriebsstrang eines Schiffs; Modellierungsvorschlag; Torsionselement mit konstanter Drehsteifigkeit GI_T und Drehmassenbelegung $\hat{\mu}$

an, die sehr stark oberwellenhaltig sind. Da die Eigenformen und Eigenfrequenzen des Antriebsstrangs aus Aufgabe 4.5 vorliegen, liegt es nahe, das Resonanzverhalten des Systems modal zu analysieren (vgl. Kap. 3).

Wie erhält man bei diesem gemischt diskret-kontinuierlichen System die generalisierten Massen, generalisierten Steifigkeiten und generalisierten Erregungen?

Aufgabe 4.7. Gekoppelte Dehn- und Biegeschwingungen in einer Rohrleitung

Die skizzierte Turbine (Bild 4.27) schwingt auf ihrem Fundamentblock lateral, was Fußpunktsbewegungen $\tilde{w}_T = w_T \cos \Omega t$ in das Rohrleitungssystem einleitet. Dort entstehen gekoppelte Biege- und Dehnschwingungen, weil durch die Ecke Lateralbewegungen im senkrechten Strang in Dehnschwingungen im waagerechten Strang umgesetzt werden. Vereinfachend nehmen wir an, daß diese Rohrleitungsschwingungen auf das massige Turbinen-Fundamentsystem keinerlei Rückwirkungen haben. Auch vernachlässigen wir die Knickwirkung der Normalkräfte, die relativ klein sind.

Man berechne die erzwungenen Schwingungen in diesem System.

a) Gib die Übertragungsmatrix für die Punktmasse mit biege- und dehnelastischem Stab an, $B = EI = \text{const}$, $D = EF = \text{const}$.
b) Gib die Übertragungsmatrix für die Ecke an; berücksichtige dabei die empfohlene Lage der Koordinatensysteme für den Vertikal- und den Horizontalstrang.
c) Gib die Randbedingungen am Anfang (Turbine) und am Ende (Kessel) an.
d) Wie entsteht das inhomogene Gleichungssystem, das für die Bestimmung der erzwungenen Schwingungen gelöst werden muß? Welches Format hat es?
e) Wie werden die Verformungen und Schnittlasten bestimmt, die im Rohrleitungsstrang auftreten?
f) Wie berechnet man die Eigenfrequenzen und Eigenformen des Systems?

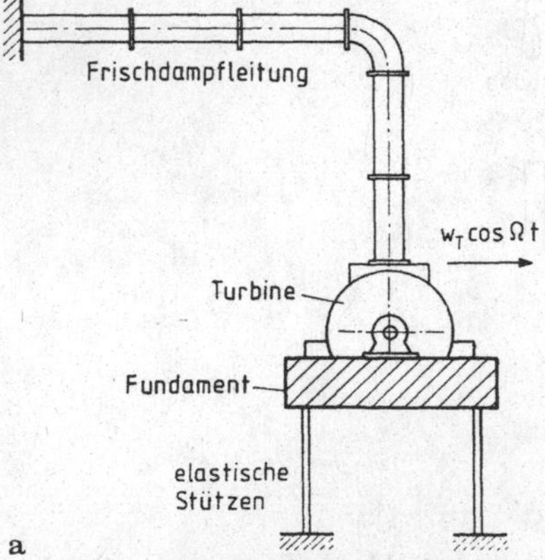

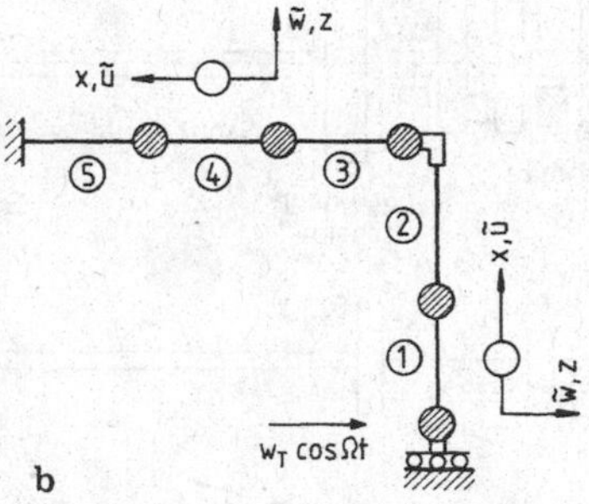

Bild 4.27a, b. Rohrleitungsschwingungen: System (**a**) einfache Modellierung (**b**)

Aufgabe 4.8. Genaueres Rohrleitungsmodell

Den prinzipiellen Aufbau des Berechnungsgangs für die Rohrleitungsschwingungen zeigte Aufgabe 4.7.

An seinem Ablauf ändert sich nichts, wenn man „vornehmer" modelliert (Bild 4.28): die Flansche als Einzelmasse, das eigentliche Rohr als biege- und dehnelastischen Stab mit konstanter Massenbelegung μ. Gib für dieses Element die Übertragungsmatrix an.

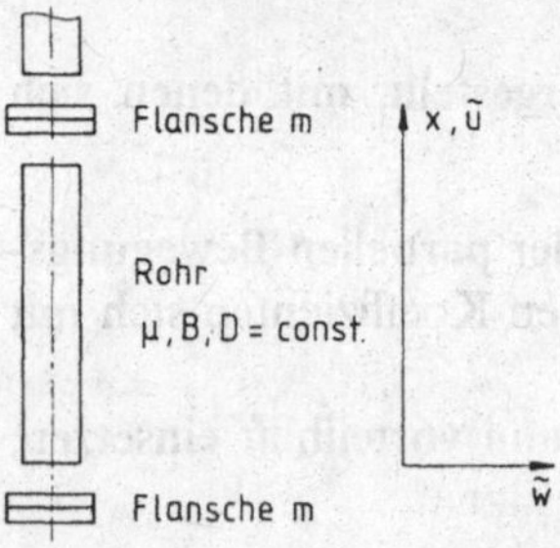

Bild 4.28. Genauere Modellierung der Rohrleitung

Aufgabe 4.9. Statik mit dem Übertragungsmatrizenverfahren

Überlege, wie mit dem Übertragungsmatrizenverfahren die statische Verformungsfigur und die statischen Schnittlasten ermittelt werden können, wenn am turbinenseitigen Anschluß (Aufgabe 4.7) nicht nur eine Horizontalschwingung $w_T \cos \Omega t$ eingeleitet wird, sondern, z. B. durch Montagefehler, auch eine horizontale statische Auslenkung $w_{T,\text{stat}}$.

5 Energieformulierungen als Grundlage für Näherungsverfahren

In den Kap. 2 und 4 wurden zwei Möglichkeiten dargestellt, mit denen sich Bewegungsvorgänge von Kontinua untersuchen lassen:

— Für einfache Tragwerke ist eine *analytische Lösung* der partiellen Bewegungsdifferentialgleichungen durch unendliche Reihen, deren Koeffizienten sich mit geschlossenen Formeln beschreiben lassen, möglich.
— Das *Verfahren der Übertragungsmatrizen* läßt sich dann vorteilhaft einsetzen, wenn das Tragwerk eine stabzugförmige Struktur besitzt.

In den Bildern 5.1 und 5.2 sind zwei Beispiele dargestellt, bei denen keine dieser beiden Möglichkeiten mehr eingesetzt werden kann. Bei dem Stockwerksrahmen von Bild 5.1 läßt sich schon für das Verhalten eines einzelnen Riegels keine analytische Lösung mehr angeben. Auch das Verfahren der Übertragungsmatrizen ist nicht einsetzbar, da der Rahmen ein mehrfach verzweigtes Gebilde ist. Ein Ausweg besteht darin, das Mehrmassensystem von Bild 5.1b mit dem *Verfahren der Steifigkeitszahlen* (Band I, Kap. 2) zu behandeln. Unangenehm ist beim Verfahren der Steifigkeitszahlen, daß die Steifigkeitsmatrix erst mit einer mühsamen, statischen Vorabrechnung ermittelt werden muß.

Bei dem Beispiel von Bild 5.2 versagen alle Idealisierungskünste. Es gelingt weder, ein einfaches Ersatzsystem anzugeben, für das eine analytische Lösung existiert, noch läßt sich ein Mehrmassenmodell wie in Bild 5.1b angeben, das dann mit dem Verfahren der Steifigkeitszahlen behandelbar wäre.

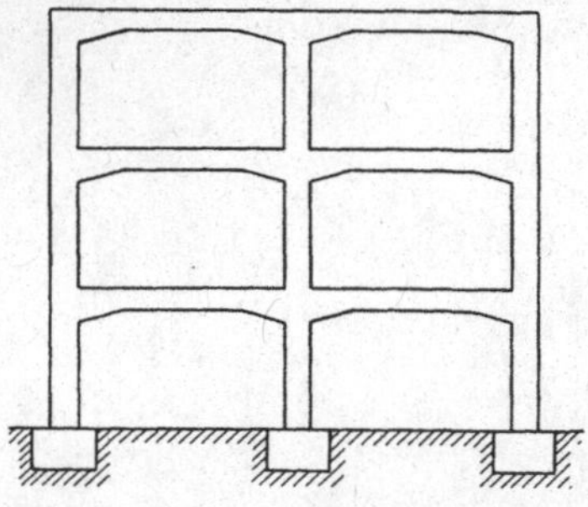

a

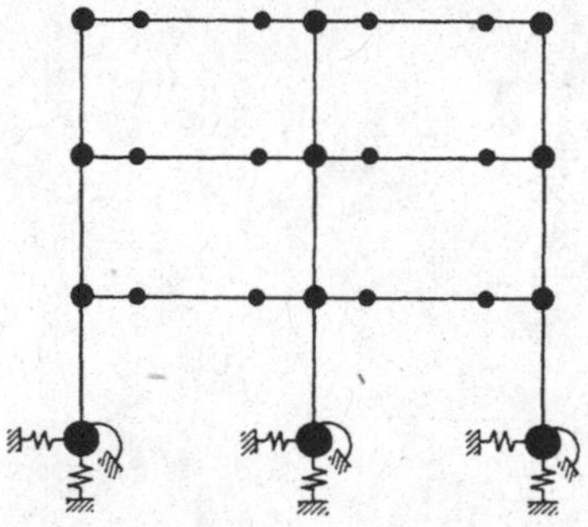

b

Bild 5.1a, b. Stockwerksrahmen. Kontinuierliches System und Punktmassenidealisierung

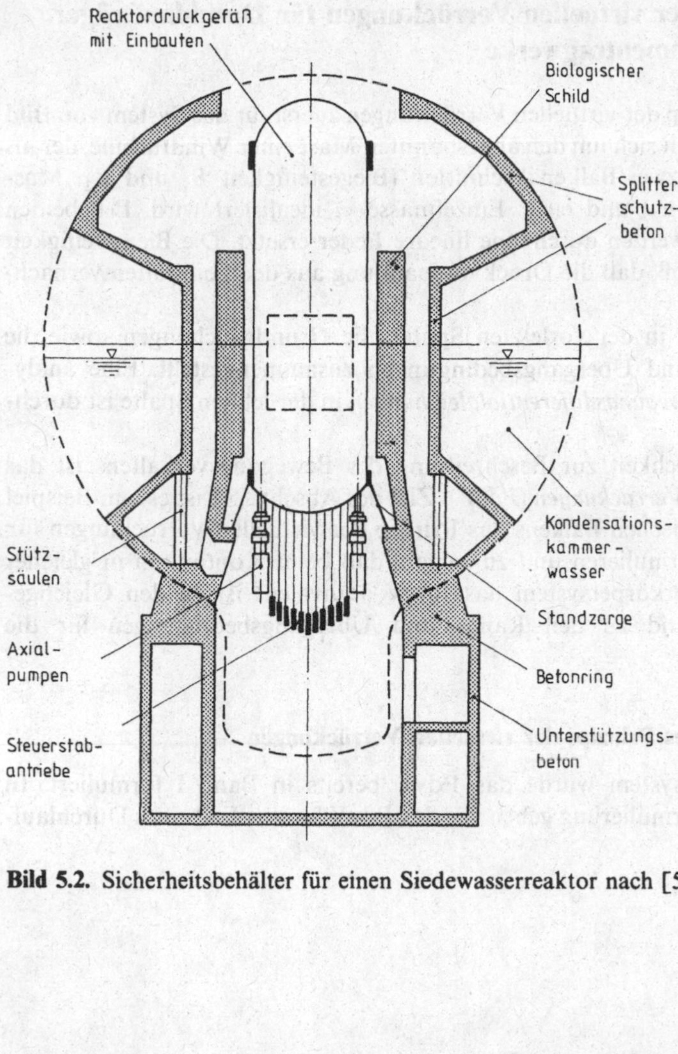

Bild 5.2. Sicherheitsbehälter für einen Siedewasserreaktor nach [5.11]

Beide Probleme von Bild 5.1 und 5.2 lassen sich mit dem heute üblichen Diskretisierungsverfahren, der *Methode der finiten Elemente* (englisch: *Finite Element Method = FEM*) behandeln. Ausgangspunkt für die Entwicklung der FEM ist nicht die partielle Bewegungsdifferentialgleichung sondern das *Prinzip der virtuellen Verrückungen.*

In Abschn. 5.1 wird das Prinzip der virtuellen Verrückungen (PdvV) für biegeelastische Balken angegeben, und es wird an einem Beispiel die Gleichwertigkeit des PdvV mit den Schnittkraftrand- und Schnittkraftübergangsbedingungen gezeigt. Ausgehend vom PdvV ist die Formulierung von Orthogonalitätsrelationen auch für allgemeine Tragwerke recht einfach möglich (Abschn. 5.2). Wie man bei der Formulierung des PdvV für andere Kontinua vorzugehen hat, wird in Abschn. 5.3 gezeigt.

5.1 Das Prinzip der virtuellen Verrückungen für Durchlaufträger und ebene Rahmentragwerke

Wir wollen das Prinzip der virtuellen Verrückungen zuerst für das System von Bild 5.3 angeben. Es handelt sich um den abgespannten Mast einer Windturbine, der als Durchlaufträger mit zwei Balkenabschnitten (Biegesteifigkeit B_1 und B_2, Massenbelegung μ_1 und μ_2) und einer Einzelmasse m idealisiert wird. Die beiden vorgespannten Seile werden durch eine lineare Feder ersetzt. Die Biegesteifigkeit des Stabes 1 ist so groß, daß die Druckvorspannung aus den Seilkräften vernachlässigt werden kann.

In Tabelle 5.1 sind in der vorletzten Spalte alle Grundgleichungen sowie die zugehörigen Rand- und Übergangsbedingungen zusammengestellt. Eine analytische Lösung der *Bewegungsdifferentialgleichungen* in der letzten Spalte ist durchaus noch möglich.

Eine andere Möglichkeit zur Beschreibung des Bewegungsverhaltens ist das *Prinzip der virtuellen Verrückungen* (*PdvV*). Ziel des Abschn. 5.1 ist es, am Beispiel des ebenen, biegeelastischen Balkens das Prinzip der virtuellen Verrückungen für ein Kontinuum zu formulieren und zu zeigen, daß beim Kontinuum in gleicher Weise wie beim Mehrkörpersystem das PdvV äquivalent ist zu den Gleichgewichtsbedingungen und zu den Rand- und Übergangsbedingungen für die Schnittkräfte.

5.1.1 Formulierung des Prinzips der virtuellen Verrückungen

Für ein Mehrkörpersystem wurde das PdvV bereits in Band I formuliert. In Analogie zu dieser Formulierung geben wir das PdvV für den Fall eines Durchlauf-

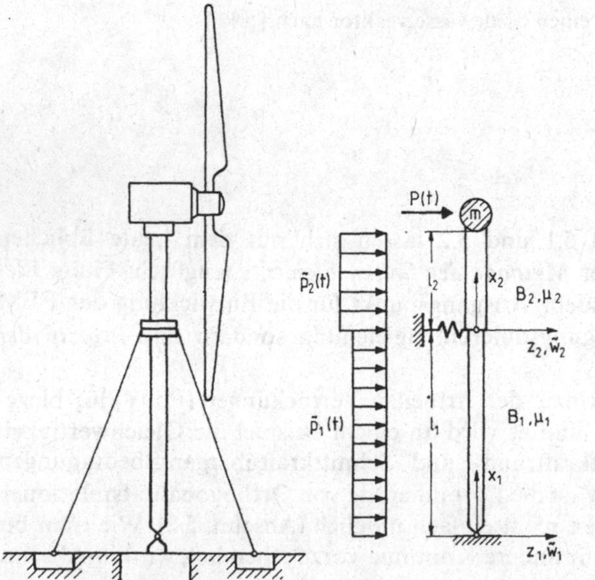

Bild 5.3. Abgespannter Mast, System und Idealisierung

Tabelle 5.1. Zusammenstellung der Beziehungen für die partielle Bewegungsdifferentialgleichung

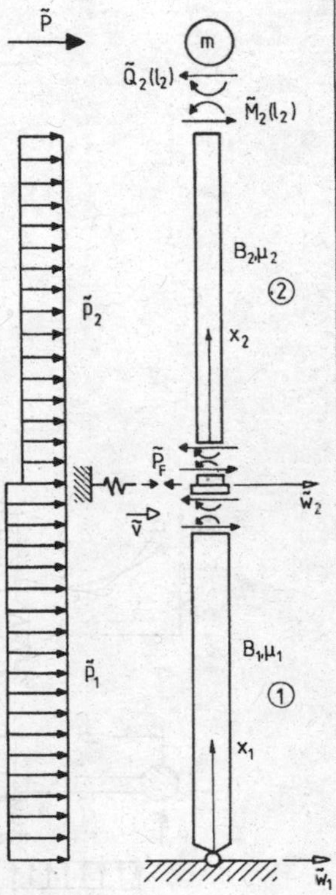

	Grundgleichungen und Randbedingungen		(partielle) Bewegungsdifferentialgleichung
Ende des Stabes ②	Randbedingung für Schnittkräfte	$\tilde{Q}_2(l_2) = \tilde{P} - m\ddot{\tilde{w}}_2(l_2)$ $\tilde{M}_2(l_2) = 0$	
Stab ②	Gleichgewicht und d'Alembertsches Prinzip	$\tilde{M}_2' - \tilde{Q}_2 = 0$ $\tilde{Q}_2' + \tilde{p}_2 - \mu\ddot{\tilde{w}}_2 = 0$	
	Elastizitätsgesetz	$\tilde{M}_2 = B_2\tilde{\kappa}_2$	
	Kinematik	$\tilde{\kappa}_2 = -\tilde{w}_2''$	$B_2\tilde{w}_2'''' + \mu\ddot{\tilde{w}}_2 = p_2$
Übergang Stab ① / Stab ②	Übergangsbedingung für Schnittkräfte	$\tilde{M}_2(0) = \tilde{M}_1(l_1)$ $\tilde{Q}_2(0) = \tilde{Q}_1(l_1) + \tilde{P}_F$	
	Federgesetz	$\tilde{P}_F = c\tilde{v}$	
	Federgeometrie	$\tilde{v} = \tilde{w}_1(l_1)$	
	Übergangsbedingungen für Verschiebungsgrößen	$\tilde{w}_1(l_1) = \tilde{w}_2(0)$ $\tilde{w}_1'(l_1) = \tilde{w}_2'(0)$	
Stab ①	Gleichgewicht und d'Alembertsches Prinzip	$\tilde{M}_1' - \tilde{Q}_1 = 0$ $\tilde{Q}_1' + \tilde{p}_1 - \mu\ddot{\tilde{w}}_1 = 0$	
	Elastizitätsgesetz	$\tilde{M}_1 = B_1\tilde{\kappa}_1$	
	Kinematik	$\tilde{\kappa}_1 = -\tilde{w}_1''$	$B_1\tilde{w}_1'''' + \mu\ddot{\tilde{w}}_1 = \tilde{p}_1$
Anfang des Stabes ①	Verschiebungsrandbedingung	$\tilde{w}_1(0) = 0$	
	Schnittkraftrandbedingung	$\tilde{M}_1(0) = 0$	

trägers an, bei dem neben Einzelmassen, Federn und Einzellasten auch noch Balkenabschnitte mit Biegesteifigkeit, Massenbelegung und Linienlasten auftreten.

Für das PdvV ist ein virtueller Verschiebungszustand erforderlich. Wie beim Mehrkörpersystem handelt es sich hierbei um einen dem wirklichen Verschiebungszustand $w(x, t)$ überlagerten, infinitesimal kleinen Zustand $\delta w(x)$, der von der Belastung unabhängig ist (Bild 5.4). Wir verlangen von der virtuellen Verschiebung $\delta w(x)$, daß sie geometrisch möglich ist, d. h., daß sie alle geometrischen Rand- und Übergangsbedingungen erfüllt und daß die zugehörigen Verzerrungen beschränkt bleiben. $\delta w(x)$ ist außerdem zeitunabhängig. Mit einem derartigen virtuellen Verschiebungszustand gilt:

> *Für einen virtuellen Verschiebungszustand muß die virtuelle Formänderungsenergie in allen Federn und allen Balkenabschnitten genauso groß sein wie die virtuelle Arbeit der äußeren Kräfte (Einzellasten und Linienlasten) und der d'Alembertschen Trägheitskräfte (Einzelträgheitskräfte und linienförmig verteilte Trägheitskräfte) an den zugehörigen virtuellen Verschiebungen.*
>
> Formelmäßig kann man hierfür wieder schreiben:
>
> $$\delta V_e \quad = \quad \delta W_a \quad + \quad \delta W_m \tag{5.1}$$
>
> | δV_e | δW_a | δW_m |
> |---|---|---|
> | virtuelle Formänderungsenergie in allen Federn und allen Balkenabschnitten | virtuelle Arbeit aller äußeren Kräfte | virtuelle Arbeit aller Trägheitskräfte |

Bei der *virtuellen Arbeit der äußeren Lasten und der Trägheitskräfte* ergeben sich die Beiträge der beiden Abschnitte in Analogie zum Mehrkörpersystem. Bei dem Modell von Bild 5.3 gilt:

Einzelkraft: $\delta W_a = \delta w_2(l_2)\ \tilde{P},$ (5.2)

Einzelmasse: $\delta W_m = -\delta w_2(l_2)\ m\ \ddot{\tilde{w}}_2(l_2),$ (5.3)

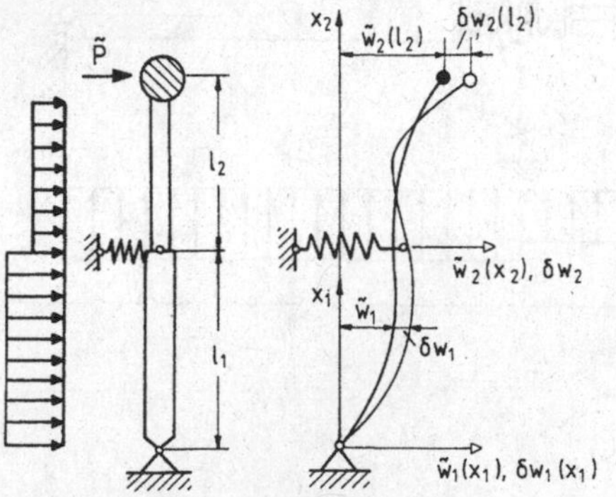

Bild 5.4. Wirklicher und virtueller Verschiebungszustand

Balken: $$\delta W_a = \sum_{i=1}^{2} \int_0^{l_i} \delta w_i(x_i) \tilde{p}_i(x_i) \mathrm{d}x_i, \tag{5.4}$$

$$\delta W_m = -\sum_{i=1}^{2} \int_0^{l_i} \delta w_i(x_i) \mu_i(x_i) \ddot{\tilde{w}}_i(x_i) \mathrm{d}x_i. \tag{5.5}$$

Um auch noch die *virtuelle Formänderungsenergie* der beiden Balkenabschnitte formulieren zu können, benötigt man die der Federkraft und der Feder-Relativverschiebung entsprechenden Größen beim Balken. Wir vergleichen hierzu das Elastizitätsgesetz für die Feder und für den Balken:

Feder:	F	$=$	c	v,
	Federkraft		Steifigkeit	Relativverschiebung
Balken:	M	$=$	B	$\varkappa$.
	Biegemoment (Schnittkraft)		Biegesteifigkeit	Krümmung (Verzerrungsgröße)

Man hat also zu formulieren:

Einzelfedern: $$\delta V_e = \delta v\, \tilde{F}, \tag{5.6}$$

Balken: $$\delta V_e = \sum_{i=1}^{2} \int_0^{l_i} \delta \varkappa_i(x_i) \tilde{M}(x_i) \mathrm{d}x_i. \tag{5.7}$$

Setzt man die Beziehung (5.2) bis (5.7) in Gl. (5.1) ein, so liegt damit das PdvV für das Modell von Bild 5.3 vor:

$$\sum_{i=1}^{2} \int_0^{l_i} \delta \varkappa_i \tilde{M}_i \mathrm{d}x_i + \delta v \tilde{F} = \delta w_2(l_2) \tilde{P} + \sum_{i=1}^{2} \int_0^{l_i} \delta w_i \tilde{p}_i \mathrm{d}x_i - \delta w_2(l_2)\, m\, \ddot{\tilde{w}}_2(l_2) - \sum_{i=1}^{2} \int_0^{l_i} \delta w_i\, \mu_i\, \ddot{\tilde{w}}_i\, \mathrm{d}x_i. \tag{5.8}$$

virtuelle Formänderungsenergie (δV_e) — virtuelle Arbeit der äußeren Kräfte (δW_a) und der Massenkräfte (δW_m)

Der virtuelle Verschiebungszustand muß auch hier geometrisch möglich sein; d. h. er muß hinreichend stetig sein, und er muß die geometrischen Rand- und Übergangsbedingungen erfüllen

$$\delta w_1(0) = 0, \tag{5.9a}$$

$$\delta w_1(l_1) = \delta w_2(0), \tag{5.9b}$$

$$\delta w_1'(l_1) = \delta w_2'(0), \tag{5.9c}$$

sowie

$$\delta v = \delta w_1(l_1). \tag{5.10}$$

5.1.2 Gleichwertigkeit des Prinzips der virtuellen Verrückungen mit den Gleichgewichtsbedingungen

Um zeigen zu können, daß das PdvV mit den Gleichgewichtsbedingungen gleichwertig ist, werden alle virtuellen Verschiebungs- und Verzerrungsgrößen durch die virtuellen Balkenverschiebungen ersetzt:

$$\delta \varkappa_i(x_i) = -\delta w_i''(x_i), \qquad (5.11)$$

$$\delta v = \delta w_1(l_1). \qquad (5.10)$$

Damit lautet das PdvV:

$$-\sum_i \int_0^{l_i} \delta w_i'' \tilde{M}_i \, dx_i + \delta w_1(l_1) \tilde{F} = \delta w_2(l_2) \tilde{P} + \sum_i \int_0^{l_i} \delta w_i \, \tilde{p}_i \, dx_i$$

$$- \delta w_2(l_2) m \ddot{\tilde{w}}_2(l_2) - \sum_i \int_0^{l_i} \delta w_i \, \mu_i \ddot{\tilde{w}}_i \, dx_i . \qquad (5.12)$$

Durch eine zweimalige partielle Integration des ersten Integrals erreicht man, daß unter dem Integral die virtuelle Verschiebung nur noch in der Form δw_i auftritt. Berücksichtigt man, daß der virtuelle Verschiebungszustand die Gln. (5.9a–c) erfüllen muß, so verbleibt

$$\sum_i \int_0^{l_i} \delta w_i \, [\tilde{M}_i'' + \tilde{p}_i - \mu_i \ddot{\tilde{w}}_i] \, dx_i$$

$$- \delta w_1'(0) \tilde{M}_1(0) - \delta w_2'(0) [\tilde{M}_2(0) - \tilde{M}_1(l_1)] + \delta w_2'(l_2) \tilde{M}_2(l_2)$$

$$+ \delta w_2(0) [\tilde{M}_2'(0) - \tilde{M}_1'(l_1) - \tilde{F}] - \delta w_2(l_2) [\tilde{M}_2'(l_2) - \tilde{P} - m \ddot{\tilde{w}}_2(l_2)] = 0. \qquad (5.13)$$

Ausgehend von Gl. (5.13) werden wir im folgenden zeigen, daß der „intuitiv" gewonnene Ausdruck für das PdvV, Gl. (5.8), tatsächlich äquivalent ist zu den Gleichgewichtsbedingungen und den Rand- und Übergangsbedingungen für die Schnittkräfte.

Der virtuelle Verschiebungszustand muß zwar klein und geometrisch möglich sein, er darf aber ansonsten völlig willkürlich sein. Wir wählen nun einen derartigen Zustand, der im zweiten Feld zu 0 wird

$$\delta w_1(x_1) \neq 0, \quad \delta w_2(x_2) = 0,$$

und bei dem im ersten Feld Verschiebung und Neigung am Stabanfang und am Stabende zu 0 werden:

$$\delta w_1'(0) = \delta w_1'(l_1) = \delta w_1(0) = \delta w_1(l_1) = 0.$$

Von Gl. (5.13) verbleibt dann:

$$\int_0^{l_1} \delta w_1 \, [\tilde{M}_1'' + \tilde{p}_1 - \mu_1 \ddot{\tilde{w}}_1] \, dx_1 = 0. \qquad (5.14)$$

Für ein beliebiges $\delta w_1(x_1)$ ergibt sich dann aufgrund des Fundamentalsatzes der Variationsrechnung [5.1] aus Gl. (5.14)

$$\tilde{M}_1'' + \tilde{p}_1 - \mu_1 \ddot{\tilde{w}}_1 = 0. \tag{5.15a}$$

Entsprechend erhält man für den zweiten Balken

$$\tilde{M}_2'' + \tilde{p}_2 - \mu_2 \ddot{\tilde{w}}_2 = 0. \tag{5.15b}$$

Die Gln. (5.15a, b) sind nichts anderes als die Gleichgewichtsbedingungen für ein Balkenelement nach Elimination der Querkräfte (vgl. Tabelle 5.1), die also erfüllt sein müssen, damit das PdvV gültig ist. Im Sinne der Variationsrechnung sind die Gln. (5.15a, b) die Eulerschen Differentialgleichungen eines Variationsproblems. Wir betrachten nun einen derartigen Zustand, der bereits die Gleichgewichtsbedingungen (5.15a, b) erfüllen möge und führen ihn in das PdvV, Gl. (5.13), ein. Da alle virtuellen Knotenverschiebungen und Knotenverdrehungen von Gl. (5.13) voneinander unabhängig sein können, lauten die weiteren Bedingungen, die für die Gültigkeit des PdvV erfüllt sein müssen

$$\tilde{M}_1(0) = 0, \tag{5.16a}$$

$$\tilde{M}_2(0) - \tilde{M}_1(l_1) = 0, \tag{5.16b}$$

$$\tilde{M}_2(l_2) = 0, \tag{5.16c}$$

$$\tilde{M}_2'(0) - \tilde{M}_1'(l_1) - \tilde{F} = 0, \tag{5.16d}$$

$$\tilde{M}_2'(l_2) - \tilde{P} - m\,\ddot{\tilde{w}}_2(l_2) = 0. \tag{5.16e}$$

Wegen $\tilde{M}_i' = \tilde{Q}_i$ sind das gerade die Rand- und Übergangsbedingungen für die Schnittkräfte, vgl. Tabelle 5.1. Die Gln. (5.16a–e) sind die sogenannten zusätzlichen Rand- und Übergangsbedingungen des Variationsproblems.

Damit ist gezeigt, daß das PdvV wenn man beliebige, geometrisch mögliche virtuelle Verschiebungszustände zuläßt, mit den Gleichgewichtsbedingungen und den Rand- und Übergangsbedingungen für die Schnittkräfte identisch ist.

Ein völlig beliebiger Verschiebungszustand läßt sich bei einem Kontinuum als Reihe mit unendlich vielen Gliedern darstellen

$$\delta w(x) = \sum_{j=1}^{\infty} \delta w_j(x).$$

Für numerische Rechnungen muß diese Reihe natürlich irgendwann abgebrochen werden. PdvV und Gleichgewichtsbedingungen sind dann nur noch im Integralmittel gleichwertig.

5.1.3 Weitere Umformung des PdvV

Ersetzt man einerseits die virtuellen Krümmungen und Relativverschiebungen durch virtuelle Balkenverschiebungen $\delta w_i(x_i)$ sowie andererseits die Federkraft und die Biegemomente mit Hilfe der Elastizitätsgesetze und der kinematischen Beziehungen durch wirkliche Verschiebungen

$$\tilde{F} = c\tilde{w}_1(l_1),$$

$$\tilde{M}_i = -B_i \tilde{w}_i'',$$

so läßt sich das Prinzip (5.12) vollständig in Balkenverschiebungen formulieren:

$$\sum_{i=1}^{2} \int_0^{l_i} \delta w_i'' B_i \tilde{w}_i'' \, dx_i + \delta w_1(l_1) c \tilde{w}_1(l_1)$$

$$= \delta w_2(l_2) \tilde{P} + \sum_{i=1}^{2} \int_0^{l_i} \delta w_i \tilde{p}_i \, dx_i - \delta w_2(l_2) m \ddot{\tilde{w}}_2(l_2) - \sum_{i=1}^{2} \int_0^{l_i} \delta w_i \mu_i \ddot{\tilde{w}}_i \, dx_i . \tag{5.17}$$

Zusätzlich müssen nur noch die Rand- und Übergangsbedingungen für die wirklichen und virtuellen Verschiebungsgrößen eingehalten werden:

$$\tilde{w}_1(0) = 0, \qquad \delta w_1(0) = 0, \qquad (5.18a) \quad (5.9a)$$

$$\tilde{w}_1(l_1) = \tilde{w}_2(0), \qquad \delta w_1(l_1) = \delta w_2(0), \qquad (5.18b) \quad (5.9b)$$

$$\tilde{w}_1'(l_1) = \tilde{w}_2'(0), \qquad \delta w_1'(l_1) = \delta w_2'(0). \qquad (5.18c) \quad (5.9c)$$

5.1.4 Zulässige Verschiebungszustände

Damit ein Verschiebungszustand als wirklicher und virtueller Verschiebungszustand verwendet werden kann, muß er *geometrisch möglich* sein. Das heißt zweierlei:

1. Der Verschiebungszustand muß zum einen *hinreichend stetig* sein, so daß die im PdvV, Gl. (5.17), auftretenden Verzerrungsgrößen beschränkt bleiben. Damit die unter dem Integral auftretende 2. Ableitung $\tilde{w}''(x)$ beschränkt bleibt, muß neben der Verschiebung auch die Verschiebungsableitung $\tilde{w}'(x)$ stetig sein (C^1-Stetigkeit).
2. Ein geometrisch möglicher Verschiebungszustand muß außerdem die geometrischen Rand- und Übergangsbedingungen, d.h. bei dem betrachteten Beispiel die Gln. (5.9) bzw. (5.18) erfüllen. Ganz allgemein handelt es sich bei einer Randbedingung um eine geometrische Randbedingung, solange in ihr nur Verschiebungen und Verschiebungsableitungen auftreten, die im Stab die Stetigkeitsforderung erfüllen müssen.

Zur Verdeutlichung der beiden Forderungen betrachten wir die fünf Beispiele für Verschiebungszustände in Bild 5.5. Nur die unter Bild 5.5b und c angegebenen Zustände sind geometrisch möglich. Bei Bild 5.5d wird die geometrische Lagerungsbedingung am Fußpunkt verletzt, bei Bild 5.5e tritt im Stab ein Knick auf, und bei Bild 5.5f ist der geometrische Zusammenhang zwischen Feder und Balken zerstört und eine der geometrischen Übergangsbedingung zwischen den Stäben ① und ② verletzt.

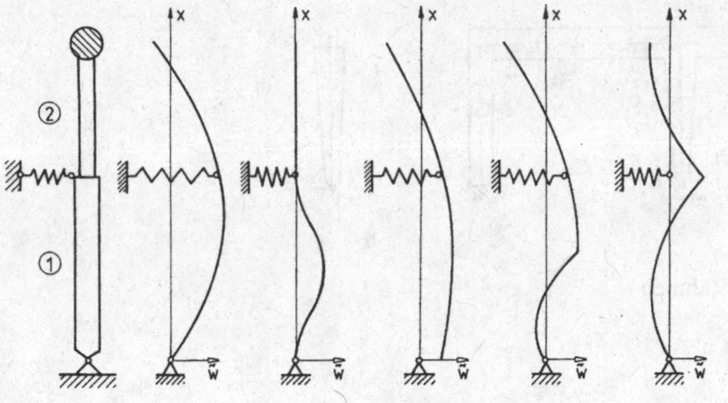

Bild 5.5a–f. Abgespannter Mast (**a**) mit geometrisch möglichen (**b, c**) und geometrisch unzulässigen (**d–f**) Verschiebungszuständen

5.1.5 Das Prinzip der virtuellen Verrückungen für ebene Rahmentragwerke

Als Vorbereitung auf die Methode der finiten Elemente wird auch noch das PdvV für ebene Rahmentragwerke angegeben (Bild 5.6). Die Erweiterung ist einfach. Um uns Schreibarbeit zu ersparen, verzichten wir auf die Berücksichtigung von Federn, Einzelmassen und Einzelkräften. Die Balkenabschnitte sind schubstarr, sie besitzen nur Biegesteifigkeit $B(x) = EI(x)$ und Dehnsteifigkeit $D(x) = EF(x)$. Die Balkenachse ist stets die neutrale Faser. Effekte der Theorie 2. Ordnung werden vernachlässigt.

Zur Formulierung der Einzelanteile für das PdvV wird in jedem Balkenabschnitt ein lokales Koordinatensystem eingeführt (Bild 5.6b). Für das Beispiel von Bild 5.6a lautet dann das PdvV mit den bereits aus Kap. 2 bekannten Bezeichnungen:

$$\sum_{i=1}^{5}\left[\int_0^{l_i}\delta\varkappa_i\tilde{M}_i\,dx_i+\int_0^{l_i}\delta\varepsilon_i\tilde{N}_i\,dx_i\right]=\sum_{i=1}^{5}\left[\int_0^{l_i}\delta u_i\tilde{p}_{xi}\,dx_i+\int_0^{l_i}\delta w_i\tilde{p}_{zi}\,dx_i\right]$$

$$-\sum_{i=1}^{5}\left[\int_0^{l_i}\delta u_i\mu_i\ddot{\tilde{u}}_i\,dx_i+\int_0^{l_i}\delta w_i\mu_i\ddot{\tilde{w}}_i\,dx_i\right]\quad(5.19)$$

virtuelle Formänderungsenergie δV_e — virtuelle Arbeit von äußeren Kräften (δW_a) und von Massenkräften (δW_m)

mit $\delta\varkappa_i = -\delta w_i''$ und $\delta\varepsilon_i = \delta u_i'$.

Geometrische Rand- und Übergangsbedingungen sind alle Bedingungen, in denen nur die Verschiebungen $u_i(x_i)$ und $w_i(x_i)$ und die Querschnittsneigung $\beta_i(x_i) = -w_i'(x_i)$ auftreten. Die Verwendung der Querschnittsneigung anstelle der

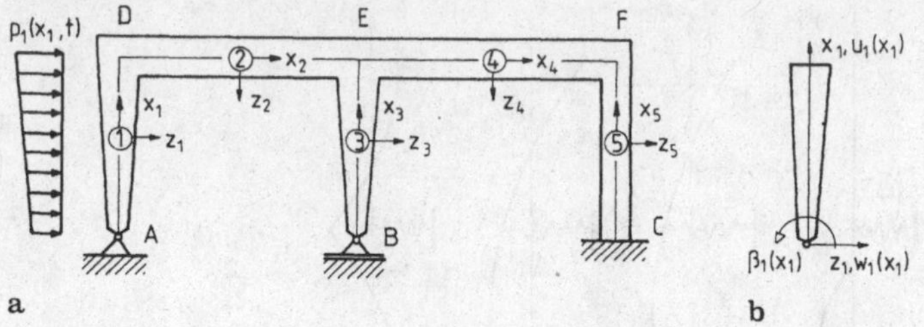

Bild 5.6a–b. Ebener Rahmen

Tangentenneigung zur Formulierung einer geometrischen Randbedingung erfolgt im Hinblick auf den im Abschn. 5.3.1 behandelten schubweichen Balken. In einer Übungsaufgabe werden wir uns überlegen, wieviele geometrische Rand- und Übergangsbedingungen bei dem Beispiel von Bild 5.6 auftreten.

5.2 Ableitung der Orthogonalitätsrelationen mit Hilfe des Prinzips der virtuellen Verrückungen

Das PdvV, Gln. (5.17) oder (5.19), gilt für allgemeine Bewegungsvorgänge und damit auch für Eigenschwingungen. Für Eigenschwingungen lautet das PdvV für den Durchlaufträger in Bild 5.3:

$$\sum_{i=1}^{2}\int_{0}^{l_i} \delta w'' B\, \tilde{w}''\, \mathrm{d}x_i + \delta w_1(l_1)\, c\, \tilde{w}_1(l_1) = -\left\{\sum_{i=1}^{2}\int_{0}^{l_i} \delta w\, \mu\, \ddot{\tilde{w}}\, \mathrm{d}x_i + \delta w_2(l_2)\, m\, \ddot{\tilde{w}}_2(l_2)\right\}. \tag{5.20}$$

Als wirklichen Verschiebungszustand $w(x, t)$ wählen wir, was sicher zulässig ist, die k-te Eigenschwingung:

$$w(x_i, t) = \varphi_k(x_i)\;\; q_k e^{i\omega_k t}.$$

Auch der virtuelle Verschiebungszustand wird durch eine Eigenschwingungsform dargestellt:

$$\delta w(x_i) = \varphi_j(x_i)\;\; \delta q_j.$$

Damit wird aus Gl. (5.20):

$$\underbrace{\left\{\sum_{i=1}^{2}\int_{0}^{l_i} \varphi_j'' B \varphi_k''\, \mathrm{d}x_i + \varphi_j(l_1) c \varphi_k(l_1)\right\}}_{s(\varphi_j,\, \varphi_k)} = \omega_k^2\, \underbrace{\left\{\sum_{i=1}^{2}\int_{0}^{l_i} \varphi_j \mu \varphi_k\, \mathrm{d}x_i + \varphi_j(l_2) m \varphi_k(l_2)\right\}}_{m(\varphi_j,\, \varphi_k)} \tag{5.21}$$

Gleichzeitig haben wir zwei Abkürzungen eingeführt:

$$s(\varphi_j,\varphi_k) = \sum_{i=1}^{2} \int_0^{l_i} \varphi_j'' B \varphi_k'' \, dx_i + \varphi_j(l_1) c \varphi_k(l_1), \tag{5.22a}$$

$$m(\varphi_j,\varphi_k) = \sum_{i=1}^{2} \int_0^{l_i} \varphi_j \mu \varphi_k \, dx_i + \varphi_j(l_2) m \varphi_k(l_2). \tag{5.22b}$$

$s(\varphi_j,\varphi_k)$ ist hierbei von der Dimension einer Steifigkeit, $m(\varphi_j,\varphi_k)$ ist von der Dimension einer Masse.

Mit diesen Abkürzungen läßt sich Gl. (5.21) sehr kompakt schreiben

$$s(\varphi_j,\varphi_k) = \omega_k^2 \, m(\varphi_j,\varphi_k). \tag{5.23a}$$

Genauso gut kann man als wirkliche Verschiebung die Eigenform φ_j und als virtuelle Verschiebung φ_k verwenden. Das ergibt

$$s(\varphi_k,\varphi_j) = \omega_j^2 \, m(\varphi_k,\varphi_j). \tag{5.23b}$$

Aus der Definition von $s(\varphi_j,\varphi_k)$ und $m(\varphi_j,\varphi_k)$ ist ersichtlich, daß

$$s(\varphi_k,\varphi_j) = s(\varphi_j,\varphi_k) \quad \text{und} \quad m(\varphi_k,\varphi_j) = m(\varphi_j,\varphi_k).$$

Subtrahiert man nun Gl. (5.23a) von Gl. (5.23b), so verbleibt

$$(\omega_j^2 - \omega_k^2)\, m(\varphi_j,\varphi_k) = 0. \tag{5.24}$$

Solange das System nur einfache Eigenwerte ω_k^2 besitzt, folgt hieraus die

1. oder Massen-Orthogonalitätsrelation

$$m(\varphi_j,\varphi_k) = \sum_{i=1}^{2} \int_0^{l_i} \varphi_j \mu \varphi_k \, dx_i + \varphi_j(l_2) m \varphi_k(l_2) \begin{cases} = 0 & j \neq k, \\ = m_k \neq 0 & j = k. \end{cases} \tag{5.25}$$

Bei doppelten oder mehrfachen Eigenwerten lassen sich die zugehörigen Eigenformen orthogonalisieren, so daß auch in diesem Fall Gl. (5.25) bestehen bleibt.

Bringt man in Gln. (5.23a) und (5.23b) ω_k^2 und ω_j^2 auf die linke Seite und subtrahiert, so folgt

$$\left(\frac{1}{\omega_j^2} - \frac{1}{\omega_k^2}\right) s(\varphi_j,\varphi_k) = 0. \tag{5.26}$$

Hieraus ergibt sich die

2. oder Steifigkeits-Orthogonalitätsrelation

$$s(\varphi_j,\varphi_k) = \sum_{i=1}^{2} \int_0^{l_i} \varphi_j'' B \varphi_k'' \, dx_i + \varphi_j(l_1)\, c\, \varphi_k(l_1) \begin{cases} = 0 & j \neq k, \\ = s_k \neq 0 & j = k. \end{cases} \tag{5.27}$$

$s(\varphi_j, \varphi_k)$ ist ein Formänderungsenergieausdruck, $m(\varphi_j,\varphi_k)$, allerdings noch multipliziert mit ω_k^2, ist die Arbeit von Massenkräften. s_k und m_k sind, wie in Kap. 3, die *generalisierte Steifigkeit* und die *generalisierte Masse* der jeweiligen Eigenform Die beiden Orthogonalitätsrelationen lassen sich dann wie folgt formulieren:

1. Orthogonalitätsrelation:
Die Arbeit aus den Massenträgheitskräften einer Eigenform und den Verschiebungen irgendeiner anderen Eigenform wird zu Null.
2. Orthogonalitätsrelation:
Die Formänderungsenergie aus den Verzerrungen (Krümmungen) einer Eigenform und den Schnittkräften irgendeiner anderen Eigenform wird zu Null.

Für einen einzelnen Stab erhält man natürlich die gleichen Beziehungen wie bei der Ableitung über die Differentialgleichung in Kap 3., Gln. (3.3) und (3.4). Die über das PdvV gewonnene Formulierung hat den Vorteil, daß sie unmittelbar auf beliebige Kontinua übertragbar ist.

5.3 Prinzip der virtuellen Verrückungen für andere Kontinua

Wir haben uns bei der Formulierung des PdvV bisher auf Durchlaufträger, Gln. (5.8) und (5.17), und auf ebene Rahmentragwerke, Gl. (5.19), beschränkt. Aus der Fülle anderer denkbarer Kontinua wollen wir nachfolgend zwei Typen herausgreifen, die technisch besondere Bedeutung besitzen:

— nicht dünnwandige, räumliche Stäbe mit doppelt- symmetrischem Querschnitt und
— orthotrope Platten.

5.3.1 Nicht dünnwandiger, räumlicher Stab mit doppelt-symmetrischem Querschnitt

Bei dem räumlichen Stab sollen folgende Effekte erfaßt werden:

— Biegung um beide Achsen (doppelt-symmetrischer Querschnitt),
— Dehnung und Saint-Vénantsche Torsion,
— Querkraft-Schubverzerrung,
— Streckenbelastungen (Streckenmomente, allerdings nur bezüglich der x_i-Achse),
— Massenbelegung und Drehmassenbelegung (allerdings nur bezüglich der x_i-Achse) und
— stabilisierende oder versteifende Wirkung von Druck-bzw. Zugkräften im Stab (Anfangslasteffekte, Effekte der Theorie 2. Ordnung).

Nicht berücksichtigt werden Wölbkrafttorsionseffekte, die vor allem bei dünnwandigen Stäben eine Rolle spielen, einschließlich der damit verbundenen Instabilitätseffekte [5.2–5.7].

Alle verwendeten Größen sind in Bild 5.7 definiert. Verschiebungen ($\tilde{u}$, $\tilde{v}$, $\tilde{w}$) und Streckenbelastungen ($\tilde{p}_x$, $\tilde{p}_y$, $\tilde{p}_z$) sind positiv in positiver Koordinatenrichtung. Schnittkräfte ($\tilde{N}$, $\tilde{Q}_y$, $\tilde{Q}_z$) und Momente ($\tilde{M}_x$, $\tilde{M}_y$, $\tilde{M}_z$) sind dann positiv, wenn die Kraft- oder Momentenpfeile in positive Koordinatenrichtung zeigen (mathematische Definition). Die Querschnittsverdrehung und die Querschnittsneigungen ($\tilde{\beta}_x$, $\tilde{\beta}_y$, $\tilde{\beta}_z$) sind ebenfalls dann positiv, wenn die Doppelpfeile in positive Koordinatenrichtung orientiert sind.

Bezüglich der Biegung in der x–z-Ebene stimmt das mit der mechanischen, an den Spannungen orientierten Vorzeichendefinition beim ebenen Problem überein,

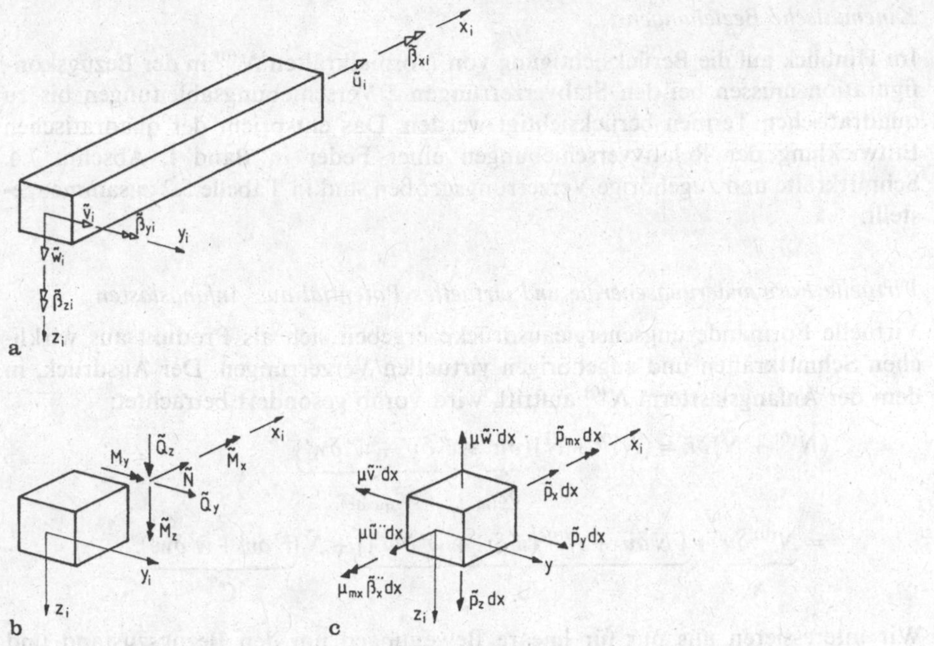

Bild 5.7a–c. Doppeltsymmetrischer gerader Stab. Definition von Verschiebungsgrößen (**a**), Schnittkraftgrößen (**b**) und Belastungsgrößen (**c**)

nicht jedoch bezüglich der Biegung in der y–z-Ebene. Hier ergeben sich bei der kinematischen Beziehung für die Schubverzerrung und bei der Querkraft-Gleichgewichtsbedingung Abweichungen. Es wird ausdrücklich darauf hingewiesen, daß die hier gewählte Definition für Momente und Querschnittsneigungen nicht mit der bei der Platte (Abschn. 2.5.1 und 5.3.2) übereinstimmt.

Prinzipielle Vorgehensweise

Wie beim ebenen Stab lautet auch beim allgemeinen räumlichen Stab das PdvV

$$\delta V_e = \delta W_a + \delta W_m. \tag{5.28}$$

Anstelle ebener Biegung und Dehnung haben wir jetzt räumliche Biegung, Dehnung und Torsion zu berücksichtigen, woraus sich aber prinzipiell nichts Neues ergibt.

Zusätzlich sollen jetzt noch die Auswirkungen von stabilitätsgefährdenden Druckkräften oder von versteifenden Zugvorspannungen in den Stäben erfaßt werden. Das entspricht den Anfangslasteffekten von Kap. 7.4 in Band I. Als Bezugszustand, gekennzeichnet mit $^{(0)}$, von dem aus die Verschiebungen und Verzerrungen des untersuchten Schwingungszustandes zählen, dient die statische Gleichgewichtslage. Wir berücksichtigen vereinfachend von den im Bezugszustand vorhandenen Kräften nur die Stabnormalkräfte, da sie den größten Einfluß auf Zusatzeffekte (Knicken) haben.

Kinematische Beziehungen

Im Hinblick auf die Berücksichtigung von Normalkräften $N^{(0)}$ in der Bezugskonfiguration müssen bei den Stabverzerrungen $\tilde{\varepsilon}$ Verschiebungsableitungen bis zu quadratischen Termen berücksichtigt werden. Das entspricht der quadratischen Entwicklung der Relativverschiebungen einer Feder in Band I, Abschn. 7.4. Schnittkräfte und zugehörige Verzerrungsgrößen sind in Tabelle 5.2 zusammengestellt.

Virtuelle Formanderungsenergie und virtuelles Potential aus Anfangslasten

Virtuelle Formänderungsenergieausdrücke ergeben sich als Produkt aus wirklichen Schnittkräften und zugehörigen virtuellen Verzerrungen. Der Ausdruck, in dem der Anfangslastterm $N^{(0)}$ auftritt, wird vorab gesondert betrachtet:

$$(N^{(0)} + \tilde{N})\delta\tilde{\varepsilon} = (N^{(0)} + \tilde{N})(\underbrace{\delta u'}_{\delta\varepsilon_{\text{lin}}} + \underbrace{\tilde{v}'\,\delta v' + \tilde{w}'\,\delta w'}_{\delta\tilde{\varepsilon}_{\text{quadr}}})$$

$$= \underbrace{N^{(0)}\delta u'}_{\text{A}} + \underbrace{[\tilde{N}\delta u' + N^{(0)}(\tilde{v}'\delta v' + \tilde{w}'\delta w')]}_{\text{B}} + \tilde{N}\underbrace{(\tilde{v}'\delta v' + \tilde{w}'\delta w')}_{\text{C}}.$$

Wir interessieren uns nur für lineare Bewegungen um den Bezugszustand und brauchen daher nur solche Terme zu berücksichtigen, bei denen die erst während des Bewegungsvorgangs entstehenden wirklichen Zustandsgrößen (sie besitzen keinen Oberindex $^{(0)}$) linear auftreten. Das ist der Term B. Der Anteil C kann vernachlässigt werden, da er nichtlineare Produkte, z. B. $\tilde{N}\tilde{v}'$ enthält. Der Anteil A spielt nur bei der Berechnung der Bezugskonfiguration selbst eine Rolle. Die *virtuellen Formänderungsenergieausdrücke* sind in Tabelle 5.3 zusammengestellt.

Tabelle 5.2. Zusammenstellung der zu den Balken-Schnittkraftgrößen gehörenden Verzerrungsgrößen

Schnittkraft-größe	kinematische Bezeichnung für zugeordnete Verzerrungsgröße	
	wirklich	virtuell
$N^{(0)} + \tilde{N}$	$\tilde{\varepsilon} = \tilde{u}' + \frac{1}{2}(\tilde{v}'^2 + \tilde{w}'^2)$	$\delta\tilde{\varepsilon} = \delta u' + \tilde{v}'\delta v' + \tilde{w}'\delta w'$
$\tilde{Q}_y$	$\tilde{\gamma}_{xy} = \tilde{v}' - \tilde{\beta}_z$	$\delta\gamma_{xy} = \delta v' - \delta\beta_z$
$\tilde{Q}_z$	$\tilde{\gamma}_{xz} = \tilde{w}' + \tilde{\beta}_y$	$\delta\gamma_{xz} = \delta w' + \delta\beta_y$
$\tilde{M}_x$	$\tilde{\varkappa}_x = \tilde{\beta}'_x$	$\delta\varkappa_x = \delta\beta'_x$
$\tilde{M}_y$	$\tilde{\varkappa}_y = \tilde{\beta}'_y$	$\delta\varkappa_y = \delta\beta'_y$
$\tilde{M}_z$	$\tilde{\varkappa}_z = \tilde{\beta}'_z$	$\delta\varkappa_z = \delta\beta'_z$
	(5.29a–f)	(5.30a–f)

Tabelle 5.3. Virtuelle Formänderungsenergie

Schnittkraft-größe	Verzerrungs-größe	virtuelle Formänderungsenergie
Normalkraft	Dehnung	
$\tilde{N}$	$\tilde{\varepsilon}_{\text{lin}}$	$\delta V_{\text{e, i}} = \int_0^{l_i} [\delta \varepsilon_{\text{lin}} \tilde{N}$
Querkräfte	Schubverzerrung	
$\tilde{Q}_y$, $\tilde{Q}_z$	$\tilde{\gamma}_{xy}$, $\tilde{\gamma}_{xz}$	$+ \delta \gamma_{xy} \tilde{Q}_y + \delta \gamma_{xz} \tilde{Q}_z$
Torsionsmoment	Verdrillung	
$\tilde{M}_x$	$\tilde{\varkappa}_x$	$+ \delta \varkappa_x \tilde{M}_x$
Biegemomente	Krümmung	
$\tilde{M}_y$, $\tilde{M}_z$	$\tilde{\varkappa}_y$, $\tilde{\varkappa}_z$	$+ \delta \varkappa_y \tilde{M}_y + \delta \varkappa_z \tilde{M}_z] \,\mathrm{d}x_i$ (5.31)

Den Ausdruck, in den $N^{(0)}$ eingeht, bezeichnen wir als das *virtuelle Potential der Anfangslasten im Stab*,

$$\delta V_{\text{i}}^{(0)} = \int_0^{l_i} N^{(0)} [\delta v' \tilde{v}' + \delta w' \tilde{w}'] \,\mathrm{d}x_i . \tag{5.32}$$

Die wirklichen Verschiebungen treten in diesem virtuellen Potentialausdruck nur linear auf, da $N^{(0)}$ während des Bewegungsvorgangs konstant bleibt. Die gesamte anschließende Rechnung, die demzufolge vollständig linear bleibt, bezeichnet man üblicherweise als Rechnung nach *Theorie 2. Ordnung*. Weitere Anfangslasteffekte (oder Effekte der Theorie 2. Ordnung) ergeben sich bei Tragwerken, bei denen Stäbe und starre Körper miteinander kombiniert werden. Wie man dann vorzugehen hat, kann man Band I, Abschn. 7.4 entnehmen.

Was nun noch fehlt, ist der Ausdruck für die virtuelle äußere Arbeit. Wir vernachlässigen hierbei die Linienmomente $\tilde{p}_{my}$ und $\tilde{p}_{mz}$ und einen eventuellen Anfangslasteinfluß aus exzentrisch angreifenden Streckenlasten. Dann ergibt sich

$$\delta W_{\text{a, i}} = \int_0^{l_i} [\delta u \tilde{p}_x + \delta v \tilde{p}_y + \delta w \tilde{p}_z + \delta \beta_x \tilde{p}_{mx}] \,\mathrm{d}x_i . \tag{5.33}$$

Ebenso erhält man für die virtuelle Arbeit der Massenkräfte

$$\delta W_{\text{m, i}} = - \int_0^{l_i} [\delta u \mu \ddot{\tilde{u}} + \delta v \mu \ddot{\tilde{v}} + \delta w \mu \ddot{\tilde{w}} + \delta \beta_x \mu_{mx} \ddot{\tilde{\beta}}_x] \,\mathrm{d}x_i . \tag{5.34}$$

Hierbei ist $\mu_{mx} = \varrho I_p$ mit dem polaren Massenträgheitsmoment I_p

$$I_p = \iint (y^2 + z^2) \,\mathrm{d}y \,\mathrm{d}z . \tag{5.35}$$

Zusammenstellung der Einzelanteile zum Prinzip

Die Einzelanteile aus den Gln. (5.31) bis (5.34) fassen wir nun zum PdvV zusammen. Als äußere Lasten werden zusätzlich noch Knotenlasten berücksichtigt (allerdings ohne eventuelle Anfangslasteffekte):

$$
\begin{aligned}
&\sum_i \int_0^{l_i} [\delta\varepsilon_{\text{lin}} \tilde{N} + \delta\gamma_{xy} \tilde{Q}_y + \delta\gamma_{xz} \tilde{Q}_z + \delta\varkappa_x \tilde{M}_x + \delta\varkappa_y \tilde{M}_y + \delta\varkappa_z \tilde{M}_z]\,\mathrm{d}x_i \\
&+ \sum_i \int_0^{l_i} [N^{(0)}(\tilde{v}'\delta v' + \tilde{w}'\delta w')]\,\mathrm{d}x_i \\
&= \sum_i \int_0^{l_i} [\delta u\,\tilde{p}_x + \delta v\,\tilde{p}_y + \delta w\,\tilde{p}_z + \delta\beta_x \tilde{p}_{mx}]\,\mathrm{d}x_i \\
&- \sum_i \int_0^{l_i} [\delta u \mu \ddot{\tilde{u}} + \delta v \mu \ddot{\tilde{v}} + \delta w \mu \ddot{\tilde{w}} + \delta\beta_x \mu_{mx} \ddot{\tilde{\beta}}_x]\,\mathrm{d}x_i \\
&+ \sum_k [\delta u_k^* \tilde{X}_k^* + \delta v_k^* \tilde{Y}_k^* + \delta w_k^* \tilde{Z}_k^*]. \qquad (5.36)
\end{aligned}
$$

Wie beim ebenen Rahmentragwerk müsen alle im PdvV verwendeten Verschiebungszustände geometrisch möglich sein, d.h. die geometrischen Rand- und Übergangsbedingungen erfüllen und im Stab hinreichend stetig sein.

Elastizitätsgesetz

Um das PdvV vollständig in Verschiebungsgrößen formulieren zu können, ist die Kenntnis des Elastizitätsgesetzes erforderlich. Bei einem homogenen Querschnitt gilt

$$\tilde{N} = EF\tilde{\varepsilon}, \qquad \tilde{Q}_y = GF_y\tilde{\gamma}_{xy}, \qquad \tilde{Q}_z = GF_z\tilde{\gamma}_{xz}; \qquad (5.37\text{a–c})$$

$$\tilde{M}_x = GI_t\tilde{\varkappa}_x, \qquad \tilde{M}_y = EI_y\tilde{\varkappa}_y, \qquad \tilde{M}_z = EI_z\tilde{\varkappa}_z. \qquad (5.38\text{a–c})$$

Die Querschnittswerte

$$F = \int \mathrm{d}F, \qquad I_z = \int y^2\,\mathrm{d}F, \qquad I_y = \int z^2\,\mathrm{d}F$$

lassen sich ebenso wie das für die Torsion maßgebende Trägheitsmoment I_t aus Handbüchern oder Tabellenwerken entnehmen. Als sogenannte „Schubflächen" F_y und F_z setzt man beim Rechteckquerschnitt $F_s \cong 5F/6$, beim Kreis $F_s \cong 6F/7$ und beim Hohlkasten oder I-Profil $F_s \cong F_{\text{Steg}}$.

5.3.2 Orthotrope, schubstarre Platte

Bei der schubstarren Platte (Bild 5.8) sollen folgende Effekte erfaßt werden:

— isotrope oder orthotrope Materialeigenschaften,
— Flächenlasten und flächenförmig verteilte Massenbelegung sowie
— Anfangslasten $n_x^{(0)}$, $n_y^{(0)}$ und $n_{xy}^{(0)}$, die zum Plattenbeulen führen können.

Die in der Fläche $z = 0$ wirkenden Scheibenschnittkräfte $n_x^{(0)}$, $n_y^{(0)}$ und $n_{xy}^{(0)}$ im Bezugszustand werden als bekannt vorausgesetzt. Alle nicht durch $^{(0)}$ gekennzeich-

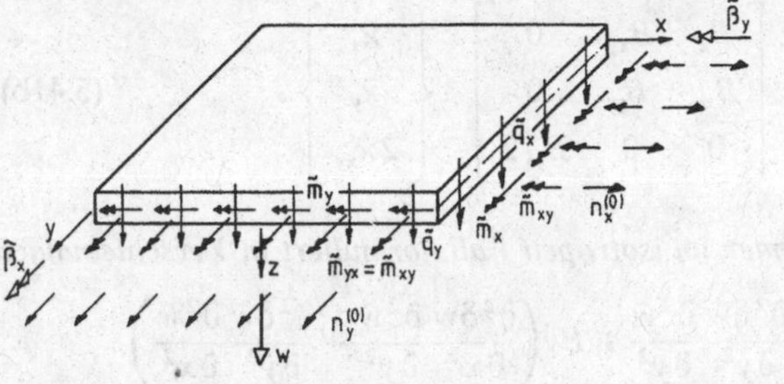

Bild 5.8. Platte. Verschiebungs- und Schnittkraftgrössen

neten Größen zählen vom Bezugszustand aus. Die Vorzeichendefinition für die Biegemomente $\tilde{m}_x$ und $\tilde{m}_y$ sowie für das Drillmoment $\tilde{m}_{xy}$ wurde in Abschn. 2.5.1 erläutert.

Kinematische Beziehungen

Bei der schubstarren Platte gilt für die Krümmungen und die Verwindung

$$\tilde{\varkappa}_x = -\partial^2\tilde{w}/\partial x^2, \tag{5.39a}$$

$$\tilde{\varkappa}_y = -\partial^2\tilde{w}/\partial y^2, \tag{5.39b}$$

$$\tilde{\varkappa}_{xy} = -\partial^2\tilde{w}/\partial x\partial y. \tag{5.39c}$$

Verschiebungszustände $\tilde{w}$ und δw müssen, damit sie als geometrisch zulässige Zustände im PdvV verwendet werden dürfen, folgende Forderungen erfüllen:

— Stetigkeit in $\tilde{w}$, $\partial\tilde{w}/\partial x$ und $\partial\tilde{w}/\partial y$,
— Erfüllung der geometrischen Randbedingungen für $\tilde{w}$ und für die Normalableitung $\partial\tilde{w}/\partial n$.

Prinzip der virtuellen Verrückungen

$$\begin{aligned}&\iint[\delta\varkappa_x\tilde{m}_x + \delta\varkappa_y\tilde{m}_y + 2\delta\varkappa_{xy}\tilde{m}_{xy}]\,dx\,dy\\&+\iint\left[\frac{\partial\delta w}{\partial x}\frac{\partial\tilde{w}}{\partial x}n_x^{(0)} + \frac{\partial\delta w}{\partial y}\frac{\partial\tilde{w}}{\partial y}n_y^{(0)} + \left(\frac{\partial\delta w}{\partial x}\frac{\partial\tilde{w}}{\partial y} + \frac{\partial\delta w}{\partial y}\frac{\partial\tilde{w}}{\partial x}\right)n_{xy}^{(0)}\right]dx\,dy\\&= \iint\delta w\,\tilde{p}_z\,dx\,dy - \iint_B \delta w\,\mu\ddot{\tilde{w}}\,dx\,dy.\end{aligned} \tag{5.40}$$

Elastizitätsgesetz für isotropes und orthotropes Material

$$\text{Isotrop:}\begin{Bmatrix}\tilde{m}_x\\ \tilde{m}_y\\ \tilde{m}_{xy}\end{Bmatrix} = \begin{bmatrix}B & \nu B & 0\\ \nu B & B & 0\\ 0 & 0 & \dfrac{(1-\nu)B}{2}\end{bmatrix}\begin{Bmatrix}\tilde{\varkappa}_x\\ \tilde{\varkappa}_y\\ 2\tilde{\varkappa}_{xy}\end{Bmatrix}, \tag{5.41a}$$

$$\text{Orthotrop:}\begin{Bmatrix}\tilde{m}_x\\ \tilde{m}_y\\ \tilde{m}_{xy}\end{Bmatrix}=\begin{bmatrix}B_x & B_{xy} & 0\\ B_{xy} & B_y & 0\\ 0 & 0 & B_t/2\end{bmatrix}\begin{Bmatrix}\tilde{\varkappa}_x\\ \tilde{\varkappa}_y\\ 2\tilde{\varkappa}_{xy}\end{Bmatrix}. \tag{5.41b}$$

Prinzip der virtuellen Verrückungen im isotropen Fall, formuliert in Verschiebungen

$$\iint\left[B\frac{\partial^2\delta w}{\partial x^2}\frac{\partial^2\tilde{w}}{\partial x^2}+B\frac{\partial^2\delta w}{\partial y^2}\frac{\partial^2\tilde{w}}{\partial y^2}+B\nu\left(\frac{\partial^2\delta w}{\partial x^2}\frac{\partial^2\tilde{w}}{\partial y^2}+\frac{\partial^2\delta w}{\partial y^2}\frac{\partial^2\tilde{w}}{\partial x^2}\right)\right.$$
$$\left.+2(1-\nu)B\frac{\partial^2\delta w}{\partial x\partial y}\frac{\partial^2\tilde{w}}{\partial x\partial y}\right]\mathrm{d}x\,\mathrm{d}y=\iint[\delta w\,\tilde{p}_z-\delta w\,\mu\,\tilde{w}^{\cdot\cdot}]\,\mathrm{d}x\,\mathrm{d}y. \tag{5.42}$$

5.3.3 Schubweiche Platte

Für die schubweiche Platte lautet das PdvV

$$\iint[\delta\varkappa_x\tilde{m}_x+\delta\varkappa_y\tilde{m}_y+2\delta\varkappa_{xy}\tilde{m}_{xy}]\,\mathrm{d}x\,\mathrm{d}y$$
$$+\iint[\delta\gamma_{xz}\tilde{q}_x+\delta\gamma_{yz}\tilde{q}_y]\,\mathrm{d}x\,\mathrm{d}y$$
$$+\iint\left[\frac{\partial\delta w}{\partial x}\frac{\partial\tilde{w}}{\partial x}n_x^{(0)}+\frac{\partial\delta w}{\partial y}\frac{\partial\tilde{w}}{\partial y}n_y^{(0)}+\left(\frac{\partial\delta w}{\partial x}\frac{\partial\tilde{w}}{\partial y}+\frac{\partial\delta w}{\partial y}\frac{\partial\tilde{w}}{\partial x}\right)n_{xy}^{(0)}\right]\mathrm{d}x\,\mathrm{d}y$$
$$=\iint\delta w\,\tilde{p}_z\,\mathrm{d}x\,\mathrm{d}y-\iint_B\delta w\,\mu\,\tilde{w}^{\cdot\cdot}\,\mathrm{d}x\,\mathrm{d}y$$
$$-\iint\delta\beta_x\,\mu_{mx}\,\tilde{\beta}_x^{\cdot\cdot}\,\mathrm{d}x\,\mathrm{d}y-\iint\delta\beta_y\,\mu_{my}\,\tilde{\beta}_y^{\cdot\cdot}\,\mathrm{d}x\,\mathrm{d}y. \tag{5.43}$$

Die kinematischen Beziehungen werden aus Abschn. 2.5.1 übernommen:

$$\tilde{\varkappa}_x=\partial\tilde{\beta}_x/\partial x, \tag{5.44a}$$
$$\tilde{\varkappa}_y=\partial\tilde{\beta}_y/\partial y, \tag{5.44b}$$
$$2\tilde{\varkappa}_{xy}=\partial\tilde{\beta}_y/\partial x+\partial\tilde{\beta}_x/\partial y; \tag{5.44c}$$
$$\tilde{\gamma}_{xy}=\tilde{\beta}_x+\partial\tilde{w}/\partial x, \tag{5.45a}$$
$$\tilde{\gamma}_{yz}=\tilde{\beta}_y+\partial\tilde{w}/\partial y. \tag{5.45b}$$

Das Elastizitätsgesetz für die Biegemomente ist bereits mit Gl. (5.41) angegeben. Für die Querkräfte gilt

$$\tilde{q}_x=S_x\tilde{\gamma}_{xz},\qquad \tilde{q}_y=S_y\tilde{\gamma}_{yz}. \tag{5.46}$$

Für eine isotrope, homogene Platte der Dicke t wird

$$S=5Et/6. \tag{5.47}$$

Neben der Massenbelegung $\mu=\varrho t$ wurde auch noch eine Drehmassenbelegung $\mu_m=\varrho t^3/12$ berücksichtigt.

Verschiebungszustände, die in Gl. (5.43) verwendet werden, müssen geometrisch möglich sein. Die Zustandsgrößen w, $\tilde{\beta}_x$ und $\tilde{\beta}_y$ müssen jetzt stetig in den Funktionswerten sein und die zugehörigen Randbedingungen erfüllen.

5.3.4 Schubweiche Platte in Polarkoordinaten

Für Kreisplatten oder Kreisringplatten, wie sie in der Technik häufig vorkommen, ist die Verwendung von Polarkoordinaten zweckmäßig (Bild 5.9). Gegenüber der Darstellung im letzten Abschnitt muß bei den Indizes x durch r und y durch φ ersetzt werden, ferner treten bei den kinematischen Beziehungen Änderungen auf, die aus Abschn. 2.5.2 übernommen werden können.

Das PdvV lautet jetzt:

$$\begin{aligned}
&\iint [\delta\varkappa_r \tilde{m}_r + \delta\varkappa_\varphi \tilde{m}_\varphi + 2\delta\varkappa_{r\varphi}\tilde{m}_{r\varphi}]\, r\,dr\,d\varphi \\
&+ \iint [\delta\gamma_{rz}\tilde{q}_r + \delta\gamma_{\varphi z}\tilde{q}_\varphi]\, r\,dr\,d\varphi \\
&+ \iint \left[\frac{\partial\delta w}{\partial r}\frac{\partial\tilde{w}}{\partial r} n_r^{(0)} + \frac{\partial\delta w}{r\partial\varphi}\frac{\partial\tilde{w}}{r\partial\varphi} n_\varphi^{(0)} + \left(\frac{\partial\delta w}{\partial r}\frac{\partial\tilde{w}}{r\partial\varphi} + \frac{\partial\delta w}{r\partial\varphi}\frac{\partial\tilde{w}}{\partial r}\right) n_{r\varphi}^{(0)}\right] r\,dr\,d\varphi \\
&= \iint \delta w\,\tilde{p}_z\, r\,dr\,d\varphi - \iint_B \delta w\,\mu\,\ddot{\tilde{w}}\, r\,dr\,d\varphi \\
&\quad - \iint [\delta\beta_r \mu_{mr}\ddot{\tilde{\beta}}_r + \delta\beta_\varphi \mu_{m\varphi}\ddot{\tilde{\beta}}_\varphi]\, r\,dr\,d\varphi. \qquad (5.48)
\end{aligned}$$

Der Vollständigkeit halber geben wir auch die kinematischen Beziehungen noch einmal an

$$\varkappa_r = \partial\beta_r/\partial r, \qquad (5.49a)$$

$$\varkappa_\varphi = \partial\beta_\varphi/(r\partial\varphi) + \beta_r/r, \qquad (5.49b)$$

$$2\varkappa_{r\varphi} = \partial\beta_r/(r\partial\varphi) + \partial\beta_\varphi/\partial r - \beta_\varphi/r \qquad (5.49c)$$

und

$$\gamma_{rz} = \beta_r + \partial w/\partial r, \qquad (5.50a)$$

$$\gamma_{\varphi z} = \beta_\varphi + \partial w/(r\partial\varphi). \qquad (5.50b)$$

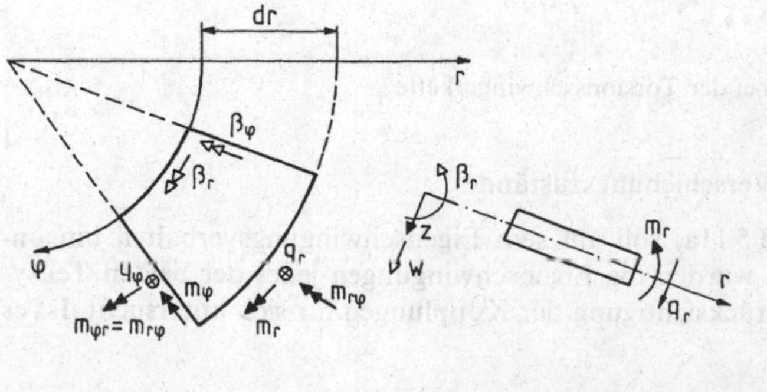

Bild 5.9. Bezeichnungen bei Verwendung von Polarkoordinaten

5.3.5 Andere Kontinua

Benötigt man für numerische Rechnungen das Prinzip der virtuellen Verrückungen für andere Kontinua, so wird man auf entsprechende Literatur zurückgreifen. Da sich die virtuelle Arbeit der Massenträgheitskräfte in aller Regel sehr leicht hinschreiben läßt, genügt es, wenn das PdvV für den statischen Fall zur Verfügung steht. Genau den gleichen Dienst leistet das Prinzip vom Minimum der potentiellen Energie, aus dem man das Prinzip der virtuellen Verrückungen durch einmalige Variation gewinnt.

Für Stäbe mit beliebigen, dünnwandigen Querschnitten läßt sich der Ausdruck für die virtuelle Formänderungsenergie beispielsweise aus [5.2–5.7] entnehmen. Bei derartigen Stäben müssen als Anfangslasten nicht nur $N^{(0)}$ sondern auch noch $M_y^{(0)}$ usw. berücksichtigt werden, da solche Stäbe nicht nur durch Ausknicken sondern auch durch Biegedrillknicken oder Kippen stabilitätsgefährdet sind. Die entsprechenden Potentialausdrücke findet man beispielsweise bei Wlassow [5.2].

Von der Vielzahl von Monographien, auf die man bei der Behandlung von Schalentragwerken zurückgreifen muß, seien hier nur drei herausgegriffen [5.8–5.10].

5.4 Übungsaufgaben

Aufgabe 5.1. Torsionsschwinger

Wie lautet das PdvV für die Torsionsschwingerkette von Bild 5.10?

Die einzelnen Stäbe i der Länge l_i besitzen eine Torsionssteifigkeit GI_{ti} und eine Drehmassenbelegung μ_{mxi}. Aufgesetzte Scheiben haben ein Massenträgheitsmoment ϑ_k. Zwischen zwei Stäben können elastische Kupplungen j mit der Drehfedersteifigkeit c_j angeordnet sein.

Welches sind die Stetigkeitsforderungen und die geometrischen Rand- bzw. Übergangsbedingungen, die die Winkelgröße β_x einhalten muß?

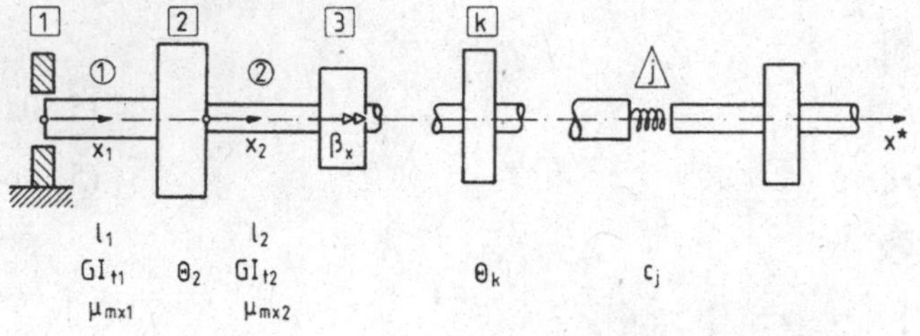

Bild 5.10. Bezeichnungen bei der Torsionsschwingerkette

Aufgabe 5.2. Zulässige Verschiebungszustände

Ein Doppelbalken (Bild 5.11a) soll auf sein Eigenschwingungsverhalten hin untersucht werden. Vorab wurden die Eigenschwingungen jedes der beiden Teilsysteme A und B ohne Berücksichtigung der Kopplungen für sich untersucht. Ist es

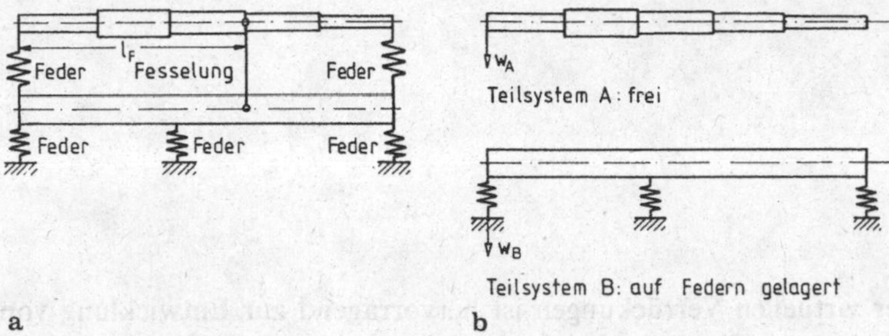

Bild 5.11 a, b. Doppelbalken. Gesamtsystem (**a**) und vorab behandelte Teilsysteme (**b**)

zulässig, die auf diese Weise gewonnenen Eigenschwingungsformen $\varphi_{Aj}(x_A)$ und $\varphi_{Bj}(x_B)$ unmittelbar als Verschiebungszustände zur Untersuchung des Gesamtsystems zu verwenden? Welche Nebenbedingungen müsen eingehalten werden?

Aufgabe 5.3. Prinzip der virtuellen Verrückungen für Scheibentragwerke

Wie lautet das Prinzip der virtuellen Verrückungen zur Untersuchung des dynamischen Verhaltens von isotropen scheibenförmigen Strukturen in kartesischen Koordinaten? Zu berücksichtigen ist hierbei außer isotropen Elastizitätseigenschaften nur die Massenbelegung.

Hinsichtlich der zu verwendenden Bezeichnungen vgl. Abschn. 2.5.1.

Aufgabe 5.4. Geometrische Rand- und Übergangsbedingungen für einen zweifeldrigen Rahmen

Für den in Bild 5.6 dargestellten zweifeldrigen Rahmen sind alle geometrischen Rand- und Übergangsbedingungen für die wirklichen Verschiebungsgrößen zusammenzustellen. Es soll hierbei angenommen werden, daß alle Stäbe Biegesteifigkeit und Dehnsteifigkeit besitzen.

Wieviele geometrische Rand- und Übergangsbedingungen gibt es? Stelle die Bedingungen knotenweise zusammen.

Aufgabe 5.5. Räumlicher Stab mit Drehmassenbelegung

Das PdvV für räumliche Rahmentragwerke ist in Gl. (5.36) angegeben. Die kinematischen Beziehungen finden sich in Tabelle 5.2. Was ändert sich, wenn auch noch Drehmassenbelegungen μ_{my} und μ_{mz} berücksichtigt werden sollen?

Wie lauten die Gleichgewichtsbedingungen, die man ausgehend vom PdvV erhält? Kontrolliere durch Bilden des Gleichgewichts an einem Balkenelement (Bild 5.7b, c), daß die Gleichgewichtsbedingungen für die Biegung in der x–y-Ebene stimmen.

6 Der Rayleigh-Quotient und das Ritzsche Verfahren

Das Prinzip der virtuellen Verrückungen ist hervorragend zur Entwicklung von Näherungsverfahren zur Eigenschwingungsberechnung geeignet. Wirklicher und virtueller Verschiebungszustand müssen hierzu durch geeignete Funktionen angenähert werden. Bei dem Brückenträger mit veränderlichem Querschnitt von Bild 6.1 besteht z.B. die Möglichkeit, $\tilde{w}(x)$ durch die Eigenschwingungsformen eines Balkens mit konstanten Querschnittswerten zu approximieren.

Die einfachste Möglichkeit, die unterste Eigenfrequenz ω_1 eines Tragwerks grob abzuschätzen oder die Ergebnisse aufwendigerer Rechnungen zu kontrollieren, bietet der Rayleigh-Quotient [6.1]. Er ergibt sich, wenn man im PdvV nur eine Ansatzfunktion berücksichtigt (Abschn. 6.1). Bei Berücksichtigung mehrerer Ansatzfunktionen kommt man zum Ritzschen Verfahren [6.2, 6.3], Abschn. 6.2.

6.1 Der Rayleigh-Quotient

6.1.1 Definition des Rayleigh-Quotienten

Zur Angabe des Rayleigh-Quotienten gehen wir von Gl. (5.21) aus. Das Quadrat der 1. Eigenfrequenz läßt sich darstellen als Quotient aus der zur 1. Eigenform gehörenden generalisierten Steifigkeit und generalisierten Masse, beispielsweise für den Brückenträger von Bild 6.1:

$$\omega_1^2 = \frac{s(\varphi_1,\varphi_1)}{m(\varphi_1,\varphi_1)} = \frac{\int_0^l B(x)\varphi_1''^2(x)\,\mathrm{d}x}{\int_0^l \mu(x)\varphi_1^2(x)\,\mathrm{d}x}. \tag{6.1}$$

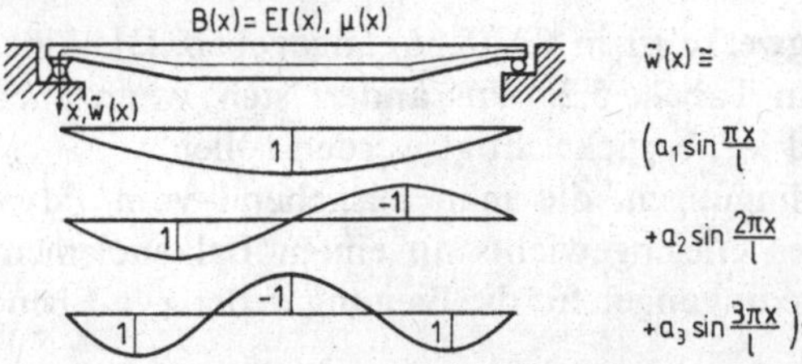

Bild 6.1. Brückenträger mit veränderlichem Querschnitt. Verschiebungsansatz

Zwar kennt man die erste Eigenform $\varphi_1(x)$ noch nicht, man hat aber oft eine recht genaue Vorstellung davon, wie diese Eigenform aussieht. Wir wollen diese Näherung w_1 nennen. Man erwartet, daß der Quotient aus generalisierter Steifigkeit und generalisierter Masse, der sogenannte *Rayleigh-Quotient* $R[w] = s(w,w)/m(w,w)$, eine gute Näherung für das Quadrat der 1. Eigenfrequenz ist und zwar umso besser, je genauer man mit w_1 die 1. Eigenform trifft:

$$\omega_1^2 \cong R[w_1] = \frac{s(w_1, w_1)}{m(w_1, w_1)}. \tag{6.2}$$

Ein einfaches Beispiel

Unsere Erwartung überprüfen wir an einem ganz einfachen Beispiel, einem einseitig eingespannten, einseitig gelenkig gelagerten Balken konstanter Steifigkeit, für den die auf fünf Ziffern exakten Eigenfrequenzen bekannt sind. Mit den Ausdrücken für generalisierte Steifigkeit und Masse wird in diesem Fall aus Gl. (6.2)

$$\omega_1^2 \cong R[w_1] = \frac{\int_0^l B(w_1'')^2\,\mathrm{d}x}{\int_0^l \mu w_1^2\,\mathrm{d}x}. \tag{6.2a}$$

Zur numerischen Auswertung benötigen wir Näherungen für die 1. Eigenform (Tabelle 6.1). Im Fall a machen wir nur das Nötigste: Wir achten darauf, daß die geometrischen Randbedingungen eingehalten werden. Im Fall b geben wir uns mehr Mühe: In einer statischen Vorabrechnung bestimmen wir die Verschiebung $w_{1b}(x)$ unter einer Belastung $p(x) = \text{const.}$, wobei auch noch die Schnittkraft-

Tabelle 6.1. Eigenfrequenzermittlung mit dem Rayleigh-Quotienten für einen einseitig eingespannten, einseitig gelenkig gelagerten Balken

System	Näherungsansätze für die 1. Eigenform	
	Fall a	Fall b
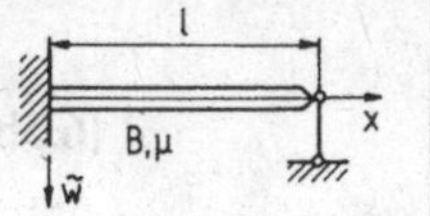	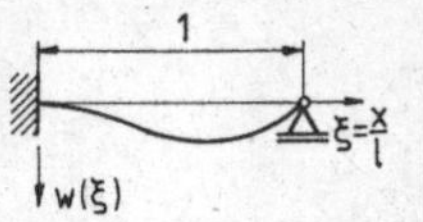	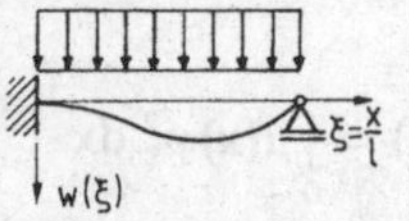
	$w_{1a}(\xi) = \xi^2(1-\xi)$ erfüllt die geometrischen Randbedingungen	$w_{1b}(\xi) = 2\xi^4 - 5\xi^3 + 3\xi^2$ Biegelinie unter statischer Last; geometrische und statische Randbedingung erfüllt
exakte Eigenfrequenz	Näherungslösung $\sqrt{R[w_1]}$, Glg. (6.2a)	
$\omega_{1,ex} = 15{,}428\,\sqrt{B/\mu l^4}$	$20{,}493\,\sqrt{B/\mu l^4} > \omega_{1,ex}$ (+33%)	$15{,}451\,\sqrt{B/\mu l^4} > \omega_{1,ex}$ (+0,21%)

randbedingung eingehalten wird. Auf Vorfaktoren kommt es in beiden Fällen nicht an.

Die Ergebnisse (Tabelle 6.1) zeigen, daß man auch bei der Eigenwertberechnung mit dem Rayleigh-Quotienten nichts geschenkt bekommt. Ein grober Näherungsansatz liefert nur eine grobe Näherungslösung für die Eigenfrequenz. Die Mühen bei der Vorabermittlung von $w_{1b}(x)$ werden mit einer nahezu exakten Näherungslösung für die 1. Eigenfrequenz belohnt.

Auffallend ist, daß die Näherungslösungen für die 1. Eigenfrequenz in beiden Fällen größer sind als der exakte Wert $\omega_{1,\mathrm{ex}}$. Das ist kein Zufall, sondern tritt stets ein, wenn die für die 1. Eigenfunktion verwendeten Näherungen geometrisch zulässige Funktionen sind. Es gilt also stets

$$R[w] = \frac{s(w, w)}{m(w, w)} \geqq \omega_1^2, \tag{6.3}$$

wobei das Gleichheitszeichen gilt, wenn man als $w(x)$ die 1. Eigenform $\varphi_1(x)$ einsetzt.

6.1.2 Minimaleigenschaft des Rayleigh-Quotienten

Die in Gl. (6.2) zum Ausdruck kommende Minimaleigenschaft des Rayleigh-Quotienten, d.h. die Tatsache, daß der mit irgendeiner zulässigen Funktion gebildete Rayleigh-Quotient stets größer ist als der niedrigste Eigenwert und daß man diesen Minimalwert ω_1^2 gerade dann erreicht, wenn man in den Rayleigh-Quotienten die 1. Eigenform einsetzt, läßt sich verhältnismäßig einfach beweisen. Die Näherungslösung $w_1(x)$ wird hierzu nach Eigenformen entwickelt:

$$w_1(x) = a_1\varphi_1(x) + a_2\varphi_2(x) + a_3\varphi_3(x) \ldots = \sum_{i=1}^{\infty} a_i\varphi_i(x). \tag{6.4}$$

Setzt man diesen Ausdruck in den Rayleigh-Quotienten ein und berücksichtigt die Orthogonalitätseigenschaften der Eigenformen, Gln. (5.24) und (5.25), so erhält man mit den Abkürzungen

$$s_k = s(\varphi_k,\varphi_k) = \int_0^l B(x)(\varphi_k'')^2\,\mathrm{d}x, \tag{6.5a}$$

$$m_k = m(\varphi_k,\varphi_k) = \int_0^l \mu(x)\varphi_k^2\,\mathrm{d}x \tag{6.5b}$$

den nachfolgenden Ausdruck für den Rayleigh-Quotienten:

$$R[w_1] = \frac{a_1^2 s_1 + a_2^2 s_2 + a_3^2 s_3 + \ldots}{a_1^2 m_1 + a_2^2 m_2 + a_3^2 m_3 + \ldots} \equiv \frac{\sum_{i=1}^{\infty} a_i^2 s_i}{\sum_{i=1}^{\infty} a_i^2 m_i}. \tag{6.6}$$

Der Rayleigh-Quotient mit einer Näherungslösung für die 1. Eigenform ergibt auch nur eine Näherung des Quadrats der 1. Eigenfrequenz. Wie groß die Abweichung ist stellen wir fest, indem wir das Quadrat der 1. Eigenfrequenz aus dem Quotienten herausziehen:

$$R[w_1] = \frac{s_1}{m_1} + \frac{\sum_{i=1}^{\infty} a_i^2 s_i - \frac{s_1}{m_1} \sum_{i=1}^{\infty} a_i^2 m_i}{\sum_{i=1}^{\infty} a_i^2 m_i}.$$

Der Zähler des Bruchs läßt sich noch umformen. Bei dieser Umformung führen wir gleichzeitig $\omega_i^2 = s_i/m_i$ ein. Das ergibt

$$R[w_1] = \omega_1^2 + \frac{\sum_{i=2}^{\infty} a_i^2 m_i(\omega_i^2 - \omega_1^2)}{\sum_{i=2}^{\infty} a_i^2 m_i}. \tag{6.7}$$

Da die Eigenfrequenzen der Größe nach geordnet sind

$$\omega_1 \leqq \omega_2 \leqq \omega_3 \ldots,$$

ist der Quotient in Gl. (6.7) stets positiv. Bei Einführung einer Näherung w_1 für die 1. Eigenform in den Rayleigh-Quotienten wird die niedrigste Eigenfrequenz stets von oben approximiert:

$$R[w_1] \geqq \omega_1. \tag{6.8a}$$

Damit ist das *Rayleighsche Prinzip* bewiesen:

Setzt man in den Rayleigh-Quotienten $R[w] = s(w,w)/m(w,w)$ alle geometrisch möglichen Verschiebungszustände ein, so nimmt der Rayleigh-Quotient für die 1. Eigenform φ_1 einen Minimalwert an. Dieser Minimalwert ist das Quadrat der 1. Eigenfrequenz:

$$\min R[w] = \omega_1^2 \quad \text{für} \quad w = \varphi_1. \tag{6.8b}$$

6.1.3 Rayleigh-Quotient für höhere Eigenfrequenzen

Es fragt sich, ob eine ähnliche Minimalaussage auch für höhere Eigenfrequenzen gültig ist. Die Berechnung läuft in völliger Analogie ab. Nehmen wir an, es gelingt uns, eine Näherung $w_3(x)$ für die dritte Eigenform zu „erraten". Dann gilt

$$R[w_3] = \underbrace{\frac{\sum_{i=1}^{2} a_i^2 m_i(\omega_i^2 - \omega_3^2)}{\sum_{i=1}^{\infty} a_i^2 m_i}}_{\leqq 0} + \omega_3^2 + \underbrace{\frac{\sum_{i=4}^{\infty} a_i^2 m_i(\omega_i^2 - \omega_3^2)}{\sum_{i=1}^{\infty} a_i^2 m_i}}_{\geqq 0}.$$

Auch hier haben wir ω_3^2 abgespalten. Von beiden verbleibenden Quotienten ist der erste nun stets negativ (oder höchstens gleich Null), der zweite ist positiv. Damit ist eine Abschätzung nicht mehr möglich. Nur wenn $a_1 = a_2 = 0$ wird, d.h. wenn $w_3(x)$

keine Anteile der niedrigeren Eigenformen mehr enthält, ist auch hier die Minimaleigenschaft gesichert. Erst beim Ritzschen Verfahren, das wir im Abschn. 6.2 behandeln, ist die Minimaleigenschaft auch bei den höheren Eigenfrequenzen sichergestellt. Erreicht wird das dadurch, daß die zu höheren Eigenwerten gehörenden Eigenformen nicht „erraten", sondern systematisch aus einem Satz von Ansatzfunktionen aufgebaut werden.

6.1.4 Möglichkeiten zur Verbesserung der Ansatzfunktionen

Eine *1. Möglichkeit*, wie man zu verbesserten Ansatzfunktionen für $w(x)$ gelangen kann, haben wir bereits kennengelernt. Sie besteht darin, von einem Verschiebungsansatz auszugehen, der nicht nur die geometrischen, sondern auch die zusätzlichen Rand- und Übergangsbedingungen erfüllt, vgl. Tabelle 6.1. Einen solchen Verschiebungszustand erhält man beispielsweise, indem man in Richtung der Eigenform eine verteilte Last aufbringt und sich dazu die statische Durchsenkung ermittelt. Zumindest sollte man versuchen, Ansatzfunktionen zu verwenden, die auch noch Randbedingungen und Stetigkeitsforderungen für die Biegemomente erfüllen.

Bei der *2. Möglichkeit* geht man von einem zulässigen Verschiebungszustand $w_I(x)$ aus (der also nur die geometrischen Randbedingungen befriedigt) und bringt dann die zu $w_I(x)$ gehörenden Trägheitskräfte als statische Belastung auf das Tragwerk auf. Der hierzu gehörende Verschiebungszustand $w_{II}(x)$ ist dann eine *iterative Verbesserung* von $w_I(x)$.

Zur Illustration dieser 2. Möglichkeit betrachten wir den einseitig eingespannten Kragbalken (Tabelle 6.2).

Die Ansatzfunktion $w_I(x)$ verletzt die zusätzlichen statischen Randbedingungen $M_I(l) = 0$ und $Q_I(l) = 0$. Dementsprechend schlecht ist w_I (Fehler: $+27\%$). Die Ansatzfunktion $w_{II}(x)$, die neben den geometrischen alle zusätzlichen Randbedingungen erfüllt und die zusätzlich durch Integration aus $w_I(x)$ berechnet wurde, ergibt nur einen Fehler von 0,01%. Das Ergebnis ist hier zwar hervorragend, die Einsatzmöglichkeiten dieses Verfahrens sind aber sehr begrenzt. Schon bei einem einfachen Rahmen ist die Angabe von $w_{II}(x)$ außerordentlich aufwendig. Beim Auftreten von Einzelmassen sind erhebliche Modifikationen erforderlich, so daß man gezwungen ist, einen Rechner einzusetzen. Der eigentliche Vorteil des

Tabelle 6.2. Eigenfrequenzberechnung mit iterativ verbesserter Ansatzfunktion

System	Ansatzfunktion mit $w(0)=0,\ w'(0)=0$	Iterative Verbesserung von $w_I(x)$ mit Einhaltung aller Randbedingungen $w(0)=0,\ w'(0)=0,\ ,\ M(l)=0,\ Q(l)=0$
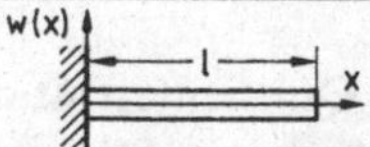 $\omega_{ex} = 3{,}51602\ \sqrt{B/\mu l^4}$	$w_I(x) = \xi^2$ $\omega_I = 4{,}47\ \sqrt{B/\mu l^4}$ Fehler: +27%	$w_{II}(\xi) = \xi^6 - 20\xi^3 + 45\xi^2 \quad \xi = x/l$ $\omega_{II} = 3{,}51636\ \sqrt{B/\mu l^4}$ Fehler: +0,01%

Rayleigh-Quotienten besteht aber darin, eine schnell handhabbare Abschätzformel zur Verfügung zu haben. Bei der iterativen Verbesserung der Ansatzfunktion geht dieser Vorteil verloren.

Eine *3. Möglichkeit* besteht schließlich darin, die Näherungsfunktion $w_1(x)$ aus mehreren zulässigen Ansatzfunktionen mit zunächst noch freien Koeffizienten zu superponieren, wobei die Koeffizienten so bestimmt werden, daß der Rayleigh-Quotient zu einem Minimum wird. Das ist dann gerade das *Ritzsche Verfahren* [6.2, 6.3], mit dem sich nicht nur Näherungswerte für die erste, sondern auch für höhere Eigenfrequenzen bestimmen lassen.

6.2 Das Ritzsche Verfahren zur Eigenschwingungsberechnung

6.2.1 Grundgedanke des Ritzschen Verfahrens

Den Grundgedanken des Ritzschen Verfahrens wollen wir uns am Beispiel eines beiderseits gelenkig gelagerten Balkens deutlich machen. Der Balken besteht aus zwei Abschnitten unterschiedlicher Steifigkeit und Massenbelegung. Im zweiten Abschnitt sitzt zusätzlich noch eine Einzelmasse (Bild 6.2).

Ausgangspunkt ist wieder das Prinzip der virtuellen Verrückungen für Eigenschwingungen. Für einen Stabzug der aus I Balken und L Einzelmassen besteht, gilt

$$\sum_{i=1}^{I} \int_0^{l_i} \delta w'' B\, w''\, \mathrm{d}x_i = \omega^2 \left\{ \sum_{i=1}^{I} \int_0^{l_i} \delta w \mu w\, \mathrm{d}x_i + \sum_{l=1}^{L} \delta w_l m_l w_l \right\}. \tag{6.9}$$

Die Verschiebung $w(x)$ wird nun durch einen Ansatz der Form

$$w(x) = \sum_k a_k w_k(x) \tag{6.10}$$

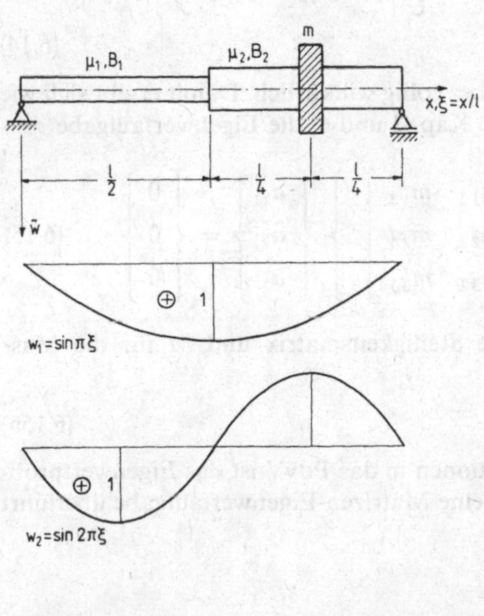

Bild 6.2. Beispiel zum Ritzschen Verfahren. System und Ansatzfunktionen

approximiert. Ein entsprechender Ansatz wird für die virtuelle Verschiebung $\delta w(x)$ eingeführt:

$$\delta w(x) = \sum_j \delta a_j w_j(x). \tag{6.11}$$

Ähnlich wie beim Rayleigh-Quotienten führen wir zur Schreibvereinfachung wieder Abkürzungen ein:

$$s_{jk} = s(w_j, w_k) = \sum_{i=1}^{I} \int_0^{l_i} w_j''(x_i) B(x_i) w_k''(x_i)\, dx_i, \tag{6.12a}$$

$$m_{jk} = m(w_j, w_k) = \sum_{i=1}^{I} \int_0^{l_i} w_j(x_i) \mu(x_i) w_k(x_i)\, dx_i + \sum_{l=1}^{L} w_{jl} m_l w_{kl}. \tag{6.12b}$$

Die virtuelle Formänderungsenergie auf der linken Seite von Gl. (6.9) läßt sich damit folgendermaßen schreiben

$$\delta V_e = \sum_{i=1}^{I} \int_0^{l_i} \delta w'' B w''\, dx = \sum_j \sum_k \delta a_j s_{jk} a_k. \tag{6.13}$$

Entsprechend gilt für die virtuelle Arbeit der Massenkräfte

$$\delta W_m = \omega^2 \sum_j \sum_k \delta a_j m_{jk} a_k.$$

Es liegt nahe, beide Ausdrücke und damit das PdvV nach Einführung der Ansatzfunktionen in Matrizenschreibweise zu überführen. Man erhält bei der Berücksichtigung von drei Ansatzfunktionen

$$\{\delta a_1, \delta a_2, \delta a_3\} \left\{ \begin{bmatrix} s_{11} & s_{12} & s_{13} \\ s_{21} & s_{22} & s_{23} \\ s_{31} & s_{32} & s_{33} \end{bmatrix} - \omega^2 \begin{bmatrix} m_{11} & m_{12} & m_{13} \\ m_{21} & m_{22} & m_{23} \\ m_{31} & m_{32} & m_{33} \end{bmatrix} \right\} \begin{Bmatrix} a_1 \\ a_2 \\ a_3 \end{Bmatrix} = 0. \tag{6.14}$$

Die virtuellen Amplituden δa_j sind hierbei völlig willkürlich. Damit ergibt sich wie beim Mehrmassenschwinger in Band I, Kap. 2 und 6, die Eigenwertaufgabe

$$\left\{ \begin{bmatrix} s_{11} & s_{12} & s_{13} \\ s_{21} & s_{22} & s_{23} \\ s_{31} & s_{32} & s_{33} \end{bmatrix} - \omega^2 \begin{bmatrix} m_{11} & m_{12} & m_{13} \\ m_{21} & m_{22} & m_{23} \\ m_{31} & m_{32} & m_{33} \end{bmatrix} \right\} \begin{Bmatrix} a_1 \\ a_2 \\ a_3 \end{Bmatrix} = \begin{Bmatrix} 0 \\ 0 \\ 0 \end{Bmatrix}. \tag{6.15}$$

oder mit den Abkürzungen $\boldsymbol{S}$ für die Steifigkeitsmatrix und $\boldsymbol{M}$ für die Massenmatrix

$$[\boldsymbol{S} - \omega^2 \boldsymbol{M}]\boldsymbol{a} = \boldsymbol{0}. \tag{6.15a}$$

Durch die Einführung von Ansatzfunktionen in das PdvV ist das Eigenwertproblem für das Kontinuum aus Bild 6.2 in eine Matrizen-Eigenwertaufgabe überführt worden.

Wir sind zur Ableitung dieser Matrizen-Eigenwertaufgabe vom Prinzip der virtuellen Verrückungen ausgegangen. Genausogut hätten wir, wie Ritz dies ursprünglich getan hat, als Ausgangspunkt das Rayleighsche Minimalprinzip wählen können. Das Ergebnis wäre das gleiche gewesen, da das PdvV für Eigenschwingungen sich im Sinne der Variationsrechnung gerade als erste Variation des Minimalprinzips ergibt.

6.2.2 Beispielrechnung

Am Beispiel von Bild 6.2 soll die Eigenwertberechnung mit zwei Ansatzfunktionen auch noch numerisch durchgeführt werden.

Die Auswertung der Integrale zur Ermittlung von $s(w_j,w_k)$ ergibt

$$s_{11}=\frac{\pi^4}{l^3}\left[B_1\int_0^{\frac{1}{2}}\sin^2\pi\xi\,d\xi+B_2\int_{\frac{1}{2}}^{1}\sin^2\pi\xi\,d\xi\right]=\frac{\pi^4}{l^3}\,\frac{B_1+B_2}{4}$$

$$\begin{aligned} s_{12}=s_{21}&=\frac{4\pi^4}{l^3}\left[B_1\int_0^{\frac{1}{2}}\sin\pi\xi\sin 2\pi\xi\,d\xi+B_2\int_{\frac{1}{2}}^{1}\sin\pi\xi\sin 2\pi\xi\,d\xi\right]\\ &=\frac{8\pi^3}{3l^3}(B_1-B_2)\end{aligned}$$

$$s_{22}=\frac{16\pi^4}{l^3}\,\frac{B_1+B_2}{4}$$

und entsprechend für $m(w_j,w_k)$.

Damit lautet die Eigenwertaufgabe

$$\left\{\frac{\pi^4}{l^3}\begin{bmatrix}\dfrac{B_1+B_2}{4} & \dfrac{8(B_1-B_2)}{3\pi}\\ \dfrac{8(B_1-B_2)}{3\pi} & 4(B_1+B_2)\end{bmatrix}\right.$$

$$\left.-\omega^2 l\begin{bmatrix}\dfrac{\mu_1+\mu_2}{4}+\dfrac{m}{2l} & \dfrac{2(\mu_1-\mu_2)}{3\pi}-\dfrac{m}{\sqrt{2}l}\\ \dfrac{2(\mu_1-\mu_2)}{3\pi}-\dfrac{m}{\sqrt{2}l} & \dfrac{\mu_1+\mu_2}{4}+\dfrac{m}{l}\end{bmatrix}\right\}\begin{Bmatrix}a_1\\ a_2\end{Bmatrix}=\begin{Bmatrix}0\\ 0\end{Bmatrix}. \qquad (6.16)$$

Für die numerische Auswertung nehmen wir noch an, daß Steifigkeit und Massenbelegung konstant sind,

$$B_1=B_2=B,\quad \mu_1=\mu_2=\mu$$

und daß die Einzelmasse an der Stelle $x=0{,}75l$ genau so groß ist wie die Balkenmasse, $m=\mu l$. Als Lösung der Eigenwertaufgabe erhält man dann die charakteristische Gleichung

$$\omega^2=\left(\frac{B\pi^4}{\mu l^4}\right)\frac{1}{8}(35\pm\sqrt{969}),$$

woraus sich die beiden Eigenfrequenzen

$$\omega^2_{1,\,\mathrm{approx}}=0{,}4839\;\frac{B\pi^4}{\mu l^4} \tag{6.17a}$$

$$\omega^2_{2,\,\mathrm{approx}}=8{,}2661\;\frac{B\pi^4}{\mu l^4} \tag{6.17b}$$

ergeben. Hätte man mit nur einer Ansatzfunktion w_1 gearbeitet, so hätte man als Näherungswert für die niedrigste Eigenfrequenz

$$\omega^2_{1,\,\mathrm{approx}}=0{,}5\;\frac{B\pi^4}{\mu l^4} \tag{6.18}$$

erhalten. Durch die Berücksichtigung einer 2. Ansatzfunktion kommt man also tatsächlich näher an den exakten Wert, der das absolute Minimum darstellt, heran.

Sehen wir uns noch an, wie die Eigenformen zu den beiden näherungsweise ermittelten Eigenfrequenzen aussehen. Die Eigenvektoren, die in der folgenden Übersicht zusammengestellt sind, wurden so normiert, daß

$$m_\mathrm{j}=\boldsymbol{a}_\mathrm{j}^\mathrm{T}\boldsymbol{M}\boldsymbol{a}_\mathrm{j}=1.$$

Komponente	1. Eigenvektor	2. Eigenvektor
a_1	0,96681	0,75185
a_2	−0,04548	0,99897

Die zugehörigen Eigenformen sind in Bild 6.3 dargestellt. Die erste Eigenform wird fast ausschließlich von der Ansatzfunktion w_1 bestimmt. Erst im Krümmungsverlauf ist der Anteil aus w_2 deutlich zu erkennen. In der 2. Eigenform sind beide Ansatzfunktionen mit annähernd gleicher Gewichtung vertreten.

6.2.3 Minimaleigenschaften der mit dem Ritzschen Verfahren ermittelten Eigenfrequenzen. Genauigkeit und Konvergenzeigenschaften

Minimaleigenschaften

Wir haben bereits darauf hingewiesen, daß das Ritzsche Verfahren zur Eigenwertberechnung sich auch aus dem Rayleigh-Quotienten herleiten läßt. Die zunächst freien Koeffizienten des mehrgliedrigen Verschiebungsansatzes (6.10) werden aus der Sicht des Rayleigh-Quotienten gerade so bestimmt, daß die 1.

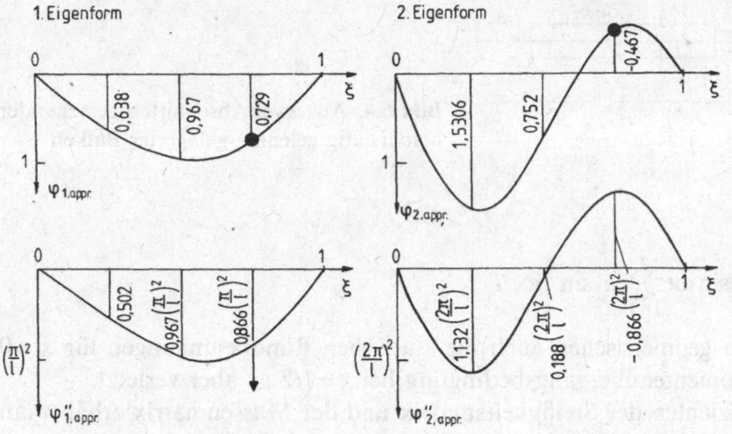

Bild 6.3. Eigenformen und zugehörige Krümmungen für einen Balken mit außermittiger Einzelmasse

Eigenfrequenz der Matrizen-Eigenwertaufgabe (6.15) die exakte niedrigste Eigenfrequenz von oben approximiert. Das Ritzsche Verfahren leistet aber noch mehr:

Bei einer Eigenwertberechnung mit dem Ritzschen Verfahren werden alle Eigenwerte von oben approximiert.

Dieses überraschende Ergebnis ist darauf zurückzuführen, daß für höhere Eigenformen nicht willkürliche, eingliedrige Ansätze verwendet werden, sondern daß während der Eigenwertberechnung Näherungen für die höheren Eigenformen aus einem Satz von Ansatzfunktionen aufgebaut werden. Diese Näherungen für die Eigenformen sind natürlich alle orthogonal zueinander.

Man kann damit formulieren:

Führt man in den Rayleigh-Quotienten $R[w]$ einen mehrgliedrigen Ansatz $w(x)=\sum a_i w_i(x)$ mit geometrisch möglichen, zulässigen Ansatzfunktionen $w_i(x)$ ein und bestimmut die Koeffizienten a_i so, daß der Rayleigh-Quotient zu einem Minimum wird, so ergibt sich aus dieser Forderung eine Matrizen-Eigenwertaufgabe

$$[\boldsymbol{S}-\omega^2\boldsymbol{M}]\boldsymbol{a}=\boldsymbol{0}. \tag{6.19}$$

Die exakten Eigenwerte werden hierbei stets von oben approximiert

$$\omega_{\mathrm{approx},\,i} \geqq \omega_{\mathrm{ex},\,i}\,. \tag{6.20}$$

Den Beweis der Minimaleigenschaften der mit dem Ritzschen Verfahren ermittelten Eigenwerte findet man beispielsweise in [6.4].

Allgemeine Aussagen über die Genauigkeit der mit einem Ritz-Ansatz ermittelten Eigenfrequenzen sind nicht möglich. Um aber Anhaltspunkte zu gewinnen, untersuchen wir an dem einfachen Balken von Bild 6.4, wie sich die niedrigen Eigenfrequenzen bei der Mitnahme von mehr Ansatzfunktionen verändern.

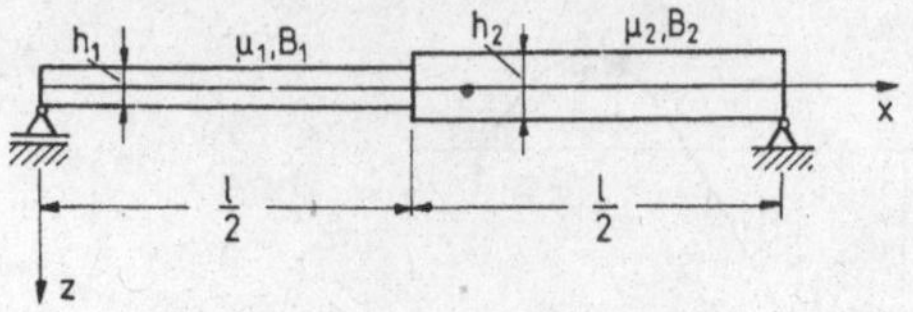

Bild 6.4. Aus zwei Abschnitten bestehender beiderseitig gelenkig gelagerter Balken

Der Ansatz

$$w(x,t)=\sin\omega t\sum_{j=1}^{J}a_j\sin j\pi x/l$$

erfüllt neben den geometrischen auch die statischen Randbedingungen für $x=0$ und $x=l$, die Momentenübergangsbedingung bei $x=l/2$ ist aber verletzt.

Für die Koeffizienten der Steifigkeitsmatrix und der Massenmatrix erhält man die folgenden Ausdrücke:

$$s_{jj}=\left(\frac{j\pi}{l}\right)^4\left\{B_1\int_0^{l/2}\sin^2 j\pi x/l\,\mathrm{d}x+B_2\int_{l/2}^{l}\sin^2 j\pi x/l\,\mathrm{d}x\right\}=(j\pi)^4\,\frac{B_1+B_2}{4l^3},$$

$$m_{jj}=\frac{(\mu_1+\mu_2)l}{4}$$

und für $j \neq k$:

$$s_{jk}=\left(\frac{j\pi}{l}\right)^2\left(\frac{k\pi}{l}\right)^2\left\{B_1\int_0^{l/2}\sin j\pi x/l\,\sin k\pi x/l\,\mathrm{d}x+B_2\int_{l/2}^{l}\sin j\pi x/l\,\sin k\pi x/l\,\mathrm{d}x\right\}$$

$$=(jk)^2\,\frac{1}{k^2-j^2}\left(\frac{\pi}{2}\right)^3\frac{B_1-B_2}{2}\left[(k+j)\sin(k-j)\frac{\pi}{2}-(k-j)\sin(k+j)\,\frac{\pi}{2}\right],$$

$$m_{jk}=\frac{1}{k^2-j^2}\left(\frac{l}{\pi}\right)\frac{\mu_1-\mu_2}{2}\left[(k+j)\sin(k-j)\,\frac{\pi}{2}\,-(k-j)\sin(k+j)\frac{\pi}{2}\right].$$

Hiermit lassen sich die Matrizen der Eigenwertaufgabe $[\boldsymbol{S}-\omega^2\boldsymbol{M}]\boldsymbol{a}=\boldsymbol{0}$ für beliebige Werte J aufbauen. Wir stellen die Eigenwerte in dimensionsloser Form, d.h. als α_j, mit

$$\omega_j=\alpha_j\sqrt{\frac{(B_1+B_2)\pi^4}{(\mu_1+\mu_2)l^4}}$$

dar. Als Beispiel betrachten wir einen Balken mit Rechteckquerschnitt, der im Feld 2 doppelt so hoch ist wie im Feld 1 (Bild 6.4, $h_2/h_1=2$). Ist der Balken in beiden Feldern gleich breit, so wird $B_2/B_1=8$ und $\mu_2/\mu_1=2$.

Die Ergebnisse sind in Tabelle 6.3 wiedergegeben. Als Vergleichswerte wurden die Werte α_j für 40 Reihenglieder ($J=40$) ermittelt. In der Tabelle sind die Fehler in %

$$f=\frac{\alpha_{ij}-\alpha_{i,40}}{\alpha_{i,40}}\cdot 100$$

angegeben.

Tabelle 6.3. Fehler der normierten Eigenfrequenzen α_j für den Balken von Bild 6.4. Fehlerangabe in %.

Vergleichswerte	J=1	J=2	J=3	J=4	J=5	J=6	J=7	J=8	J=9	J=10
$\alpha_1 = 0{,}653$	53,1	19,0	10,5	9,1	6,2	5,9	4,4	4,3	3,4	3,4
$\alpha_2 = 3{,}40$		18,6	10,2	5,0	4,5	3,6	3,1	2,8	2,4	2,3
$\alpha_3 = 6{,}94$			29,7	10,3	3,2	3,2	1,8	1,8	1,2	1,2
$\alpha_4 = 12{,}70$				27,1	16,7	7,7	6,2	5,2	4,3	4,0
$\alpha_5 = 20{,}17$					24,9	9,3	1,6	1,0	0,59	0,40
$\alpha_6 = 27{,}92$						31,5	20,6	9,0	5,5	5,1
$\alpha_7 = 39{,}78$							25,4	12,1	4,0	1,7
$\alpha_8 = 49{,}9$								32,1	21,5	8,9
$\alpha_9 = 64{,}79$									28,6	16,7
$\alpha_{10} = 79{,}41$										31,0

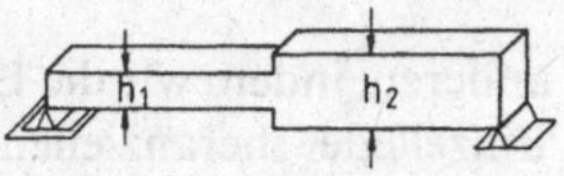

$$\omega_j = \alpha_j \sqrt{\frac{(B_1 + B_2)\pi^4}{(\mu_1 + \mu_2) l^4}}$$

$$\frac{h_2}{h_1} = 2$$

Die Ergebnisse sind nicht allzu ermutigend. Will man den Fehler eines Eigenwerts unter 10% halten, so muß man mindestens 2 Ansatzfunktionen mehr mitnehmen. Nahezu alle Fehler der Tabelle 6.3 liegen über 1%! Das Konvergenzverhalten, d.h. die Verkleinerung des Fehlers bei Mitnahme von mehr Ansatzfunktionen, ist zudem nicht allzu gut.

Zwei Gründe dürften hierfür maßgebend sein: Das Feld 2 ist wesentlich steifer, die Eigenformen werden in diesem Bereich also wesentlich weniger gekrümmt sein als im Bereich 1. Die Ansatzfunktionen behandeln beide Felder aber gleich. Bei den Ansatzfunktionen verläuft zudem die Krümmung in Balkenmitte stetig (das Biegemoment hingegen unstetig), während bei den Eigenformen die Krümmung unstetig und der Biegemomentenverlauf stetig ist.

6.3 Übungsaufgaben

Aufgabe 6.1. Rayleigh-Quotient für einen Balken mit Einzelmasse und Einzelfeder

Der in Bild 6.5 dargestellte, beiderseits gelenkig gelagerte Träger besitzt in der Mitte zusätzlich eine Einzelmasse und ist dort durch eine Einzelfeder unterstützt. Die niedrigste Eigenfrequenz soll mit Hilfe des Rayleigh-Quotienten abgeschätzt werden. Zwei verschiedene Näherungsfunktionen w_{1a} und w_{1b} besorgen wir uns hierbei, indem wir einmal die Eigenform des Balkens ohne Einzelmasse und

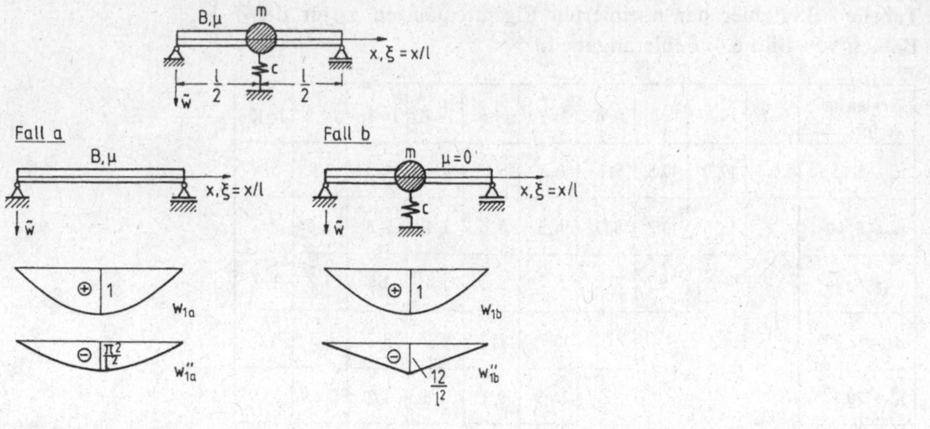

Bild 6.5. Balken mit Einzelmasse und Einzelfeder. Zwei mögliche Ansatzfunktionen

Einzelfeder verwenden (Bild 6.5, Fall a), zum anderen, indem wir die Eigenform des masselosen Balkens mit Einzelmasse und Einzelfeder heranziehen (Fall b). In diesen beiden Grenzfällen lassen sich die Eigenformen exakt angeben.

Welchen Ausdruck erhält man als Rayleigh-Quotient $R[w_{1a}]$ und $R[w_{1b}]$ für den Balken mit Einzelmasse und Einzelfeder?

Die Güte der beiden Näherungsausdrücke soll abgeschätzt werden, indem mit $R[w_{1a}]$ die Eigenfrequenz für den Fall b, und zwar für $c=0$, ermittelt wird und umgekehrt. Wie groß ist jeweils der Fehler? Wieso ist der Fehler relativ niedrig?

Gibt es Fälle, in denen beide Näherungsformeln unbrauchbar werden?

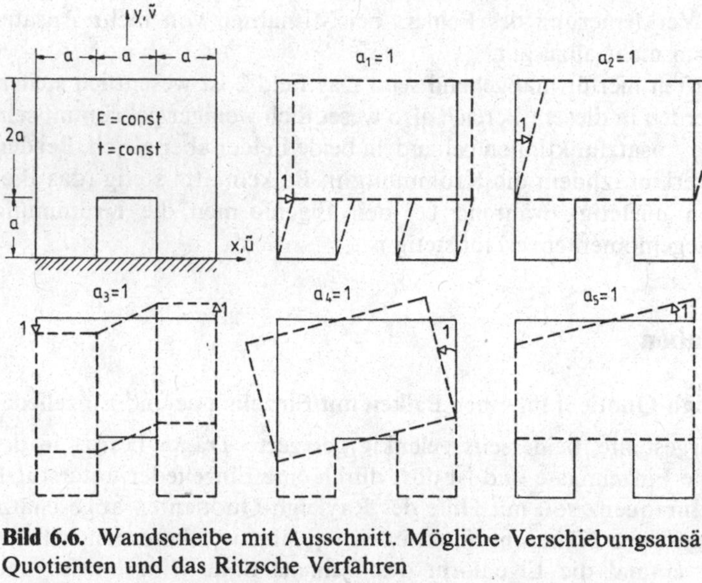

Bild 6.6. Wandscheibe mit Ausschnitt. Mögliche Verschiebungsansätze für den Rayleigh-Quotienten und das Ritzsche Verfahren

Aufgabe 6.2. Eigenschwingungen einer Wandscheibe mit Ausschnitt

Für die in Bild 6.6 dargestellte rechteckige Wandscheibe ist die niedrigste Eigenfrequenz für die Lateralschwingung zu ermitteln. In Bild 6.6 sind ebenfalls fünf mögliche Ansatzfunktionen wiedergegeben. Es ist zuerst zu überprüfen, wie groß der Rayleigh-Quotient zu jedem dieser Verschiebungszustände ist. Aus den beiden Verschiebungszuständen mit den niedrigsten Rayleigh-Quotienten ist anschließend ein Näherungswert für die niedrigste Eigenfrequenz zu ermitteln.

7 Die Methode der finiten Elemente

7.1 Einleitung

Das Verfahren der Übertragungsmatrizen von Kap. 4, aber auch das Ritzsche Verfahren mit globalen Ansatzfunktionen (Abschn. 6.2) sind immer nur begrenzt einsetzbar. Die Methode der finiten Elemente (FEM) hingegen ist keinen Einschränkungen unterworfen. Mit ihr lassen sich beliebige Tragwerkstypen, Rahmentragwerke genauso wie Flächentragwerke oder dreidimensionale Kontinua, behandeln. Rahmentragwerke dürfen beliebig verzweigt sein, Flächentragwerke können Löcher besitzen. Auch bei den Randbedingungen oder beim Verlauf von Steifigkeiten und Massenbelegungen ist alles zugelassen. Diese generelle Einsetzbarkeit erklärt die Beliebtheit der Methode der finiten Elemente.

Die Methode der finiten Elemente, so wie sie in diesem Kapitel dargestellt wird, ist eng verwandt mit dem Ritzschen Verfahren [7.4]:

— Ausgangspunkt ist wie beim klassischen Ritzschen Verfahren das Prinzip der virtuellen Verrückungen oder eine gleichwertige Energieaussage.
— Ziel ist in beiden Fällen die Überführung des PdvV und damit der partiellen Differentialgleichungen, die das Problem beschreiben, in ein System von gewöhnlichen Differentialgleichungen der Form

$$\boldsymbol{M}\tilde{\boldsymbol{u}}^{\cdot\cdot} + \boldsymbol{D}\tilde{\boldsymbol{u}}^{\cdot} + \boldsymbol{S}\tilde{\boldsymbol{u}} = \tilde{\boldsymbol{p}}.$$

— Auch der Weg, über den das erreicht wird, ist in beiden Fällen der gleiche: Die im Prinzip auftretenden unabhängigen Verschiebungszustände werden durch Ansatzfunktionen approximiert.

Die Unterschiede ergeben sich aus der Art der verwendeten Ansatzfunktionen. Wir erläutern dies am Beispiel eines Rotors (Bild 7.1).

Beim klassischen Ritz-Verfahren erstrecken sich die Ansatzfunktionen über das gesamte Tragwerk. Es sind *globale* Ansatzfunktionen. In der Methode der finiten Elemente reichen die Ansatzfunktionen nur über benachbarte Abschnitte. Es sind *lokal begrenzte* Ansatzfunktionen. In beiden Fällen müssen die Ansatzfunktionen natürlich so gewählt werden, daß die geometrischen Rand- und Übergangsbedingungen erfüllt werden. Beim klassischen Ritzschen Verfahren kann die Entwicklung eines Satzes von sehr vielen Ansatzfunktionen, von wenigen Sonderfällen abgesehen, recht mühsam werden, weshalb man sich zumeist auf wenige Ansatzfunktionen beschränkt. In der Methode der finiten Elemente ist die Vergrößerung

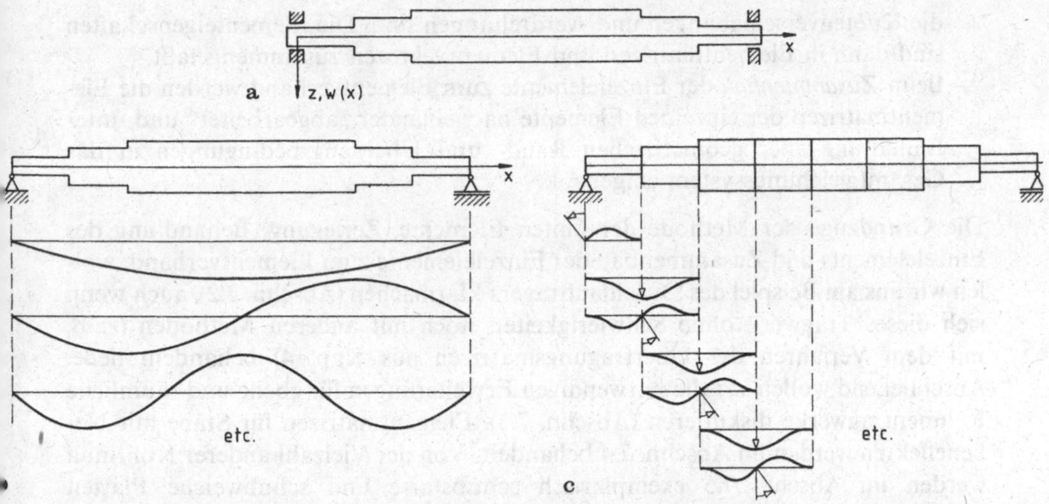

Bild 7.1a–c. Welle (a) mit globalen Ansatzfunktionen (b) und mit lokal begrenzten FEM-Ansatzfunktionen (c)

der Zahl der Ansatzfunktionen für das Gesamtsystem völlig unproblematisch; man braucht einfach nur feiner zu unterteilen.

Verwendet man die lokal begrenzten Ansatzfunktionen von Bild 7.1c, so ist es nicht zweckmäßig, die Bewegungsdifferentialgleichungen auf gleiche Weise wie beim Ritzschen Verfahren (Abschn. 6.3) aufzustellen. Sieht man sich die Ansatzfunktionen genauer an, so stellt man fest, daß jeder Balkenabschnitt (jedes Element) im wesentlichen durch die gleichen Ansatzfunktionen beschrieben wird. Der linke und der rechte Knoten eines Elements können sich, wenn sie nicht gelagert sind, verschieben und verdrehen. Aus diesem Grund liegt ein elementweises Vorgehen bei der Auswertung der Energieintegrale und beim Aufstellen des Gleichungssystems nahe. Das Aufstellen des Gleichungssystems läßt sich damit sehr übersichtlich und rechenzeitökonomisch organisieren.

Um zu einem Gleichungssystem der Form

$$\boldsymbol{M}\tilde{\boldsymbol{u}}^{\cdot\cdot} + \boldsymbol{D}\tilde{\boldsymbol{u}}^{\cdot} + \boldsymbol{S}\tilde{\boldsymbol{u}} = \tilde{\boldsymbol{p}}$$

zu gelangen, sind in der Methode der finiten Elemten drei Einzelschritte erforderlich:

— Das Tragwerk wird zuerst *zerlegt*, d.h. es wird in möglichst gleichartige Elemente (z. B. Balkenabschnitte) unterteilt. Die Verschiebungsfreiheitsgrade in den Knotenpunkten sind hierbei so zu wählen, daß alle geometrischen Rand- und Übergangsbedingungen erfüllt werden können.
— *Jedes Element wird für sich behandelt.* Ziel ist es hierbei, das Verhalten des Elements allein durch Verschiebungen in den Knotenpunkten (über die die Verbindung zu anderen Elementen hergestellt wird) zu beschreiben. Erreicht wird das durch die Einführung von Ansatzfunktionen, deren Freiwerte gerade

die Knotenverschiebungen und -verdrehungen sind. Die Elementeigenschaften sind dann in Elementmatrizen und Elementvektoren zusammengefaßt.

- Beim *Zusammenbau* der Einzelelemente zum Elementverband werden die Elementmatrizen der einzelnen Elemente nacheinander „abgearbeitet" und unter Einhaltung aller geometrischen Rand- und Übergangsbedingungen in das Gesamtgleichungssystem eingebaut.

Die Grundzüge der Methode der finiten Elemente, Zerlegung, Behandlung des Einzelelements und Zusammenbau der Einzelelemente zum Elementverband, wollen wir uns am Beispiel des Durchlaufträgers klarmachen (Abschn. 7.2), auch wenn sich dieses Tragwerk ohne Schwierigkeiten noch mit anderen Methoden (z. B. mit dem Verfahren der Übertragungsmatrizen aus Kap. 4) behandeln ließe. Anschließend wollen wir die notwendigen Erweiterungen für ebene und räumliche Rahmentragwerke diskutieren (Abschn. 7.3). Elementmatrizen für Stäbe mit Nebeneffekten werden im Abschn. 7.4 behandelt. Von der Vielzahl anderer Kontinua werden im Abschn. 7.5 exemplarisch schubstarre und schubweiche Platten betrachtet.

7.2 Methode der finiten Elemente für Durchlaufträger (Stabzüge)

Die Welle von Bild 7.1 war bereits ein typischer Stabzug. Um etwas allgemeinere Rand- und Übergangsbedingungen behandeln zu können, betrachten wir als Beispiel aber den Durchlaufträger von Bild 7.2. Bei beiden Systemen kann jeder schubstarre Balkenabschnitt durch eine *partielle Differentialgleichung* der Form

$$[B_i(x)\tilde{w}_i(x)'']'' + \mu_i \ddot{\tilde{w}}_i = \tilde{p}_i \tag{7.1}$$

beschrieben werden. Hinzu kommen noch Rand- und Übergangsbedingungen. Ziel des Abschn. 7.2 ist es, diese partiellen Differentialgleichungen und die zugehörigen Rand- und Übergangsbedingungen in ein System von *gewöhnlichen Differentialgleichungen* der Form

$$\boldsymbol{S}^*\tilde{\boldsymbol{u}}^* + \boldsymbol{M}^*\ddot{\tilde{\boldsymbol{u}}}^* = \tilde{\boldsymbol{p}}^* \tag{7.2}$$

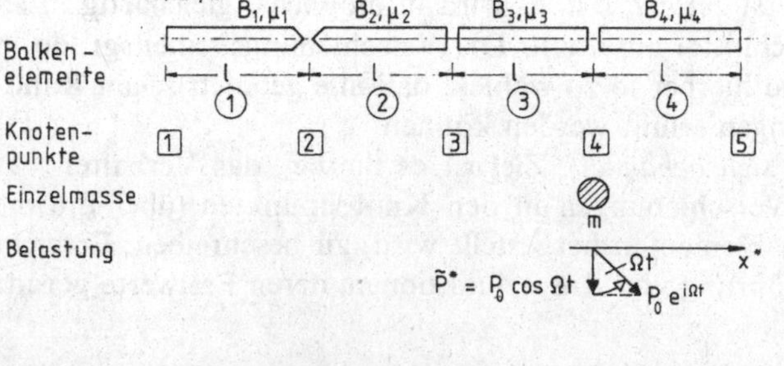

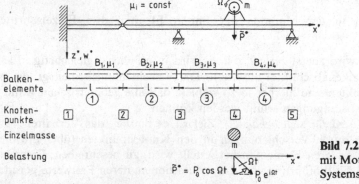

Bild 7.2. Durchlaufträger mit Motor. Unterteilung des Systems in Einzelelemente

zu überführen, bei dem die Vektoren nur noch zeitabhängig sind. Das *Balkenkontinuum* wird auf diese Weise durch ein *FEM-Diskontinuum* ersetzt. Die beim Kontinuum und beim Diskontinuum verwendeten Bezeichnungen sind einander zugeordnet:

Kontinuum:		FEM-Diskontinuum:	
$\tilde{w}$	Balkenverschiebung,	$\tilde{\boldsymbol{u}}^*$	Systemverschiebungsvektor,
$\tilde{p}$	Balkenbelastung,	$\tilde{\boldsymbol{p}}^*$	Systembelastungsvektor,
B	Biegesteifigkeit,	$\boldsymbol{S}^*$	Systemsteifigkeitsmatrix,
μ	Massenbelegung,	$\boldsymbol{M}^*$	Systemmassenmatrix.

7.2.1 Zerlegung in Einzelelemente

Der Durchlaufträger von Bild 7.2 muß wegen der vorhandenen Lager, Gelenke und Einzelmassen mindestens in vier Balkenabschnitte unterteilt werden. Das so unterteilte System hat dann fünf Knotenpunkte. Der über dem Knoten ④ sitzende Motor wird durch eine Einzelmasse erfaßt. Belastet wird das System durch eine umlaufende Unwucht (Zentrifugalkraft P_0). Exzentrizitäten des Schwerpunkts der Einzelmasse und des Lastangriffspunkts von P_0 werden vernachlässigt.

Wie bei Mehrkörpersystemen (Band I, Kap. 6) unterscheiden wir zwischen elementbezogenen (lokalen) und systembezogenen (globalen) Größen. Die elementbezogenen Größen werden durch den Index *i*, die systembezogenen Größen durch das Symbol * gekennzeichnet.

Das Verhalten eines Balkenelements ⓘ soll allein durch die Verschiebungsfreiheitsgrade an den beiden Balkenenden beschrieben werden. Diese Verschiebungsfreiheitsgrade sind so zu wählen, daß sich mit ihnen alle denkbaren geometrischen Rand- und Übergangsbedingungen befriedigen lassen. Beim schubstarren Balken benötigt man hierfür die Querverschiebung w und die Tangentenneigung w'. Im Hinblick darauf, daß wir den schubstarren und den schubweichen Balken einheitlich behandeln wollen, ist es sinnvoll, anstelle der Tangentenneigung w' als zweite Stabendverschiebungsgröße wieder die Querschnittsneigung β zu verwenden. Im schubstarren Fall (Bild 7.3) ist $\beta = -w'$.

Das durch vier Balkenelemente dargestellte System von Bild 7.2 kann damit durch sieben globale Verschiebungsunbekannte beschrieben werden, die aus Bild 7.4 zu entnehmen sind. An vier Stellen tritt eine Null auf. Die zugehörigen

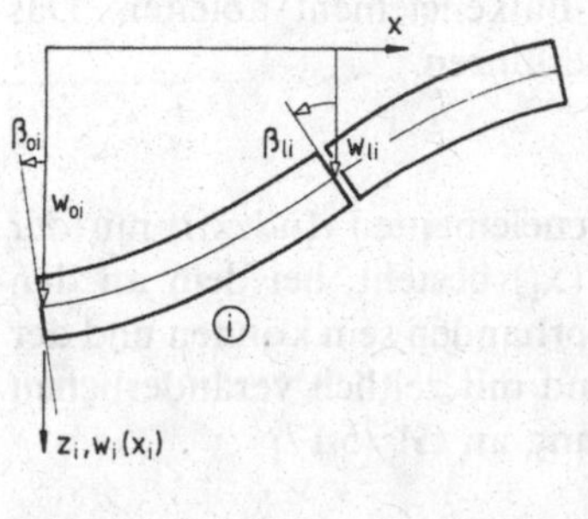

Bild 7.3. Stabendverschiebungsfreiheitsgrade bei einem Balkenelement zur Erfüllung geometrischer Rand- und Übergangsbedingungen

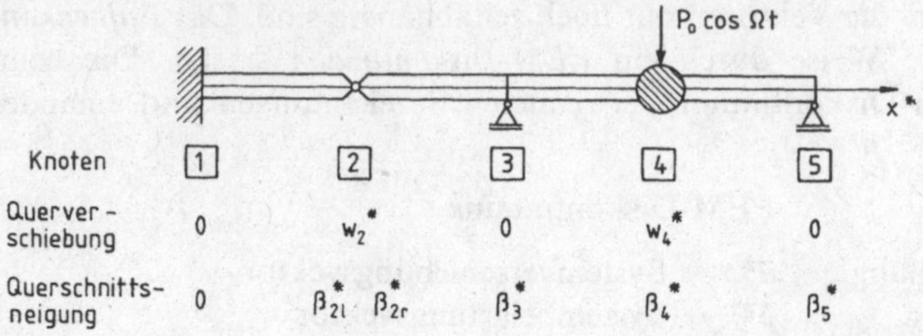

Bild 7.4. Globale Verschiebungsunbekannte für das Durchlaufträgerbeispiel

Verschiebungen oder Querschnittsneigungen werden aufgrund von Rand- oder Übergangsbedingungen zu Null. Einen besonderen Hinweis verdient noch Knoten ②. Da an diesem Knoten ein Gelenk sitzt, kann die Biegelinie einen Knick haben. Wir erfassen das, indem wir rechts und links unterschiedliche Querschnittsneigungen zulassen (β^*_{2l} und β^*_{2r}).

Die 4 Stabendverschiebungen, mit denen sich das Verhalten eines Stabes ⓘ beschreiben läßt, werden in einem

Elementverschiebungsvektor $\tilde{\boldsymbol{u}}_i^T = \{\tilde{w}_{0i}, \tilde{\beta}_{0i}, \tilde{w}_{li}, \tilde{\beta}_{li}\}$

zusammengefaßt. Die sieben nicht verschwindenden Knotenverschiebungen und Querschnittsneigungen sind Komponenten des

Systemverschiebungsvektors $\tilde{\boldsymbol{u}}^{*T} = \{\hat{w}^*_2, \hat{\beta}^*_{2l}, \hat{\beta}^*_{2r}, \hat{\beta}^*_3, \tilde{w}^*_4, \tilde{\beta}^*_4, \hat{\beta}^*_5\}$.

Die geometrischen Rand- und Übergangsbedingungen werden nun dadurch befriedigt, daß die Elementverschiebungsvektoren $\boldsymbol{u}_i$ durch den Systemverschiebungsvektor $\boldsymbol{u}^*$ ausgedrückt werden. Wir werden darauf bei dem Zusammenbau der Elemente zum Gesamtsystem (Abschn. 7.2.3) näher eingehen.

7.2.2 Behandlung der Einzelelemente eines Durchlaufträgers

Der Durchlaufträger von Bild 7.2 besteht aus Balkenabschnitten (Balkenelementen) mit Steifigkeit und Massenbelegung sowie einer Einzelmasse. Das System wird durch eine Einzelkraft belastet. Im Interesse der Vollständigkeit berücksichtigen wir auch noch eine in den Balkenelementen angreifende Linienlast. Ausgehend vom PdvV wollen wir jetzt die Elementsteifigkeitsmatrix, die Elementmassenmatrix und den Elementbelastungsvektor für ein Balkenelement ableiten. Das PdvV läßt sich dann in eine diskretisierte Form überführen.

Prinzip der virtuellen Verrückungen (PdvV)

Das PdvV für einen Durchlaufträger, der aus Balkenelementen (Index i) mit der Biegesteifigkeit $B_i(x_i)$ und der Massenbelegung $\mu_i(x_i)$ besteht, bei dem an den Knoten (Index k) zusätzlich noch Einzelmassen m_k vorhanden sein können und der mit einer zeitlich veränderlichen Linienlast $\tilde{p}_i(x_i)$ und mit zeitlich veränderlichen Einzellasten $\tilde{P}_k$ beansprucht wird, lautet in Anlehnung an Gl. (5.17)

$$\underbrace{\sum_{i=1}^{I}\int_0^{l_i}\delta w_i'' B_i \tilde{w}_i'' \, dx_i}_{A} = \underbrace{\left[\sum_{i=1}^{I}\int_0^{l_i}\delta w_i \tilde{p}_i \, dx_i + \sum_{k=1}^{K}\delta w_k \tilde{P}_k\right]}_{B}$$

$$+ \underbrace{\left[\sum_{i=1}^{I}\int_0^{l_i}\delta w_i(-\mu \ddot{\tilde{w}}_i)\, dx_i + \sum_{j=1}^{J}\delta w_j(-m_j \ddot{\tilde{w}}_j)\right]}_{C}, \quad (7.3)$$

wobei über Stabelemente (Index i) oder Knoten (Index k) summiert wird.

Term A ist die *virtuelle Formänderungsenergie* δV_e, d. h. ein Produkt aus einer virtuellen Verzerrungsgröße (im vorliegenden Fall ist das die virtuelle Krümmung $\delta \varkappa_i = -\delta w_i''$) und der zugehörigen wirklichen Schnittkraft (im vorliegenden Fall das Biegemoment $\tilde{M}_i = -B_i \tilde{w}_i''$).

Term B ist die *virtuelle Arbeit der äußeren Kräfte* δW_a, d. h. ein Produkt aus virtuellen Verschiebungen $\delta w_i(x_i)$ bzw. δw_k und zugehörigen wirklichen Belastungen $\tilde{p}_i$ bzw. $\tilde{P}_k$.

Term C ist die *virtuelle Arbeit* der Massenkräfte δW_m, d. h. der den d'Alembertschen Trägheitskräften $-\mu_i \ddot{\tilde{w}}_i$ bzw. $-m_j \ddot{\tilde{w}}_j$ zugehörigen virtuellen Verschiebungen $\delta w_i(x_i)$ bzw. δw_j.

Einführung von Ansatzfunktionen

In Gl. (7.3) treten drei Integralausdrücke auf

$$J_1 \equiv \int_0^{l_i}\delta w_i'' B_i \tilde{w}_i'' \, dx_i, \quad J_2 \equiv \int_0^{l_i}\delta w_i \mu_i \ddot{\tilde{w}}_i \, dx_i, \quad J_3 \equiv \int_0^{l_i}\delta w_i \tilde{p}_i \, dx_i.$$

Diese drei Integrale sollen nun in Matrizenausdrücke überführt werden. Der Verschiebungszustand wird hierzu durch Ansatzfunktionen approximiert (Bild 7.5). Im Abschn. 7.2.1 wurden als Parameter zur Beschreibung des Verschiebungszustandes bereits die beiden Stabendverschiebungen $\tilde{w}_0$ und $\tilde{w}_1$ sowie die beiden Querschnittsneigungen $\tilde{\beta}_0$ und $\tilde{\beta}_1$ festgelegt. Im schubstarren Fall ist

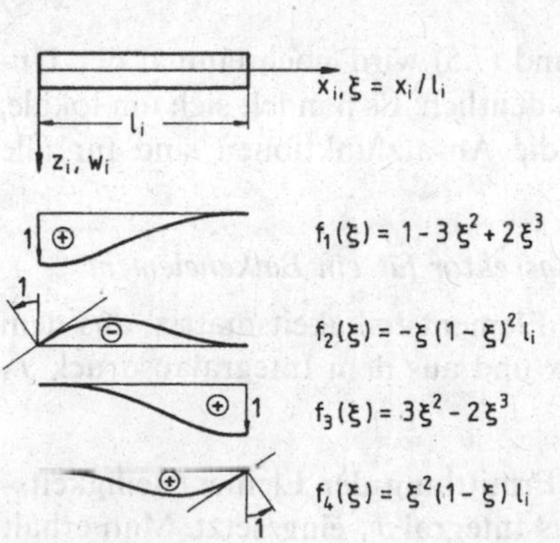

Bild 7.5. Ansatzfunktionen beim schubstarren Balken

$\tilde{\beta} = -\tilde{w}'$. Zu jeder dieser 4 Verschiebungsgrößen gehört eine Ansatzfunktion, so daß der gesam te Verschiebungszustand im Element (Balkenabschnitt) durch eine Gleichung der Form

$$w_i(x_i, t) = f_1(x_i)\tilde{w}_0 + f_2(x_i)\tilde{\beta}_0 + f_3(x_i)\tilde{w}_1 + f_4(x_i)\tilde{\beta}_1$$

oder

$$w_i(x_i, t) = \{f_1(x_i), f_2(x_i), f_3(x_i), f_4(x_i)\} \begin{Bmatrix} \tilde{w}_0 \\ \tilde{\beta}_0 \\ \tilde{w}_1 \\ \tilde{\beta}_1 \end{Bmatrix}_i = \boldsymbol{f}^T(x_i)\tilde{\boldsymbol{u}}_i(t) \qquad (7.4)$$

beschrieben wird. Die Komponenten des Vektors $\boldsymbol{f}$ hängen nur noch von x_i, die des Elementverschiebungsvektors $\tilde{\boldsymbol{u}}_i$ nur noch von t ab. Die Funktion $f_1(x_i)$ muß beispielsweise so beschaffen sein, daß sie an der Stelle $x = 0$ den Wert 1 annimmt, an der Stelle $x = l$ den Wert 0 und daß am Stabanfang und am Stabende die Querschnittsneigung zu 0 wird. Im Hinblick auf die etwas später erforderlichen Integrationen ist es zweckmäßig, als Funktionen $f_j(x_i)$ Polynome zu verwenden.

Man bezeichnet die vier Funktionen $f_1(x_i)$ bis $f_4(x_i)$ als Ansatzfunktionen, Basisfunktionen oder Formfunktionen. Die hier speziell verwendeten kubischen Polynome sind *Hermite-Interpolationspolynome.* Hermitesche Interpolationspolynome sind, im Gegensatz zu den Lagrangeschen, Funktionen, bei denen als Stützwerte nicht nur Funktionswerte, sondern auch deren Ableitungen auftreten, siehe z. B. [7.1–7.3].

Die Verwendung von Polynomen als Ansatzfunktionen hat einen weiteren Vorteil. Es gelingt damit ohne weiteres, Starrkörperverschiebungszustände und konstante Schnittkraftzustände (beim schubstarren Balken konstanter Steifigkeit entspricht das konstanter Krümmungen $\varkappa_i(x) = \text{const}$) darzustellen, wodurch bei Verfeinerung der Unterteilung Konvergenz gegen die exakte Lösung sichergestellt ist.

Der virtuelle Verschiebungszustand wird in gleicher Weise approximiert wie der wirkliche Verschiebungszustand

$$\delta w_i(x_i) = \boldsymbol{f}^T(x_i)\delta\boldsymbol{u}_i = \delta\boldsymbol{u}_i^T\boldsymbol{f}(x_i). \qquad (7.5)$$

An den beiden Verschiebungsansätzen (7.4) und (7.5) wird noch einmal der Unterschied zum klassischen Ritzschen Verfahren deutlich: Es handelt sich um lokale, d.h. auf Elementebene formulierte Ansätze; die Ansatzfunktionen sind für alle Balkenelemente gleich.

Steifigkeitsmatrix, Massenmatrix und Belastungsvektor für ein Balkenelement

Aus dem Integralausdruck J_1 erhält man die Elementsteifigkeitsmatrix, aus dem Integralausdruck J_2 die Elementmassenmatrix und aus dem Integralausdruck J_3 den Elementbelastungsvektor.

Ermittlung der Elementsteifigkeitsmatrix: Zur Ermittlung der Elementsteifigkeitsmatrix werden die Ansätze (7.4) und (7.5) in das Integral J_1 eingesetzt. Man erhält

$$J_1 \equiv \int_0^{l_i} \delta w_i'' \, B_i \, \tilde{w}_i'' \, \mathrm{d}x_i = \int_0^{l_i} (\boldsymbol{f}''^{\mathrm{T}} \delta \boldsymbol{u}_i) \, B_i \, (\boldsymbol{f}''^{\mathrm{T}} \tilde{\boldsymbol{u}}_i) \mathrm{d}x_i$$

$$= \delta \boldsymbol{u}_i^{\mathrm{T}} \int_0^{l_i} (\boldsymbol{f}'' \, B_i \boldsymbol{f}''^{\mathrm{T}}) \mathrm{d}x_i \, \tilde{\boldsymbol{u}}_i . \tag{7.6}$$

Der Integralausdruck

$$\boldsymbol{S}_i = \int_0^{l_i} B_i \boldsymbol{f}'' \boldsymbol{f}''^{\mathrm{T}} \mathrm{d}x_i , \tag{7.7}$$

der nicht mehr von den im Vektor $\boldsymbol{u}_i$ zusammengefaßten Stabendverschiebungen abhängig ist, wird als Elementsteifigkeitsmatrix $\boldsymbol{S}_i$ bezeichnet. Bei der Bildung von $\boldsymbol{S}_i$ tritt ein dyadisches Produkt aus einem Spaltenvektor und einem Zeilenvektor auf:

$$\boldsymbol{f}'' \boldsymbol{f}''^{\mathrm{T}} = \begin{Bmatrix} f_1'' \\ f_2'' \\ f_3'' \\ f_4'' \end{Bmatrix} \{f_1'', f_2'', f_3'', f_4''\} = \begin{bmatrix} f_1'' f_1'' & f_1'' f_2'' & f_1'' f_3'' & f_1'' f_4'' \\ f_2'' f_1'' & f_2'' f_2'' & f_2'' f_3'' & f_2'' f_4'' \\ f_3'' f_1'' & f_3'' f_2'' & f_3'' f_3'' & f_3'' f_4'' \\ f_4'' f_1'' & f_4'' f_2'' & f_4'' f_3'' & f_4'' f_4'' \end{bmatrix} .$$

Im Falle konstanter Biegesteifigkeit ($B_i = \mathrm{const}$) läßt sich die Integration geschlossen ausführen. Man erhält dann für die *Elementsteifigkeitsmatrix* den Ausdruck

$$\boldsymbol{S}_i = \frac{B_i}{l_i^3} \begin{bmatrix} 12 & -6l & -12 & -6l \\ -6l & 4l^2 & 6l & 2l^2 \\ -12 & 6l & 12 & 6l \\ -6l & 2l^2 & 6l & 4l^2 \end{bmatrix}_i . \tag{7.7a}$$

Für das Integral J_1 ergibt sich damit die Matrizenformulierung

$$J_1 \equiv \int_0^{l_i} \delta w_i'' \, B_i \, \tilde{w}_i'' \, \mathrm{d}x_i = \delta \boldsymbol{u}_i^{\mathrm{T}} \, \boldsymbol{S}_i \, \tilde{\boldsymbol{u}}_i . \tag{7.6a}$$

Im Falle veränderlicher Biegesteifigkeit ist eine numerische Integration erforderlich. Man arbeitet hierbei aber zweckmäßigerweise nicht mit Verschiebungs-, sondern mit Schnittkraftansätzen (Abschn. 7.6).

Ermittlung der Elementmassenmatrix: Zur Bestimmung der Massenmatrix muß auch noch der Beschleunigungszustand approximiert werden. Durch Differentiation von Gl. (7.4) erhält man

$$\tilde{w}_i^{\cdot\cdot}(x_i, t) = \boldsymbol{f}^{\mathrm{T}}(x_i) \, \tilde{\boldsymbol{u}}_i^{\cdot\cdot} . \tag{7.8}$$

Die Beziehungen (7.5) und (7.8) werden in das Integral J_2 eingesetzt:

$$J_2 \equiv \int_0^{l_i} \delta w_i \, \mu_i \, \tilde{w}_i^{\cdot\cdot} \, dx_i = \int_0^{l_i} (\boldsymbol{f}^T \delta \boldsymbol{u}_i) \, \mu_i (\boldsymbol{f}^T \tilde{\boldsymbol{u}}_i^{\cdot\cdot}) dx_i$$

$$= \delta \boldsymbol{u}_i^T \int_0^{l_i} \boldsymbol{f} \mu_i \boldsymbol{f}^T \, dx_i \, \tilde{\boldsymbol{u}}_i^{\cdot\cdot} \,. \tag{7.9}$$

Das Integral von Gl. (7.9) ist die *Elementmassenmatrix*

$$\boldsymbol{M}_i = \int_0^{l_i} \mu_i \boldsymbol{f} \boldsymbol{f}^T \, dx_i . \tag{7.10}$$

Im Falle konstanter Massenbelegung μ_i läßt sich auch hier die Integration geschlossen ausführen. Man erhält

$$\boldsymbol{M}_i = \frac{\mu_i l_i}{420} \begin{bmatrix} 156 & -22l & 54 & 13l \\ -22l & 4l^2 & -13l & -3l^2 \\ 54 & -13l & 156 & 22l \\ 13l & -3l^2 & 22l & 4l^2 \end{bmatrix}_i . \tag{7.10a}$$

Damit läßt sich für Gl. (7.9) schreiben:

$$J_2 \equiv \int_0^{l_i} \delta w_i \, \mu \, \tilde{w}_i^{\cdot\cdot} \, dx_i = \delta \boldsymbol{u}_i^T \boldsymbol{M}_i \tilde{\boldsymbol{u}}_i^{\cdot\cdot} \,. \tag{7.9a}$$

Ermittlung des Elementbelastungsvektors. Als letztes soll noch die Matrizenformulierung für das Integral J_3 angegeben werden. Wir nehmen hierzu an, daß die Linienlast $\tilde{p}_i = p_i(x, t)$ linear veränderlich sein kann und schreiben hierfür ($\xi = x_i/l_i$)

$$\tilde{p}_i = \tilde{p}_{0i}(1-\xi) + \tilde{p}_{li}\xi \,. \tag{7.11}$$

Mit den Gln. (7.5) und (7.11) erhält man für den Integralausdruck J_3

$$J_3 \equiv \int_0^{l_i} \delta w_i \, \tilde{p}_i \, dx_i = \int_0^{l_i} \delta \boldsymbol{u}_i^T \boldsymbol{f} [\tilde{p}_{0i}(1-\xi) + \tilde{p}_{li}\xi] \, dx_i$$

$$= \delta \boldsymbol{u}_i^T [\tilde{p}_{0i} \int_0^{l_i} \boldsymbol{f}(1-\xi) \, dx_i + \tilde{p}_{li} \int_0^{l_i} \boldsymbol{f} \xi \, dx_i] \,. \tag{7.12}$$

Der Ausdruck in eckigen Klammern ist der *Elementbelastungsvektor* $\tilde{\boldsymbol{p}}_i$. Nach Ausführung der Integration ergibt sich

$$\tilde{\boldsymbol{p}}_i = \frac{\tilde{p}_{0i} l_i}{10} \begin{Bmatrix} 7/2 \\ -l_i/2 \\ 3/2 \\ l_i/3 \end{Bmatrix} + \frac{\tilde{p}_{li} l_i}{10} \begin{Bmatrix} 3/2 \\ -l_i/3 \\ 7/2 \\ l_i/2 \end{Bmatrix} . \tag{7.13}$$

Damit läßt sich für das Integral J_3 schreiben

$$J_3 \equiv \int_0^{l_i} \delta w_i \, \tilde{p}_i \, dx_i = \delta \boldsymbol{u}_i^T \tilde{\boldsymbol{p}}_i . \tag{7.12a}$$

Diskretisierte Form des Prinzips der virtuellen Verrückungen

Für die drei Integrale J_1, J_2 und J_3 ist damit eine diskretisierte Form gefunden. Einzelkräfte und Einzelmassenterme liegen in Gl. (7.3) bereits in diskretisierter Form vor. Also gilt:

$$\underbrace{\sum_{i=1}^{I} \delta \boldsymbol{u}_i^T \boldsymbol{S}_i \tilde{\boldsymbol{u}}_i}_{\text{A}} - \underbrace{\left[\sum_{i=1}^{I} \delta \boldsymbol{u}_i^T \tilde{\boldsymbol{p}}_i + \sum_{k=1}^{K} \delta w_k \tilde{P}_k \right]}_{\text{B}}$$

$$+ \underbrace{\left[\sum_{i=1}^{I} \delta \boldsymbol{u}_i^T \boldsymbol{M}_i \ddot{\tilde{\boldsymbol{u}}}_i + \sum_{j=1}^{J} \delta w_j m_j \ddot{\tilde{w}}_j \right]}_{\text{C}} = 0 . \tag{7.14}$$

In dieser diskretisierten Form des Prinzips der virtuellen Verrückungen treten keine Integrale mehr auf. Die Ausdrücke A, B und C sind die diskretisierte Form der entsprechenden Ausdrücke in Gl. (7.3).

7.2.3 Zusammenbau der Einzelelemente zum Gesamtsystem

Der Zusammenbau der Einzelelemente zum Gesamtsystem wird am Beispiel des Durchlaufträgers von Bild 7.2 erläutert. Für dieses spezielle System lautet das PdvV:

$$\sum_{i=1}^{4} \delta \boldsymbol{u}_i^T \boldsymbol{S}_i \tilde{\boldsymbol{u}}_i - \delta w_4^* \tilde{P}^* + \sum_{i=1}^{4} \delta \boldsymbol{u}_i^T \boldsymbol{M}_i \ddot{\tilde{\boldsymbol{u}}}_i + \delta w_4^* m \ddot{\tilde{w}}_4^* = 0 \tag{7.14a}$$

Die auf die Balkenelemente ⓘ bezogenen Ausdrücke werden jetzt so umgeformt, daß in ihnen nur noch Systemgrößen auftreten. Ziel ist es, zu einem Ausdruck der Form

$$\delta \boldsymbol{u}^{*T} \boldsymbol{S}^* \tilde{\boldsymbol{u}}^* - \delta \boldsymbol{u}^{*T} \tilde{\boldsymbol{p}}^* + \delta \boldsymbol{u}^{*T} \boldsymbol{M}^* \ddot{\tilde{\boldsymbol{u}}}^* = 0 \tag{7.15}$$

zu gelangen. Dies wird dadurch erreicht, daß die in Gl. (7.14) auftretenden wirklichen und virtuellen Elementverschiebungsvektoren $\tilde{\boldsymbol{u}}_i$ und $\delta \boldsymbol{u}_i$ die geometrischen Rand- und Übergangsbedingungen erfüllen. Eine explizite Erfüllung der Rand- und Übergangsbedingungen für die Schnittkräfte ist nicht erforderlich, da diese Beziehungen genauso wie die Gleichgewichtsbedingungen durch das Prinzip ersetzt worden sind. Die geometrischen Rand- und Übergangsbedingungen werden nun dadurch erfaßt, daß man die Elementverschiebungsvektoren $\boldsymbol{u}_i^T = \{w_0, \beta_0, w_1, \beta_1\}_i$ durch den Systemverschiebungsvektor $\boldsymbol{u}^{*T} = \{w_2^*, \beta_{2l}^*, \beta_{2r}^*, \beta_3^*, w_4^*, \beta_4^*, \beta_5^*\}$ ausdrückt. Da in einem EDV-Programm nicht zwischen Verschiebungen w_k^* und Querschnittsneigungen β_k^* unterschieden wird, werden die Komponenten des Systemverschiebungsvektors der Reihe nach durchbeziffert:

$$\boldsymbol{u}^{*\mathrm{T}} = \{u_1^*, u_2^*, u_3^*, u_4^*, u_5^*, u_6^*, u_7^*\}.$$

Für Stab ① gilt dann beispielsweise

$$\begin{Bmatrix} w_0 \\ \beta_0 \\ w_1 \\ \beta_1 \end{Bmatrix}_1 = \begin{bmatrix} 0 & 0 & 0 & 0 & 0 & 0 & 0 \\ 0 & 0 & 0 & 0 & 0 & 0 & 0 \\ 1 & 0 & 0 & 0 & 0 & 0 & 0 \\ 0 & 1 & 0 & 0 & 0 & 0 & 0 \end{bmatrix} \begin{Bmatrix} u_1^* \\ u_2^* \\ u_3^* \\ u_4^* \\ u_5^* \\ u_6^* \\ u_7^* \end{Bmatrix} \tag{7.16}$$

oder abgekürzt

$$\tilde{\boldsymbol{u}}_1 = \boldsymbol{A}_1 \tilde{\boldsymbol{u}}^*. \tag{7.15b}$$

Die wirklichen und virtuellen Stabendverschiebungen eines beliebigen Stabes lassen sich entsprechend schreiben:

$$\tilde{\boldsymbol{u}}_i = \boldsymbol{A}_i \tilde{\boldsymbol{u}}^*, \tag{7.16a}$$

$$\delta \boldsymbol{u}_i = \boldsymbol{A}_i \delta \boldsymbol{u}^* \quad \text{bzw.} \quad \delta \boldsymbol{u}_i^{\mathrm{T}} = \delta \boldsymbol{u}^{*\mathrm{T}} \boldsymbol{A}_i^{\mathrm{T}}. \tag{7.16b}$$

Führt man die Gln. (7.16) in (7.14) ein, so erhält man

$$\delta \boldsymbol{u}^{*\mathrm{T}} \left[\sum_{i=1}^{4} \boldsymbol{A}_i^{\mathrm{T}} \boldsymbol{S}_i \boldsymbol{A}_i \right] \tilde{\boldsymbol{u}}^* + \delta \boldsymbol{u}^{*\mathrm{T}} \left[\sum_{i=1}^{4} \boldsymbol{A}_i^{\mathrm{T}} \boldsymbol{M}_i \boldsymbol{A}_i \right] \tilde{\boldsymbol{u}}^{*\cdot\cdot} + \delta u_5^* \, m \, \tilde{u}_5^{*\cdot\cdot} - \delta u_5^* \tilde{P}^* = 0. \tag{7.17}$$

Damit sind alle Terme in Abhängigkeit von Komponenten des Systemverschiebungsvektors $\tilde{\boldsymbol{u}}^*$ formuliert. Abgekürzt kann man für Gl. (7.17) schreiben:

$$\delta \boldsymbol{u}^{*\mathrm{T}} \boldsymbol{S}^* \tilde{\boldsymbol{u}}^* + \delta \boldsymbol{u}^{*\mathrm{T}} \boldsymbol{M}^* \tilde{\boldsymbol{u}}^{*\cdot\cdot} - \delta \boldsymbol{u}^{*\mathrm{T}} \tilde{\boldsymbol{p}}^* = 0. \tag{7.18}$$

Die Systemsteifigkeitsmatrix $\boldsymbol{S}^*$ erhält man aus der Beziehung

$$\boldsymbol{S}^* = \sum_{i=1}^{4} \boldsymbol{A}_i^{\mathrm{T}} \boldsymbol{S}_i \boldsymbol{A}_i.$$

Die Elementsteifigkeitsmatrizen $\boldsymbol{S}_i$ (Abmessung 4×4) werden durch Vor- und Nachmultiplikation mit den Transformationsmatrizen $\boldsymbol{A}_i$ in Matrizen der Abmessung 7×7 überführt, die anschließend zur Systemsteifigkeitsmatrix aufsummiert werden. Bei der Ermittlung der Systemmassenmatrix $\boldsymbol{M}^*$ muß zusätzlich, da das System noch eine Einzelmasse enthält, auf dem 5. Diagonalglied der Term m berücksichtight werden. Der Systembelastungsvektor $\tilde{\boldsymbol{p}}^*$ ist an der 5. Stelle mit der Komponente $\tilde{P}^* = P_0 \cos \Omega t$ besetzt.

Gleichung (7.18) ist eine skalare Beziehung. Da der virtuelle Systemverschiebungsvektor $\delta \boldsymbol{u}^*$ willkürlich ist, erhält man aus Gl. (7.18) das gewöhnliche Differentialgleichungssystem

$$\boldsymbol{S}^* \tilde{\boldsymbol{u}}^* + \boldsymbol{M}^* \tilde{\boldsymbol{u}}^{*\cdot\cdot} = \tilde{\boldsymbol{p}}^*. \tag{7.19}$$

7.2.4 Praktisches Vorgehen zum Aufstellen der Systemmatrizen und -vektoren (Indextafelorganisation)

Das Arbeiten mit den Matrizen A_i ist sowohl unter Rechenzeit- als auch unter Speicherplatzgesichtspunkten sehr aufwendig. Man verwendet daher wie schon beim MKS-Algorithmus in Band I eine andere Vorgehensweise, die wir anhand von Bild 7.6 erläutern wollen.

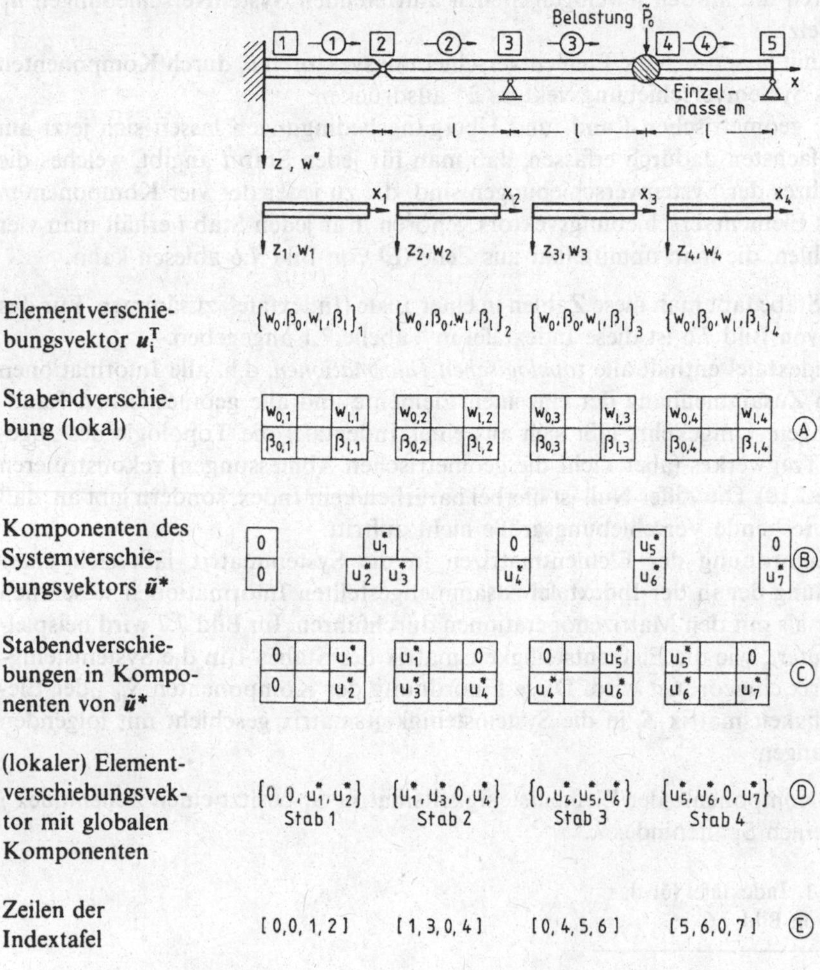

Bild 7.6. Zum Aufbau der Indextafel für den Durchlaufträger

Ⓐ Das System besteht aus vier Stäben und besitzt vier Stabendverschiebungsvektoren (Elementverschiebungsvektoren). Die Zuordnung von Querverschiebungen (w_{0i}, w_{li}) und Querschnittsverdrehungen (β_{0i}, β_{li}) zu den Stabenden ist in Zeile Ⓐ angegeben.

Ⓑ Die sieben Komponenten des Systemverschiebungsvektors $\boldsymbol{u}^*$ sind Knotenverschiebungen (oben) und Querschnittsverdrehungen an den Stellen der Knoten (unten). An den Stellen, an denen eine Verschiebung nicht möglich ist, wurde eine Null eingetragen. Im Punkt [2] (Gelenk) sind zwei Querschnittsneigungen (u_2^* und u_3^*) möglich.

Ⓒ Die lokale Betrachtungsweise Ⓐ und die globale, knotenbezogene Betrachtungsweise Ⓑ lassen sich verknüpfen, indem man die Stabendverschiebungen durch die an den jeweiligen Stellen auftretenden Systemverschiebungen u_j^* ersetzt.

Ⓓ Damit lassen sich die Elementverschiebungsvektoren $\tilde{\boldsymbol{u}}_i$ durch Komponenten des Systemverschiebungsvektors $\tilde{\boldsymbol{u}}^*$ ausdrücken.

Ⓔ Die geometrischen Rand- und Übergangsbedingungen lassen sich jetzt am einfachsten dadurch erfassen, daß man für jeden Stab i angibt, welches die Indizes der Systemverschiebungen sind, die zu jeder der vier Komponenten des Elementverschiebungsvektors gehören. Für jeden Stab i erhält man vier Zahlen, die man unmittelbar aus Zeile Ⓔ von Bild 7.6 ablesen kann.

Für alle Stäbe faßt man diese Zahlen in einer Liste (Indextafel) zusammen. Für das Beispiel von Bild 7.6 ist diese Indextafel in Tabelle 7.1 angegeben.

Die Indextafel enthält alle *topologischen Informationen*, d.h. alle Informationen über den Zusammenhang der einzelnen Elemente und alle geometrischen Randbedingungen. Umgekehrt läßt sich aus einer Indextafel die Topologie des zugehörigen Tragwerkes (aber nicht die geometrischen Abmessungen) rekonstruieren (Aufgabe 7.10). Die Ziffer Null ist hierbei natürlich kein Index, sondern gibt an, daß die entsprechende Verschiebungsgröße nicht auftritt.

Die Einordnung der Elementmatrizen in die Systemmatrix läßt sich unter Verwendung der in der Indextafel zusammengestellten Informationen wesentlich einfacher als mit den Matrizenoperationen durchführen. Im Bild 7.7 wird beispielhaft erläutert, wie die Elementsteifigkeitsmatrix des Stabes 1 in die Systemsteifigkeitsmatrix eingeordnet wird. Diese Einordnung der Komponenten $S_{jk,i}$ der Elementsteifigkeitsmatrix $\boldsymbol{S}_i$ in die Systemsteifigkeitsmatrix geschieht mit folgenden Überlegungen:

— Jede Komponente der Elementsteifigkeitsmatrix $\boldsymbol{S}_1$ besitzt einen Zeilenindex j und einen Spaltenindex k.

Tabelle 7.1. Indextafel für das Beispiel von Bild 7.6

Stabnummer i	Indizes für			
	w_{0i}	β_{0i}	w_{1i}	β_{1i}
1	0	0	1	2
2	1	3	0	4
3	0	4	5	6
4	5	6	0	7

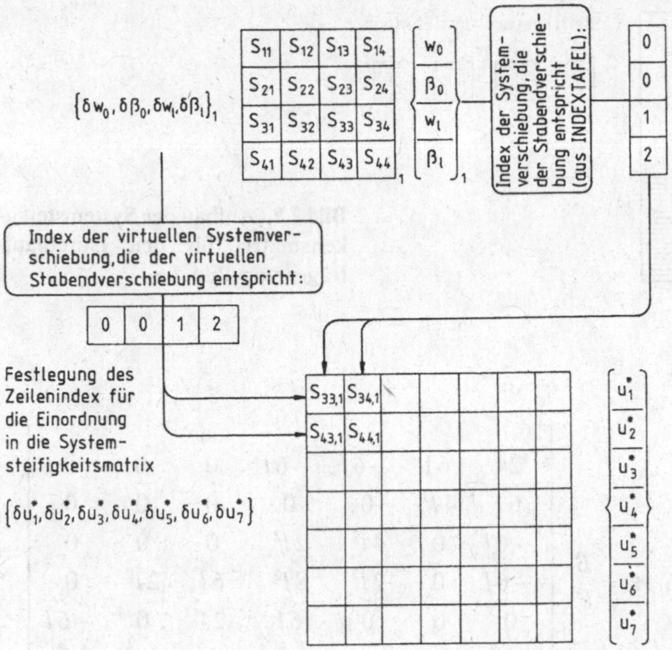

Bild 7.7. Einordnung der Elementsteifigkeitsmatrix s_1 in die Systemsteifigkeitsmatrix s^*

— Der Zeilenindex j einer Komponente $S_{jk,1}$ der Elementsteifigkeitsmatrix gibt an, welchen Komponenten des virtuellen Elementverschiebungsvektors $\delta \boldsymbol{u}_1$ die Größe $S_{jk,1}$ zugeordnet ist. Über die Indextafel läßt sich dann die Komponente des virtuellen Systemverschiebungsvektors $\delta \boldsymbol{u}^*$ angeben, mit der $S_{jk,1}$ multipliziert werden muß. Damit steht fest, in welche Zeile der Systemsteifigkeitsmatrix die Komponente $S_{jk,1}$ eingeordnet werden muß.
— Durch den Spaltenindex k wird der Term $S_{jk,1}$ einer Komponenten des Elementverschiebungsvektors $\tilde{\boldsymbol{u}}_1$ zugeordnet. Über die Indextafel läßt sich jetzt wieder unmittelbar angeben, mit welcher Komponente des Systemverschiebungsvektors $\tilde{\boldsymbol{u}}^*$ der Term $S_{jk,1}$ zu multiplizieren ist. Dieser Term muß damit in die entsprechende Spalte der Systemsteifigkeitsmatrix eingeordnet werden.
— Damit liegt eindeutig fest, in welche Zeile und Spalte der Systemsteifigkeitsmatrix $\boldsymbol{S}^*$ eine Komponente der Elementsteifigkeitsmatrix $\boldsymbol{S}_1$ einzuordnen ist.

In Bild 7.8 ist für das Beispiel des Durchlaufträgers der Aufbau der Systemsteifigkeitsmatrix wiedergegeben. Beiträge aus unterschiedlichen Elementen sind hierbei durch unterschiedliche Schraffur gekennzeichnet.

Die Systemmassenmatrix wird in entsprechender Weise aus den Elementsmassenmatrizen aufgebaut, wobei zusätzlich auf dem 5. Diagonalglied noch die Einzelmasse aufzuaddieren ist. Man erhält dann die folgende Besetzung für die Systemsteifigkeitsmatrix $\boldsymbol{S}^*$ und die Systemmassenmatrix $\boldsymbol{M}^*$:

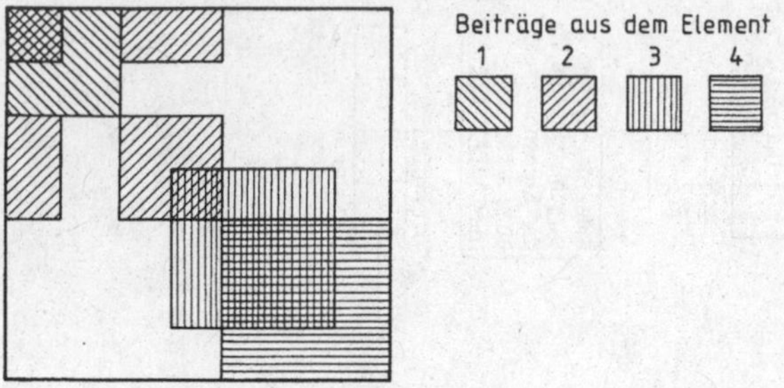

Bild 7.8. Aufbau der Systemsteifigkeitsmatrix für den Durchlaufträger von Bild 7.6

$$S^* = \sum_{i=1}^{4} A_i^T S_i A_i = \frac{B}{l^3}\begin{bmatrix} 24 & 6l & -6l & -6l & 0 & 0 & 0 \\ 6l & 4l^2 & 0 & 0 & 0 & 0 & 0 \\ -6l & 0 & 4l^2 & 2l^2 & 0 & 0 & 0 \\ -6l & 0 & 2l^2 & 8l^2 & 6l & 2l^2 & 0 \\ 0 & 0 & 0 & 6l & 24 & 0 & -6l \\ 0 & 0 & 0 & 2l^2 & 0 & 8l^2 & 2l^2 \\ 0 & 0 & 0 & 0 & -6l & 2l^2 & 4l^2 \end{bmatrix},$$

$$M^* = \frac{\mu l}{420}\begin{bmatrix} 312 & 22l & -22l & 13l & 0 & 0 & 0 \\ 22l & 4l^2 & 0 & 0 & 0 & 0 & 0 \\ -22l & 0 & 4l^2 & -3l^2 & 0 & 0 & 0 \\ 13l & 0 & -3l^2 & 8l^2 & -13l & -3l^2 & 0 \\ 0 & 0 & 0 & -13l & \begin{matrix} 312 \\ +420\beta \end{matrix} & 0 & 13l \\ 0 & 0 & 0 & -3l^2 & 0 & 8l^2 & -3l^2 \\ 0 & 0 & 0 & 0 & 13l & -3l^2 & 4l^2 \end{bmatrix}.$$

Als Abkürzung wird hierbei $\beta = m/\mu l$ verwendet.

Der Systembelastungsvektor ist bei dem behandelten Beispiel nur mit einer einzigen, von der Einzellast herrührenden Komponente besetzt:

$$\tilde{p}^{*T} = \{0, 0, 0, 0, P_0 \cos \Omega t, 0, 0\}.$$

Zur Lösung des auf diese Weise entstandenen Gleichungssystems

$$M^* \ddot{\tilde{u}}^* + S^* \tilde{u}^* = \tilde{p}^* \tag{7.19}$$

können alle in Band I dargestellten Verfahren eingesetzt werden.

7.2.5 Schnittkraftermittlung

Als Lösung des gewöhnlichen Differentialgleichungssystems

$$\boldsymbol{M}^*\ddot{\tilde{\boldsymbol{u}}}^* + \boldsymbol{S}^*\tilde{\boldsymbol{u}}^* = \tilde{\boldsymbol{p}}^* \tag{7.19}$$

erhält man den zeitlichen Verlauf aller Komponenten des Systemverschiebungsvektors $\tilde{\boldsymbol{u}}^*$. Aus dem Systemverschiebungsvektor $\tilde{\boldsymbol{u}}^*$ lassen sich ohne Schwierigkeiten mit Hilfe von Gl. (7.16)

$$\tilde{\boldsymbol{u}}_i = \boldsymbol{A}_i \tilde{\boldsymbol{u}}^*$$

alle Elementverschiebungsvektoren $\tilde{\boldsymbol{u}}_i$ ermitteln. Für den Verschiebungszustand an einer beliebigen Stelle x_i erhält man dann mit Hilfe von Gl. (7.4)

$$w_i(x_i) = \{f_1(x_i), f_2(x_i), f_3(x_i), f_4(x_i)\} \begin{Bmatrix} w_0 \\ \beta_0 \\ w_l \\ \beta_l \end{Bmatrix}_i .$$

Eine erste Möglichkeit zur Ermittlung der Schnittkräfte (Biegemomente und Querkräfte) im Stab i besteht darin, das Biegemoment über die Verzerrung-Verschiebungs-Relation und das Elastizitätsgesetz

$$M(x) = -Bw''(x) \tag{7.20a}$$

und die Querkraft anschließend über die Gleichgewichtsbedingung $Q(x) = M'(x)$ zu bestimmen:

$$Q(x) = -Bw'''(x). \tag{7.20b}$$

Die Biegesteifigkeit wurde für die Querkraftermittlung als konstant angesehen.

Aufgrund der kubischen Verschiebungsansatzfunktionen ergibt sich im Falle konstanter Biegesteifigkeit ein linearer Biegemomentenverlauf und ein konstanter Querkraftverlauf. Der tatsächliche Schnittkraftverlauf in einem schwingenden Balken wird damit sehr schlecht approximiert. Um brauchbare Ergebnisse für die Stabendschnittkräfte und den Schnittkraftverlauf in jedem Element zu erhalten, ist man gezwungen, sehr fein zu diskretisieren. Ausgangspunkt für eine zweite Möglichkeit zur Schnittkraftermittlung ist das Prinzip der virtuellen Verrückungen für einen freigeschnittenen Einzelstab (Bild 7.9). Die Stabendschnittkräfte $\tilde{Q}_0$, $\tilde{M}_0$, $\tilde{Q}_l$ und $\tilde{M}_l$ müssen jetzt zusätzlich zu den im Inneren des Stabes angreifenden Linienlasten als Belastungen berücksichtigt werden.

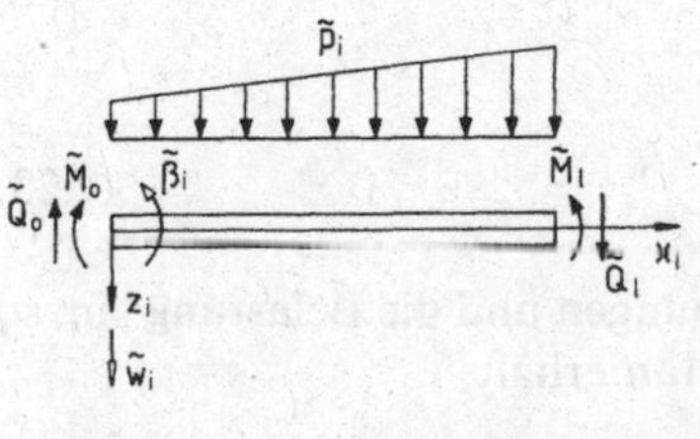

Bild 7.9. Belastung und Stabendschnittkräfte am freigeschnittenen Balken

Die Stabendschnittkräfte des Balkenelements werden in einem Vektor

$$\tilde{s}_i^T = \{-\tilde{Q}_0, -\tilde{M}_0, \tilde{Q}_1, \tilde{M}_1\}$$

zusammengefaßt. Die Anordnung der Komponenten und die Vorzeichenfestlegung ergibt sich daraus, daß durch Multiplikation mit dem virtuellen Stabendverschiebungsvektor $\delta \boldsymbol{u}_i$ ein virtueller Arbeitsausdruck entstehen soll. Das PdvV für ein Balkenelement lautet dann

$$\int_0^{l_i} \delta w_i'' B_i \tilde{w}_i'' \, dx + \int_0^{l_i} \delta w_i \mu_i \tilde{w}_i^{\cdot\cdot} \, dx - \int_0^{l_i} \delta w_i \tilde{p}_i \, dx - \delta \boldsymbol{u}_i^T \tilde{\boldsymbol{s}}_i = 0. \tag{7.21}$$

Führt man in Gl. (7.20) die Ansatzfunktionen ein und integriert, so ergeben sich die schon bekannten Elementmatrizen und der Elementbelastungsvektor. Damit erhält man:

$$\tilde{\boldsymbol{s}}_i = \{\boldsymbol{S}_i \tilde{\boldsymbol{u}}_i + \boldsymbol{M}_i \tilde{\boldsymbol{u}}_i^{\cdot\cdot} - \tilde{\boldsymbol{p}}_i\}. \tag{7.22}$$

Worin unterscheiden sich nun die mit Gl. (7.22) ermittelten Stabendschnittkräfte von den Biegemomenten und Querkräften, die man mit Hilfe von Gl. (7.20) erhält? Bei Verwendung von Gl. (7.20) haben nur die Stabendverschiebungen einen unmittelbaren Einfluß auf den Verlauf der Biegemomente und Querkräfte und damit auf die Stabendschnittkräfte. Belastungen und Trägheitskräfte im Stab gehen zwar bei der Ermittlung der Systemverschiebungen ein, werden aber bei der Berechnung von $\tilde{M}_0$, $\tilde{M}_1$, $\tilde{Q}_0$ und $\tilde{Q}_1$ aus den Stabendverschiebungen nicht mehr berücksichtigt. Anders ist die Situation bei Gl. (7.21): Die im Vektor $\tilde{\boldsymbol{s}}_i$ zusammengefaßten Stabendschnittkräfte bestehen hier aus drei Anteilen: Der erste Anteil gibt den Einfluß der Stabendverschiebungen wieder, die beiden weiteren Anteile berücksichtigen Massenträgheitskräfte und Stabbelastungen. Es läßt sich zeigen, daß bei einem Stab konstanter Biegesteifigkeit und bei Verwendung kubischer Ansatzfunktionen die mit Hilfe von Gl. (7.20) ermittelten Stabendschnittkräfte gerade mit den Anteilen $\boldsymbol{S}_i \tilde{\boldsymbol{u}}_i$ übereinstimmen. Die Berechnung der Stabendschnittkräfte mit Gl. (7.22) ergibt wesentlich bessere Ergebnisse als die Schnittkraftermittlung über die kinematische Beziehung und das Elastizitätsgesetz. Die mit Hilfe von Gl. (7.22) ermittelten Stabendschnittkräfte erfüllen zudem die statischen Rand- und Übergangsbedingungen.

Offen ist nun noch die Frage, wie Biegemomente und Querkräfte im Stabinneren bestimmt werden können. Man geht hierzu von den Gleichgewichtsbedingungen aus, wobei neben der Querbelastung $\tilde{p}$ auch noch die d'Alembertsche Trägheitskraft $-\mu \tilde{w}^{\cdot\cdot}$ mit berücksichtigt wird:

$$\tilde{Q}' + \tilde{p} - \mu \tilde{w}^{\cdot\cdot} = 0,$$

$$\tilde{M}' - \tilde{Q} = 0.$$

Für die Querkraft an einer Stelle x gilt dann

$$\tilde{Q}(x) = \tilde{Q}_0 + \int_0^x \mu \tilde{w}^{\cdot\cdot}(\bar{x}) \, d\bar{x} - \int_0^x \tilde{p}(\bar{x}) \, d\bar{x}. \tag{7.23}$$

Führt man die Ansatzfunktionen für die Verschiebungen und die Belastung ein, so lassen sich die Integrale geschlossen auswerten. Man erhält

$$\tilde{Q}(x) = \tilde{Q}_0 + \mu l \left\{ \left(\xi - \xi^3 + \frac{\xi^4}{2} \right), \left(-\frac{\xi^2}{2} + \frac{2}{3}\xi^3 - \frac{\xi^4}{4} \right), \left(\xi^3 - \frac{\xi^4}{2} \right), \right.$$

$$\left. \left(\frac{\xi^3}{3} - \frac{\xi^4}{4} \right) \right\} \begin{Bmatrix} \tilde{w}_0^{\cdot\cdot} \\ l\tilde{\beta}_0^{\cdot\cdot} \\ \tilde{w}_1^{\cdot\cdot} \\ l\tilde{\beta}_1^{\cdot\cdot} \end{Bmatrix} + l \left\{ \xi - \frac{\xi^2}{2} ; \frac{\xi^2}{2} \right\} \begin{Bmatrix} \tilde{p}_0 \\ \tilde{p}_1 \end{Bmatrix} . \tag{7.24}$$

Nochmalige Integration ergibt für den Biegemomentenverlauf

$$\tilde{M}(x) = \tilde{M}_0 + \tilde{Q}_0 x + \mu l^2 \left\{ \left(\frac{\xi^2}{2} - \frac{\xi^4}{4} + \frac{\xi^5}{10} \right), \left(-\frac{\xi^3}{6} + \frac{\xi^4}{6} - \frac{\xi^5}{20} \right), \right.$$

$$\left. \left(\frac{\xi^4}{4} - \frac{\xi^5}{10} \right), \left(\frac{\xi^4}{12} - \frac{\xi^5}{20} \right) \right\} \begin{Bmatrix} \tilde{w}_0^{\cdot\cdot} \\ l\tilde{\beta}_0^{\cdot\cdot} \\ \tilde{w}_1^{\cdot\cdot} \\ l\tilde{\beta}_1^{\cdot\cdot} \end{Bmatrix} + l \left\{ \frac{\xi^2}{2} - \frac{\xi^3}{6} ; \frac{\xi^3}{6} \right\} \begin{Bmatrix} \tilde{p}_0 \\ \tilde{p}_1 \end{Bmatrix} . \tag{7.25}$$

Die auf diese Weise berechneten Schnittkraftverläufe sind von der gleichen Genauigkeit wie die Verschiebungsverläufe, während die mit Hilfe von Gl. (7.20) berechneten Schnittkräfte eine wesentlich schlechtere Genauigkeit besitzen.

7.2.6 Zusammenfassung

Der Ablauf einer Finite-Element-Rechnung ist bei allen Kontinua prinzipiell gleichartig. In Tabelle 7.2 sind die Einzelschritte einer derartigen Rechnung am Beispiel eines Durchlaufträgers (ohne Knotenlasten, Einzelmassen und Einzelfedern) übersichtlich zusammengestellt worden.

Die eigentliche Finite-Element-Rechnung, wie sie in einem Finite-Element-Programm abläuft, ist in dem gestrichelten Rahmen wiedergegeben. Ein ganz wesentlicher Teil eines derartigen Programms sind Unterprogramme zur *Berechnung von Elementmatrizen und -vektoren* ①.

Die Entwicklung entsprechender Algorithmen ist eine theoretische Vorarbeit, bei der geeignete, elementweise formulierte Ansatzfunktionen in das Prinzip der virtuellen Verrückungen eingeführt werden. Mit den Ansatzfunktionen sollen sich alle geometrischen Rand- und Übergangsbedingungen erfüllen lassen. Das ist bei eindimensionalen Kontinua (Stäben, Balken, Bögen) relativ einfach (vgl. Abschn. 7.3 und 7.4), Schwierigkeiten ergeben sich insbesondere bei schubstarren Schalenelementen. Um bei einer Verfeinerung der Unterteilung eine Konvergenz gegen die exakte Lösung sicherzustellen, wird üblicherweise gefordert, daß sich mit den Ansatzfunktionen Starrkörperverschiebungszustände und konstante Schnittkraftzustände im Element richtig erfassen lassen. Schon bei Stäben und Balken veränderlicher Steifigkeit ergeben sich hier Schwierigkeiten, die man dadurch umgehen

Tabelle 7.2. Ablauf einer Finite-Element-Rechnung am Beispiel eines Durchlaufträgers (ohne Einzelfedern und Einzelmassen)

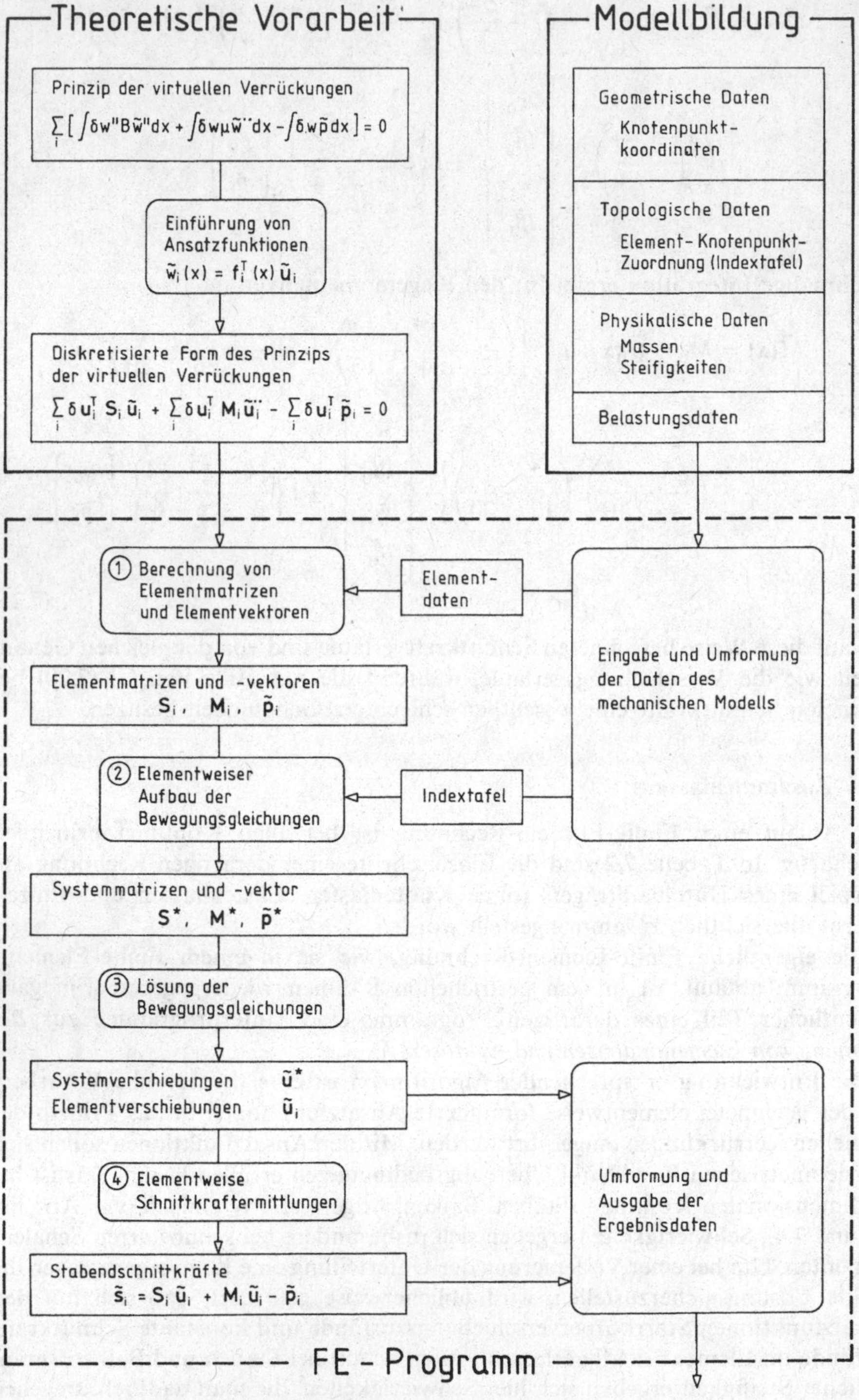

kann, daß man anstatt vom Prinzip der virtuellen Verrückungen von einem gemischten Arbeitsausdruck ausgeht und auch noch die Schnittkraftzustände im Element approximiert (Abschn. 7.6).

Eine weitere notwendige Vorarbeit für eine Finite-Element-Rechnung besteht in der Modellbildung, die in die Bereitstellung aller Daten für das Finite-Element-Programm einmündet.

Im FE-Programm werden aus den Elementdaten die Elementmartrizen und -vektoren aufgebaut ①. Der Aufbau der Systemmatrizen und Systemvektoren und damit der *Aufbau der Bewegungsgleichungen* ② erfolgt stets elementweise unter Verwendung einer Indextafel. Bei räumlichen Rahmentragwerken (Abschn. 7.3) ist zuvor noch eine zusätzliche Koordinatentransformation auf Elementebene erforderlich. Die *Lösung der Bewegungsgleichungen* ③ erfolgt mit den Verfahren aus Band I.

Leider ist die im letzten Abschnitt dargestellte Vorgehensweise zur *elementweisen Schnittkraftermittlung* mit Gln. (7.22) bis (7.25) nur bei eindimensionalen Kontinua anwendbar. Auf Flächentragwerke läßt sie sich in der Regel nicht übertragen, da die im Vektor $\tilde{s}_i$ zusammengefaßten Kraftgrößen zwar bei einem Balken reale Stabendschnittkräfte sind, bei einem Flächentragwerk hingegen nur generalisierte, den Verschiebungskomponenten $\tilde{u}_i$ zugeordnete Kräfte, denen keine reale Bedeutung als Schnittkräfte an einer speziellen Stelle des Tragwerks zukommt. Man muß dort leider in der Regel den Weg über die Verzerrungs-Verschiebungs-Relation und das Elastizitätsgesetz gehen.

Bei komplizierteren Strukturen wird man versuchen, einen großen Anteil bei der Erstellung der Eingabedaten und die Darstellung der Ausgabedaten unter Verwendung von Grafikprogrammen dem Rechner zu übertragen, da man sonst in der Datenflut erstickt. Zu großen FE-Programmsystemen existieren hierfür vielfach bereits geeignete Vor- und Nachlaufprogramme (Pre- und Postprozessoren).

7.3 Methode der finiten Elemente für ebene und räumliche Rahmentragwerke

Die Behandlung ebener und räumlicher Rahmentragwerke erfordert zwei Erweiterungen. Zum einen müssen Elementmatrizen und Elementvektoren für Stäbe in der Ebene oder im Raum angegeben werden, zum anderen braucht man die Transformationsbeziehungen für die Umrechnung von lokalen auf globale Verschiebungsgrößen, da ein allgemeines Rahmentragwerk auch schräg im Raum liegende Stabelemente enthält.

7.3.1 Voraussetzungen

Wir wollen uns bei der Darstellung der Methode der finiten Elemente für räumliche Rahmentragwerke auf das Wesentliche beschränken und führen daher die folgenden einschränkenden Voraussetzungen ein:

— Der Werkstoff ist homogen und isotrop. Die neutrale Faser (Schwerachse) ist für alle Stäbe gerade (x_i-Achse).

— Alle Stäbe sind schubstarr, besitzen aber Dehnsteifigkeit $D(x)$, Torsionssteifigkeit $B_x(x)$ sowie Biegesteifigkeiten $B_y(x)$ und $B_z(x)$. Räumliche Biegung wird also bezüglich der Querschnittshauptachsen beschrieben.
— Stabquerschnitte werden als wölbfrei oder wölbarm betrachtet; Torsion wird also nur in Form der Saint-Vénantschen Torsion behandelt.
— Alle Stäbe besitzen Massenbelegung sowie Drehmassenbelegung bezüglich aller drei Achsen ($\mu_{mx}, \mu_{my}, \mu_{mz}$).
— Alle Stäbe werden durch Linienlasten sowie durch Linien-Momentenbelastungen bezüglich aller drei Achsen beansprucht (p_x, p_y, p_z und p_{mx}, p_{my}, p_{mz}).
— Starre Rahmenecken und damit in Verbindung stehende exzentrische Anschlüsse der Stäbe in den Knotenpunkten sind nicht vorgesehen.

7.3.2 Elementmatrizen und Elementvektoren

Elementsteifigkeitsmatrix

Das Prinzip der virtuellen Verrückungen für räumliche Rahmentragwerke wurde bereits im Abschn. 5.3.1 formuliert.

Aus der virtuellen Formänderungsenergie eines Stabelements (Bild 7.10), die aus Gl. (5.31) übernommen wird,

$$\delta V_{e,\,Stab} = \int_0^{l_i} [\delta\varkappa_x(x_i)\tilde{M}_x(x_i) + \delta\varkappa_y(x_i)\tilde{M}_y(x_i) + \delta\varkappa_z(x_i)\tilde{M}_z(x_i) + \delta\varepsilon_x(x_i)\tilde{N}(x_i)]\,dx_i, \tag{7.26}$$

ergibt sich nach Einführung der Ansatzfunktionen wie im ebenen Fall die diskretisierte Form der virtuellen Formänderungsenergie mit der *Elementsteifigkeitsmatrix* $\boldsymbol{S}_i$,

$$\delta V_{e,\,Stab} = \delta\boldsymbol{u}_i^T \boldsymbol{S}_i \tilde{\boldsymbol{u}}_i \tag{7.27}$$

mit

$$\tilde{\boldsymbol{u}}_i^T = \{\tilde{u}_0, \tilde{u}_l;\ \tilde{\beta}_{x0}, \tilde{\beta}_{xl};\ \tilde{w}_0, \tilde{\beta}_{y0}, \tilde{w}_l, \tilde{\beta}_{yl};\ \tilde{v}_0, -\tilde{\beta}_{z0}, \tilde{v}_l, -\tilde{\beta}_{zl}\}.$$

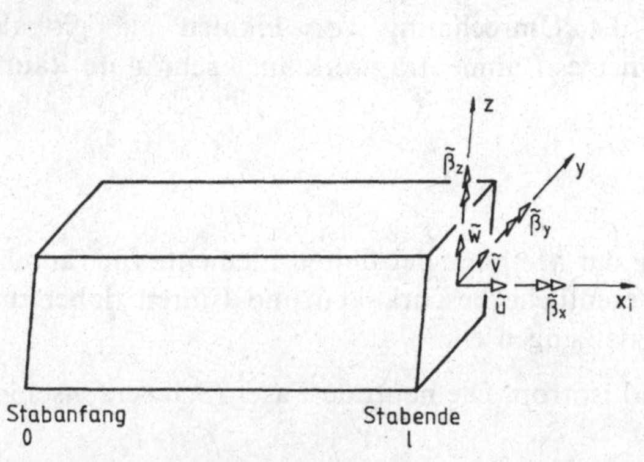

Bild 7.10. Bezeichnungen beim räumlichen Stab

Die Anordnung der Verschiebungs- und Querschnittsneigungskomponenten im Vektor $\tilde{\boldsymbol{u}}_i$ wurde so gewählt, daß in der Steifigkeitsmatrix möglichst kompakte, gleichartige Untermatrizen auftreten. Man erhält

$$\boldsymbol{S}_i = \left[\begin{array}{cc|c|c} \boldsymbol{S}_D & \boldsymbol{0} & \boldsymbol{0} & \boldsymbol{0} \\ \boldsymbol{0} & \boldsymbol{S}_T & & \\ \hline \multicolumn{2}{c|}{\boldsymbol{0}} & \boldsymbol{S}_{By} & \boldsymbol{0} \\ \hline \multicolumn{2}{c|}{\boldsymbol{0}} & \boldsymbol{0} & \boldsymbol{S}_{Bz} \end{array}\right]_i$$

mit

$$\boldsymbol{S}_D = \frac{D}{l}\begin{bmatrix} 1 & -1 \\ -1 & 1 \end{bmatrix}; \quad \boldsymbol{S}_T = \frac{B_x}{l}\begin{bmatrix} 1 & -1 \\ -1 & 1 \end{bmatrix}$$

und

$$\boldsymbol{S}_{By} = \frac{B_y}{l^3}\begin{bmatrix} 12 & -6l & -12 & -6l \\ -6l & 4l^2 & 6l & 2l^2 \\ -12 & 6l & 12 & 6l \\ -6l & 2l^2 & 6l & 4l^2 \end{bmatrix}$$

Für die hierbei auftretenden Steifigkeiten gilt:

Dehnsteifigkeit: $\quad D = EF, \quad F = \int_F \mathrm{d}F;$

Biegesteifigkeiten: $\quad B_y = EI_y, \quad I_y = \int_F z^2 \,\mathrm{d}F;$

$$B_z = EI_z, \quad I_z = \int_F y^2 \,\mathrm{d}F;$$

Torsionssteifigkeit: $\quad B_x = GI_T; \quad I_T$ aus Tabellen.

Elementmassenmatrix

Aus der virtuellen Arbeit der Massenkräfte eines Stabes

$$\delta W_{\mathrm{m,Stab}} = -\int_0^{l_i} [(\delta u \mu \ddot{\tilde{u}} + \delta v \mu \ddot{\tilde{v}} + \delta w \mu \ddot{\tilde{w}}) + \delta\beta_x \mu_{mx} \ddot{\tilde{\beta}}_x + \delta\beta_y \mu_{my} \ddot{\tilde{\beta}}_y + \delta\beta_z \mu_{mz} \ddot{\tilde{\beta}}_z)] \,\mathrm{d}x, \tag{7.28}$$

folgt

$$\delta W_{\mathrm{m,stab}} = -\delta \boldsymbol{u}_i^{\mathrm{T}} \boldsymbol{M}_i \ddot{\tilde{\boldsymbol{u}}}_i, \tag{7.29}$$

wobei die Massenmatrix gleichartig besetzt ist wie die Steifigkeitsmatrix:

$$\boldsymbol{M}_{\mathrm{i}} = \left[\begin{array}{cc|c|c} \boldsymbol{M}_{\mathrm{D}} & \boldsymbol{0} & \boldsymbol{0} & \boldsymbol{0} \\ \boldsymbol{0} & \boldsymbol{M}_{\mathrm{T}} & & \\ \hline \multicolumn{2}{c|}{\boldsymbol{0}} & \boldsymbol{M}_{\mathrm{By}} & \boldsymbol{0} \\ \hline \multicolumn{2}{c|}{\boldsymbol{0}} & \boldsymbol{0} & \boldsymbol{M}_{\mathrm{Bz}} \end{array}\right]$$

mit

$$\boldsymbol{M}_{\mathrm{D}} = \frac{\mu l}{6}\begin{bmatrix} 2 & 1 \\ 1 & 2 \end{bmatrix}, \quad \boldsymbol{M}_{\mathrm{T}} = \frac{\mu_{\mathrm{mx}} l}{6}\begin{bmatrix} 2 & 1 \\ 1 & 2 \end{bmatrix};$$

und

$$\boldsymbol{M}_{\mathrm{By}} = \frac{\mu l}{420}\begin{bmatrix} 156 & -22l & 54 & 13l \\ -22l & 4l^2 & -13l & -3l^2 \\ 54 & -13l & 156 & 22l \\ 13l & -3l^2 & 22l & 4l^2 \end{bmatrix}$$

$$+ \frac{\mu_{\mathrm{my}}}{30l}\begin{bmatrix} 36 & -3l & -36 & -3l \\ -3l & 4l^2 & 3l & -l^2 \\ -36 & 3l & 36 & 3l \\ -3l & -l^2 & 3l & 4l^2 \end{bmatrix}.$$

Für die Teilmatrix $\boldsymbol{M}_{\mathrm{Bz}}$ erhält man einen entsprechenden Ausdruck. Für die Massenbelegungen und die Drehmassenbelegungen gilt:

$$\mu = \varrho F, \quad \mu_{\mathrm{mx}} = \mu_{\mathrm{my}} + \mu_{\mathrm{mz}}, \quad \mu_{\mathrm{my}} = \varrho I_{\mathrm{y}}, \quad \mu_{\mathrm{mz}} = \varrho I_{\mathrm{z}}.$$

Elementbelastungsvektor

Für die virtuelle äußere Arbeit gilt

$$\delta W_{\mathrm{a,stab}} = \int_0^{l_i} (\delta u \tilde{p}_{\mathrm{x}} + \delta v \tilde{p}_{\mathrm{y}} + \delta w \tilde{p}_{\mathrm{z}} + \delta \beta_{\mathrm{x}} \tilde{p}_{\mathrm{mx}} + \delta \beta_{\mathrm{y}} \tilde{p}_{\mathrm{my}} + \delta \beta_{\mathrm{z}} \tilde{p}_{\mathrm{mz}})\, \mathrm{d}x.$$

Der Elementbelastungsvektor wird in entsprechender Weise wie die Elementmatrizen unterteilt:

$$\tilde{\boldsymbol{p}}_{\mathrm{i}}^{\mathrm{T}} = \{\tilde{\boldsymbol{p}}_{\mathrm{D}}^{\mathrm{T}}, \tilde{\boldsymbol{p}}_{\mathrm{T}}^{\mathrm{T}}; \tilde{\boldsymbol{p}}_{\mathrm{By}}^{\mathrm{T}}, \tilde{\boldsymbol{p}}_{\mathrm{Bz}}^{\mathrm{T}}\}_{\mathrm{i}}.$$

Für die Teilvektoren ergeben sich die folgenden Ausdrücke:

$$\tilde{\boldsymbol{p}}_{\mathrm{D}} = \frac{l}{6}\left(\tilde{p}_{\mathrm{x0}}\begin{Bmatrix} 2 \\ 1 \end{Bmatrix} + \tilde{p}_{\mathrm{xl}}\begin{Bmatrix} 1 \\ 2 \end{Bmatrix}\right), \quad \tilde{\boldsymbol{p}}_{\mathrm{T}} = \frac{l}{6}\left(\tilde{p}_{\mathrm{mx0}}\begin{Bmatrix} 2 \\ 1 \end{Bmatrix} + \tilde{p}_{\mathrm{mxl}}\begin{Bmatrix} 1 \\ 2 \end{Bmatrix}\right);$$

$$\tilde{\boldsymbol{p}}_{\mathrm{By}} = \frac{l}{10}\left(\tilde{p}_{\mathrm{y0}}\begin{Bmatrix} 7/2 \\ -l/2 \\ 3/2 \\ l/3 \end{Bmatrix} + \tilde{p}_{\mathrm{yl}}\begin{Bmatrix} 3/2 \\ -l/3 \\ 7/2 \\ l/2 \end{Bmatrix}\right)$$

$$+\frac{1}{2}\left(\tilde{p}_{\mathrm{mz0}}\begin{Bmatrix} -1 \\ -l/6 \\ +1 \\ +l/6 \end{Bmatrix} + \tilde{p}_{\mathrm{mzl}}\begin{Bmatrix} -1 \\ +l/6 \\ +1 \\ -l/6 \end{Bmatrix}\right).$$

7.3.3 Koordinatentransformation

Die Koordinatentransformation vom lokalen ins globale Koordinatensystem erfolgt in zwei Schritten. Zuerst werden die Komponenten des Vektors $\boldsymbol{u}_{\mathrm{i}}$ umgeordnet

$$\boldsymbol{u}_{\mathrm{i}}^{\mathrm{T}} = \{u_0, v_0, w_0, \beta_{\mathrm{x0}}, \beta_{\mathrm{y0}}, \beta_{\mathrm{z0}}; u_l, v_l, w_l, \beta_{\mathrm{xl}}, \beta_{\mathrm{yl}}, \beta_{\mathrm{zl}}\}.$$

Anschließend erfolgt die Umrechnung in Stabendverschiebungen in Richtung der globalen Koordinatenachsen

$$\boldsymbol{u}_{\mathrm{i}}^{*\mathrm{T}} = \{u_0^*, v_0^*, w_0^*, \beta_{\mathrm{x0}}^*, \beta_{\mathrm{y0}}^*, \beta_{\mathrm{z0}}^*; u_l^*, v_l^*, w_l^*, \beta_{\mathrm{xl}}^*, \beta_{\mathrm{yl}}^*, \beta_{\mathrm{zl}}^*\}.$$

Diese zweite Transformation wird exemplarisch für die Stabendverschiebungen u_l, v_l and w_l vorgeführt (Bild 7.11).

Mit den Richtungscosinuswerten der Achsen des lokalen Koordinatensystems bezüglich der Achsen des globalen Koordinatensystems lautet diese Transformation:

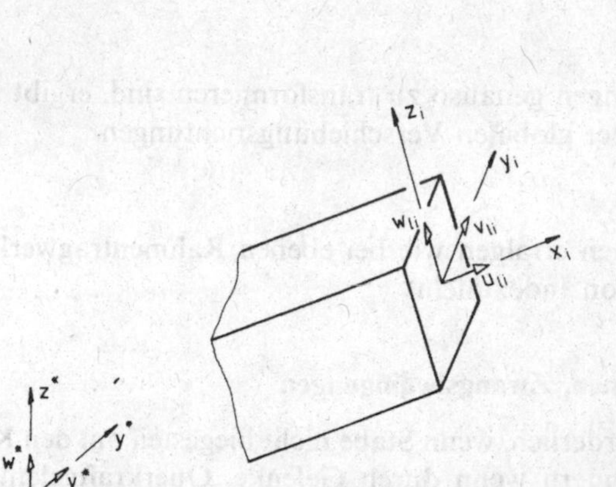

Bild 7.11. Lokales und globales Koordinatensystem und zugehörige Verschiebungen

$$\begin{Bmatrix} u \\ v \\ w \end{Bmatrix}_{li} = \begin{bmatrix} \cos(x, x^*) & \cos(x, y^*) & \cos(x, z^*) \\ \cos(y, x^*) & \cos(y, y^*) & \cos(y, z^*) \\ \cos(z, x^*) & \cos(z, y^*) & \cos(z, z^*) \end{bmatrix} \begin{Bmatrix} u^* \\ v^* \\ w^* \end{Bmatrix}_{li}, \qquad (7.30$$

Transformationsmatrix $\boldsymbol{T}_{ui}$.

Die Winkel werden in gleicher Weise transformiert wie die Verschiebungen. A komplette Transformationsbeziehungen erhält man damit, wenn man für da Einordnen eine Boolesche Matrix einführt,

$$\begin{Bmatrix} u_0 \\ u_1 \\ \beta_{x0} \\ \beta_{x1} \\ w_0 \\ \beta_{y0} \\ w_1 \\ \beta_{y1} \\ v_0 \\ -\beta_{z0} \\ v_1 \\ -\beta_{z1} \end{Bmatrix}_i = \underbrace{\begin{bmatrix} 1 & 0 & 0 & 0 & 0 & 0 & 0 & 0 & 0 & 0 & 0 & 0 \\ 0 & 0 & 0 & 0 & 0 & 0 & 1 & 0 & 0 & 0 & 0 & 0 \\ 0 & 0 & 0 & 1 & 0 & 0 & 0 & 0 & 0 & 0 & 0 & 0 \\ 0 & 0 & 0 & 0 & 0 & 0 & 0 & 0 & 0 & 1 & 0 & 0 \\ 0 & 0 & 1 & 0 & 0 & 0 & 0 & 0 & 0 & 0 & 0 & 0 \\ 0 & 0 & 0 & 0 & 1 & 0 & 0 & 0 & 0 & 0 & 0 & 0 \\ 0 & 0 & 0 & 0 & 0 & 0 & 0 & 0 & 1 & 0 & 0 & 0 \\ 0 & 0 & 0 & 0 & 0 & 0 & 0 & 0 & 0 & 0 & 1 & 0 \\ 0 & 1 & 0 & 1 & 0 & 0 & 0 & 0 & 0 & 0 & 0 & 0 \\ 0 & 0 & 0 & 0 & 0 & -1 & 0 & 0 & 0 & 0 & 0 & 0 \\ 0 & 0 & 0 & 0 & 0 & 0 & 0 & 1 & 0 & 0 & 0 & 0 \\ 0 & 0 & 0 & 0 & 0 & 0 & 0 & 0 & 0 & 0 & 0 & -1 \end{bmatrix}}_{\text{Umordnen mit Boolescher Matrix}} \underbrace{\begin{bmatrix} \boldsymbol{T}_u & & & \\ & \boldsymbol{T}_u & & \\ & & \boldsymbol{T}_u & \\ & & & \boldsymbol{T}_u \end{bmatrix}_i}_{\text{Richtungstransformation}}$$

oder in kompakter Form

$$\tilde{\boldsymbol{u}}_i = \boldsymbol{T}_i \tilde{\boldsymbol{u}}_i^* . \qquad (7.31a$$

Da die virtuellen Verschiebungen genauso zu transformieren sind, ergibt sich a Steifigkeitsmatrix bezüglich der globalen Verschiebungsrichtungen

$$\boldsymbol{S}_i^* = \boldsymbol{T}_i^{\mathrm{T}} \boldsymbol{S}_i \boldsymbol{T}_i .$$

Die weiteren Transformationen erfolgen wie bei ebenen Rahmentragwerken m $\boldsymbol{A}_i$-Matrizen oder mit Hilfe von Indextafeln.

7.3.4 Gelenke und Mechanismen, Zwangsbedingungen

Zusatzüberlegungen sind erforderlich, wenn Stäbe nicht biegesteif mit den Knote punkten verbunden sind, sondern wenn durch Gelenke, Querkraftgelenke od ähnliche Mechanismen weitere Verschiebungsmöglichkeiten eingeführt werde

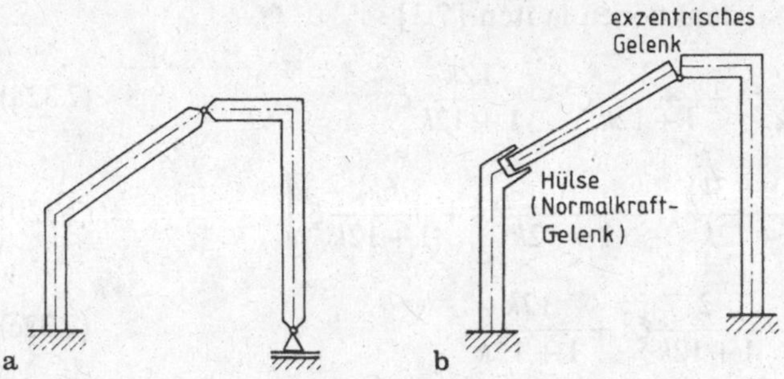

Bild 7.12a, b. Ebenes Rahmentragwerk mit Gelenken und Mechanismen

Das bisher verwendete Indextafel-Konzept kann beibehalten werden, wenn Gelenke in Knotenpunkten angeordnet sind (Bild 7.12a) oder zusätzliche Verschiebungen nur in Richtung der globalen Koordinatenachsen auftreten. Zusätzlicher programmorganisatorischer Aufwand ist bei exzentrisch angeordneten Gelenken oder bei Verschiebungsmechanismen in beliebigen Richtungen erforderlich (Bild 7.12b).

Schwierigkeiten treten auch dann auf, wenn bei einem Rahmentragwerk Zwangsbedingungen berücksichtigt werden müssen. Um die Zahl der Unbekannten niedrig zu halten, nutzt man vielfach die Tatsache aus, daß Stabdehnungen nur einen sehr geringen Einfluß gegenüber Biegedeformationen haben. Solange man sich nur für die unteren Eigenschwingungen interessiert, kann man daher die Dehnsteifigkeit ohne weiteres zu unendlich setzen. Man spart dadurch zwar Unbekannte, handelt sich aber innere Zwangsbedingungen ein, die im allgemeinen Fall (d. h. bei schräg im Raum liegenden Stäben) in gleicher Weise behandelt werden müssen wie die Zwangsbedingungen bei Mehrkörpersystemen (siehe Band I, Abschn. 7.4). Liegen die dehnstarren Stäbe in Richtung der globalen Koordinatenachsen, so lassen sich dehnstarre Effekte vielfach schon mit Hilfe der Indextafel erfassen.

7.4 Elementmatrizen für Stäbe mit Schubweichheit, Drehmassenbelegung und Vorspannung

Die bisher behandelten Balken waren durchwegs schubstarr und besaßen im Bezugszustand keine Normalkräfte (Druck- oder Zugvorspannung). Das Prinzip der virtuellen Verrückungen für diesen Fall wurde bereits angegeben, Gl. (5.36). Beschränkt man sich auf die Betrachtung der Biegung in der x–z-Ebene, so werden wieder Ansatzfunktionen für die Querverschiebung $w_i(x)$ und für die Querschnittsneigung $\beta_i(x)$ benötigt. Besonders geeignet sind Ansatzfunktionen, bei denen „die Statik stimmt", zumindest die Statik der Theorie 1. Ordnung. Derartige Ansatzfunktionen sind dann in der Lage, das statische Deformationsverhalten eines nicht vorgespannten Stabes bei Vorgabe von Stabendverschiebungen exakt zu beschreiben.

Die entsprechenden Ansatzfunktionen lauten [7.3]

$$f_1(\xi) = 1 - \frac{3}{1+12k}\xi^2 + \frac{2}{1+12k}\xi^3 - \frac{12k}{1+12k}\xi, \tag{7.32a}$$

$$f_2(\xi) = l\left[-\xi + \frac{2(1+3k)}{1+12k}\xi^2 - \frac{1}{1+12k}\xi^3 + \frac{6k}{1+12k}\xi\right], \tag{7.32b}$$

$$f_3(\xi) = \frac{3}{1+12k}\xi^2 - \frac{2}{1+12k}\xi^3 + \frac{12k}{1+12k}\xi, \tag{7.32c}$$

$$f_4(\xi) = l\left[\frac{1-6k}{1+12k}\xi^2 - \frac{1}{1+12k}\xi^3 + \frac{6k}{1+12k}\xi\right], \tag{7.32d}$$

mit dem Schubparameter

$k = B/(l^2 S)$.

Wie bisher gilt dann:

$$\tilde{w}_i(x) = \boldsymbol{f}^T(x)\,\tilde{\boldsymbol{u}}_i = \{f_1, f_2, f_3, f_4\}\begin{Bmatrix}\tilde{w}_0\\ \tilde{\beta}_0\\ \tilde{w}_1\\ \tilde{\beta}_1\end{Bmatrix}_i . \tag{7.33}$$

Für die Auswertung des Prinzips der virtuellen Verrückungen sind auch noch die zugehörigen Ansatzfunktionen für die Querschnittsneigung $\beta_i(x)$ erforderlich. Mit den oben eingeführten Bedingungen für die Ansatzfunktionen (die Statik der Theorie 1. Ordnung „muß stimmen") erhält man

$$\tilde{\beta}_i(x) = \boldsymbol{g}^T(x)\tilde{\boldsymbol{u}}_i = \{g_1, g_2, g_3, g_4\}\begin{Bmatrix}\tilde{w}_0\\ \tilde{\beta}_0\\ \tilde{w}_1\\ \tilde{\beta}_1\end{Bmatrix} \tag{7.34}$$

mit

$$g_1(\xi) = \frac{6}{l(1+12k)}\xi(1-\xi), \tag{7.35a}$$

$$g_2(\xi) = \frac{1}{(1+12k)}[1+12k-4(1+3k)\xi+3\xi^2], \tag{7.35b}$$

$$g_3(\xi) = \frac{-6}{l(1+12k)}\xi(1-\xi), \tag{7.35c}$$

$$g_4(\xi) = \frac{-1}{(1+12k)}\xi[2(1-6k)-3\xi]. \tag{7.35d}$$

Das weitere ist eine, wenn auch etwas mühselige, Routinearbeit. Man erhält als *Biegesteifigkeitsmatrix*

$$S_{Bi} = \frac{B}{l^3(1+12k)} \begin{bmatrix} 12 & -6l & -12 & -6l \\ -6l & l^2(4+12k) & 6l & l^2(2-12k) \\ -12 & 6l & 12 & 6l \\ -6l & l^2(2-12k) & 6l & l^2(4+12k) \end{bmatrix}.$$

Als *geometrische Steifigkeitsmatrix* (*Anfangslaststeifigkeitsmatrix*) ergibt sich

$$S_{gi} = \frac{N_0}{l(1+12k)^2} \begin{bmatrix} \frac{1}{5}+(1+12k)^2 & -\frac{l}{10} & -\frac{1}{5}-(1+12k)^2 & -\frac{l}{10} \\ -\frac{l}{10} & l^2\left(\frac{2}{15}+2k+12k^2\right) & \frac{l}{10} & -l^2\left(\frac{1}{30}+2k+12k^2\right) \\ -\frac{1}{5}-(1+12k)^2 & \frac{l}{10} & \frac{1}{5}+(1+12k)^2 & \frac{l}{10} \\ -\frac{l}{10} & -l^2\left(\frac{1}{30}+2k+12k^2\right) & \frac{l}{10} & l^2\left(\frac{2}{15}+2k+12k^2\right) \end{bmatrix} \tag{7.33}$$

Die Massenmatrix spaltet man zweckmäßigerweise in zwei Anteile, einen Anteil für die Massenbelegung μ und einen für die Drehmassenbelegung μ_m, auf:

$$M_{\mu i} = \frac{\mu l}{(1+12k)^2} \begin{bmatrix} \frac{13}{35}+\frac{42}{5}k+48k^2 & -l\left\{\frac{11}{210}+\frac{11}{10}k+6k^2\right\} & \frac{9}{70}+\frac{18}{5}k+24k^2 & l\left\{\frac{13}{420}+\frac{9}{10}k+6k \right. \\ & l^2\left\{\frac{1}{105}+\frac{1}{5}k+\frac{6}{5}k^2\right\} & -l\left\{\frac{13}{420}+\frac{9}{10}k+6k^2\right\} & -l^2\left\{\frac{1}{140}+\frac{1}{5}k+\frac{6}{5} \right. \\ & & \frac{13}{35}+\frac{42}{5}k+48k^2 & l\left\{\frac{11}{210}+\frac{11}{10}k+6k \right. \\ & \text{symmetrisch} & & l^2\left\{\frac{1}{105}+\frac{1}{5}k+\frac{6}{5}k \right. \end{bmatrix}$$

$$M_{mi} = \frac{\mu_m/l}{(1+12k)^2} \begin{bmatrix} \frac{6}{5} & -l\left(\frac{1}{10}-6k\right) & -\frac{6}{5} & -l\left(\frac{1}{10}-6k\right) \\ & l^2\left\{\frac{2}{15}+2k+48k^2\right\} & l\left(\frac{1}{10}-6k\right) & -l^2\left\{\frac{1}{30}+2k+24k^2\right\} \\ & & \frac{6}{5} & l\left(\frac{1}{10}-6k\right) \\ & \text{symmetrisch} & & l^2\left\{\frac{2}{15}+2k+48k^2\right\} \end{bmatrix}$$

Man ist leicht geneigt, die in k quadratischen Terme der Massenmatrizen zu vernachlässigen [7.3]. Das ist zulässig, solange $k \leqslant 1$. Nun ist man aber (z. B. bei mehrfach abgesetzten Wellen) vielfach gezwungen, sehr kurze Abschnitte zu wählen, sodaß dann sogar $k > 1$ werden kann. Eine Vernachlässigung der in k quadratischen Terme führt dann zu völlig falschen Eigenwerten.

7.5 Finite-Element-Verfahren für Platten

7.5.1 Vorbemerkung

Die Methode der finiten Elemente kann hier nicht annähernd vollständig abgehandelt werden. Den interessierten Leser weisen wir auf eine Reihe von Monographien [7.5–7.13], Handbücher [7.14, 7.15] und Sammelbände [7.16, 7.17] hin. Um die bei anderen Kontinua auftretenden Probleme zu verdeutlichen, gehen wir kurz auf Finite-Elemente-Verfahren für Platten ein.

Die Grundgedanken sind die gleichen, wie sie in Tabelle 7.2 für das Beispiel des Durchlaufträgers zusammengestellt wurden. Das Prinzip der virtuellen Verrückungen, das als Ausgangspunkt dient, ist in den Gln. (5.40), (5.43) und (5.48) angegeben. Der Kern des Verfahrens ist das Auffinden geeigneter *Ansatzfunktionen* (*Formfunktionen* oder *Basisfunktionen*). Die Angabe von Ansatzfunktionen, mit denen sich die Stetigkeitsforderungen und die Darstellbarkeitsforderungen erfüllen lassen, ist unproblematisch, solange nur die Funktionswerte selber stetig verlaufen müssen, die Ableitungen aber unstetig sein dürfen (C^0-Stetigkeit). Das ist z. B. bei dreidimensionalen Kontinua und bei Scheiben (ebenen Spannungszuständen) der Fall. Schwieriger wird es bei schubstarren Platten und Schalen, da hier an den Elementgrenzen auch noch Stetigkeit in der Normalableitung sichergestellt sein muß.

Relativ einfach ist die Angabe geeigneter Ansatzfunktionen beim *schubstarren Platten-Rechteckelement*, mit dem wir uns daher exemplarisch befassen wollen.

7.5.2 Elementmatrizen für schubstarre Platten

Kompatibles, 16parametriges Rechteckelement [7.18, 7.19]

Ansatzfunktionen für ein Platten-Rechteckelement erhält man auf elegante Weise durch Produktbildung aus den Balken-Ansatzfunktionen in x- und y-Richtung. Die vier Balken-Ansatzfunktionen in jeder der beiden Richtungen und zwei der 16 Platten-Ansatzfunktionen, die sich bei der Produktbildung ergeben, sind in Bild 7.13 dargestellt.

Zu den 16 Platten-Ansatzfunktionen gehören 16 Verschiebungsparameter. In jedem der vier Elementeckpunkte ($k = 1 \ldots 4$) sind das die Querverschiebung $\tilde{w}_k$ und die beiden Querschnittsneigungen $\tilde{\beta}_{xk} = -(\partial\tilde{w}/\partial x)_k$ und $\tilde{\beta}_{yk} = -(\partial\tilde{w}/\partial y)_k$. Die fehlenden vier Verschiebungsparameter sind die Verwindungen $-\tilde{\varkappa}_{xyk} = (\partial^2\tilde{w}/\partial x\partial y)_k$ in den vier Elementeckpunkten (Bild 7.14).

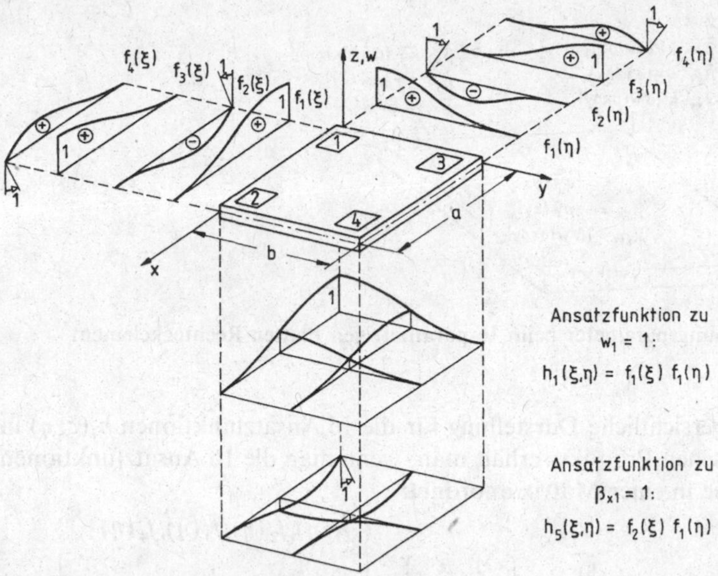

Bild 7.13. Zur Konstruktion der Ansatzfunktionen beim 16-parametrigen Platten-Rechteckelement

Der Verschiebungsansatz für $\tilde{w}(x, y)$ läßt sich in der folgenden Form schreiben

$$\tilde{w}(x, y) = \boldsymbol{h}^{\mathrm{T}}(\xi, \eta)\tilde{\boldsymbol{u}}_{\mathrm{i}}$$

$$= \{h_1(\xi, \eta) \ldots h_4; h_5 \ldots h_8; h_9 \ldots h_{12}; h_{13} \ldots h_{16}\} \begin{Bmatrix} \tilde{\boldsymbol{w}}_{\mathrm{i}} \\ \tilde{\boldsymbol{\beta}}_{\mathrm{xi}} \\ \tilde{\boldsymbol{\beta}}_{\mathrm{yi}} \\ \tilde{\boldsymbol{\varkappa}}_{\mathrm{i}} \end{Bmatrix}, \tag{7.36}$$

wobei wir der Übersichtlichkeit halber den Element-Verschiebungsvektor $\tilde{\boldsymbol{u}}_{\mathrm{i}}$ in vier Anteile aufgespalten haben:

$$\tilde{\boldsymbol{w}}_{\mathrm{i}} = \begin{Bmatrix} \tilde{w}_1 \\ \tilde{w}_2 \\ \tilde{w}_3 \\ \tilde{w}_4 \end{Bmatrix}_{\mathrm{i}}, \quad \tilde{\boldsymbol{\beta}}_{\mathrm{xi}} = \begin{Bmatrix} \tilde{\beta}_{x1} \\ \tilde{\beta}_{x2} \\ \tilde{\beta}_{x3} \\ \tilde{\beta}_{x4} \end{Bmatrix}_{\mathrm{i}}, \quad \tilde{\boldsymbol{\beta}}_{\mathrm{yi}} = \begin{Bmatrix} \tilde{\beta}_{y1} \\ \tilde{\beta}_{y2} \\ \tilde{\beta}_{y3} \\ \tilde{\beta}_{y4} \end{Bmatrix}_{\mathrm{i}},$$

$$\tilde{\boldsymbol{\varkappa}}_{\mathrm{i}} = \begin{Bmatrix} -\tilde{\varkappa}_{xy1} \\ -\tilde{\varkappa}_{xy2} \\ -\tilde{\varkappa}_{xy3} \\ -\tilde{\varkappa}_{xy4} \end{Bmatrix}_{\mathrm{i}}.$$

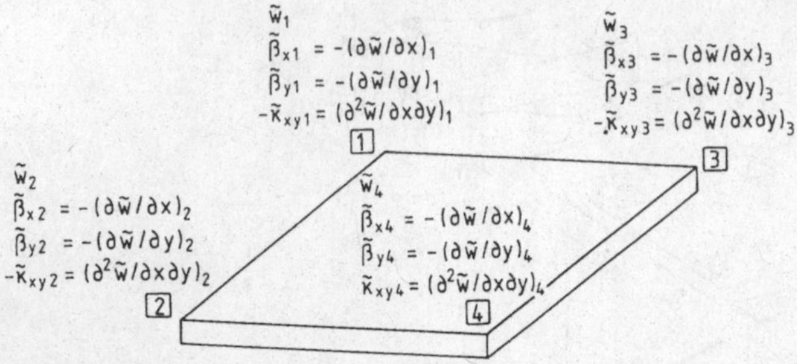

Bild 7.14. Verschiebungsparameter beim 16-parametrigen Platten-Rechteckelement

Eine besonders übersichtliche Darstellung für die 16 Ansatzfunktionen $h_j(\xi, \eta)$ in Form eines dyadischen Produkts erhält man, wenn man die 16 Ansatzfunktionen in geeigneter Weise in einer Matrix anordnet:

$$\begin{bmatrix} h_1 & h_9 & h_3 & h_{11} \\ h_5 & h_{13} & h_7 & h_{15} \\ h_2 & h_{10} & h_4 & h_{12} \\ h_6 & h_{14} & h_8 & h_{16} \end{bmatrix} = \begin{Bmatrix} f_1(\xi) \\ f_2(\xi) \\ f_3(\xi) \\ f_4(\xi) \end{Bmatrix} \{ f_1(\eta), f_2(\eta), f_3(\eta), f_4(\eta) \} \quad \left[\; f_2(\xi) \longrightarrow h_7(\xi, \eta) \; \right].$$

Da der Ansatz aus kubischen Hermite-Polynomen in x- und y- Richtung aufgebaut wird, handelt es sich um einen bikubischen Ansatz, der die folgenden 16 Polynomglieder des Pascalschen Dreiecks enthält:

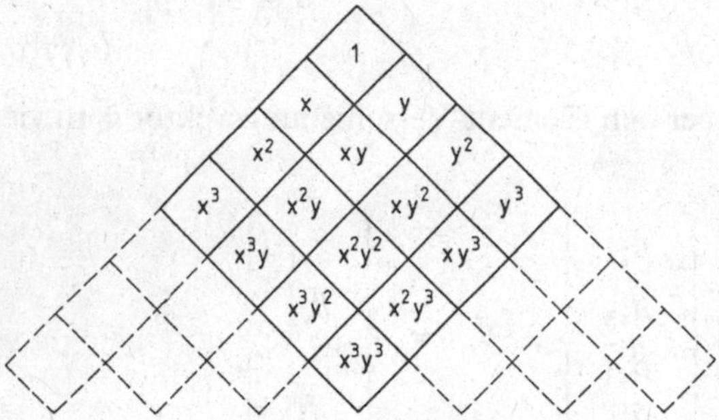

Starrkörperverschiebungszustände (1, x, y) und Zustände konstanter Krümmung (x^2, y^2) und Verwindung (xy) lassen sich mit diesem Ansatz darstellen. Die geometrischen Übergangsbedingungen werden ebenfalls erfüllt. Beispielsweise werden am Rand $y = 0$ (siehe Bild 7.13) die Verschiebung $\tilde{w}(x, 0)$ und die Querschnittsneigung $\tilde{\beta}_y(x, 0) = -(\partial w/\partial y)_{y=0}$ durch kubische Polynome dargestellt, wobei als Parameter ausschließlich Verschiebungsgrößen der Punkte 1 und 2 auftreten.

Führt man den Verschiebungsansatz (7.34) in das Prinzip der virtuellen Verrükkungen, Gl. (5.40), ein, so lassen sich alle gewünschten Elementmatrizen und der Elementbelastungsvektor problemlos ermitteln. Wir verwenden hierbei das orthotrope Gesetz (5.41b):

$$\begin{Bmatrix} \tilde{m}_x \\ \tilde{m}_y \\ \tilde{m}_{xy} \end{Bmatrix} = \begin{bmatrix} B_x & B_{xy} & 0 \\ B_{xy} & B_y & 0 \\ 0 & 0 & \frac{1}{2}B_t \end{bmatrix} \begin{Bmatrix} \tilde{\varkappa}_x \\ \tilde{\varkappa}_y \\ 2\tilde{\varkappa}_{xy} \end{Bmatrix}.$$

Die Komponenten des Elementverschiebungsvektors wurden außerdem auf einheitliche Längendimension gebracht:

$$\boldsymbol{u}^{\mathrm{T}} = \{\boldsymbol{w}^{\mathrm{T}}, a\boldsymbol{\beta}_x^{\mathrm{T}}, b\boldsymbol{\beta}_y^{\mathrm{T}}, ab\boldsymbol{\varkappa}^{\mathrm{T}}\}.$$

Die Elementsteifigkeitsmatrix läßt sich dann durch vier Anteile darstellen, die nur noch ganze Zahlen enthalten,

$$\boldsymbol{S}_i = ab\left\{\frac{B_x}{a^4}\boldsymbol{S}_{bx} + \frac{B_y}{b^4}\boldsymbol{S}_{by} + \frac{B_{xy}}{a^2b^2}\boldsymbol{S}_{bxy} + \frac{2B_t}{a^2b^2}\boldsymbol{S}_{bt}\right\};$$

die geometrische Steifigkeitsmatrix (Anfangslaststeifigkeitsmatrix) durch drei derartige Anteile:

$$\boldsymbol{S}_{gi} = ab\left\{\frac{n_x^{(0)}}{a^2}\boldsymbol{S}_{gx} + \frac{n_y^{(0)}}{b^2}\boldsymbol{S}_{gy} + \frac{n_{xy}^{(0)}}{ab}\boldsymbol{S}_{gxy}\right\}.$$

Die Teilmatrizen zur Bildung von $\boldsymbol{S}_i$ sind in den Tabellen 7.3 bis 7.6, die Teilmatrizen für $\boldsymbol{S}_{gi}$ in den Tabellen 7.7 bis 7.9 zusammengestellt. Die Elementmassenmatrix $\boldsymbol{M}_i$ steht in Tabelle 7.10. Für den Elementbelastungsvektor $\boldsymbol{p}_i$ wurde eine bilineare Flächenlast angesetzt (Tabelle 7.11).

Ist kein Programm zur Eigenschwingungsberechnung von Rechteckplatten verfügbar, so läßt sich mit den angegebenen Matrizen, sofern man sich auf sehr wenige Unbekannte beschränkt, die Eigenwertaufgabe von Hand aufstellen (Aufgabe 7.9).

Tabelle 7.3. Anteil $\boldsymbol{S}_{bx}$ zur Plattensteifigkeitsmatrix

$$S_{bx} = \frac{1}{210}\begin{bmatrix}
936 & -936 & 324 & -324 & -468 & -468 & -162 & -162 & -132 & 132 & 78 & -78 & 66 & 66 & -39 & -39 \\
-936 & 936 & -324 & 324 & 468 & 468 & 162 & 162 & 132 & -132 & -78 & 78 & -66 & -66 & 39 & 39 \\
324 & -324 & 936 & -936 & -162 & -162 & -468 & -468 & -78 & 78 & 132 & -132 & 39 & 39 & -66 & -66 \\
-324 & 324 & -936 & 936 & 162 & 162 & 468 & 468 & 78 & -78 & -132 & 132 & -39 & -39 & 66 & 66 \\
-468 & 468 & -162 & 162 & 312 & 156 & 108 & 54 & 66 & -66 & -39 & 39 & -44 & -22 & 26 & 13 \\
-468 & 468 & -162 & 162 & 156 & 312 & 54 & 108 & 66 & -66 & -39 & 39 & -22 & -44 & 13 & 26 \\
-162 & 162 & -468 & 468 & 108 & 54 & 312 & 156 & 39 & -39 & -66 & 66 & -26 & -13 & 44 & 22 \\
-162 & 162 & -468 & 468 & 54 & 108 & 156 & 312 & 39 & -39 & -66 & 66 & -13 & -26 & 22 & 44 \\
-132 & 132 & -78 & 78 & 66 & 66 & 39 & 39 & 24 & -24 & -18 & 18 & -12 & -12 & 9 & 9 \\
132 & -132 & 78 & -78 & -66 & -66 & -39 & -39 & -24 & 24 & 18 & -18 & 12 & 12 & -9 & -9 \\
78 & -78 & 132 & -132 & -39 & -39 & -66 & -66 & -18 & 18 & 24 & -24 & 9 & 9 & -12 & -12 \\
-78 & 78 & -132 & 132 & 39 & 39 & 66 & 66 & 18 & -18 & -24 & 24 & -9 & -9 & 12 & 12 \\
66 & -66 & 39 & -39 & -44 & -22 & -26 & -13 & -12 & 12 & 9 & -9 & 8 & 4 & -6 & -3 \\
66 & -66 & 39 & -39 & -22 & -44 & -13 & -26 & -12 & 12 & 9 & -9 & 4 & 8 & -3 & -6 \\
-39 & 39 & -66 & 66 & 26 & 13 & 44 & 22 & 9 & -9 & -12 & 12 & -6 & -3 & 8 & 4 \\
-39 & 39 & -66 & 66 & 13 & 26 & 22 & 44 & 9 & -9 & -12 & 12 & -3 & -6 & 4 & 8
\end{bmatrix}$$

Tabelle 7.4. Anteil S_{by} zur Plattensteifigkeitsmatrix

$$S_{by} = \frac{1}{210}\begin{bmatrix}
936 & 324 & -936 & -324 & -132 & 78 & 132 & -78 & -468 & -162 & -468 & -162 & 66 & -39 & 66 & -39 \\
324 & 936 & -324 & -936 & -78 & 132 & 78 & -132 & -162 & -468 & -162 & -468 & 39 & -66 & 39 & -66 \\
-936 & -324 & 936 & 324 & 132 & -78 & -132 & 78 & 468 & 162 & 468 & 162 & -66 & 39 & -66 & 39 \\
-324 & -936 & 324 & 936 & 78 & -132 & -78 & 132 & 162 & 468 & 162 & 468 & -39 & 66 & -39 & 66 \\
-132 & -78 & 132 & 78 & 24 & -18 & -24 & 18 & 66 & 39 & 66 & 39 & -12 & 9 & -12 & 9 \\
78 & 132 & -78 & -132 & -18 & 24 & 18 & -24 & -39 & -66 & -39 & -66 & 9 & -12 & 9 & -12 \\
132 & 78 & -132 & -78 & -24 & 18 & 24 & -18 & -66 & -39 & -66 & -39 & 12 & -9 & 12 & -9 \\
-78 & -132 & 78 & 132 & 18 & -24 & -18 & 24 & 39 & 66 & 39 & 66 & -9 & 12 & -9 & 12 \\
-468 & -162 & 468 & 162 & 66 & -39 & -66 & 39 & 312 & 108 & 156 & 54 & -44 & 26 & -22 & 13 \\
-162 & -468 & 162 & 468 & 39 & -66 & -39 & 66 & 108 & 312 & 54 & 156 & -26 & 44 & -13 & 22 \\
-468 & -162 & 468 & 162 & 66 & -39 & -66 & 39 & 156 & 54 & 312 & 108 & -22 & 13 & -44 & 26 \\
-162 & -468 & 162 & 468 & 39 & -66 & -39 & 66 & 54 & 156 & 108 & 312 & -13 & 22 & -26 & 44 \\
66 & 39 & -66 & -39 & -12 & 9 & 12 & -9 & -44 & -26 & -22 & -13 & 8 & -6 & 4 & -3 \\
-39 & -66 & 39 & 66 & 9 & -12 & -9 & 12 & 26 & 44 & 13 & 22 & -6 & 8 & -3 & 4 \\
66 & 39 & -66 & -39 & -12 & 9 & 12 & -9 & -22 & -13 & -44 & -26 & 4 & -3 & 8 & -6 \\
-39 & -66 & 39 & 66 & 9 & -12 & -9 & 12 & 13 & 22 & 26 & 44 & -3 & 4 & -6 & 8
\end{bmatrix}$$

Tabelle 7.5. Anteil S_{bxy} zur Plattensteifigkeitsmatrix

$$S_{bxy} = \frac{1}{900}\begin{bmatrix}
2592 & -2592 & -2592 & 2592 & -1296 & -216 & 1296 & 216 & -1296 & 1296 & -216 & 216 & 198 & 108 & 108 & 18 \\
-2592 & 2592 & 2592 & -2592 & 216 & 1296 & -216 & -1296 & 1296 & -1296 & 216 & -216 & -108 & -198 & -18 & -108 \\
-2592 & 2592 & 2592 & -2592 & 1296 & 216 & -1296 & -216 & 216 & -216 & 1296 & -1296 & -108 & -18 & -198 & -108 \\
2592 & -2592 & -2592 & 2592 & -216 & -1296 & 216 & 1296 & -216 & 216 & -1296 & 1296 & 18 & 108 & 108 & 198 \\
-1296 & 216 & 1296 & -216 & 288 & -72 & -288 & 72 & 1098 & -108 & 108 & -18 & -144 & 36 & -24 & 6 \\
-216 & 1296 & 216 & -1296 & -72 & 288 & 72 & -288 & 108 & -1098 & 18 & -108 & 36 & -144 & 6 & -24 \\
1296 & -216 & -1296 & 216 & -288 & 72 & 288 & -72 & -108 & 18 & -1098 & 108 & 24 & -6 & 144 & -36 \\
216 & -1296 & -216 & 1296 & 72 & -288 & -72 & 288 & -18 & 108 & -108 & 1098 & -6 & 24 & -36 & 144 \\
-1296 & 1296 & 216 & -216 & 1098 & 108 & -108 & -18 & 288 & -288 & -72 & 72 & -144 & -24 & 36 & 6 \\
1296 & -1296 & -216 & 216 & -108 & -1098 & 18 & 108 & -288 & 288 & 72 & -72 & 24 & 144 & -6 & -36 \\
-216 & 216 & 1296 & -1296 & 108 & 18 & -1098 & -108 & -72 & 72 & 288 & -288 & 36 & 6 & -144 & -24 \\
216 & -216 & -1296 & 1296 & -18 & -108 & 108 & 1098 & 72 & -72 & -288 & 288 & -6 & -36 & 24 & 144 \\
198 & -108 & -108 & 18 & -144 & 36 & 24 & -6 & -144 & 24 & 36 & -6 & 32 & -8 & -8 & 2 \\
108 & -198 & -18 & 108 & 36 & -144 & -6 & 24 & -24 & 144 & 6 & -36 & -8 & 32 & 2 & -8 \\
108 & -18 & -198 & 108 & -24 & 6 & 144 & -36 & 36 & -6 & -144 & 24 & -8 & 2 & 32 & -8 \\
18 & -108 & -108 & 198 & 6 & -24 & -36 & 144 & 6 & -36 & -24 & 144 & 2 & -8 & -8 & 32
\end{bmatrix}$$

Tabelle 7.6. Anteil S_{bt} zur Plattensteifigkeitsmatrix

$$S_{bt} = \frac{1}{900}\begin{bmatrix}
1296 & -1296 & -1296 & 1296 & -108 & -108 & 108 & 108 & -108 & 108 & -108 & 108 & 9 & 9 & 9 & 9 \\
-1296 & 1296 & 1296 & -1296 & 108 & 108 & -108 & -108 & 108 & -108 & 108 & -108 & -9 & -9 & -9 & -9 \\
-1296 & 1296 & 1296 & -1296 & 108 & 108 & -108 & -108 & 108 & -108 & 108 & -108 & -9 & -9 & -9 & -9 \\
1296 & -1296 & -1296 & 1296 & -108 & -108 & 108 & 108 & -108 & 108 & -108 & 108 & 9 & 9 & 9 & 9 \\
-108 & 108 & 108 & -108 & 144 & -36 & -144 & 36 & 9 & -9 & 9 & -9 & -12 & 3 & -12 & 3 \\
-108 & 108 & 108 & -108 & -36 & 144 & 36 & -144 & 9 & -9 & 9 & -9 & 3 & -12 & 3 & -12 \\
108 & -108 & -108 & 108 & -144 & 36 & 144 & -36 & -9 & 9 & -9 & 9 & 12 & -3 & 12 & -3 \\
108 & -108 & -108 & 108 & 36 & -144 & -36 & 144 & -9 & 9 & -9 & 9 & -3 & 12 & -3 & 12 \\
-108 & 108 & 108 & -108 & 9 & 9 & -9 & -9 & 144 & -144 & -36 & 36 & -12 & -12 & 3 & 3 \\
108 & -108 & -108 & 108 & -9 & -9 & 9 & 9 & -144 & 144 & 36 & -36 & 12 & 12 & -3 & -3 \\
-108 & 108 & 108 & -108 & 9 & 9 & -9 & -9 & -36 & 36 & 144 & -144 & 3 & 3 & -12 & -12 \\
108 & -108 & -108 & 108 & -9 & -9 & 9 & 9 & 36 & -36 & -144 & 144 & -3 & -3 & 12 & 12 \\
9 & -9 & -9 & 9 & -12 & 3 & 12 & -3 & -12 & 12 & 3 & -3 & 16 & -4 & -4 & 1 \\
9 & -9 & -9 & 9 & 3 & -12 & -3 & 12 & -12 & 12 & 3 & -3 & -4 & 16 & 1 & -4 \\
9 & -9 & -9 & 9 & -12 & 3 & 12 & -3 & 3 & -3 & -12 & 12 & -4 & 1 & 16 & -4 \\
9 & -9 & -9 & 9 & 3 & -12 & -3 & 12 & 3 & -3 & -12 & 12 & 1 & -4 & -4 & 16
\end{bmatrix}$$

Tabelle 7.7. Anteil S_{gx} zur geometrischen Steifigkeitsmatrix der Platte

$S_{gx} = \frac{1}{12600}$

5616	-5616	1944	-1944	-468	-468	-162	-162	-792	792	468	-468	66	66	-39	-39
-5616	5616	-1944	1944	468	468	162	162	792	-792	-468	468	-66	-66	39	39
1944	-1944	5616	-5616	-162	-162	-468	-468	-468	468	792	-792	39	39	-66	-66
-1944	1944	-5616	5616	162	162	468	468	468	-468	-792	792	-39	-39	66	66
-468	468	-162	162	624	-156	216	-54	66	-66	-39	39	-88	22	52	-13
-468	468	-162	162	-156	624	-54	216	66	-66	-39	39	22	-88	-13	52
-162	162	-468	468	216	-54	624	-156	39	-39	-66	66	-52	13	88	-22
-162	162	-468	468	-54	216	-156	624	39	-39	-66	66	13	-52	-22	88
-792	792	-468	468	66	66	39	39	144	-144	-108	108	-12	-12	9	9
792	-792	468	-468	-66	-66	-39	-39	-144	144	108	-108	12	12	-9	-9
468	-468	792	-792	-39	-39	-66	-66	-108	108	144	-144	9	9	-12	-12
-468	468	-792	792	39	39	66	66	108	-108	-144	144	-9	-9	12	12
66	-66	39	-39	-88	22	-52	13	-12	12	9	-9	16	-4	-12	3
66	-66	39	-39	22	-88	13	-52	-12	12	9	-9	-4	16	3	-12
-39	39	-66	66	52	-13	88	-22	9	-9	-12	12	-12	3	16	-4
-39	39	-66	66	-13	52	-22	88	9	-9	-12	12	3	-12	-4	16

Tabelle 7.8. Anteil S_{gy} zur geometrischen Steifigkeitsmatrix der Platte

$S_{gy} = \frac{1}{12600}$

5616	1944	-5616	-1944	-792	468	792	-468	-468	-162	-468	-162	66	-39	66	-39
1944	5616	-1944	-5616	-468	792	468	-792	-162	-468	-162	-468	39	-66	39	-66
-5616	-1944	5616	1944	792	-468	-792	468	468	162	468	162	-66	39	-66	39
-1944	-5616	1944	5616	468	-792	-468	792	162	468	162	468	-39	66	-39	66
-792	-468	792	468	144	-108	-144	108	66	39	66	39	-12	9	-12	9
468	792	-468	-792	-108	144	108	-144	-39	-66	-39	-66	9	-12	9	-12
792	468	-792	-468	-144	108	144	-108	-66	-39	-66	-39	12	-9	12	-9
-468	-792	468	792	108	-144	-108	144	39	66	39	66	-9	12	-9	12
-468	-162	468	162	66	-39	-66	39	624	216	-156	-54	-88	52	22	-13
-162	-468	162	468	39	-66	-39	66	216	624	-54	-156	-52	88	13	-22
-468	-162	468	162	66	-39	-66	39	-156	-54	624	216	22	-13	-88	52
-162	-468	162	468	39	-66	-39	66	-54	-156	216	624	13	-22	-52	88
66	39	-66	-39	-12	9	12	-9	-88	-52	22	13	16	-12	-4	3
-39	-66	39	66	9	-12	-9	12	52	88	-13	-22	-12	16	3	-4
66	39	-66	-39	-12	9	12	-9	22	13	-88	-52	-4	3	16	-12
-39	-66	39	66	9	-12	-9	12	-13	-22	52	88	3	-4	-12	16

Tabelle 7.9. Anteil S_{gxy} zur geometrischen Steifigkeitsmatrix der Platte

$S_{gxy} = \frac{1}{3600}$

1800	0	0	-1800	0	0	360	-360	0	360	0	-360	-72	72	72	-72
0	-1800	1800	0	0	0	-360	360	-360	0	360	0	72	-72	-72	72
0	1800	-1800	0	-360	360	0	0	0	-360	0	360	72	-72	-72	72
-1800	0	0	1800	360	-360	0	0	360	0	-360	0	-72	72	72	-72
0	0	-360	360	0	0	0	60	72	-72	-72	72	0	-12	0	12
0	0	360	-360	0	0	-60	0	-72	72	72	-72	12	0	-12	0
360	-360	0	0	0	-60	0	0	-72	72	72	-72	0	12	0	-12
-360	360	0	0	60	0	0	0	72	-72	-72	72	-12	0	12	0
0	-360	0	360	72	-72	-72	72	0	0	0	60	0	0	-12	12
360	0	-360	0	-72	72	72	-72	0	0	-60	0	0	0	12	-12
0	360	0	-360	-72	72	72	-72	0	-60	0	0	12	-12	0	0
-360	0	360	0	72	-72	-72	72	60	0	0	0	-12	12	0	0
-72	72	72	-72	0	12	0	-12	0	0	12	-12	0	0	0	-2
72	-72	-72	72	-12	0	12	0	0	0	-12	12	0	0	2	0
72	-72	-72	72	0	-12	0	12	-12	12	0	0	0	2	0	0
72	72	72	-72	12	0	-12	0	12	-12	0	0	-2	0	0	0

Tabelle 7.10. Massenmatrix der Platte

$$M = \frac{\mu a b}{176400}\begin{bmatrix}
24336 & 8424 & 8424 & 2916 & -3432 & 2028 & -1188 & 702 & -3432 & -1188 & 2028 & 702 & 484 & -286 & -286 & 169 \\
8424 & 24336 & 2916 & 8424 & -2028 & 3432 & -702 & 1188 & -1188 & -3432 & 702 & 2028 & 286 & -484 & -169 & 286 \\
8424 & 2916 & 24336 & 8424 & -1188 & 702 & -3432 & 2028 & -2028 & -702 & 3432 & 1188 & 286 & -169 & -484 & 286 \\
2916 & 8424 & 8424 & 24336 & -702 & 1188 & -2028 & 3432 & -702 & -2028 & 1188 & 3432 & 169 & -286 & -286 & 484 \\
-3432 & -2028 & -1188 & -702 & 624 & -468 & 216 & -162 & 484 & 286 & -286 & -169 & -88 & 66 & 52 & -39 \\
2028 & 3432 & 702 & 1188 & -468 & 624 & -162 & 216 & -286 & -484 & 169 & 286 & 66 & -88 & -39 & 52 \\
-1188 & -702 & -3432 & -2028 & 216 & -162 & 624 & -468 & 286 & 169 & -484 & -286 & -52 & 39 & 88 & -66 \\
702 & 1188 & 2028 & 3432 & -162 & 216 & -468 & 624 & -169 & -286 & 286 & 484 & 39 & -52 & -66 & 88 \\
-3432 & -1188 & -2028 & -702 & 484 & -286 & 286 & -169 & 624 & 216 & -468 & -162 & -88 & 52 & 66 & -39 \\
-1188 & -3432 & -702 & -2028 & 286 & -484 & 169 & -286 & 216 & 624 & -162 & -468 & -52 & 88 & 39 & -66 \\
2028 & 702 & 3432 & 1188 & -286 & 169 & -484 & 286 & -468 & -162 & 624 & 216 & 66 & -39 & -88 & 52 \\
702 & 2028 & 1188 & 3432 & -169 & 286 & -286 & 484 & -162 & -468 & 216 & 624 & 39 & -66 & -52 & 88 \\
484 & 286 & 286 & 169 & -88 & 66 & -52 & 39 & -88 & -52 & 66 & 39 & 16 & -12 & -12 & 9 \\
-286 & -484 & -169 & -286 & 66 & -88 & 39 & -52 & 52 & 88 & -39 & -66 & -12 & 16 & 9 & -12 \\
-286 & -169 & -484 & -286 & 52 & -39 & 88 & -66 & 66 & 39 & -88 & -52 & -12 & 9 & 16 & -12 \\
169 & 286 & 286 & 484 & -39 & 52 & -66 & 88 & -39 & -66 & 52 & 88 & 9 & -12 & -12 & 16
\end{bmatrix}$$

Tabelle 7.11. Belastungsvektor der Platte

$$p = \frac{ab}{3600}\begin{bmatrix}
441 & 189 & 189 & 81 \\
189 & 441 & 81 & 189 \\
189 & 81 & 441 & 189 \\
81 & 189 & 189 & 441 \\
-63 & -42 & -27 & -18 \\
42 & 63 & 18 & 27 \\
-27 & -18 & -63 & -42 \\
18 & 27 & 42 & 63 \\
-63 & -27 & -42 & -18 \\
-27 & -63 & -18 & -42 \\
42 & 18 & 63 & 27 \\
18 & 42 & 27 & 63 \\
9 & 6 & 6 & 4 \\
-6 & -9 & -4 & -6 \\
-6 & -4 & -9 & -6 \\
4 & 6 & 6 & 9
\end{bmatrix}\begin{Bmatrix} p_{z1} \\ p_{z2} \\ p_{z3} \\ p_{z4} \end{Bmatrix}$$

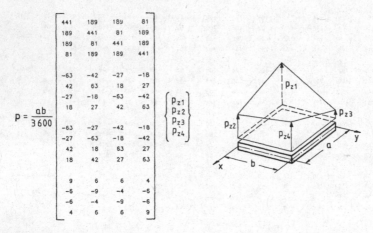

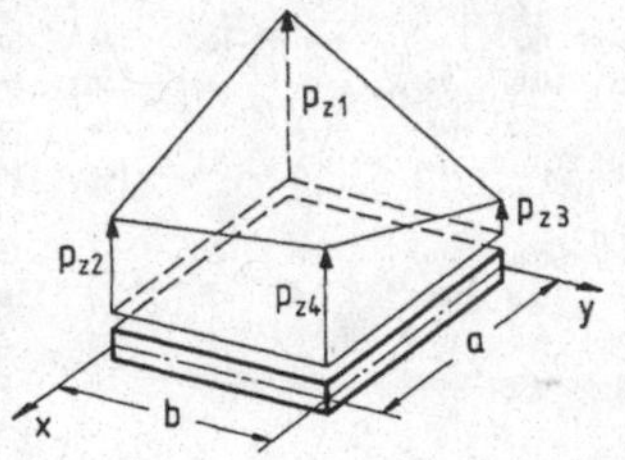

Inkompatibles, 12parametriges Rechteckelement

Die Mitnahme der Verwindung $-\tilde{\varkappa}_{xy}$ als zusätzlicher Parameter ist unnatürlich, da es sich bei diesen Parametern nicht mehr um eine Verschiebungs- sondern um eine Verzerrungsgröße handelt. Einfach weglassen kann man diese vier Parameter und die zugehörigen Ansatzfunktionen aber nicht, da dann ein Zustand konstanter Verwindung ($\tilde{\varkappa}_{xy} = \text{const}$) nicht mehr darstellbar ist. Das üblicherweise eingesetzte 12-parametrige Rechteckelement verwendet für den Eckpunkt 1 die folgenden drei Ansatzfunktionen:

$$\tilde{w}_1 = 1\colon\ \bar{h}_1(\xi,\eta) = (1-\xi)(1-\eta) - \bar{h}_5(\xi,\eta) - \bar{h}_9(\xi,\eta),$$

$$\tilde{\beta}_{x1} = 1\colon\ \bar{h}_5(\xi,\eta) = f_2(\xi)(1-\eta),$$

$$\tilde{\beta}_{y1} = 1\colon\ \bar{h}_9(\xi,\eta) = (1-\xi) f_2(\eta).$$

Der 12-gliedrige Verschiebungsansatz

$$\tilde{w}(x, y) = \{\bar{h}_1 \ldots \bar{h}_4; \bar{h}_5 \ldots \bar{h}_8; \bar{h}_9 \ldots \bar{h}_{12}\} \begin{Bmatrix} \tilde{w} \\ \tilde{\beta}_x \\ \tilde{\beta}_y \end{Bmatrix}_i \tag{7.37}$$

enthält folgende 12 Polynomglieder:

$$\begin{array}{ccccccc} & & & 1 & & & \\ & & x & & y & & \\ & x^2 & & xy & & y^2 & \\ x^3 & & x^2y & & xy^2 & & y^3 \\ & x^3y & & & & xy^3 & \end{array}$$

Die Darstellbarkeit von Starrkörperverschiebungszuständen und konstanten Krümmungen und Verwindungen ist damit sichergestellt. Verletzt wird allerdings die Stetigkeitsforderung. In den Knotenpunkten besteht weiterhin Stetigkeit in $\partial\tilde{w}/\partial x$ und $\partial\tilde{w}/\partial y$, zwischen zwei Knotenpunkten besitzt der Verschiebungszustand $\tilde{w}(x, y)$ hingegen einen Knick. Es läßt sich nachweisen, daß bei einer Verfeinerung der Unterteilung trotzdem Konvergenz gegen die exakte Lösung sichergestellt ist. Die Eigenwerte werden aber nicht mehr notwendigerweise von oben approximiert [7.6]. Einen guten Überblick über Dreieckselemente für schubstarre Platten findet man in [7.6].

7.5.3 Elementmatrizen für schubweiche Platten

Bei schubweichen Platten ist die Situation scheinbar einfacher. Im Prinzip der virtuellen Verrückungen, Gl. (5.43), treten nach Einführung der Verzerrungs-Verschiebungs-Beziehungen nur erste Ableitungen der unbekannten Verschiebungsgrößen $\tilde{w}$, $\tilde{\beta}_x$ und $\tilde{\beta}_y$ auf. Die Ansätze brauchen dann nur stetig in $\tilde{w}$, $\tilde{\beta}_x$, $\tilde{\beta}_y$ zu sein, bilineare Ansatzfunktionen reichen eigentlich aus. Es zeigt sich aber, daß dann der Querkraftschubanteil in der virtuellen Formänderungsenergie bei weitem überbewertet wird. Das gleiche kann übrigens auch passieren, wenn man die schubweiche Platte als Sonderfall eines dreidimensionalen Kontinuums auffaßt. Dort wird dieses Versagensphänomen als shear-locking (Schub-Blockierung) bezeichnet.

Auf die üblichen Möglichkeiten zur Überwindung dieser Schwierigkeiten (reduzierte Integration [7.20–7.24], gemischt-hybride Verfahren mit Schnittkraftansätzen zur Ermittlung der Steifigkeitsmatrizen [7.25–7.27]), die vor allem im Hinblick auf allgemeine Schalenelemente von Interesse sind, wollen wir hier nicht eingehen.

Beschränkt man sich auf Rechteckplatten, so ist ein völlig analoges Vorgehen wie im schubstarren Fall möglich, wobei man nur von den Ansatzfunktionen des schubweichen Balkens, Gl. (7.32), auszugehen hat. Der Querverschiebungsansatz lautet dann wie bisher

$$\tilde{w}(x, y) = \boldsymbol{h}^{\mathrm{T}}(\xi, \eta)\tilde{\boldsymbol{u}}_{\mathrm{i}} = \{h_1(\xi, \eta) \ldots h_{16}(\xi, \eta)\} \begin{Bmatrix} \tilde{w} \\ \tilde{\beta}_x \\ \tilde{\beta}_y \\ \tilde{\varkappa} \end{Bmatrix}. \tag{7.38}$$

Auch der Ansatzfunktionsvektor $\boldsymbol{h}(x, y)$ ist formal unverändert. Man erhält beispielsweise bei Anordnung der Ansatzfunktionen in Matrizenform

$$\begin{bmatrix} h_1 & h_9 & h_3 & h_{11} \\ h_5 & h_{13} & h_7 & h_{15} \\ h_2 & h_{10} & h_4 & h_{12} \\ h_6 & h_{14} & h_8 & h_{16} \end{bmatrix} = \begin{Bmatrix} f_{x1}(\xi) \\ f_{x2}(\xi) \\ f_{x3}(\xi) \\ f_{x4}(\xi) \end{Bmatrix} \{f_{y1}(\eta), f_{y2}(\eta), f_{y3}(\eta), f_{y4}(\eta)\}.$$

Mit den unterschiedlichen Funktionen $f_{xj}(\xi)$ und $f_{yj}(\eta)$ wird der Tatsache Rechnung getragen, daß nicht erst bei orthotropen Platten, sondern bereits bei isotropen Rechteckplatten der Schubparameter k, der ja in den Ansatzfunktionen (7.32a–d) enthalten ist, in beiden Richtungen unterschiedlich sein kann:

$$k_x = B_x/(a^2 S_x), \tag{7.39a}$$

$$k_y = B_y/(b^2 S_y). \tag{7.39b}$$

Für die Auswertung des PdvV werden noch Ansätze für $\tilde{\beta}_x(x, y)$ und $\tilde{\beta}_y(x, y)$ benötigt. Wir schreiben hierfür

$$\tilde{\beta}_{xi}(x, y) = \boldsymbol{h}_x^{\mathrm{T}}(\xi, \eta)\tilde{\boldsymbol{u}}_{\mathrm{i}} = \{h_{x1}(\xi, \eta) \ldots h_{x16}\} \begin{Bmatrix} \tilde{w} \\ \tilde{\beta}_x \\ \tilde{\beta}_y \\ \tilde{\varkappa} \end{Bmatrix}_{\mathrm{i}} \tag{7.40a}$$

und

$$\tilde{\beta}_{yi}(x, y) = \boldsymbol{h}_y^{\mathrm{T}}(\xi, \eta)\tilde{\boldsymbol{u}}_{\mathrm{i}} = \{h_{y1}(\xi, \eta) \ldots h_{y16}\} \begin{Bmatrix} \tilde{w} \\ \tilde{\beta}_x \\ \tilde{\beta}_y \\ \tilde{\varkappa} \end{Bmatrix}_{\mathrm{i}}. \tag{7.40b}$$

Auch die in $\boldsymbol{h}_x$ (bzw. $\boldsymbol{h}_y$) enthaltenen Ansatzfunktionen erhält man wieder durch Produktbildung:

$$\begin{bmatrix} h_{x1} & h_{x9} & h_{x3} & h_{x11} \\ h_{x5} & h_{x13} & h_{x7} & h_{x15} \\ h_{x2} & h_{x10} & h_{x4} & h_{x12} \\ h_{x6} & h_{x14} & h_{x8} & h_{x16} \end{bmatrix} = \begin{Bmatrix} g_{x1}(\xi) \\ g_{x2}(\xi) \\ g_{x3}(\xi) \\ g_{x4}(\xi) \end{Bmatrix} \overset{\{f_{y1}(\eta), f_{y2}(\eta), f_{y3}(\eta), f_{y4}(\eta)\}}{\begin{bmatrix} & & \downarrow & \\ \longrightarrow & & h_{x7}(\xi, \eta) & \\ & & & \\ & & & \end{bmatrix}}$$

und

$$\begin{bmatrix} h_{y1} & h_{y9} & h_{y3} & h_{y11} \\ h_{y5} & h_{y13} & h_{y7} & h_{y15} \\ h_{y2} & h_{y10} & h_{y4} & h_{y12} \\ h_{y6} & h_{y14} & h_{y8} & h_{y16} \end{bmatrix} = \begin{Bmatrix} f_{x1}(\xi) \\ f_{x2}(\xi) \\ f_{x3}(\xi) \\ f_{x4}(\xi) \end{Bmatrix} \{g_{y1}(\eta), g_{y2}(\eta), g_{y3}(\eta), g_{y4}(\eta)\}.$$

Die Ansatzfunktionen erfüllen nicht nur alle Stetigkeits- und Darstellbarkeitsforderungen, auch der Grenzübergang zum schubstarren Fall ($k_x, k_y \to 0$) ist problemlos möglich und liefert die Ansatzfunktionen der schubstarren Platte. Führt man die Ansatzfunktionen in das PdvV für die orthotrope, schubweiche Platte, Gl. (5.43), ein, so erhält man als Steifigkeitsmatrix den folgenden Ausdruck:

$$\begin{aligned} \boldsymbol{S}_i = {} & B_x \iint (\partial \boldsymbol{h}_x/\partial x)(\partial \boldsymbol{h}_x/\partial x)^T \, dF + B_y \iint (\partial \boldsymbol{h}_y/\partial y)(\partial \boldsymbol{h}_y/\partial y)^T \, dF \\ & + B_{xy} \iint [(\partial \boldsymbol{h}_x/\partial x)(\partial \boldsymbol{h}_y/\partial y)^T + (\partial \boldsymbol{h}_y/\partial y)(\partial \boldsymbol{h}_x/\partial x)^T] \, dF \\ & + \frac{B_t}{2} \iint (\partial \boldsymbol{h}_x/\partial y + \partial \boldsymbol{h}_y/\partial x)(\partial \boldsymbol{h}_x/\partial y + \partial \boldsymbol{h}_y/\partial x)^T \, dF \\ & + S_x \iint (\boldsymbol{h}_x + \partial \boldsymbol{h}/\partial x)(\boldsymbol{h}_x + \partial \boldsymbol{h}/\partial x)^T \, dF \\ & + S_y \iint (\boldsymbol{h}_y + \partial \boldsymbol{h}/\partial y)(\boldsymbol{h}_y + \partial \boldsymbol{h}/\partial y)^T \, dF. \end{aligned} \tag{7.41}$$

Auf die Angabe der entsprechenden Ausdrücke für die Elementmassenmatrix und die Anfangslast-Steifigkeitsmatrix wollen wir verzichten. Die Integralauswertung ist nicht allzu aufwendig, da sie sich auf Integrationen in x- und y-Richtung zurückführen läßt. Ein kritischer Aspekt der hier angegebenen Vorgehensweise wird in Aufgabe 7.8 behandelt.

7.6 Finite-Element-Verfahren auf der Grundlage gemischt-hybrider Arbeitsausdrücke

Wir haben bisher ausschließlich mit dem Prinzip der virtuellen Verrückungen gearbeitet, das sich vollständig mit Verschiebungsgrößen als unbekannten Zustandsgrößen formulieren läßt. Bei Stäben veränderlicher Steifigkeit hat das Arbeiten mit diesem Prinzip eine Schwierigkeit zur Folge, die an dem einfachen Beispiel von Bild 7.15 erläutert werden soll.

Bei einem Stab konstanter Biegesteifigkeit verwendet man als Ansatzfunktionen kubische, hermitesche Interpolationspolynome, Gl. (7.4) im schubstarren und Gl. (7.32) im schubweichen Fall. Im Fall veränderlicher Steifigkeit wird man es sich leicht machen und die gleichen Ansatzfunktionen verwenden. Interessiert man sich für den zugehörigen Biegemomentenverlauf, so muß man die Verschiebungen zweimal differenzieren und mit der Biegesteifigkeit multiplizieren. Beim Balken konstanter Biegesteifigkeit (Bild 7.15a) führt das auf einen linear veränderlichen Momentenverlauf, beim Balken veränderlicher Biegesteifigkeit ist der Biegemomentenverlauf natürlich nicht mehr linear. Da eine Rechnung auf der Grundlage des PdvV nur eine Näherungslösung liefert, sind beide Momentenverläufe gleichwertig. Man kann nun aber an die Lösung die Zusatzforderung stellen, daß

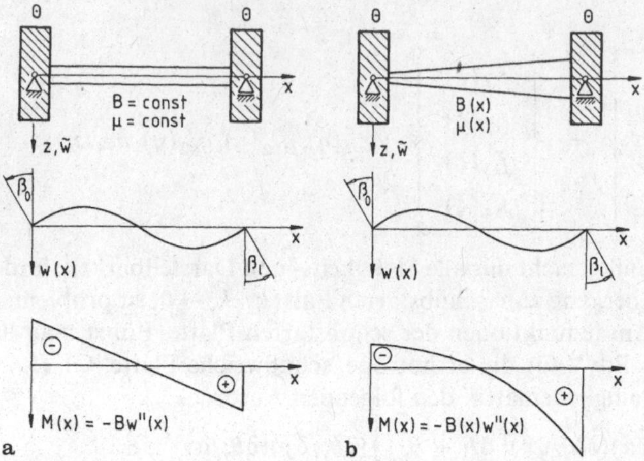

Bild 7.15a, b. Verschiebungsansatzfunktion und zugehöriger Biegemomentenverlauf bei einem gelenkig gelagerten Balken mit zusätzlichen Drehmassen an den Balkenenden. Konstante Biegesteifigkeit (**a**) oder veränderliche Biegesteifigkeit (**b**)

zumindest der rein statische Fall richtig wiedergegeben wird. Unabhängig davon, ob die Steifigkeit konstant oder veränderlich ist, kann in einem geraden Balken, der nur an den Enden belastet wird, nur ein linear veränderlicher Biegemomentenverlauf auftreten. Beim Balken konstanter Steifigkeit liefert die Annahme eines kubischen Verschiebungszustands und damit eines linear veränderlichen Biegemomentenverlaufs hierfür die exakte, statische Lösung; beim Balken veränderlicher Biegesteifigkeit ergibt die kubische Approximation von $w_i(x_i)$ nur eine Näherung, die umso schlechter ist, je stärker sich die Biegesteifigkeit entlang des Stabes ändert. Bei allen Stäben mit Biegesteifigkeit, Schubsteifigkeit, Dehnsteifigkeit und Torsionssteifigkeit läßt sich der exakte Schnittkraftverlauf bei statischer Beanspruchung an den Stabenden bis auf eine willkürliche Konstante immer angeben, unabhängig davon, ob die Steifigkeiten konstant oder veränderlich sind und ob die Stabachse gerade oder gekrümmt ist. Wenn es nun gelingt, ein *Prinzip der virtuellen Arbeiten* (PdvA) anzugeben, bei dem nicht die Verschiebungen, sondern die Schnittkräfte approximiert werden, dann kann man diese statisch exakten Schnittkraftverläufe als Ansätze einführen und hat damit garantiert, daß die Statik, von evtl. Fehlern bei der numerischen Integration abgesehen, immer stimmt. Ein reines Kraftgrößenverfahren, bei dem nur die Schnittkräfte approximiert werden, ist hierbei nicht zweckmäßig. Bewährt hat sich hingegen ein sogenanntes gemischthybrides Prinzip der virtuellen Arbeiten, bei dem sowohl Schnittkräfte als auch Verschiebungszustände approximiert werden. Für ein ebenes Rahmentragwerk (ohne Drehträgheitseffekte und ohne Anfangslasteffekte) lautet dieses Prinzip der virtuellen Arbeiten

$$\sum_i \Bigg[\int_0^{l_i} \left(-\frac{\delta M_i \tilde{M}_i}{B_i} - \frac{\delta N_i \tilde{N}_i}{D_i} - \frac{\delta Q_i \tilde{Q}_i}{S_i} \right) \mathrm{d}x_i$$

$$- \int_0^{l_i} (\delta u_i \tilde{p}_{xi} + \delta w_i \tilde{p}_{zi})\, \mathrm{d}x_i$$

$$+ \int_0^{l_i} (\delta u_i \mu \ddot{\tilde{u}}_i + \delta w_i \mu \ddot{\tilde{w}}_i) \mathrm{d}x_i$$

$$\underline{- \int_0^{l_i} \delta\{\tilde{u}_i \tilde{N}'_i + \tilde{w}_i \tilde{Q}'_i + \tilde{\beta}_i (\tilde{M}'_i - \tilde{Q}_i)\} \mathrm{d}x_i}$$

$$+ \delta\{\tilde{u}(l_i)\tilde{N}(l_i) + \tilde{w}(l_i)\tilde{Q}(l_i) + \tilde{\beta}(l_i)\tilde{M}(l_i)$$

$$\left. - \tilde{u}(0)\tilde{N}(0) + \tilde{w}(0)\tilde{Q}(0) + \tilde{\beta}(0)\tilde{M}(0)\} \right]$$

$$- \sum_k [\delta u_k^* X_k^* + \delta w_k^* Z_k^* + \delta \beta_k^* M_k^*] = 0. \tag{7.42}$$

Dieses Prinzip der virtuellen Arbeiten sieht etwas komplizierter aus als das Prinzip der virtuellen Verrückungen für ebene Stabwerke, Gl. (5.19). Der virtuelle Arbeitsausdruck würde sogar noch länger werden, wenn Ausdrücke der folgenden Form

$$\delta(\tilde{u}_i \tilde{N}'_i) = \delta u_i \tilde{N}'_i + \tilde{u}_i \delta N'_i, \tag{7.43}$$

die im Interesse der Übersichtlichkeit als „virtuelle Produkte" angegeben werden, in ihre Einzelanteile aufgelöst würden. Die Kompliziertheit des Prinzips der virtuellen Arbeiten ist nicht verwunderlich, da jetzt sowohl Verschiebungsgrößen ($\tilde{u}_i$, $\tilde{w}_i$ und $\tilde{\beta}_i$) als auch Schnittkraftgrößen ($\tilde{N}_i$, $\tilde{Q}_i$ und $\tilde{M}_i$) approximiert werden. Eine Vereinfachung des virtuellen Arbeitsausdrucks ergibt sich unmittelbar, wenn man die Schnittkraftansatzfunktionen so wählt, daß sie die homogenen, statischen Gleichgewichtsbedingungen im Stab exakt erfüllen. Der unterstrichene Term entfällt dann.

An einem sehr einfachen Beispiel wollen wir uns klarmachen, welche Ansatzfunktionen bei dem PdvA einzuführen sind. Das Rahmentragwerk in Bild 7.16 besteht aus zwei Stäben. Für jeden dieser ebenen Stäbe gibt es drei Schnittkraftzustände, die die Gleichgewichtsbedingungen erfüllen. Wir bezeichnen die Parameter mit $X_1^{(i)}$, $X_2^{(i)}$ und $X_3^{(i)}$ (Bild 7.16a). Das betrachtete einfache Beispiel hat 6 unbekannte Knotenverschiebungen bzw. Knotenverdrehungen. Die zugehörigen Einheitsverschiebungszustände sind in Bild 7.16b wiedergegeben.

Da die Schnittkraftzustände in einem Stab unabhängig von den Schnittkraftzuständen im anderen Stab sind, statische Übergangsbedingungen brauchen nicht erfüllt zu werden, lassen sich die statisch Unbestimmten $X_j^{(i)}$ auf Elementebene zwischeneleminieren. Man erhält dann für jedes Element eine Nachgiebigkeitsmatrix und durch Inversion die Steifigkeitsmatrix. Bezüglich der Biegeanteile soll diese Steifigkeitsmatrix ohne weitere Ableitung angegeben werden:

$$\boldsymbol{S}_{\mathrm{Bi}} = \frac{1}{\Delta} \begin{bmatrix} 4F_{11}/l^2 & -2(F_{11}+F_{12})/l & -4F_{11}/l^2 & -2(F_{11}-F_{12})/l \\ & F_{11}+F_{22}+2F_{12} & 2(F_{11}+F_{12})/l & F_{11}-F_{22} \\ & \text{symmetrisch} & 4F_{11}/l^2 & 2(F_{11}-F_{12})l \\ & & & F_{11}+F_{22}-2F_{12} \end{bmatrix} \tag{7.44}$$

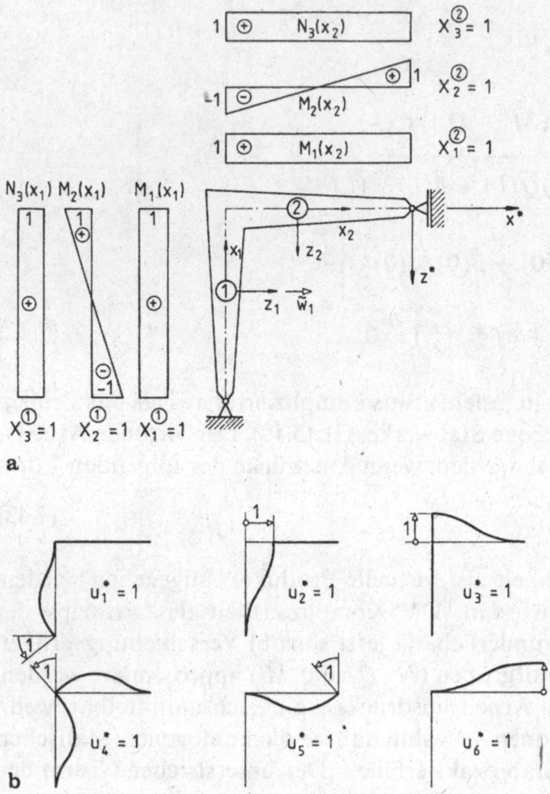

Bild 7.16a, b. Rahmentragwerk mit zwei Stäben veränderlicher Biegesteifigkeit. Schnittkraftansätze in den Stäben (**a**) sowie Einheitsverschiebungszustände für die Knotenverschiebungen (**b**)

mit

$$F_{11} = l\int_0^1 1/B(\xi)\,\mathrm{d}\xi, \tag{7.45a}$$

$$F_{12} = l\int_0^1 (-1+2\xi)/B(\xi)\,\mathrm{d}\xi, \tag{7.45b}$$

$$F_{22} = l\int_0^1 (-1+2\xi)^2/B(\xi) + (4/l)\int_0^1 1/S(\xi)\,\mathrm{d}\xi, \tag{7.45c}$$

$$\Delta = F_{11}F_{22} - F_{12}^2.$$

Die drei Integrale aus den Gln. (7.45a–c) wird man in der Regel mit numerischer Integration bestimmen. Der Aufbau der gesamten Steifigkeitsmatrix ist dann reine Routinesache.

Massenmatrix und gegebenenfalls Anfangslastmatrizen aufgrund von Vorspannung in den Stäben werden in gleicher Weise bestimmt wie bei Stäben konstanter Steifigkeit. Hierbei kann man entweder die gleichen Ansatzfunktionen verwenden wie bei Stäben konstanter Steifigkeit: Gl. (7.4) im schubstarren Fall sowie Gl. (7.32) im schubweichen Fall. Numerisch erheblich günstiger allerdings auch aufwendiger ist es, sich bei Stäben veränderlicher Steifigkeit die Ansatzfunktionen in den Stäben durch eine vorgeschaltete Integration als Lösung der homogenen, statischen Differentialgleichung (ohne Anfangslasteffekte) zu ermitteln und diese statisch richtigen Einheitsverschiebungszustände für die Berechnung von Massenmatrix, geometrischer Steifigkeitsmatrix und Belastungsvektor zugrunde zu legen.

Die gemischt-hybride Vorgehensweise, bei der im Element Schnittkraftansätze eingeführt werden, auf Systemebene aber mit Verschiebungsgrößen als Unbekannten gearbeitet wird, läßt sich auch auf andere Tragwerke übertragen. Eine Reihe von Beispielen findet man bei Karamanlidis [7.28–7.30].

7.7 Übungsaufgaben

Aufgabe 7.1. Transformationen bei ebenen Rahmentragwerken

Wie lautet die Transformationsvorschrift zwischen den beiden Stabendverschiebungsvektoren

$$\boldsymbol{u}_i^T = \{w_0, \beta_0, w_l, \beta_l, u_0, u_l\},$$
$$\boldsymbol{u}_i^{*T} = \{u_0^*, w_0^*, \beta_0^*; u_l^*, w_l^*, \beta_l^*\},$$

die einmal im lokalen, einmal im globalen Koordinatensystem formuliert werden (siehe Bild 7.17)?

Für das in Bild 7.18 dargestellte Rahmentragwerk ist die Indextafel, mit deren Hilfe die Komponenten der Verschiebungsvektoren $\boldsymbol{u}_i^*$ in Komponenten des Systemverschiebungsvektors $\boldsymbol{u}^*$ umgerechnet werden können, anzugeben. Gesucht sind außerdem für alle Stäbe die Winkel α_i (siehe Bild 7.17a). Die Angabe soll in folgender Form erfolgen:

Stab i	w_0^*	u_0^*	β_0^*	w_l^*	u_l^*	β_l^*
1						
etc.						

α_i

Was ändert sich, wenn das rechte Lager zu einem Gleitlager wird?

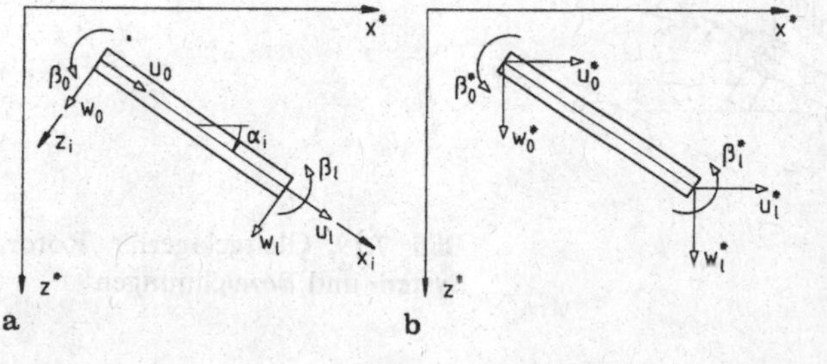

Bild 7.17a, b. Lokales (**a**) und globales (**b**) Koordinatensystem bei einem Stab in der Ebene

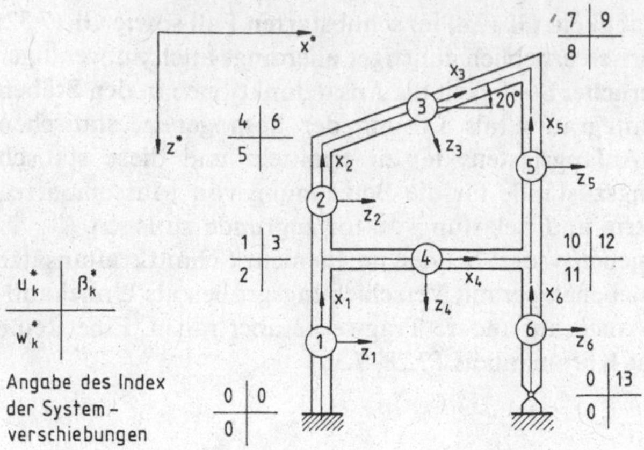

Bild 7.18. Beispiel zur Indextafel

Aufgabe 7.2. Bewegungsdifferentialgleichungen eines gleitgelagerten Rotors

Es ist das Bewegungsdifferentialgleichungssystem

$$\boldsymbol{M}^* \tilde{\boldsymbol{u}}^{*\cdot\cdot} + \boldsymbol{D}^* \tilde{\boldsymbol{u}}^{*\cdot} + \boldsymbol{S}^* \tilde{\boldsymbol{u}}^* = \tilde{\boldsymbol{p}}^*$$

zur Untersuchung der räumlichen Schwingungen für den in Bild 7.19 dargestellten Rotor anzugeben. Der Rotor soll durch fünf Abschnitte erfaßt werden.

Die Wirkung des Gleitlagerölfilms wird durch folgendes Gesetz beschrieben:

$$\begin{Bmatrix} \tilde{P}_y \\ \tilde{P}_z \end{Bmatrix} = \begin{bmatrix} c_{yy} & c_{yz} \\ c_{zy} & c_{zz} \end{bmatrix} \begin{Bmatrix} \Delta\tilde{v} \\ \Delta\tilde{w} \end{Bmatrix} + \begin{bmatrix} d_{yy} & d_{yz} \\ d_{zy} & d_{zz} \end{bmatrix} \begin{Bmatrix} \Delta\tilde{v}^{\cdot} \\ \Delta\tilde{w}^{\cdot} \end{Bmatrix}.$$

$\Delta\tilde{v}$ und $\Delta\tilde{w}$ sind die Relativverschiebungen zwischen dem Rotor (Index R) und der Lagerschale (Index S):

$$\Delta\tilde{v} = \tilde{v}_R - \tilde{v}_S,$$

$$\Delta\tilde{w} = \tilde{w}_R - \tilde{w}_S.$$

Bei dem behandelten Beispiel verschiebt sich das Gleitlager und damit die Lagerschale nicht. $\tilde{P}_y$ und $\tilde{P}_z$ sind Kräfte, die der Gleitlagerölfilm überträgt. Zur Veranschaulichung kann man sich den Gleitlagerölfilm durch ein Feder-Dämpfer-Paar

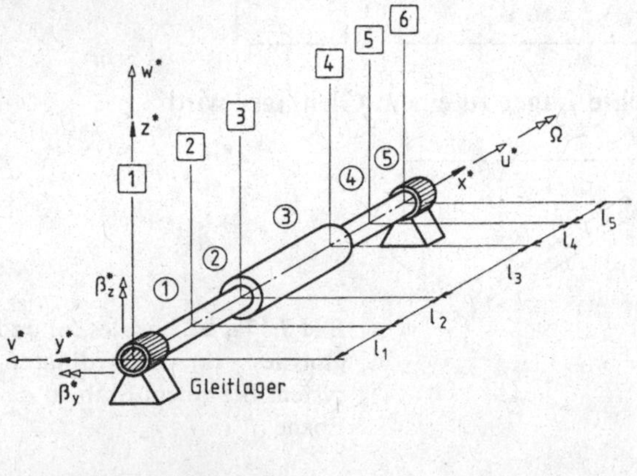

Bild 7.19. Gleitgelagerter Rotor, System und Bezeichnungen

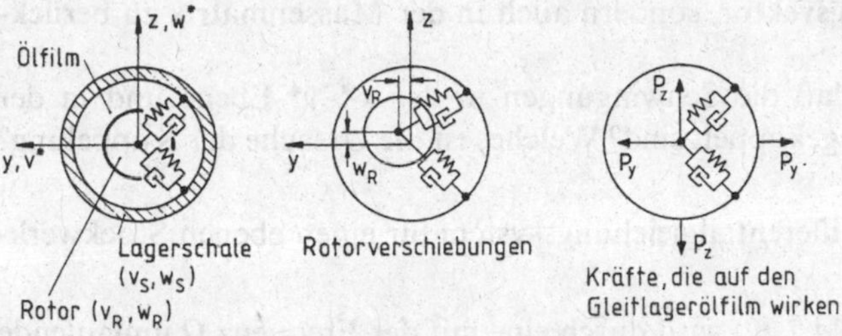

Bild 7.20. Gleitlageridealisierung

idealisiert denken (Bild 7.20). Hierbei ist allerdings zu beachten, daß die beiden Gleitlagermatrizen nicht symmetrisch sind ($c_{yz} \neq c_{zy}$, $d_{yz} \neq d_{zy}$). Die Kräfte P_y und P_z in ihrer Wirkung auf den Ölfilm sind aus Bild 7.20 (rechts) zu ersehen.

Durch wieviele Unbekannte wird das räumliche Bewegungsverhalten des Rotors beschrieben?

Wie lauten Steifigkeits- und Massenmatrix eines Elements für gleichzeitige Verschiebung in der x–y-Ebene und in der x–z-Ebene? Der Elementverschiebungsvektor wird hierbei in der Form

$$\boldsymbol{u}_i^{\mathrm{T}} = \{v_0, \beta_{z0}, v_1, \beta_{z1}; \quad w_0, \beta_{y0}, w_1, \beta_{y1}\}_i$$

angesetzt.

Wie lassen sich Gleitlager im Prinzip der virtuellen Verrückungen berücksichtigen?

Wie sieht die Indextafel aus, wenn die Systemverschiebungen im Vektor $\boldsymbol{u}^*$ in folgender Weise angeordnet werden:

$$\boldsymbol{u}^{*\mathrm{T}} = \{v_1^*, \beta_{z1}^*, \ldots v_6^*, \beta_{z6}^*; \quad w_1^*, \beta_{y1}^*, \ldots w_6^*, \beta_{y6}^*\}?$$

Wie sind die Matrizen $\boldsymbol{S}^*$ und $\boldsymbol{M}^*$ besetzt? Der Übersichtlichkeit halber darf darauf verzichtet werden, die Koeffizienten formelmäßig einzutragen. Die Beiträge aus den einzelnen Stäben und aus den Gleitlagern sollen aber unterschiedlich gekennzeichnet werden.

Wie ist der Systembelastungsvektor besetzt, wenn am Knoten 2 eine exzentrische Masse ε_m vorhanden ist, die sich zum Zeitpunkt $t = 0$ in der in Bild 7.21 angegebenen Lage befindet? Es wird angenommen, daß die exzentrische Masse so klein ist, daß sie in der Massenmatrix nicht berücksichtigt zu werden braucht.

Welche Veränderungen ergeben sich beim Aufstellen des Gleichungssystems, wenn die exzentrisch umlaufende Masse so groß ist, daß man gezwungen ist,

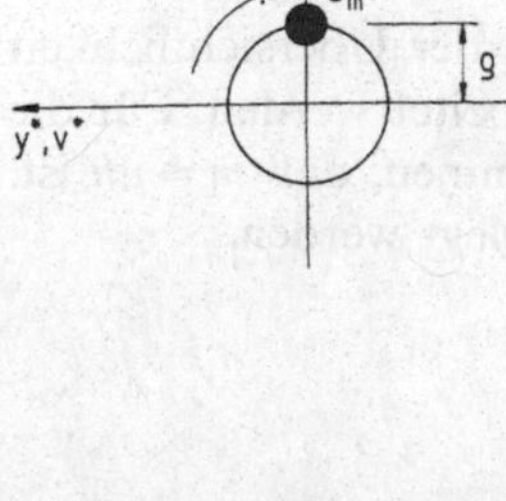

Bild 7.21. Exzentrisch angeordnete Einzelmasse

sie nicht nur im Belastungsvektor, sondern auch in der Massenmatrix zu berücksichtigen?

Woran erkennt man, daß die Schwingungen in der x^*–y^*-Ebene und in der x^*–z^*-Ebene miteinander gekoppelt sind? Welches ist die Ursache der Koppelung?

Aufgabe 7.3. Bewegungsdifferentialgleichungssystem für einen ebenen Stockwerkrahmen

Ein Stockwerkrahmen (Bild 7.22) wird durch eine mit der Frequenz Ω umlaufende Unwucht ε_m beansprucht. Gesucht ist das System von Bewegungsdifferentialgleichungen (Steifigkeitsmatrix, Massenmatrix, Belastungsvektor), das sich bei einer Berechnung nach der Methode der finiten Elemente ergibt.

Alle Stäbe besitzen konstante Biegesteifigkeit, konstante Dehnsteifigkeit und konstante Massenbelegung, sind aber schubstarr. Als Abkürzung wird $\alpha = Dl^2/B$ verwendet. Die Komponenten des Elementverschiebungsvektors werden in folgender Reihenfolge angeordnet:

$$\boldsymbol{u}_\mathrm{i}^\mathrm{T} = \{w_0, \beta_0, w_1, \beta_1; u_0, u_1\}_\mathrm{i}.$$

Wie lauten die Elementsteifigkeits- und die Elementmassenmatrix?

Die Elementmatrizen sollen auf Verschiebungskomponenten in Richtung der Achsen des globalen Koordinatensystems transformiert werden. Die Transformationsbeziehung ist von der Form

$$\tilde{\boldsymbol{u}}_\mathrm{i} = \boldsymbol{T}_\mathrm{i}\tilde{\boldsymbol{u}}_\mathrm{i}^*,$$

mit dem neuen Verschiebungsvektor

$$\boldsymbol{u}_\mathrm{i}^{*\mathrm{T}} = \{u_0^*, w_0^*, \beta_0^*; u_1^*, w_1^*, \beta_1^*\}_\mathrm{i}.$$

Wie lauten die beiden transformierten Matrizen $\boldsymbol{S}_\mathrm{i}^*$ und $\boldsymbol{M}_\mathrm{i}^*$?

Durch wieviele Unbekannte kann das Verhalten des Gesamtsystems beschrieben werden? Der Systemverschiebungsvektor soll die folgende Form besitzen:

$$\boldsymbol{u}^{*\mathrm{T}} = \{u_2^*, w_2^*, \beta_2^*; u_3^* \ldots\}.$$

Wie lautet die Indextafel?

Stab i	u_{i0}^*	w_{i0}^*	β_{i0}^*	u_{i1}^*	w_{i1}^*	β_{i1}^*
1						
2						
3						
4						

Wie sind die beiden Systemmatrizen besetzt? Aus Gründen der Übersichtlichkeit soll hier mit normierten Größen ($B = 1$, $h = 1$, $\mu = 1$) gearbeitet werden. Für die zusätzlich zu berücksichtigende Motormasse wird angenommen, daß $m = \mu h$ ist. Der Schwerpunkt des Motors darf in die neutrale Faser gelegt werden.

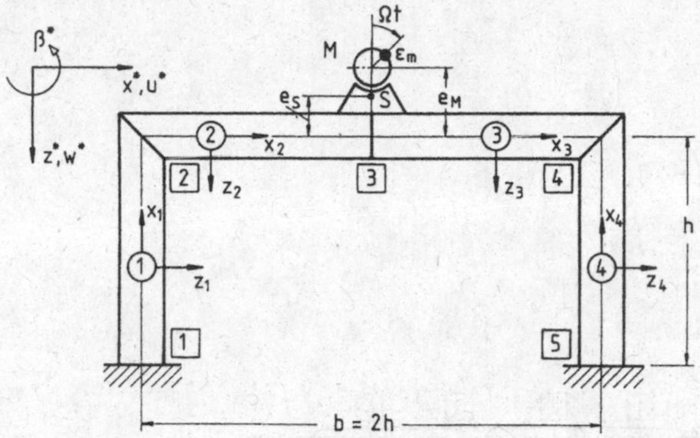

Bild 7.22. System und Bezeichnungen für das ebene Rahmentragwerk

Wie lautet der Systembelastungsvektor aufgrund einer exzentrisch umlaufenden kleinen Masse ε_m, wenn auch die Motorachse in der neutralen Faser liegt?

Welche Veränderungen ergeben sich bei der Systemmassenmatrix und beim Systembelastungsvektor, wenn der Motorschwerpunkt und die Achse des Motors nicht auf der neutralen Faser liegen (siehe Bild 7.22)?

Wie lauten für den Fall $e_s = 0$ und $e_M = 0$ Systemsteifigkeitsmatrix und Systemmassenmatrix, wenn alle Stäbe dehnstarr sind? Für die Ermittlung der neuen Systemmatrizen benötigt man eine Transformationsbeziehung der Form

$$\tilde{\boldsymbol{u}}^* = \boldsymbol{T}^* \tilde{\boldsymbol{v}}^*,$$

wobei der neue Verschiebungsvektor $\boldsymbol{v}^*$ folgendermaßen besetzt werden soll:

$$\boldsymbol{v}^{*\mathrm{T}} = \{u_2^*, \beta_2^* h, w_3^*, \beta_3^* h, \beta_4^* h\}.$$

Warum treten hierbei nur noch fünf Unbekannte auf? Wie sieht der zu

$$u_2^* = 1$$

gehörende Verschiebungszustand aus?

Aufgabe 7.4. Näherungslösung für verwundene Flügel

Ein Ingenieurbüro erhält den Auftrag, die Eigenschwingungen der Flügel einer Windturbine (Bild 7.23) zu untersuchen. Voruntersuchungen haben gezeigt, daß Biegesteifigkeit, Schubsteifigkeit, Massenbelegung und Drehmassenbelegung sowie der Vorspanneffekt von Gewicht und Zentrifugalkräften berücksichtigt werden müssen. Wölbkrafttorsionseffekte dürfen vernachlässigt werden. Weiterhin darf angenommen werden, daß die neutrale Faser eine Gerade ist, die mit der Verbindungslinie der Schwerpunkte der Einzelquerschnitte zusammenfällt, und daß in jedem Querschnitt die Hauptachsen für Biegedeformation, Schubdeformation und Massenträgheit zusammenfallen.

Berücksichtigt werden muß, daß alle Querschnittswerte sich über die Länge des Flügels ändern und daß der Flügel verwunden ist. Im Ingenieurbüro ist nur ein Programm verfügbar, mit dem sich Stäbe konstanter Querschnittswerte behandeln lassen, die auf die Hauptachsen bezogen sind. Wie muß das Büro vorgehen, wenn

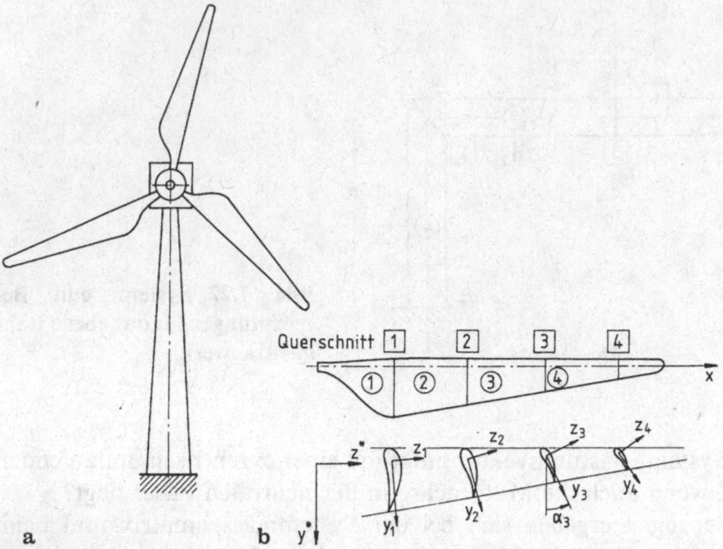

Bild 7.23a, b. Windturbine (**a**) und Drehung der Hauptträgheitsachsen entlang der Flügelachse (**b**)

es mit diesem Programm näherungsweise die Veränderlichkeit der Querschnittswerte und die Drehungen der Hauptachsen (Bild 7.23b) erfassen will?

Aufgabe 7.5. Das Verfahren von Koloušek

In Aufgabe 2.4 wurde eine „dynamische Steifigkeitsmatrix" durch Teilinversion aus der Übertragungsmatrix hergeleitet. Für den einhüftigen Rahmen von Bild 7.24 soll, ausgehend von dieser dynamischen Elementsteifigkeitsmatrix, die dynamische Systemsteifigkeitsmatrix für Eigenschwingungsuntersuchungen hergeleitet werden. Wie lautet die Eigenwertgleichung? Wieviele Eigenwerte lassen sich mit dieser Eigenwertgleichung berechnen? Ermittle numerisch die beiden niedrigsten Eigenfrequenzen und gib an, wie die zugehörigen Eigenschwingungsformen aussehen.

Bei dem hier skizzierten Vorgehen handelt es sich um das Verfahren von Koloušek [7.31]. Bei Systemen mit Mehrfreiheitsgraden ist die analytische Ermittlung der Eigenwertgleichung recht mühsam. Mit welchem numerischen Verfahren lassen sich die Eigenwerte zu einer dynamischen Steifigkeitsmatrix der Abmessung (beispielsweise) 6×6 ermitteln?

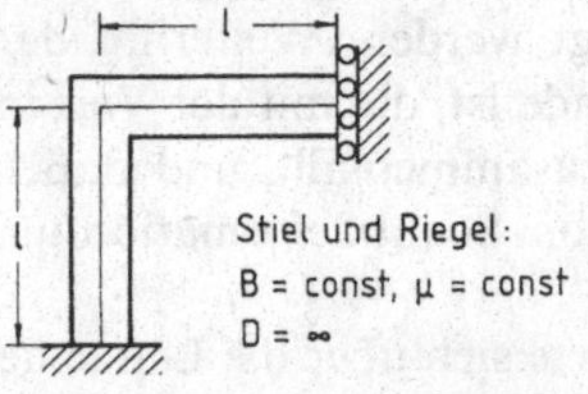

Bild 7.24. Einhüftiger Rahmen, System und Abmessungen

Aufgabe 7.6. Kontrolle von Elementmatrizen

Jede elastische Steifigkeitsmatrix soll in der Lage sein, Starrkörperverschiebungszustände richtig zu erfassen. Zur Kontrolle dieser Eigenschaft gibt man einen

Stabendverschiebungsvektor $\boldsymbol{u}_i$ vor, der einem Starrkörperverschiebungszustand entspricht, und prüft nach, ob die zugehörigen Stabendschnittkräfte s_i zu Null werden: Zu einem Starrkörperverschiebungszustand dürfen keine Stabendschnittkräfte gehören!

Kontrolliere auf diese Weise die Steifigkeitsmatrix des schubweichen Balkens und die Steifigkeitsmatrix des Balkens veränderlicher Steifigkeit.

Lassen sich mit einem Starrkörperverschiebungsvektor auch die Massenmatrix und die geometrische Steifigkeitsmatrix kontrollieren? Wie?

Aufgabe 7.7. Elementsteifigkeitsmatrix und Elementmassenmatrix für einen Dehnstab veränderlicher Steifigkeit

In gleicher Weise wie für einen Balken veränderlicher Biegesteifigkeit (Abschn. 7.6) soll, ausgehend von dem Prinzip der virtuellen Arbeiten, Gl. (7.40), die Steifigkeitsmatrix $\boldsymbol{S}_{Di}$ für einen Dehnstab veränderlicher Steifigkeit $D(x_i)$ ermittelt werden, wobei angenommen wird, daß

$$\frac{1}{D(x)} = \frac{1}{D_0}(1-\xi) + \frac{1}{D_i}\xi \quad \text{mit} \quad \xi = x/l.$$

Wie lautet $u(\xi)$? Was ergibt sich als $\boldsymbol{M}_{Di}$ für linear veränderliches $\mu(x)$?

Aufgabe 7.8. Inkompatibilitäten beim schubweichen Platten-Rechteckelement

In Abschn. 7.5.3 wurde ein Rechteckelement zum Einsatz für schubweiche Platten vorgestellt. Es soll gezeigt werden, daß Inkompatibilitäten auftreten, wenn an den Interelementgrenzen Steifigkeitssprünge vorliegen.

Aufgabe 7.9. Eigenfrequenz einer allseitig eingespannten Quadratplatte

Unter Verwendung der Tabellen 7.3 bis 7.10 ist ein Näherungswert für die niedrigste Eigenfrequenz einer Quadratplatte (Seitenabmessung $2a$) in Abhängigkeit von einer Druckvorspannung $n_x^{(0)} = -p$ anzugeben. Die Platte soll in vier Elemente (Seitenabmessung a) unterteilt werden. Einziger Freiheitsgrad ist die Mittendurchsenkung. Es darf mit verschwindender Querkontraktionszahl gerechnet werden.

Aufgabe 7.10. Rekonstruktion einer Tragwerkstopologie aufgrund der Indextafel

Die nachfolgende Indextafel beschreibt ein Balkentragwerk vom Typ eines Durchlaufträgers. Das zugehörige Tragwerk soll in einer Skizze dargestellt werden.

i	w_{0i}	β_{0i}	w_{1i}	β_{1i}
1	0	0	1	2
2	1	2	3	4
3	1	5	3	6
4	3	6	7	8
5	7	9	0	0

8 Ausnutzung von Symmetrieeigenschaften

Behandelt man reale Konstruktionen mit der Methode der finiten Elemente, so ist man häufig gezwungen, Tausende von Freiheitsgraden einzuführen. Für die Untersuchung der Eigenschwingungen des Eisenbahn-Radsatzes von Bild 8.1 bei Verwendung eines dreidimensionalen FEM-Modells wären beispielsweise ca. 35 000 Unbekannte erforderlich gewesen. Um den Rechenaufwand in Grenzen zu halten, ist man bestrebt, die Anzahl der Freiheitsgrade drastisch zu reduzieren. Die einfachste Möglichkeit ist hierbei die Ausnutzung von Symmetrieeigenschaften. Eigenfrequenzen und Eigenschwingungsformen des Modells bleiben hierbei unverändert. Die Rechenzeit kann, besonders wenn es sich um ein dreidimensionales Kontinuum handelt, das drei zueinander senkrechte Symmetrieebenen besitzt, bei konsequenter Ausnutzung der Symmetrieeigenschaften auf einen Bruchteil gesenkt werden.

Für die Ausnutzung von Symmetrieeigenschaften ist es gleichgültig, ob ein statisches oder ein dynamisches Problem untersucht werden soll.

8.1 Ein einfaches Beispiel

Die Vorgehensweise bei der Ausnutzung von Symmetrieeigenschaften wollen wir uns an dem einfachen Rahmentragwerk von Bild 8.2 klarmachen. Ziel ist es hierbei, für die Berechnung der Eigenschwingungen oder der erzwungenen Schwingungen nicht den vollständigen Rahmen, sondern nur eine Hälfte des Rahmens zugrunde zu legen.

Wir setzen im folgenden voraus:

— Das Tragwerk besitzt eine Symmetrieachse, bezüglich derer es hinsichtlich Geometrie, physikalischer Eigenschaften und Randbedingungen symmetrisch

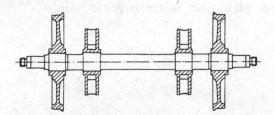

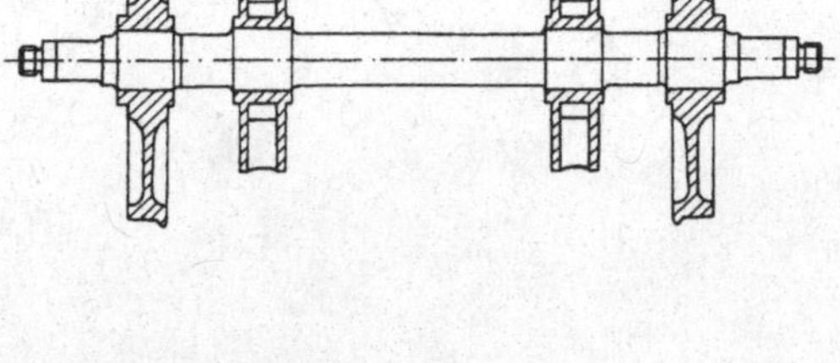

Bild 8.1. Eisenbahn-Radsatz mit Bremsscheiben

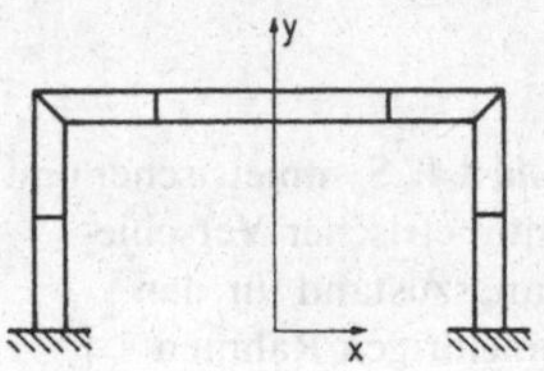

Bild 8.2. Einfeldriger, symmetrischer Rahmen

ist. Das heißt: Durch Spiegelung an der Symmetrieachse wird das Tragwerk auf sich selber abgebildet (Struktursymmetrie).

— Alle verwendeten kinematischen und physikalischen Beziehungen sind linear, da nur dann Superposition möglich ist.

Die Belastung ist im allgemeinen nicht symmetrisch (Bild 8.3). Man nutzt nun die Möglichkeit der Superposition und zerlegt eine beliebige Belastung (Bild 8.3a) in eine symmetrische (Bild 8.3b) und in eine antimetrische (Bild 8.3c) Lastgruppe.

Die *symmetrische Lastgruppe* erhält man, indem man alle Lastvektoren der Ausgangsbelastung an der Symmetrieachse spiegelt, die gespiegelte Belastung mit der Ausgangsbelastung zusammenfaßt und durch 2 teilt. Die *antimetrische Lastgruppe* ergibt sich, wenn man die Lastvektoren der Ausgangsbelastung an der Symmetrieachse spiegelt und die Lastangriffsrichtung umkehrt, diese neue Belastung mit der Ausgangsbelastung zusammenfaßt und dann halbiert.

Unter einer symmetrischen Belastung stellt sich ein rein symmetrischer Verschiebungszustand ein, unter einer antimetrischen Belastung ist der Verschiebungszustand rein antimetrisch.

Beim *symmetrischen Verschiebungszustand* gehen die Verschiebungsvektoren zweier zueinander symmetrischer Punkte bei einer Spiegelung an der Symmetrieachse einschließlich der Orientierung ineinander über; beim *antimetrischen*

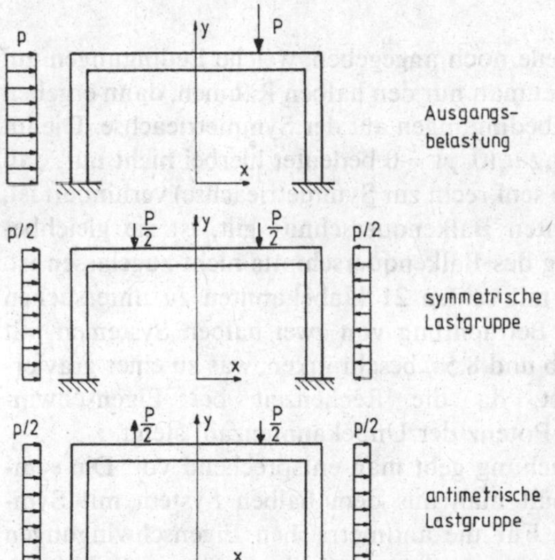

Bild 8.3. Aufteilung einer allgemeinen Belastung in eine symmetrische und in eine antimetrische Lastgruppe

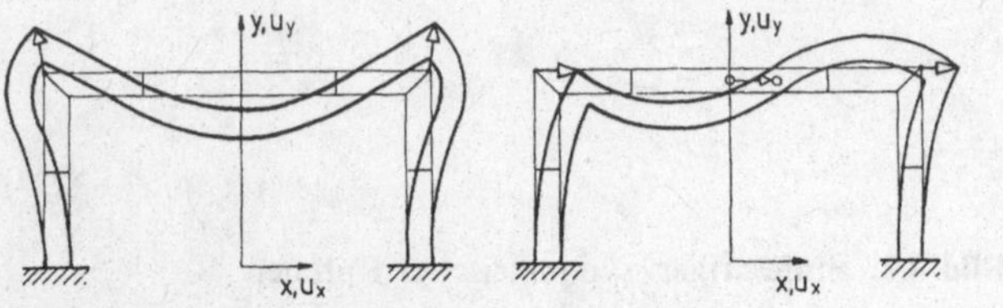

Bild 8.4. Symmetrischer und antimetrischer Verschiebungszustand für den einfeldrigen Rahmen

Verschiebungszustand geht ein Verschiebungsvektor nach Spiegelung an der Symmetrieachse und Richtungsumkehr in den Verschiebungsvektor des symmetrischen Punktes über (Bild 8.4).

Bei dem als Beispiel betrachteten Rahmen ist die y-Achse Symmetrieachse. Symmetrie- und Antimetriebedingungen lassen sich dann gemäß Tabelle 8.1 formulieren.

Tabelle 8.1. Symmetrie- und Antimetriebedingung bei ebenen Rahmentragwerken (Symmetrieachse $x = 0$)

y-Achse ($x = 0$) ist Symmetrieachse	
symmetrischer Verschiebungszustand	antimetrischer Verschiebungszustand
$u_x(x, y) = -u_x(-x, y)$ $u_y(x, y) = u_y(-x, y)$	$u_x(x, y) = u_x(-x, y)$ $u_y(x, y) = -u_y(-x, y)$
Bedingung auf der Symmetrieachse	
$u_x(0, y) = 0$	$u_y(0, y) = 0$

In Tabelle 8.1 ist in der letzten Zeile noch angegeben, welche Bedingungen auf der Symmetrieachse gelten. Betrachtet man nur den halben Rahmen, dann ergeben sich daraus die geometrischen Randbedingungen auf der Symmetrieachse. Die im symmetrischen Fall gültige Beziehung $u_x(0, y) = 0$ bedeutet hierbei nicht nur, daß die Verschiebung in x-Richtung (also senkrecht zur Symmetrieachse) verhindert ist; da diese Bedingung für den gesamten Balkenquerschnitt gilt, ist sie gleichbedeutend damit, daß eine Verdrehung des Balkenquerschnitts nicht zugelassen ist.

Anstatt das vollständige System mit seinen 21 Unbekannten zu untersuchen (Bild 8.5a), kann man sich auf die Betrachtung von zwei halben Systemen mit 10 bzw. 11 Freiheitsgraden (Bild 8.5b und 8.5c) beschränken, was zu einer gravierenden Rechenzeiteinsparung führt, da die Rechenzeit bei Eigenschwingungsberechnungen mit der dritten Potenz der Unbekanntenzahl steigt.

Bei der Eigenschwingungsuntersuchung geht man entsprechend vor. Die symmetrischen Eigenschwingungen erhält man aus dem halben System mit Symmetrierandbedingungen (Bild 8.5b). Für die antimetrischen Eigenschwingungen verwendet man das halbe System mit den Antimetrierandbedingungen (Bild 8.5c).

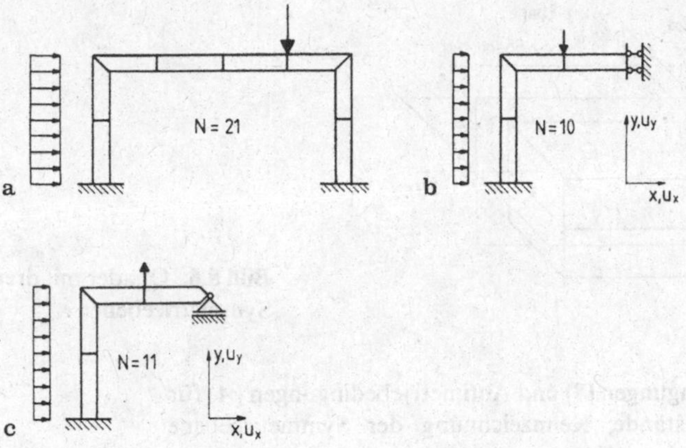

Bild 8.5a–c. Ausgangssystem (**a**) und halbe Systeme zur Untersuchung des symmetrischen (**b**) und des antimetrischen (**c**) Verschiebungszustandes

8.2 Allgemeine Regeln für die Ausnutzung von Symmetrieeigenschaften bei dreidimensionalen Strukturen

Die Rechenzeiteinsparung durch die Ausnutzung von Symmetrieeigenschaften schlägt dann besonders zu Buche, wenn es sich um dreidimensionale Strukturen handelt und wenn nicht nur eine, sondern sogar zwei oder drei zueinander senkrechte Symmetrieebenen vorliegen. Die Symmetriebedingungen und die auf den Symmetrieebenen einzuhaltenden geometrischen Randbedingungen lassen sich in völliger Analogie zur Vorgehensweise im letzten Abschnitt aufgrund von Spiegelungsbetrachtungen angeben. Ein symmetrischer Verschiebungszustand bezüglich einer Ebene liegt dann vor, wenn die Verschiebungsvektoren zweier symmetrischer Punkte bei Spiegelung an der Symmetrieebene ineinander übergehen. Ein antimetrischer Verschiebungszustand liegt vor, wenn die Verschiebungsvektoren zweier symmetrischer Punkte durch Spiegelung und Richtungsumkehr ineinander überführt werden können.

Untersucht man jetzt beispielsweise die Eigenschwingungen eines Quaders mit drei zueinander senkrechten Symmetrieebenen (Bild 8.6), so kann man sich auf die Betrachtung eines Achtel-Ausschnitts beschränken. Im allgemeinen müssen dann allerdings acht Fälle, d.h. ein Ausschnitt mit jeweils anderen Randbedingungen auf den Symmetrieebenen, behandelt werden.

Die acht Fälle lassen sich dadurch charakterisieren, daß man angibt, ob der Verschiebungszustand bezüglich der drei Ebenen symmetrisch oder antimetrisch ist. Die Ebenen werden hierbei durch ihre Normalenrichtung gekennzeichnet. Welche Randbedingungen auf den Symmetrieebenen bei Beschränkung auf den Achtelausschnitt im symmetrischen und im antimetrischen Fall eingeführt werden müssen, ist in Tabelle 8.2 zusammengestellt. Kurz gefaßt: Interessiert man sich für den symmetrischen Zustand, so müssen auf der Symmetrieebene die Verschiebun-

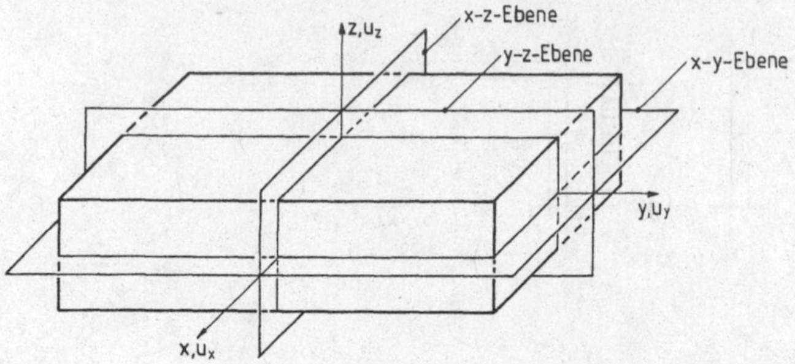

Bild 8.6. Quader mit drei Symmetrieebenen

Tabelle 8.2. Symmetriebedingungen (S) und Antimetriebedingungen (A) für räumliche Verschiebungszustände; Kennzeichnung der Symmetrieebene durch die zugehörige Normalenrichtung

y–z-Ebene ist Symmetrieebene; Flächennormale x	
symmetrischer Zustand (S_x)	antimetrischer Zustand (A_x)
$u_x(x, y, z) = -u_x(-x, y, z)$ $u_y(x, y, z) = u_y(-x, y, z)$ $u_z(x, y, z) = u_z(-x, y, z)$	$u_x(x, y, z) = u_x(-x, y, z)$ $u_y(x, y, z) = -u_y(-x, y, z)$ $u_z(x, y, z) = -u_z(-x, y, z)$
Bedingungen auf der Symmetrieebene	
$u_x(0, y, z) = 0$	$u_y(0, y, z) = 0$ $u_z(0, y, z) = 0$
x–z-Ebene ist Symmetrieebene; Flächennormale y	
symmetrischer Zustand (S_y)	antimetrischer Zustand (A_y)
$u_y(x, 0, z) = 0$	$u_x(x, 0, z) = 0$ $u_z(x, 0, z) = 0$
x–y-Ebene ist Symmetrieebene; Flächennormale z	
symmetrischer Zustand (S_z)	antimetrischer Zustand (A_z)
$u_z(x, y, 0) = 0$	$u_y(x, y, 0) = 0$ $u_x(x, y, 0) = 0$

gen normal zur Symmetrieebene verhindert werden, interessiert man sich für den antimetrischen Zustand, dann werden beide Tangentialverschiebungen zu Null gesetzt.

In Bild 8.7 ist für zwei Fälle angegeben, wie der Achtelausschnitt an den Symmetrieebenen zu fesseln ist. Zu dem Fall $S_x S_y S_z$ gehört beispielsweise eine

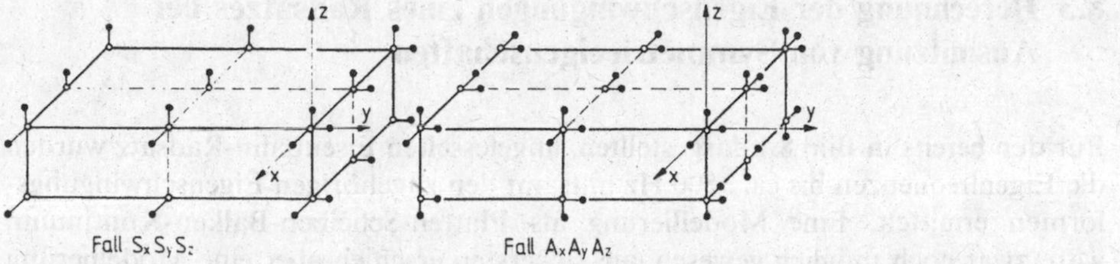

Bild 8.7. Lagerung eines Achtelausschnitts von Bild 8.6 an den Symmetrieflächen (ausgefüllte Punkte sind inertial gefesselt)

Dehnschwingung in y-Richtung, zum Fall $A_x A_y A_z$ eine Torsionschwingung um die y-Achse.

Bei einem dreidimensionalen Kontinuum werden in der Regel als Freiheitsgrade nur translatorische Verschiebungsgrößen eingeführt, so daß auch nur für sie Symmetrie- und Antimetrierandbedingungen formuliert werden müssen. Bei einem Flächentragwerk oder einem Rahmentragwerk treten zusätzlich rotatorische Verschiebungsfreiheitsgrade auf. Die hierfür erforderlichen Symmetrie- und Antimetrierandbedingungen lassen sich ohne Schwierigkeiten aus den Bedingungen des dreidimensionalen Kontinuums herleiten. Für einen Balken mit der y–z-Ebene als Symmetrieebene ist das im Bild 8.8 erläutert.

dreidimensionales Kontinuum	Balken
y, u_y, u_x, x, u_z, z — Symmetrie-ebene	y, β_y, u_y, β_x, β_z, u_z, u_x, x, z — Symmetrie-ebene
Symmetrie	
$u_x(0,y,z) = 0$	$u_x(x=0) = 0$
	$\beta_y(x=0) = 0$
	$\beta_z(x=0) = 0$
Antimetrie	
$u_y(0,y,z) = 0$	$u_y(x=0) = 0$
$u_z(0,y,z) = 0$	$u_z(x=0) = 0$
	$\beta_x(x=0) = 0$

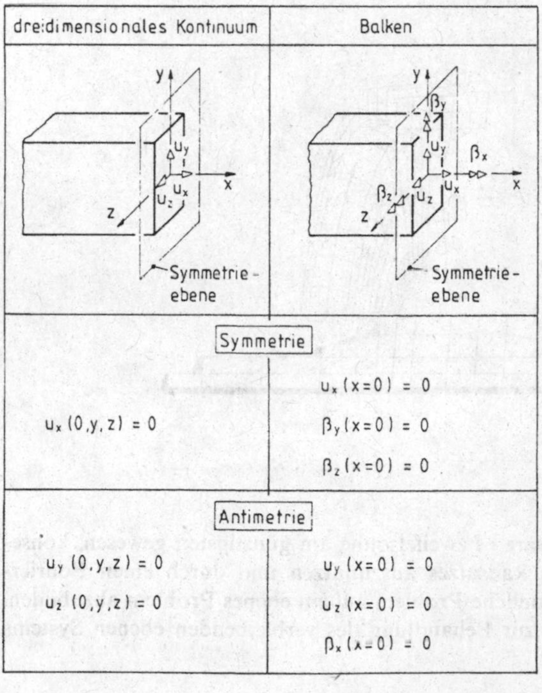

Bild 8.8. Symmetrie- und Antimetrieberechnungen für einen Balken mit der y–z-Ebene als Symmetrieebene

8.3 Berechnung der Eigenschwingungen eines Radsatzes bei Ausnutzung von Symmetrieeigenschaften

Für den bereits in Bild 8.1 dargestellten, ungefesselten Eisenbahn-Radsatz wurden die Eigenfrequenzen bis ca. 3500 Hz mitsamt den zugehörigen Eigenschwingungsformen ermittelt. Eine Modellierung als Platten-Scheiben-Balken-Kontinuum wäre zwar noch möglich gewesen, am sichersten erschien aber eine Modellierung des gesamten Radsatzes als dreidimensionales Kontinuum[1] [8.1].

Bei der Modellierung des Radsatzes mit Volumenelementen war es nun zwingend erforderlich, Symmetrieeigenschaften auszunutzen, da sonst die Unbekanntenzahl und damit der Rechenaufwand unvertretbar hoch geworden wären. Selbst wenn man die Struktursymmetrie zu drei zueinander senkrechten Ebenen berücksichtigt und nur einen Achtelausschnitt betrachtet, benötigt man ca. 4500 Unbekannte (Bild 8.9).

Da nur noch ein Achtelausschnitt untersucht wird, muß man zwar acht verschiedene Fälle mit unterschiedlichen Randbedingungen berechnen; trotzdem ist der Rechenaufwand wesentlich niedriger als der für das komplette Modell, da die Rechenzeit (wenn man alle Eigenfrequenzen unter Verwendung voll besetzter Matrizen berechnet) mit der dritten Potenz der Unbekanntenanzahl ansteigt.

Im Frequenzbereich zwischen 0 und 3500 Hz besitzt der komplette Radsatz insgesamt 110 Eigenwerte. 16 davon sind Einfach-Eigenwerte, 18 sind Doppel-Eigenwerte und 13 Vierfach-Eigenwerte. Außerdem gibt es sechs Null-Eigenwerte (Starrkörperbewegungen). Um das Auftreten von Einfach-, Doppel- und Vierfach-Eigenwerten verstehen zu können und um die zum Teil recht verwickelten Eigen-

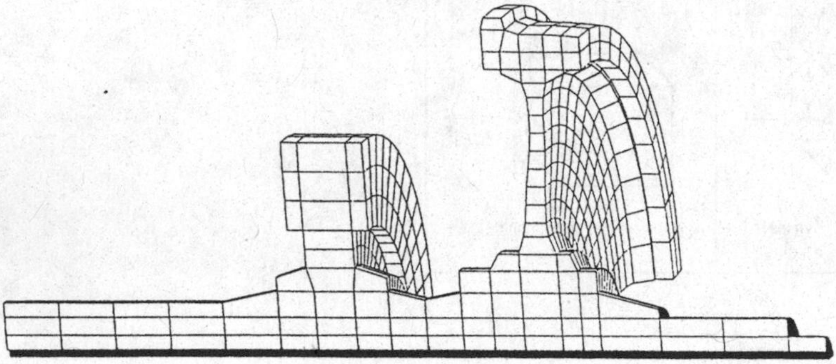

Bild 8.9. Radsatz-Teilmodell

[1] Unter Rechenzeitgesichtspunkten wäre es zweifelsohne am günstigsten gewesen, konsequent die Rotationssymmetrie des Radsatzes auszunutzen und durch einen Fourier-Ansatz in Umfangsrichtung das räumliche Problem auf ein ebenes Problem abzubilden. Ein entsprechendes FE-Programm zur Behandlung des verbleibenden ebenen Systems stand aber nicht zur Verfügung.

formen anschaulich interpretieren zu können, sind eine Reihe von Zusatzüberlegungen erforderlich.

Zur Charakterisierung der Eigenschwingungsformen des Radsatzes betrachtet man zunächst hilfsweise ein einzelnes Rad, das an der Achse eingespannt ist und der Einfachheit halber einen vollständig symmetrischen Aufbau besitzt (vergleiche Bild 8.11 und 8.9). Charakteristische Eigenschwingungsformen sind in Bild 8.10 wiedergegeben. Zur Gliederung wurden vier Gesichtspunkte zugrunde gelegt:

— Handelt es sich bei der Eigenschwingungsform um eine Plattenschwingung oder um eine Scheibenschwingung?

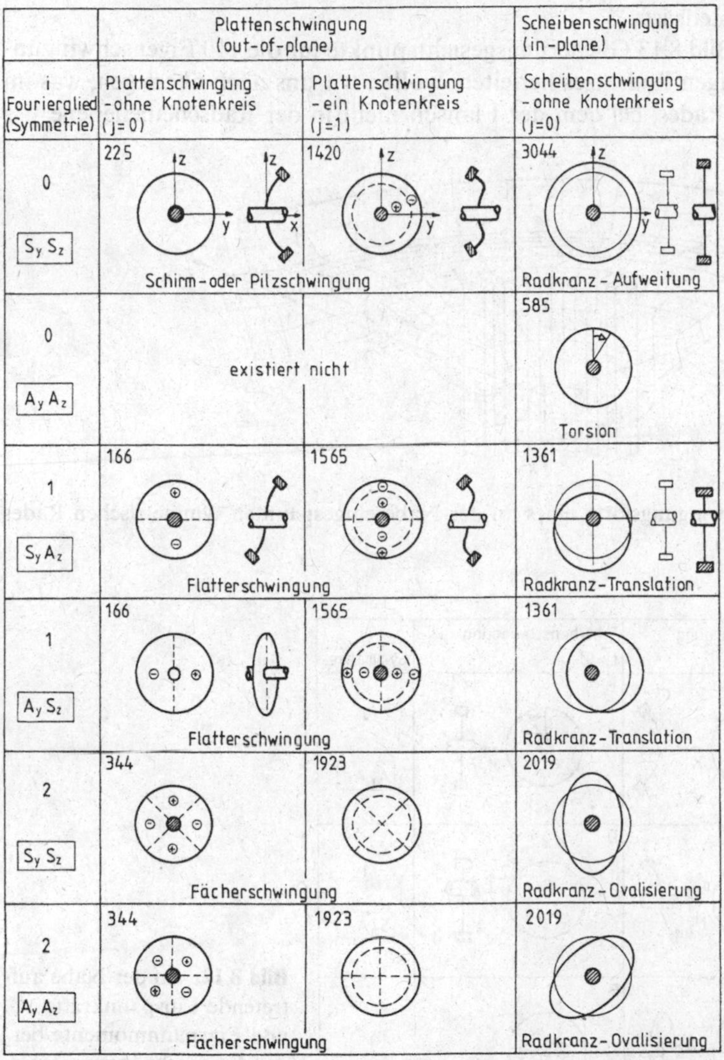

Bild 8.10. Typische Eigenfrequenzen und Eigenformen eines an der Nabe eingespannten symmetrisch aufgebauten Eisenbahnrades nach [8.1]

— Welche Symmetrieeigenschaften bezüglich der y- und der z-Achse besitzt die jeweilige Eigenschwingungsform?
— Wie groß ist die Zahl (i) der Knotenlinien der jeweiligen Eigenschwingungsform? Strenggenommen ist (i) die Anzahl der Fourier-Glieder der jeweiligen Eigenschwingungsform.
— Wieviele Knotenkreise (j) treten bei der jeweiligen Eigenschwingungsform auf?

Die in Bild 8.10 schematisch dargestellten Eigenschwingungsformen sprechen weitgehend für sich selbst. Zusätzlich ist bei jedem Bild auch noch die Eigenfrequenz (Hz) angegeben. Das FE-Modell, aufgrund dessen diese Eigenfrequenzen berechnet wurden, läßt sich aus Bild 8.11 entnehmen, in dem exemplarisch eine Eigenschwingungsform dargestellt ist.

Bevor wir aus Bild 8.13 Gliederungsgesichtspunkte für die 110 Eigenschwingungen des vollständigen Radsatzes herleiten, wollen wir uns noch überlegen, was im Fall eines realen Rades, bei dem der Flansch nicht in der Radscheibenebene y–z

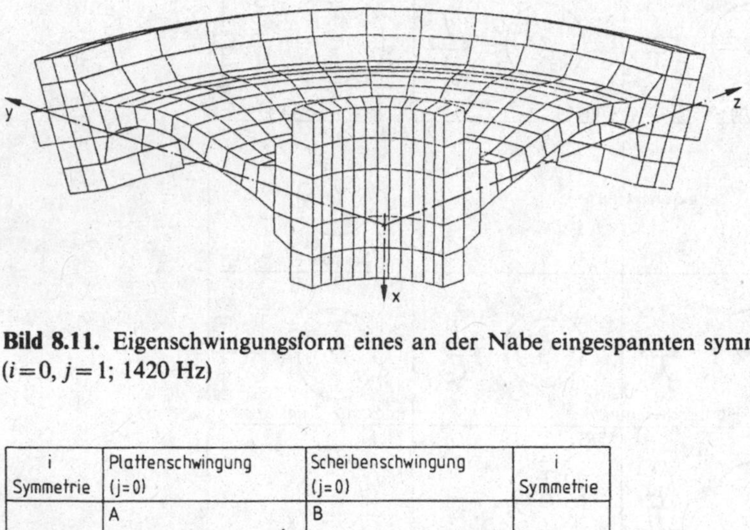

Bild 8.11. Eigenschwingungsform eines an der Nabe eingespannten symmetrischen Rades ($i=0$, $j=1$; 1420 Hz)

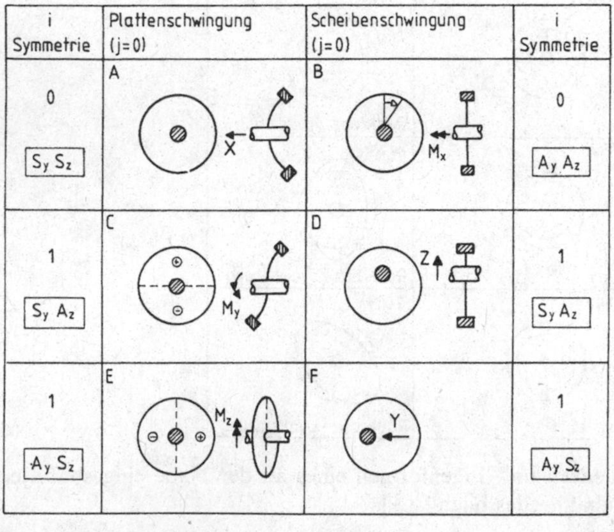

Bild 8.12. An der Nabe auftretende Einspannkräfte und Einspannmomente bei den Eigenschwingungsformen eines Rades mit $i=0$ bzw. $i=1$

sitzt, für Änderungen eintreten und was passieren wird, wenn zwei Räder auf einer Welle angeordnet sind:

— Beim realen Rad lassen sich Plattenschwingungen und Scheibenschwingungen nicht mehr streng voneinander trennen. Da die Exzentrizität des Flansches relativ klein ist, gelingt es aber auch beim realen Rad in den meisten Fällen, eine Eigenschwingungsform als dominante Plattenschwingung oder dominante Scheibenschwingung zu identifizieren. Merkliche Frequenzabweichungen treten dann auf, wenn beim symmetrischen Rad Platten- und Scheibeneigenfrequenzen mit gleichem i-Wert nahe beieinander liegen. Die in den beiden letzten Zeilen von Bild 8.10 stehenden Eigenwerte von 1923 Hz und 2019 Hz werden abgesenkt auf 1793 Hz bzw. angehoben auf 2154 Hz!
— Verwickelter werden die Verhältnisse, wenn man zwei Räder und eine Welle zum Radsatz zusammenbaut. Sofern keine oder nur eine Knotenlinie auftreten ($i = 0$, $i = 1$), erhält man teilweise völlig andere Eigenfrequenzen, während bei zwei und mehr Knotenlinien ($i \geqq 2$) die Eigenfrequenzen nahezu unverändert bleiben. Woran das liegt, wird in Bild 8.12 verdeutlicht.

Bei den in Bild 8.12 dargestellten sechs Fällen (und natürlich auch dann, wenn Knotenkreise auftreten, d.h. $j = 1, 2$ etc.) sind an der Achse Einspannkräfte oder Einspannmomente erforderlich. Ist das Rad nicht starr eingespannt, sondern auf einer Welle befestigt, die selbst wieder elastisch ist, so wird diese Welle deformiert: Im Fall A kommt es zur Dehnung, im Fall B zur Torsion der Welle; in den Fällen C und D tritt Wellenbiegung in z-Richtung, in den Fällen E und F Biegung in y-Richtung auf. In allen anderen Fällen, insbesondere für $i \geqq 2$, wird durch die Radeigenform keine resultierende Kraft auf die Welle ausgeübt. Es kann also nur zu relativ geringfügigen Deformationen in unmittelbarer Nähe der Einspannstelle kommen. Die Räder schwingen dann nahezu so, als seien sie fest an der Achse eingespannt.

Aufgrund dieser Vorüberlegungen ist es uns jetzt möglich, eine Gliederung der Eigenschwingungsformen des vollständigen Radsatzes vorzunehmen (Bild 8.13).

Hauptgliederungskriterium ist die Aufteilung in Einfach-Eigenwerte, Doppel-Eigenwerte und Vierfach-Eigenwerte. In jeder der zugehörigen Zeilen in Bild 8.13 ist das Eigenwertspektrum zwischen 0 und 3500 Hz angegeben. Die Eigenwerte sind in steigender Frequenz beziffert worden. Auf die Angabe der ersten sechs Starrkörper-Eigenwerte ω_1 bis ω_6 wurde verzichtet. Unter den drei Eigenwertspektren für die Einfach-Eigenwerte, die Doppel-Eigenwerte und die Vierfach-Eigenwerte sind (zumindest bei den unteren Eigenfrequenzen) die zugehörigen Eigenschwingungsformen skizzenhaft dargestellt. *Einfach-Eigenwerte* ergeben sich bei Eigenschwingungen ohne Knotenlinien ($i = 0$). Eine weitere Aufteilung wurde vorgenommen aufgrund der Symmetrieeigenschaften $S_y S_z$ und $A_y A_z$. Im Fall $S_y S_z$ lassen sich die Eigenformen als Dehnungen der Radsatzachse und als Schirmschwingungen der Radscheibe charakterisieren. Bei den höheren Eigenfrequenzen kann hiermit auch eine rotationssymmetrische Aufdehnung des Radkranzes verbunden sein. Im Fall $A_y A_z$ liegt stets eine Torsion der Radkranzachse vor.

Für Eigenschwingungen mit einer Knoten-Linie ($i = 1$) erhält man stets *Doppel-Eigenwerte*. Derartige Doppel-Eigenwerte ergeben sich, da aufgrund der Rota-

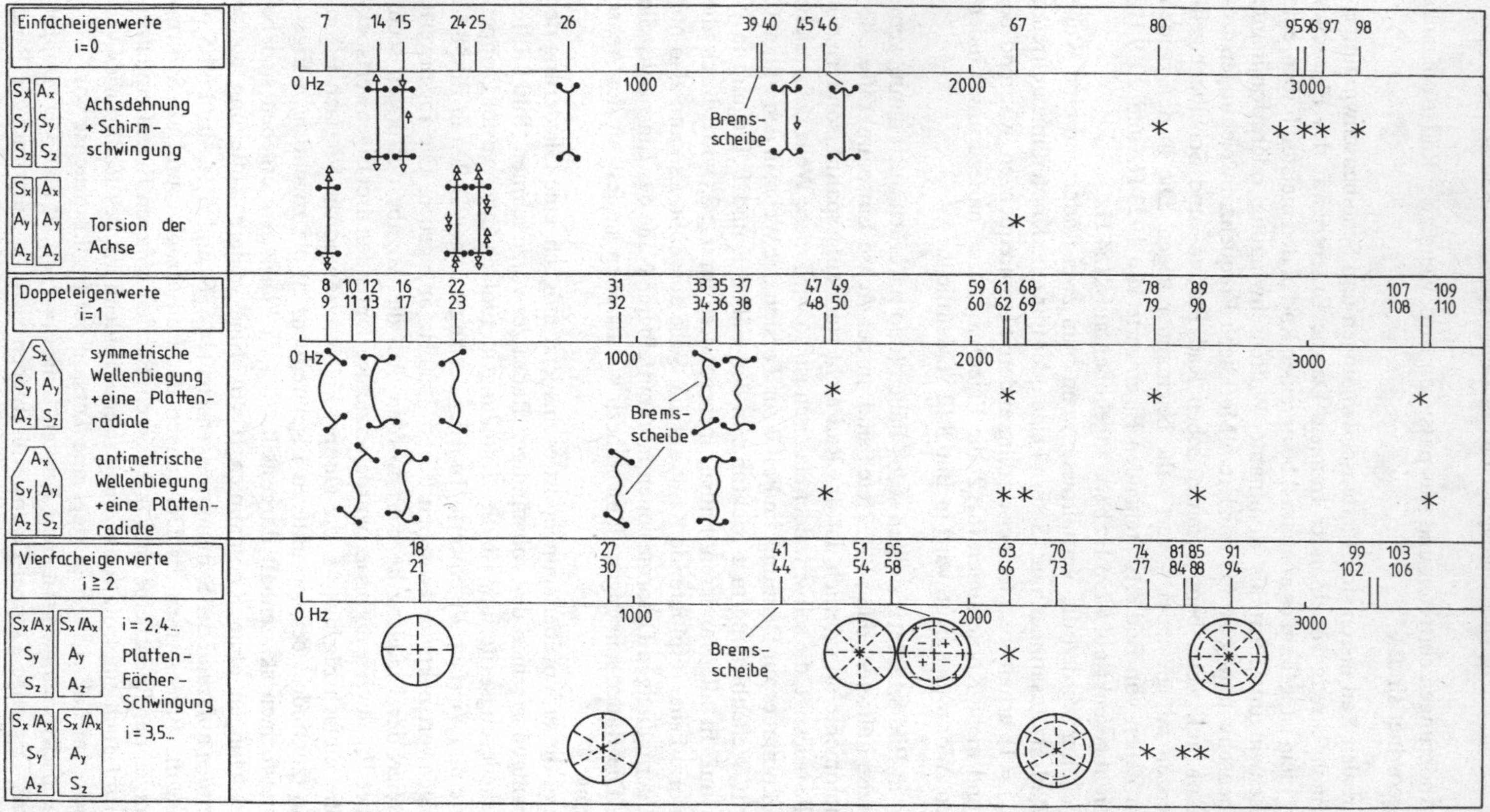

Bild 8.13. Eigenfrequenzen und Eigenschwingungsformen eines freien Radsatzes nach [8.1]. *i*: Fourierglied in Umfangsrichtung ≙ Zahl der Knotenlinien bei Radscheiben-Plattenschwingungen. (Bei höheren Eigenfrequenzen wurde auf die Angabe der Form verzichtet und die Zuordnung nur mit * angedeutet)

tionssymmetrie des Radsatzes zwischen den Fällen $S_y A_z$ (Biegung in der x–z-Ebene) und dem Fall $A_y S_z$ (Biegung in der x–y-Ebene) kein Unterschied besteht. Die Eigenschwingungen wurden zusätzlich aufgeteilt in solche, die symmetrisch bzw. antimetrisch zur y–z-Ebene sind (S_x bzw. A_x). Die Eigenschwingungsform läßt sich dann in der x–y-Ebene darstellen. Dies ist für die Eigenformen 8, 10 und 12 in Bild 8.14 geschehen. Noch übersichtlicher wird die Darstellung, wenn man, wie in Bild 8.13, nur die Verformung der Systemlinie skizziert. Betrachtet man die Systemlinie der Achse und der Radscheibe gleichzeitig, so stellt man fest, daß mit ansteigenden Eigenwerten je ein Nulldurchgang hinzukommt. Dies ist auch der Grund dafür, daß im Fall $i = 1$ symmetrische (S_x) und antimetrische (A_x) Eigen-

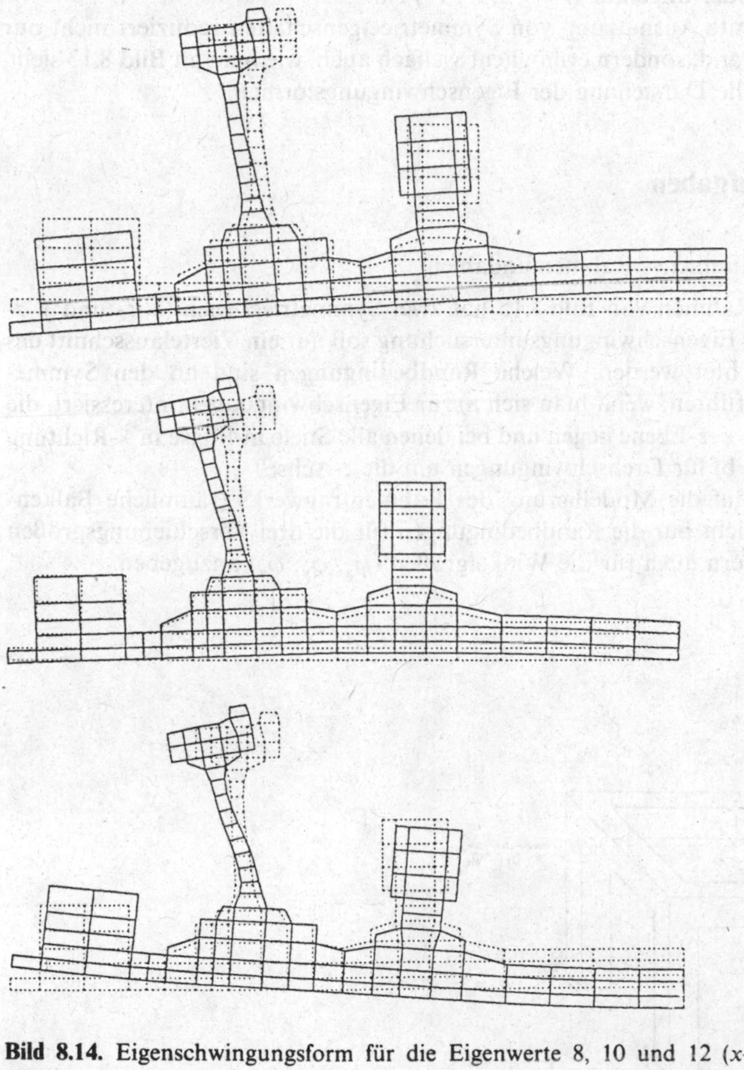

Bild 8.14. Eigenschwingungsform für die Eigenwerte 8, 10 und 12 (x–y-Ebene, nur ein Quadrant)

schwingungsformen abwechseln. Bei höheren Eigenschwingungsformen muß zusätzlich die Systemlinie der Bremsscheibe mit betrachtet werden.

Zuletzt wenden wir uns den *Vierfach-Eigenwerten* zu. Sie ergeben sich, wenn zwei oder mehr Knotenlinien auftreten ($i \geqq 2$). Hierbei handelt es sich praktisch ausschließlich um Radscheiben- oder Bremsscheiben-Eigenschwingungen. Da zwischen der Radscheibe und der Achse keine resultierenden Kräfte oder Momente übertragen werden, können die linke und die rechte Radscheibe (oder Bremsscheibe) unabhängig voneinander die gleichen Eigenschwingungen ausführen. Die bereits bei $i=1$ beobachteten Doppel-Eigenwerte werden damit noch einmal verdoppelt. Im Interesse der Übersichtlichkeit haben wir die Vierfach-Eigenwerte noch einmal danach aufgeteilt, ob die Anzahl der Knotenlinien gerade ($i=2, 4, 6 \ldots$) oder ungerade ($i=3, 5, 7 \ldots$) ist.

Die konsequente Ausnutzung von Symmetrieeigenschaften reduziert nicht nur den Rechenaufwand, sondern ermöglicht vielfach auch, wie man an Bild 8.13 sieht, eine übersichtliche Darstellung der Eigenschwingungsformen.

8.4 Übungsaufgaben

Aufgabe 8.1. Räumliches Rahmenfundament

Der räumliche Rahmen von Bild 8.15 hat zwei Symmetrieebenen (x–z- und y–z-Ebene). Für eine Eigenschwingungsuntersuchung soll nur ein Viertelausschnitt des Rahmens betrachtet werden. Welche Randbedingungen sind an den Symmetrieebenen einzuführen, wenn man sich a) für Eigenschwingungen interessiert, die symmetrisch zur x–z-Ebene liegen und bei denen alle Stiele in Phase in x-Richtung schwingen, oder b) für Drehschwingungen um die z-Achse?

Im Hinblick auf die Modellierung des Rahmentragwerks (räumliche Balkenelemente) sind nicht nur die Randbedingungen für die drei Verschiebungsgrößen (u_x, u_y, u_z), sondern auch für die Winkelgrößen (φ_x, φ_y, φ_z) anzugeben.

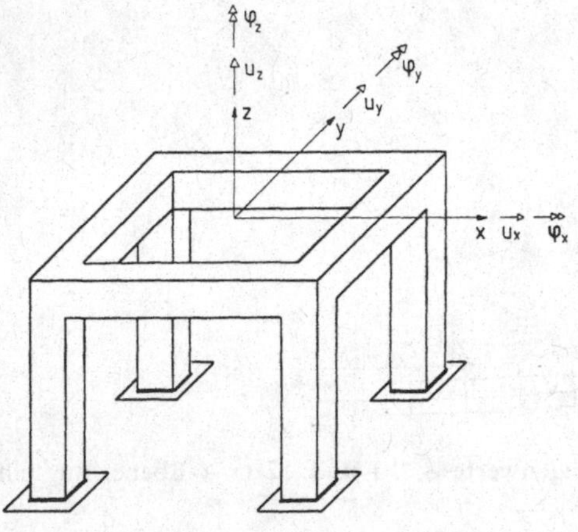

Bild 8.15. Räumlicher Rahmen

Aufgabe 8.2. Rahmenfundament einer Dampfturbine

Das Rahmenfundament von Bild 8.16 besteht aus 19 Stäben (B_i und D_i endlich). Durch wieviele nicht verschwindende Verschiebungs- und Winkelgrößen (Freiheitsgrade) wird das System beschrieben? Wie groß werden Unbekanntenzahl und Bandbreite B bei optimaler Knotenbezifferung ohne Symmetrieausnutzung (zur Definition von B siehe Band 1, Tabelle 8.1)?

Welche Symmetrien lassen sich ausnutzen? Gib die Randbedingungen auf der Symmetrieebene an, wenn die zur Symmetrieebene antimetrischen Eigenschwingungen berechnet werden sollen. Wie berücksichtigt man, daß die Symmetrieebene genau durch die Lager verläuft? Wie groß werden jetzt Unbekanntenzahl und Bandbreite?

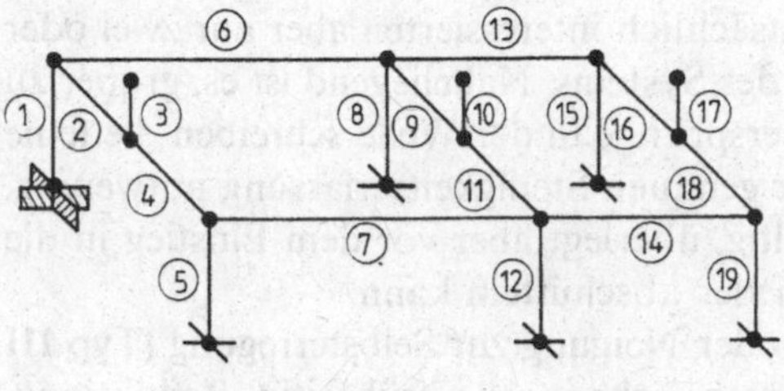

Bild 8.16. Idealisierung für das Rahmenfundament einer Dampfturbine

Aufgabe 8.3. Symmetrieausnutzung bei einer Lochscheibe

Die gelochte Kreisscheibe (Bild 8.17) hat vier Symmetrieachsen. Viele FE-Programme lassen als geometrische Randbedingung nur zu, daß eine Verschiebung oder Verdrehung in Richtung der globalen x^*-, y^*- oder z^*-Achse zu Null wird. Warum lassen sich bei einer derartigen Einschränkung nur zwei der vier Symmetrieachsen ausnutzen? Wie müßte man ein solches FE-Programm modifizieren, um sich bei der Eigenschwingungsberechnung auf einen Achtelausschnitt beschränken zu können?

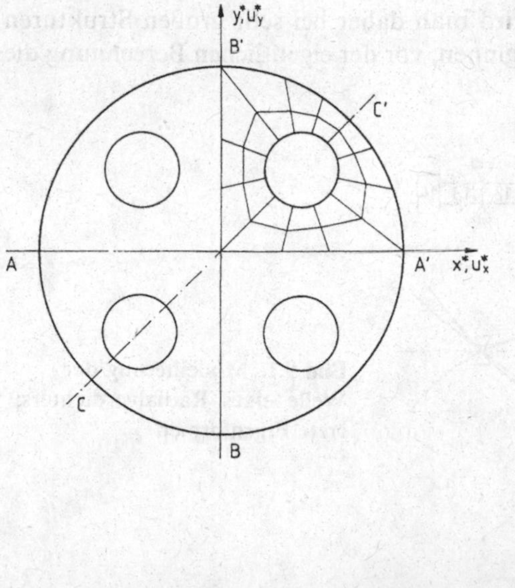

Bild 8.17. Gelochte Kreisscheibe mit Symmetrieachsen und Diskretisierung

9 Reduktion der Zahl der Freiheitsgrade

Zur genauen Erfassung des Schwingungsverhaltens von Strukturen müssen oft sehr viele Freiheitsgrade eingeführt werden, obwohl nur die ersten Eigenfrequenzen und Eigenformen interessieren. Beispielsweise wurde in Bild 9.1 die Welle eines dreistufigen Radialverdichters als ebenes, biegeelastisches System von 28 Freiheitsgraden (14 FEM-Abschnitte) modelliert. Tatsächlich interessierten aber nur zwei oder drei Eigenformen und Eigenfrequenzen des Systems. Naheliegend ist es, grober zu modellieren, aber die vielen Durchmessersprünge in der Welle schreiben die feine Elementierung praktisch vor. Sie ist zur genauen Steifigkeitserfassung notwendig.

Deshalb modelliert man zwar sorgfältig, überlegt aber vor dem Einstieg in die Berechnung, wie man Freiheitsgrade wieder abschütteln kann.

Bei Systemen mit starker Dämpfung oder Neigung zur Selbsterregung (Typ III und IV, Tabelle 4.1, Band I) muß man schon sehr frühzeitig Reduktionsmaßnahmen ergreifen, wenn Eigenwertlöser wie der HQR-Algorithmus verlangen, daß sich die Systemmatrizen im Kernspeicher unterbringen lassen.

Bei ungedämpfen Systemen und solchen mit Proportionaldämpfung (Typ I und II, Tabelle 4.1, Band I) bereitet das Lösen auch sehr großer Eigenwertprobleme keine Sorgen. Dennoch ist auch hier zu berücksichtigen, daß (ohne Ausnutzung von Bandstrukturen)

— der Speicherplatzbedarf bei der Finite-Element-Methode und bei den Mehrkörperalgorithmen mit dem Quadrat der Zahl der Freiheitsgrade steigt,
— der Rechenzeitbedarf zur Eigenwertberechnung etwa mit der vierten Potenz steigt.

Aus Gründen der Rechenökonomie wird man daher bei sehr großen Strukturen vom Typ I und II auch irgendwann beginnen, vor der eigentlichen Berechnung die Zahl der Freiheitsgrade zu drücken.

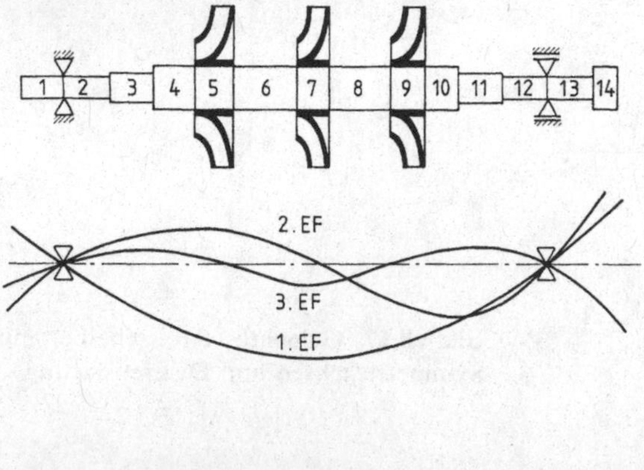

Bild 9.1. Modellierung der Welle eines Radialverdichters; erste Eigenformen

In den beiden letzten Jahrzehnten wurde eine ganze Reihe von Verfahren zur Freiheitsgradreduktion entwickelt und erprobt, Wir gehen hier nur auf solche Verfahren ein, bei denen sich der Typ „Differentialgleichung zweiter Ordnung“ durch die Reduktion nicht verändert.

In Großprogrammen werden diese Verfahren zusammen mit dem Ausnutzen von Symmetrien zur Substrukturierung eingesetzt, siehe Kap. 10.

9.1 Der Formalismus der Reduktion

Welche physikalischen Überlegungen bei der Wahl des Wegs zur Reduktion der Zahl der Freiheitsgrade auch immer eine Rolle spielen, die formale Prozedur ist stets die gleiche. Wir beschreiben sie deshalb vorab und füllen sie in den nachfolgenden Abschnitten mit Inhalten auf.

Wir gehen vom allgemeinen, linearen, zeitinvarianten Bewegungsgleichungssystem (Typ IV) aus, das mit N Freiheitsgraden zu groß geraten ist und deshalb reduziert werden soll,

$$\underset{N \times N}{\begin{bmatrix} \quad \mathrm{M} \quad \end{bmatrix}} \begin{Bmatrix} \ddot{\tilde{\mathrm{u}}} \end{Bmatrix} + \begin{bmatrix} \quad \mathrm{D} \quad \end{bmatrix} \begin{Bmatrix} \dot{\tilde{\mathrm{u}}} \end{Bmatrix} + \begin{bmatrix} \quad \mathrm{S} \quad \end{bmatrix} \begin{Bmatrix} \tilde{\mathrm{u}} \end{Bmatrix} = \begin{Bmatrix} \tilde{\mathrm{p}} \end{Bmatrix} \tag{9.1}$$

Man besorgt sich nun eine Transformationsmatrix $\boldsymbol{T}$, die es erlaubt, die N Freiheitsgrade des Vektors $\tilde{\boldsymbol{u}}$ durch eine geringere Zahl L im Vektor $\boldsymbol{v}$ auszudrücken

$$\begin{Bmatrix} \tilde{\mathrm{u}} \end{Bmatrix} = \underset{N \times L}{\begin{bmatrix} \mathrm{T} \end{bmatrix}} \begin{Bmatrix} \tilde{\mathrm{v}} \end{Bmatrix} \tag{9.2}$$

Ist diese Transformationsmatrix zeitunabhängig, was wir voraussetzen, gilt

$$\tilde{\boldsymbol{u}} = \boldsymbol{T}\tilde{\boldsymbol{v}}, \quad \tilde{\boldsymbol{u}}^{\cdot} = \boldsymbol{T}\tilde{\boldsymbol{v}}^{\cdot}, \quad \tilde{\boldsymbol{u}}^{\cdot\cdot} = \boldsymbol{T}\tilde{\boldsymbol{v}}^{\cdot\cdot}. \tag{9.3}$$

Setzt man die Gln. (9.3) in das Ausgangsgleichungssystem (9.1) ein und multipliziert noch von links mit $\boldsymbol{T}^{\mathrm{T}}$, erhält man das neue, geschrumpfte Bewegungsgleichungssystem

$$\underbrace{\boldsymbol{T}^{\mathrm{T}}\boldsymbol{M}\boldsymbol{T}}\,\tilde{\boldsymbol{v}}^{\cdot\cdot} + \underbrace{\boldsymbol{T}^{\mathrm{T}}\boldsymbol{D}\boldsymbol{T}}\,\tilde{\boldsymbol{v}}^{\cdot} + \underbrace{\boldsymbol{T}^{\mathrm{T}}\boldsymbol{S}\boldsymbol{T}}\,\tilde{\boldsymbol{v}} = \boldsymbol{T}^{\mathrm{T}}\tilde{\boldsymbol{p}} \tag{9.4a}$$

oder

$$\boldsymbol{M}^{\mathrm{red}}\tilde{\boldsymbol{v}}^{\cdot\cdot} + \boldsymbol{D}^{\mathrm{red}}\tilde{\boldsymbol{v}}^{\cdot} + \boldsymbol{S}^{\mathrm{red}}\tilde{\boldsymbol{v}} = \tilde{\boldsymbol{p}}^{\mathrm{red}} \tag{9.4b}$$

mit nur noch L Freiheitsgraden. Das Falksche Schema läßt diesen Schrumpfungsprozeß gut erkennen

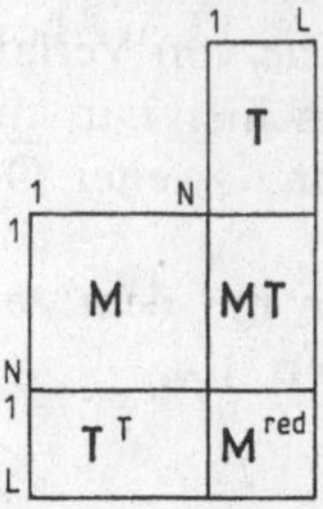

Falls die Ausgangsmatrizen symmetrisch waren, sind es auch die des kondensierten Systems. Das formale „Von-links-Multiplizieren" erklärt sich aus dem Prinzip der virtuellen Verrückungen, das die Bewegungsgleichungen (9.1) als Arbeitsausdruck formuliert

$$\delta \boldsymbol{u}^{\mathrm{T}}[\boldsymbol{M}\ddot{\tilde{\boldsymbol{u}}} + \boldsymbol{D}\dot{\tilde{\boldsymbol{u}}} + \boldsymbol{S}\tilde{\boldsymbol{u}}] = \delta \boldsymbol{u}^{\mathrm{T}}\tilde{\boldsymbol{p}}. \tag{9.5}$$

Mit der Transformation $\tilde{\boldsymbol{u}} = \boldsymbol{T}\tilde{\boldsymbol{v}}$ für die wirklichen Verschiebungen und

$$\delta \boldsymbol{u} = \boldsymbol{T}\delta \boldsymbol{v} \quad \text{bzw.} \quad \delta \boldsymbol{u}^{\mathrm{T}} = \delta \boldsymbol{v}^{\mathrm{T}}\boldsymbol{T}^{\mathrm{T}}$$

für die virtuellen Verschiebungen erhält man als neuen Arbeitsausdruck

$$\delta \boldsymbol{v}^{\mathrm{T}}[\boldsymbol{T}^{\mathrm{T}}\boldsymbol{M}\boldsymbol{T}\ddot{\tilde{\boldsymbol{v}}} + \boldsymbol{T}^{\mathrm{T}}\boldsymbol{D}\boldsymbol{T}\dot{\tilde{\boldsymbol{v}}} + \boldsymbol{T}^{\mathrm{T}}\boldsymbol{S}\boldsymbol{T}\tilde{\boldsymbol{v}}] = \delta \boldsymbol{v}^{\mathrm{T}}\boldsymbol{T}^{\mathrm{T}}\tilde{\boldsymbol{p}}, \tag{9.6}$$

was mit Gl. (9.4) identisch ist, wenn man $\delta \boldsymbol{v}^{\mathrm{T}}$ als gemeinsamen Faktor herauskürzt.

Das eigentliche Geheimnis der Kondensationsverfahren steckt in der Transformationsmatrix $\boldsymbol{T}$. Ist sie quadratisch, $L = N$, dann darf man sie irgendwie besetzen, nur nicht singulär. Sie transformiert dann schlicht in neue Koordinaten, ohne allerdings Freiheitsgrade einzusparen.

Will man die Zahl der Freiheitsgrade von N auf L drücken, dann muß die Transformationsmatrix $\boldsymbol{T}$ mit Informationen bestückt werden, die aus dem Ausgangsgleichungssystem (9.1) selbst stammen. Eine erfolgreiche Besetzung von $\boldsymbol{T}$ reduziert die Zahl der Freiheitsgrade drastisch, ohne die interessierenden ersten Eigenformen und Eigenfrequenzen des Systems zu verfälschen.

9.2 Statische Kondensation

Der skizzierte Antriebsstrang in Bild 9.2a wurde zur Ermittlung der ersten Biegeeigenformen und Biegeeigenfrequenzen (kritischen Drehzahlen) mit einem einfachen FEM-Programm modelliert, das biegeelastische Abschnitte konstanter Steifigkeit EJ and Massebelegung μ kennt sowie Punktmassen und Einzelfedern. Das ebene mechanische Modell von Bild 9.2b hat 10 Knoten mit je einem translatorischen Freiheitsgrad w_i und einem Drehfreiheitsgrad β_i, also insgesamt 20 Freiheitsgrade.

Statische Kondensation eines Punktmassenmodells

Um den Grundgedanken der auf Guyan [9.1] zurückgehenden statischen Kondensation auch physikalisch zu verstehen, greifen wir zunächst auf ein noch

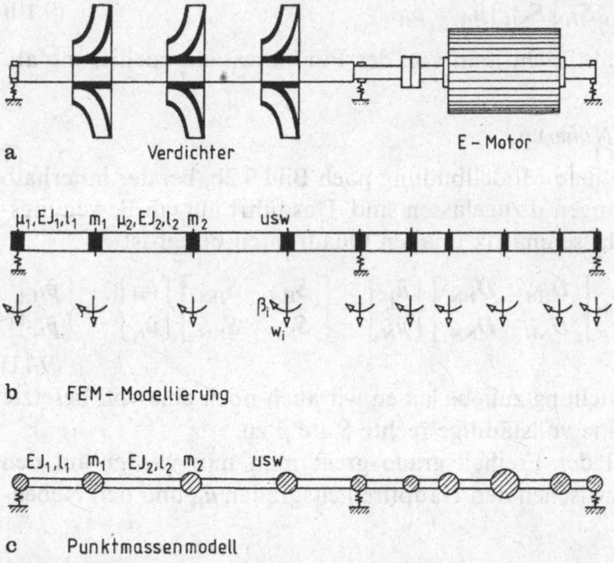

Bild 9.2a–c. Modellierung des Antriebsstrangs eines Radialverdichters (**a**) zur Berechnung der biegekritischen Drehzahlen durch FEM-Kontinuumsabschnitte $(\mu, EJ, l)_i$ und Punktmassen (**b**) und durch ein reines Punktmassenmodell (**c**)

gröberes Modell zurück: das reine Punktmassenmodell nach Bild 9.2c, das die in den Feldern verteilte Masse von vornherein auf die Feldgrenzen klumpt.

Eine FEM-Modellierung dieses Klumpmassensystems wird Bewegungsgleichungen liefern, deren Massenmatrix nur in den w-Freiheitsgraden besetzt ist. Wir sortieren deshalb im Verschiebungsvektor $\tilde{\boldsymbol{u}}$ des Systems nach den Hauptfreiheitsgraden $\tilde{w}_i$ (masters) und den Nebenfreiheitsgraden $\tilde{\beta}_i$ (slaves)

$$\tilde{\boldsymbol{u}}^T = \{\tilde{\boldsymbol{u}}_H^T; \tilde{\boldsymbol{u}}_N^T\} = \{\tilde{w}_1, \tilde{w}_2 \ldots \tilde{w}_{10}; \tilde{\beta}_1, \tilde{\beta}_2 \ldots \tilde{\beta}_{10}\}$$

und erhalten das Bewegungsgleichungssystem in der partitionierten Form

$$\begin{bmatrix} \boldsymbol{M}_H & \boldsymbol{0} \\ \boldsymbol{0} & \boldsymbol{0} \end{bmatrix} \begin{Bmatrix} \ddot{\tilde{\boldsymbol{u}}}_H \\ \ddot{\tilde{\boldsymbol{u}}}_N \end{Bmatrix} + \begin{bmatrix} \boldsymbol{S}_{HH} & \boldsymbol{S}_{HN} \\ \boldsymbol{S}_{NH} & \boldsymbol{S}_{NN} \end{bmatrix} \begin{Bmatrix} \tilde{\boldsymbol{u}}_H \\ \tilde{\boldsymbol{u}}_N \end{Bmatrix} = \begin{Bmatrix} \tilde{\boldsymbol{p}}_H \\ \boldsymbol{0} \end{Bmatrix}, \tag{9.7}$$

wobei im Falle symmetrischer Steifigkeitsmatrix $\boldsymbol{S}_{NH} = \boldsymbol{S}_{HN}^T$ gilt.

Daß die Massenmatrix im 1. Quadranten diagonal besetzt ist, ist im folgenden ohne Belang. Wichtig ist, daß sie in ihrer unteren Hälfte unbesetzt ist. Die untere Hälfte des Gleichungssystems (9.7) liefert daher den statischen Zusammenhang

$$\boldsymbol{S}_{NH}\tilde{\boldsymbol{u}}_H + \boldsymbol{S}_{NN}\tilde{\boldsymbol{u}}_N = \boldsymbol{0} \tag{9.8}$$

zwischen den Hauptfreiheitsgraden $\tilde{\boldsymbol{u}}_H$ und den Nebenfreiheitsgraden $\tilde{\boldsymbol{u}}_N$

$$\tilde{\boldsymbol{u}}_N = -\boldsymbol{S}_{NN}^{-1}\boldsymbol{S}_{NH}\tilde{\boldsymbol{u}}_H. \tag{9.9}$$

Setzt man diesen Zusammenhang in die obere Hälfte des Bewegungsgleichungssystems ein, erhält man das reduzierte System

$$M_H \ddot{\tilde{u}}_H + [S_{HH} - S_{HN} S_{NN}^{-1} S_{NH}] \tilde{u}_H = \tilde{p}_H. \tag{9.10}$$

Soweit ist das Vorgehen exakt, sieht man von der Punktmassenmodellierung ab.

Statische Kondensation als Näherung

Wir betrachten nun die subtilere Modellbildung nach Bild 9.2b, bei der innerhalb der Elemente Massenbelegungen μ zugelassen sind. Das führt auf ein Bewegungsgleichungssystem, dessen Massenmatrix in allen Quadranten belegt ist

$$\begin{bmatrix} M_{HH} & M_{HN} \\ M_{NH} & M_{NN} \end{bmatrix} \begin{Bmatrix} \ddot{\tilde{u}}_H \\ \ddot{\tilde{u}}_N \end{Bmatrix} + \begin{bmatrix} D_{HH} & D_{HN} \\ D_{NH} & D_{NN} \end{bmatrix} \begin{Bmatrix} \dot{\tilde{u}}_H \\ \dot{\tilde{u}}_N \end{Bmatrix} + \begin{bmatrix} S_{HH} & S_{HN} \\ S_{NH} & S_{NN} \end{bmatrix} \begin{Bmatrix} \tilde{u}_H \\ \tilde{u}_N \end{Bmatrix} = \begin{Bmatrix} \tilde{p}_H \\ \tilde{p}_N \end{Bmatrix}. \tag{9.11}$$

Der Allgemeinheit der Darstellung zuliebe lassen wir auch noch eine voll besetzte Dämpfungsmatrix D und eine vollständige rechte Seite $\tilde{p}$ zu.

Zur Reduktion der Zahl der Freiheitsgrade greift man nun wieder auf den statischen Zusammenhang zwischen den Hauptfreiheitsgraden $\tilde{u}_H$ und den Nebenfreiheitsgraden $\tilde{u}_N$ zurück

$$\tilde{u}_N = -S_{NN}^{-1} S_{NH} \tilde{u}_H.$$

Man benutzt ihn als Näherung zur Besetzung der Transformationsmatrix

$$\begin{Bmatrix} \tilde{u}_H \\ \tilde{u}_N \end{Bmatrix} = \left[\frac{I}{-S_{NN}^{-1} S_{NH}} \right] \{\tilde{u}_H\}, \tag{9.12}$$

$$\tilde{u} \quad = \quad T \quad \tilde{v}.$$

Durch Einsetzen dieses Ansatzes in die Ausgangsgleichung (9.11) und Multiplikation von links mit T^T entsteht das geschrumpfte System, das nur noch die Hauptfreiheitsgrade enthält

$$\underbrace{T^T M T}_{M^{red}} \ddot{\tilde{v}} + \underbrace{T^T D T}_{D^{red}} \dot{\tilde{v}} + \underbrace{T^T S T}_{S^{red}} \tilde{v} = \underbrace{T^T \tilde{p}}_{\tilde{p}^{red}}. \tag{9.13}$$

Natürlich stellt dieses kondensierte System nur noch eine Näherung dar; bei vernünftiger Wahl von Haupt- und Nebenfreiheitsgraden allerdings eine sehr gute.

Deutung der Transformationsmatrix, Zusammenhang mit dem Ritzschen Verfahren

Durch die statische Kondensation werden die lokalen FEM-Ansatzfunktionen in globale, über das ganze System laufende Ansatzfunktionen umgewandelt. Das wird deutlich, wenn man die Besetzung der Transformationsmatrix T unseres Beispiels spaltenweise interpretiert, Bild 9.3.

Das FEM-Vorgehen ist, wie in Kap. 7 gezeigt wurde, letztlich eine Ritzapproximation, die Eigenfrequenzen liefert, die vom exakten Wert stets nach oben abweichen. Daran hat sich beim Übergang auf globale Ansatzfunktionen unter gleichzeitiger Reduktion der Zahl der Freiheitsgrade nichts geändert. Das belegt auch das folgende Beispiel.

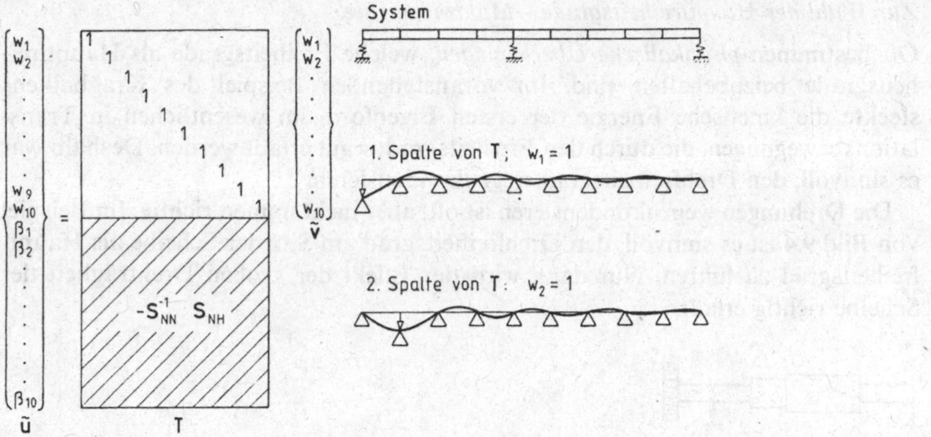

Bild 9.3. Globale Ansatzfiguren der statischen Kondensation

Kleines Beispiel

Tabelle 9.1 enthält die Ergebnisse für die erste Eigenfrequenz eines schwingenden Kragbalkens mit konstanter Massenbelegung μ und Steifigkeit EJ. Neben dem Ergebnis der exakten Kontinuumsrechnung ist in der zweiten Zeile der Tabelle das Ergebnis einer FEM-Modellierung mit einem Feld, d. h. zwei Freiheitsgraden w, β wiedergegeben.

Die 3. Zeile enthält das Ergebnis für eine statische Kondensation, die den w-Freiheitsgrad vom Balkenende als Hauptfreiheitsgrad beibehält und die Neigung β wegkondensiert. Das Ergebnis weicht nur um knappe 2% von der Lösung des vollständigen FEM-Modells und der exakten Lösung ab, obwohl nur noch ein Freiheitsgrad im Spiel ist. Kondensiert man aber falsch, indem man β als Hauptfreiheitsgrad wählt, wird das Ergebnis sehr viel schlechter, wie die 4. Zeile der Tabelle zeigt.

Tabelle 9.1. Einfaches Beispiel zur statischen Kondensation

mech. Modell	Zahl der FHG	Haupt-FHG	Neben-FHG	1. Eigenfrequenz	
Kontinuum Biegebalken	∞	∞	keine	$3{,}52\ \sqrt{EJ/\mu l^4}$	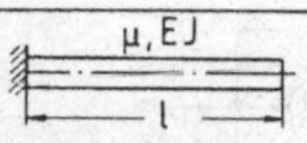
FEM, 1 Feld	w, β	w, β	keine	$3{,}53\ \sqrt{EJ/\mu l^4}$	
FEM, 1 Feld	w, β	w	β	$3{,}58\ \sqrt{EJ/\mu l^4}$	
FEM, 1 Feld	w, β	β	w	$4{,}47\ \sqrt{FI/\mu l^4}$	

Zur Wahl der Hauptfreiheitsgrade—Makroelemente

Oft bestimmen *physikalische Überlegungen*, welche Freiheitsgrade als Hauptfreiheitsgrade beizubehalten sind. Im voranstehenden Beispiel des Kragbalkens steckte die kinetische Energie der ersten Eigenform im wesentlichen in Translationsbewegungen, die durch den Freiheitsgrad w gut erfaßt werden. Deshalb war es sinnvoll, den Drehfreiheitsgrad wegzukondensieren.

Die Drehungen wegzukondensieren ist oft, aber nicht immer, richtig. Im Beispiel von Bild 9.4 ist es sinnvoll, den Drehfreiheitsgrad am Sitz der Scheibe als Hauptfreiheitsgrad zu führen. Nur dann wird der Effekt der großen Drehträgheit der Scheibe richtig erfaßt.

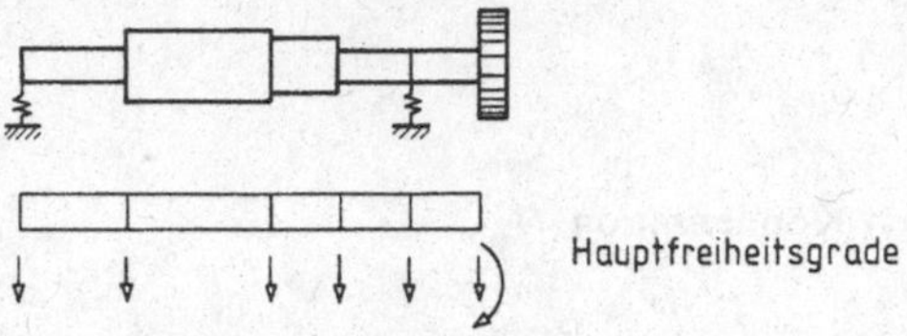

Bild 9.4. Drehfreiheitsgrad als Hauptfreiheitsgrad

Neben physikalischen Überlegungen können aber auch *formale Überlegungen* eine große Rolle bei der Wahl der Freiheitsgrade spielen. Im Beispiel des Antriebsstrangs von Bild 9.2 hatten wir aus physikalischen Überlegungen die Drehfreiheitsgrade wegkondensiert. Das hat zur Folge, daß durch die Kondensation die im Ausgangsgleichungssystem vorhandene Bandstruktur zerstört wird. Das erzeugte, neue Bewegungsgleichungssystem hat zwar nur noch halb so viele Freiheitsgrade, aber die neuen Massen- und Steifigkeitsmatrizen nach Gl. (9.13) haben bei dieser Wahl der Hauptfreiheitsgrade keine Bandstruktur mehr. Sie sind voll besetzt.

Verwendet man ein Eigenwertprogramm, das Bandstrukturen ausnutzt, wird man gerne so kondensieren, daß auch im reduzierten System die Bandstruktur erhalten bleibt [9.2].

Das gelingt, wenn man wie in Bild 9.5 die Elemente ③, ④ und ⑤ zu einem Makroelement zusammenfaßt. Dazu werden die inneren Freiheitsgrade statisch

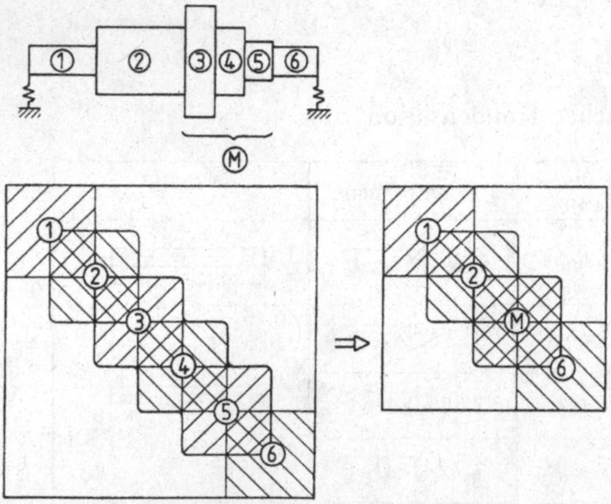

Bild 9.5. Kondensation unter Erhaltung der Bandstruktur. Ausgangsbesetztheit und Besetztheit nach Einführung eines Makroelements Ⓜ anstelle der Elemente ③, ④ und ⑤

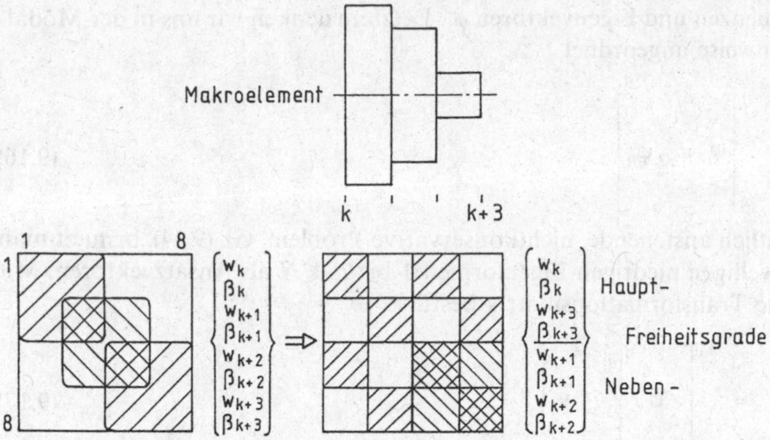

Bild 9.6. Umordnung zur Elimination der inneren Freiheitsgrade des Makroelements

wegkondensiert und die Randfreiheitsgrade beibehalten, die die Einordnung in die Bandstruktur erlauben, Bild 9.6.

Das so gewonnene Makroelement

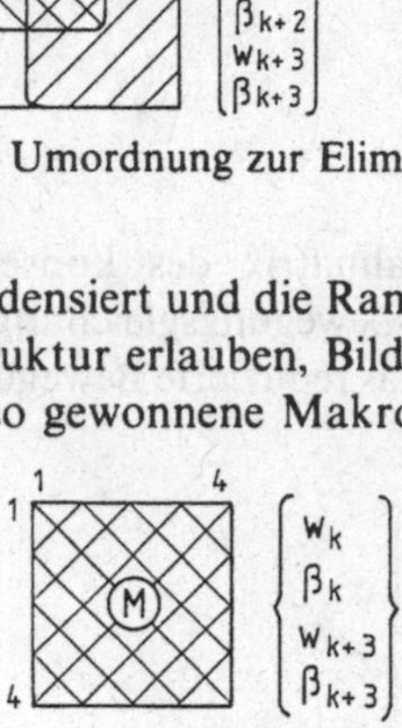

reduziert die Zahl der Freiheitsgrade (hier um vier) und fügt sich in die Bandstruktur des Systems wie gewünscht ein.

9.3 Die modale Kondensation unter Verwendung eines benachbarten, konservativen Hilfssystems

Wie schon in der Einleitung dieses Kapitels betont, muß man besonders bei Systemen mit starker Dämpfung oder Neigung zur Selbsterregung (Typ III und IV) die Zahl der Freiheitsgrade in Grenzen halten, während die Berechnung von Eigenformen und Eigenfrequenzen konservativer Systeme (Typ I) auch bei 1000 und mehr Freiheitsgraden relativ unproblematisch ist. Der Grundgedanke des im folgenden beschriebenen Verfahrens ist daher sehr einfach: Man läßt zunächst in den Bewegungsgleichungen vom Typ IV

$$\boldsymbol{M}_s\ddot{\tilde{\boldsymbol{u}}} + (\boldsymbol{D}_s + \boldsymbol{D}_a)\dot{\tilde{\boldsymbol{u}}} + (\boldsymbol{S}_s + \boldsymbol{S}_a)\tilde{\boldsymbol{u}} = \tilde{\boldsymbol{p}} \tag{9.14}$$

die störenden Matrizen $\boldsymbol{D}_s$, $\boldsymbol{D}_a$ und $\boldsymbol{S}_a$ und die rechte Seite $\tilde{\boldsymbol{p}}$ weg und berechnet für das so erzeugte konservative Hilfssystem mit den symmetrischen Matrizen $\boldsymbol{M}_s$ und $\boldsymbol{S}_s$

$$\boldsymbol{M}_s\ddot{\tilde{\boldsymbol{u}}} + \boldsymbol{S}_s\tilde{\boldsymbol{u}} = \boldsymbol{0} \tag{9.15}$$

die Eigenfrequenzen und Eigenvektoren φ_i. Letztere denken wir uns in der Modalmatrix spaltenweise angeordnet

$$\Phi = \begin{bmatrix} \varphi_1, \varphi_2, \varphi_N \end{bmatrix} \quad (N \times N) \tag{9.16}$$

Für das eigentlich anstehende, nichtkonservative Problem, Gl. (9.14), benutzt man nun die langwelligen niedrigen Eigenformen 1 bis $L \ll N$ als Ansatzvektoren. Mit ihnen wird die Transformationsmatrix bestückt

$$\begin{Bmatrix} \tilde{u} \end{Bmatrix} = \begin{bmatrix} \Phi^* \end{bmatrix} \begin{Bmatrix} \tilde{v} \end{Bmatrix} \quad (N \times L), \qquad \tilde{u} = T \, \tilde{v} \tag{9.17}$$

Die Matrix $T = \Phi^*$ ist also die verkürzte Modalmatrix des konservativen Hilfssystems. Nach dem Einsetzen in das Ausgangsbewegungsgleichungssystem und der Von-links-Multiplikation mit T^T erhält man das reduzierte Bewegungsgleichungssystem in der Form

$$\underbrace{\begin{bmatrix} m_{gen,1} & & & \\ & m_{gen,2} & & \\ & & \times & \\ & & & \times \end{bmatrix}}_{T^T M T = M^{red}} \begin{Bmatrix} \ddot{\tilde{v}}_1 \\ \ddot{\tilde{v}}_2 \\ \cdot \\ \cdot \end{Bmatrix} + \underbrace{\begin{bmatrix} \times & \times & \times & \times \\ \times & \times & \times & \times \\ \times & \times & \times & \times \\ \times & \times & \times & \times \end{bmatrix}}_{T^T [D_s + D_a] T = D^{red}} \begin{Bmatrix} \dot{\tilde{v}}_1 \\ \tilde{v}_2 \\ \cdot \\ \cdot \end{Bmatrix} +$$

$$\underbrace{\left(\begin{bmatrix} s_{gen,1} & & & \\ & s_{gen,2} & & \\ & & \times & \\ & & & \times \end{bmatrix} + \begin{bmatrix} \times & \times & \times & \times \\ \times & \times & \times & \times \\ \times & \times & \times & \times \\ \times & \times & \times & \times \end{bmatrix} \right)}_{(T^T S_s T + T^T S_a T) = S^{red}} \begin{Bmatrix} \tilde{v}_1 \\ \tilde{v}_2 \\ \cdot \\ \cdot \end{Bmatrix} = \begin{Bmatrix} T^T \tilde{p} \end{Bmatrix} = \tilde{p}^{red} \tag{9.18}$$

Die neue Dämpfungsmatrix ist voll besetzt; ebenso der Teil der Steifigkeitsmatrix, der von S_a herrührt. Die Massenmatrix ist mit den generalisierten Massen des konservativen Hilfssystems wegen der Orthogonalität der Eigenvektoren rein diagonal besetzt

$$m_{gen,i} = \varphi_i^T M_s \varphi_i.$$

Der Teil der neuen Steifigkeitsmatrix, der von S_s herrührt, ist ebenfalls rein diagonal mit den generalisierten Steifigkeiten des Hilfssystems belegt

$$s_{gen,i} = \varphi_i^T S_s \varphi_i.$$

Das Verfahren erfordert nur wenig Organisationsaufwand, besonders dann, wenn die Matrizen des Hauptsystems im Kernspeicher unterzubringen sind. Es arbeitet umso effizienter, je geringer die nichtkonservativen Kräfte sind, die man zunächst wegläßt. In der *Aeroelastik z. B.* werden für die Flatterrechnung von Flugzeugflügeln nur ganz wenige Eigenformen als Ansatzvektoren benötigt, weil die Luftkräfte gering und zudem noch kontinuierlich verteilt sind. Hier lassen sich Reduktionsgrade von 90% und mehr erreichen [9.3].

Auch in der *Rotordynamik* wurde und wird dieses Verfahren benutzt: Bei gleitgelagerten Rotoren, bei denen durch den Ölfilm an den Lagern auch Dämpfungsterme (und Anfachungsterme, s. [9.6]) auftreten[1], berechnet man gerne zunächst das benachbarte, konservative System, um eine qualitative Übersicht über die Eigenfrequenzen (kritische Drehzahlen) zu bekommen. Sie werden durch den Ölfilmeinfluß nur unwesentlich verschoben. Für den zweiten Schritt der Berechnung der Eigenformen und Eigenwerte (kritische Drehzahlen und Dämpfungsgrade) des nichtkonservativen Systems unter starker Reduktion liegen dann die Ansatzvektoren $\boldsymbol{\Phi}^*$ ohnehin schon vor, Bild 9.7.

Etwa 10 bis 15 Eigenformen muß man berücksichtigen, um die im Drehzahlbereich ($\omega_i < \Omega$) liegenden zwei oder drei Eigenwerte $\lambda_i = \alpha_i \pm i\omega_i$ hinreichend genau zu ermitteln [9.4, 9.5].

Daß hier mehr Ansatzvektoren nötig sind als in der Aeroelastik liegt daran, daß bei kontinuierlich angreifenden, nichtkonservativen Kräften wie den Luftkräften in Gl. (9.18), die Matrizenbesetzung um die Hauptdiagonale dominiert. Diagonalferne Elemente in $\boldsymbol{T}^T(\boldsymbol{D}_a + \boldsymbol{D}_s)\boldsymbol{T}$ und $\boldsymbol{T}^T(\boldsymbol{S}_a)\boldsymbol{T}$ sind nur noch sehr klein. Das ist bei den lokal wirkenden Kräften wie den Ölfilmkräften nicht der Fall, vgl. Übungsaufgabe 9.3.

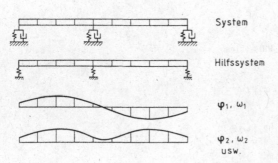

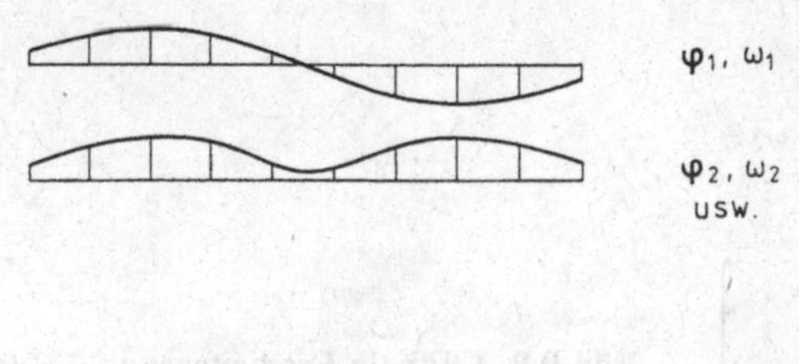

Bild 9.7. Konservatives Hilfssystem eines gleitgelagerten Rotors

[1] Wir unterschlagen hier aus didaktischen Gründen die Gleitlageranisotropie, die die Schwingungen der Vertikal- und der Horizontalebene koppelt, siehe Übungsaufgabe 7.2, Band I.

9.4 Gemischte statische und modale Kondensation zur Beibehaltung wichtiger physikalischer Freiheitsgrade im reduzierten System

Als sehr effizient in der Strukturdynamik hat sich die auf Hurty [9.7] zurückgehende Kombination von statischer und modaler Kondensation erwiesen. Geschickt angewandt liefert sie Reduktionsgrade, die ähnlich hoch sind wie bei der rein modalen Kondensation. Gleichzeitig bleiben aber einige physikalische Freiheitsgrade, die Hauptfreiheitsgrade der statischen Kondensation, im reduzierten System erhalten.

Das hat große praktische Bedeutung, wenn Parameteränderungen im System zu berücksichtigen sind.

Beim gleitgelagerten Rotor von Bild 9.7 beispielsweise sind die Steifigkeits- und Dämpfungskoeffizienten des Ölfilms in den Lagern (schwach) drehzahlabhängig. Bei rein modaler Kondensation muß das reduzierte Gleichungssystem (9.18) für jede Drehzahländerung erneut aufgestellt werden. Behält man durch das gemischte Vorgehen aber die Lagertranslationen als physikalische Freiheitsgrade im reduzierten System bei, kann die Neubesetzung für veränderte Drehzahlen auf ganz einfache Weise erfolgen. Wie das geschieht, wird im folgenden für das Beispiel von Bild 9.7 gezeigt.

Umordnung des Gleichungssystems

Für die statische Kondensation muß das bei normaler Indizierung der Freiheitsgrade, Bilder 9.5 und 9.8, bandbesetzte Gleichungssystem neu sortiert werden nach

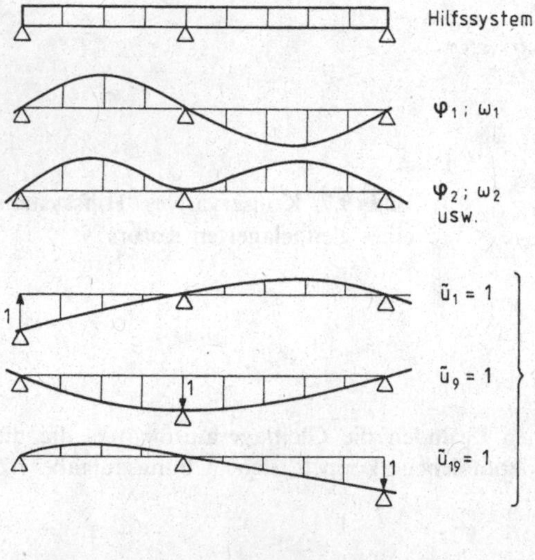

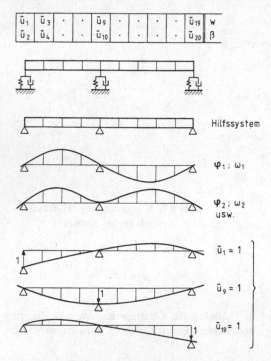

Bild 9.8. Globale Freiheitsgrade $\tilde{u}_1$ bis $\tilde{u}_{20}$ des 3fach gelagerten Systems. Hilfssystem und Eigenformen sowie Ansatzfiguren aus statischer Kondensation bezüglich der Freiheitsgrade $\tilde{u}_1$, $\tilde{u}_9$ und $\tilde{u}_{19}$

Haupt- und Nebenfreiheitsgraden (H und N) durch Zeilen- und Spaltentausch in den Matrizen

$$\begin{bmatrix} \boldsymbol{M}_{\mathrm{NN}} & \boldsymbol{M}_{\mathrm{NH}} \\ \boldsymbol{M}_{\mathrm{HN}} & \boldsymbol{M}_{\mathrm{HH}} \end{bmatrix} \begin{Bmatrix} \ddot{\tilde{\boldsymbol{u}}}_{\mathrm{N}} \\ \ddot{\tilde{\boldsymbol{u}}}_{\mathrm{H}} \end{Bmatrix} + \begin{bmatrix} \boldsymbol{0} & \boldsymbol{0} \\ \boldsymbol{0} & \boldsymbol{D}_{\mathrm{HH}} \end{bmatrix} \begin{Bmatrix} \dot{\tilde{\boldsymbol{u}}}_{\mathrm{N}} \\ \dot{\tilde{\boldsymbol{u}}}_{\mathrm{H}} \end{Bmatrix} + \begin{bmatrix} \boldsymbol{S}_{\mathrm{NN}} & \boldsymbol{S}_{\mathrm{NH}} \\ \boldsymbol{S}_{\mathrm{HN}} & \boldsymbol{S}_{\mathrm{HH}} \end{bmatrix} \begin{Bmatrix} \tilde{\boldsymbol{u}}_{\mathrm{N}} \\ \tilde{\boldsymbol{u}}_{\mathrm{H}} \end{Bmatrix} = \begin{Bmatrix} \tilde{\boldsymbol{p}}_{\mathrm{N}} \\ \tilde{\boldsymbol{p}}_{\mathrm{H}} \end{Bmatrix}. \tag{9.19}$$

Wir ordnen die wichtigen translatorischen Freiheitsgrade an den Lagerstellen $\tilde{u}_1$, $\tilde{u}_9$ und $\tilde{u}_{19}$ als Hauptfreiheitsgrade im unteren Ende des neuen, umsortierten Verschiebungsvektors $\tilde{\boldsymbol{u}}$ an. Die genaue Besetzheit der Matrizen $\boldsymbol{M}$, $\boldsymbol{D}$ und $\boldsymbol{S}$ des Beispiels zeigt Bild 9.9. Die Massenmatrix ist wie die Steifigkeitsmatrix besetzt, nur daß die schwarzen Punkte entfallen, die die drei Federsteifigkeitswerte an den Lagerstellen andeuten. Die Dämpfungsmatrix ist völlig leer, bis auf die drei Dämpfungszahlen der Lager, die unten auf der Hauptdiagonalen stehen.

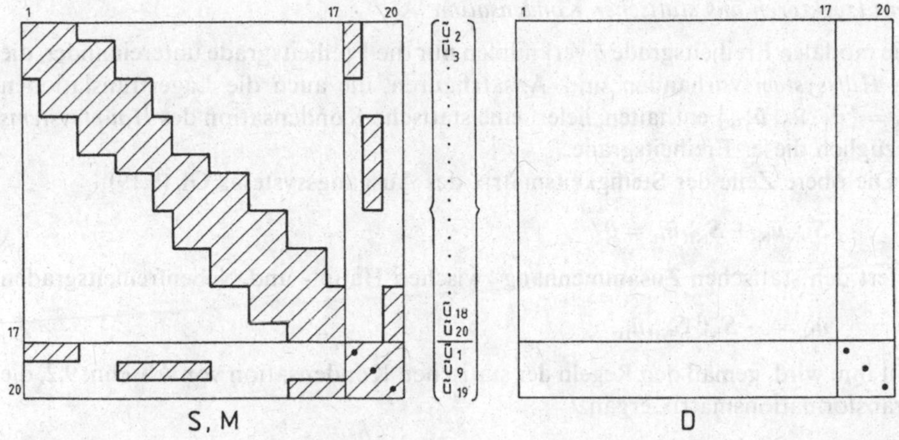

Bild 9.9. Martizenbesetzung nach Umordnung

Ansatzvektoren aus dem modal zerlegten Hilfssystem

Blockiert man gedanklich die „Hauptfreiheitsgrade" der Lagertranslationen, $\tilde{u}_1 = \tilde{u}_9 = \tilde{u}_{19} = 0$, dann verkümmert das Ausgangsgleichungssystem (9.19) auf ein *konservatives* Hilfssystem

$$\boldsymbol{M}_{\mathrm{NN}} \ddot{\tilde{\boldsymbol{u}}}_{\mathrm{N}} + \boldsymbol{S}_{\mathrm{NN}} \tilde{\boldsymbol{u}}_{\mathrm{N}} = \boldsymbol{0} \text{ bzw. } \tilde{\boldsymbol{p}}_{\mathrm{N}},$$

dessen Eigenformen $\boldsymbol{\varphi}_{\mathrm{i}}$ und Eigenfrequenzen ω_{i} vorab berechnet werden. Die physikalische Bedeutung dieses Hilfssystems ist Bild 9.8 zu entnehmen: Der Rotor ist nun starr gelagert.

Den langwelligen Teil der Eigenformen, angeordnet in der verkürzten Modalmatrix $\boldsymbol{\Phi}^*$ verwenden wir nun zur Besetzung der Transformationsmatrix $\mathbf{T}$.

Hier werden drastisch Freiheitsgrade eingespart: Die Zahl der modalen Freiheitsgrade im Vektor $\tilde{\boldsymbol{q}}$ ist gewöhnlich sehr viel niedriger als die der physikalischen Freiheitsgrade im Vektor $\tilde{\boldsymbol{u}}_{\mathrm{N}}$.

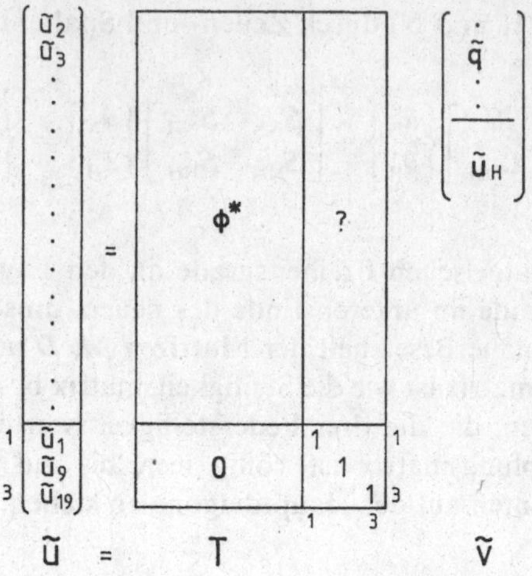

Ansatzvektoren aus statischer Kondensation

Die modalen Freiheitsgrade $\tilde{q}$ verknüpfen nur die Freiheitsgrade untereinander, die im *Hilfssystem* vorhanden sind. Ansatzfiguren, die auch die Lagertranslationen $\tilde{\boldsymbol{u}}_{\mathrm{H}}^{\mathrm{T}} = \{\tilde{u}_1, \tilde{u}_9, \tilde{u}_{19}\}$ enthalten, liefert eine statische Kondensation des *Hauptsystems* bezüglich dieser Freiheitsgrade.

Die obere Zeile der Steifigkeitsmatrix des Ausgangssystems Gl. (9.19)

$$\boldsymbol{S}_{\mathrm{NN}} \tilde{\boldsymbol{u}}_{\mathrm{N}} + \boldsymbol{S}_{\mathrm{NH}} \tilde{\boldsymbol{u}}_{\mathrm{H}} = \boldsymbol{0}$$

liefert den statischen Zusammenhang zwischen Haupt- und Nebenfreiheitsgraden

$$\tilde{\boldsymbol{u}}_{\mathrm{N}} = -\boldsymbol{S}_{\mathrm{NN}}^{-1} \boldsymbol{S}_{\mathrm{NH}} \tilde{\boldsymbol{u}}_{\mathrm{H}}.$$

Mit ihm wird, gemäß den Regeln der statischen Kondensation von Abschn. 9.2, die Transformationsmatrix ergänzt

$$\begin{Bmatrix} \tilde{u}_2 \\ \tilde{u}_3 \\ \vdots \\ \hline \tilde{u}_1 \\ \tilde{u}_9 \\ \tilde{u}_{19} \end{Bmatrix} = \left[\begin{array}{c|c} \phi^* & -S_{\mathrm{NN}}^{-1} S_{\mathrm{NH}} \\ \hline 0 & \begin{matrix} 1 & & \\ & 1 & \\ & & 1 \end{matrix} \end{array}\right] \begin{Bmatrix} \tilde{q} \\ \hline \tilde{u}_{\mathrm{H}} \end{Bmatrix} \tag{9.20}$$

$$\tilde{u} = T \quad \tilde{v}$$

Damit enthält sie auch Ansatzfiguren, die über das ganze Hauptsystem laufen, siehe Bild 9.8 unten.

Das reduzierte Bewegungsgleichungssystem

Setzt man die Transformation Gl. (9.20) in das Ausgangsgleichungssystem (9.19) mit den Matrizenbesetzungen nach Bild 9.9 ein und multipliziert von links mit $\boldsymbol{T}^{\mathrm{T}}$, so schrumpft das Bewegungsgleichungssystem auf

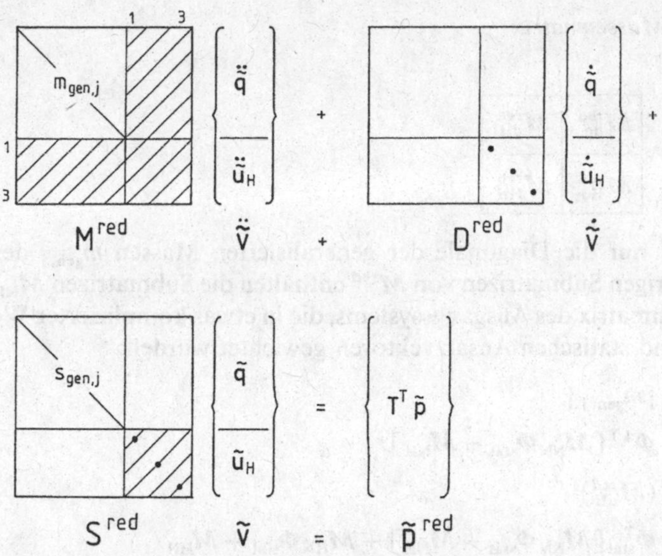

(9.21)

Wegen der Orthogonalitätsbedingungen des Hilfssystems

$$\boldsymbol{\Phi}^{\mathrm{T}} M_{\mathrm{NN}} \boldsymbol{\Phi} = [m_{\mathrm{gen,\,j}}]$$

$$\boldsymbol{\Phi}^{\mathrm{T}} S_{\mathrm{NN}} \boldsymbol{\Phi} = [s_{\mathrm{gen,\,j}}]$$

ist die *Steifigkeitsmatrix* des reduzierten Systems

$$\boldsymbol{S}^{\mathrm{red}} = \begin{bmatrix} \boldsymbol{S}_{\mathrm{qq}}^{\mathrm{red}} & \boldsymbol{S}_{\mathrm{qH}}^{\mathrm{red}} \\ \boldsymbol{S}_{\mathrm{Hq}}^{\mathrm{red}} & \boldsymbol{S}_{\mathrm{HH}}^{\mathrm{red}} \end{bmatrix} \tag{9.22}$$

in $\boldsymbol{S}_{\mathrm{qq}}^{\mathrm{red}}$ rein diagonal mit den generalisierten Steifigkeiten $s_{\mathrm{gen,\,j}}$ der berücksichtigten modalen Freiheitsgrade besetzt. Die Felder $\boldsymbol{S}_{\mathrm{qH}}^{\mathrm{red}}$ und $\boldsymbol{S}_{\mathrm{Hq}}^{\mathrm{red}}$ sind völlig leer. Das resultiert daraus, daß die statischen Ansatzvektoren aus der Steifigkeitsmatrix $\boldsymbol{S}$ des Ausgangssystems gewonnen wurden. Besetzt ist weiter noch der Quadrant in der reduzierten Matrix $\boldsymbol{S}^{\mathrm{red}}$, der zu den beibehaltenen physikalischen Freiheitsgraden gehört

$$\boldsymbol{S}_{\mathrm{HH}}^{\mathrm{red}} = \boldsymbol{S}_{\mathrm{HH}} - \boldsymbol{S}_{\mathrm{HN}} \boldsymbol{S}_{\mathrm{NN}}^{-1} \boldsymbol{S}_{\mathrm{NH}}.$$

Hier steht die Submatrix $\boldsymbol{S}_{\mathrm{HH}}$ des Ausgangsgleichungssystems (9.19), Bild 9.9, die Ölfilmsteifigkeiten enthielt. Sie ist überlagert mit den Beiträgen $-\boldsymbol{S}_{\mathrm{HN}} \boldsymbol{S}_{\mathrm{NN}}^{-1} \boldsymbol{S}_{\mathrm{NH}}$ aus den übrigen Feldern von $\boldsymbol{S}$. Wichtig ist, daß die Ölfilmsteifigkeiten (angedeutet durch die schwarzen Punkte) unverändert explizit im kondensierten System stehen!

Die *Dämpfungsmatrix* des reduzierten Systems ist nur im Quadranten, der zu den beibehaltenen physikalischen Freiheitsgraden gehört, besetzt. Hier stehen die (drehzahlabhängigen) Dämpfungskoeffizienten des Ölfilms wie im Ausgangssystem, Bild 9.9

$$\boldsymbol{D}_{\mathrm{HH}}^{\mathrm{red}} = \boldsymbol{D}_{\mathrm{HH}}.$$

Die reduzierte *Massenmatrix*

$$\boldsymbol{M}^{\text{red}} = \begin{array}{|c|c|} \hline \boldsymbol{M}_{\text{qq}}^{\text{red}} & \boldsymbol{M}_{\text{qH}}^{\text{red}} \\ \hline \boldsymbol{M}_{\text{Hq}}^{\text{red}} & \boldsymbol{M}_{\text{HH}}^{\text{red}} \\ \hline \end{array} \tag{9.23}$$

enthält in $\boldsymbol{M}_{\text{qq}}^{\text{red}}$ nur die Diagonale der generalisierten Massen $m_{\text{gen, j}}$ des Hilfssystems. Die übrigen Submatrizen von $\boldsymbol{M}^{\text{red}}$ enthalten die Submatrizen $\boldsymbol{M}_{\text{NH}}$, $\boldsymbol{M}_{\text{HH}}$, $\boldsymbol{M}_{\text{HN}}$ der Massenmatrix des Ausgangssystems, die in etwas komplizierter Weise mit den modalen und statischen Ansatzvektoren gewichtet wurden:

$$\begin{aligned}
\boldsymbol{M}_{\text{qq}}^{\text{red}} &= \lceil m_{\text{gen, j}} \rfloor, \\
\boldsymbol{M}_{\text{qH}}^{\text{red}} &= \boldsymbol{\Phi}^{*\text{T}} [\boldsymbol{M}_{\text{NN}} \boldsymbol{\Phi}_{\text{stat}} + \boldsymbol{M}_{\text{NH}}], \\
\boldsymbol{M}_{\text{Hq}}^{\text{red}} &= (\boldsymbol{M}_{\text{qH}}^{\text{red}})^{\text{T}}, \\
\boldsymbol{M}_{\text{HH}}^{\text{red}} &= \boldsymbol{\Phi}_{\text{stat}}^{\text{T}} [\boldsymbol{M}_{\text{NN}} \boldsymbol{\Phi}_{\text{stat}} + \boldsymbol{M}_{\text{NH}}] + \boldsymbol{M}_{\text{HN}} \boldsymbol{\Phi}_{\text{stat}} + \boldsymbol{M}_{\text{HH}}.
\end{aligned} \tag{9.24}$$

Dabei steht $\boldsymbol{\Phi}_{\text{stat}}$ abkürzend für

$$-\boldsymbol{S}_{\text{NN}}^{-1} \boldsymbol{S}_{\text{NH}} = \boldsymbol{\Phi}_{\text{stat}}.$$

9.5 Vergleich der drei Reduktionsverfahren

Bild 9.10 zeigt die Matrizenbesetzungen für das skizzierte Beispiel vor und nach der Reduktion der Zahl der Freiheitsgrade.

Die statische Kondensation zerstört im allgemeinen evtl. vorhandene Bandstrukturen, es sei denn, man wendet sie zur Erzeugung von Makroelementen an, siehe Abschn. 9.2.

Die rein modale Kondensation mit dem konservativen Hilfssystem diagonalisiert zwar schon $\boldsymbol{M}^{\text{red}}$ und $\boldsymbol{S}^{\text{red}}$, „verschmiert" aber schon einen einzigen lokalen Dämpfer über die ganze reduzierte Dämpfungsmatrix $\boldsymbol{D}^{\text{red}}$.

Die gemischte Vorgehensweise erlaubt es, richtig angesetzt, lokale Dämpferelemente auch in das reduzierte System als lokal zu übertragen. Das ist, wie oben mehrfach betont, für die Untersuchung von Parametereinflüssen wichtig. Diese Transformation wird gelegentlich auch als „strukturerhaltend" bezeichnet. Die doppelt geränderte Block-Diagonal-Besetzung der Matrizen des Ausgangssystems taucht als doppelt geränderte Diagonalbesetzung nach der Transformation wieder auf, Bilder 9.8 und 9.10.

Wieviel Prozent der zunächst eingeführten Freiheitsgrade durch die Reduktionsverfahren wieder eliminiert werden können (Reduktionsgrad), läßt sich kaum allgemeingültig sagen. Durch die statische Kondensation werden oft 50%, gelegentlich aber auch mehr, beseitigt. Bei der modalen und der gemischten Vorgehensweise liegt der Reduktionsgrad im allgemeinen deutlich höher.

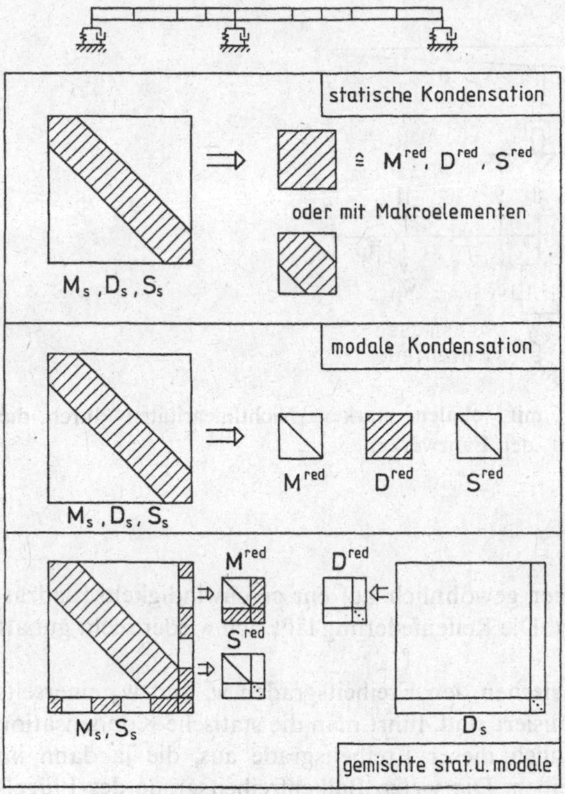

Bild 9.10. Matrizenbesetzung vor und nach der Reduktion

Ein Hinweis noch zur Rechentechnik: Aus Gründen der systematischen Darstellung wurde in den Abschn. 9.2, 9.3 und 9.4 stets zunächst das Ausgangsgleichungssystem mit seinen großen Matrizen angegeben. Sowie Speicherplatzmangel herrscht, wird man aber dieses System gar nicht erst im Rechner aufbauen, sondern sofort die verkleinerte reduzierte Form ansteuern.

9.6 Kondensation bei Systemen mit lokalen Nichtlinearitäten

Bei großen linearen Systemen mit lokalen starken Nichtlinearitäten kommt dem in Abschn. 9.4 beschriebenen Verfahren der gemischten statischen und modalen Kondensation besondere Bedeutung zu. Derartige Bewegungsgleichungen können oft nur durch numerische Integration gelöst werden. Die scheitert aber sehr schnell, wenn viele Differentialgleichungen im Spiel sind, weil die Systeme dann sehr bald steif werden, vgl. Band I, Kap. 8.

Dann hilft nur rigoroses Abspecken bei der Zahl der Freiheitsgrade, was mit dem gemischten Verfahren leicht möglich ist.

Als Beispiel für ein solches System betrachten wir ein Flugzeug beim Landestoß, Bild 9.11. Die heftig schwingenden Flügel sind durch ein lineares Balkenmodell gut zu erfassen. Stark nichtlinear sind die Luftfedern in den Fahrwerken, die beim Einfedern hart und härter werden, ohne zu Block zu gehen (adiabate Verdichtung)

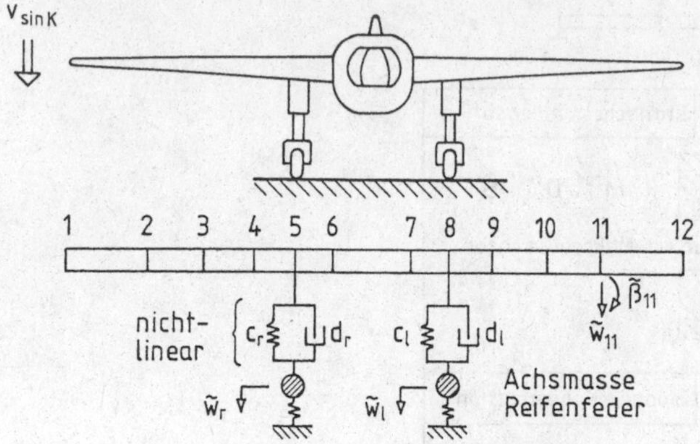

Bild 9.11. Großes lineares System mit lokalen starken Nichtlinearitäten durch die Luftfeder und Drosseldämpfung in den Fahrwerken

und die Öldämpfer, die man hier gewöhnlich auf ein geschwindigkeitsquadrat-proportionales Verhalten auslegt. Die Reifenfederung läßt sich wieder recht gut als lineare Feder erfassen.

Da diese Nichtlinearitäten zwischen den Freiheitsgraden w_r und w_5 einerseits und w_l und w_8 andererseits lokalisiert sind, führt man die statische Kondensation im gemischten Vorgehen bezüglich dieser Freiheitsgrade aus, die ja dann im reduzierten System erhalten bleiben. Die vielen Balkenfreiheitsgrade des Flügels reduziert die modale Kondensation des durch „Blockieren" der Freiheitsgrade w_5 und w_8 (und w_l, w_r) entstandenen Hilfssystems. Bild 9.12 zeigt die Steifigkeitsmatrix S^{red}, aufgespalten nach dem linearen Teil und dem nichtlinearen Teil aus den Luftfedern, für die gilt $c_r = c_r(w_5 - w_r)$ und $c_l = c_l(w_8 - w_l)$. Genaueres ist der Übungsaufgabe 9.5 zu entnehmen.

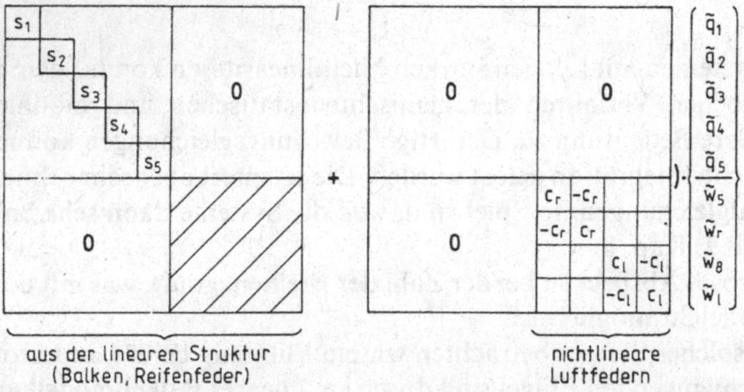

Bild 9.12. Steifigkeitsmatrix des kondensierten nichtlinearen Systems. $\tilde{q}_1 \,..\, \tilde{q}_5$ modale Freiheitsgrade

9.7 Übungsaufgaben

Aufgabe 9.1. Statische Kondensation

Überprüfe die in Tabelle 9.1 angegebenen Resultate der statischen Kondensation für den einfeldrigen Kragbalken, dessen Bewegungsgleichung lautet:

$$\frac{\mu l}{420}\begin{bmatrix}156 & 22l\\ 22l & 4l^2\end{bmatrix}\begin{Bmatrix}\ddot{\tilde{w}}\\ \ddot{\tilde{\beta}}\end{Bmatrix}+\frac{EJ}{l^3}\begin{bmatrix}12 & 6l\\ 6l & 4l^2\end{bmatrix}\begin{Bmatrix}\tilde{w}\\ \tilde{\beta}\end{Bmatrix}=\boldsymbol{0}.$$

Wie ist die Transformationsmatrix besetzt?

Aufgabe 9.2. Statische Kondensation

Für das skizzierte Hebezeug von Bild 9.13 liefert eine kleine FEM-Rechnung das Bewegungsgleichungssystem

$$\frac{\mu l}{420}\begin{bmatrix}X & X & & \\ X & X & X & X\\ & X & X & X\\ & X & X & X\end{bmatrix}\begin{Bmatrix}\ddot{\tilde{\varphi}}_1\\ \ddot{\tilde{\varphi}}_2\\ \ddot{\tilde{w}}_3\\ \ddot{\tilde{\varphi}}_3\end{Bmatrix}+$$

$$+\frac{EJ}{l^3}\begin{bmatrix}4l^2 & 2l^2 & & \\ 2l^2 & 8l^2 & 6l & 2l^2\\ & 6l & 12 & 6l\\ & 2l^2 & 6l & 4l^2\end{bmatrix}\begin{Bmatrix}\tilde{\varphi}_1\\ \tilde{\varphi}_2\\ \tilde{w}_3\\ \tilde{\varphi}_3\end{Bmatrix}=\boldsymbol{0}.$$

Der Einfachheit halber wurde dabei $l_1 = l_2 = l$ und $EI_1 = EI_2 = EI$ angesetzt. Betrachte die Freiheitsgrade $\tilde{w}_3$ und $\tilde{\varphi}_3$ als Hauptfreiheitsgrade und ermittle die Besetzung der Transformationsmatrix $\boldsymbol{T}$ für die statische Kondensation.

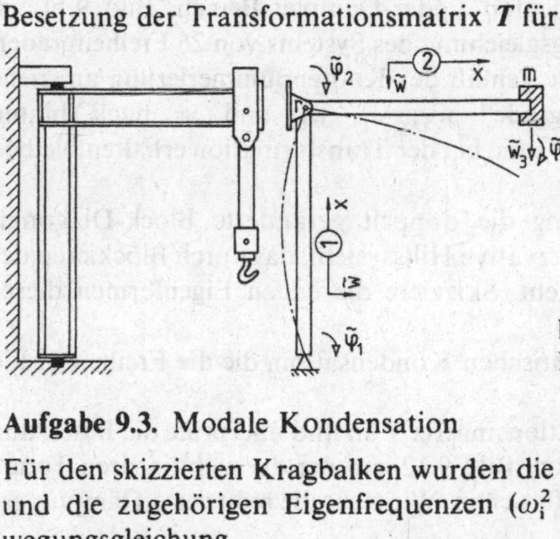

Bild 9.13. Mechanisches System, FEM-Modell von vier Freiheitsgraden

Aufgabe 9.3. Modale Kondensation

Für den skizzierten Kragbalken wurden die konservativen Schwingungsformen $\boldsymbol{\varphi}_i$ und die zugehörigen Eigenfrequenzen ($\omega_i^2 = s_{\text{gen},i}/m_{\text{gen},i}$) durch Lösen der Bewegungsgleichung

$$M_s\tilde{u}^{\cdot\cdot} + S_s\tilde{u} = 0$$

ermittelt, Bild 9.14.

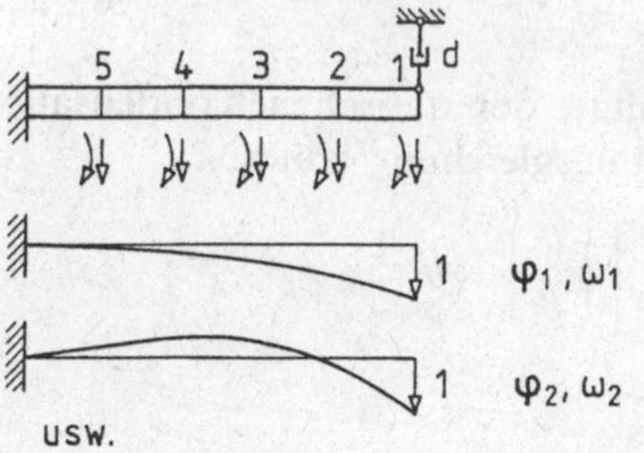

Bild 9.14. Kragbalkenmodell mit zehn Freiheitsgraden; konservative Eigenformen φ_i

Die Eigenvektoren φ_i werden im „Endausschlag" (Freiheitsgrad $\tilde{u}_1$) auf den Wert 1 normiert

$$\varphi_i^T = \{1;\ x;\ x;\ x;\ x;\ x;\ x;\ x;\ x;\ x\}.$$

Gib die Besetzung des modal kondensierten Bewegungsgleichungssystems

$$M^{red}\tilde{v}^{\cdot\cdot} + D^{red}\tilde{v}^{\cdot} + S^{red}\tilde{v} = 0$$

an, insbesondere die Besetzung der Dämpfungsmatrix D^{red}, wenn am Kragende ein lokaler Dämpfer d angreift.

Aufgabe 9.4. Gemischte statische und modale Kondensation

Bei der gemischten statischen und modalen Kondensation nach Abschn. 9.4 hat das reduzierte Bewegungsgleichungssystem die in Gl. (9.21) angegebene Besetztheit, die doppelt geränderte Diagonalform.

Beweise die Richtigkeit dieser Behauptung durch Nachvollziehen des Transformationsprozesses mit Gl. (9.20) und kontrolliere die in Gl. (9.24) angegebene Besetzung der reduzierten Massenmatrix.

Aufgabe 9.5. Gemischte Kondensation bei einem nichtlinearen System

Für das Flugzeug mit den nichtlinearen Feder-Dämpfer-Beinen, Bild 9.11, ist zunächst die Besetzheit der Bewegungsgleichung des Systems von 26 Freiheitgraden anzugeben. Ordne die Freiheitsgrade gemäß der Knotennummerierung an, ziehe aber die „nichtlinearen Freiheitsgrade" w_5, w_r, w_8 und w_l nach hinten $\tilde{u}^T = \{w_1; \beta_1; w_2; \ldots; w_5; w_r; w_8; w_l\}$), die bei der Transformation erhalten bleiben sollen.

Prüfe, ob durch diese Anordnung die doppelt geränderte Block-Diagonal-Struktur entsteht. Skizziere das konservative Hilfssystem, das durch Blockieren der „nichtlinearen" Freiheitsgrade entsteht. Skizziere die ersten Eigenformen dieses Hilfssystems qualitativ.

Skizziere die Ansatzfiguren der statischen Kondensation, die die Freiheitsgrade w_5, w_r, w_8, w_l erhält.

Gib die Besetzheit der Transformationsmatrix T an und überprüfe die Besetzung der reduzierten Steifigkeitsmatrix nach Bild 9.12, auf der die nichtlinearen Terme $c_r = c_r(w_5, w_r)$ und $c_l = c_l(w_8, w_l)$ auftauchen. Wie sieht die reduzierte Dämpfungsmatrix aus?

10 Substrukturtechniken

10.1 Vorbemerkung

Bei sehr komplizierten Tragwerken, für deren Beschreibung man viele hundert oder mehrere tausend Freiheitsgrade benötigt, ist man natürlich erst recht darauf angewiesen, Verfahren zur Reduktion der Freiheitsgrade (Kap. 9) oder zur Ausnutzung von Symmetrien (Kap. 8) einzusetzen. Da der für das unverkürzte Gesamtgleichungssystem erforderliche Speicherplatzbedarf viel zu groß ist, muß man hierbei organisatorisch geschickt vorgehen, so daß das komplizierte Tragwerk in physikalisch leicht zu interpretierende, einfacher zu behandelnde *Substrukturen* zerfällt.

Zur Einführung wollen wir an zwei Beispielen verdeutlichen, wie die Unterteilung in Substrukturen praktisch erfolgt.

Bei der Dampfturbine, die auf einem Rahmenfundament gelagert ist, wurden für die Darstellung in Bild 10.1 die einzelnen Bauteile bereits so voneinander getrennt, daß die Substrukturen erkennbar sind: Der Rotor, bestehend aus Generator, einem Hochdruckteil und einem Niederdruckteil, ist die erste Substruktur. Die zweite Substruktur bildet das Rahmenfundament mit der Sohlplatte. Die Gleitlager stellen Koppelelemente zwischen den beiden Substrukturen dar, die man auch der Substruktur Rotor oder der Substruktur Fundament zuordnen könnte. Eine Zuordnung der Gleitlager zum Rotor hätte allerdings zur Folge, daß bei der Substruktur Rotor die Rotationssymmetrie verlorenginge. Interessiert man sich dafür, welche Rückwirkungen sich zwischen Rotor und Fundament einerseits und dem Untergrund andrerseits ergeben, so wird man für den Boden ebenfalls eine Substruktur einführen. Für dynamische Untersuchungen des Rotors reicht es zumeist aus, den Boden als starr anzusehen oder ihn als elastische Bettung ohne eigene Freiheitsgrade zu modellieren.

Bei dem Flugzeug von Bild 10.2 ist die Aufteilung in Substrukturen keinesfalls so offensichtlich. Die Festlegung der Flügel und Leitwerke als Substrukturen wirkt noch natürlich, die Unterteilung des Rumpfes in mehrere Substrukturen erscheint hingegen recht willkürlich. Koppelelemente, wie sie die Gleitlager beim Rotor darstellen, liegen beim Flugzeug nicht vor.

Die hier vorliegende Aufteilung des Rumpfes des Airbusses in Substrukturen wurde unter dem Aspekt getroffen, daß die einzelnen Rumpfteile an verschiedenen Orten konstruiert und gefertigt werden.

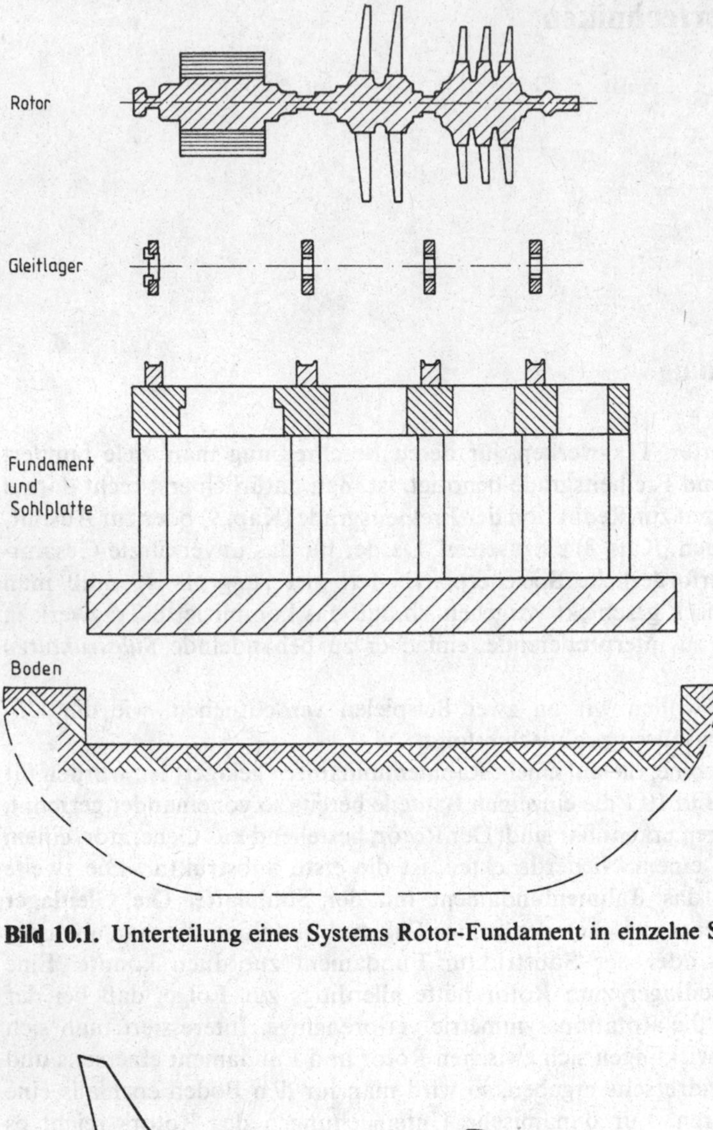

Bild 10.1. Unterteilung eines Systems Rotor-Fundament in einzelne Substrukturen

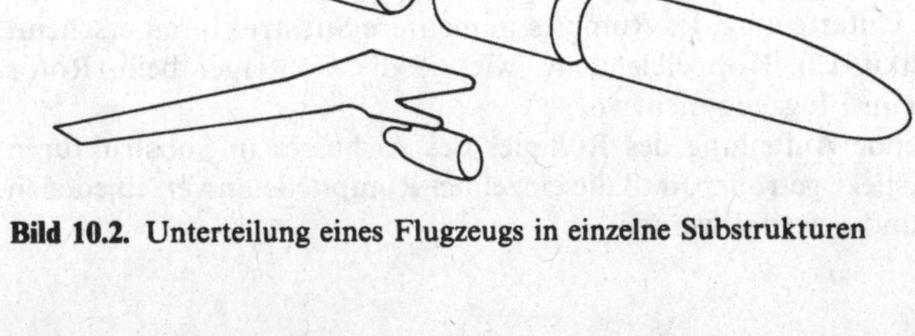

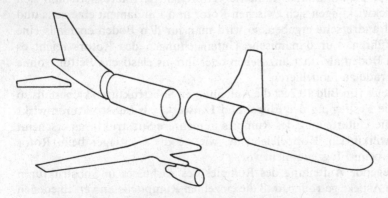

Bild 10.2. Unterteilung eines Flugzeugs in einzelne Substrukturen

Definition und Ziel der Substrukturtechnik

Die Substrukturtechnik, die für die Schwingungsberechnung solcher komplizierten Tragwerke eingesetzt wird, kann folgendermaßen charakterisiert werden:

— Die Gesamtstruktur wird mehr oder weniger willkürlich in Teilstrukturen zerlegt (*Substrukturierung*).
— Die Vorbehandlung der Substrukturen mit dem Ziel der drastischen Reduktion der Zahl der Freiheitsgrade erfordert den Einsatz von Methoden aus den Kap. 8 und 9 (*Symmetrieausnutzung und Kondensation*).
— Aus den derart vorbehandelten Substrukturmatrizen werden die reduzierten Bewegungsgleichungen für das Gesamttragwerk aufgebaut (*Synthese*).

Zur Reduktion der Zahl der Freiheitsgrade auf Substrukturebene kann man entweder die statische Kondensation aus Abschn. 9.2 oder die gemischte statische und modale Kondensation aus Abschn. 9.4 einsetzen. Rein statisch kondensierte Substrukturmatrizen ergeben letztlich nichts anderes als ein sehr großes Makroelement. Den Aufbau eines reduzierten Gleichungssystems für das Gesamttragwerk aus modal kondensierten Substrukturmatrizen bezeichnet man auch als modale Synthese [10.20, 10.27].

Ziel der Substrukturtechnik ist ein reduziertes Gleichungssystem, mit dem sich das dynamische Verhalten der komplizierten Gesamtstruktur im interessierenden Frequenzbereich richtig erfassen läßt, wobei der dafür erforderliche Aufwand möglichst niedrig sein soll.

Forderungen beim Einsatz der Substrukturtechnik

Die folgenden vier Forderungen dienen alle dem Ziel, den Aufwand so niedrig wie möglich zu halten:

1. Die Substrukturen sollen sich möglichst einfach und mit geringem Aufwand berechnen lassen.

Die Gesichtspunkte, die hierbei zu beachten sind, sind zum Teil bereits aus den beiden letzten Kapiteln bekannt. Bei der Festlegung der Substrukturen ist darauf zu achten, daß sich Symmetrie- und Bandstruktureigenschaften ausnutzen lassen.

Nichtlineare und nichtkonservative Eigenschaften sollten möglichst nur in Koppelelementen vorliegen, so daß die Substrukturen konservativ und linear bleiben. Sofern Parametervariationen erforderlich sind, ist dafür zu sorgen, daß sie auf möglichst wenige Substrukturen beschränkt bleiben.

2. Die Substrukturen sollten so festgelegt werden, daß die Eigenformen der vorabbehandelten Substrukturen möglichst schon aussagekräftig sind für das Schwingungsverhalten des Gesamtsystems.

Im Hinblick auf diese Forderung wirkt die „natürliche" Aufteilung des Turbosatzes von Bild 10.1 in eine Substruktur Rotor und in eine Substruktur Fundament geschickt; das „willkürliche" Aufschneiden des Flugzeugrumpfes von Bild 10.2, auch wenn es unter Fertigungsgesichtspunkten gerechtfertigt ist, wirkt hingegen ungeschickt.

3. Die synthetisierte Gesamtstruktur sollte so wenig Freiheitsgrade wie möglich besitzen.
4. Das Gleichungssystem für die Gesamtstruktur sollte sich möglichst in der Differentialgleichungsformulierung angeben lassen.

Bei einer Formulierung im Frequenzbereich, die sich teilweise nicht vermeiden läßt [10.33, 10.34], ist der Einsatzbereich eingeschränkt, während bei einer Differentialgleichungsformulierung noch alle numerischen Möglichkeiten offenstehen.

Freie oder gefesselte Substrukturen

Eine nicht unwesentliche Rolle spielt die Frage, wie die Substrukturen bei der Vorabbehandlung an den Koppelstellen gelagert sind. Zur Erläuterung verschiedener Möglichkeiten betrachten wir wieder das Beispiel Rotor-Fundament (Bild 10.3a).

Bei der Variante von Bild 10.3b handelt es sich um Substrukturen mit gefesselten Koppelstellen; in Bild 10.3c sind Substrukturen mit freien Koppelstellen dargestellt. Die in Bild 10.3d wiedergegebene Variante hat zwei Vorzüge, aufgrund derer sie der Praktiker bevorzugen wird: Einerseits lassen sich die Ergebnisse der Fundamentberechnung vergleichsweise einfach experimentell überprüfen; andrerseits werden bei der Rotorvorabbehandlung die Gleitlagereigenschaften zumindest näherungsweise (nämlich konservativ) berücksichtigt. Die programmorganisatorische Realisierung dieser Variante ist allerdings recht aufwendig.

Im nächsten Abschnitt wird am Beispiel des Turbosatzes von Bild 10.1 zunächst erläutert, wie man bei der Substrukturtechnik mit modaler Synthese im einzelnen

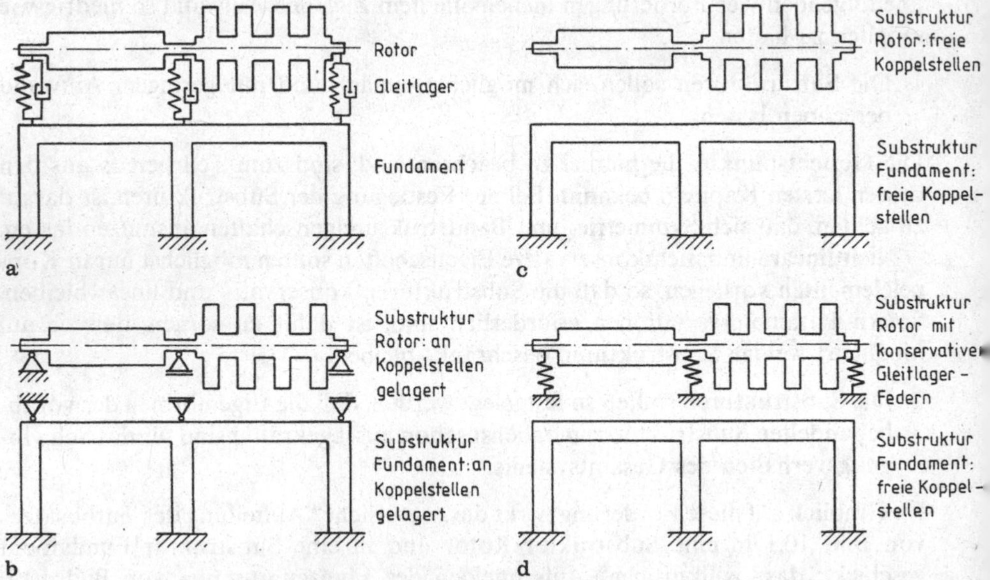

Bild 10.3a–d. Gesamtsystem Rotor-Fundament (a) mit unterschiedlichen Möglichkeiten zur Lagerung der Substrukturen (b–d)

vorgeht. Zur modalen Kondensation der Substrukturmatrizen wird hierbei das Verfahren von Hurty [10.1–10.3] aus Abschn. 9.4 eingesetzt, bei dem die Substrukturen an den Koppelstellen gefesselt sind. Dieses Vorgehen wird anschließend anhand von Ergebnissen für einen großen Turbosatz illustriert (Abschn. 10.3). Modale Kondensationsverfahren für Substrukturen mit freien Koppelstellen [10.16, 10.17, 10.21, 10.30, 10.32] werden im Abschn. 10.4 erläutert Während das Hurty-Verfahren, d.h. die modale Synthese unter Verwendung von Substrukturen mit gefesselten Koppelstellen, heute routinemäßig in großen Programmsystemen eingesetzt wird und dadurch vielfach numerisch erprobt ist, fehlt diese breite numerische Erprobung noch für Verfahren, die mit freien Koppelstellen arbeiten. In Abschn. 10.5 stellen wir die Ergebnisse einiger numerischer Vergleichsrechnungen vor.

Auf das Symbol ~ zur Kennzeichnunj zeitabhängiger Größen wird im ganzen Kapitel verzichtet.

10.2 Modale Synthese bei Verwendung von Substrukturen, die an den Koppelstellen gefesselt sind

Die einfachste Form der modalen Synthese liegt vor, wenn die Substrukturen an den Koppelstellen gefesselt sind. Wir erläutern diese Vorgehensweise, die auf Hurty [10.1] zurückgeht, am Beispiel des Systems Rotor-Fundament (Bild 10.4).

Zerlegung in Substrukturen

Die Zerlegung des Gesamtsystems in zwei entkoppelte Substrukturen, Rotor und Fundament, ist in Bild 10.4 dargestellt. Die Gleitlager mit ihren nichtkonservativen Eigenschaften werden erst bei der modalen Synthese berücksichtigt.

Die Substruktur Rotor könnte ohne weiteres noch einmal in zwei Substrukturen (Generator sowie Hochdruck-Niederdruckteil) zerlegt werden. Die Substrukturen brauchen also nicht über Koppelelemente nach Art der Gleitlager miteinander in

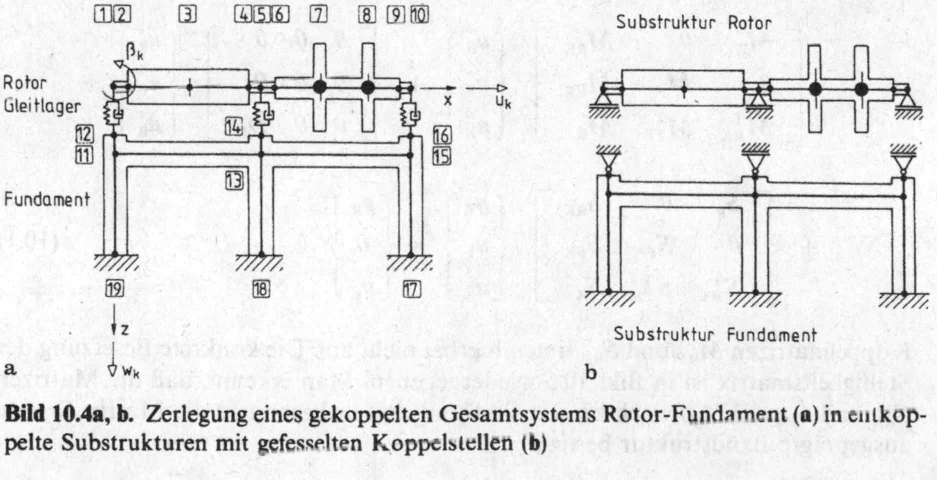

a b

Bild 10.4a, b. Zerlegung eines gekoppelten Gesamtsystems Rotor-Fundament (a) in entkoppelte Substrukturen mit gefesselten Koppelstellen (b)

Verbindung zu stehen. Erforderlich ist bei der Vorgehensweise von Hurty nur, daß für eine Substruktur alle an den Koppelstellen freigeschnittenen Freiheitsgrade gefesselt werden.

Jeder der Punkte 1 bis 16 im gekoppelten Gesamtsystem (Bild 10.4a) besitzt bei Beschränkung auf Schwingungen in der Ebene drei Verschiebungsunbekannte, für die ein Vektor $\boldsymbol{u}_k^T = \{u_k, w_k, \beta_k\}$ $(k = 1 \ldots 16)$ eingeführt wird. Da die Punkte 17, 18 und 19 eingespannt sind, gilt $\boldsymbol{u}_{17}^T = \boldsymbol{u}_{18}^T = \boldsymbol{u}_{19}^T = \{0, 0, 0\}$.

Die Verschiebungen der beiden Substrukturen (Bild 10.4b) werden in Substruktur-Verschiebungsvektoren $\boldsymbol{u}_R$ (Rotor) und $\boldsymbol{u}_F$ (Fundament) zusammengefaßt. Die Koppelverschiebungen werden in einem Vektor $\boldsymbol{u}_K$ angeordnet. Bei dem Beispiel von Bild 10.4 ist der Vektor $\boldsymbol{u}_R$ folgendermaßen besetzt:

$$\boldsymbol{u}_R^T = \{\beta_1, \boldsymbol{u}_2^T, \boldsymbol{u}_3^T, \boldsymbol{u}_4^T, u_5, \beta_5, \boldsymbol{u}_6^T, \boldsymbol{u}_7^T, \boldsymbol{u}_8^T, \boldsymbol{u}_9^T, u_{10}, \beta_{10}\}.$$

Das Lager 1 ist ein Axiallager, bei dem die Verschiebungen u_1 und w_1 verhindert sind. Bei den beiden Gleitlagern 5 und 10 sind hingegen nur die Verschiebungen w_5 und w_{10} verhindert. Bei der Substruktur Fundament geht man entsprechend vor. Mit der Bezifferung von Bild 10.4a ergibt sich als Verschiebungsvektor $\boldsymbol{u}_F$:

$$\boldsymbol{u}_F^T = \{\boldsymbol{u}_{11}^T, \beta_{12}, \boldsymbol{u}_{13}^T, u_{14}, \beta_{14}, \boldsymbol{u}_{15}^T, u_{16}, \beta_{16}\}.$$

Die bei den beiden Substrukturen gefesselten Freiheitsgrade werden im Vektor der Koppelverschiebungen $\boldsymbol{u}_K$ zusammengefaßt:

$$\boldsymbol{u}_K = \{u_1, w_1, u_{12}, w_{12}, w_5, w_{14}, w_{10}, w_{16}\}.$$

Matrizenbesetzung des Ausgangsgleichungssystems

Der Verschiebungsvektor $\boldsymbol{u}$ wurde in drei Komponenten zerlegt:

$$\boldsymbol{u}^T = \{\boldsymbol{u}_R^T, \boldsymbol{u}_F^T, \boldsymbol{u}_K^T\}.$$

Eine entsprechende Zerlegung ist beim Belastungsvektor $\boldsymbol{p}$ und bei den drei Matrizen $\boldsymbol{M}$, $\boldsymbol{D}$ und $\boldsymbol{S}$ möglich. Für den Fall unwuchterzwungener Schwingungen und bei Nichtberücksichtigung von Strukturdämpfung lautet dann das Ausgangsgleichungssystem:

$$\begin{bmatrix} \boldsymbol{M}_R & \boldsymbol{0} & \boldsymbol{M}_{RK} \\ \boldsymbol{0} & \boldsymbol{M}_F & \boldsymbol{M}_{FK} \\ \boldsymbol{M}_{RK}^T & \boldsymbol{M}_{FK}^T & \boldsymbol{M}_K \end{bmatrix} \begin{Bmatrix} \ddot{\boldsymbol{u}}_R \\ \ddot{\boldsymbol{u}}_F \\ \ddot{\boldsymbol{u}}_K \end{Bmatrix} + \begin{bmatrix} \boldsymbol{0} & \boldsymbol{0} & \boldsymbol{0} \\ \boldsymbol{0} & \boldsymbol{0} & \boldsymbol{0} \\ \boldsymbol{0} & \boldsymbol{0} & \boldsymbol{D}_K \end{bmatrix} \begin{Bmatrix} \dot{\boldsymbol{u}}_R \\ \dot{\boldsymbol{u}}_F \\ \dot{\boldsymbol{u}}_K \end{Bmatrix} +$$

$$+ \begin{bmatrix} \boldsymbol{S}_R & \boldsymbol{0} & \boldsymbol{S}_{RK} \\ \boldsymbol{0} & \boldsymbol{S}_F & \boldsymbol{S}_{FK} \\ \boldsymbol{S}_{RK}^T & \boldsymbol{S}_{FK}^T & \boldsymbol{S}_K \end{bmatrix} \begin{Bmatrix} \boldsymbol{u}_R \\ \boldsymbol{u}_F \\ \boldsymbol{u}_K \end{Bmatrix} = \begin{Bmatrix} \boldsymbol{p}_R \\ \boldsymbol{0} \\ \boldsymbol{p}_K \end{Bmatrix}. \qquad (10.1)$$

Koppelmatrizen $\boldsymbol{M}_{RF}$ und $\boldsymbol{S}_{RF}$ treten hierbei nicht auf. Die konkrete Besetzung der Steifigkeitsmatrix ist in Bild 10.5 wiedergegeben. Man erkennt, daß die Matrizen $\boldsymbol{S}_{RK}$ und $\boldsymbol{S}_{FK}$ sehr schwach besetzt sind und daß insbesondere die Matrix $\boldsymbol{S}_R$ eine ausgeprägte Bandstruktur besitzt.

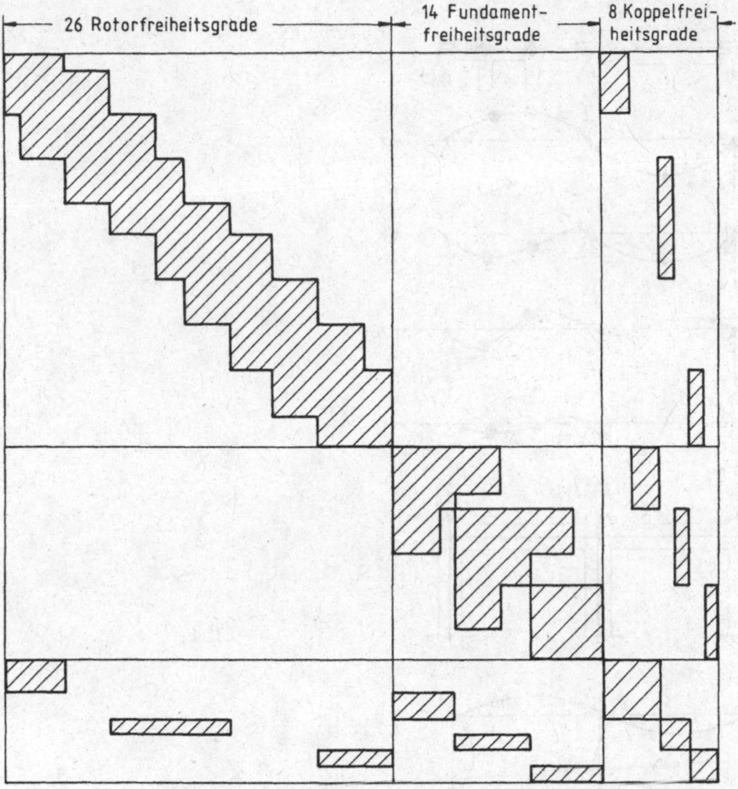

Bild 10.5. Matrizenbesetzung für die Steifigkeitsmatrix des Systems Rotor-Fundament von Bild 10.4

Die Matrix $\boldsymbol{S}_K$ erfaßt Steifigkeitseffekte aus den beiden Substrukturen und aus den Gleitlagern. Die Dämpfungsmatrix $\boldsymbol{D}_K$ enthält nur Gleitlagereffekte. Da die Gleitlagerelemente als masselos angenommen wurden, enthält die Matrix $\boldsymbol{M}_K$ nur Anteile aus den Substrukturen Rotor und Fundament.

Modale Zerlegung für die beiden Substrukturen

Die freien Schwingungen der an den Koppelstellen gefesselten Substrukturen Rotor und Fundament werden durch die beiden Gleichungen

$$\boldsymbol{M}_R \ddot{\boldsymbol{u}}_R + \boldsymbol{S}_R \boldsymbol{u}_R = \boldsymbol{0} \tag{10.2}$$

und

$$\boldsymbol{M}_F \ddot{\boldsymbol{u}}_F + \boldsymbol{S}_F \boldsymbol{u}_F = \boldsymbol{0} \tag{10.3}$$

beschrieben. Nach Lösung der zugehörigen Eigenwertaufgaben ist die modale Zerlegung der beiden Substrukturvektoren möglich:

$$\boldsymbol{u}_R = \boldsymbol{\Phi}_R \boldsymbol{q}_R, \tag{10.4}$$

$$\boldsymbol{u}_F = \boldsymbol{\Phi}_F \boldsymbol{q}_F. \tag{10.5}$$

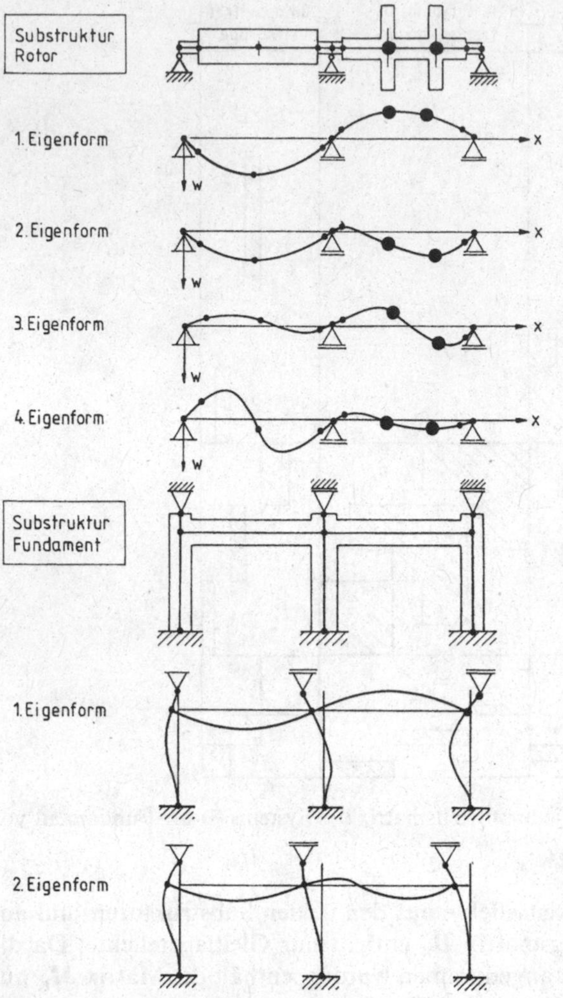

Bild 10.6. Untere Eigenformen der an den Koppelstellen gefesselten Substrukturen Rotor und Fundament

Die unteren Eigenschwingungsformen der beiden Substrukturen sind in Bild 10.6 dargestellt.

Einheitsverschiebungszustände aufgrund von Koppelverschiebungen

Genauso wie bei der modalen Kondensation im Abschn. 9.3 muß noch berücksichtigt werden, daß in den beiden Substrukturen aufgrund der Koppelverschiebungen zusätzlich zu den Eigenformen weitere Verschiebungszustände möglich sind. Man erhält diese Verschiebungszustände, indem man der Reihe nach jeweils eine der Koppelverschiebungen zu 1 setzt, alle anderen hingegen zu Null und rein statisch die zugehörigen *Einheitsverschiebungszustände* bestimmt, vergleiche Bild 10.7.

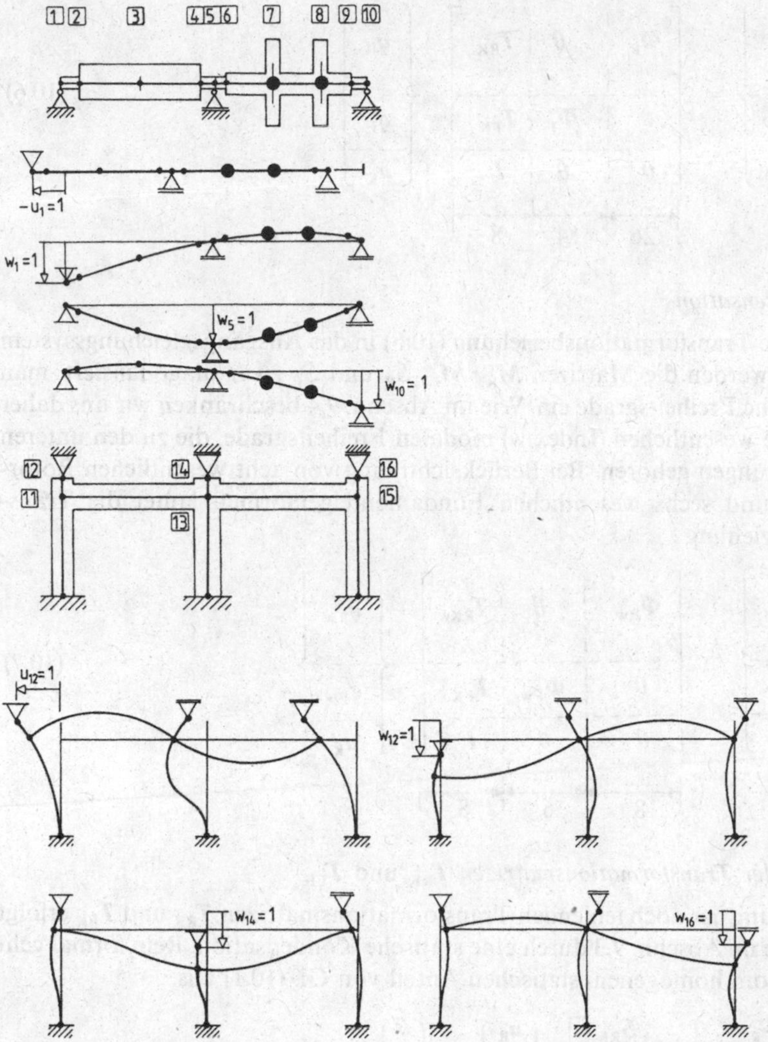

Bild 10.7. Einheitsverschiebungszustände in den Substrukturen aufgrund von Koppelverschiebungen

Angabe der Transformationsmatrizen

Die Substruktur-Freiheitsgrade ($\boldsymbol{u}_R$ und $\boldsymbol{u}_F$) hängen also außer von den modalen Freiheitsgraden $\boldsymbol{q}_R$ und $\boldsymbol{q}_F$ auch noch von den Koppelfreiheitsgraden $\boldsymbol{u}_K$ ab. Für den Verschiebungsvektor $\boldsymbol{u}^T = \{\boldsymbol{u}_R^T, \boldsymbol{u}_F^T, \boldsymbol{u}_K^T\}$ des Gesamtsystems gilt somit die folgende Transformationsbeziehung:

$$
\begin{array}{c}
26 \\
14 \\
8
\end{array}
\left\{
\begin{array}{c}
u_R \\
\hline
u_F \\
\hline
u_K
\end{array}
\right\}
=
\left[
\begin{array}{c:c:c}
\boldsymbol{\Phi}_R & \boldsymbol{0} & \boldsymbol{T}_{RK} \\
\hdashline
\boldsymbol{0} & \boldsymbol{\Phi}_F & \boldsymbol{T}_{FK} \\
\hdashline
\boldsymbol{0} & \boldsymbol{0} & \boldsymbol{I}
\end{array}
\right]
\left\{
\begin{array}{c}
\boldsymbol{q}_R \\
\hline
\boldsymbol{q}_F \\
\hline
u_K
\end{array}
\right\}.
\tag{10.6}
$$

$$
\underbrace{\qquad 26 \qquad}_{} \underbrace{14}_{} \underbrace{8}_{}
$$

Modale Kondensation

Führt man die Transformationsbeziehung (10.6) in das Ausgangsgleichungssystem (10.1) ein, so werden die Matrizen M_R, M_F, S_R und S_F zwar diagonalisiert, man spart aber keine Freiheitsgrade ein. Wie im Abschn. 9.4 beschränken wir uns daher wieder auf die wesentlichen (Index w) modalen Freiheitsgrade, die zu den unteren Eigenschwingungen gehören. Bei Berücksichtigung von acht wesentlichen Rotoreigenformen und sechs wesentlichen Fundamenteigenformen lautet die Transformationsbeziehung

$$
\begin{array}{c}
26 \\
14 \\
8
\end{array}
\left\{
\begin{array}{c}
u_R \\
\hline
u_F \\
\hline
u_K
\end{array}
\right\}
=
\left[
\begin{array}{c:c:c}
\boldsymbol{\Phi}_{Rw} & \boldsymbol{0} & \boldsymbol{T}_{RKw} \\
\hdashline
\boldsymbol{0} & \boldsymbol{\Phi}_{Fw} & \boldsymbol{T}_{FK} \\
\hdashline
\boldsymbol{0} & \boldsymbol{0} & \boldsymbol{I}
\end{array}
\right]
\left\{
\begin{array}{c}
\boldsymbol{q}_{Rw} \\
\hline
\boldsymbol{q}_{Fw} \\
\hline
u_K
\end{array}
\right\}.
\tag{10.7}
$$

$$
\underbrace{\quad 8 \quad}_{} \underbrace{6}_{} \underbrace{8}_{}
$$

Bestimmung der Transformationsmatrizen T_{RK} und T_{FK}

Die Bestimmung der noch fehlenden Transformationsmatrizen T_{RK} und T_{FK} erfolgt wiederum wie im Abschn. 9.3 durch eine statische Kondensation. Rein formal geht man hierzu vom homogenen, statischen Anteil von Gl. (10.1) aus:

$$
\begin{bmatrix}
S_R & \boldsymbol{0} & S_{RK} \\
\boldsymbol{0} & S_F & S_{FK} \\
S_{RK}^T & S_{FK}^T & S_K
\end{bmatrix}
\left\{
\begin{array}{c}
u_R \\
u_F \\
u_K
\end{array}
\right\}
=
\left\{
\begin{array}{c}
0 \\
0 \\
0
\end{array}
\right\}.
\tag{10.8}
$$

Damit ist wieder gesichert, daß in jedem Fall „die Statik stimmt". Aus den beiden ersten Gleichungsgruppen von Gl. (10.8) folgt dann

$$
u_R = \underbrace{-S_R^{-1} S_{RK}}_{T_{RK}} u_K,
\tag{10.9a}
$$

$$
u_F = \underbrace{-S_F^{-1} S_{FK}}_{T_{FK}} u_K,
\tag{10.9b}
$$

womit die Transformationsbeziehung (10.7) feststeht:

$$\begin{Bmatrix} \boldsymbol{u}_\mathrm{R} \\ \boldsymbol{u}_\mathrm{F} \\ \boldsymbol{u}_\mathrm{K} \end{Bmatrix} = \begin{bmatrix} \boldsymbol{\Phi}_\mathrm{Rw} & \boldsymbol{0} & -\boldsymbol{S}_\mathrm{R}^{-1}\boldsymbol{S}_\mathrm{RK} \\ \boldsymbol{0} & \boldsymbol{\Phi}_\mathrm{Fw} & -\boldsymbol{S}_\mathrm{F}^{-1}\boldsymbol{S}_\mathrm{FK} \\ \boldsymbol{0} & \boldsymbol{0} & \boldsymbol{I} \end{bmatrix} \begin{Bmatrix} \boldsymbol{q}_\mathrm{Rw} \\ \boldsymbol{q}_\mathrm{Fw} \\ \boldsymbol{u}_\mathrm{K} \end{Bmatrix}. \tag{10.10}$$

Gleichung (10.10) ist eine Transformationsbeziehung für den Verschiebungsvektor des Gesamtsystems. Natürlich läßt sich die Transformation auch für jede Substruktur getrennt angeben:

$$\boldsymbol{u}_\mathrm{R} = \boldsymbol{\Phi}_\mathrm{Rw}\boldsymbol{q}_\mathrm{Rw} - \boldsymbol{S}_\mathrm{R}^{-1}\boldsymbol{S}_\mathrm{RK}\boldsymbol{u}_\mathrm{K}, \tag{10.10a}$$

$$\boldsymbol{u}_\mathrm{F} = \boldsymbol{\Phi}_\mathrm{Fw}\boldsymbol{q}_\mathrm{Fw} - \boldsymbol{S}_\mathrm{F}^{-1}\boldsymbol{S}_\mathrm{FK}\boldsymbol{u}_\mathrm{K}. \tag{10.10b}$$

Für die numerische Rechnung wird man zusätzlich ausnutzen, daß zur Ermittlung der Transformationsmatrizen für die beiden Substruktur-Verschiebungsvektoren ausschließlich Informationen aus der jeweiligen Substruktur benötigt werden.

Modale Synthese

Mit Hilfe von Gl. (10.10) läßt sich jetzt die modale Synthese durchführen. Hierbei werden auch die in Gl. (10.10) nicht aufgeführten virtuellen Größen mittransformiert, was nichts anderes bedeutet, als daß das gesamte Gleichungssystem mit der Transponierten der Transformationsmatrix von Gl. (10.10) von links zu multiplizieren ist.

Die im Vektor $\boldsymbol{u}_\mathrm{K}$ zusammengefaßten Koppelfreiheitsgrade müssen hierbei in jedem Fall mitgenommen werden. Wie weit die modale Kondensation auf Ebene der Substrukturen getrieben werden kann, hängt von der konkreten Fragestellung, insbesondere von dem zu untersuchenden Drehzahlbereich, ab.

Für die Zeitableitung schreiben wir in den Matrizen abgekürzt $p = \mathrm{d}/\mathrm{d}t$. Die modale Synthese läuft dann auf eine Reihe von Matrizenmultiplikationen hinaus, die sich kompakt folgendermaßen schreiben lassen:

$$\begin{bmatrix} \boldsymbol{\Phi}_\mathrm{Rw}^\mathrm{T} & \boldsymbol{0} & \boldsymbol{0} \\ \boldsymbol{0} & \boldsymbol{\Phi}_\mathrm{Fw}^\mathrm{T} & \boldsymbol{0} \\ -\boldsymbol{S}_\mathrm{RK}^\mathrm{T}\boldsymbol{S}_\mathrm{R}^{-1} & -\boldsymbol{S}_\mathrm{FK}^\mathrm{T}\boldsymbol{S}_\mathrm{F}^{-1} & \boldsymbol{I} \end{bmatrix} \begin{bmatrix} p^2\boldsymbol{M}_\mathrm{R} + \boldsymbol{S}_\mathrm{R} & \boldsymbol{0} & p^2\boldsymbol{M}_\mathrm{RK} + \boldsymbol{S}_\mathrm{RK} \\ \boldsymbol{0} & p^2\boldsymbol{M}_\mathrm{F} + \boldsymbol{S}_\mathrm{F} & p^2\boldsymbol{M}_\mathrm{FK} + \boldsymbol{S}_\mathrm{FK} \\ p^2\boldsymbol{M}_\mathrm{RK}^\mathrm{T} + \boldsymbol{S}_\mathrm{RK}^\mathrm{T} & p^2\boldsymbol{M}_\mathrm{FK}^\mathrm{T} + \boldsymbol{S}_\mathrm{FK}^\mathrm{T} & p^2\boldsymbol{M}_\mathrm{K} + p\boldsymbol{D}_\mathrm{K} + \boldsymbol{S}_\mathrm{K} \end{bmatrix}$$

$$\begin{bmatrix} \boldsymbol{\Phi}_\mathrm{Rw} & \boldsymbol{0} & -\boldsymbol{S}_\mathrm{R}^{-1}\boldsymbol{S}_\mathrm{RK} \\ \boldsymbol{0} & \boldsymbol{\Phi}_\mathrm{Fw} & -\boldsymbol{S}_\mathrm{F}^{-1}\boldsymbol{S}_\mathrm{FK} \\ \boldsymbol{0} & \boldsymbol{0} & \boldsymbol{I} \end{bmatrix} \begin{Bmatrix} \boldsymbol{q}_\mathrm{Rw} \\ \boldsymbol{q}_\mathrm{Fw} \\ \boldsymbol{u}_\mathrm{K} \end{Bmatrix} = \begin{Bmatrix} \boldsymbol{\Phi}_\mathrm{Rw}^\mathrm{T}\boldsymbol{p}_\mathrm{R} \\ \boldsymbol{0} \\ \boldsymbol{p}_\mathrm{K} - \boldsymbol{S}_\mathrm{RK}^\mathrm{T}\boldsymbol{S}_\mathrm{R}^{-1}\boldsymbol{p}_\mathrm{K} \end{Bmatrix} \tag{10.11}$$

Massen- und Steifigkeitsmatrizen der beiden Substrukturen werden auf Diagonalform überführt:

$$\boldsymbol{\Phi}_{\mathrm{Rw}}^{\mathrm{T}} \boldsymbol{M}_{\mathrm{R}} \boldsymbol{\Phi}_{\mathrm{Rw}} = \lceil m_{\mathrm{Rj,w}} \rfloor \mathrel{\hat{=}} \boldsymbol{M}_{\mathrm{R,diag}},$$

$$\boldsymbol{\Phi}_{\mathrm{Rw}}^{\mathrm{T}} \boldsymbol{S}_{\mathrm{R}} \boldsymbol{\Phi}_{\mathrm{Rw}} = \lceil s_{\mathrm{Rj,w}} \rfloor \mathrel{\hat{=}} \boldsymbol{S}_{\mathrm{R,diag}}.$$

Nach der modalen Synthese hat das Gleichungssystem dann folgendes Aussehen, wobei auf die Angabe von 3 Untermatrizen der Massenmatrix verzichtet wurde, da sich hierbei etwas längliche Ausdrücke ergeben:

$$\begin{bmatrix} M_{R,diag} & 0 & \\ 0 & M_{F,diag} & \\ & & \end{bmatrix} \begin{Bmatrix} \ddot{q}_{Rw} \\ \ddot{q}_{Fw} \\ \ddot{u}_K \end{Bmatrix} + \begin{bmatrix} 0 & 0 & 0 \\ 0 & 0 & 0 \\ 0 & 0 & D_K \end{bmatrix} \begin{Bmatrix} \dot{q}_{Rw} \\ \dot{q}_{Fw} \\ \dot{u}_K \end{Bmatrix} + \begin{bmatrix} S_{R,diag} & 0 & 0 \\ 0 & S_{F,diag} & 0 \\ 0 & 0 & S_K - S_{RK}^T S_R^{-1} S_{RK} - S_{FK}^T S_F^{-1} S_{FK} \end{bmatrix} \begin{Bmatrix} q_{Rw} \\ q_{Fw} \\ u_K \end{Bmatrix} = \begin{Bmatrix} \Phi_{Rw}^T p_{Rw} \\ 0 \\ p_K - S_{RK}^T S_R^{-1} p_R \end{Bmatrix} \tag{10.12}$$

Zweierlei fällt bei diesem Gleichungssystem auf: Zum einen tauchen in der Steifigkeitsmatrix zusätzliche, nur mit Nullen besetzte Untermatrizen auf. Das ist eine unmittelbare Folge davon, daß die Matrizen $\boldsymbol{T}_{\mathrm{RK}}$ und $\boldsymbol{T}_{\mathrm{FK}}$ durch modale Kondensation ermittelt wurden. Weiterhin ist zu sehen, daß auch nach der Transformation keine unmittelbare Koppelung von Substruktur-Freiheitsgraden auftritt. Die modale Synthese von Substrukturen, die an den Koppelstellen gefesselt sind, wird daher als *strukturerhaltende Transformation* bezeichnet.

Übersicht über den Berechnungsablauf

Der Berechnungsablauf der modalen Synthese ist in Tabelle 10.1 festgehalten. Die Matrizen des Ausgangsgleichungssystems (10.1) wird man in diesem Diagramm vergeblich suchen. Sie sind als Ganzes nicht erforderlich und würden sich aus Speicherplatzgründen im Kernspeicher auch gar nicht aufbauen lassen.

Bei der Ableitung der reduzierten Bewegungsgleichungen für das Gesamttragwerk haben wir stets mit dem Gesamtgleichungssystem gearbeitet, um anschaulich vor Augen zu führen, wie es sich während der Transformation verändert. Bei der programmtechnischen Realisierung geht man für die Transformationen substrukturweise vor.

Alle Operationen für eine Substruktur J sind in Tabelle 10.1 durch einen gestrichelten Rahmen hervorgehoben. Zur Durchführung dieser Operationen sind nur Informationen aus der Substruktur J erforderlich. Die einzelnen Substrukturen lassen sich dadurch nacheinander „abarbeiten". Diese Vorgehensweise ist außerordentlich *speicherplatzökonomisch.* Praktisch wird man beim Einbau der Substrukturmatrizen in die Matrizen des reduzierten Gesamtgleichungssystems, ähnlich wie beim Aufbau der Systemmatrizen in der Methode der finiten Elemente (Abschn. 7.2.4), wieder mit Indextafeln arbeiten.

Tabelle 10.1. Berechnungsablauf bei Substrukturen mit gefesselten Koppelstellen (freie Schwingungen) ▷

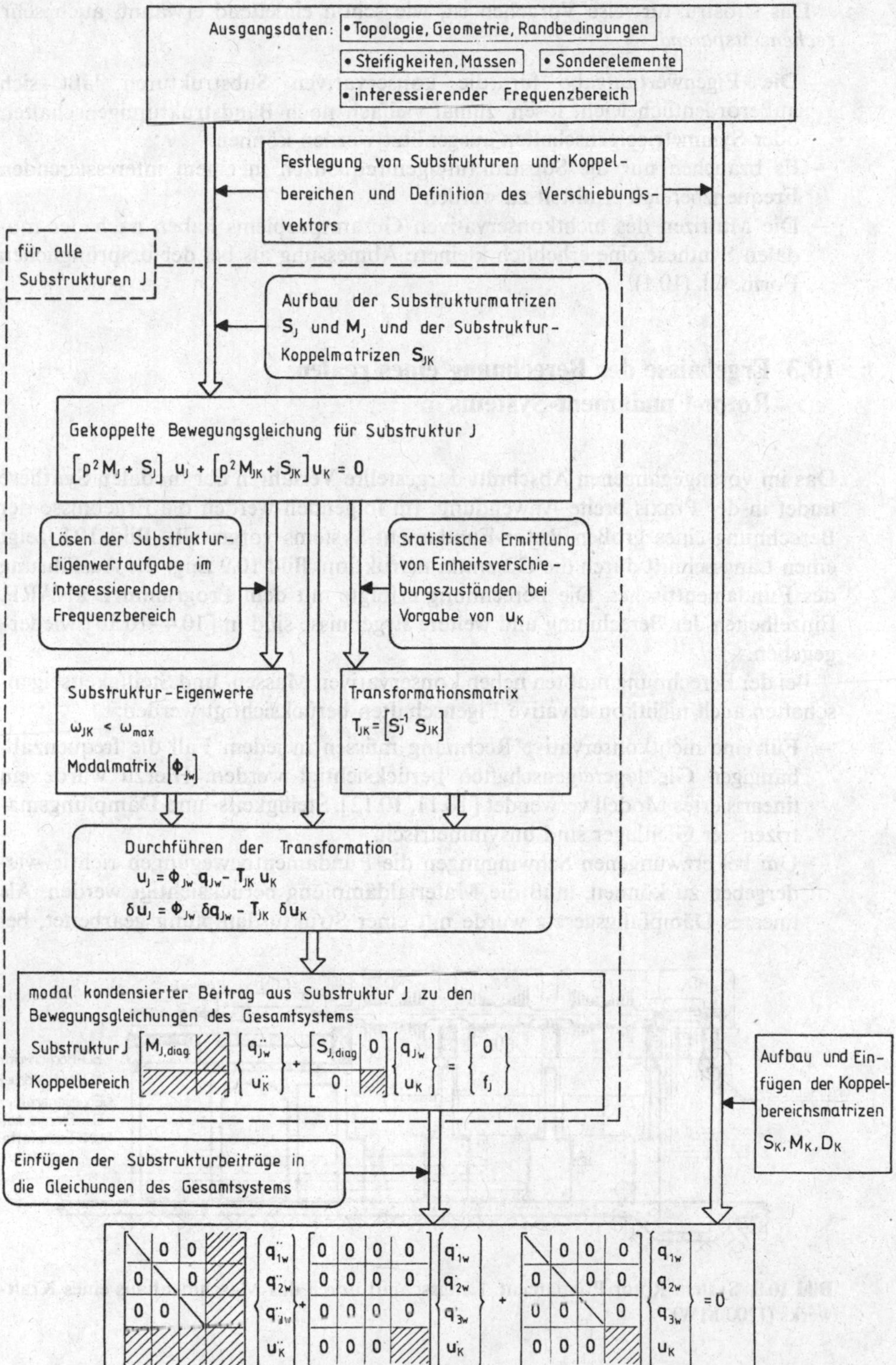
Ausgangsdaten:
• Topologie, Geometrie, Randbedingungen
• Steifigkeiten, Massen
• Sonderelemente
• interessierender Frequenzbereich
Festlegung von Substrukturen und Koppelbereichen und Definition des Verschiebungsvektors
für alle Substrukturen J
Aufbau der Substrukturmatrizen S_J und M_J und der Substruktur-Koppelmatrizen S_{JK}
Gekoppelte Bewegungsgleichung für Substruktur J
$[p^2 M_J + S_J]\, u_J + [p^2 M_{JK} + S_{JK}]\, u_K = 0$
Lösen der Substruktur-Eigenwertaufgabe im interessierenden Frequenzbereich
Statistische Ermittlung von Einheitsverschiebungszuständen bei Vorgabe von u_K
Substruktur-Eigenwerte
$\omega_{JK} < \omega_{max}$
Modalmatrix $[\Phi_{Jw}]$
Transformationsmatrix
$T_{JK} = [S_J]^{-1} S_{JK}$
Durchführen der Transformation
$u_J = \Phi_{Jw}\, q_{Jw} - T_{JK}\, u_K$
$\delta u_J = \Phi_{Jw}\, \delta q_{Jw} - T_{JK}\, \delta u_K$
modal kondensierter Beitrag aus Substruktur J zu den Bewegungsgleichungen des Gesamtsystems
Substruktur J
Koppelbereich
$M_{J,diag}$
$S_{J,diag}$
Aufbau und Einfügen der Koppelbereichsmatrizen S_K, M_K, D_K
Einfügen der Substrukturbeiträge in die Gleichungen des Gesamtsystems
= 0

Das substrukturweise Vorgehen ist, wie schon einleitend erwähnt, auch sehr *rechenzeitsparend*:

— Die Eigenwertaufgabe für die konservativen Substrukturen läßt sich außerordentlich leicht lösen, zumal vielfach noch Bandstruktureigenschaften oder Symmetrieeigenschaften ausgenützt werden können.
— Es brauchen nur die Substruktureigenfrequenzen in einem interessierenden Frequenzbereich ermittelt zu werden.
— Die Matrizen des nichtkonservativen Gesamtproblems haben nach der modalen Synthese eine erheblich kleinere Abmessung als bei der ursprünglichen Form, Gl. (10.1).

10.3 Ergebnisse der Berechnung eines realen Rotor-Fundament-Systems

Das im vorangegangenen Abschnitt dargestellte Verfahren der modalen Synthese findet in der Praxis breite Anwendung. Im folgenden werden die Ergebnisse der Berechnung eines großen Rotor-Fundament-Systems vorgestellt. Bild 10.8 zeigt einen Längsschnitt durch die Gesamtkonstruktion, Bild 10.9 zeigt die Ausführung des Fundamenttisches. Die Berechnung erfolgte mit dem Programm DYNARF. Einzelheiten der Berechnung und weitere Ergebnisse sind in [10.4–10.10] wiedergegeben.

Bei der Berechnung mußten neben konservativen Massen- und Steifigkeitseigenschaften auch nichtkonservative Eigenschaften berücksichtigt werden:

— Für eine nichtkonservative Rechnung müssen in jedem Fall die frequenzabhängigen Gleitlagereigenschaften berücksichtigt werden. Hierzu wurde ein linearisiertes Modell verwendet [10.11, 10.12]. Steifigkeits- und Dämpfungsmatrizen der Gleitlager sind unsymmetrisch.
— Um bei erzwungenen Schwingungen die Fundamentbewegungen richtig wiedergeben zu können, muß die Materialdämpfung berücksichtigt werden. Als lineares Dämpfungsgesetz wurde mit einer Strukturdämpfung gearbeitet, bei

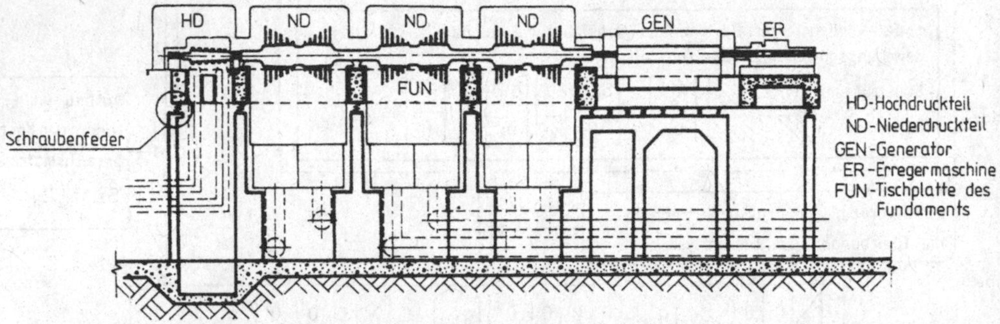

Bild 10.8. System Rotor-Fundament. Längsschnitt durch das Maschinenhaus eines Kraftwerks (1200 MW)

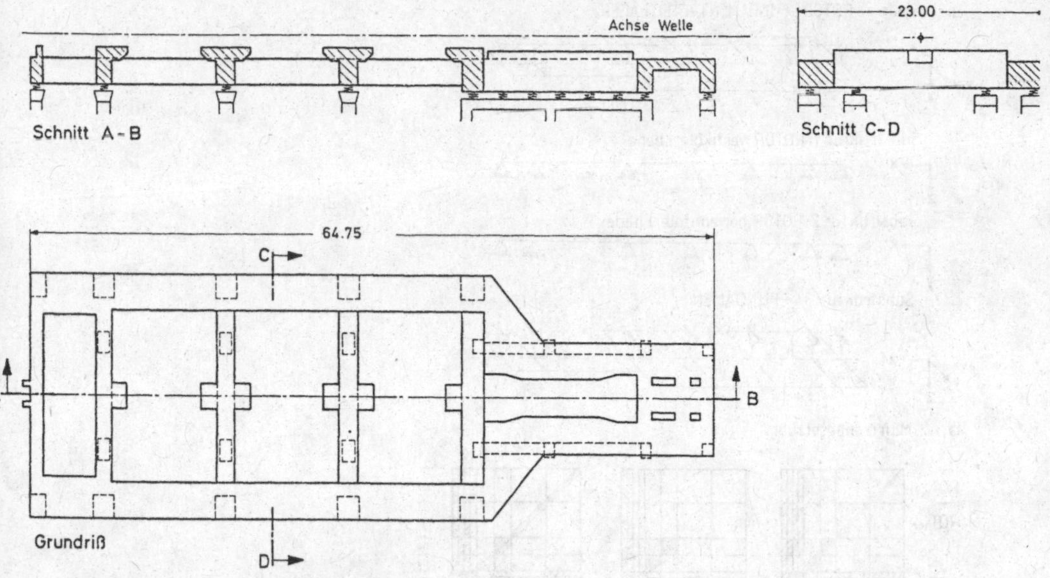

Bild 10.9. Federgestützter Fundamenttisch

der der Energieverlust durch Dämpfung bei periodischem Verhalten des Systems frequenzunabhängig ist. Die Strukturdämpfung wird als steifigkeitsproportional angenommen, so daß eine Diagonalisierung mit den Eigenvektoren der konservativen Eigenwertaufgabe möglich ist.

Bild 10.10 zeigt die Unterteilung in Substrukturen und die zugehörige Matrizenbesetzung. Das Gesamtsystem hat über 600 Unbekannte. Bei der modalen Vorbehandlung der Substrukturen läßt sich vorteilhaft ausnützen, daß die Rotormatrizen außerordentlich schwach besetzt sind (Bandbreite $B = 5$).

Die Besetzung der reduzierten Matrizen läßt sich aus Bild 10.11 entnehmen. Frequenzabhängige Terme aufgrund der Gleitlagereigenschaften tauchen nur in den kräftig schraffierten Matrizen auf. Von den 600 Unbekannten des Ausgangssystems treten jetzt nur noch 100 auf. Für die Reduktion wurde das folgende empirisch gewonnene Kriterium [10.13] zugrunde gelegt: Berücksichtigt werden alle Substruktureigenvektoren, deren Eigenfrequenz weniger als doppelt so groß ist wie die maximal mögliche Erregerfrequenz. Eigenfrequenzen bis zu dieser maximalen Erregerfrequenz wurden dann mindestens auf 1% genau erfaßt.

Vorab wurden zuerst die konservativen Eigenschwingungen des Systems Rotor-Fundament ermittelt. Fundamentdämpfung wurde hierbei vernachlässigt, die Gleitlager-Steifigkeitsmatrizen wurden zwangssymmetrisiert. Bild 10.12 zeigt die Spektren der kritischen Drehzahlen und zwar sowohl für das Gesamtsystem (Mitte) als auch für die Teilsysteme Rotor und Fundament. Soweit sich in Eigenformen des Gesamtsystems Formen der Teilsysteme wiederfinden lassen, ist das durch Verbindungslinien angedeutet. So läßt sich die 15. Rotor-Fundament-Eigenform als Kopplung der 2. Rotor- und der 15. Fundament-Eigenform deuten (Bild 10.13).

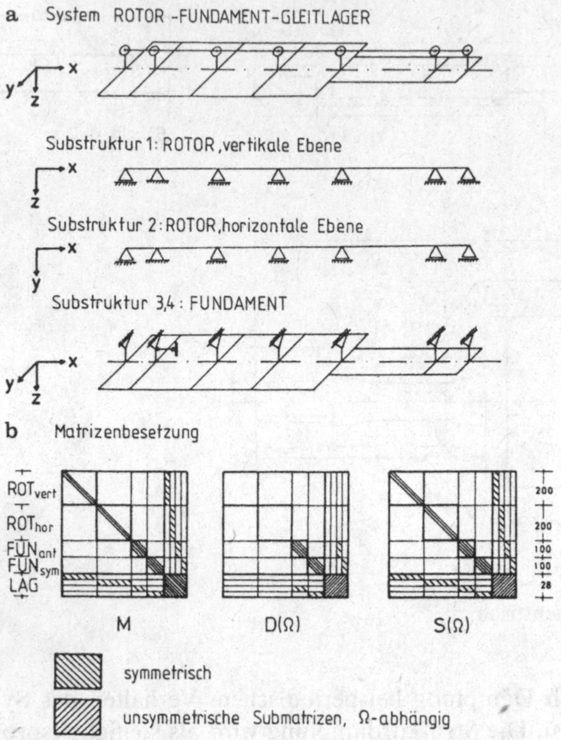

Bild 10.10a, b. Substrukturierung und Matrizenbesetzung

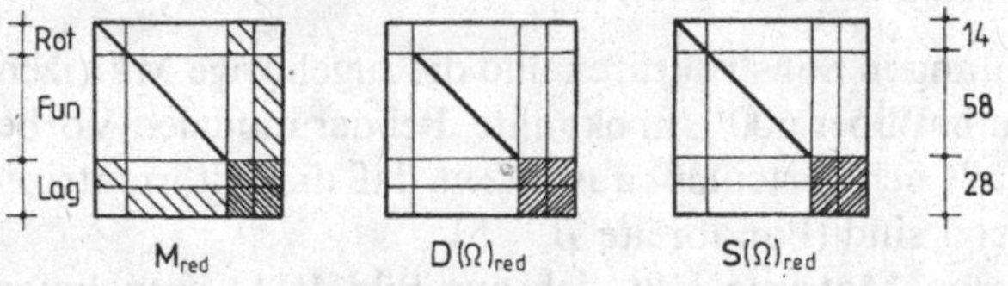

Bild 10.11. Matrizenbesetzung nach der Reduktion

Für die meisten Eigenformen ist eine solche eindeutige Rückführung auf Eigenformen der Teilstrukturen nicht möglich.

Aus Bild 10.12 ist ersichtlich, daß das Spektrum der 48 kritischen Drehzahlen des Gesamtsystems unterhalb von 1900 U/min sehr dicht ist. Etwa 20 Eigenformen weisen relevante Rotorverformungen auf, die gegenüber der Rotorrechnung zum Teil beträchtlich verschoben sind. Daraus lassen sich zwei Folgerungen ziehen: Erstens: Nur das gekoppelte System Rotor-Fundament wird die konservativen Eigenschwingungen hinreichend zuverlässig liefern. Zweitens: Die konservative Rechnung läßt keinen ruhigen Lauf der Turbine erwarten, da sich durch konstruktive Maßnahmen kein hinreichend breites Intervall um die Betriebsdrehzahl erzeugen läßt, das resonanzfrei ist. Dies Ergebnis widerspricht dem Verhalten realer Rotoren, die konservative Rechnung ist mithin bei weitem zu „ungünstig“. Es ist daher unumgänglich, nichtkonservative Einflüsse zu berücksichtigen.

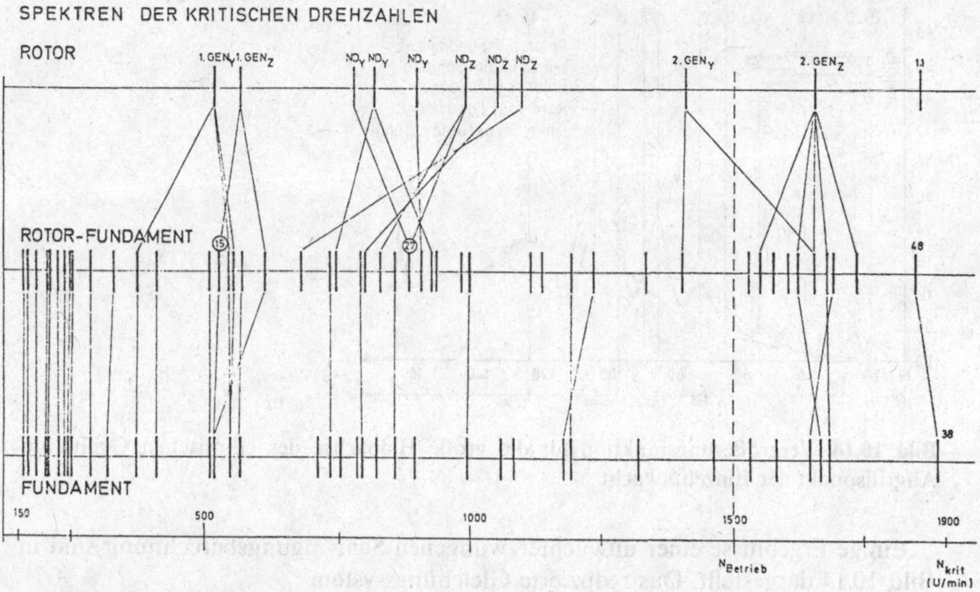

Bild 10.12. Spektren der kritischen Drehzahlen für das System von Bild 10.10

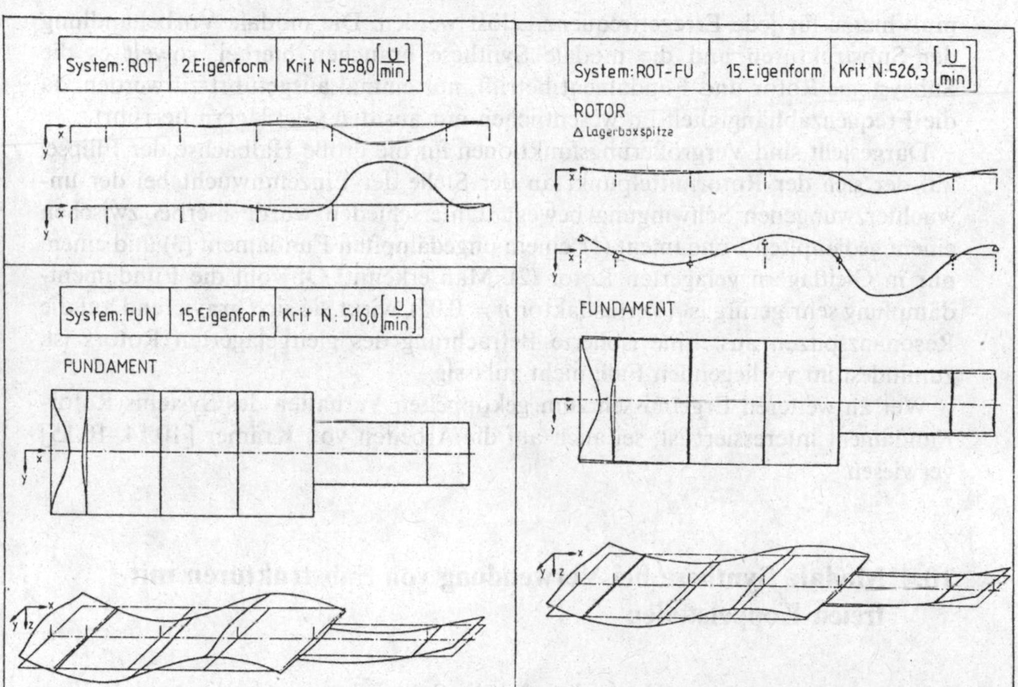

Bild 10.13. 15. Eigenform des Systems Rotor-Fundament und zugehörige Eigenformen der Teilsysteme Rotor und Fundament

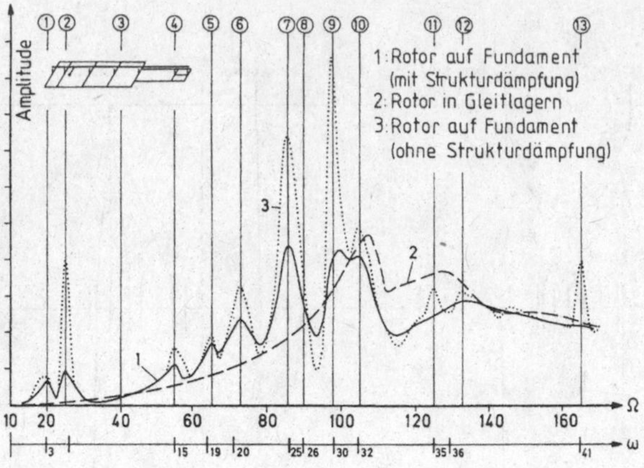

Bild 10.14. Vergrößerungsfunktion für die große Halbachse des elliptischen Orbits am Angriffspunkt der Einzelunwucht

Einige Ergebnisse einer unwuchterzwungenen Schwingungsberechnung sind in Bild 10.14 dargestellt. Das reduzierte Gleichungssystem

$$[-\Omega^2 \boldsymbol{M}^{\mathrm{red}} + \mathrm{i}\Omega \boldsymbol{D}^{\mathrm{red}}(\Omega) + \boldsymbol{S}^{\mathrm{red}}(\Omega)]\, \boldsymbol{u}^{\mathrm{red}} = \boldsymbol{p}^{\mathrm{red}}$$

muß hierzu für jede Erregerfrequenz gelöst werden. Die modale Vorbehandlung der Substrukturen und die modale Synthese brauchen hierbei, soweit es die Subsysteme Rotor und Fundament betrifft, nur einmal ausgeführt zu werden, da die Frequenzabhängigkeit im wesentlichen nur aus den Gleitlagern herrührt.

Dargestellt sind Vergrößerungsfunktionen für die große Halbachse der Ellipse, auf der sich der Rotormittelpunkt an der Stelle der Einzelunwucht bei der unwuchterzwungenen Schwingung bewegt. Unterschieden wurde hierbei zwischen einem gedämpften Fundament (1), einem ungedämpften Fundament (3) und einem nur in Gleitlagern gelagerten Rotor (2). Man erkennt: Obwohl die Fundamentdämpfung sehr gering ist (Verlustfaktor $\eta = 0{,}05$), wirkt sie sich gravierend auf die Resonanzspitzen aus. Eine isolierte Betrachtung des gleitgelagerten Rotors ist, zumindest im vorliegenden Fall, nicht zulässig.

Wer an weiteren Ergebnissen zum gekoppelten Verhalten des Systems Rotor-Fundament interessiert ist, sei auch auf die Arbeiten von Krämer [10.14, 10.15] verwiesen.

10.4 Modale Synthese bei Verwendung von Substrukturen mit freien Koppelstellen

Die Vorgehensweise von Hurty, bei der die Substrukturen für die modale Vorbehandlung an den Koppelstellen gefesselt werden, ist nicht die einzige mögliche Vorgehensweise. Am Beispiel eines auf einer Schiene stehenden Radsatzes (Bild 10.15) wird deutlich, daß auch ein anderes Vorgehen sinnvoll sein kann.

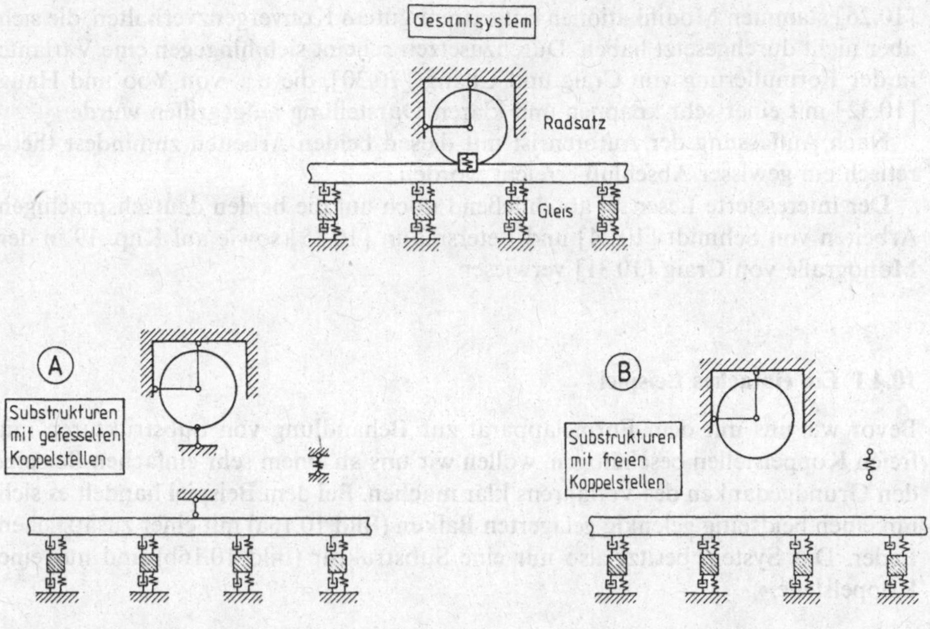

Bild 10.15. Radsatz und Gleis. Gegenüberstellung von zwei möglichen Substrukturierungen

Bei Hurtys Vorgehensweise (Bild 10.15A) werden Radsatz und Gleis an der Koppelstelle gefesselt. Die Koppelfeder wird als eigene Komponente mitgenommen, ähnlich wie die Gleitlager beim System Rotor-Fundament. Ausgesprochen nachteilig ist, daß durch die Fesselung des Radsatzes an der Koppelstelle die Rotationssymmetrie gestört wird. Zur Eigenschwingungsberechnung des Radsatzes kann man dann nicht mehr auf einen Fourier-Ansatz in Umfangsrichtung zurückgreifen.

Wählt man hingegen Substrukturen mit freien Koppelstellen (Bild 10.15B), so bleibt die Rotationssymmetrie des Radsatzes erhalten. Bei der modalen Vorbehandlung der Substrukturen kann man von dieser Eigenschaft vorteilhaft Gebrauch machen.

Wenn man die Substruktureigenformen experimentell erzeugen oder durch ein Experiment kontrollieren will, so ist die Verwendung von Substrukturen mit freien Koppelstellen eindeutig praxisnäher, da sich bei der experimentellen Strukturanalyse gefesselte Koppelstellen oft nur schlecht realisieren lassen.

Hou [10.16] und Goldmann [10.17] waren wohl die ersten, die die Verwendung von Substrukturen mit freien Koppelstellen vorgeschlagen haben. Als Ansatzfunktionen wurden hierbei ausschließlich Eigenformen der Substrukturen mit freien Koppelstellen verwendet. Schon bald wurde durch numerische Vergleichsuntersuchungen [10.18] gezeigt, daß diese Vorgehensweise nicht mit der von Hurty konkurrieren kann. Eine Reihe von Varianten wurden in [10.19, 10.20] vorgeschlagen. Besonders elegant, wenn auch schwer lesbar, ist die Vorgehensweise von MacNeal [10.21]. Craig und Chang [10.22] haben eine komprimierte und übersichtliche Darstellung dieses Verfahrens gegeben. Von Hintz [10.23] and Rubin

[10.26] stammen Modifikationen mit extrem gutem Konvergenzverhalten, die sich aber nicht durchgesetzt haben. Durchzusetzen scheint sich hingegen eine Variante in der Formulierung von Craig und Chang [10.30], die u.a. von Yoo und Haug [10.32] mit einer sehr knappen und klaren Darstellung aufgegriffen wurde.

Nach Auffassung der Autoren ist mit diesen beiden Arbeiten zumindest theoretisch ein gewisser Abschluß erreicht worden.

Der interessierte Leser sei abschließend noch auf die beiden deutschsprachigen Arbeiten von Schmidt [10.24] und Petersmann [10.25] sowie auf Kap. 19 in der Monografie von Craig [10.31] verwiesen.

10.4.1 Ein einfaches Beispiel

Bevor wir uns mit dem Formelapparat zur Behandlung von Substrukturen mit freien Koppelstellen beschäftigen, wollen wir uns an einem sehr einfachen Beispiel den Grundgedanken des Verfahrens klar machen. Bei dem Beispiel handelt es sich um einen beidseitig gelenkig gelagerten Balken (Bild 10.16a) mit einer zusätzlichen Feder. Das System besitzt also nur eine Substruktur (Bild 10.16b) und nur eine Koppelstelle.

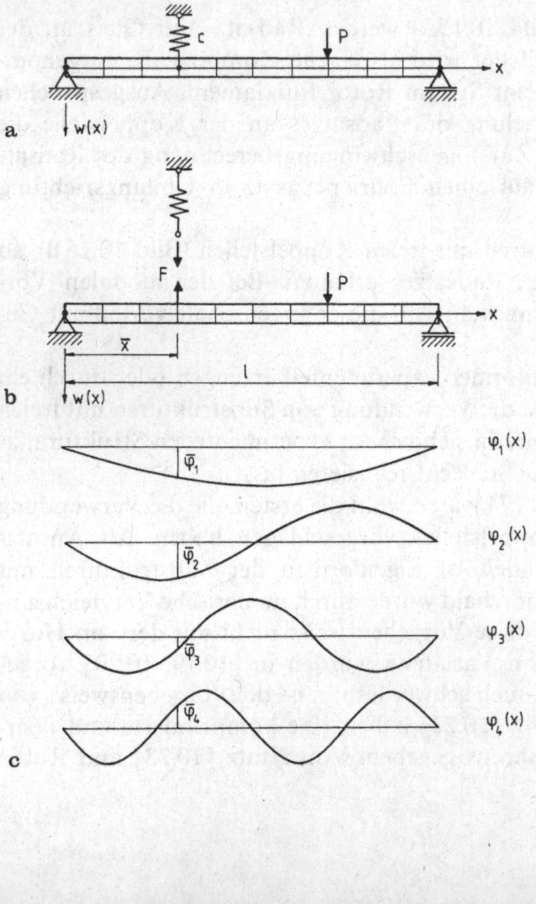

Bild 10.16a–c. Gelenkig gelagerter Balken mit zusätzlicher Einzelfeder **(a)**, Substruktur mit freier Koppelstelle **(b)** und Substruktureigenformen **(c)**

Modalanalyse der Substruktur

Das Beispiel hat den weiteren Vorteil, daß die Modalanalyse der Substruktur auch noch analytisch möglich ist. Es gilt

$$w(x,t) = \sum_{j=1}^{\infty} \varphi_j(x)\, q_j(t) \tag{10.13}$$

mit den Eigenformen

$$\varphi_j(x) = \sin j\pi x/l.$$

Eine FE-Vorbehandlung der Substruktur ist also gar nicht erforderlich.

Modale Synthese nach Hou und Goldmann—Bewegungsgleichungen für den Balken mit Koppelfeder

Ausgangspunkt für das Aufstellen der Bewegungsgleichungen des Balkens mit Koppelfeder ist das PdvV für die herausgelöste Substruktur, bei der die Federkraft Z berücksichtigt werden muß:

$$\int_0^l \delta w \mu \ddot{w}\, dx + \int_0^l \delta w'' B w''\, dx - \delta w_P P + \delta w(\bar{x}) Z = 0. \tag{10.14}$$

Mit dem Ansatz (10.13) ergeben sich die entkoppelten Bewegungsgleichungen

$$m_{\text{gen, j}}\, \ddot{q}_j + s_{\text{gen, j}}\, q_j + \bar{\varphi}_j Z = \varphi_{Pj} P. \tag{10.15}$$

Da die Federkraft Z als weitere Unbekannte auftritt, ist auch eine weitere Gleichung erforderlich. Dies ist die Zusammenhangsbedingung an der Stelle der Feder,

$$\sum_{j=1}^{\infty} \bar{\varphi}_j q_j - \frac{1}{c} Z = 0. \tag{10.16}$$

Die beiden Gln. (10.15) und (10.16) lassen sich zu einem Gleichungssystem zusammenfassen, wobei wir allerdings nur vier wesentliche Eigenformen berücksichtigen:

$$\left[\begin{array}{cccc|c} & & & & 0 \\ & \ddots & & & 0 \\ & & m_{\text{gen, j}} & & 0 \\ & & & \ddots & 0 \\ \hline 0 & 0 & 0 & 0 & 0 \end{array}\right] \begin{Bmatrix} q_1 \\ q_2 \\ q_3 \\ q_4 \\ Z \end{Bmatrix}^{\cdot\cdot} + \left[\begin{array}{cccc|c} & & & & \bar{\varphi}_1 \\ & \ddots & & & \bar{\varphi}_2 \\ & & s_{\text{gen, j}} & & \bar{\varphi}_3 \\ & & & \ddots & \bar{\varphi}_4 \\ \hline \bar{\varphi}_1 & \bar{\varphi}_2 & \bar{\varphi}_3 & \bar{\varphi}_4 & -c^{-1} \end{array}\right] \begin{Bmatrix} q_1 \\ q_2 \\ q_3 \\ q_4 \\ Z \end{Bmatrix} = P \begin{Bmatrix} \varphi_{P1} \\ \varphi_{P2} \\ \varphi_{P3} \\ \varphi_{P4} \\ 0 \end{Bmatrix}. \tag{10.17}$$

Solange es sich bei der Feder nicht um ein starres Lager handelt, läßt sich Z aus der letzten Gl. von (10.17) eliminieren

$$Z = c \sum_{j=1}^{4} \bar{\varphi}_j q_j, \tag{10.18}$$

und man erhält, wenn man Gl. (10.18) in die ersten vier Gleichungen von (10.17) einführt

$$\begin{bmatrix} \diagdown & & \\ & m_{\text{gen, j}} & \\ & & \diagdown \end{bmatrix} \begin{Bmatrix} q_1 \\ q_2 \\ q_3 \\ q_4 \end{Bmatrix} + \begin{bmatrix} \diagdown & & \\ & s_{\text{gen, j}} & \\ & & \diagdown \end{bmatrix} +$$

$$+ c \begin{bmatrix} \bar{\varphi}_1^2 & \bar{\varphi}_1\bar{\varphi}_2 & \bar{\varphi}_1\bar{\varphi}_3 & \bar{\varphi}_1\bar{\varphi}_4 \\ \bar{\varphi}_1\bar{\varphi}_2 & \bar{\varphi}_2^2 & \bar{\varphi}_2\bar{\varphi}_3 & \bar{\varphi}_2\bar{\varphi}_4 \\ \bar{\varphi}_1\bar{\varphi}_3 & \bar{\varphi}_2\bar{\varphi}_3 & \bar{\varphi}_3^2 & \bar{\varphi}_3\bar{\varphi}_4 \\ \bar{\varphi}_1\bar{\varphi}_4 & \bar{\varphi}_2\bar{\varphi}_4 & \bar{\varphi}_3\bar{\varphi}_4 & \bar{\varphi}_4^2 \end{bmatrix} \begin{Bmatrix} q_1 \\ q_2 \\ q_3 \\ q_4 \end{Bmatrix} = P \begin{Bmatrix} \varphi_{P1} \\ \varphi_{P2} \\ \varphi_{P3} \\ \varphi_{P4} \end{Bmatrix}. \tag{10.19}$$

Wir verzichten darauf, uns zu überlegen, wie man bei einem starren Lager ($c \to \infty$) vorzugehen hat, da die numerischen Ergebnisse in jedem Fall erheblich schlechter sind als bei der Verwendung von Substrukturen mit gefesselten Koppelstellen, vor allem bezüglich der unteren Eigenfrequenzen. Das liegt daran, daß man mit dem modalen Ansatz (10.13) einen rein statischen Verschiebungszustand nur dann korrekt erfassen kann, wenn man alle Eigenformen mitnimmt. Eine Grundforderung, die wir einhalten wollen, lautet: *Die Statik muß stimmen*!

Bei dem Verfahren von Hou und Goldmann ist das nicht der Fall.

Modale Synthese mit Residualverschiebungen—Das Verfahren von MacNeal

Um den statischen Verschiebungszustand auch mit einem reduzierten modalen Ansatz richtig wiedergeben zu können, führt MacNeal [10.21] eine Residualverschiebung ein, die den Einfluß der vernachlässigten Eigenformen erfassen soll:

$$w(x, t) = \sum_{j=1}^{J} \varphi_j(x) q_j(t) + \underbrace{w_{\text{res}}(x, t)}_{\text{Residualverschiebung}}. \tag{10.20}$$

Die Ermittlung der Residualverschiebung erfolgt ausgehend von der Forderung, daß der statische Versciebungszustand mit dem Ansatz (10.20) richtig wiedergegeben werden soll:

$$w_{\text{stat}}(x) = \sum_{j=1}^{J} \varphi_j(x)\, q_{\text{stat, j}} + w_{\text{res}}(x). \tag{10.21}$$

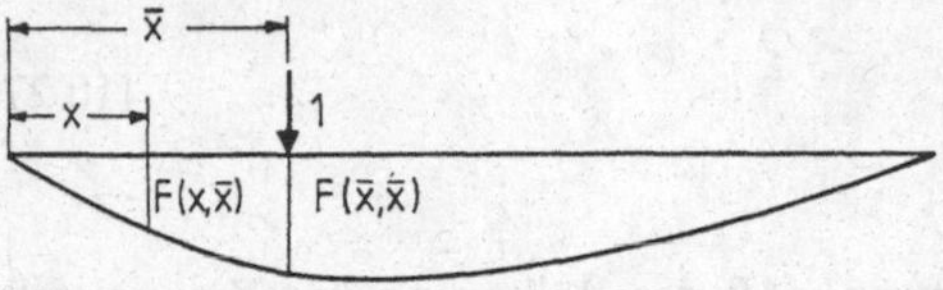

$$F(x,\bar{x}) = \frac{x(l-\bar{x})[l^2-x^2-(l-\bar{x})^2]}{6Bl} \quad \text{für } \bar{x} \leq x$$

$$F(x,\bar{x}) = \frac{\bar{x}(l-x)[l^2-\bar{x}^2-(l-x)^2]}{6Bl} \quad \text{für } x \leq \bar{x}$$

Bild 10.17. Analytische Lösung der Einflußfunktion $F(x, \bar{x})$

Die exakte statische Verschiebung erhält man beispielsweise mit Hilfe einer Einflußfunktion $F(x, \bar{x})$, vgl. Bild 10.17:

$$w_{\text{stat}}(x) = F(x, x_{\text{P}})P - F(x, \bar{x})Z. \tag{10.22}$$

Die statischen Anteile $q_{\text{stat, j}}$ der wesentlichen generalisierten Koordinaten ergeben sich aus den ersten $J = 4$ Gleichungen von (10.17), wobei der Trägheitsterm nicht berücksichtigt zu werden braucht:

$$q_{\text{w, stat, j}} = \frac{1}{s_{\text{gen, j}}}[\varphi_{\text{Pj}}P - \bar{\varphi}_{\text{j}}Z]. \tag{10.23}$$

Führt man Gln. (10.22) und (10.23) in Gl. (10.21) ein, so erhält man als Ausdruck für die Residualverschiebung:

$$w_{\text{res}}(x) = F(x, x_{\text{P}})P - F(x, \bar{x})Z - \sum_{j=1}^{J} \frac{\varphi_{\text{j}}(x)}{s_{\text{gen, j}}}[\varphi_{\text{Pj}}P - \bar{\varphi}_{\text{j}}Z]. \tag{10.24}$$

Wir übernehmen diese Beziehung für eine rein statische Residualverschiebung nun auch im eigentlich interessierenden Fall, bei dem P und Z zeitlich veränderlich sind. Es handelt sich dann um eine *quasistatische Residualverschiebung*. Aus Gl. (10.20) wird dann

$$\begin{aligned} w(x, t) = \sum_{j=1}^{J} \varphi_{\text{wj}}(x)q_{\text{wj}}(t) &+ \left[F(x, x_{\text{P}}) - \sum_{j=1}^{J} \frac{\varphi_{\text{j}}(x)}{s_{\text{gen, j}}}\varphi_{\text{Pj}}\right]P(t) \\ &- \left[F(x, \bar{x}) - \sum_{j=1}^{J} \frac{\varphi_{\text{j}}(x)}{s_{\text{gen, j}}}\bar{\varphi}_{\text{j}}\right]Z(t). \end{aligned} \tag{10.25}$$

Die Zusammenhangsbedingung an der Stelle der Feder lautet jetzt:

$$\sum_{j=1}^{J} \bar{\varphi}_{\text{j}}q_{\text{j}} - \underbrace{\left[\frac{1}{c} + \left(F(\bar{x}, \bar{x}) - \sum_{j=1}^{J} \frac{1}{s_{\text{gen, j}}}\bar{\varphi}_{\text{j}}^2\right)\right]}_{F^*}Z = -\underbrace{\left[F(\bar{x}, x_{\text{P}}) - \sum_{j=1}^{J} \frac{1}{s_{\text{gen, j}}}\bar{\varphi}_{\text{j}}\varphi_{\text{Pj}}\right]}_{d^*}P. \tag{10.26}$$

Den Ausdruck F^*, bei dem es sich um eine Koppelnachgiebigkeit handelt, wollen wir uns genauer ansehen

$$F^* = \underset{\text{A}}{\frac{1}{c}} + \underset{\text{B}}{F(\bar{x}, \bar{x})} - \underset{\text{C}}{\sum_{j=1}^{J} \frac{1}{s_{\text{gen, j}}} \bar{\varphi}_{\text{j}}^2} . \tag{10.27}$$

Der Term A trägt der Tatsache Rechnung, daß der Balken an der Koppelstelle nicht starr gefesselt ist, sondern über eine Feder mit der Nachgiebigkeit $1/c$ mit dem Inertialsystem verbunden ist.
Der Term B ist die statische Nachgiebigkeit an der Koppelstelle unter der Einzellast (Bild 10.17).
Der Term C berücksichtigt, daß ein großer Teil dieser Nachgiebigkeit bereits von den wesentlichen Eigenformen der Substruktur erfaßt wird.

Die beiden Anteile B und C bilden die *residuale Koppelnachgiebigkeit* der Substruktur. Diese Bezeichnung wird verständlich, wenn man die statische Nachgiebigkeit in modal zerlegter Form angibt

$$F(\bar{x}, \bar{x}) = \sum_{j=1}^{\infty} \frac{1}{s_{\text{gen, j}}} \bar{\varphi}_{\text{j}}^2 .$$

Die beiden Terme B und C ergeben dann zusammen

$$F^*_{\text{res}} = F(\bar{x}, \bar{x}) - \sum_{j=1}^{J} \frac{1}{s_{\text{gen, j}}} \bar{\varphi}_{\text{j}}^2 = \sum_{J+1}^{\infty} \frac{1}{s_{\text{gen, j}}} \bar{\varphi}_{\text{j}}^2 . \tag{10.28}$$

Die residuale Nachgiebigkeit erfaßt also genau den Nachgiebigkeitseinfluß der vernachlässigten Eigenformen. Gleichung (10.26) tritt an die Stelle der letzten Gl. von (10.17). Aus Gl. (10.26) kann man jetzt wieder die Koppelkraft Z bestimmen:

$$Z = \frac{1}{F^*}\left(\sum_{j=1}^{J} \bar{\varphi}_{\text{j}} q_{\text{j}} + d^* \right) . \tag{10.29}$$

Setzt man diesen Ausdruck in die ersten vier Gln. von (10.17) ein, so ergibt sich

$$\begin{bmatrix} \ddots & & \\ & m_{\text{gen, j}} & \\ & & \ddots \end{bmatrix} \begin{Bmatrix} q_1 \\ q_2 \\ q_3 \\ q_4 \end{Bmatrix}^{\cdot\cdot}$$

$$+ \left\{ \begin{bmatrix} \ddots & & \\ & s_{\text{gen, j}} & \\ & & \ddots \end{bmatrix} + (F^*)^{-1} \begin{bmatrix} \bar{\varphi}_1^2 & \bar{\varphi}_1 \bar{\varphi}_2 & \bar{\varphi}_1 \bar{\varphi}_3 & \bar{\varphi}_1 \bar{\varphi}_4 \\ & \bar{\varphi}_2^2 & \bar{\varphi}_2 \bar{\varphi}_3 & \bar{\varphi}_3 \bar{\varphi}_4 \\ \text{symmetrisch} & & \bar{\varphi}_3^2 & \bar{\varphi}_3 \bar{\varphi}_4 \\ & & & \bar{\varphi}_4^2 \end{bmatrix} \right\} \begin{Bmatrix} q_1 \\ q_2 \\ q_3 \\ q_4 \end{Bmatrix}$$

$$= P \begin{Bmatrix} \varphi_{\text{P1}} \\ \varphi_{\text{P2}} \\ \varphi_{\text{P3}} \\ \varphi_{\text{P4}} \end{Bmatrix} - \frac{d^*}{F^*} \begin{Bmatrix} \bar{\varphi}_1 \\ \bar{\varphi}_2 \\ \bar{\varphi}_3 \\ \bar{\varphi}_4 \end{Bmatrix} . \tag{10.30}$$

Der Unterschied im Vergleich zu der bisherigen Gl. (10.19) ist gar nicht allzu groß. Im zweiten Teil der Steifigkeitsmatrix wird die Federsteifigkeit c durch die Inverse der Koppelnachgiebigkeit F^* ersetzt. Außerdem gibt es auf der rechten Seite noch einen Zusatzterm.

Modifikation des Verfahrens nach Chang und Craig [10.30, 10.32]

Welche Modifikationen sind zur Verbesserung der Vorgehensweise von MacNeal möglich? Um diese Frage beantworten zu können, betrachten wir den Ansatz für den *homogenen* Verschiebungszustand, den man aus Gln. (10.20) und (10.24) erhält:

$$w(x) = \sum_{j=1}^{J} \varphi_j(x) q_j - \underbrace{\left[F(x, \bar{x}) - \sum_{j=1}^{J} \frac{\varphi_j(x)}{s_{\text{gen},j}} \bar{\varphi}_j \right]}_{F_{\text{res}}(x, \bar{x})} Z . \tag{10.31a}$$

Der residuale Zusatzterm kann auch anders geschrieben werden:

$$w(x) = \sum_{j=1}^{J} \varphi_j(x) q_j - \sum_{j=J+1}^{\infty} \frac{\varphi_j(x)}{s_{\text{gen},j}} \bar{\varphi}_j Z . \tag{10.31b}$$

An Gl. (10.31b) erkennt man, daß der residuale Zusatzterm nur Anteile aus den vernachlässigten Eigenformen enthält. Die Kenntnis dieser vernachlässigten Eigenform ist natürlich, wenn man mit Gl. (10.31a) arbeitet, nicht erforderlich.

Gleichung (10.31a) kann nun wieder als ein Ritz-Ansatz aufgefaßt werden. Damit alle Parameter des Ansatzes die Dimension einer Verschiebung besitzen, wird $(Z F^*_{\text{res}})$ als Freiheitsgrad eingeführt:

$$w(x) = \sum_{j=1}^{J} \varphi_j(x) q_j - \frac{F_{\text{res}}(x, \bar{x})}{F^*_{\text{res}}} (Z F^*_{\text{res}}) . \tag{10.31c}$$

Als System von Bewegungsdifferentialgleichungen ergibt sich dann

$$\left[\begin{array}{c|c} m_{\text{gen},j} & \mathbf{0} \\ \hline \mathbf{0}^T & M^*_{\text{res}} \end{array}\right] \left\{\begin{array}{c} \mathbf{q} \\ \hline F^*_{\text{res}} Z \end{array}\right\}^{\cdot\cdot} + \left[\begin{array}{c|c} s_{\text{gen},j} & \mathbf{0} \\ \hline \mathbf{0}^T & F^{*-1}_{\text{res}} \end{array}\right] \left\{\begin{array}{c} \mathbf{q} \\ \hline F^*_{\text{res}} Z \end{array}\right\}$$

$$+ \left[\begin{array}{c|c} c\bar{\boldsymbol{\varphi}}\bar{\boldsymbol{\varphi}}^T & -c\bar{\boldsymbol{\varphi}} \\ \hline -c\bar{\boldsymbol{\varphi}}^T & c \end{array}\right] \left\{\begin{array}{c} \mathbf{q} \\ \hline F^*_{\text{res}} Z \end{array}\right\} = \left\{\begin{array}{c} \boldsymbol{\varphi}_P P \\ \hline -d^*/F^*_{\text{res}} \end{array}\right\} \tag{10.32}$$

mit den Abkürzungen

$$\bar{\boldsymbol{\varphi}}^{\mathrm{T}} = \{\bar{\varphi}_1, \bar{\varphi}_2, \bar{\varphi}_3, \bar{\varphi}_4\},$$

$$\boldsymbol{\varphi}_{\mathrm{P}}^{\mathrm{T}} = \{\varphi_{\mathrm{P1}}, \varphi_{\mathrm{P2}}, \varphi_{\mathrm{P3}}, \varphi_{\mathrm{P4}}\},$$

$$F^*_{\mathrm{res}} = F(\bar{x}, \bar{x}) - \sum_{j=1}^{J} \bar{\varphi}_{\mathrm{j}}^2 / s_{\mathrm{gen,j}},$$

$$d^* = -\left[F(\bar{x}, x_{\mathrm{P}}) - \sum_{j=1}^{J} \bar{\varphi}_{\mathrm{j}} \varphi_{\mathrm{Pj}} / s_{\mathrm{gen,j}} \right],$$

$$M^*_{\mathrm{res}} = \int_0^l \mu F^2_{\mathrm{res}}(x, \bar{x})\, \mathrm{d}x / F^{*2}_{\mathrm{res}} = \sum_{j=J+1}^{\infty} (m_{\mathrm{gen,j}}\, \bar{\varphi}^2 / s^2_{\mathrm{gen,j}}) \Bigg/ \left[\sum_{j=J+1}^{\infty} (\bar{\varphi}_{\mathrm{j}}^2 / s_{\mathrm{gen,j}}) \right]^2.$$

Dies ist die Gleichung zur Variante von Craig und Chang [10.30, 10.32].

— Die letzte Zeile von Gl. (10.32), die an die Stelle der bisherigen Zusammenhangsbedingung (10.26) tritt, ist jetzt genauso eine Gleichgewichtsbedingung wie die ersten J Zeilen. Daher treten in der letzten Zeile auch Trägheitskräfte auf.
— Bei völliger Vernachlässigung dieser Trägheitskräfte kann man $F^*_{\mathrm{res}}\, Z$ statisch zwischeneliminieren und gelangt dann zum Verfahren von MacNeal, Gl. (10.30), das mithin kein Ritz-Verfahren ist!
— Die zusätzliche, residuale Ansatzfunktion $F_{\mathrm{res}}(x, \bar{x})/F^*_{\mathrm{res}}$ enthält, wie man aus Gl. (10.31b) ersieht, nur Anteile aus den vernachlässigten Eigenformen $\varphi_{\mathrm{j}}(x)$. Eine Koppelung der Eigenformen erfolgt nur über die Feder.
— In Gl. (10.32) lassen sich außer Koppelungsfedern auch Koppeldämpfer einbauen. Dies ist ein entscheidender Vorteil gegenüber Gl. (10.30).

Abschließend soll auf zwei problematische Effekte hingewiesen werden:

— M^*_{res} ist, wenn J groß wird, ein Quotient aus zwei sehr kleinen Zahlen, für dessen Berechnung doppelte Genauigkeit erforderlich sein kann.
— Und: Die Koppelkraft Z läßt sich jetzt nicht mehr unmittelbar aus $F^*_{\mathrm{res}}\, Z$ errechnen, da beim Ansatz (10.31c) nur homogene Verschiebungsanteile berücksichtigt wurden.

Die numerische Durchrechnung des Balkens von Bild 10.16 mit den Verfahren von Hou und Goldmann, MacNeal bzw. Craig und Chang erfolgt in einer Übungsaufgabe.

10.4.2 Modale Systhese für unverschiebliche Substrukturen mit freien Koppelstellen

Für die Übertragung der Verfahren auf mehrere Substrukturen und mehrere Koppelstellen betrachten wir den in zwei Substrukturen unterteilten Rahmen von Bild 10.18. Wenn eine der Substrukturen nach Freischneiden der Koppelstellen völlig oder teilweise ungefesselt (kinematisch) ist, wie das beispielsweise bei dem System Rotor-Fundament von Bild 10.3 der Fall wäre, treten zusätzliche Komplikationen auf.

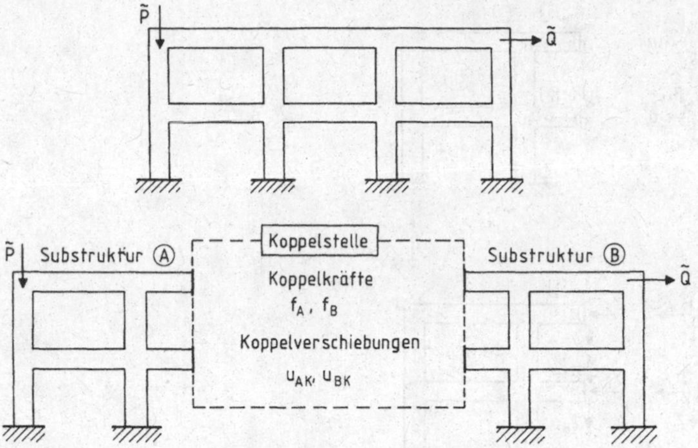

Bild 10.18. Stockwerksrahmen mit zwei Substrukturen mit beiseitig freien Koppelstellen. Bezeichnungen für die Vektoren

Die beiden Vektoren $\boldsymbol{u}_A$ und $\boldsymbol{u}_B$ teilen wir jeweils in Anteile für die Innenpunktverschiebungen (Zusatzindex *i*) und die Koppelverschiebungen (Zusatzindex *k*) auf. Eine entsprechende Unterteilung wird bei den Belastungsvektoren vorgenommen:

Substruktur A	Substruktur B
$\boldsymbol{u}_A^T = \{\boldsymbol{u}_{Ai}^T, \boldsymbol{u}_{Ak}^T\}$	$\boldsymbol{u}_B^T = \{\boldsymbol{u}_{Bk}^T, \boldsymbol{u}_{Bi}^T\}$
$\boldsymbol{p}_A^T = \{\boldsymbol{p}_{Ai}^T, \boldsymbol{p}_{Ak}^T\}$	$\boldsymbol{p}_B^T = \{\boldsymbol{p}_{Bk}^T, \boldsymbol{p}_{Bi}^T\}$.

Die beiden Vektoren zur Erfassung der Koppelkräfte sind natürlich nur an den Stellen besetzt, die den Koppelverschiebungen entsprechen.

Substruktur A	Substruktur B
$\{\boldsymbol{0}^T, \boldsymbol{f}_A^T\}$	$\{\boldsymbol{f}_B^T, \boldsymbol{0}\}$.

Die Abmessung der Vektoren $\boldsymbol{u}_{Ai}$ und $\boldsymbol{u}_{Bi}$ hängt davon ab, wie die beiden Substrukturen im Inneren diskretisiert werden, während Abmessung und Besetzung der Koppelvektoren $\boldsymbol{u}_{AK}$ und $\boldsymbol{u}_{BK}$ von der Diskretisierung im Inneren unabhängig ist.

Mit den Bezeichnungen von Bild 10.19 wird

$$\boldsymbol{u}_{Ak}^T = \{u_{A5}, w_{A5}, \beta_{A5};\;\; u_{A6}, w_{A6}, \beta_{A6}\},$$
$$\boldsymbol{u}_{Bk}^T = \{u_{B1}, w_{B1}, \beta_{B1};\;\; u_{B2}, w_{B2}, \beta_{B2}\}.$$

Die Koppelkräfte wirken auf die jeweiligen Substrukturen in Richtung positiver Koppelverschiebungen:

$$\boldsymbol{f}_A^T = \{X_{A5}, Z_{A5}, M_{A5};\; X_{A6}, Z_{A6}, M_{A6}\},$$
$$\boldsymbol{f}_B^T = \{X_{B1}, Z_{B1}, M_{B1};\; X_{B2}, Z_{B2}, M_{B2}\}.$$

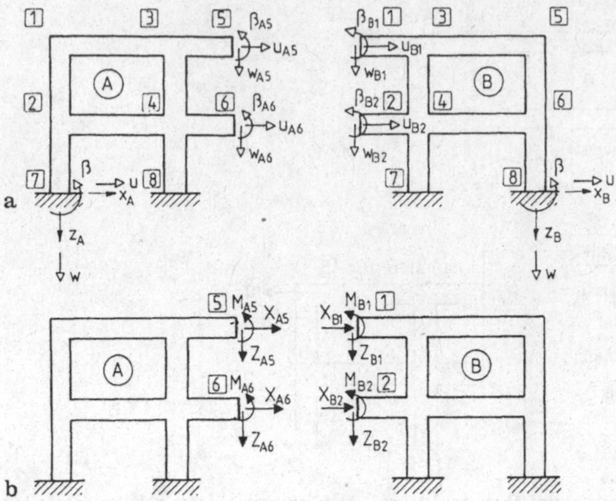

Bild 10.19a, b. Koppelverschiebungen (**a**) und Koppelkräfte (**b**)

Bewegungsgleichungen des entkoppelten Gesamtsystems

Berücksichtigt man die Gleichgewichtsbedingungen an den Koppelstellen

$$\boldsymbol{f}_{\mathrm{A}} = -\boldsymbol{f}, \quad \boldsymbol{f}_{\mathrm{B}} = \boldsymbol{f}, \tag{10.33a, b}$$

so lassen sich die Bewegungsdifferentialgleichungen der beiden Substrukturen und die geometrische Übergangsbedingung

$$\boldsymbol{u}_{\mathrm{Ak}} = \boldsymbol{u}_{\mathrm{Bk}} \tag{10.34}$$

in einer einzigen Matrizengleichung zusammenfassen. Um Steifigkeits- und Massenmatrix nicht getrennt angeben zu müssen, verwenden wir wieder die Abkürzung $p = \mathrm{d}/\mathrm{d}t$.

$$\begin{array}{c} \mathrm{I} \\ \mathrm{II} \\ \mathrm{III} \\ \mathrm{IV} \\ \mathrm{V} \end{array}
\left[\begin{array}{cc|c|cc}
\multicolumn{2}{c|}{\boldsymbol{S}_{\mathrm{A}} + p^2 \boldsymbol{M}_{\mathrm{A}}} & \boldsymbol{0} & \multicolumn{2}{c}{\boldsymbol{0}} \\
 & & \boldsymbol{I} & & \\
\hline
\boldsymbol{0} & \boldsymbol{I} & \boldsymbol{0} & -\boldsymbol{I} & \boldsymbol{0} \\
\hline
 & & -\boldsymbol{I} & & \\
\multicolumn{2}{c|}{\boldsymbol{0}} & \boldsymbol{0} & \multicolumn{2}{c}{\boldsymbol{S}_{\mathrm{B}} + p^2 \boldsymbol{M}_{\mathrm{B}}}
\end{array}\right]
\left\{\begin{array}{c} \boldsymbol{u}_{\mathrm{Ai}} \\ \boldsymbol{u}_{\mathrm{Ak}} \\ \boldsymbol{f} \\ \boldsymbol{u}_{\mathrm{Bk}} \\ \boldsymbol{u}_{\mathrm{Bi}} \end{array}\right\}
=
\left\{\begin{array}{c} \boldsymbol{p}_{\mathrm{Ai}} \\ \boldsymbol{p}_{\mathrm{Ak}} \\ \boldsymbol{0} \\ \boldsymbol{p}_{\mathrm{Bk}} \\ \boldsymbol{p}_{\mathrm{Bi}} \end{array}\right\} \tag{10.35}$$

Die in Gl. (10.35) auftretenden Einzelgleichungen haben hierbei die folgende Bedeutung:

I (V) sind die Bewegungsgleichungen für die Innenpunkte der Substruktur A (bzw. B);

II (IV) sind die Bewegungsgleichungen für die Koppelpunkte der Substruktur A (bzw. B);

III ist die geometrische Übergangsbedingung an der Koppelstelle.

Modale Zerlegung

Die modale Zerlegung in den Substrukturen mit freien Koppelstellen wird durch

$$\boldsymbol{u}_\mathrm{A} = \boldsymbol{\Phi}_\mathrm{A}\boldsymbol{q}_\mathrm{A}, \quad \boldsymbol{u}_\mathrm{B} = \boldsymbol{\Phi}_\mathrm{B}\boldsymbol{q}_\mathrm{B} \tag{10.36a,b}$$

beschrieben, wobei noch eine Aufteilung in Innenpunkt- und Koppelpunktunbekannte möglich ist. Als modal zerlegtes Gleichungssystem ergibt sich:

$$\left[\begin{array}{c|c|c} \boldsymbol{S}_{\mathrm{A,diag}} + p^2\boldsymbol{M}_{\mathrm{A,diag}} & \boldsymbol{\Phi}_\mathrm{Ak}^\mathrm{T} & \boldsymbol{0} \\ \hline \boldsymbol{\Phi}_\mathrm{Ak} & \boldsymbol{0} & -\boldsymbol{\Phi}_\mathrm{Bk} \\ \hline \boldsymbol{0} & -\boldsymbol{\Phi}_\mathrm{Bk}^\mathrm{T} & \boldsymbol{S}_{\mathrm{B,diag}} + p^2\boldsymbol{M}_{\mathrm{B,diag}} \end{array}\right] \left\{\begin{array}{c} \boldsymbol{q}_\mathrm{A} \\ \hline \boldsymbol{f} \\ \hline \boldsymbol{q}_\mathrm{B} \end{array}\right\} = \left\{\begin{array}{c} \boldsymbol{\Phi}_\mathrm{A}^\mathrm{T}\boldsymbol{p}_\mathrm{A} \\ \hline \boldsymbol{0} \\ \hline \boldsymbol{\Phi}_\mathrm{B}^\mathrm{T}\boldsymbol{p}_\mathrm{B} \end{array}\right\} \tag{10.37}$$

Wir haben damit eine entsprechende Formulierung wie in Gl. (10.12) gewonnen. Die numerische Weiterverarbeitung, insbesondere die Reduktion der Unbekannten, ist allerdings komplizierter als bei Gl. (10.12).

Unbekanntenreduktion bei gleichzeitiger Einführung von Residualverschiebungen

Die Beschränkung auf die als wesentlich (Index w) erachteten Eigenformen wird verknüpft mit der Einführung eines Residualverschiebungsvektors, der wieder dafür sorgen soll, daß „die Statik stimmt"

$$\boldsymbol{u} = \boldsymbol{\Phi}_\mathrm{w}\boldsymbol{q}_\mathrm{w} + \boldsymbol{u}_\mathrm{res}\,. \tag{10.38}$$

Der Ansatz (10.36) liefert als statische Lösung

$$\boldsymbol{u}_\mathrm{stat} = \boldsymbol{\Phi}_\mathrm{w}\boldsymbol{q}_\mathrm{w,stat} + \boldsymbol{u}_\mathrm{res}\,. \tag{10.39}$$

Das noch nicht entkoppelte Gleichungssystem für eine Substruktur lautet

$$\boldsymbol{M}\boldsymbol{u}^{\cdot\cdot} + \boldsymbol{S}\boldsymbol{u} = \boldsymbol{p} + \boldsymbol{B}\boldsymbol{f}, \tag{10.40}$$

wobei $\boldsymbol{B}$ eine Boolesche Matrix ist, die den Koppelkraftvektor auf die richtige Dimension bringt. Als exakte, statische Lösung erhält man hieraus

$$\boldsymbol{u}_\mathrm{stat} = \boldsymbol{S}^{-1}\{\boldsymbol{p} + \boldsymbol{B}\boldsymbol{f}\}. \tag{10.41}$$

Die statische Lösung für die wesentlichen, generalisierten Verschiebungen $\boldsymbol{q}_\mathrm{w,stat}$ erhält man aus Gl. (10.40) nach modaler Zerlegung und Vernachlässigung der Massenterme zu

$$\boldsymbol{q}_\mathrm{w,stat} = \boldsymbol{S}_\mathrm{diag,w}^{-1}\,\boldsymbol{\Phi}_\mathrm{w}^\mathrm{T}\{\boldsymbol{p} + \boldsymbol{B}\boldsymbol{f}\}\,. \tag{10.42}$$

Setzt man die Gln. (10.41) und (10.42) in Gl. (10.39) ein, so ergibt sich

$$u_{res} = \underbrace{[S^{-1} - \Phi_w S_{diag,w}^{-1} \Phi_w^T]}_{F_{res}} \{p + Bf\}, \tag{10.43}$$

wobei die eckige Klammer abgekürzt als *residuale Nachgiebigkeitsmatrix* bezeichnet wird. Für die Substrukturverschiebungen läßt sich damit schreiben

$$u_A = \Phi_{Aw} q_{Aw} + F_{A,res} \{p_A + B_A f_A\}, \tag{10.44a}$$

$$u_B = \Phi_{Bw} q_{Bw} + F_{B,res} \{p_B + B_B f_B\}. \tag{10.44b}$$

Die Verschiebungen in einer Substruktur hängen außer von den wesentlichen generalisierten Verschiebungen auch noch von den Koppelkräften ab.

Jetzt wird auch klar, wieso wir als Beispiel nicht das System Rotor-Fundament, sondern den in zwei Substrukturen unterteilten Rahmen gewählt haben. Zur Ermittlung der Residualverschiebungen muß die Steifigkeitsmatrix der Substruktur invertiert werden. Das gelingt nur, wenn die Substruktur wenigstens statisch bestimmt gelagert ist. Bei der Rotorsubstruktur wäre das nicht mehr der Fall gewesen.

Residuale Nachgiebigkeitsmatrix

Für die residuale Nachgiebigkeitsmatrix läßt sich auch noch eine andere Formulierung angeben. Hierbei nützt man aus, daß die Inverse der Steifigkeitsmatrix S sich modal zerlegen läßt:

$$S^{-1} = \Phi S_{diag}^{-1} \quad \Phi^T = \sum_{i=1}^{I_w} \varphi_i s_{gen,i}^{-1} \varphi_i^T .$$

Führt man diesen Ausdruck in Gl. (10.43) ein, so fallen die dyadischen Produkte der wesentlichen Eigenvektoren (d.h. bis $i = I_w$) heraus und es verbleibt

$$F_{res} = \sum_{i=I-I_w}^{I} \varphi_i s_{gen,i}^{-1} \varphi_i^T . \tag{10.45}$$

Man erkennt hieran besonders schön, daß mit den Residualverschiebungen der Einfluß der bei der Reduktion vernachlässigten Eigenformen erfaßt wird. Numerisch wird F_{res} natürlich stets mit Gl. (10.43) berechnet, da man die vernachlässigbaren Eigenformen erst gar nicht ausrechnen möchte.

Erfüllung der geometrischen Übergangsbedingungen mit Residualeffekten

Die Gln. (10.44) sollen nun dazu verwendet werden, die geometrischen Übergangsbedingungen an den Koppelstellen

$$u_{Ak} = u_{Bk} \tag{10.34}$$

zu erfüllen, wobei gleichzeitig die Gleichheit der beiden Koppelkräfte gefordert wird:

$$f_A = -f, \quad f_B = f. \tag{10.33a, b}$$

Berücksichtigt man noch, daß die Koppelverschiebungen durch Vormultiplikation mit der transponierten Booleschen Matrix $\boldsymbol{B}^{\mathrm{T}}$ ermittelt werden, so erhält man

$$\boldsymbol{B}_{\mathrm{A}}^{\mathrm{T}}[\boldsymbol{\Phi}_{\mathrm{Aw}}\boldsymbol{q}_{\mathrm{Aw}}+\boldsymbol{F}_{\mathrm{A,res}}\{\boldsymbol{p}_{\mathrm{A}}-\boldsymbol{B}_{\mathrm{A}}\boldsymbol{f}\}]=\boldsymbol{B}_{\mathrm{B}}^{\mathrm{T}}[\boldsymbol{\Phi}_{\mathrm{Bw}}\boldsymbol{q}_{\mathrm{Bw}}+\boldsymbol{F}_{\mathrm{B,res}}\{\boldsymbol{p}_{\mathrm{B}}+\boldsymbol{B}_{\mathrm{B}}\boldsymbol{f}\}]. \tag{10.46}$$

Diese etwas unhandliche Gleichung soll übersichtlicher formuliert werden. Zu diesem Zweck werden zwei Abkürzungen eingeführt:

$$\boldsymbol{F}^{*}=\boldsymbol{B}_{\mathrm{A}}^{\mathrm{T}}\boldsymbol{F}_{\mathrm{A,res}}\boldsymbol{B}_{\mathrm{A}}+\boldsymbol{B}_{\mathrm{B}}^{\mathrm{T}}\boldsymbol{F}_{\mathrm{B,res}}\boldsymbol{B}_{\mathrm{B}}, \tag{10.47}$$

$$\boldsymbol{d}^{*}=-\boldsymbol{B}_{\mathrm{A}}^{\mathrm{T}}\boldsymbol{F}_{\mathrm{A,res}}\boldsymbol{p}_{\mathrm{A}}+\boldsymbol{B}_{\mathrm{B}}^{\mathrm{T}}\boldsymbol{F}_{\mathrm{B,res}}\boldsymbol{p}_{\mathrm{B}}. \tag{10.48}$$

Den Effekt der Vormultiplikation mit der Booleschen Matrix $\boldsymbol{B}_{\mathrm{A}}^{\mathrm{T}}$ macht man sich klar, indem man die Modalmatrix $\boldsymbol{\Phi}_{\mathrm{A}}$ in ihre Komponenten aufteilt

$$\boldsymbol{\Phi}_{\mathrm{Aw}}=\underbrace{\begin{bmatrix}\boldsymbol{\Phi}_{\mathrm{Aiw}}\\ \boldsymbol{\Phi}_{\mathrm{Akw}}\end{bmatrix}}_{\boldsymbol{\Phi}_{\mathrm{Aw}}}.$$

Durch die Multiplikation mit $\boldsymbol{B}_{\mathrm{A}}^{\mathrm{T}}$ werden von den wesentlichen Eigenvektoren diejenigen Anteile heraussortiert, die zu den Koppelpunkten gehören

$$\boldsymbol{B}_{\mathrm{A}}^{\mathrm{T}}\boldsymbol{\Phi}_{\mathrm{Aw}}=\boldsymbol{\Phi}_{\mathrm{Akw}}. \tag{10.49}$$

Als geometrische Übergangsbedingung erhält man damit

$$\boldsymbol{\Phi}_{\mathrm{Akw}}\boldsymbol{q}_{\mathrm{Aw}}-\boldsymbol{F}^{*}\boldsymbol{f}-\boldsymbol{\Phi}_{\mathrm{Bkw}}\boldsymbol{q}_{\mathrm{Bw}}=\boldsymbol{d}^{*}. \tag{10.50}$$

Erfassung von Koppelfedern

Bei dem Beispiel des Rahmens (Bild 10.19) wurden die beiden Substrukturen an der Koppelstelle starr miteinander verbunden. In vielen Fällen liegen aber Koppelelemente zwischen den Substrukturen, die in der Regel als masselos idealisiert werden, so z. B. die Gleitlager zwischen Rotor und Fundament oder die Kontaktsteifigkeit zwischen Rad und Schiene. Solange es sich bei den zusätzlichen Koppelelementen um Federn handelt, ist die Modifikation ausgesprochen einfach. In der geometrischen Übergangsbedingung Gl. (10.46) wird zusätzlich noch die Relativverschiebung in den Koppelfedern berücksichtigt. Alle Koppelnachgiebigkeiten werden in einer Koppelmatrix $\boldsymbol{F}_{\mathrm{K}}$ zusammengefaßt. An die Stelle von Gl. (10.47) tritt dann die Gleichung

$$\boldsymbol{F}^{*}=\boldsymbol{B}_{\mathrm{A}}^{\mathrm{T}}\boldsymbol{F}_{\mathrm{A,res}}\boldsymbol{B}_{\mathrm{A}}+\boldsymbol{B}_{\mathrm{B}}^{\mathrm{T}}\boldsymbol{F}_{\mathrm{B,res}}\boldsymbol{B}_{\mathrm{B}}+\boldsymbol{F}_{\mathrm{K}}. \tag{10.51}$$

Modale Synthese

Jetzt kann man sich in Gl. (10.37) auf die wesentlichen generalisierten Freiheitsgrade beschränken. Als geometrische Übergangsbedingung wird nun aber die soeben gewonnene Gl. (10.50) verwendet. Das Gesamtgleichungssystem lautet dann

$$\begin{bmatrix} \boldsymbol{S}_{\mathrm{A,diag}} + p^2 \boldsymbol{M}_{\mathrm{A,diag}} & \boldsymbol{\Phi}^{\mathrm{T}}_{\mathrm{Akw}} & \boldsymbol{0} \\ \boldsymbol{\Phi}_{\mathrm{Akw}} & -\boldsymbol{F}^* & -\boldsymbol{\Phi}_{\mathrm{Bkw}} \\ \boldsymbol{0} & -\boldsymbol{\Phi}^{\mathrm{T}}_{\mathrm{Bkw}} & \boldsymbol{S}_{\mathrm{B,diag}} + p^2 \boldsymbol{M}_{\mathrm{B,diag}} \end{bmatrix} \begin{Bmatrix} \boldsymbol{q}_{\mathrm{Aw}} \\ \boldsymbol{f} \\ \boldsymbol{q}_{\mathrm{Bw}} \end{Bmatrix} = \begin{Bmatrix} \boldsymbol{\Phi}^{\mathrm{T}}_{\mathrm{Aw}} \boldsymbol{p}_{\mathrm{A}} \\ \boldsymbol{d}^* \\ \boldsymbol{\Phi}^{\mathrm{T}}_{\mathrm{Bw}} \boldsymbol{p}_{\mathrm{B}} \end{Bmatrix}. \tag{10.52}$$

Sieht man einmal von der Beschränkung auf die wesentlichen Eigenvektoren ab, so hat sich gegenüber Gl. (10.37) nicht viel geändert: Die Bewegungsgleichungen für die beiden Substrukturen sind gleich geblieben, nur die geometrische Übergangsbedingung an den Koppelstellen lautet jetzt anders. Durch die Matrix $\boldsymbol{F}^*$ wird an den Koppelstellen eine zusätzliche Nachgiebigkeit eingebracht, die den Einfluß der vernachlässigten Eigenformen berücksichtigt. Dadurch läßt sich der Koppelkraftvektor $\boldsymbol{f}$ jetzt auch unmittelbar berechnen. Natürlich muß hierfür die Matrix $\boldsymbol{F}^*$ invertierbar sein. Bei einem System ohne zusätzliche Koppelfedern ist das gewährleistet, wenn die Zahl der vernachlässigten Eigenformen größer ist als die Anzahl der Koppelbedingungen (Übungsaufgabe 10.1).

Eliminiert man nun noch den Koppelkraftvektor $\boldsymbol{f}$, so erhält man schließlich eine Beziehung, die im wesentlichen der Gl. (10.30) aus dem vorigen Abschnitt entspricht:

$$\left\{ \begin{bmatrix} \boldsymbol{S}_{\mathrm{A,diag}} & \boldsymbol{0} \\ \boldsymbol{0} & \boldsymbol{S}_{\mathrm{B,diag}} \end{bmatrix} + \begin{bmatrix} \boldsymbol{\Phi}^{\mathrm{T}}_{\mathrm{Akw}} (\boldsymbol{F}^*)^{-1} \boldsymbol{\Phi}_{\mathrm{Akw}} & -\boldsymbol{\Phi}^{\mathrm{T}}_{\mathrm{Akw}} (\boldsymbol{F}^*)^{-1} \boldsymbol{\Phi}_{\mathrm{Bkw}} \\ -\boldsymbol{\Phi}^{\mathrm{T}}_{\mathrm{Bkw}} (\boldsymbol{F}^*)^{-1} \boldsymbol{\Phi}_{\mathrm{Akw}} & \boldsymbol{\Phi}^{\mathrm{T}}_{\mathrm{Bkw}} (\boldsymbol{F}^*)^{-1} \boldsymbol{\Phi}_{\mathrm{Bkw}} \end{bmatrix} \right\} \begin{Bmatrix} \boldsymbol{q}_{\mathrm{Aw}} \\ \boldsymbol{q}_{\mathrm{Bw}} \end{Bmatrix}$$

$$+ \begin{bmatrix} \boldsymbol{M}_{\mathrm{A,diag}} & \boldsymbol{0} \\ \boldsymbol{0} & \boldsymbol{M}_{\mathrm{B,diag}} \end{bmatrix} \begin{Bmatrix} \boldsymbol{q}_{\mathrm{Aw}} \\ \boldsymbol{q}_{\mathrm{Bw}} \end{Bmatrix}^{\cdot\cdot} = \begin{Bmatrix} \boldsymbol{\Phi}^{\mathrm{T}}_{\mathrm{Aw}} \boldsymbol{p}_{\mathrm{A}} + \boldsymbol{\Phi}^{\mathrm{T}}_{\mathrm{Akw}} (\boldsymbol{F}^*)^{-1} \boldsymbol{d}^* \\ \boldsymbol{\Phi}^{\mathrm{T}}_{\mathrm{Bw}} \boldsymbol{p}_{\mathrm{B}} - \boldsymbol{\Phi}^{\mathrm{T}}_{\mathrm{Bkw}} (\boldsymbol{F}^*)^{-1} \boldsymbol{d}^* \end{Bmatrix}. \tag{10.53}$$

Nach der relativ aufwendigen Zwischenrechnung ist der einfache Aufbau dieser Gleichung überraschend.

Bestimmung des Verschiebungszustands

Nach Lösung von Gl. (10.53) kann man die im Vektor $\boldsymbol{u}$ zusammengefaßten Verschiebungen ohne weiteres bestimmen. Man erhält im Fall der freien Schwingung

$$u_A = [\boldsymbol{\Phi}_{Aw} q_{Aw} - F_{A,res} B_A (F^*)^{-1} (\boldsymbol{\Phi}_{Akw} q_{Aw} - \boldsymbol{\Phi}_{Bkw} q_{Bw})], \qquad (10.54a)$$

$$u_B = [\boldsymbol{\Phi}_{Bw} q_{Bw} + F_{B,res} B_B \underbrace{(F^*)^{-1} (\boldsymbol{\Phi}_{Akw} q_{Aw} - \boldsymbol{\Phi}_{Bkw} q_{Bw})}_{\text{Koppelkraftvektor } f}]. \qquad (10.54b)$$

Vergleich mit dem Verfahren von Hurty

Die Verfahren von MacNeal und von Hurty lassen sich anhand der reduzierten Bewegungsgleichungen (10.12) und (10.53) sowie aufgrund der Transformationsgleichungen (10.10) und (10.54) vergleichen.

Auf der Stufe der reduzierten Bewegungsgleichungen haben beide Verfahren ihre Vor- und Nachteile. Die reduzierte Massenmatrix besitzt bei MacNeal reine Diagonalstrukturen. Für die anschließende Lösung der Eigenwertaufgabe ist dies außerordentlich angenehm, da diese im wesentlichen schon als spezielle Eigenwertaufgabe $[C - \lambda I]x = 0$ vorliegt. Man handelt dafür aber den Nachteil ein, daß die Steifigkeitsmatrix voll besetzt ist. Das Verfahren von MacNeal ist also kein „strukturerhaltender Algorithmus" mehr.

Der unmittelbare Aufbau der Bewegungsgleichungen (10.53) ist bei mehr als zwei Substrukturen mit erheblichem programmorganisatorischem Aufwand verbunden. Man erkennt dies auch bei Betrachtung der Transformationsbeziehungen in Gl. (10.54). Parameter zur Beschreibung des Verschiebungszustands in einer Substruktur sind bei MacNeal nicht nur die modalen Freiheitsgrade dieser Substruktur, sondern zusätzlich auch noch die modalen Freiheitsgrade der jeweils anderen Struktur. Die Residualnachgiebigkeit des Koppelrandes führt dazu, daß modale Freiheitsgrade noch in die andere Substruktur „ausstrahlen".

Einen weiteren Nachteil erkennt man anhand der geometrischen Übergangsbedingung Gl. (10.51), die beim Aufbau des reduzierten Gleichungssystems (10.53) verwendet wurde: Der Einbau von Dämpfern oder von allgemeinen, nichtlinearen Koppelelementen ist beim Verfahren von MacNeal nicht möglich.

10.4.3 Die Modifikation des Verfahrens nach Craig und Chang

Um diese Nachteile zu überwinden, muß man die Residualverschiebungen als eigene Ansatzfunktionen beibehalten, wie das schon bei dem einfachen Beispiel am Ende von Abschn. 10.4.1 geschehen ist. Man verwendet also einen Ansatz der Form

$$u = \boldsymbol{\Phi}_w q_w + F_{res} B f, \qquad (10.55)$$

der sich ohne Schwierigkeiten auch für jede Substruktur getrennt formulieren läßt:

$$u_A = \boldsymbol{\Phi}_{Aw} q_{Aw} + F_{A,res} B_A f_A, \qquad (10.55a)$$

$$u_B = \boldsymbol{\Phi}_{Bw} q_{Bw} + F_{B,res} B_B f_B. \qquad (10.55b)$$

Diesen Ansatz führen wir nun in die diskretisierte Form des PdvV ein, wobei wir eine Aufteilung in Substruktur- und Koppelelementanteile vornehmen

$$\underbrace{\delta \boldsymbol{u}_{\mathrm{A}}^{\mathrm{T}}[\boldsymbol{M}_{\mathrm{A}}\ddot{\boldsymbol{u}}_{\mathrm{A}} + \boldsymbol{S}_{\mathrm{A}}\boldsymbol{u}_{\mathrm{A}}] + \delta \boldsymbol{u}_{\mathrm{B}}^{\mathrm{T}}[\boldsymbol{M}_{\mathrm{B}}\ddot{\boldsymbol{u}}_{\mathrm{B}} + \boldsymbol{S}_{\mathrm{B}}\boldsymbol{u}_{\mathrm{B}}]}_{\text{Substrukturanteile}} +$$

$$+ \underbrace{\delta(\boldsymbol{u}_{\mathrm{AK}} - \boldsymbol{u}_{\mathrm{BK}})[\boldsymbol{S}_{\mathrm{K}}(\boldsymbol{u}_{\mathrm{AK}} - \boldsymbol{u}_{\mathrm{BK}}) + \boldsymbol{D}_{\mathrm{K}}(\boldsymbol{u}_{\mathrm{AK}} - \boldsymbol{u}_{\mathrm{BK}})^{\cdot}]}_{\text{Koppelelementanteile}} = 0. \tag{10.56}$$

Die Komponente der beiden Vektoren $\boldsymbol{f}_{\mathrm{A}}$ und $\boldsymbol{f}_{\mathrm{B}}$ sind zwar weiterhin von der Dimension einer Kraft, es handelt sich bei ihnen aber nicht mehr um Koppelkräfte, sondern um Amplituden von residualen Einheitslast-Verschiebungsvektoren (englisch: attachment modes), die für die beiden Knoten eines Koppelelements nicht gleichgesetzt werden dürfen.

Die beiden Transformationsbeziehungen (10.55a, b) sehen formal sehr ähnlich aus wie die Transformationsbeziehungen (10.10a, b) beim Verfahren von Hurty, wobei allerdings die Berechnung der residualen Nachgiebigkeitsmatrizen mit einigem Aufwand verbunden ist. Komplizierter wird die Transformationsbeziehung für die Koppelverschiebungen $\boldsymbol{u}_{\mathrm{K}}$. Wie bei Hurty ist eine modale Vorbehandlung der Substrukturen getrennt für jede Substruktur möglich. Die modale Synthese erfolgt wieder unter Verwendung von Indextafeln. Auf die formelmäßige Durchführung soll hier verzichtet werden.

Man hat auf diese Weise ein Verfahren gewonnen, mit dem sich beliebige, masselose Koppelelemente, insbesondere also auch Dämpfer, behandeln lassen. Die Dämpfungsmatrix wird allerdings, auch wenn es sich nur um einen einzigen Dämpfer handelt, stets voll besetzt. Massenträgheitseffekte der residualen Verschiebungsansätze werden berücksichtigt. Die Massenmatrix ist, anders als bei MacNeal, keine reine Diagonalmatrix mehr; Diagonalbesetzung liegt nur bei den modalen Freiheitsgraden vor.

Der höhere Aufwand und die höhere Unbekanntenzahl zahlen sich allerdings, wie eine Reihe von Beispielrechnungen [10.30, 10.32] zeigen, vor allem bei den unteren Eigenformen in einem erheblichen Genauigkeitsgewinn aus.

10.5 Genauigkeit und Konvergenzverhalten bei der modalen Synthese

Mit der modalen Synthese bei gleichzeitiger Reduktion von Unbekannten versucht man, die Rechenzeit möglichst drastisch zu reduzieren, ohne dabei allzu ungenau zu werden. Man benötigt nun Aussagen darüber, bis zu welchen Substruktureigenfrequenzen die zugehörigen Eigenformen bei der modalen Synthese zu berücksichtigen sind, um eine gewünschte Genauigkeit zu erreichen. Analytische Fehlerabschätzungen helfen hierbei nicht allzu viel weiter, da die dabei ermittelten erforderlichen maximalen Substruktureigenfrequenzen so groß sind, daß sich kaum Rechenzeiteinsparungen ergeben [10.7].

Man versucht daher üblicherweise anhand einer Reihe von Beispielen zu untersuchen, welchen Einfluß eine unterschiedliche Reduktion von Unbekannten auf die Genauigkeit des Ergebnisses hat. Nachfolgend diskutieren wir nur die Genauigkeit der Eigenfrequenzen des Gesamtsystems. Die Frage, die wir dabei beantworten wollen, lautet: Wenn eine Systemeigenfrequenz ω_{sys} auf z. B. 1% Genauigkeit berechnet werden soll, bis zu welcher Substruktur-Eigenfrequenz ω_{sub} müssen dann Eigenformen bei der modalen Synthese berücksichtigt werden?

Bereits in einer früheren Untersuchung [10.28] war beim Verfahren von Hurty (modale Synthese bei Verwendung von Substrukturen mit gefesselten Koppelstellen) für biegesteife Stabwerke folgende „Bauernregel" festgestellt worden:

> *Berücksichtigt man bei der modalen Synthese alle Substruktureigenformen, deren Eigenfrequenz unter dem Doppelten der gerade noch interessierenden maximalen Systemeigenfrequenz liegt, so bleibt der Fehler (von einigen „Ausreißern" bei sehr hohem Reduktionsgrad abgesehen) unter 1%.*

Diese Regel soll nun für ein weiteres Beispiel überprüft werden, wobei für das gleiche System sowohl Substrukturen mit gefesselten als auch Substrukturen mit freien Koppelstellen betrachtet werden [10.29]. Bei dem System handelt es sich um zwei gelenkig gelagerte, gekreuzte Platten (Bild 10.20). Die Steifigkeit der vier Koppelfedern wurde so gewählt, daß sie bei den unteren Eigenformen fast wie eine starre Fesselung zwischen den beiden Substrukturen wirken.

Beim Verfahren mit gefesselten Koppelstellen besitzt jede Substruktur 4 Koppelunbekannte und 44 Innenpunktunbekannte, beim Verfahren mit freien Koppelstellen hat jede Substrucktur 48 Freiheitsgrade. Die Ergebnisse sind in den Tabellen 10.2 und 10.3 wiedergegeben. Die Ergebnisse für das Verfahren von Hou und Goldmann (Substrukturen mit freien Koppelstellen, aber ohne Residualverschiebungen) findet man in Tabelle 10.4 [10.29].

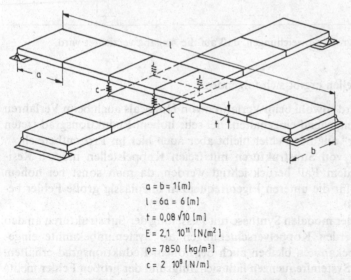

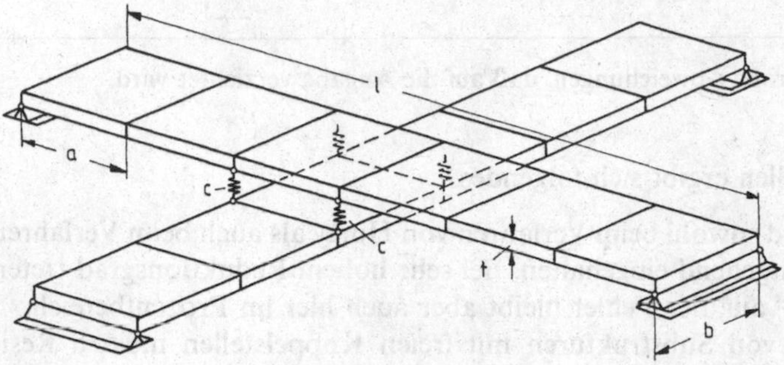

a = b = 1 [m]
l = 6a = 6 [m]
t = 0,08 $\sqrt{10}$ [m]
E = 2,1 10^{11} [N/m²]
ρ = 7850 [kg/m³]
c = 2 10^{8} [N/m]

Bild 10.20. Gelenkig gelagerte, gekreuzte Plattenstreifen als Beispiel für Verfahren der modalen Synthese (1. Fall: Beide Plattenstreifen werden als Substrukturen an den Koppelstellen starr gelagert; 2. Fall: Beide Plattenstreifen sind Substrukturen mit freien Koppelstellen)

Tabelle 10.2. Fehler (in %) bei der modalen Synthese unter Verwendung von Substrukturen mit gefesselten Koppelstellen (Verfahren von Hurty)

exakte Systemeigenfrequenz ω_{sys}		Anzahl der Eigenformen, die bei der modalen Synthese von den 44 Eigenformen jeder der beiden Substrukturen berücksichtigt werden							
Nr.	Frequenz	8	6	5	4	3	2	1	0
1	$1{,}07217 \cdot 10^2$	0,013	0,013	0,013	0,013	0,022	0,022	0,067	
2	$4{,}09871 \cdot 10^2$	0,002	0,010	0,011	0,014	0,077	0,094	0,53	
3	$4{,}52588 \cdot 10^2$	0,059	0,068	0,069	0,074	0,094	0,12	2,09	
4	$8{,}32804 \cdot 10^2$	0,024	0,096	0,10	0,13	0,70	0,90	17,1	
5	$9{,}37578 \cdot 10^2$	0,28	0,42	0,43	0,56	2,72	3,15	12,3	
6	$1{,}45527 \cdot 10^3$	0,080	0,31	0,34	0,50	4,83	15,5	61,8	
7	$1{,}51434 \cdot 10^3$	0,35	0,39	0,51	0,54	2,09	17,3	87,0	
8	$1{,}72054 \cdot 10^3$	0,97	1,13	1,15	1,91	14,3	39,0	110,0	
9	$1{,}75273 \cdot 10^3$	0,039	0,057	0,07	0,14	14,5	80,0	*	
10	$2{,}17324 \cdot 10^3$	0,31	0,70	0,73	11,13	46,0	90,0	*	
11	$2{,}30257 \cdot 10^3$	0,80	1,54	1,65	21,8	63,0	*		
		$4{,}40847 \cdot 10^3$	$4{,}26201 \cdot 10^3$	$3{,}98764 \cdot 10^3$	$2{,}91804 \cdot 10^3$	$1{,}86047 \cdot 10^3$	$1{,}83706 \cdot 10^3$	$1{,}17303 \cdot 10^3$	
		Eigenfrequenz der ersten, vernachlässigten Substruktureigenform $\omega_{sub,vern.}$							

Substrukturen mit gefesselten Koppelstellen

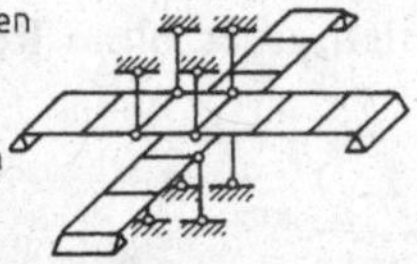

Anweisung der „Bauernregel" (gestrichelte Linie)

1% Fehlergrenze der numerischen Rechnung (durchgezogene Linie)

* Werte enthalten so große Abweichungen, daß auf die Angabe verzichtet wird.

Aus den drei Tabellen ergibt sich folgendes:

— Die 1%-Regel wird sowohl beim Verfahren von Hurty als auch beim Verfahren von MacNeal weitgehend eingehalten. Bei sehr hohem Reduktionsgrad treten einige „Ausreißer" auf, der Fehler bleibt aber auch hier im Prozentbereich.

— Bei Verwendung von Substrukturen mit freien Koppelstellen müssen Residualeffekte in jedem Fall berücksichtigt werden, da man sonst bei hohem Reduktionsgrad für die unteren Eigenfrequenzen unzulässig große Fehler behält (Tabelle 10.4).

— Beim Verfahren der modalen Synthese mit Fesselung der Substrukturen an den Koppelstellen werden Koppelverschiebungen als Systemunbekannte eingeführt. Diese Unbekannten bleiben auch bei hohem Reduktionsgrad erhalten, mit den höheren Systemfrequenzen läßt sich aufgrund der großen Fehler nichts anfangen. Vergleicht man die Verfahren von Hurty (Tabelle 10.2) und MacNeal (Tabelle 10.3) für den Fall, daß mit beiden Verfahren zehn Eigenfrequenzen ermittelt werden, so sind beim Verfahren von Hurty gerade 2 Frequenzen brauchbar (Fehler unter 1%), bei MacNeal hingegen sechs.

Tabelle 10.3. Fehler (in %) bei der modalen Synthese unter Verwendung von Substrukturen mit freien Koppelstellen (mit Residualeffekten, MacNeal)

exakte System-eigenfrequenz ω_{sys}		Anzahl der Eigenformen, die bei der modalen Synthese von den 48 Eigenformen jeder der beiden Substrukturen berücksichtigt werden							
Nr.	Frequenz	8	6	5	4	3	2	1	0
1	1,07217 10^2	0,0000	0,0000	0,0009	0,0009	0,0028	0,033	0,73	
2	4,09871 10^2	0,0012	0,0083	0,031	0,031	0,46	2,2	86,1	
3	4,52588 10^2	0,0009	0,0093	0,024	0,031	0,13	2,3		
4	8,32804 10^2	0,0012	0,0023	0,015	0,20	52,4	62,3		
5	9,37578 10^2	0,0014	0,0018	0,0053	0,077	79,2			
6	1,45527 10^3	0,034	0,57	0,90	27,8	28,1			
7	1,51434 10^3	0,076	0,98	6,3	28,1				
8	1,72054 10^3	0,0009	0,02	23,8	31,7				
9	1,75273 10^3	0,18	4,84	22,1			mit Residualeffekten		
10	2,17324 10^3	0,35	17,8	26,2					
11	2,30257 10^3	1,27	13,4						
		$3{,}82864 \cdot 10^3$	$2{,}71853 \cdot 10^3$	$1{,}75425 \cdot 10^3$	$1{,}70544 \cdot 10^3$	$9{,}46226 \cdot 10^2$	$8{,}56684 \cdot 10^2$	$4{,}16904 \cdot 10^2$	
		Eigenfrequenz der ersten, vernachlässigten Substruktureigenform $\omega_{sub,vern.}$							

Substrukturen mit freien Koppelstellen

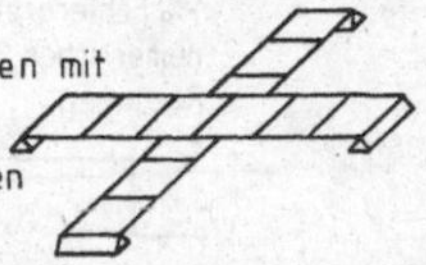

Anweisung der „Bauernregel" - - - -

1% Fehlergrenze der numerischen Rechnung ———

Eigene numerische Ergebnisse zum Verfahren von Craig und Chang liegen bisher nicht vor. Beispielrechnungen von Rubin [10.26], Hintz [10.23] und Yoo und Haug [10.32] zeigen aber, daß ein erheblicher Genauigkeitsgewinn zu verzeichnen ist, der den hohen Programmieraufwand rechtfertigen dürfte.

10.6 Übersicht über die modalen Syntheseverfahren

In der Tabelle 10.5 sind die vier behandelten Verfahren der modalen Synthese bei Verwendung von Substrukturen mit gefesselten oder freien Koppelstellen einander gegenübergestellt. Welche Verfahren stehen also für allgemeine Fragestellungen miteinander in Konkurrenz? Es ist zum einen das Hurty-Verfahren, das in großen Programmsystemen realisiert ist und für das damit umfangreiche Erfahrungen vorliegen. Beim Verfahren von Craig und Chang, das unter dem Gesichtspunkt der Genauigkeit besticht, fehlen solche umfangreichen Erfahrungen noch. Zur Erkennung und Beseitigung von Schwachstellen (siehe Ende von Abschn. 10.4.1) wäre eine Implementierung in Großprogrammen sinnvoll.

Tabelle 10.4. Fehler (in %) bei der modalen Synthese unter Verwendung von Substrukturen mit freien Koppelstellen (ohne Residualeffekte, Hou und Goldmann)

exakte System-eigenfrequenz ω_{sys}		Anzahl der Eigenformen, die bei der modalen Synthese von den 48 Eigenformen jeder der beiden Substrukturen berücksichtigt werden							
Nr.	Frequenz	8	6	5	4	3	2	1	0
1	$1{,}07217\ 10^2$	0,08	0,23	0,35	0,39	0,62	9,02	45,7	
2	$4{,}09871\ 10^2$	0,40	0,71	1,88	1,88	4,79	102,8	46,3	
3	$4{,}52588\ 10^2$	0,18	0,52	0,78	0,89	1,49	94,8		
4	$8{,}32804\ 10^2$	0,55	0,58	0,92	1,68	204,1	208,1		
5	$9{,}37578\ 10^2$	0,007	0,0037	0,033	0,038	222,5			
6	$1{,}45527\ 10^3$	1,74	3,42	3,43	96,0	109,9			
7	$1{,}51434\ 10^3$	1,23	3,73	8,94	108,9				
8	$1{,}72054\ 10^3$	0,023	0,085	82,96	86,6				
9	$1{,}75273\ 10^3$	3,52	35,5	88,1			ohne Residualeffekten		
10	$2{,}17324\ 10^3$	2,64	46,7	54,21					
11	$2{,}30257\ 10^3$	6,37	56,2						
		$3{,}82864\cdot10^3$	$2{,}71853\cdot10^3$	$1{,}75425\cdot10^3$	$1{,}70544\cdot10^3$	$9{,}46226\cdot10^2$	$8{,}56684\cdot10^2$	$4{,}16904\cdot10^2$	
		Eigenfrequenz der ersten, vernachlässigten Substruktureigenform $\omega_{sub,vern.}$							

Substrukturen mit freien Koppelstellen

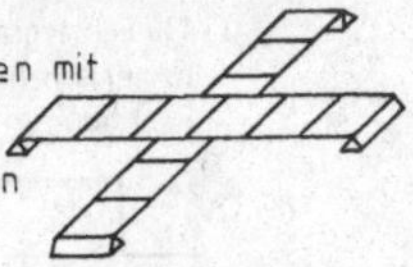

Anweisung der „Bauernregel" (gestrichelte Linie)

1% Fehlergrenze der numerischen Rechnung (durchgezogene Linie)

10.7 Übungsaufgaben

Aufgabe 10.1. Zur Singularität der $\boldsymbol{F}^*$-Matrix

Bei der modalen Synthese von Substrukturen mit freien Koppelstellen wurde behauptet, daß die residuale Koppel-Nachgiebigkeitsmatrix $\boldsymbol{F}^*$ bei einem System ohne zusätzliche Koppelfedern dann singulär wird, wenn die Anzahl der vernachlässigten Eigenformen kleiner ist als die Anzahl der Koppelbedingungen. Beweise diese Behauptung!

Aufgabe 10.2. Orthogonalität von Eigenformen und residualen Einheitslast-Verschiebungszuständen

In Gl. (10.32) ist zu erkennen, daß die Ansatzfunktion $F_{res}(x, \bar{x})$, d. h. die residuale Einheitslastverschiebung, offenkundig masse- und steifigkeitsorthogonal zu den wesentlichen Eigenfunktionen $\varphi_j(x)$ ($j = 1 \ldots 4$) ist. In Abschn. 10.4.3 wurde das entsprechende Gleichungssystem nicht angegeben. Aber auch dort würde sich zeigen, daß die in der Modalmatrix $\boldsymbol{\Phi}_w$ zusammengefaßten Eigenvektoren und die

Tabelle 10.5. Vergleich modaler Syntheseverfahren (J_w = Anzahl der wesentlichen, berücksichtigten modalen Freiheitsgrade; J_k = Anzahl der Koppelfreiheitsgrade)

Verfahren	Hurty [10.1, 10.2]	Hou [10.16], Goldmann [10.17]	MacNeal [10.21]	Craig and Chang [10.30], Yoo und Haug [10.32]
Lagerung der Substruktur bei modaler Vorbehandlung	Koppelstellen gefesselt	Koppelstellen frei		
zusätzliche Verschiebungsansätze	statische Einheitsverschiebungszustände	keine	Residualverschiebungen aufgrund von Einheitskräften an Koppelstellen	
Art der Reduktion	modal	modal	modal und statische Elimination der Koppelkräfte	modal
Sind allgemeine Koppelelemente behandelbar?	ja	ja	nein	ja
Sind kinematische Systeme behandelbar?	ja	ja	ja, aber Zusatzüberlegungen erforderlich	
Unbekanntenanzahl	$J_w + J_k$	J_w	J_w	$J_w + J_k$
Rangfolge der Genauigkeit	2	3	2	1
Rangfolge beim Programmierungsaufwand	2	1 (niedrig)	3	4 (hoch)

in der Matrix $\boldsymbol{F}_{res}$ zusammengefaßten Einheitslastverschiebungsvektoren (attachment modes) masse- und steifigkeitsorthogonal sind. Wieso?

Aufgabe 10.3. „Gemischte" modale Synthese für ein System Rotor-Fundament

In Bild 10.21 ist am Beispiel des Systems Rotor-Fundament die Möglichkeit dargestellt, die Rotorsubstruktur an den Koppelstellen starr zu lagern, das Fundament hingegen als eine Substruktur mit freien Koppelstellen zu behandeln.

Es soll ein modales Syntheseverfahren entwickelt werden, bei dem als Systemunbekannte a) die modalen Koordinaten der Rotor-Substruktur mit gefesselten Koppelstellen, b) die modalen Koordinaten der Fundamentsubstruktur mit freien

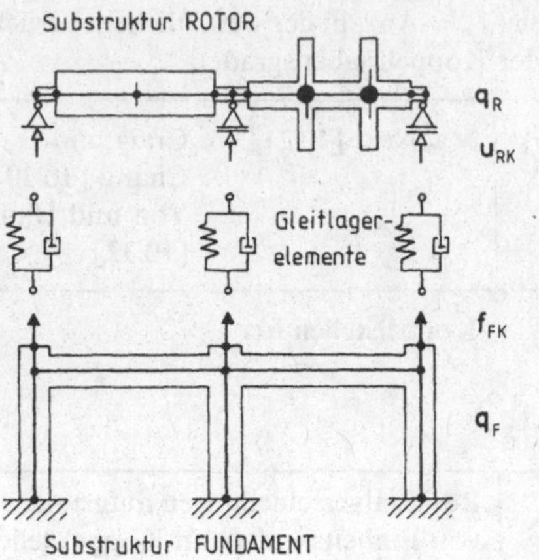

Bild 10.21. System Rotor-Fundament. Rotor als Substruktur mit gefesselten Koppelstellen, Fundament als Substruktur mit freien Koppelstellen

Koppelstellen, c) die rotorseitigen Koppelverschiebungen und d) fundamentseitig die Amplituden zu residualen Einheitsverschiebungszuständen für die Koppelstellen auftreten.

Wie erhält man die fundamentseitigen Gleitlagerverschiebungen? Es ist zu skizzieren, wie die Systemmatrizen besetzt sind, wenn der Verschiebungsvektor folgendermaßen aufgebaut ist:

$$\boldsymbol{u}^{\mathrm{T}} = \{\boldsymbol{q}_{\mathrm{R}}^{\mathrm{T}}, \boldsymbol{u}_{\mathrm{RK}}^{\mathrm{T}}, \boldsymbol{f}_{\mathrm{FK}}^{\mathrm{T}}, \boldsymbol{q}_{\mathrm{F}}^{\mathrm{T}}\}.$$

Die Gleitlager besitzen eine Steifigkeitsmatrix $\boldsymbol{S}_{\mathrm{k}}$ und eine Dämpfungsmatrix $\boldsymbol{D}_{\mathrm{K}}$.

Aufgabe 10.4. Modale Synthese mit freien Koppelstellen beim Auftreten von Substrukturen mit kinematischen Bewegungsmöglichkeiten

Bei der in Bild 10.3c dargestellten Möglichkeit zur Substrukturierung des Systems Rotor-Fundament ist die Rotorsubstruktur ungefesselt und kann Starrkörperverschiebungen ausführen. Wieso ist das Verfahren von MacNeal in der von uns angegebenen Form nicht anwendbar? Welche Modifikationen hat man vorzunehmen, wenn man den Rotor als Substruktur mit freien Koppelstellen behandeln will?

Aufgabe 10.5. Modale Syntheseverfahren für einen gelenkig gelagerten Balken mit zusätzlicher Einzelfeder

Am Beispiel des Balkens von Bild 10.16 sollen die Verfahren von Hou und Goldmann, MacNeal und Craig und Chang numerisch untersucht werden ($\bar{x}/l = 1/e$; $\gamma = 2cl^3/B\pi^4$).

Welche Werte erhält man mit den drei Verfahren bei Mitnahme von ein, zwei oder drei Substruktureigenformen für die unteren Eigenfrequenzen? Wie groß ist der Fehler?

$$\omega_{\mathrm{i}} = \varkappa_{\mathrm{i}} \sqrt{B\pi^4/\mu l^4},$$

Vergleichslösung: $\varkappa_1 = 2{,}48316$, $\varkappa_2 = 4{,}87002$, $\varkappa_3 = 9{,}06392$.

11 Bewegungsgleichungen von rotierenden elastischen Strukturen

In der Technik treten gelegentlich elastische Strukturen auf, die um eine mehr oder minder feste Achse rotieren (Bild 11.1). Beispiele dafür sind

— spinstabilisierte Satelliten,
— Rotoren von Hubschraubern,
— Propeller,
— Blätter von Gas-, Dampf- oder Windturbinen sowie
— Räder von Schienenfahrzeugen oder Straßenfahrzeugen.

Die üblichen FE-Programme setzen voraus, daß die zu berechnende Struktur im Bezugszustand stillsteht oder sich mit konstanter Geschwindigkeit bewegt. Verzichtet man auf Dämpfungseffekte, dann liefern derartige Programme für die nichtrotierende Struktur Bewegungsgleichungen vom Typ I (Band I, Tabelle 4.1):

$$\boldsymbol{M}_s \ddot{\boldsymbol{u}} + \boldsymbol{S}_s \boldsymbol{u} = \boldsymbol{p}^1 \qquad (11.1)$$

Rotiert die Struktur aber um eine feste Achse, werden die Bewegungsgleichungen erheblich komplizierter. Erfreulicherweise erhält man jedoch wieder *lineare, zeitinvariante* Bewegungsgleichungen in den gleichen Freiheitsgraden wie beim nichtrotierenden System, wenn man die Bewegungsgleichungen in einem, *mitrotierenden Koordinatensystem* formuliert. Zusatzeffekte in den Massenkräften in Form von Flieh- und Corioliskräften schlagen sich dann in Zusatzmatrizen und Vektoren

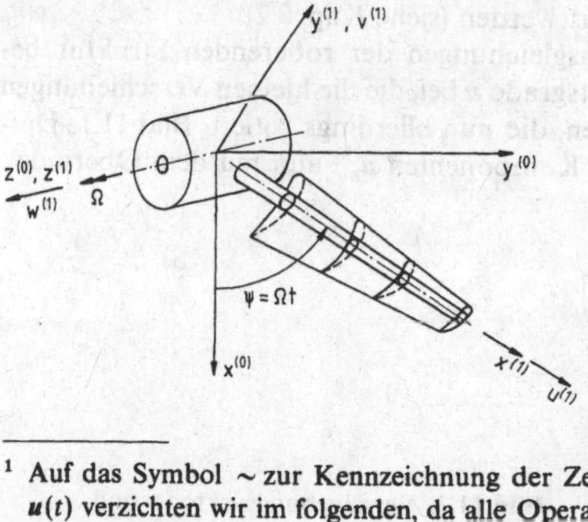

Bild 11.1. Beispiel für schnell rotierende, elastische Struktur

[1] Auf das Symbol ~ zur Kennzeichnung der Zeitabhängigkeit des Verschiebungsvektors $\boldsymbol{u}(t)$ verzichten wir im folgenden, da alle Operationen dieses Kapitels auf der Ebene von Differentialgleichungen ablaufen.

nieder. Zum Aufstellen dieser Matrizen und Vektoren gehen wir wieder vom Prinzip der virtuellen Verrückungen aus.

Der Praktiker ist sicher daran interessiert, ausschließlich mit den Matrizen und Vektoren weiterzuarbeiten, die von einem der üblichen Finite-Element-Programme geliefert werden. Das ist in der Tat möglich, wenn man von vornherein die verteilten Massen zu Einzelmassen zusammenfaßt. Da sich der grundsätzliche Aufbau der modifizierten Bewegungsgleichungen für diesen Sonderfall des Punktmassenmodells sehr schnell finden läßt, behandeln wir ihn zunächst, Abschn. 11.1. Das allgemeinere Vorgehen bei kontinuierlich verteilten Massen wird in Abschn. 11.2 dargestellt. In Abschn. 11.3 wird auf die Möglichkeit der modalen Kondensation zur Reduktion der Zahl der Freiheitsgrade hingewiesen. In Abschn. 11.4 schließlich finden sich einige Hinweise, wie Strukturen zu behandeln sind, bei denen die Drehachse selbst nicht mehr fest ist. Solche Strukturen, die sich aus einem schwingungsfähigen, rotierenden Teil (Struktur A) und einem schwingungsfähigen, nichtrotierenden Teil (Struktur B) zusammensetzen, führen im allgemeinen auf Bewegungsgleichungen, die *zeitvariant* in den Matrizenbesetzungen sind.

11.1 Bewegungsgleichungen des rotierenden Punktmassenmodells

11.1.1 Mechanisches Modell

Mit Hilfe des Prinzips der virtuellen Verrückungen lassen sich die Bewegungsgleichungen der *nichtrotierenden* Struktur in der Form

$$\delta \boldsymbol{u}^{\mathrm{T}} \{ \boldsymbol{M}_{\mathrm{s}} \ddot{\boldsymbol{u}} + \boldsymbol{S}_{\mathrm{s}} \boldsymbol{u} \} = 0 \qquad (11.2)$$

angeben, wobei $-\delta \boldsymbol{u}^{\mathrm{T}} \boldsymbol{M}_{\mathrm{s}} \ddot{\boldsymbol{u}} = \delta W_{\mathrm{m}}$ die virtuelle Arbeit der Massenkräfte ist und $\delta \boldsymbol{u}^{\mathrm{T}} \boldsymbol{S}_{\mathrm{s}} \boldsymbol{u} = \delta V_{\mathrm{e}}$ die virtuelle *elastische Formänderungsarbeit*. Durch die Punktmassenmodellierung ist die Massenmatrix rein diagonal besetzt, Bild 11.2.

Die zugehörige Steifigkeitsmatrix $\boldsymbol{S}_{\mathrm{s}}$ wird im allgemeinen voll besetzt sein, weil die Drehfreiheitsgrade wegkondensiert werden (siehe Kap. 9.2).

Für die Herleitung der Bewegungsgleichungen der rotierenden Struktur behalten wir die Finite-Element-Freiheitsgrade $\boldsymbol{u}$ bei, die die kleinen Verschiebungen gegenüber der Holmachse beschreiben, die nun allerdings rotiert, Bild 11.1. Deshalb wird der Vektor $\boldsymbol{u}^{(1)}$ bzw. seine Komponenten $\boldsymbol{u}_{\mathrm{k}}^{(1)}$ nun mit dem Oberindex

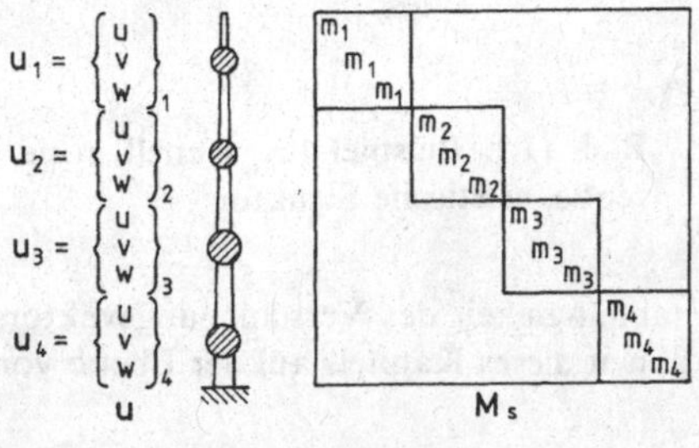

Bild 11.2. Verschiebungsvektor $\boldsymbol{u}$ und Massenmatrix $\boldsymbol{M}_{\mathrm{s}}$

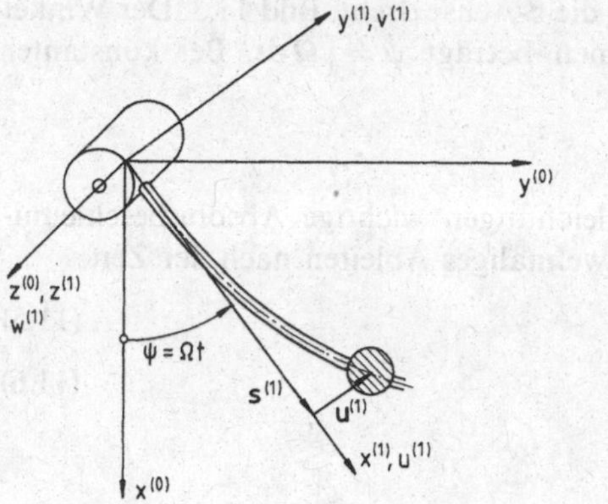

Bild 11.3. Raumfeste Koordinaten $x^{(0)}$, $y^{(0)}$, $z^{(0)}$ und rotierende Koordinaten $x^{(1)}$, $y^{(1)}$, $z^{(1)}$. Verschiebungsfreiheitsgrade $\boldsymbol{u}^{(1)\mathrm{T}} = \{u^{(1)}, y^{(1)}, w^{(1)}\}$ in rotierenden Koordinaten

(1) versehen, der die Verschiebungen im rotierenden System kennzeichnet Bild 11.3.

Erste Aufgabe ist es nun, mit Hilfe der Kinematik den Ausdruck für die Absolutbeschleunigungen zu finden, der bei nichtrotierender Struktur sehr einfach war, $\boldsymbol{a} = \ddot{\boldsymbol{u}}$, nun aber komplizierter wird.

11.1.2 Kinematik des Massepunktes

Die Lage des bewegten Massepunktes m_k im rotierenden Koordinatensystem (1) läßt sich folgendermaßen angeben

$$\begin{Bmatrix} r_x \\ r_y \\ r_z \end{Bmatrix}_k^{(1)} = \begin{Bmatrix} s_x \\ s_y \\ s_z \end{Bmatrix}_k^{(1)} + \begin{Bmatrix} u \\ v \\ w \end{Bmatrix}_k^{(1)} \tag{11.3}$$

$$\boldsymbol{r}_k^{(1)} = \boldsymbol{s}_k^{(1)} + \boldsymbol{u}_k^{(1)}.$$

Der Vektor $\boldsymbol{s}_k^{(1)}$ beschreibt die Ruhelage; der Vektor $\boldsymbol{u}_k^{(1)}$ die kleinen Bewegungen um diese Ausgangslage. In diesem Abschnitt über die Kinematik lassen wir den Unterindex k weg, der den Massepunkt m_k kennzeichnet, weil nur ein allgemeiner Massepunkt betrachtet wird.

Ortsvektor $\boldsymbol{r}^{(0)}$ im Inertialsystem

Die Lage des Massepunktes im nichtrotierenden System (0) erhält man durch die Transformation

$$\begin{Bmatrix} r_x \\ r_y \\ r_z \end{Bmatrix}^{(0)} = \begin{bmatrix} \cos\psi & -\sin\psi & 0 \\ \sin\psi & \cos\psi & 0 \\ 0 & 0 & 1 \end{bmatrix} \begin{Bmatrix} s_x + u \\ s_y + v \\ s_z + w \end{Bmatrix}^{(1)}, \tag{11.4}$$

$$\boldsymbol{r}^{(0)} = \boldsymbol{T} \qquad \boldsymbol{r}^{(1)},$$

wenn wir annehmen, daß die Struktur um die z-Achse dreht, Bild 11.3. Der Winkel zwischen den beiden Koordinatensystemen beträgt $\psi = \int \Omega\, dt$. Bei konstanter Winkelgeschwindigkeit ist $\psi = \Omega t$.

Absolutbeschleunigung $\ddot{\boldsymbol{r}}^{(0)}$

Die für die Herleitung der Bewegungsgleichungen wichtige Absolutbeschleunigung der Punktmasse finden wir durch zweimaliges Ableiten nach der Zeit

$$\dot{\boldsymbol{r}}^{(0)} = \dot{\boldsymbol{T}}\boldsymbol{r}^{(1)} + \boldsymbol{T}\dot{\boldsymbol{r}}^{(1)}, \tag{11.5}$$

$$\ddot{\boldsymbol{r}}^{(0)} = \ddot{\boldsymbol{T}}\boldsymbol{r}^{(1)} + 2\dot{\boldsymbol{T}}\dot{\boldsymbol{r}}^{(1)} + \boldsymbol{T}\ddot{\boldsymbol{r}}^{(1)}, \tag{11.6}$$

wobei die Ausrechnung

$$\dot{\boldsymbol{T}} = \Omega \begin{bmatrix} -\mathrm{s} & -\mathrm{c} & 0 \\ \mathrm{c} & -\mathrm{s} & 0 \\ 0 & 0 & 0 \end{bmatrix} \tag{11.7}$$

$$\ddot{\boldsymbol{T}} = -\Omega^2 \begin{bmatrix} \mathrm{c} & -\mathrm{s} & 0 \\ \mathrm{s} & \mathrm{c} & 0 \\ 0 & 0 & 0 \end{bmatrix} + \dot{\Omega} \begin{bmatrix} -\mathrm{s} & -\mathrm{c} & 0 \\ \mathrm{c} & -\mathrm{s} & 0 \\ 0 & 0 & 0 \end{bmatrix}$$

liefert. c und s kürzen $\cos\Omega t$ bzw. $\sin\Omega t$ ab. Die Ausdrücke $\dot{\boldsymbol{r}}^{(1)}$ und $\ddot{\boldsymbol{r}}^{(1)}$ für die Relativgeschwindigkeit und -beschleunigung erhalten wir aus Gl. (11.3) durch Ableiten nach der Zeit

$$\dot{\boldsymbol{r}}^{(1)} = \boldsymbol{0} + \dot{\boldsymbol{u}}^{(1)} \qquad \ddot{\boldsymbol{r}}^{(1)} = \boldsymbol{0} + \ddot{\boldsymbol{u}}^{(1)}. \tag{11.8}$$

Weiter wird für das Prinzip der virtuellen Verrückungen noch die virtuelle Verschiebung benötigt

$$\delta\boldsymbol{r}^{(1)} = \delta\boldsymbol{u}^{(1)} \quad \text{bzw.} \quad \delta\boldsymbol{r}^{(0)} = \boldsymbol{T}\delta\boldsymbol{r}^{(1)}. \tag{11.9}$$

11.1.3 Auswertung der Massenterme des Prinzips der virtuellen Verrückungen

Die virtuellen Arbeiten der Massenkräfte können nun mit der Absolutbeschleunigung nach Gl. (11.6) und den virtuellen Verrückungen nach Gl. (11.9) folgendermaßen angeschrieben werden:

$$\delta W_{\mathrm{m}} = \sum_{\mathrm{k}} \delta\boldsymbol{r}_{\mathrm{k}}^{\mathrm{T}(0)}\, m_{\mathrm{k}} \ddot{\boldsymbol{r}}_{\mathrm{k}}^{(0)}. \tag{11.10}$$

Den Unterindex k, der die einzelnen Massen m_{k} kennzeichnet, führen wir nun wieder ein. Setzt man in Gl. (11.10) den Ausdruck (11.6) für die Absolutbeschleunigung $\ddot{\boldsymbol{r}}_{\mathrm{k}}^{(0)}$ und dort die Ausdrücke (11.7) und (11.8) ein, findet man letztlich

$$-\delta W_{\mathrm{m}} = \sum_{\mathrm{k}} \delta\boldsymbol{u}_{\mathrm{k}}^{(1)\mathrm{T}}\, \boldsymbol{T}^{\mathrm{T}} m_{\mathrm{k}} [\ddot{\boldsymbol{T}}(\boldsymbol{s}_{\mathrm{k}}^{(1)} + \boldsymbol{u}_{\mathrm{k}}^{(1)}) + 2\dot{\boldsymbol{T}}\dot{\boldsymbol{u}}_{\mathrm{k}}^{(1)}\ \boldsymbol{T}\ddot{\boldsymbol{u}}_{\mathrm{k}}^{(1)}]. \tag{11.11}$$

Durch die Operationen $\boldsymbol{T}^{\mathrm{T}}\ \ddot{\boldsymbol{T}}$, $\boldsymbol{T}^{\mathrm{T}}\ \dot{\boldsymbol{T}}$ und $\boldsymbol{T}^{\mathrm{T}}\ \boldsymbol{T}$ verschwindet die Zeitvarianz. Die Ausrechnung liefert

virtuelle Arbeiten von $-\delta W_m =$	Massenkräften aus:
$\delta u_k^T \left(\begin{bmatrix} 1 & & \\ & 1 & \\ & & 1 \end{bmatrix} \ddot{u}_k^{(1)} \right.$	relativer Beschleunigung
$+ 2\Omega \begin{bmatrix} & -1 & \\ 1 & & \\ & & \end{bmatrix} \dot{u}_k^{(1)}$	Coriolis - Beschleunigung
$- \Omega^2 \begin{bmatrix} 1 & & \\ & 1 & \\ & & 0 \end{bmatrix} \{u_k^{(1)} + s_k^{(1)}\}$	Fliehbeschleunigung
$\left. + \dot{\Omega} \begin{bmatrix} & -1 & \\ 1 & & \\ & & \end{bmatrix} \{u_k^{(1)} + s_k^{(1)}\} \right) m_k$	Drehbeschleunigung

(11.12)

In diesem Ausdruck stehen also wieder die alten Freiheitsgrade $\boldsymbol{u}_k^{(1)}$ und die Lageangaben $\boldsymbol{s}_k^{(1)}$.

11.1.4 Gesamtgleichungssystem der rotierenden Punktmassenstruktur

Das Gesamtgleichungssystem folgt nun aus dem Prinzip der virtuellen Verrückungen $\delta W_m = \delta V_e$. Bei der Bildung der virtuellen Formänderungsenergie δV_e sind nun allerdings auch die Beiträge aus der Theorie zweiter Ordnung mitzunehmen, die sogenannten geometrischen Steifigkeiten. Denn durch die Fliehkräfte treten hohe axiale Zugbeanspruchungen auf, die den Holm des Flügels gegenüber Querbewegungen versteifen (s. Kap. 7). Deswegen ist also die virtuelle elastische Arbeit zu erweitern auf

$$\delta V_e = \delta \boldsymbol{u}^{\mathrm{T}} [\boldsymbol{S}_s + \boldsymbol{S}_{geo}(\Omega)] \boldsymbol{u} \tag{11.13}$$

Die Besetzung der geometrischen Steifigkeitsmatrix in der Form nach Abschn. 7.4 setzt die Kenntnis der Normalkräfte, hier also der Fliehkräfte, voraus. Deshalb hängt $\boldsymbol{S}_{geo}$ implizit auch von der Drehzahl Ω ab.

Aus den Massentermen Gl. (11.12) und den elastischen Beiträgen Gl. (11.13) des Prinzips läßt sich dann das Gesamtgleichungssystem formulieren, dessen prinzipieller Aufbau so aussieht

$$\boldsymbol{M}_s \ddot{\boldsymbol{u}} + \boldsymbol{G}(\Omega) \dot{\boldsymbol{u}} - \Omega^2 \boldsymbol{M}_\Omega \boldsymbol{u} + [\boldsymbol{S}_s + \boldsymbol{S}_{geo}(\Omega)] \boldsymbol{u} = \boldsymbol{p}(\Omega), \tag{11.14}$$

wenn man stationäre Drehung $\Omega = \text{const}$ annimmt. In Bild 11.4 ist explizit die Besetzung der Matrizen und Vektoren des Gesamtsystems für den rotierenden Flügel mit vier Punktmassen angegeben.

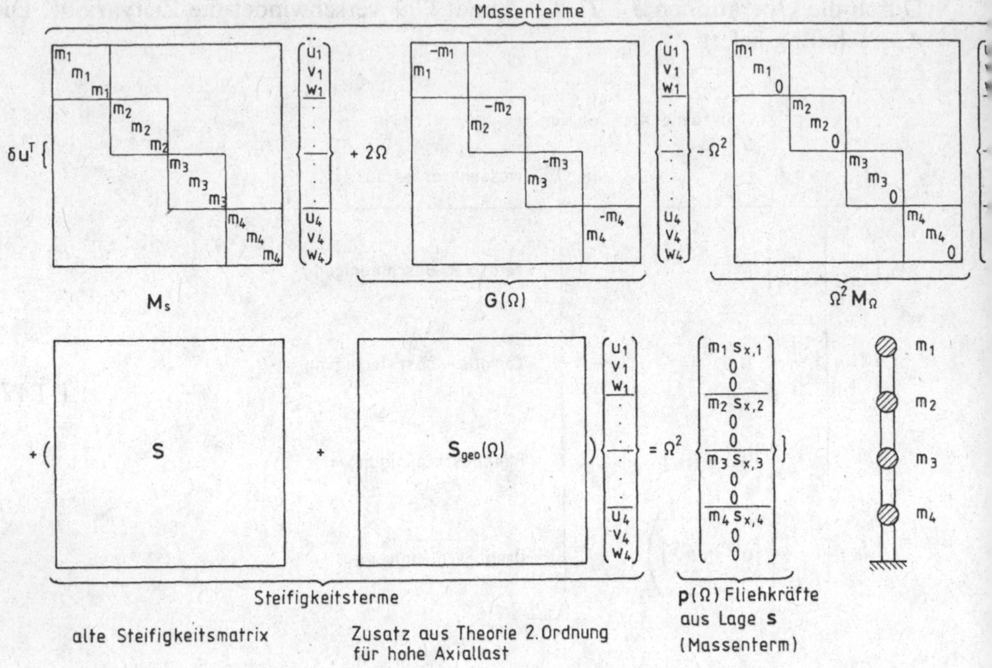

Bild 11.4. Gesamtgleichungssystem der rotierenden Punktmassenstruktur

11.1.5 Diskussion der Bewegungsgleichungen

Stationäre Lösung

Wenn die Struktur mit konstanter Winkelgeschwindigkeit dreht, aber dabei nicht schwingt ($\dot{\boldsymbol{u}} = \ddot{\boldsymbol{u}} = \boldsymbol{0}$), treten dennoch Verformungen auf, da auf der rechten Seite der konstante Fliehkraftvektor $\boldsymbol{p}(\Omega)$ auftritt. Diese Fliehkräfte aus der Lage $\boldsymbol{s}_k$ der Massepunkte verzerren die Struktur rein statisch. Deshalb spalten wir den Verschiebungsvektor $\boldsymbol{u}$ auf in den stationären Anteil (Index stat) und den zeitabhängigen Anteil $\Delta \boldsymbol{u}$

$$\boldsymbol{u} = \boldsymbol{u}_{\text{stat}} + \Delta \boldsymbol{u}. \tag{11.15}$$

Für die stationäre Lösung $\boldsymbol{u}_{\text{stat}}$ gilt dann das verkürzte Gleichungssystem (11.14)

$$[\boldsymbol{S}_{\text{s}} + \boldsymbol{S}_{\text{geo}}(\Omega) - \Omega^2 \boldsymbol{M}_{\Omega}]\, \boldsymbol{u}_{\text{stat}} = \boldsymbol{p}(\Omega). \tag{11.16}$$

Um die stationären Verschiebungen zu ermitteln, ist die Kenntnis der geometrischen Steifigkeitsmatrix $\boldsymbol{S}_{\text{geo}}(\Omega)$, die wiederum von den zunächst noch unbekannten Axialkräften und damit von der Drehzahl abhängt, notwendig. Im Beispiel des Turbinenblatts, Bild 11.5, läßt sich aber die Axialkraft N vorab bestimmen

$$N_{\text{i}} \simeq \Omega^2 \sum_{k=i}^{K} m_{\text{k}}\, s_{\text{x,k}}^{(1)} .$$

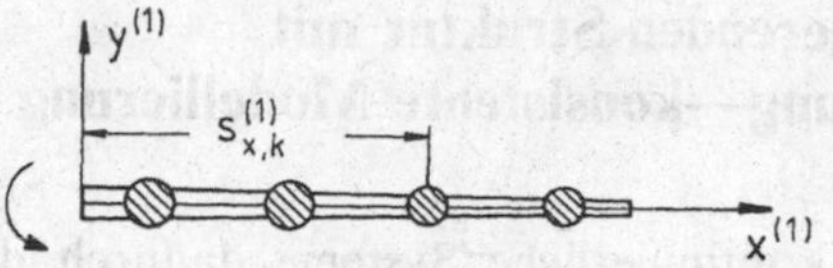

Bild 11.5. Bestimmung der Axialkraft N_i an der Stelle i aus den Fliehkräften des Turbinenblatts

Damit ist für eine gegebene Drehzahl auch die geometrische Steifigkeitsmatrix besetzbar. Gleichung (11.16) kann zur Ermittlung der stationären Verformungen nun nach $\boldsymbol{u}_{\text{stat}}$ aufgelöst werden.

Bei einem schnell rotierenden Speichenrad oder einer Kreisscheibe, Bild 11.6, ist die Ermittlung der Normalkräfte bzw. der Normalspannungen verwickelter, da es sich um eine innerlich statisch unbestimmte Struktur handelt. Auch hier ist die Ermittlung stationärer Verschiebung und damit der Normalkräfte vorab, d. h. ohne Kenntnis der jeweiligen geometrischen Steifigkeitsmatrix, möglich, da Biegezustände und Dehnzustände in beiden Fällen entkoppelt sind, die geometrische Steifigkeitsmatrix aber nur Einfluß auf die Biegezustände hat. Erst bei komplexen innerlich statisch unbestimmten Strukturen wird eine kompliziertere nichtlineare Formulierung anstelle der Gl. (11.16) nötig.

Eigenschwingungsrechnung

Die Eigenschwingungen ergeben sich aus der Differentialgleichung (11.14) nach Abspalten der statischen Lösung zu

$$\boldsymbol{M}_s \Delta\ddot{\boldsymbol{u}} + \boldsymbol{G}(\Omega)\Delta\dot{\boldsymbol{u}} - \Omega^2 \boldsymbol{M}_\Omega \Delta\boldsymbol{u} + (\boldsymbol{S}_s + \boldsymbol{S}_{\text{geo}}(\Omega))\Delta\boldsymbol{u} = 0. \tag{11.17}$$

Zunächst stellt man beruhigt fest: Für die Drehzahl $\Omega = 0$ erhält man in der Tat das vertraute Bewegungsgleichungssystem der nichtrotierenden Struktur, Gl. (11.1), weil dann auch die geometrische Steifigkeit verschwindet.

Die Massenmatrix $\boldsymbol{M}_s$ und die Steifigkeitsmatrix $\boldsymbol{S}_s$ waren ohnehin symmetrisch. Da auch die Matrix $\boldsymbol{M}_\Omega$ der Fliehkräfte und die geometrische Steifigkeitsmatrix $\boldsymbol{S}_{\text{geo}}$ symmetrisch sind und die gyroskopische Matrix $\boldsymbol{G}(\Omega)$ rein antimetrisch besetzt ist, vgl. Bild 11.4, liegt eine Eigenwertaufgabe vom Typ V vor (Band I, Tabelle 4.1). Es handelt sich also um ein konservatives System mit rein imaginären Eigenwerten $\pm i\omega_k$ oder rein reellen $\pm \alpha_k$. Solche Systeme verhalten sich grenzstabil oder monoton instabil. Wir werden in einem Übungbeispiel darauf zurückkommen.

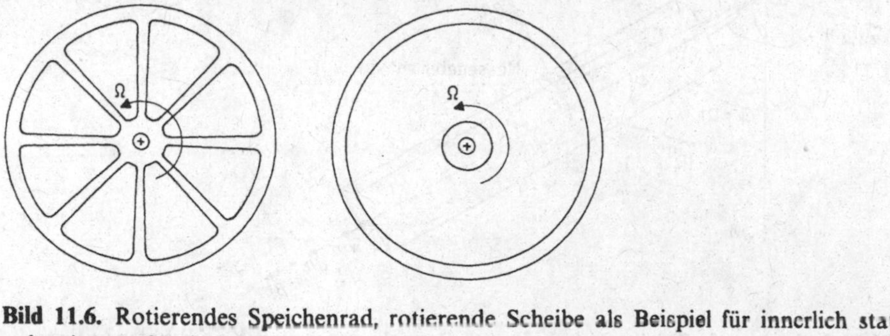

Bild 11.6. Rotierendes Speichenrad, rotierende Scheibe als Beispiel für innerlich statisch unbestimmte Strukturen

11.2 Bewegungsgleichungen der rotierenden Struktur mit kontinuierlicher Massenverteilung—konsistente Modellierung

In der Finite-Element-Methode werden kontinuierliche Systeme dadurch diskretisiert, daß man lokale Ansatzfunktionen in die Arbeitsausdrücke des Prinzips der virtuellen Verrückungen einführt, die ein Element endlicher Länge beschreiben. Die Ausintegration liefert dann konsistente, d.h. aus gleichen Ansatzfunktionen gewonnene, Elementmatrizen für Masse und Steifigkeit.

Im vorangegangenen Abschn. 11.1 haben wir in dieser Hinsicht „schizophren" modelliert. Die Massen wurden durch scharfes Hinsehen diskretisiert, die Steifigkeiten durch die lokalen Finite-Element-Ansatzfunktionen erfaßt.

Diese Vorgehensweise hat den Vorteil, daß, ob Balken, Scheibe, oder Schale, keinerlei Integrationsarbeit auf Elementebene mehr erforderlich ist. Die Matrizen $\boldsymbol{S}_s$ und $\boldsymbol{S}_{geo}$ des Gesamtsystems, vgl. Bild 11.4 und Gl. (11.14), können aus einem Statik-Programm übernommen werden, und die Massenmatrizen $\boldsymbol{M}_s$, $\boldsymbol{G}$ und $\boldsymbol{M}_\Omega$ sind direkt besetzbar [11.1].

Nachteilig ist, daß die Drehfreiheitsgrade vorab wegkondensiert werden. Das ist nicht immer zulässig. Beispielsweise liegt die erste Torsionseigenschwingung bei Windturbinenblättern nicht immer vernachlässigbar hoch.

In diesem Abschnitt wird nun das konsistente Vorgehen am Beispiel des rotierenden *kontinuierlich* mit Masse belegten Balkens aufgezeigt, das auch die Drehfreiheitsgrade erhält. Da das entstehende Gesamtgleichungssystem vom gleichen Typ V ist wie im vorangegangenen Abschnitt, wird seine erneute Diskussion nicht nötig.

11.2.1 Mechanisches Modell

Bild 11.7 zeigt den elastischen Flügel mit kontinuierlicher Massenbelegung $\mu(x^{(1)})$ und kontinuierlichen Biege-, Dehn- und Torsionssteifigkeitsverläufen.

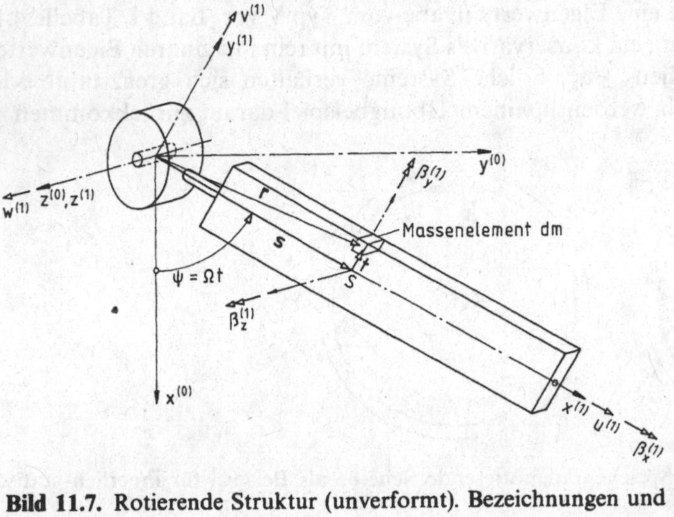

Bild 11.7. Rotierende Struktur (unverformt). Bezeichnungen und Koordinatensysteme

Um die Integrationsarbeit beim Auswerten des Prinzips der virtuellen Verrückungen in Grenzen zu halten, nehmen wir vereinfachend an, daß die Achse $x^{(1)}$ die Verbindungslinie der Massenmittelpunkte der einzelnen Querschnitte ist und gleichzeitig die neutrale Faser der Balkenbiegung. Die Hauptachsen der Balkenscheiben und die Hauptachsen der Biegung seien wie die Achsen $y^{(1)}$ und $z^{(1)}$ orientiert.

Auch hier ist wiederum das Prinzip der virtuellen Verrückungen $\delta W_\mathrm{m} = \delta V_\mathrm{e}$ der Ausgangspunkt der Überlegungen, wobei nun

$$-\delta W_\mathrm{m} = \iiint \delta \boldsymbol{r}^{(0)\mathrm{T}} \ddot{\boldsymbol{r}}^{(0)} \,\mathrm{d}m \tag{11.18}$$

gilt. $\mathrm{d}m$ ist das Massenelement $\mathrm{d}m = \varrho \mathrm{d}x^{(1)} \mathrm{d}y^{(1)} \mathrm{d}z^{(1)}$; $\boldsymbol{r}^{(0)}$ der Ortsvektor im Inertialsystem, der zu diesem Massenelement führt. Die 2. Ableitung des Ortsvektors nach der Zeit stellt die Absolutbeschleunigung dar.

11.2.2 Kinematik des Massepunktes

Die Lage eines Massenelements $\mathrm{d}m$ im verschobenen Zustand lautet im körperfesten Koordinatensystem

$$\boldsymbol{r}^{(1)} = \boldsymbol{s}^{(1)} + \boldsymbol{u}^{(1)} + \boldsymbol{t}^{(1)} + \langle \boldsymbol{\beta}^{(1)} \rangle \boldsymbol{t}^{(1)}. \tag{11.19}$$

Hierbei ist $\boldsymbol{s}^{(1)}$ der Vektor zum Querschnittsschwerpunkt S, $\boldsymbol{u}^{(1)}$ die Verschiebung von S, $\boldsymbol{t}^{(1)}$ der Vektor zum Massenelement $\mathrm{d}m$, $\langle \boldsymbol{\beta}^{(1)} \rangle\, \boldsymbol{t}^{(1)}$ die Verschiebung des Massenelements $\mathrm{d}m$ infolge der Drehung des Querschnitts.

Die Bedeutung der verwendeten Größen ist aus Bild 11.7 zu ersehen. Im letzten Term ist die Hypothese vom Ebenbleiben der Querschnitte eingebaut.

Die Auswirkung der kleinen Drehungen wurden über das durch eine antimetrische Matrix dargestellte Kreuzprodukt erfaßt.

Hierfür gilt übrigens

$$\langle \boldsymbol{\beta}^{(1)} \rangle \boldsymbol{t}^{(1)} = -\langle \boldsymbol{t}^{(1)} \rangle \boldsymbol{\beta}^{(1)}. \tag{11.20}$$

Der Vektor $\boldsymbol{\beta}^{(1)}$ enthält die Drehfreiheitsgrade.

Die Beziehung für die virtuellen Verschiebungen

$$\delta \boldsymbol{r}^{(1)} = \delta \boldsymbol{u}^{(1)} - \langle \boldsymbol{t}^{(1)} \rangle \delta \boldsymbol{\beta}^{(1)} \tag{11.21a}$$

wollen wir auch noch in ausgeschriebener Form angeben:

$$\begin{Bmatrix} \delta r_\mathrm{x}^{(1)} \\ \delta r_\mathrm{y}^{(1)} \\ \delta r_\mathrm{z}^{(1)} \end{Bmatrix} = \begin{Bmatrix} \delta u^{(1)} \\ \delta v^{(1)} \\ \delta w^{(1)} \end{Bmatrix} - \begin{bmatrix} 0 & -z & y \\ z & 0 & 0 \\ -y & 0 & 0 \end{bmatrix} \begin{Bmatrix} \delta \beta_\mathrm{x}^{(1)} \\ \delta \beta_\mathrm{y}^{(1)} \\ \delta \beta_\mathrm{z}^{(1)} \end{Bmatrix}. \tag{11.21b}$$

Für die virtuelle Arbeit der Massenkräfte muß ins raumfeste Koordinatensystem transformiert werden:

$$\boldsymbol{r}^{(0)} = \boldsymbol{T} \boldsymbol{r}^{(1)}, \tag{11.22}$$

$$\delta \boldsymbol{r}^{(0)} = \boldsymbol{T} \delta \boldsymbol{r}^{(1)}. \tag{11.23}$$

Die Transformationsmatrix $\boldsymbol{T}$ ist uns aus Gl. (11.4) vertraut. Für die Absolutbeschleunigung erhält man durch zweimaliges Ableiten den schon aus Gl. (11.6) bekannten Ausdruck

$$\ddot{\boldsymbol{r}}^{(0)} = \ddot{\boldsymbol{T}}\boldsymbol{r}^{(1)} + 2\dot{\boldsymbol{T}}\dot{\boldsymbol{r}}^{(1)} + \boldsymbol{T}\ddot{\boldsymbol{r}}^{(1)},$$

nur daß nunmehr die Ausdrücke für $\boldsymbol{r}^{(1)}$, $\dot{\boldsymbol{r}}^{(1)}$ und $\ddot{\boldsymbol{r}}^{(1)}$ komplizierter werden, da Gl. (11.19) auch noch die Drehfreiheitsgrade enthält.

11.2.3 Auswertung der Massenintegralterme des Prinzips der virtuellen Verrückungen

Die virtuelle Arbeit der Massenkräfte δW_{m} läßt sich damit auswerten:

$$\begin{aligned} -\delta W_{\mathrm{m}} \equiv \iiint \delta \boldsymbol{r}^{(0)\mathrm{T}} \varrho \ddot{\boldsymbol{r}}^{(0)} \mathrm{d}x^{(1)} \mathrm{d}y^{(1)} \mathrm{d}z^{(1)} &= \iiint \varrho [\delta \boldsymbol{u}^{(1)\mathrm{T}} - \delta \boldsymbol{\beta}^{(1)\mathrm{T}} \langle \boldsymbol{t}^{(1)} \rangle^{\mathrm{T}}] \\ &\times \boldsymbol{T}^{\mathrm{T}} [\ddot{\boldsymbol{T}}(\boldsymbol{s}^{(1)} + \boldsymbol{u}^{(1)} + \boldsymbol{t}^{(1)} - \langle \boldsymbol{t}^{(1)} \rangle \boldsymbol{\beta}^{(1)}) + 2\dot{\boldsymbol{T}}(\dot{\boldsymbol{u}}^{(1)} - \langle \boldsymbol{t}^{(1)} \rangle \dot{\boldsymbol{\beta}}^{(1)}) \\ &+ \boldsymbol{T}(\ddot{\boldsymbol{u}}^{(1)} - \langle \boldsymbol{t}^{(1)} \rangle \ddot{\boldsymbol{\beta}}^{(1)})] \mathrm{d}x^{(1)} \mathrm{d}y^{(1)} \mathrm{d}z^{(1)}. \end{aligned} \tag{11.24}$$

Die Auswertung der einzelnen Ausdrücke ist zwar etwas mühsam, aber letztlich problemlos. Als Ergebnis erhält man

$$\begin{aligned} &-\delta W_{\mathrm{m,\,Balken}} \\ &= \underbrace{\int \delta \boldsymbol{u}^{(1)\mathrm{T}} \begin{bmatrix} \mu & 0 & 0 \\ 0 & \mu & 0 \\ 0 & 0 & \mu \end{bmatrix} \ddot{\boldsymbol{u}}^{(1)} \mathrm{d}x^{(1)} + \int \delta \boldsymbol{\beta}^{(1)\mathrm{T}} \begin{bmatrix} \mu_{\mathrm{mx}} & 0 & 0 \\ 0 & \mu_{\mathrm{my}} & 0 \\ 0 & 0 & \mu_{\mathrm{mz}} \end{bmatrix} \ddot{\boldsymbol{\beta}}^{(1)\mathrm{T}} \mathrm{d}x^{(1)}}_{A} \\ &\underbrace{+2\Omega \left[\int \delta \boldsymbol{u}^{(1)\mathrm{T}} \begin{bmatrix} 0 & -\mu & 0 \\ \mu & 0 & 0 \\ 0 & 0 & 0 \end{bmatrix} \dot{\boldsymbol{u}}^{(1)} \mathrm{d}x^{(1)} + \int \delta \boldsymbol{\beta}^{(1)\mathrm{T}} \begin{bmatrix} 0 & -\mu_{\mathrm{my}} & 0 \\ \mu_{\mathrm{my}} & 0 & 0 \\ 0 & 0 & 0 \end{bmatrix} \dot{\boldsymbol{\beta}}^{(1)} \mathrm{d}x^{(1)}\right]}_{B} \\ &\underbrace{-\Omega^2 \int \delta \boldsymbol{u}^{(1)\mathrm{T}} \begin{bmatrix} \mu & 0 & 0 \\ 0 & 0 & 0 \\ 0 & 0 & 0 \end{bmatrix} \boldsymbol{s}^{(1)} \mathrm{d}x^{(1)}}_{C} \\ &\underbrace{-\Omega^2 \left[\int \delta \boldsymbol{u}^{(1)\mathrm{T}} \begin{bmatrix} \mu & 0 & 0 \\ 0 & \mu & 0 \\ 0 & 0 & 0 \end{bmatrix} \boldsymbol{u}^{(1)} \mathrm{d}x^{(1)} + \int \delta \boldsymbol{\beta}^{(1)\mathrm{T}} \begin{bmatrix} \mu_{\mathrm{mx}} & 0 & 0 \\ & \mu_{\mathrm{my}} & 0 \\ & 0 & \mu_{\mathrm{mz}} \end{bmatrix} \boldsymbol{\beta}^{(1)} \mathrm{d}x^{(1)}\right].}_{D} \end{aligned} \tag{11.25}$$

μ_{mx}, μ_{my} und μ_{mz} sind Abkürzungen für die Drehmassenbelegungen, vergleiche Abschn. 7.3.2. Wir wollen uns die vier Terme von Gl. (11.25) etwas genauer ansehen:

A ist ein alter Bekannter. Es handelt sich bei den beiden Integralen um die bereits in Kap. 7 verwendeten Massenträgheitsterme eines nicht rotierenden Balkenabschnitts der Länge $dx^{(1)}$;

B erfaßt die gyroskopischen Effekte (Coriolis-Beschleunigung) eines infinitesimalen Balkenabschnitts;

C sind die stationären Fliehkräfte aus der Ruhelage und

D sind Zusatzfliehkraftterme, die erst infolge von Verschiebungen entstehen.

11.2.4 Finite-Element-Diskretisierung

Die eigentliche Finite-Element-Diskretisierung ist eine Routineangelegenheit. Der Flügel wird hierzu in einzelne Abschnitte unterteilt, Bild 11.8.

Bei den Ansatzfunktionen beschränken wir uns auf den schubstarren Fall. Verwendet man die in Bild 11.8 eingeführten Bezeichnungen für die Verschiebungen an einem Balkenabschnitt und führt als Ansatzfunktionen die Funktionen $f_j(x_i)$ von Bild 7.5 sowie $h_1(x_i) = 1 - x_i/l_i$ und $h_2(x_i) = x_i/l_i$ ein, so läßt sich schreiben

$$u(x_i) = \{h_1, h_2\} \begin{Bmatrix} u_0 \\ u_1 \end{Bmatrix}_i = \boldsymbol{h}^T \boldsymbol{u}_i, \quad \beta_x(x_i) = \boldsymbol{h}^T \boldsymbol{\beta}_{xi},$$

$$v(x_i) = \{f_1, f_2, f_3, f_4\} \begin{Bmatrix} v_0 \\ -\beta_{z0} \\ v_1 \\ -\beta_{z1} \end{Bmatrix}_i = \boldsymbol{f}^T \boldsymbol{v} \quad \text{oder} \quad \beta_z(x_i) = -\boldsymbol{f}'^T \boldsymbol{v}_i,$$

$$w(x_i) = \{f_1, f_2, f_3, f_4\} \begin{Bmatrix} w_0 \\ \beta_{y0} \\ w_1 \\ \beta_{y1} \end{Bmatrix}_i = \boldsymbol{f}^T \boldsymbol{w}_i \quad \text{oder} \quad \beta_y(x_i) = \boldsymbol{f}'^T \boldsymbol{w}_i.$$

(11.26a–f)

Die daraus entstehende diskretisierte Form der virtuellen Arbeit der Massenkräfte ist in Bild 11.9 angegeben. Neu zu berechnen sind die Teilmatrizen des Terms B sowie der Vektor des Terms C. Auf die explizite Angabe dieser Matrizen wird hier verzichtet.

Im Fall eines schubweichen Balkens muß man nur die entsprechenden Ansatzfunktionen für die Verschiebungen und die Querschnittsneigungen Gln. (7.30) und (7.33) einführen.

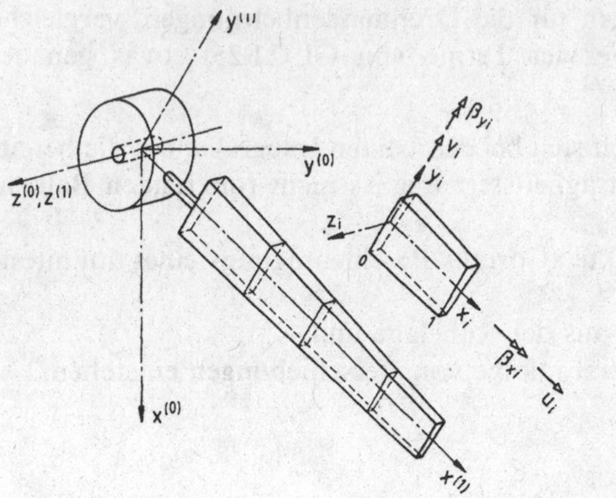

Bild 11.8. Diskretisierter Flügel. Bezeichnungen am Element

$$-\delta W_{m,\mathrm{Balken}} =$$

$$\sum_i \Bigg(\{\delta u_i^T, \delta v_i^T, \delta w_i^T\} \int_0^{l_i} \mu \begin{bmatrix} hh^T & 0 & 0 \\ 0 & ff^T & 0 \\ 0 & 0 & ff^T \end{bmatrix} dx_i \begin{Bmatrix} u_i \\ v_i \\ w_i \end{Bmatrix}^{\cdot\cdot}$$

$$+ \{\delta \beta_{xi}^T, \delta v_i^T, \delta w_i^T\} \int_0^{l_i} \begin{bmatrix} \mu_{mx} hh^T & & 0 \\ 0 & \mu_{mz} f'f'^T & 0 \\ 0 & 0 & \mu_{my} f'f'^T \end{bmatrix} dx_i \begin{Bmatrix} \beta_{xi} \\ v_i \\ w_i \end{Bmatrix}^{\cdot\cdot} \quad \text{Term A}$$

$$+ 2\Omega \{\delta u_i^T, \delta v_i^T, \delta w_i^T\} \int_0^{l_i} \mu \begin{bmatrix} 0 & -hf^T & 0 \\ fh^T & 0 & 0 \\ 0 & 0 & 0 \end{bmatrix} dx_i \begin{Bmatrix} u_i \\ v_i \\ w_i \end{Bmatrix}^{\cdot}$$

$$+ 2\Omega \{\delta \beta_{xi}^T, \delta v_i^T, \delta w_i^T\} \int_0^{l_i} \begin{bmatrix} 0 & 0 & -\mu_{my} hf'^T \\ 0 & 0 & 0 \\ \mu_{my} f'h^T & 0 & 0 \end{bmatrix} dx_i \begin{Bmatrix} \beta_{xi} \\ v_i \\ w_i \end{Bmatrix}^{\cdot} \quad \text{Term B}$$

$$- \Omega^2 \{\delta u_i^T, \delta v_i^T, \delta w_i^T\} \int_0^{l_i} \mu \begin{Bmatrix} h(x_0^{(1)} + x_i) \\ 0 \\ 0 \end{Bmatrix} dx_i \quad \text{Term C}$$

$$- \Omega^2 \{\delta u_i^T, \delta v_i^T, \delta w_i^T\} \int_0^{l_i} \mu \begin{bmatrix} hh^T & 0 & 0 \\ 0 & ff^T & 0 \\ 0 & 0 & 0 \end{bmatrix} dx_i \begin{Bmatrix} u_i \\ v_i \\ w_i \end{Bmatrix}$$

$$- \Omega^2 \{\delta \beta_{xi}, \delta v_i^T, \delta w_i^T\} \int_0^{l_i} \begin{bmatrix} \mu_{mx} hh^T & 0 & 0 \\ 0 & \mu_{mz} f'f'^T & 0 \\ 0 & 0 & \mu_{my} ff'^T \end{bmatrix} dx_i \begin{Bmatrix} \beta_{xi} \\ v_i \\ w_i \end{Bmatrix} \Bigg) \quad \text{Term D} \qquad (11.27)$$

Bild 11.9. Diskretisierte Form der virtuellen Arbeit der Massenkräfte eines rotierenden Balkenelements, Gl. (11.27)

11.2.5 Gesamtgleichungssystem der rotierenden Struktur

Mit Hilfe der 12 × 12-Elementmassenmatrizen, die im vorangegangenen Abschnitt hergeleitet wurden und den 12 × 12-Elementsteifigkeitsmatrizen, die aus Kap. 7 zu übernehmen sind, läßt sich nun das Gesamtgleichungssystem für die Bewegungen der Struktur aufbauen. Das geschieht am besten über eine Indextafelorganisation.

Dieses Gesamtgleichungssystem enthält jetzt auch die Drehfreiheitsgrade, ist aber prinzipiell genauso aufgebaut wie Gl. (11.14), die das Punktmassenmodell beschrieb, also vom Typ

$$\boldsymbol{M}_{\mathrm{s}}\ddot{\boldsymbol{u}} + \boldsymbol{G}(\Omega)\dot{\boldsymbol{u}} - \Omega^2 \boldsymbol{M}_{\Omega}\boldsymbol{u} + [\boldsymbol{S}_{\mathrm{s}} + \boldsymbol{S}_{\mathrm{geo}}(\Omega)]\boldsymbol{u} = \boldsymbol{p}(\Omega). \tag{11.28}$$

Nur ist die symmetrische Massenmatrix $\boldsymbol{M}_{\mathrm{s}}$, die ja identisch mit der Massenmatrix der nichtrotierenden Struktur ist, nicht wie beim Punktmassenmodell diagonal besetzt. Sie hat aber bei entsprechender Anordnung der Freiheitsgrade Bandstruktur. $\boldsymbol{M}_{\Omega}$ ist sehr ähnlich wie $\boldsymbol{M}_{\mathrm{s}}$ aufgebaut, es sind jedoch mehr Positionen mit Nullen besetzt. $\boldsymbol{G}(\Omega)$ ist rein antimetrisch besetzt. Die beiden Steifigkeitsmatrizen $\boldsymbol{S}_{\mathrm{s}}$ und $\boldsymbol{S}_{\mathrm{geo}}$ sind symmetrisch gebaut.

Auch hier liegt also ein Schwinger vom Typ V vor, dessen Eigenverhalten im Abschn. 11.1.4 schon diskutiert wurde.

11.3 Modale Kondensation zur Reduktion der Zahl der Freiheitsgrade der rotierenden Struktur

Für die Untersuchung des Einflusses der Drehung Ω auf die Eigenformen und Eigenfrequenzen der rotierenden Struktur – nun gilt $\omega_{\mathrm{n}} = \omega_{\mathrm{n}}(\Omega)$ – wird man in vielen Fällen versuchen, die Zahl der Freiheitsgrade zunächst noch zu reduzieren. Zweckmäßigerweise verwendet man dazu die Eigenformen der nichtrotierenden Struktur

$$\boldsymbol{M}_{\mathrm{s}}\ddot{\boldsymbol{u}} + \boldsymbol{S}_{\mathrm{s}}\boldsymbol{u} = 0$$

als Ansatzvektoren für die rotierende Struktur, wobei man natürlich nur die niedrigen Eigenvektoren verwendet und die höheren wegläßt, um Freiheitsgrade einzusparen, siehe Abschn. 9.2. Man setzt also in Gln. (11.17) bzw. (11.28)

$$\boldsymbol{u} = \boldsymbol{U}^{\mathrm{red}}\boldsymbol{q}^{\mathrm{red}} \tag{11.29}$$

an, wobei $\boldsymbol{q}^{\mathrm{red}}$ die neuen modalen Freiheitsgrade enthält und $\boldsymbol{U}^{\mathrm{red}}$ die verkürzte Modalmatrix der nichtrotierenden Struktur ist.

Setzt man diesen Ansatz ein und multipliziert von links mit $\boldsymbol{U}^{\mathrm{T\,red}}$, liegt das neue verkürzte Gleichungssystem vor. Die Wahl dieses Ansatzes hat den Vorteil, daß die Matrix $\boldsymbol{U}^{\mathrm{red}}$ selbst *nicht* drehzahlabhängig ist.

11.4 Bewegungsgleichungen von gekoppelten rotierenden und nichtrotierenden Strukturen

Bisher haben wir vorausgesetzt, daß die Drehachse selbst fest, d.h. bis auf die reine Rotation unbeweglich ist. Durch den Übergang auf ein mitrotierendes Koordinatensystem konnten wir in diesem Fall zeitvariante Bewegungsgleichungen vermeiden, siehe Gln. (11.17) und (11.28). Das gelingt bei schwingungsfähigen, elastischen Strukturen (Bild 11.10), die teils rotieren (Teile A) und teils nicht rotieren (Teile B), nur in Sonderfällen. Normalerweise werden die Systemmatrizen bei stationärer Drehung Ω dann *periodisch zeitvariant*.

Ob alle Koeffizienten der Matrizen oder nur ein Teil davon periodisch werden, hängt sehr stark von der Wahl der Freiheitsgrade und der Wahl der Koordinatensysteme ab, in dem die Freiheitsgrade definiert werden. [11.9]

Am wenigsten zeitvariant sind die Matrizen dann besetzt, wenn die Freiheitsgrade für die rotierende Struktur A in rotierenden Koordinaten formuliert werden und für die stillstehende Struktur B in inertialen. Dann tritt, falls nur Massen- und Steifigkeitskräfte im Spiel sind, die Zeitvarianz nur in den Freiheitsgraden auf, die die beiden Systeme koppeln.

Gerade eben noch umgehen läßt sich die Zeitvarianz, wenn Rotationssymmetrie im Koppelpunkt herrscht, sei es auf der Rotorseite, sei es auf der Seite der stillstehenden Struktur [11.2, 11.3], siehe auch Übungsaufgabe 11.3.

Instabilitätsphänomene treten jedoch nur dann mit Sicherheit nicht auf, wenn die Rotorseite isotrop, d.h. „rund" ist.

Im Hubschrauberbau und im Windturbinenbau sind zeitvariante periodische Bewegungsgleichungen nicht zu umgehen. Das letzte Kapitel des zweiten Bandes ist daher den prinzipiellen Lösungsmöglichkeiten dieses Typs von Bewegungsgleichungen gewidmet.

11.5 Übungsaufgaben

Aufgabe 11.1. H-Darrieus-Rotor; Instabilität

Der H-Darrieus-Rotor, Bild 11.11, hat eine Grenzdrehzahl Ω_{gr}, jenseits derer ein stabiler Betrieb nicht möglich ist. Wird sie überschritten, will der Flügel aus seiner senkrechten Position unter Verdrillung des Rohrholms in die Waagerechte kippen.

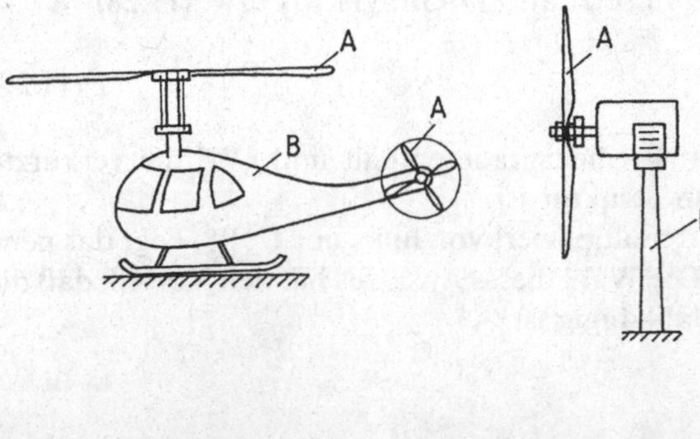

Bild 11.10. Rotierende Teilstruktur A und nichtrotierende Teilstruktur B

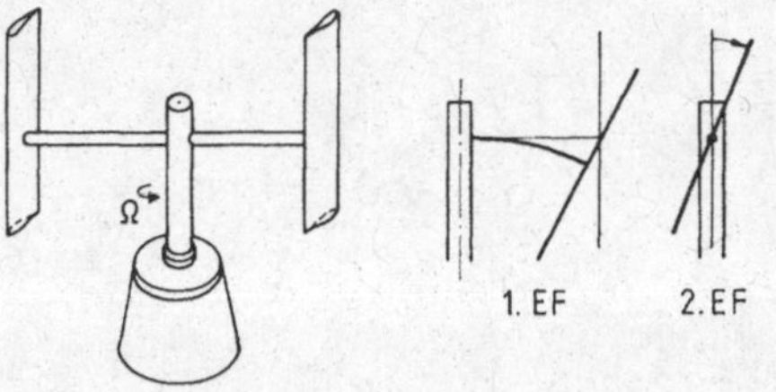

Bild 11.11. H-Darrieus-Windturbine. Zwei Eigenformen des nichtrotierenden Systems, die bei Rotation gekoppelt sind und zur Instabilität neigen

Eine Eigenform ähnlich der oben angedeuteten 2. Eigenform des stillstehenden Rotors wird monoton instabil.

a) Überlege anhand des skizzierten Modells, Bild 11.12, wie diese von den Fliehkräften verursachte statische Instabilität entsteht.
b) Wieso sind die beiden Eigenformen von Bild 11.11 bei Rotation gekoppelt?
c) Das System wurde durch sechs Balkenelemente modelliert. Für welche der sechs Stäbe muß die geometrische Steifigkeit berücksichtigt werden?
d) Wenn das Zentralrohr und der nichtrotierende Unterbau als elastisch und schwingungsfähig berücksichtigt werden–bleiben dann die Bewegungsgleichungen zeitinvariant? Unter welchen Bedingungen?
e) Die Bewegungsgleichungen erhalten noch Zusatzterme, wenn man die Luftkräfte berücksichtigt. Das verändert zwar die statische Instabilität nicht nennenswert, macht aber die Bewegungsgleichungen periodisch zeitvariant. Wieso?

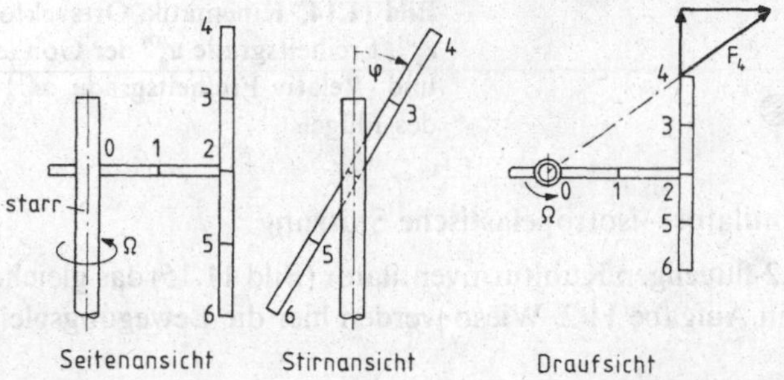

Bild 11.12. Modell aus sechs Balkenelementen. Fliehkraft F_4 am Knoten 4 bei Holmverdrillung

Aufgabe 11.2. Periodisch zeitvariante Bewegungsgleichungen einer2-flügeligen Windturbine mit elastischem Turm

Formuliere für das sehr stark vereinfachte Punktmassenmodell einer Windturbine mit Hilfe des Prinzips der virtuellen Verrückungen die zeitvarianten Bewegungsgleichungen. Die Massen befinden sich in einer Ebene. Zugelassen sind nur je drei translatorische Freiheitsgrade von der Gondel und den beiden Flügelmassen, Bild 11.13.

Modelliere den Turm als masselosen, biege- und dehnelastischen Kragbalken (Steifigkeiten $c_{gx}^{(0)}$, $c_{gy}^{(0)}$, $c_{gz}^{(0)}$, auf dem die Gondel als Punktmasse m_g sitzt. Sie hat die drei translatorischen Freiheitsgrade $\boldsymbol{u}_g^{(0)}$.

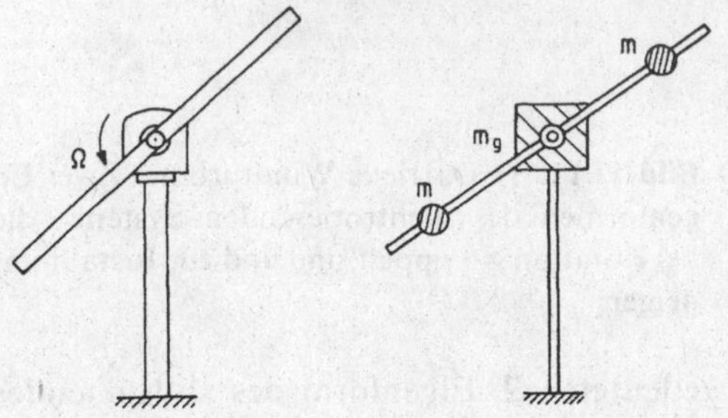

Bild 11.13. Windturbine. Punktmassenmodell mit neun Freiheitsgraden

Auch die Flügel werden durch einen biege- und dehnelastischen Holm modelliert (Steifigkeiten $c_{Fx}^{(1)}$, $c_{Fy}^{(1)}$, $c_{Fz}^{(1)}$, auf dem je eine Punktmasse m mit den Relativ-Freiheitsgraden $\boldsymbol{u}_k^{(1)}$ sitzt, $k = 1, 2$. Das sind die Relativ-Verschiebungen gegenüber der geraden Holmachse. Stelle die Bewegungsgleichungen im mitrotierenden Koordinatensystem (1) auf, Bild 11.14.

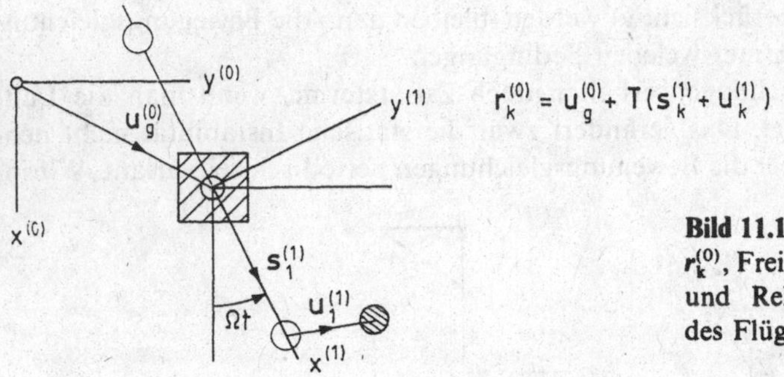

Bild 11.14. Kinematik. Ortsvektor $\boldsymbol{r}_k^{(0)}$, Freiheitsgrade $\boldsymbol{u}_g^{(0)}$ der Gondel und Relativ-Freiheitsgrade $\boldsymbol{u}_{k=1}^{(1)}$ des Flügels

Aufgabe 11.3. Kühlturmventilator—isotropelastische Stützung

Benutze für den skizzierten 2-flügeligen Kühlturmventilator (Bild 11.15) das gleiche 9-Freiheitsgradmodell wie in Aufgabe 11.2. Wieso werden hier die Bewegungsgleichungen zeitinvariant?

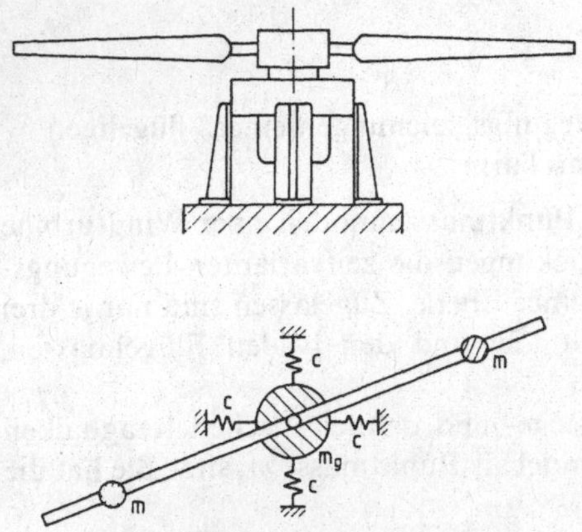

Bild 11.15. Kühlturmventilator und mechanisches Modell (Draufsicht)

12 Stabilität von periodisch zeitvarianten Systemen—Parametererregung

Im Rahmen der beiden Bände *Strukturdynamik* wollten wir uns ursprünglich auf die Behandlung *linearer zeitinvarianter* Probleme beschränken. Parametererregte Systeme gehörten bislang mehr oder minder ins Raritätenkabinett der Mechanik. In der Strukturdynamik spielten sie, wenn man vom Hubschrauberbau absieht, keine große Rolle.

Dies hat sich in letzter Zeit sehr geändert. Beispiele für stark zeitvariante, periodische Systeme lieferten

— im Turbomaschinenbau die unrunde Welle und die rotierende Welle mit Riß,
— im Windturbinenbau die 1- und 2-flügeligen Windturbinen mit starren oder elastischen Flügeln,
— die Magnetschwebebahn.

Die dort auftretenden Systeme sind zwar noch linearisierbar, aber die Systemmatrizen der Bewegungsgleichungen

$$\tilde{\boldsymbol{M}}\ddot{\tilde{\boldsymbol{u}}} + \tilde{\boldsymbol{D}}\dot{\tilde{\boldsymbol{u}}} + \tilde{\boldsymbol{S}}\tilde{\boldsymbol{u}} = \tilde{\boldsymbol{p}} \text{ bzw. } \boldsymbol{0} \tag{12.1}$$

sind eben nicht mehr konstant, sondern periodisch zeitvariant

$$\begin{aligned} \tilde{\boldsymbol{M}}(t) &= \tilde{\boldsymbol{M}}(t+T) \\ \tilde{\boldsymbol{D}}(t) &= \tilde{\boldsymbol{D}}(t+T) \\ \tilde{\boldsymbol{S}}(t) &= \tilde{\boldsymbol{S}}(t+T), \end{aligned} \tag{12.2}$$

wenn konstante Drehzahl Ω bzw. konstante Fahrtgeschwindigkeit vorliegt.

Wie bei den zeitinvarianten Systemen muß auch bei diesen Systemen vor der Berechnung der erzwungenen Schwingungen abgeklärt werden, ob überhaupt Stabilität herrscht. Und gerade bezüglich der Instabilitäten sind die parametererregten Systeme phänomenologisch vielfältig und einfallsreich. Die recht komplizierte Stabilitätsbetrachtung steht deshalb im Vordergrund dieses Kapitels.

Drei Methoden eignen sich besonders für die Stabilitätsuntersuchung periodisch zeitvarianter Systeme:

— die Störungsrechnung,
— das Vorgehen nach Floquet (1883),
— das Vorgehen nach Hill (1886).

Da die Störungsrechnung nur gut handhabbar ist solange die Störungen (d.h. hier die zeitvarianten Glieder) klein sind, benutzen wir sie nur für eine qualitative

Betrachtung der Parameter-Resonanzen. Für Systeme mit starker Parametererregung eignet sich das Floquetsche und Hillsche Vorgehen besser.

12.1 Vorbetrachtung: Pendel mit bewegtem Aufhängepunkt; Stabilität der Mathieuschen Differentialgleichung

Das Rüttelpendel (Bild 12.1), das Schulbeispiel aller Mechanik- und Mathematikbücher, genügt für kleine Schwingungen der Bewegungsgleichung

$$m\ddot{\tilde{u}} + d\dot{\tilde{u}} + \left(\frac{mg}{l} + \frac{mh_0 \Omega^2}{l} \cos \Omega t\right)\tilde{u} = 0, \tag{12.3}$$

wobei d die im Bild nicht eingezeichnete Dämpfung darstellt. Zur Rückstellung aus dem Pendelglied mg/l tritt die Parametererregung mit $\cos \Omega t$ und der Parameteramplitude $mh_0 \Omega^2/l$. Sie verursacht bei gewissen Erregerfrequenzen die Instabilität.

Führt man die Zeitnormierung auf die Erregerfrequenz Ω ein, $\tau = \Omega t$,

$$\dot{\tilde{u}} = \frac{d\tilde{u}}{d\tau}\frac{d\tau}{dt} = \tilde{u}'\Omega, \quad \frac{d}{d\tau} = (\;)',$$

$$\ddot{\tilde{u}} = \frac{d^2 u}{d\tau^2}\frac{(d\tau)^2}{(dt)^2} \equiv \tilde{u}''\Omega^2$$

und dividiert noch Gl. (12.3) durch $m\Omega^2$, erhält man die übliche Form der *Mathieuschen* Differentialgleichung

$$\tilde{u}'' + 2D^*\tilde{u}' + (\beta^2 + \gamma \cos\tau)\tilde{u} = 0, \tag{12.4}$$

in der $D^* = d/2m\Omega$ ein etwas ungewöhnlich definiertes dimensionsloses Dämpfungsmaß ist. Ungewöhnlich, weil als Bezugsfrequenz die Parameterfrequenz Ω gewählt wurde und nicht, wie beim Lehrschen Dämpfungsmaß $D = d/2m\omega$, die Eigenkreisfrequenz ω. Weiter gibt β das Verhältnis Pendeleigenfrequenz $\omega = \sqrt{g/l}$ zu Parameterfrequenz Ω an und γ die dimensionslose Parameteramplitude

$$\beta^2 = \omega^2/\Omega^2, \qquad \gamma = h_0/l. \tag{12.5}$$

Das Stabilitätsverhalten des Matthieuschen Systems wurde von einer Reihe von Autoren [12.3, 12.5] gründlich untersucht. Das Ergebnis ihrer Arbeiten ist in der Stabilitätskarte Bild 12.2 zu sehen.

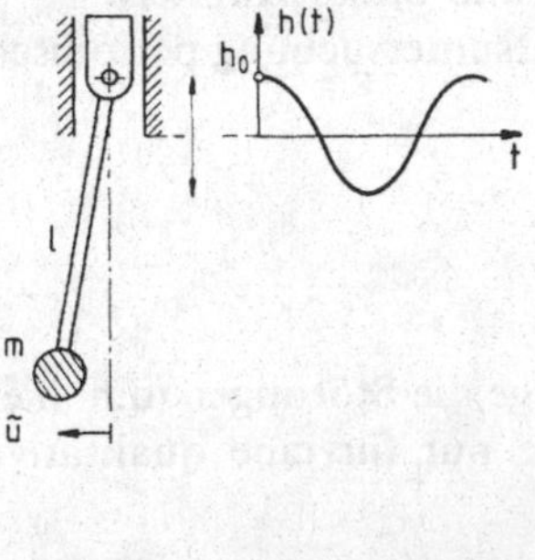

Bild 12.1. Pendel mit bewegtem Aufhängepunkt $h(t) = h_0 \cos \Omega t$. Eigenkreisfrequenz $\omega = \sqrt{g/l}$

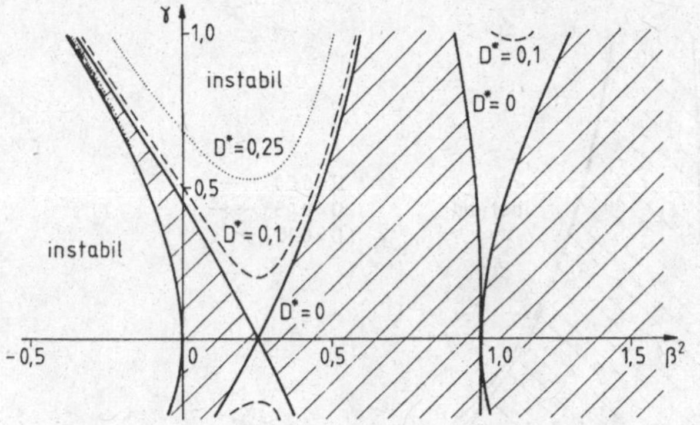

Bild 12.2. Stabilitätskarte der Mathieuschen Differentialgleichungen. ////stabiler Bereich

Bei $\beta^2 = 1$, d.h. wo die Parametererregungsfrequenz Ω gleich der Eigenfrequenz ω ist und bei $\beta^2 = 1/4$, d.h. wo $\Omega = 2\omega$, liegen instabile Zonen, deren Breite von der Erregeramplitude γ abhängt.

Umzeichung der Stabilitätskarte der Mathieuschen Differentialgleichung

Für technische Zwecke ist die Darstellung des Stabilitätsverhaltens der Matthieu-Differentialgleichung, Bild 12.2, nicht immer zweckmäßig. Denn meist liegt die Eigenfrequenz ω eines Systems fest und die Frequenz Ω der Erregung ist „Fahrparameter". Eine Normierung auf die dimensionslose Zeit $\tau = \omega t$ ist dann praktischer als die oben gewählte ($\tau = \Omega t$). Sie führt auf die Form

$$\tilde{u}'' + 2D\tilde{u}' + \left(1 + \eta^2 \frac{h_0}{l} \cos\eta\tau\right)\tilde{u} = 0$$

mit $\eta = \Omega/\omega$ und $D = d/2m\omega$ als Lehrsches Dämpfungsmaß, das, anders als oben D^*, unabhängig vom Fahrparameter Ω ist.

In Bild 12.3a ist die auf die Parameter D, η und γ umgezeichnete (umgerechnete) Matthieu-Karte dargestellt. Bild 12.3b gibt darüber hinaus für den Fall $D = 0$ an, wie heftig in den instabilen Zonen das Aufklingen erfolgt. $|\mu| = 2$ bedeutet beispielsweise, daß innerhalb einer Parameterperiode $T = 2\pi/\Omega$ Anfangsausschläge u_0 des Systems auf das Doppelte anwachsen. Ehe wir die Mathieu-Karte weiter diskutieren, wollen wir uns noch einen Einblick in den Entstehungsmechanismus der Instabilitätsgebiete verschaffen.

Parameterresonanzen

Wir gehen dazu von der Differentialgleichung eines ungedämpften, parametererregten 1-Freiheitsgradsystems aus

$$m\ddot{\tilde{u}} + [s_0 + \varepsilon\tilde{s}_1(t)]\tilde{u} = 0, \tag{12.6}$$

in dem $\tilde{s}_1$ der periodische Anteil der Steifigkeit ist, der auch durch eine Fourier-Reihe dargestellt werden kann

$$\tilde{s}_1(t) = \tilde{s}_1(t + T), \tag{12.7a}$$

$$\tilde{s}_1(t) - \sum_{-\infty}^{+\infty} c_n e^{in\Omega t} \quad n \neq 0. \tag{12.7b}$$

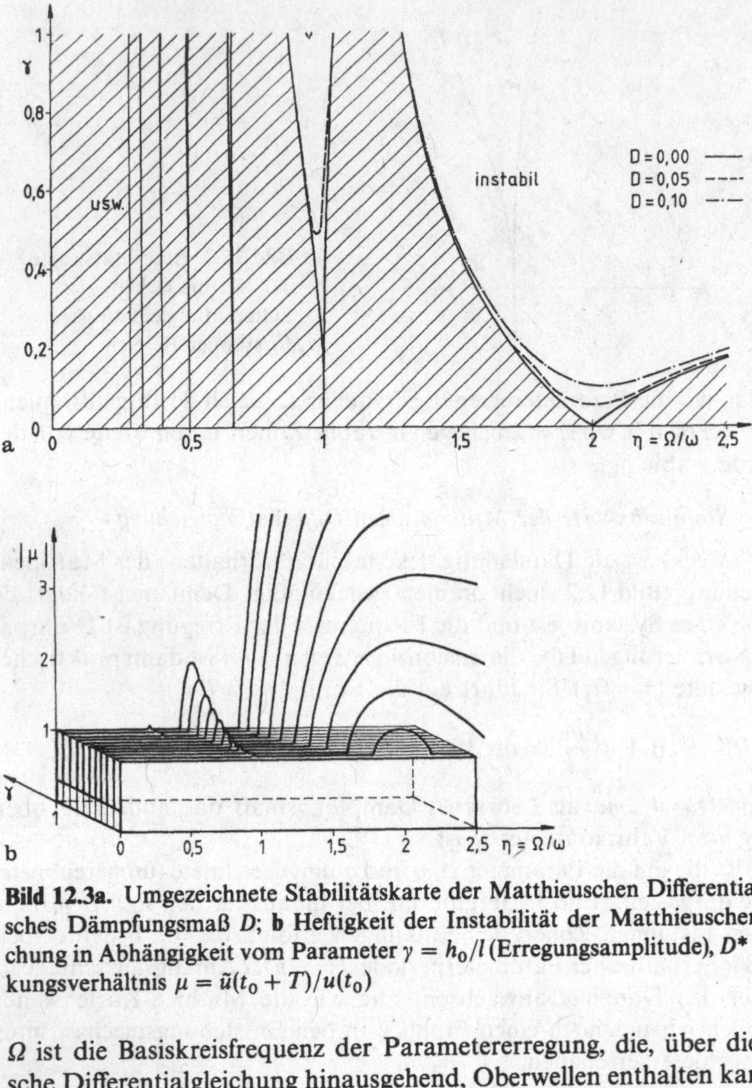

Bild 12.3a. Umgezeichnete Stabilitätskarte der Matthieuschen Differentialgleichung. Lehrsches Dämpfungsmaß D; **b** Heftigkeit der Instabilität der Matthieuschen Differentialgleichung in Abhängigkeit vom Parameter $\gamma = h_0/l$ (Erregungsamplitude), $D^* = D = 0$, Auslenkungsverhältnis $\mu = \tilde{u}(t_0 + T)/u(t_0)$

Ω ist die Basiskreisfrequenz der Parametererregung, die, über die rein Mathieusche Differentialgleichung hinausgehend, Oberwellen enthalten kann. ε soll andeuten, daß die Parameter-Erregung klein ist ($|\varepsilon s_1| \ll s_0$). Der Index $n = 0$ in der Fourier-Reihe entfällt, weil der konstante Beitrag in s_0 abgespalten wurde. Die komplexe Schreibung für die Fourier-Reihe anstelle der reellen (vgl. Kap. 1, Band I) wird aus Gründen benutzt, die sehr bald einsichtig werden.

Setzt man für die Lösung der Differentialgleichung (12.6) eine Näherung in Form einer Störungsrechnung

$$\tilde{u} = \tilde{u}_0 + \varepsilon \tilde{u}_1 + \cdots$$

an, so liefert die Betrachtung nullter Ordnung, die alle Gleider mit ε^1 und höherer Ordnung ignoriert, das verkürzte Bewegungsgleichungssystem

$$m\ddot{\tilde{u}}_0 + s_0 \tilde{u}_0 = 0$$

und als Lösung *nullter Ordnung*

$$\tilde{u}_0 = A e^{i\omega t} + B e^{-i\omega t}, \qquad (12.8)$$

$$\omega = \sqrt{s_0/m}.$$

Die Einführung des um das Glied 1. Ordnung vervollständigten Ansatzes in die Ausgangsdifferentialgleichung (12.6) liefert für den Korrekturterm $\tilde{u}_1$

$$m\ddot{\tilde{u}}_1 + s_0 \tilde{u}_1 = -(A e^{i\omega t} + B e^{-i\omega t}) \sum_n c_n e^{in\Omega t}, \qquad (12.9)$$

wenn Glieder der Ordnung ε^2 und höherer Ordnung vernachlässigt werden. Das ist die bekannte Differentialgleichung eines ungedämpften 1-Freiheitsgradsystems, das über die rechte Seite

$$\text{R.S.} = -A \sum c_n e^{i(n\Omega + \omega)t} - B \sum c_n e^{i(n\Omega - \omega)t} \qquad (12.10)$$

allgemein periodisch angeregt wird.

Wann werden Schwingungen $\tilde{u}_1$ unendlich groß? Dann, wenn Resonanz auftritt, wenn die „Erregerfrequenzen" auf der rechten Seite gleich der Eigenfrequenz der homogenen Gl. (12.9) sind. Also wenn gilt

$$\omega = (n\Omega \pm \omega)$$

oder

$$\boxed{\frac{\Omega}{\omega} = \frac{2}{n} \quad n = 1, 2, 3, \ldots} \qquad (12.11)$$

Bei diesem Verhältnis von Parameterfrequenz Ω zur Eigenfrequenz ω *können* unendlich große Ausschläge, d.h. Instabilitäten auftreten, die von der Ordnung ε^1 sind.

Betrachtet man den reinen Matthieu-Fall, $n = 1$, nimmt aber Potenzen höherer Ordnung in ε mit, so erhält man die gleichen Stellen möglicher Instabilitäten wie im Fall $n = 1$, 2, 3 usw. unter ausschließlicher Berücksichtigung der Glieder der Ordnung ε^1. Allerdings sind diese weiteren Instabilitätsgebiete des Mathieu-Falls, die von Gliedern höherer Ordnung der ε-Reihe herrühren, stets sehr schmal und deshalb praktisch wenig bedeutsam. Bei einem Hauch von Dämpfung im System verschwinden sie völlig. Das zeigt die umgezeichnete Mathieu-Karte, Bild 12.3a, sehr deutlich.

Interpretation des Verhaltens des Rüttelpendels

Das Verhalten des Rüttelpendels wird anhand der umgezeichneten Stabilitätskarte, Bild 12.3a, noch ein wenig diskutiert. Wir erhöhen in Gedanken die Erregungsfrequenz Ω, bei Null beginnend, stetig und wählen zunächst eine geringe Parameter-Amplitude $\gamma = h_0/l = 0{,}1$. D sei Null. Die Parameter-Resonanzstellen der Ordnung ε^2, ε^3 usw. sind so schmal, daß sie mühelos durchfahren werden können. Nur im ε^1 zugeordneten Bereich $1{,}85 < \Omega/\omega < 2{,}2$ tritt instabiles Verhalten auf. Jenseits von 2,2 herrscht für jede Erregungsfrequenz Stabilität.

Erst bei *größeren* γ-Werten spielt auch die instabile Zone bei $\Omega/\omega = 1$ eine gewisse Rolle, die der Ordnung ε^2 zugeordnet ist. Bei γ-Werten $> 0{,}45$ bleibt das System auch bei hohen Erregungsfrequenzen, $\Omega/\omega > 2$ *immer* instabil. Die instabile Zone bei $\Omega/\omega = 2$ ist nicht durchfahrbar, sie reicht rechts bis nach unendlich.

Deutlich wird, daß die Dämpfung die instabilen Bereiche einschnürt oder, bei höherer Ordnung, völlig verschwinden läßt. Darauf wurde oben schon hingewiesen.

Das bekannte skurrile Verhalten des Rüttelpendels – es kann auch auf dem Kopf stehend stabil schwingen – liest man in Bild 12.2 ab. In den Bereich $\beta^2 < 0$ ragt eine stabile Zone.

12.2 Parameterresonanzen bei Mehr-Freiheitsgradsystemen

Wir vermuten zu Recht, daß die beim 1-Freiheitsgradsystem gefundene Regel: „instabile Zonnen können auftreten, wenn für die Parameterfrequenz Ω gilt: $n\Omega = 2\omega$" verallgemeinerungsfähig ist. Für das Mehr-Freiheitsgradsystem

$$\boldsymbol{M}\ddot{\tilde{\boldsymbol{u}}} + [\boldsymbol{S}_0 + \varepsilon\tilde{\boldsymbol{S}}]\tilde{\boldsymbol{u}} = \boldsymbol{0} \tag{12.12}$$

mit der periodischen Matrix $\tilde{\boldsymbol{S}}$ ergeben sich mögliche Parameterresonanzstellen 1. Ordnung bei

$$n\Omega = 2\omega_k \tag{12.13}$$

und

$$n\Omega = \omega_k \pm \omega_l. \tag{12.14}$$

Dabei sind ω_k und ω_l zwei Eigenkreisfrequenzen des ungestörten Systems, $\varepsilon = 0$. Zusätzlich zur uns schon vertrauten Bedingung (12.11) können auch instabile Bereiche bei Summen- und Differenzfrequenzen $\omega_k \pm \omega_l$ auftreten. Diesen unter dem Namen „Satz von Cesari" bekannten Sachverhalt [12.6] wollen wir kurz nachempfinden.

Mit dem Störungsansatz

$$\tilde{\boldsymbol{u}} = \tilde{\boldsymbol{u}}_0 + \varepsilon\tilde{\boldsymbol{u}}_1 + \varepsilon^2\tilde{\boldsymbol{u}}_2 + \cdots \tag{12.15}$$

gelingt das durch völlig analoges Vorgehen wie im Beispiel des 1-Freiheitsgradsystems. Für die *nullte* Näherung, die beim Einsetzen dieses Ansatzes in die Ausgangsgleichung (12.12) alle Glieder der Ordnung ε^1 und höher ignoriert, finden wir

$$\boldsymbol{M}\ddot{\tilde{\boldsymbol{u}}}_0 + \boldsymbol{S}_0\tilde{\boldsymbol{u}}_0 = \boldsymbol{0} \tag{12.16}$$

mit der vertrauten homogenen Lösung, vgl. Band I, Kap. 3,

$$\tilde{\boldsymbol{u}}_0 = \underset{(\boldsymbol{K}\times\boldsymbol{K})}{\begin{bmatrix} \boldsymbol{u}_1; \boldsymbol{u}_2 \cdots \end{bmatrix}} \begin{Bmatrix} A_1 e^{i\omega_1 t} + B_1 e^{-i\omega_1 t} \\ \vdots \qquad\qquad \vdots \\ A_K e^{i\omega_K t} + B_K e^{-i\omega_K t} \end{Bmatrix}. \tag{12.17}$$

$\boldsymbol{u}_1$, $\boldsymbol{u}_2$ u.s.w. sind die Eigenvektoren, die in der Modalmatrix $\boldsymbol{U}$ zusammengefaßt sind. Die Eigenkreisfrequenzen des Systems sind $\omega_1, \omega_2 \ldots \omega_K$.

Ehe wir nun zur ersten Näherung kommen, die alle Glieder der Ordnung ε^1 berücksichtigt, stellen wir die periodische Matrix $\tilde{\boldsymbol{S}}$, die die Zeitvarianz verursacht, nach Fourier zerlegt dar

$$\begin{aligned}\tilde{\boldsymbol{S}} &= \sum \boldsymbol{S}_n e^{in\Omega t} = (\boldsymbol{S}_{+1} e^{+1i\Omega t} + \boldsymbol{S}_{-1} e^{-1i\Omega t}) \\ &\quad + (\boldsymbol{S}_{+2} e^{+2i\Omega t} + \boldsymbol{S}_{-2} e^{-2i\Omega t}) + \ldots \\ n &= \pm 1, \pm 2, \pm 3, \ldots \end{aligned} \tag{12.18}$$

Setzt man nun den Störungsansatz (12.15) unter Beachtung von Gln. (12.17) und (12.18) in das Ausgangsgleichungssystem (12.12) ein, so liefert die Berücksichtigung aller Glieder der Ordnung ε^0 und ε^1 ein Differentialgleichungssystem für $\tilde{\boldsymbol{u}}_1$

$$\boldsymbol{M}\ddot{\tilde{\boldsymbol{u}}}_1 + \boldsymbol{S}_0 \tilde{\boldsymbol{u}}_1 = -\tilde{\boldsymbol{S}}\tilde{\boldsymbol{u}}_0. \tag{12.19}$$

Die Auswertung der rechten Seite stellt wiederum eine allgemein periodische Erregung dar

$$\tilde{\boldsymbol{S}}\tilde{\boldsymbol{u}}_0 = \sum_n \boldsymbol{S}_n \boldsymbol{U} \left\{ \begin{array}{ccc} A_1 e^{+i\omega_1 t} & + & B_1 e^{-i\omega_1 t} \\ A_2 e^{+i\omega_2 t} & + & B_2 e^{-i\omega_2 t} \\ \ldots\ldots & + & \ldots\ldots \\ A_K e^{+i\omega_K t} & + & B_K e^{-i\omega_K t} \end{array} \right\} e^{in\Omega t}. \tag{12.20}$$

Als „Erregerfrequenzen" treten nunmehr auf der rechten Seite die Frequenzen

$$\boxed{n\Omega + \omega_k}$$

im Exponenten auf. Fällt eine solche Erregerfrequenz auf eine der Eigenfrequenzen ω_l, wachsen die Schwingungsamplituden stetig und unbegrenzt an, wie wir von der Resonanztheorie her wissen. Es liegt also Instabilität bei

$$\boxed{\omega_l = n\Omega \pm \omega_k} \tag{12.21}$$

vor. Unterscheiden wir noch die beiden Fälle $k = l$ und $k \neq l$, so finden wir die beiden oben angegebenen Bedingungen (12.13) und (12.14).

Diese beiden Bedingungen besagen nicht, daß bei diesen Frequenzen Instabilitäten auftreten müssen, sondern nur daß sie auftreten können. Das wird deutlich, wenn man Gl. (12.19) modal zerlegt hinschreibt, siehe Band I, Kap. 4. Dann wird die Erregungskraft $-\tilde{\boldsymbol{S}}\tilde{\boldsymbol{u}}_0$ von links mit der transponierten Modalmatrix $\boldsymbol{U}^T$ multipliziert. Die so entstehende generalisierte Erregungskraft $-\boldsymbol{U}^T\tilde{\boldsymbol{S}}\tilde{\boldsymbol{u}}_0$ wird nicht immer alle Eigenformen ansprechen.

12.3 Stabilitätsuntersuchung nach Floquet

Ausgangspunkt der Floquetschen Überlegung ist das Differentialgleichungssystem

$$\tilde{\boldsymbol{M}}\ddot{\tilde{\boldsymbol{u}}} + \tilde{\boldsymbol{D}}\dot{\tilde{\boldsymbol{u}}} + \tilde{\boldsymbol{S}}\tilde{\boldsymbol{u}} = 0 \tag{12.22}$$

mit den periodischen Matrizen $\tilde{M}$, $\tilde{D}$, $\tilde{S}$ nach Gl. (12.2) und den Anfangsbedingungen

$$\tilde{u}(0) = u_0 \quad \text{und} \quad \tilde{u}^{\cdot}(0) = \dot{u}_0. \tag{12.23}$$

Das System ist linear; Superposition ist deshalb erlaubt. Außerdem wiederholt es sich nach einer Periode T in seinen Eigenschaften: Nach einer Periode fällt ihm nichts Neues mehr ein.

Es genügt daher, nur eine Periode zu betrachten und nach dem Zusammenhang zwischen den Anfangsbedingungen $u_0, \dot{u}_0$ bei $t = 0$ und den Endzustandsbedingungen bei $t = T$ zu fragen

$$\begin{Bmatrix} \tilde{u}^{\cdot} \\ \tilde{u} \end{Bmatrix}_{t=T} = \underset{(2K \times 2K)}{\begin{bmatrix} \Phi(T) \end{bmatrix}} \begin{Bmatrix} \tilde{u}_0^{\cdot} \\ \tilde{u}_0 \end{Bmatrix}. \tag{12.24}$$

$\Phi(T)$ ist die Übertragungsmatrix über eine Periode T, K die Zahl der Freiheitsgrade; $\Phi(T)$ kann z. B. durch numerische Integration über einen Zyklus aus der Zustandsmatrix

$$\underset{\tilde{r}^{\cdot}}{\begin{Bmatrix} \tilde{u}^{\cdot\cdot} \\ \tilde{u}^{\cdot} \end{Bmatrix}} = \underset{\tilde{A}}{\begin{bmatrix} -\tilde{M}^{-1}\tilde{D} & -\tilde{M}^{1}\tilde{S} \\ I & 0 \end{bmatrix}} \underset{\tilde{r}}{\begin{Bmatrix} \tilde{u}^{\cdot} \\ \tilde{u} \end{Bmatrix}}$$

gewonnen werden, Bild 12.4. Bei ganz simplen Systemen gelingt die Integration gelegentlich auch analytisch, z. B. wenn die Steifigkeit nur zwischen festen Werten springt.

Für die Stabilitätsuntersuchung fragt man nun weiter, wie sich die reelle Gesamtlösung des Systems $(\tilde{u}^{\cdot}, \tilde{u})^T_{t=T}$ in Abhängigkeit von den Anfangsbedingungen $(\tilde{u}_0^{\cdot}, \tilde{u}_0)^T_{t=0}$ nach Gl. (12.24) entwickelt. Die Lösung $(\tilde{u}^{\cdot}, u)^T_{t=T}$ kann aus $2K$ Teillösungen $(\tilde{u}_k^{\cdot}, \tilde{u}_k)^T_{t=T}$ (zu $2K$ linear unabhängigen reellen Anfangsbedingungen $(\tilde{u}_k^{\cdot}, \tilde{u}_k)^T_{t=0}$) superponiert werden, die zueinander konjugiert komplex sein können

$$\begin{Bmatrix} \tilde{u}^{\cdot} \\ \tilde{u} \end{Bmatrix}_{t=T} = \sum_{k=1}^{2K} a_k \begin{Bmatrix} \tilde{u}_k^{\cdot} \\ \tilde{u}_k \end{Bmatrix}_{t=T}. \tag{12.25}$$

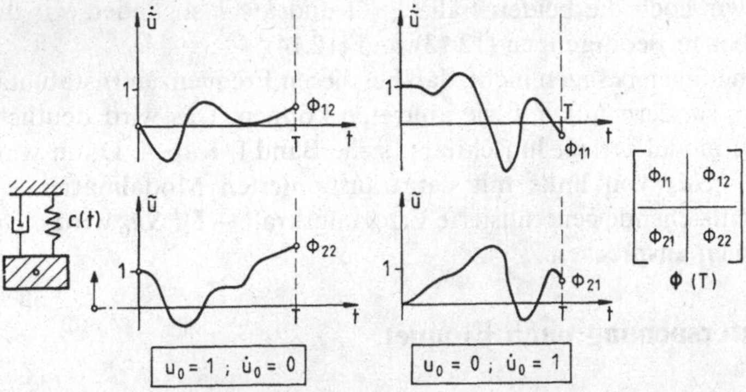

Bild 12.4. Übertragungsmatrix $\Phi(T)$ bei einem 1-Freiheitsgradsystem

Fragt man nach der Proportionalität dieser Teillösungen zu den Anfangsbedingungen

$$\begin{Bmatrix} \dot{\tilde{u}}_k \\ \tilde{u}_k \end{Bmatrix}_{t=T} = \mu_k \begin{Bmatrix} \dot{\tilde{u}}_k \\ \tilde{u}_k \end{Bmatrix}_{t=0}, \tag{12.26}$$

so erhält man mit Gl. (12.24) das Floquetsche Eigenwertproblem

$$[\boldsymbol{\Phi}(T) - \mu_k \boldsymbol{I}] \begin{Bmatrix} \dot{\tilde{u}}_k \\ \tilde{u}_k \end{Bmatrix} = \boldsymbol{0}. \tag{12.27}$$

Bei K Freiheitsgraden des Systems liefert es die $2K$ (im allgemeinen konjugiert komplexen) Eigenwerte μ_k, für die gilt:

Das System ist

— stabil, wenn	$\lvert\mu_k\rvert < 1$	für alle $k = 1, 2, 3, \ldots 2K$,
— grenzstabil, wenn	$\lvert\mu_k\rvert = 1$	für mindestens einen Eigenwert, der Rest stabil,
— instabil, wenn	$\lvert\mu_k\rvert > 1$	für mindestens einen Eigenwert.

Beispiel einer Stabilitätsuntersuchung nach Floquet – die rotierende Welle mit Riß

Bild 12.5 zeigt das mechanische Modell eines einfachen biegeelastischen Rotors mit angerissener Welle. Etwas ruppig modelliert verhält sich die drehende Welle, als hätte sie ein Scharnier mit einer Feder, die öffnet, wenn sie in der Zugzone liegt (c) und beim Eintritt in die Druckzone schließt.

Solange das Scharnier geschlossen ist, kommt die Nachgiebigkeit aus der elastischen Welle; ist das Scharnier offen, kommt die zusätzliche „Rißnachgiebigkeit" der Feder ins Spiel. Beim Drehen „atmet" das System: Die Nachgiebigkeit bzw. die Steifigkeiten der Welle ändern sich periodisch.

Nimmt man an, daß die Schwingungsbewegungen des Systems klein gegenüber dem Durchhang der Welle unter Eigengewicht sind (Gewichtsdominanz), erhält man ein lineares, aber wegen des „Atmens" stark zeitvariantes Bewegungsgleichungssystem von zwei Freiheitsgraden

$$\begin{bmatrix} m & \\ & m \end{bmatrix} \begin{Bmatrix} \ddot{\tilde{w}} \\ \ddot{\tilde{v}} \end{Bmatrix} + \begin{bmatrix} d & \\ & d \end{bmatrix} \begin{Bmatrix} \dot{\tilde{w}} \\ \dot{\tilde{v}} \end{Bmatrix} \begin{bmatrix} s_{11} & s_{12} \\ s_{21} & s_{22} \end{bmatrix} \begin{Bmatrix} \tilde{w} \\ \tilde{v} \end{Bmatrix} = \boldsymbol{0}. \tag{12.28}$$

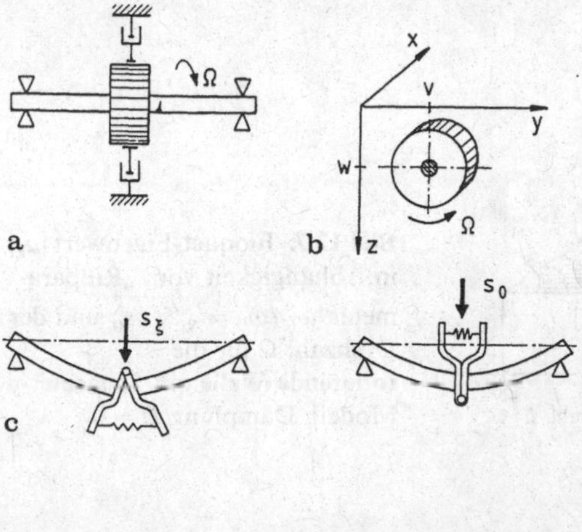

Bild 12.5a–c. Einscheibenrotor mit Riß in der Welle (**a**); ausgelenkte Welle, Freiheitsgrade $\tilde{w}$, $\tilde{v}$ (**b**), Scharniermodell für die Welle mit Riß (**c**)

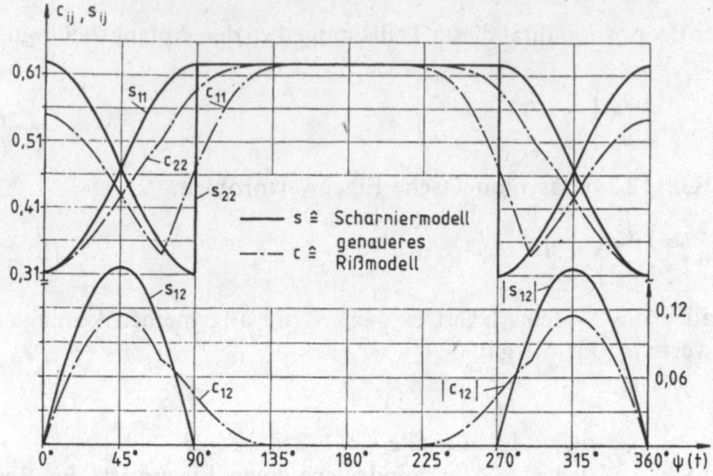

Bild 12.6. Periodische Steifigkeitswerte einer rotierenden Welle mit Riß. s_{ik} Werte des Scharniermodells; c_{ik} Werte eines genaueren Modells, siehe [12.10]

Bild 12.6 zeigt die Steifigkeitswerte s_{ik} des Scharniermodells über einen Zyklus. Sie können analytisch berechnet werden, wenn die maximale Steifigkeit s_0 (intakte Welle bzw. Scharnier zu) und die minimale Steifigkeit s_ζ (offenes Scharnier, weiche Richtung) bekannt sind. Hier beträgt das Verhältnis $s_\zeta/s_0 = 0{,}31/0{,}63$; entsprechend beträgt das Eigenfrequenzverhältnis $\omega_\zeta/\omega_0 = \sqrt{s_\zeta/s_0} = 0{,}70$. Dieses Verhältnis ω_ζ/ω_0 wird als Rißtiefenparameter benutzt, Bild 12.7. Es bewegt sich zwischen 1 bei ungerissener Welle und 0, wenn die Welle völlig gebrochen ist.

Das Resultat einer umfangreichen Stabilitätsanalyse nach Floquet für dieses System zeigt Bild 12.7. Den Vergleich zwischen den Stabilitätsgrenzen, die das System mit Scharniermodell liefert, und denen, die ein subtileres Rißmodell bringt, welches das Atmen in der Rißfläche genauer betrachtet [12.10], zeigt Bild 12.8.

Wie aufgrund der Betrachtung der Parameterresonanzen zu erwarten ist, gibt es Instabilitäten bei $2/n = \Omega/\omega_0$ mit $n = 1, 2, 3 \ldots$, wobei ω_0 die Eigenfrequenz der ungerissenen Welle ist. Eigentlich hat die ungerissene Welle zwei Eigenfrequenzen,

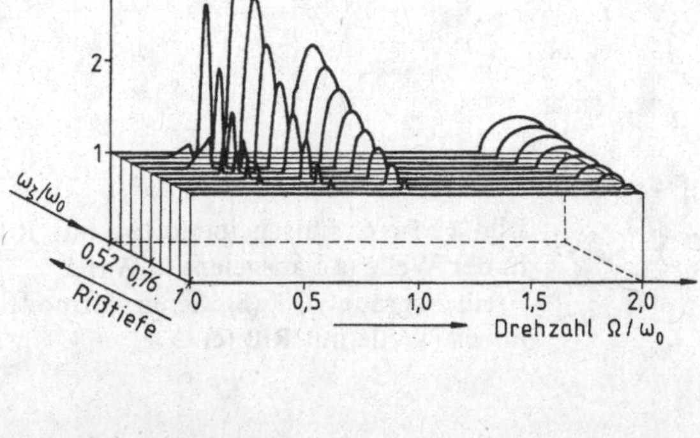

Bild 12.7. Floquet-Eigenwert $|\mu_k|$ in Abhängigkeit vom „Rißparameter" $\omega_\zeta/\omega_0 = \sqrt{s_\zeta/s_0}$ und der Drehzahl Ω für die rotierende Welle mit Scharnier-Modell; Dämpfung $D = 0$

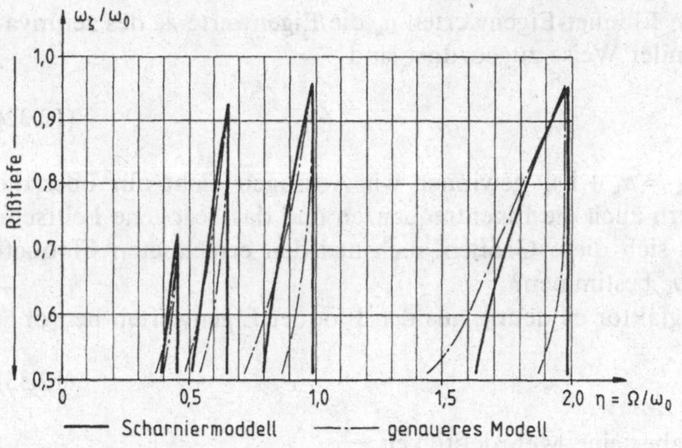

Bild 12.8. Stabilitätsgrenzen beim Scharniermodell und einem subtileren Rißmodell; $D = 0{,}01$

eine horizontale und eine vertikale, beide sind jedoch hier gleich. Aus diesem Grund gibt es keine Parameter-Resonanzstellen bei „Differenztönen" oder „Summentönen" $n\Omega = \omega_k \pm \omega_l$.

Interessant ist, daß die instabile Zone bei $\Omega/\omega_0 = 2/3$ zwar schmal, aber vom Betrag $|\mu|$ die markanteste ist, Bild 12.7. Weiter zeigt sich, daß das primitive Modell mit dem Scharnier als Rißersatz recht gut an die genauere Modellierung des Risses herankommt, Bild 12.8 und [12.10].

Versuch der Deutung der Floquet-Eigenwerte μ_k anhand der Eigenwerte λ_k eines zeitinvarianten Systems–Grenzen des Floquet-Verfahrens

Eine gewisse Interpretation der Bedeutung der Floquet-Eigenwerte gelingt, wenn man ein *zeitinvariantes* System mit Hilfe der Floquet-Theorie auf Stabilität untersucht. Das muß sie leisten, denn ein zeitinvariantes System ist ein Sonderfall im Rahmen der allgemeineren, periodisch zeitvarianten Systeme.

Ausgehend vom zeitinvarianten System

$$\hat{\boldsymbol{M}}\tilde{\boldsymbol{u}}^{\cdot\cdot} + \hat{\boldsymbol{D}}\tilde{\boldsymbol{u}}^{\cdot} + \hat{\boldsymbol{S}}\tilde{\boldsymbol{u}} = \boldsymbol{0} \tag{12.29}$$

ermitteln wir die Übertragungsmatrix $\boldsymbol{\Phi}(T)$. Dabei ist $t = T$ ein willkürlicher Zeitpunkt, die „Ersatzperiodenlänge". Mit Hilfe der Fundamentalmatrixformulierung, Bd. I, Gl. (3.45), finden wir sie sofort

$$\boldsymbol{\Phi}(T) = \boldsymbol{R}\begin{bmatrix} \diagdown & & \\ & e^{\lambda_k T} & \\ & & \diagdown \end{bmatrix}\boldsymbol{R}^{-1}, \tag{12.30}$$

wobei $\boldsymbol{R}$ die Rechtsmodalmatrix ist, $\lambda_k = \alpha_k + i\omega_k$ sind die Eigenwerte des zeitinvarianten Systems in der üblichen Darstellung.

Bilden wir mit dieser Übertragungsmatrix das Floquet-Eigenwertproblem nach Gl. (12.27)

$$[\boldsymbol{\Phi}(T) - \mu\boldsymbol{I}]\begin{bmatrix} \dot{\boldsymbol{u}}_0 \\ \boldsymbol{u}_0 \end{bmatrix} = \boldsymbol{0}, \tag{12.31}$$

so erkennen wir, daß den Floquet-Eigenwerten μ_k die Eigenwerte λ_k des zeitinvarianten Systems in folgender Weise zugeordnet sind

$$\boxed{\mu_k = e^{\lambda_k T}.} \tag{12.32}$$

Aus den Eigenwerten $\lambda_k = \alpha_k + i\omega_k$ gewinnen wir Aussagen nicht nur über die Stabilität ($\alpha_k \leqq 0$), sondern auch die Eigenfrequenzen und das bezogene Lehrsche Dämpfungsmaß. Lassen sich diese Größen auch aus den errechneten Floquet-Eigenwerten $\mu_k = a_k + ib_k$ bestimmen?

Zwar geht der Abklingfaktor eindeutig aus den Floquet-Eigenwerten hervor

$$\alpha_k = \frac{1}{T} \ln |\mu_k|; \tag{12.33}$$

für die Frequenz bleibt aber eine Mehrdeutigkeit

$$\omega_k = \omega_k^* + \frac{n\pi}{T} \qquad n = 0, 1, 2, 3, \ldots . \tag{12.34}$$

Nur die Frequenz ω_k^* geht als Hauptwert eindeutig aus

$$\omega_k^* = \frac{1}{T} \arctan \frac{b_k}{a_k} \tag{12.35}$$

hervor.

Konkret bedeutet das:

— Vom Floquetschen Verfahren wird nur die Stabilitätsfrage gestellt, und nur sie wird beantwortet (Tabelle 12.1).

— Mit den mehrdeutigen Frequenzaussagen weiß man nichts rechtes anzufangen. Ein Lehrsches Dämpfungsmaß läßt sich wegen der mehrdeutigen Frequenzaussagen nicht definieren.

— Die Floquet-Eigenvektoren stellen Anfangsbedingungen dar, die nach Ablauf einer Periode auf das μ_k fache auf- oder abgeklungen sind.

Die Stabilitätsuntersuchung nach Floquet liefert also keine vollständige homogene Lösung. Natürlich kann man sich die homogene Lösung zu einem beliebigen Zeitpunkt dadurch erzeugen, daß man während der numerischen Integration an vielen Stützstellen zwischen 0 und T die Teilübertragungsmatrizen abspeichert, vgl. Gl. (12.50). Daraus läßt sich dann die dem jeweiligen Zeitpunkt zugeordnete Fundamentalmatrix aufbauen.

Im Gegensatz dazu bringt das Verfahren nach Hill zunächst eine Vorstellung von der homogenen Lösung ein, die dann genauer betrachtet wird.

12.4 Stabilitätsuntersuchung nach Hill

Hill entwickelte sein Vorgehen 1886, als er die Störungen ermittelte, die die Mondbahn durch den Einfluß der Sonne erfährt [12.2]. Er stieß auf eine Differentialgleichung des Typs

$$m\tilde{u}^{\cdot\cdot} + [s_0 + s_1(t)]\tilde{u} = 0,$$

Tabelle 12.1. Ablauf der Stabilitätsuntersuchung nach Floquet

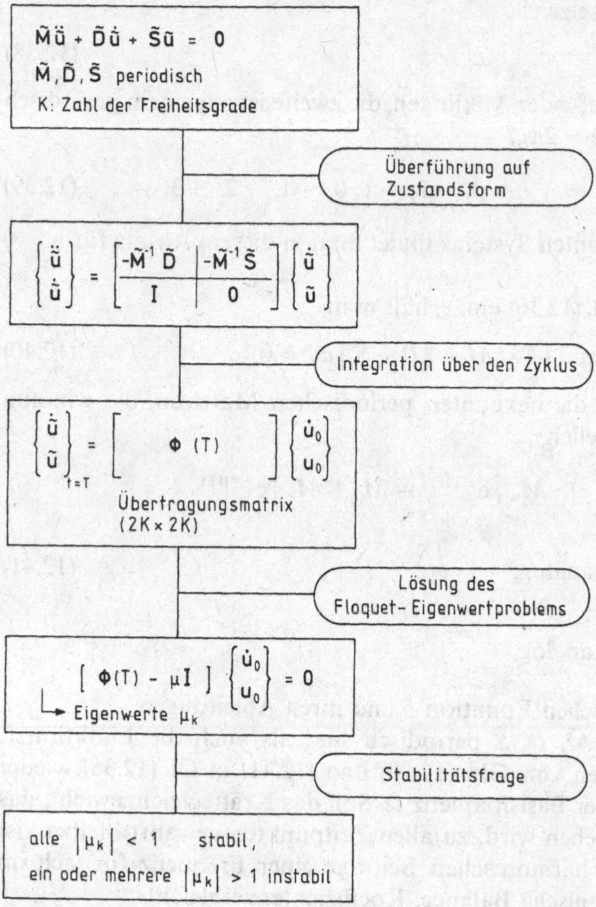

$\tilde{M}\ddot{u} + \tilde{D}\dot{u} + \tilde{S}\tilde{u} = 0$

$\tilde{M}, \tilde{D}, \tilde{S}$ periodisch

K: Zahl der Freiheitsgrade

Überführung auf Zustandsform

$\begin{Bmatrix} \ddot{u} \\ \dot{u} \end{Bmatrix} = \begin{bmatrix} -\tilde{M}^{-1}\tilde{D} & -\tilde{M}^{-1}\tilde{S} \\ I & 0 \end{bmatrix} \begin{Bmatrix} \dot{u} \\ u \end{Bmatrix}$

Integration über den Zyklus

$\begin{Bmatrix} \dot{u} \\ u \end{Bmatrix}_{t=T} = \begin{bmatrix} & \Phi(T) & \end{bmatrix} \begin{Bmatrix} \dot{u}_0 \\ u_0 \end{Bmatrix}$

Übertragungsmatrix (2K × 2K)

Lösung des Floquet-Eigenwertproblems

$\begin{bmatrix} \Phi(T) - \mu I \end{bmatrix} \begin{Bmatrix} \dot{u}_0 \\ u_0 \end{Bmatrix} = 0$

→ Eigenwerte μ_k

Stabilitätsfrage

alle $|\mu_k| < 1$ stabil,

ein oder mehrere $|\mu_k| > 1$ instabil

in der $s_1(t)$ eine stetige, periodische Funktion ist. Sein damals entwickeltes Vorgehen läßt sich auf Vielfreiheitsgradsysteme anwenden.

Differentialgleichungssystem und Ansatz

Das allgemeine lineare, periodisch zeitvariante Differentialgleichungssystem

$$\tilde{\boldsymbol{M}}\tilde{\boldsymbol{u}}^{\cdot\cdot} + \tilde{\boldsymbol{D}}\tilde{\boldsymbol{u}}^{\cdot} + \tilde{\boldsymbol{S}}\tilde{\boldsymbol{u}} = \boldsymbol{0} \quad \text{bzw.} \quad \tilde{\boldsymbol{p}} \tag{12.36}$$

mit den periodischen Matrizen

$$\begin{aligned} \tilde{\boldsymbol{M}}(t) &= \tilde{\boldsymbol{M}}(t+T) \\ \tilde{\boldsymbol{D}}(t) &= \tilde{\boldsymbol{D}}(t+T) \\ \tilde{\boldsymbol{S}}(t) &= \tilde{\boldsymbol{S}}(t+T) \end{aligned} \tag{12.37}$$

hat Lösungen, die sich aus einem Vektor $\boldsymbol{a}$ und einem Produkt zweier zeitabhängiger Funktionen zusammensetzen

$$\tilde{\boldsymbol{u}} = \boldsymbol{a} e^{\lambda t} \tilde{v}(t). \tag{12.38}$$

Die erste $e^{\lambda t}$ beschreibt das Auf- oder Abklingen, die zweite ist allgemein periodisch mit der Parameterfrequenz $\Omega = 2\pi/T$

$$\tilde{v}(t) = \sum_{-\infty}^{\infty} c_n e^{in\Omega t}, \quad n = \cdots -3, -2, -1, 0, +1, +2, +3, \ldots \tag{12.39}$$

Den Sonderfall des zeitinvarianten Systems findet man in diesem Ansatz für $n = 0$ sofort wieder.

Setzt man Gl. (12.38) in Gl. (12.36) ein, erhält man

$$\tilde{\boldsymbol{M}} \boldsymbol{a} \tilde{v}^{\cdot\cdot} + [2\lambda \tilde{\boldsymbol{M}} + \tilde{\boldsymbol{D}}] \boldsymbol{a} \tilde{v}^{\cdot} + [\lambda^2 \tilde{\boldsymbol{M}} + \lambda \tilde{\boldsymbol{D}} + \tilde{\boldsymbol{S}}] \boldsymbol{a} \tilde{v} = 0. \tag{12.40}$$

In diesem Ausdruck werden die bekannten periodischen Matrizen, die wir nun auch als Fourier-Reihe darstellen,

$$\begin{aligned} \tilde{\boldsymbol{M}} &= \sum_m k \boldsymbol{M}_m e^{i\Omega mt} = \cdots \boldsymbol{M}_{-1} e^{-i1\Omega t} + \boldsymbol{M}_0 + \boldsymbol{M}_{+1} e^{+i1\Omega t} \ldots, \\ \tilde{\boldsymbol{D}} &= \sum_m \boldsymbol{D}_m e^{im\Omega t} = \text{analog}, \\ \tilde{\boldsymbol{S}} &= \sum_m \boldsymbol{S}_m e^{im\Omega t} = \text{analog} \end{aligned} \tag{12.41}$$

multipliziert mit der periodischen Funktion $\tilde{v}$ und ihren Ableitungen.

Da sowohl die Matrizen $\tilde{\boldsymbol{M}}$, $\tilde{\boldsymbol{D}}$, $\tilde{\boldsymbol{S}}$ periodisch sind als auch die Funktion $\tilde{v}$, entstehen nach dem Einsetzen von Gln. (12.39) und (12.41) in Gl. (12.36) wieder periodische Ausdrücke mit der Basisfrequenz Ω. Soll das Kräftegleichgewicht, das durch die Gl. (12.36) beschrieben wird, zu allen Zeitpunkten gewahrt bleiben, ist das nur möglich, wenn alle harmonischen Beiträge einer Frequenz für sich im Gleichgewicht stehen (harmonische Balance, Koeffizientenvergleich).

Das führt auf ein *zeitinvariantes*(!) Eigenwertproblem

$$[\lambda_2 \bar{\boldsymbol{M}} + \lambda \bar{\boldsymbol{D}} + \bar{\boldsymbol{S}}] \boldsymbol{q} = 0, \tag{12.42}$$

das wegen Gl. (12.39) von unendlicher Größe ist. Der Vektor $\boldsymbol{q}$ setzt sich folgendermaßen zusammen:

$$\boldsymbol{q}^{\mathrm{T}} = \{ \cdots c_{-2} \boldsymbol{a}^{\mathrm{T}}; c_{-1} \boldsymbol{a}^{\mathrm{T}}; c_0 \boldsymbol{a}^{\mathrm{T}}; c_{+1} \boldsymbol{a}^{\mathrm{T}}; c_{+2} \boldsymbol{a}^{\mathrm{T}}; \ldots \}. \tag{12.43}$$

Nimmt man nur eine endliche Anzahl von Fouriergliedern mit, bestimmt sich die Länge des Vektors $\boldsymbol{q}$ durch die Zahl der Freiheitsgrade (K Komponenten von $\boldsymbol{q}$) und die Anzahl der Fourierglieder ($2N + 1$). Praktisch genügt es meist, wenige Glieder mitzunehmen, wie auch das Beispiel von Abschn. 12.5 zeigt.

Um einen Eindruck von der Besetztheit des Hypergleichungssystems (12.42) zu gewinnen, ist in Bild 12.9 die explizite Besetzung für ein verallgemeinertes Mathieu-System

$$\boldsymbol{M} \tilde{\boldsymbol{u}}^{\cdot\cdot} + \boldsymbol{D} \tilde{\boldsymbol{u}}^{\cdot} + [\boldsymbol{S}_{-1} e^{-i\Omega t} + \boldsymbol{S}_0 + \boldsymbol{S}_{+1} e^{+i\Omega t}] \tilde{\boldsymbol{u}} = \boldsymbol{0}$$

angegeben.

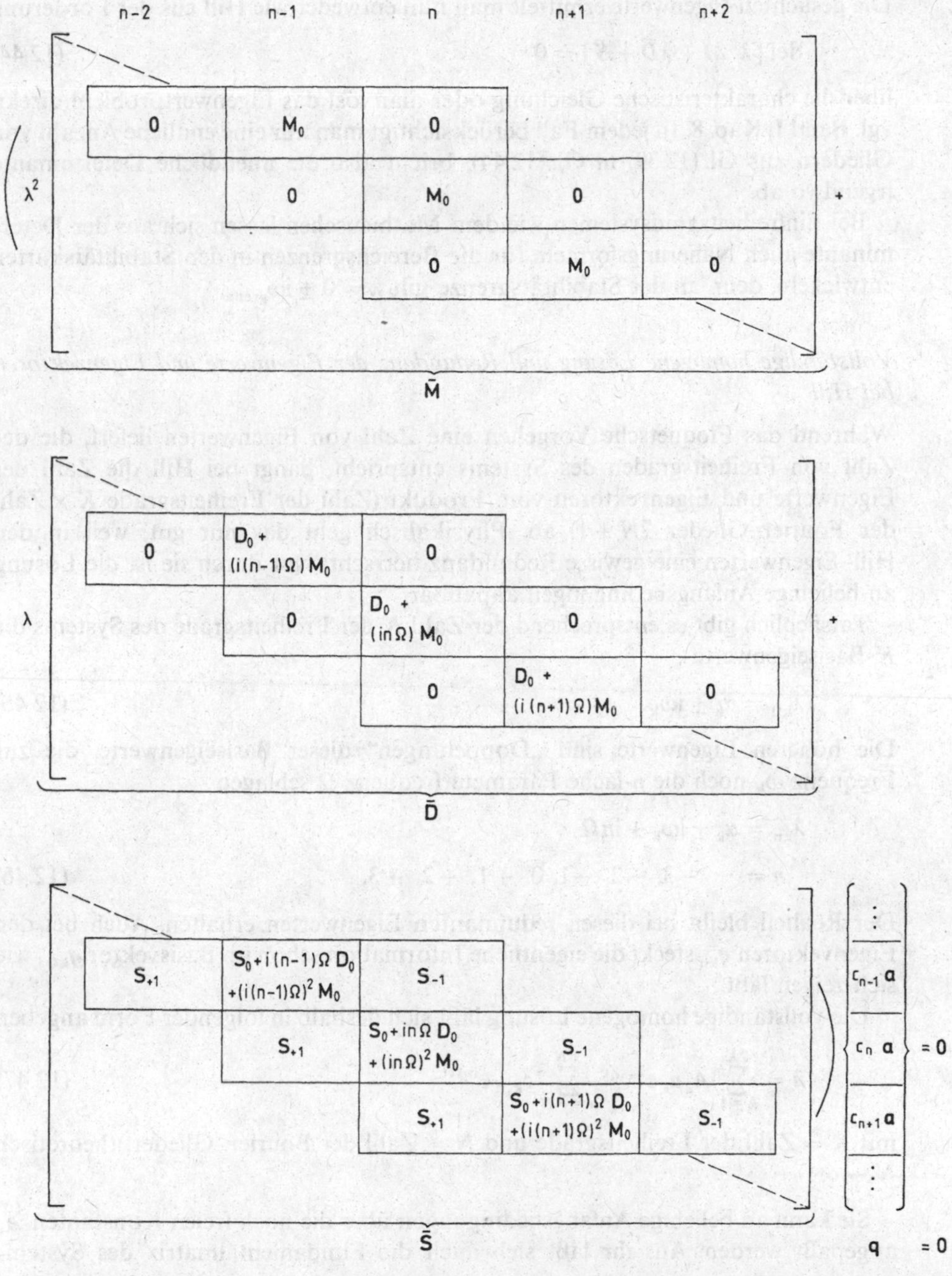

Bild 12.9. Hillsches Eigenwertproblem Gl. (12.42) für den Fall einer harmonischen Steifigkeitsmatrix $\tilde{S} = \tilde{S}_0 + \tilde{S}_{-1} e^{-i\Omega t} + S_{+1} e^{+i\Omega t}$

Die „unendlich große" Determinante

Die gesuchten Eigenwerte ermittelt man nun entweder wie Hill aus der Forderung

$$\det[\lambda^2\bar{\boldsymbol{M}} + \lambda\bar{\boldsymbol{D}} + \bar{\boldsymbol{S}}] = 0 \tag{12.44}$$

über die charakteristische Gleichung oder man löst das Eigenwertproblem direkt, vgl. Band I, Kap. 8. In jedem Fall berücksichtigt man nur eine endliche Anzahl von Gliedern aus Gl. (12.39) in Gl. (12.44), bricht also die unendliche Determinante irgendwo ab.

Bei Einfreiheitsgradsystemen wie dem Mathieuschen lassen sich aus der Determinante auch Näherungsformeln für die Bereichsgrenzen in den Stabilitätskarten entwickeln, denn an der Stabilitätsgrenze gilt $\lambda = 0 \pm i\omega_{\text{grenz}}$.

Vollständige homogene Lösung und Redundanz der Eigenwerte und Eigenvektoren bei Hill

Während das Floquetsche Vorgehen eine Zahl von Eigenwerten liefert, die der Zahl von Freiheitsgraden des Systems entspricht, hängt bei Hill die Zahl der Eigenwerte und Eigenvektoren vom Produkt (Zahl der Freiheitsgrade $K \times$ Zahl der Fourier–Glieder $2N+1$) ab. Physikalisch geht das nur gut, weil in den Hill–Eigenwerten eine gewisse Redundanz herrscht: Nur durch sie ist die Lösung an beliebige Anfangsbedingungen anpaßbar.

Tatsächlich gibt es entsprechend der Zahl K der Freiheitsgrade des Systems die K-Basiseigenwerte

$$\lambda_{k0} = \alpha_k \pm i\omega_k. \tag{12.45}$$

Die höheren Eigenwerte sind „Doppelungen" dieser Basiseigenwerte, die zur Frequenz ω_k noch die n-fache Parameterfrequenz Ω schlagen

$$\lambda_{kn} = \alpha_k \pm i\omega_k + in\Omega$$
$$n = \cdots -3,\ -2,\ -1,\ 0,\ +1,\ +2,\ +3, \ldots \tag{12.46}$$

Der Realteil bleibt bei diesen redundanten Eigenwerten erhalten. Auch bei den Eigenvektoren $\boldsymbol{q}_{kn}$ steckt die eigentliche Information schon im Basisvektor $\boldsymbol{q}_{k0}$, wie sich zeigen läßt.

Die vollständige homogene Lösung läßt sich deshalb in folgender Form angeben

$$\tilde{\boldsymbol{u}} = \sum_{k=1}^{2K} A_k \boldsymbol{a}_k e^{\lambda_{k,0}t} \sum_{n=-N}^{+N} c_{k,n} e^{in\Omega t} \tag{12.47}$$

mit K = Zahl der Freiheitsgrade und N = Zahl der Fourier–Glieder; theoretisch $N \to \infty$.

Sie kann an beliebige Anfangsbedingungen über die noch freien Konstanten A_k angepaßt werden. Aus ihr läßt sich auch die Fundamentalmatrix des Systems gewinnen.

Bei der numerischen Bestimmung der Stabilitätsgrenzen und der Eigenwerte läßt sich unter Umständen das Wissen ausnutzen, daß nur die Basiseigenwerte und Basiseigenvektoren interessant sind, Bild 12.10 und Tabelle 12.2.

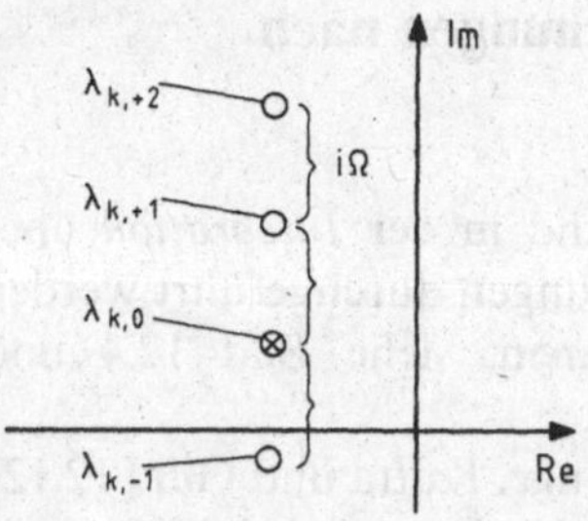

Bild 12.10. Basiseigenwert $\lambda_{k,0}$ und seine redundanten Begleiter $\lambda_{k,n} = \lambda_{k,0} + in\Omega$

Tabelle 12.2. Stabilitätsuntersuchung nach Hill

$\tilde{M}\ddot{\tilde{u}} + \tilde{D}\dot{\tilde{u}} + \tilde{S}\tilde{u} = 0$

$\tilde{M}$, $\tilde{D}$ und $\tilde{S}$ periodisch in $T = 2\pi/\Omega$

↓ Ansatz $\tilde{u} = a e^{\lambda t} \sum_{-N}^{+N} c_n e^{in\Omega t}$

Eigenwertproblem

$\left[\lambda^2 \bar{M}(in\Omega) + \lambda \bar{D}(in\Omega) + \bar{S}(in\Omega)\right] q = 0$

Format: $\bar{M}, \bar{D}, \bar{S}$

$[K(2N+1) \times K(2N+1)]$

K: Zahl der Freiheitsgrade

N: Fouriergliederzahl

↓ Eigenwertberechnung

$\det\left[\lambda^2 \bar{M} + \lambda \bar{D} + \bar{S}\right] = 0$

Suchverfahren wie Hill oder Eigenwertprogramme Kap 8, I

↓ Stabilitätsuntersuchung

Eigenwerte $\lambda_{k,n} = \alpha_k + i\omega_k + in\Omega$

alle $\alpha_k \leq 0$?

↓ vollst. homogene Lösung

$\tilde{u} = \sum_{1}^{2K} A_k a_k e^{\lambda_{k,0} t} \sum_{-N}^{+N} c_{k,n} e^{in\Omega t}$

K: Zahl der Freiheitsgrade

N: Fouriergliederzahl

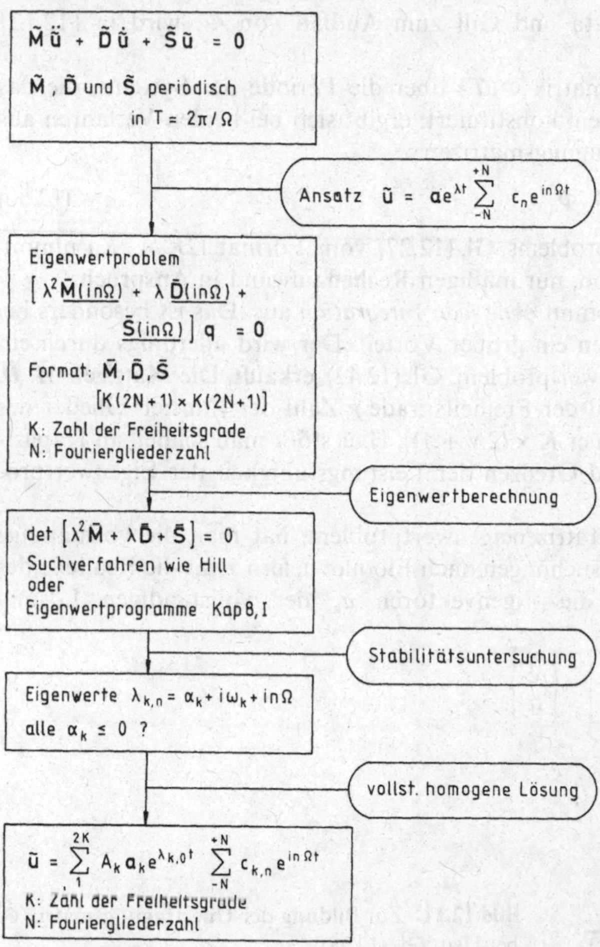

12.5 Kleiner Vergleich der Stabilitätsuntersuchungen nach Floquet und Hill

Beim *Floquetschen Verfahren* steckt der Hauptaufwand in der *Integration* über einen Zyklus T, die für alle denkbaren Anfangsbedingungen durchgeführt werden muß, um die Übertragungsmatrix $\boldsymbol{\Phi}(T)$ zu gewinnen, siehe Bild 12.4 und Tabelle 12.1.

Dafür haben sich die simultane Integration nach Runge, Kutta und Gill [12.12] und ein Verfahren nach Hsu [12.11] bewährt. In beiden Verfahren wird die Periode T in J Teilabschnitte Δt unterteilt, für die die Teilübertragungsmatrizen bestimmt werden. Hsu gewinnt die Teilübertragungsmatrix $\boldsymbol{\Phi}_j$ indem er sie mit Hilfe der Zustandsmatrix $A_j = A(t_j)$ als Potenzreihe darstellt

$$\boldsymbol{\Phi}_j = [\,I + A_j\Delta t + A_j^2\,\Delta T^2/2! + A_j^3\Delta t^3/3! + \cdots\,], \tag{12.49}$$

die nach wenigen Gliedern abgebrochen wird. Die Zustandsmatrix $A(t)$ wird dabei über das j-te Intervall gemittelt und als konstant angesetzt, Bild 12.11. Das Vorgehen nach Runge, Kutta und Gill zum Aufbau von $\boldsymbol{\Phi}_j$ wird in [12.12] beschrieben.

Die Gesamtübertragungsmatrix $\boldsymbol{\Phi}(T)$ über die Periode des Systems, die das Floquetsche Eigenwertproblem konstituiert, ergibt sich bei beiden Verfahren aus dem Produkt der Teilübertragungsmatrizen

$$\boldsymbol{\Phi}(T) = \boldsymbol{\Phi}_J \ldots \boldsymbol{\Phi}_3\boldsymbol{\Phi}_2\boldsymbol{\Phi}_1. \tag{12.50}$$

Die Lösung des Eigenwertproblems Gl. (12.27) vom Format $(2K \times 2K)$ nimmt, verglichen mit der Integration, nur mäßigen Rechenaufwand in Anspruch.

Das *Hillsche Verfahren* kommt *ohne jede Integration* aus. Das ist besonders bei steifen Differentialgleichungen ein großer Vorteil. Der wird allerdings durch ein mächtig aufgeblasenes Eigenwertproblem, Gl. (12.42), erkauft. Die Matrizen $\bar{M}, \bar{D},$ $\bar{S}$ haben ja das Format Zahl der Freiheitsgrade × Zahl der Fourier–Glieder des periodischen Ansatzes (genauer $K \times (2N + 1)$). Hier stößt man schnell an Kapazitätsgrenzen der Rechner und Grenzen der Leistungsfähigkeit der Eigenwertprogramme.

Löst man das Hillsche Matrizeneigenwertproblem, hat man die vollständige Lösung. Die Stabilitätsuntersuchungen nach Floquet liefern zwar die Realteile der Basiseigenwerte $\lambda_{k,0}$ und die Eigenvektoren a_k der vollständigen Lösung

$$\left\{\begin{array}{c} \ddot{\tilde{u}} \\ \dot{\tilde{u}} \end{array}\right\} = \underbrace{\left[\begin{array}{cc} -\tilde{M}^{-1}\,\tilde{D} & -\tilde{M}^{-1}\,\tilde{S} \\ I & 0 \end{array}\right]}_{\tilde{A}(t)} \left\{\begin{array}{c} \dot{\tilde{u}} \\ \tilde{u} \end{array}\right\}$$

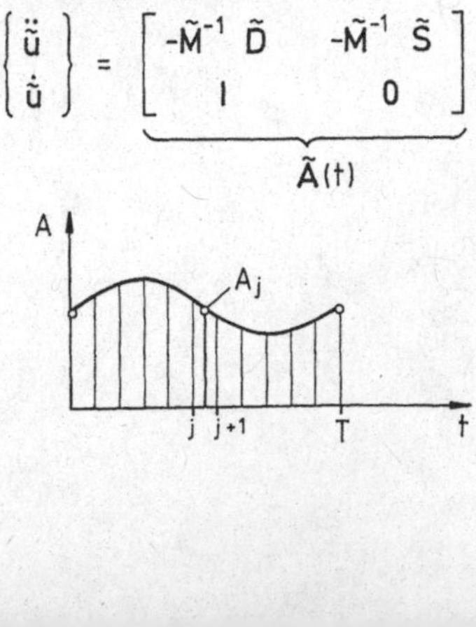

Bild 12.11. Zur Bildung der Übertragungsmatrix $\boldsymbol{\Phi}_j$ bei Hsu, Gl. (12.48)

Gl. (12.47), nicht aber die Frequenzen der Basiseigenwerte und nicht die Fourier-Koeffizienten $c_{k,n}$, die die Modulation der Eigenvektoren beschreiben.

Daß das Hillsche Verfahren durchaus konkurrenzfähig zu Floquet ist, zeigt folgender kleiner Vergleich der Rechenzeiten für die Stabilitätsuntersuchung einer ein flügeligen Windturbine. Sie wurde—stark vereinfachend—mit zwei Freiheitsgraden modelliert, Bild 12.12.

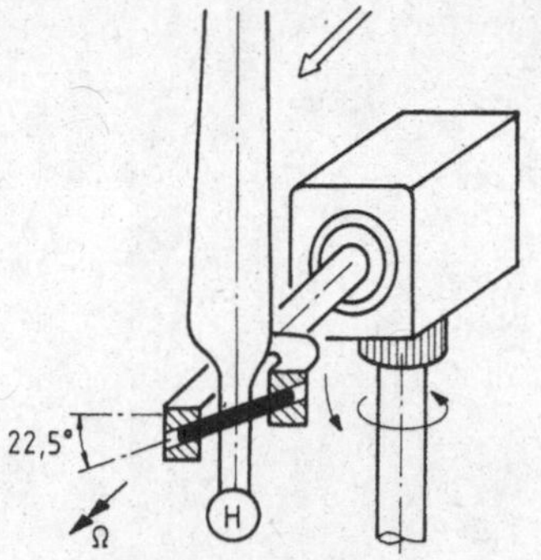

Bild 12.12. 1-flügelige Windturbine, passiv vom Wind geführt (Leeläufer). Schräger Schlagbolzen, Freiheitsgrade: Gondelwenden und Blattschlagen

Tabelle 12.3 zeigt die Ergebnisse der Floquet–Rechnung und die Umrechnung der Floquet–Eigenwerte μ_k in die Hillschen Eigenwerte λ_k. Gleichzeitig sind die Hill–Eigenwerte $\lambda_{k,n}$ angegeben, die bei 13 Gliedern im Ansatz bis zu sehr hohen n-Werten „brauchbar" waren. Tatsächlich benötigt man sehr viel weniger Fourier–Glieder im Hill–Ansatz. Tabelle 12.4 zeigt die Basiseigenwerte $\lambda_{k,0}$ nach Hill für einen 1-, 2- und 3-gliedrigen Ansatz. Mit 3 Gliedern im Ansatz stimmen sie auf 4 Stellen mit dem Floquet–Resultaten überein. Die Rechenzeiten sind durchaus mit den Floquetschen vergleichbar, unter Umständen sogar günstiger.

Tabelle 12.3. Eigenwerte nach Floquet und nach Hill bei einem 13-gliedrigen Ansatz; Drehfrequenz: $\Omega = 5$ rad/s; $(T = 2\pi/\Omega)$

Floquet:

$$\alpha = 1/T \ln|\mu|; \; \omega^* = 1/T \arctan(b/a)$$

$$\mu_1 = 0{,}5960 + i0{,}3307 \rightarrow \alpha_1 = -0{,}3050; \; \omega_1^* = 0{,}4031$$
$$\mu_2 = 0{,}5960 - i0{,}3307 \rightarrow \alpha_2 = -0{,}3050; \; \omega_2^* = -0{,}4031$$
$$\mu_3 = 0{,}5436 + i0{,}0000 \rightarrow \alpha_3 = -0{,}4850; \; \omega_3^* = 0{,}0000$$
$$\mu_4 = 0{,}0623 + i0{,}0000 \rightarrow \alpha_4 = -2{,}2217; \; \omega_4^* = 0{,}0000$$

Hill:

$$\lambda_1 = -0{,}3050 + i\,(0{,}4031 + n\Omega)$$
$$\lambda_2 = -0{,}3050 - i\,(0{,}4031 + n\Omega)$$
$$\lambda_3 = -0{,}4850 + i\,(0{,}0000 + n\Omega)$$
$$\lambda_4 = -2{,}221 \;\; + i\,(0{,}0000 + n\Omega)$$

Tabelle 12.4. Vergleich Floquet-Hill bei einem 1- bis 3-gliedrigen Ansatz

Nr.	Realteil	Imaginärteil	Rechenzeit T
Floquet			
1	−0,3050	0,4031	
2	−0,3050	−0,4031	3,650
3	−0,4850	0,0000	
4	−2,2217	0,0000	
Hill mit $N = 1$ Ansatzfunktion			
1	−0,3053	0,4039	
2	−0,3053	−0,4039	0,896
3	−0,4861	0,0000	
4	−2,223	0,0000	
Hill mit $N = 2$ Ansatzfunktionen			
1	−0,3049	0,4033	
2	0,3049	−0,4033	2,408
3	−0,4852	0,0000	
4	−2,222	0,0000	
Hill mit $N = 3$ Ansatzfunktionen			
1	−0,3049	0,4031	
2	−0,3049	−0,4031	5,551
3	−0,4850	0,0000	
4	−2,221	0,0000	

13 Lösungen zu den Übungsaufgaben

13.2 Lösungen zu Kapitel 2

Aufgabe 2.1

$$\begin{Bmatrix} u(l) \\ N(l) \end{Bmatrix} = \begin{bmatrix} \cos \lambda l & \sin \lambda l/(\lambda D) \\ -\lambda D \sin \lambda l & \cos \lambda l \end{bmatrix} \begin{Bmatrix} u(0) \\ N(0) \end{Bmatrix}$$

mit $\lambda = \sqrt{\mu\omega^2/D}$

Aufgabe 2.2

Randbedingungen: $M(l) = 0$; $Q(l) = m\omega^2 w(l)$;

Determinantengleichung:

$$\det \left[\begin{array}{c|c} \mathrm{C}+\mathrm{c} & (\mathrm{S}+\mathrm{s})/\lambda \\ \hline (\mathrm{S}-\mathrm{s})\lambda & \mathrm{C}+\mathrm{c} \\ +(\mathrm{C}-\mathrm{c})\lambda^2 m/\mu & +(\mathrm{S}-\mathrm{s})\lambda m/\mu \end{array} \right] = 0;$$

Eigenwertgleichung: $(1+\mathrm{cC}) - \lambda m(\mathrm{Cs}-\mathrm{Sc})/\mu = 0$;

Newton-Iteration mit $\lambda_1 l$ als Ausgangswert ergibt ($t_1 = \tan \lambda_1 l$, $T_1 = \tanh \lambda_1 l$):

$$\Delta\lambda_1 l/(\lambda_1 l) = -\frac{m}{\mu l} \frac{1}{1+\dfrac{m}{\mu l}(1-2\lambda_1 l\, T_1 t_1/(T_1 - t_1))} \cong -\frac{m}{\mu l};$$

$$\Delta\omega_1/\omega_1 \cong -\frac{2m}{\mu l}.$$

Aufgabe 2.3

Eigenkreisfrequenz: $\omega \cong 3{,}516\ (r_\mathrm{m}/l^2)\sqrt{E/(2\varrho)}$; $r_\mathrm{m} = (d-t)/2$;

Eigenfrequenz: $f \cong 0{,}57$ Hz.

Änderung der Eigenfrequenz bei Berücksichtigung der Endmasse:

$\Delta\omega/\omega \cong -2{,}5\%$

Für die Änderung der Eigenfrequenz aufgrund der Druckvorspannung wird angenommen, daß im Mittel das halbe Rohrgewicht als Druckkraft im gesamten Rohr wirkt.

Knickbeiwert: $\nu = P/P_{\mathrm{crit}} \cong (4\varrho g l^3)/(\pi^2 E r_{\mathrm{m}}^2) = 0{,}122;$

Frequenzabminderung: $\Delta\omega/\omega \cong -6{,}3\%.$

Aufgabe 2.4

$$S_{\mathrm{dyn}}(\Omega) = \frac{B}{\mathrm{Cc}-1}\begin{bmatrix} -\Lambda^3(\mathrm{Cs}+\mathrm{Sc}) & \Lambda^2\mathrm{Ss} & \Lambda^3(\mathrm{S}+\mathrm{s}) & \Lambda^2(\mathrm{C}-\mathrm{c}) \\ \Lambda^2\mathrm{Ss} & -\Lambda(\mathrm{Cs}-\mathrm{Sc}) & -\Lambda^2(\mathrm{C}-\mathrm{c}) & -\Lambda(\mathrm{S}-\mathrm{s}) \\ \Lambda^3(\mathrm{S}+\mathrm{s}) & -\Lambda^2(\mathrm{C}-\mathrm{c}) & -\Lambda^3(\mathrm{Cs}+\mathrm{Sc}) & -\Lambda^2\mathrm{Ss} \\ \Lambda^2(\mathrm{C}-\mathrm{c}) & -\Lambda(\mathrm{S}-\mathrm{s}) & -\Lambda^2\mathrm{Ss} & -\Lambda(\mathrm{Cs}-\mathrm{Sc}) \end{bmatrix}$$

Verwendete Abkürzungen: $\mathrm{S} = \sinh \Lambda l$, $\mathrm{s} = \sin \Lambda l$ etc.,

$\Lambda^4 = \mu\Omega^2/B.$

Mit derartigen dynamischen Steifigkeitsmatrizen wird in [2.20–2.22] gearbeitet. Grenzübergang $\Omega \to 0$ $(\Lambda \to 0)$ liefert

$$S_{\mathrm{stat}} = \frac{B}{l^3}\begin{bmatrix} 12 & -6l & -12 & -6l \\ -6l & 4l^2 & 6l & 2l^2 \\ -12 & 6l & 12 & 6l \\ -6l & 2l^2 & 6l & 4l^2 \end{bmatrix}.$$

Aufgabe 2.5

Differentialgleichung:

$$B\tilde{w}'''' + c_{\mathrm{b}}\tilde{w} + \mu\ddot{\tilde{w}} + d_{\mathrm{b}}\dot{\tilde{w}} = 0;$$

Ansatz: $\tilde{w} = \sin \pi x/l \, \mathrm{e}^{\lambda t};$

Eigenwert:

$$\lambda = -d_{\mathrm{b}}/(2\mu) \pm \mathrm{i}\sqrt{(B\pi^4/l^4 + c_{\mathrm{b}})/\mu + (d_{\mathrm{b}}/2\mu)^2};$$

Frequenz und Dämpfungsgrad:

$$\omega^2 \cong (B\pi^4/l^4 + c_{\mathrm{b}})/\mu, \quad f \cong 642\ \mathrm{Hz}.$$

$$D \cong d_{\mathrm{b}}/(2\mu\omega) = 2{,}2\%.$$

Die Frequenz wird von den Eigenschaften des Gummituchs kaum beeinflußt. Das Dämpfungsmaß D hingegen ergibt sich ausschließlich aus dem Gummituch.

Aufgabe 2.6

Bewegungsdifferentialgleichung der Schiene:

$$\bar{\mu}\ddot{\tilde{w}} + B\tilde{w}'''' + c\tilde{w} + d\dot{\tilde{w}} = 0,$$

mit $\bar{\mu} = \mu + \mu_s$.

Randbedingungen im Unendlichen: $\tilde{w} = \tilde{w}' = \tilde{w}'' = 0$.
Mit einem Ansatz der Form

$$\tilde{w} = \sum_{j=1}^{4} e^{\lambda_j x} e^{i\Omega t} q_j$$

mit $\Omega = 2\pi v_0/L = 2\pi f$

ergibt sich aus der Bewegungsdifferentialgleichung eine algebraische Gleichung 4. Grades für die λ_j. Für $x \geqq 0$ dürfen nur Lösungen mit negativem Realteil berücksichtigt werden, da es sonst zum Aufklingen im Unendlichen kommt:

$$\lambda_1 = |\lambda|\left(-\sin\frac{\varphi}{4} + i\cos\frac{\varphi}{4}\right),$$

$$\lambda_2 = |\lambda|\left(-\cos\frac{\varphi}{4} - i\sin\frac{\varphi}{4}\right),$$

mit $|\lambda| = \sqrt[8]{[(\bar{\mu}\Omega^2 - c)^2 + \Omega^2 d^2]/B^2}$,

und $\tan\varphi = \Omega d/(\bar{\mu}\Omega^2 - c)$.

Randbedingungen an der Stelle $x = 0$ zur Ermittlung von q_1 und q_2.

$$\tilde{w}'(0) = 0,$$

$$\tilde{Q}(0) = -\tilde{P}/2 = (m\ddot{\tilde{w}}_R)/2 = m(\ddot{\tilde{w}} + \Delta\ddot{\tilde{z}})/2,$$

siehe Bild 13.1a.

Nach einigen aufwendigen Zwischenrechnungen erhält man für die Verschiebung unter der Last den Wert

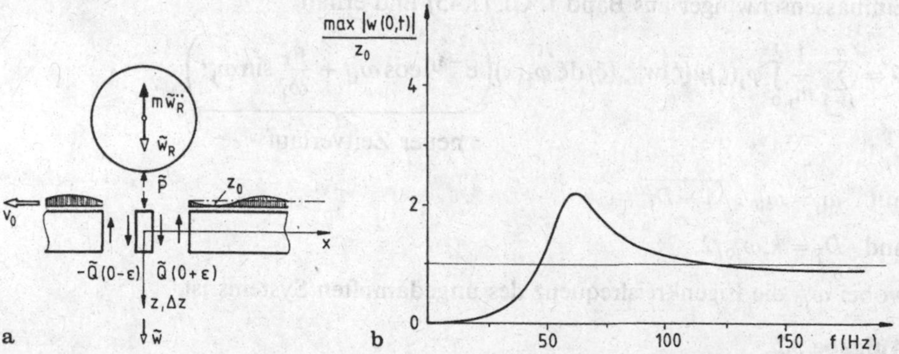

Bild 13.1a, b. Randbedingungen am Lastangriffspunkt (**a**) und Maximalverschiebung unter der Last als Funktion der Frequenz $f = v_0(L)$ (**b**)

$$\max|w(0,t)| = \frac{z_0 m\Omega^2/2}{\sqrt{(m\Omega^2/2)^2 - 2B|\lambda|^3(m\Omega^2/2)\left(\sin\frac{3\varphi}{4} - \cos\frac{3\varphi}{4}\right) + B^2|\lambda|^6}};$$

siehe auch Bild 13.1b.

Aufgabe 2.7

Ansatz: $\tilde{w} = \sum_{m=1}^{\infty} a_{mn} \sin(m\pi x/a) \sin(n\pi y/b) \sin \omega_{mn} t;$

Eigenfrequenzen:

$$\omega_{mn}^2 = B\pi^4[(m/a)^2 + (n/b)^2]^2/\mu.$$

Bei einer Quadratplatte ($a = b$) wird $\omega_{mn}^2 = \omega_{nm}^2$. Zu diesem Doppeleigenwert gehören zwei unterschiedliche Eigenformen,

z.B. zu $\omega_{12} = \omega_{21}$

$$\sin(\pi x/a)\sin(2\pi y/b) \quad \text{und} \quad \sin(2\pi x/a)\sin(\pi y/b),$$

die auch als Linearkombinationen noch Eigenformen sind, z.B.

$$\sin(\pi x/a)\sin(2\pi y/b) + \sin(2\pi x/a)\sin(\pi y/b)$$

und $\quad \sin(\pi x/a)\sin(2\pi y/b) - \sin(2\pi x/a)\sin(\pi y/b).$

Dabei ergibt sich die linke Eigenform von Bild 2.28. Die rechte Eigenform erhält man als Linearkombination von ($m = 1$, $n = 3$) und ($m = 3/n = 1$).

13.3 Lösungen zu Kapitel 3

Aufgabe 3.1

Es ändert sich nur der Zeitverlauf $\tilde{q}_j$. Man übernimmt ihn für den gedämpften Einmassenschwinger aus Band I, Gl. (1.45) und erhält

$$\tilde{w} = \sum_{j=1}^{\infty} \frac{1}{m_j} \int_0^l \varphi_j(\xi)\mu(\xi)w_{stat}(\xi)\,d\xi\, \varphi_j(x) \underbrace{\left(e^{-\delta_j t}\cos\omega_j t + \frac{\delta_j}{\omega_j}\sin\omega_j t\right)}_{\text{neuer Zeitverlauf}}$$

mit $\omega_j = \omega_{j0}\sqrt{1 - D_j^2}$

und $D_j = k_s\omega_{j0}/2,$

wobei ω_{j0} die Eigenkreisfrequenz des ungedämpften Systems ist.

Aufgabe 3.2

Wenn man ausgehend von der Eigenform aus Gl. (2.25) eine Normierung des Endausschlags auf 1 vornimmt, $\varphi_j(l) = 1$, so ergibt sich nach mühsamer Rechnung als generalisierte Masse $m_j = \mu l/4$, siehe auch [3.1] oder [3.3]. Die generalisierte Steifigkeit ermittel man zweckmäßigerweise nicht aus Gl. (3.4), sondern aus $\omega_j^2 = s_j/m_j$, da die Eigenfrequenzen bekannt sind. Die generalisierte Erregung lautet

$$\tilde{r}_j = P_0 \sin \Omega t.$$

Die Vergrößerungsfunktion für die Stabendverschiebung in der Definition von Gl. (2.38) lautet dann

$$V(l) = \frac{12B}{\mu l^4} \sum_{j=1}^{\infty} \frac{1}{\omega_j^2 - \Omega^2}$$

und im Fall von Strukturdämpfung

$$V(l) = \frac{12B}{\mu l^4} \left| \sum_{j=1}^{\infty} \frac{1}{\omega_j^2 (1 + ik_0) - \Omega^2} \right|.$$

Die Eigenformen sind, falls sie benötigt werden, z.B. in [3.1] oder [3.3] tabelliert.

Aufgabe 3.3

In Resonanznähe dominiert wegen $\Omega = \omega_j$ die angesprochene Eigenform $\varphi_j(x)$ in der Schwingungsantwort nach Gl. (3.34), da ihr Frequenzgang

$$F_j^+(i\Omega) = \frac{1}{s_j[1 - (\Omega/\omega_j)^2 + 2i D_j \Omega/\omega_j]}$$

sie heraushebt. Die Summation kann deshalb entfallen, es bleibt

$$w(x, t) \approx 2\mathrm{Re}\{\varphi_j(x) F_j^+ r_j^+ \mathrm{e}^{i\Omega t}\}|_{\Omega \approx \omega_j},$$

wie immer im Detail die generalisierte Erregung auch aussieht. Für die Biegespannung in der Randfaser z_a gilt bekanntlich $\sigma(x, t) = -E\tilde{w}'' z_a$ oder

$$\sigma(x, t) = -E z_a 2\mathrm{Re}\{\varphi_j''(x) F_j^+ r_j^+ \mathrm{e}^{i\Omega t}\}|_{\Omega \approx \omega_j}.$$

Die Eigenfrequenzen ω_j und die Eigenformen des Balkens auf zwei Stützen sind bekannt

$$\omega_j = (j\pi)^2 \sqrt{EI/\mu l^4},$$

$$\varphi_j = \sin(j\pi x/l),$$

$$\varphi_j'' = -(j\pi/l)^2 \sin(j\pi x/l),$$

$$= -\omega_j \sqrt{\mu/EI} \sin(j\pi x/l).$$

Bildet man mit diesen Ausdrücken das Verhältnis von Spannung zu Auslenkung, erhält man

$$\sigma(x, t) = \sqrt{E\varrho} \sqrt{z_a^2 F/I}\, \omega_j w(x, t)|_{\Omega \approx \omega_j}.$$

Beim Rechteckprofil mit $F = bh$ und $z_a = h/2$ sowie $I = bh^3/12$ beträgt der Profilkennwert $\sqrt{3}$. Die Schwinggeschwindigkeit $\Omega w(x, t)$ erweist sich als spannungsproportional.

Aufgabe 3.4

Die Lösung verläuft zunächst wie bei Aufgabe 3.3. Aber hier ist nicht mehr an jedem Ort die Spannung dem Produkt von Ausschlag mal Kreisfrequenz proportional wie beim Balken auf 2 Stützen. Man muß daher die Betrachtung auf die Einspannstelle (σ_{max}) und das Kragende (w_{max}) spezialisieren, ehe man das Verhältnis von Spannung zu Ausschlag bildet. Genaueres in [3.2].

Aufgabe 3.5

Das Diagramm läßt erkennen, daß die Auslegung auf die Betriebsdrehzahl Ω_B (1 Hz) resonanzfrei ist. Bis zur 6. Oberwelle liegt weder für die erste Eigenfrequenz ω_1 noch für die zweite ω_2 eine Resonanz vor, $n\Omega_B \neq \omega_j$. Nur beim An- und Auslauf treten kurzzeitig Resonanzanregungen durch die Oberwelle mit 3Ω, 4Ω und höher für die 1. Eigenform und Anregungen mit 6Ω, 7Ω usw. für die zweite Eigenform auf.

Die Auslegung auf Ω_A (0,8 Hz) dagegen führt dazu, daß die 1. Eigenform des Turbinenblatts immer in Resonanz mit der Erregung 3Ω ist.

13.4 Lösungen zu Kapitel 4

Aufgabe 4.1

a) Dimensionslose Übertragungsmatrix:

$$\bar{T}_1^{Bm} = \begin{bmatrix} 1+\bar{\omega}^2/3 & 1 & 1/2 & 1/6 \\ \bar{\omega}^2 & 1 & 1 & 1/2 \\ 2\bar{\omega}^2 & & 1 & 1 \\ 2\bar{\omega}^2 & & & 1 \end{bmatrix}$$

$\bar{T}_2$ analog: Überall steht anstelle von $\bar{\omega}^2$ dort $\bar{\omega}^2/2$.

b) Siehe Bild 13.2.

Eigenfrequenzen: $\bar{\omega}_1^2 = 0{,}1787$

$\bar{\omega}_2^2 = 14{,}392$

c) Eigenformen: Siehe Bild 13.3.

d) Charakteristische Gleichung:

$$\frac{7}{18}\bar{\omega}^4 - \frac{17}{3}\bar{\omega}^2 + 1 = 0.$$

Aufgabe 4.2

Ausgangsgleichung für die Matrizenbesetzung ist nun Gl. (4.13), die mit transzendenten Funktionen besetzt ist.

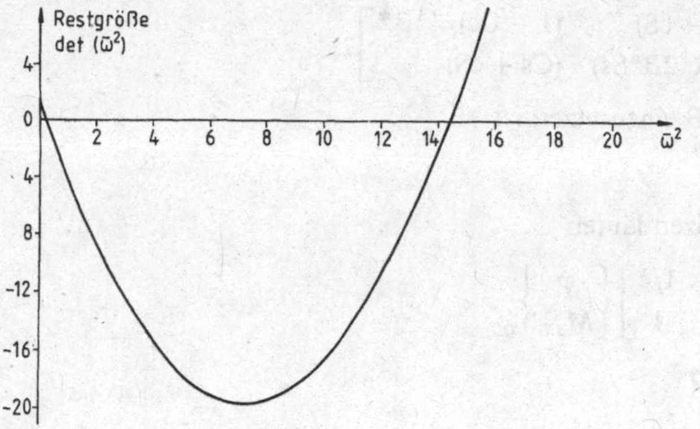

Bild 13.2. Restgrößenverlauf

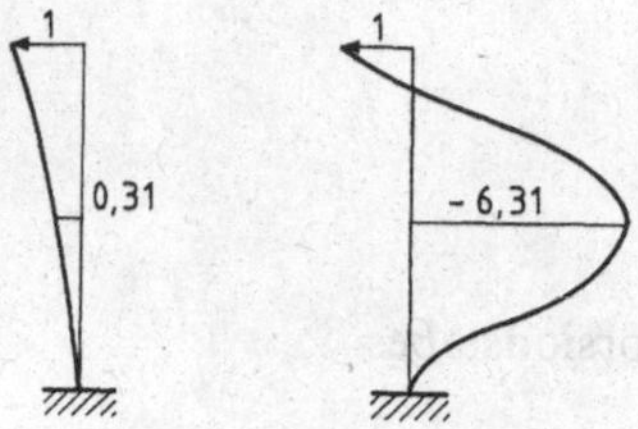

Bild 13.3. Eigenformen des Zweimassensystems

Die Nullstellensuche erfordert nun das Aufrufen der jeweiligen Werte der Kreis- und Hyperbelfunktionen. Eine Zusammenfassung der Punktmassenmatrix mit der Feldmatrix ist nicht mehr sinnvoll. Am Ablauf der Rechnung ändert sich nichts. Die charakteristische Gleichung wird kein Polynom mehr, sie ist transzendent.

Aufgabe 4.3

— Übertragungsmatrix der Masse m_k:

$$\begin{Bmatrix} w \\ Q \end{Bmatrix}_1 = \begin{bmatrix} 1 & 0 \\ -m_k\omega^2 & 1 \end{bmatrix} \begin{Bmatrix} w \\ Q \end{Bmatrix}_0,$$

— Übertragungsmatrix des masselosen biegeelastischen Feldes (2 Stützen):

$$\boldsymbol{T}^B = \begin{bmatrix} 1 & 1/2c_B \\ 0 & 1 \end{bmatrix}$$

mit der Stützensteifigkeit $c_B = 12B/l^3$,

— Etagenmatrix:

$$\begin{bmatrix} 1 - m\omega^2/2c_B & 1/2c_B \\ -m\omega^2 & 1 \end{bmatrix} = \boldsymbol{T}^B \boldsymbol{T}^m.$$

Aufgabe 4.4

Man eliminiert mit Hilfe der Randbedingung $w'(l) = 0$ das Moment $M(0)$ am Stabanfang in Gl. (4.13) und erhält

$$T^{B\mu} = \frac{1}{S+s}\begin{bmatrix}(Cs+cS) & (1-Cc)/\lambda^3 B^* \\ (-\lambda^3 2B^* Ss) & (Cs+cS)\end{bmatrix},$$

wobei für $B^* = 2B$ einzusetzen ist.

Aufgabe 4.5

a) Die Übertragungsmatrizen lauten

$$\begin{Bmatrix}\varphi \\ M_{T1}\end{Bmatrix}_1 = \underbrace{\begin{bmatrix}1 & 1/\hat{c} \\ 0 & 1\end{bmatrix}}_{T^{\hat{c}}}\begin{Bmatrix}\varphi \\ M_{T0}\end{Bmatrix}_0,$$

$$T^{\theta} = \begin{bmatrix}1 & 0 \\ -\omega^2\theta & 1\end{bmatrix},$$

$$T^{GI}T^{\hat{\mu}} = \begin{bmatrix}\cos\lambda l & \dfrac{\sin\lambda l}{GI_T} \\ -\lambda GI_T \sin\lambda l & \cos\lambda l\end{bmatrix}.$$

Letztere folgt aus der Bewegungsgleichung des Torsionstabes

$$GI_T\tilde{\varphi}'' - \hat{\mu}\ddot{\tilde{\varphi}} = 0$$

mit dem Ansatz $\tilde{\varphi} = \varphi(x)\sin\omega t$, wobei $\varphi(x) = A\sin(\lambda x) + B\cos(\lambda x)$. Mit der Abkürzung $(\lambda l)^2 = \omega^2\hat{\mu}/GI_T$ ergibt sich aus der Lösung der Differentialgleichung, analog zum Vorgehen in Abschn. 2.2.1, die Übertragungsmatrix $T^{GI}T^{\hat{\mu}}$, vgl. Aufgabe 2.1.

b) Die Produktmatrix baut sich folgendermaßen auf:

$$T_{ges}(\omega) = T^{\theta_5}T^{GI,\hat{\mu}}T^{\theta_4}T^{\hat{c}_3}T^{\theta_3}T^{\hat{c}_2}T^{\theta_2}T^{\hat{c}_1}T^{\theta_1},$$

$$\begin{Bmatrix}\varphi \\ 0\end{Bmatrix}_{End} = \begin{bmatrix}t_{11} & t_{12} \\ t_{21} & t_{22}\end{bmatrix}\begin{Bmatrix}\varphi \\ 0\end{Bmatrix}_{Anfang},$$

$$\det(\omega) = t_{21}(\omega).$$

Aufgabe 4.6

Hätte man von vornherein ein rein diskretes Modell benutzt, könnte man folgendermaßen verfahren: Man stellt sich vor, man hätte, statt mit dem Übertragungsmatrizenverfahren zu arbeiten, das Verfahren der Steifigkeitszahlen benutzt, das das Problem folgendermaßen formuliert:

$$M_{diag}\ddot{\tilde{u}} + S\tilde{u} = \tilde{p},$$

siehe auch Band I, Bild 4.9. Die Massenmatrix wäre dort rein diagonal mit den Drehträgheiten Θ_1, Θ_2 usw. besetzt.

Da vom Übertragungsmatrizenverfahren die Eigenfrequenzen und die zugehörigen Zustandsvektoren vorliegen, sind letztlich auch die Eigenvektoren u_j bekannt.

Die generalisierten Massen findet man daher aus

$$m_{\text{gen, j}} = \boldsymbol{u}_{\text{j}}^{\text{T}} \boldsymbol{M}_{\text{diag}} \boldsymbol{u}_{\text{j}},$$

die generalisierte Steifigkeit aus

$$s_{\text{gen, j}} = \omega_{\text{j}}^2 / m_{\text{gen, j}},$$

die generalisierte Erregung aus

$$\tilde{r}_{\text{j}} = \boldsymbol{u}_{\text{j}}^{\text{T}} \tilde{\boldsymbol{p}}.$$

Beim gemischten System kann man etwas vergröbernd die kontinuierliche Welle in ein paar Massepunkte diskretisieren—die Verschiebungsfigur ist ja auch im kontinuierlichen Feld bekannt.

Korrekter ist es, die Orthogonalitätsbedingungen für das gemischte System zu benutzen

$$m_{\text{gen, j}} = \int_0^l \hat{\mu}(x) \varphi_{\text{j}}^2(x)\,\mathrm{d}x + \sum_k \Theta_{\text{k}} \varphi_{\text{j}}^2(x_{\text{k}}),$$

wobei nun $\varphi_{\text{j}}(x)$ die Verdrehungseigenform ist, die über den ganzen Strang läuft. $x = x_{\text{k}}$ sind die Stellen, an denen die Scheiben Θ_{k} sitzen.

Aufgabe 4.7

Die Längs- und Querschwingungen in den einzelnen Rohrabschnitten sind entkoppelt.

a) Übertragungsmatrix:

$$\left[\begin{array}{cc|c} 1 - \dfrac{m\omega^2}{D} & l/D & \boldsymbol{0} \\ -m\omega^2 & 1 & \\ \hline \boldsymbol{0} & & \boldsymbol{T}^{\text{B}} \boldsymbol{T}^{\text{m}} \end{array}\right] \left\{\begin{array}{c} u \\ N \\ \hline -w \\ -w' \\ M \\ Q \end{array}\right\}$$

mit der Dehnsteifigkeit $D = EF$. Die Submatrix $\boldsymbol{T}^{\text{B}} \boldsymbol{T}^{\text{m}}$ ist nach Gl. (4.21) zu besetzen.

b) Eckmatrix:

$$\underbrace{\left\{\begin{array}{c} u \\ N \\ -w \\ -w' \\ M \\ Q \end{array}\right\}}_{\boldsymbol{x}^{\text{nach}}} = \underbrace{\left[\begin{array}{cc|cccc} & & 1 & & & \\ & & & & & -1 \\ \hline -1 & & 0 & & & \\ & & & 1 & & \\ & & & & 1 & \\ & 1 & & & & 0 \end{array}\right]}_{\boldsymbol{T}^{\text{Eck}}} \underbrace{\left\{\begin{array}{c} u \\ N \\ -w \\ -w' \\ M \\ Q \end{array}\right\}}_{\boldsymbol{x}^{\text{vor}}}$$

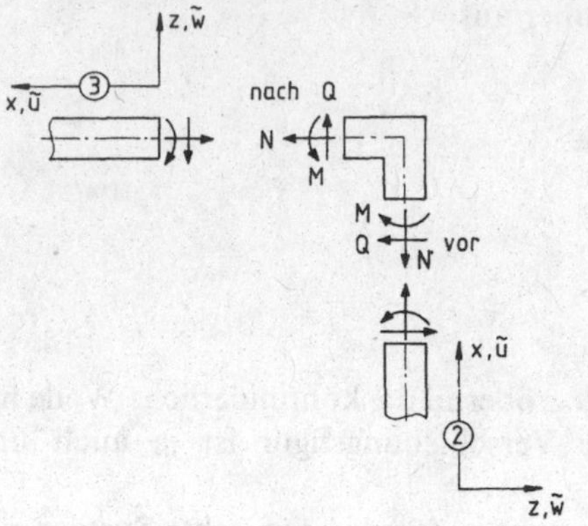

Bild 13.4. Gleichgewicht am Rohrknie

c) Randbedingungen:
turbinenseitig:

$$\boldsymbol{x}^{\mathrm{T}}_{\text{Anfang}} = \{0; N; -w_{\mathrm{T}}; 0; M; Q\}_{\mathrm{A}};$$

kesselseitig:

$$\boldsymbol{x}^{\mathrm{T}}_{\text{Ende}} = \{0; N; 0; 0; M; Q\}_{\mathrm{E}}.$$

Von den Randbedingungen turbinenseitig ist w_{T} bekannt und vorgegeben; N, M und Q sind turbinen- und kesselseitig unbekannt.

d) Inhomogenes Gleichungssystem:

$$\begin{Bmatrix} 0 \\ N \\ 0 \\ 0 \\ M \\ Q \end{Bmatrix}_{\mathrm{E}} = \begin{bmatrix} \\ \\ \boldsymbol{T}_{\text{ges}}(\Omega) \\ \\ \\ \end{bmatrix} \begin{Bmatrix} 0 \\ N \\ -w_{\mathrm{T}} \\ 0 \\ M \\ Q \end{Bmatrix}_{\mathrm{A}}$$

mit $\boldsymbol{T}_{\text{ges}}(\Omega) = \boldsymbol{T}_5 \boldsymbol{T}_4 \boldsymbol{T}_3 \boldsymbol{T}^{\text{Eck}} \boldsymbol{T}_2 \boldsymbol{T}_1.$

Das inhomogene Gleichungssystem entsteht aus den Spalten 2, 3, 5 und 6 (Nicht-Null-Zustandsgrößen am Anfang) und den Zeilen 1, 3 und 4 (Null-Zustandsgrößen am Ende). Die zur bekannten Fußpunktsbewegung w_{T} gehörige Spalte liefert die rechte Seite. Format des Gleichungssystems 3×3

$$\begin{bmatrix} t_{12} & t_{15} & t_{16} \\ t_{32} & t_{35} & t_{36} \\ t_{42} & t_{45} & t_{46} \end{bmatrix} \begin{Bmatrix} N \\ M \\ Q \end{Bmatrix}_{\mathrm{A}} = \begin{Bmatrix} t_{13} \\ t_{33} \\ t_{43} \end{Bmatrix} w_{\mathrm{T}}.$$

e) Durch Übertragen des aus der Auflösung des inhomogenen Gleichungssystems zahlenmäßig gewonnenen Zustandsvektors $\boldsymbol{x}_{\text{Anfang}}$.

f) Eigenfrequenzberechnung und Eigenformen
In der Berechnung ist der Frequenzparameter ω unbekannt, $\boldsymbol{T}_{\text{ges}} = \boldsymbol{T}_{\text{ges}}(\omega)$. Das 3×3 Gleichungssystem wird homogen, da die rechte Seite entfällt, $w_{\mathrm{T}} = 0$.

Aufgabe 4.8

Die Übertragungsmatrix des Rohrabschnitts sieht so aus:

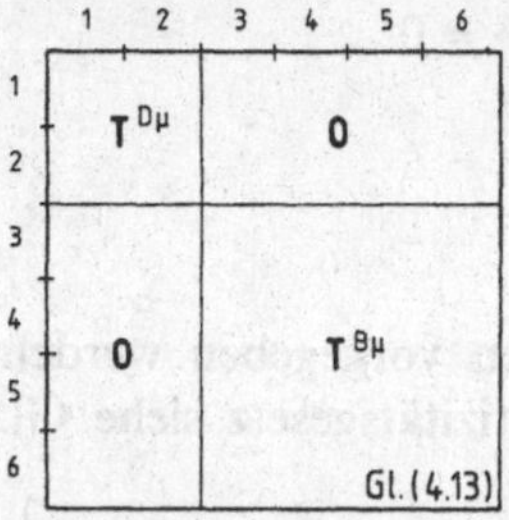

Die Submatrix $\boldsymbol{T}^{D\mu}$ des kontinuierlichen Dehnschwingers ist analog zu der des kontinuierlichen Torsionsschwingers von Aufgabe 4.5 besetzt.

Aufgabe 4.9

Man setzt im Lösungsalgorithmus für die erzwungenen Schwingungen von Aufgabe 4.7 schlicht $\Omega = 0$ und $w_{\mathrm{T,\,stat}}$ anstelle von w_{T} ein. Die Statik ist eine erzwungene Schwingung mit der Frequenz 0.

13.5 Lösungen zu Kapitel 5

Aufgabe 5.1

$$\sum_{i=1}^{I} \int_{0}^{l_i} \delta\beta'_{\mathrm{xi}} GI_{\mathrm{ti}} \beta'_{\mathrm{xi}} \, \mathrm{d}x_{\mathrm{i}} + \sum_{j=1}^{J} \delta\Delta\beta_{\mathrm{xj}} c_{\mathrm{j}} \Delta\beta_{\mathrm{xj}}$$
$$+ \sum_{i=1}^{I} \int_{0}^{l_i} \delta\beta_{\mathrm{xi}} \mu_{\mathrm{mxi}} \ddot{\beta}_{\mathrm{xi}} \, \mathrm{d}x_{\mathrm{i}} + \sum_{k=1}^{K} \delta\beta_{\mathrm{xk}} \vartheta_{\mathrm{k}} \ddot{\beta}_{\mathrm{xk}} = 0$$

mit $\quad \Delta\beta_{\mathrm{x,\,j}} = \beta_{\mathrm{xj,\,rechts}} - \beta_{\mathrm{xj,\,links}}$;

keine Randbedingungen (falls rechts nicht eingespannt);

Übergangsbedingungen:

$$\beta_{\mathrm{xi}}(l_{\mathrm{i}}) = \beta_{\mathrm{x,\,i+1}}(0),$$

außer an Kupplungen.

Aufgabe 5.2

Eine Verwendung der Eigenschwingungsformen als Ansatzfunktionen zur Untersuchung des Gesamtsystems ist nur zulässig, wenn die Nebenbedingung

$$w_A(l_F) = w_B(l_F), \text{ d.h. } \sum_{j=1}^{J} \varphi_{Aj}(l_F) q_{Aj} = \sum_{k=1}^{K} \varphi_{Bk}(l_F) q_{Bk}$$

eingehalten wird. Siehe auch Abschn. 10.4.2.

Aufgabe 5.3

Für eine Scheibe ohne Flächenlasten und ohne Randlasten lautet das PdvV:

$$\int_F (\delta\varepsilon_x n_x + \delta\varepsilon_y n_y + \delta\gamma_{xy} n_{xy}) \mathrm{d}F + \int_F (\delta u \mu \ddot{u} + \delta v \mu \ddot{v}) \mathrm{d}F = 0$$

mit der Nebenbedingung

$$u = 0, \quad v = 0 \quad \text{auf} \quad R_u,$$

wobei R_u ein Randabschnitt ist, auf dem Verschiebungen vorgegeben werden können. Kinematische Beziehungen siehe Gl. (2.65), Elastizitätsgesetz siehe Gl. (2.64).

Aufgabe 5.4

Es gibt sechs Randbedingungen und zwölf Übergangsbedingungen:

Knoten A: $u_1(0) = 0,\ w_1(0) = 0;$

Knoten B: $u_3(0) = 0;$

Knoten C: $u_5(0) = 0,\ w_5(0) = 0,\ \beta_5(0) = 0;$

Knoten D: $u_1(l_1) = -w_2(0),\ w_1(l_1) = u_2(0),\ \beta_1(l_1) = \beta_2(0);$

Knoten E: $u_2(l_2) = u_4(0),\ w_2(l_2) = w_4(0),\ \beta_2(l_2) = \beta_4(0);$

$u_2(l_2) = w_3(l_3),\ w_2(l_2) = -u_3(l_3),\ \beta_2(l_2) = \beta_3(l_3);$

Knoten F: $u_4(l_4) = w_5(l_5);\ w_4(l_4) = -u_5(l_5);\ \beta_4(l_4) = \beta_5(l_5).$

Geschickter ist es, die Stabendverschiebungen durch Knotenverschiebungen auszudrücken (siehe Abschn. 7.2.4).

Die Rand- bzw. Übergangsbedingungen lassen sich leichter in $\beta_i(x_i)$ formulieren, da beim schubweichen Balken die Querschnittsneigung stetig verläuft, nicht hingegen die Tangentenneigung.

Aufgabe 5.5

Bei der virtuellen Arbeit der Massenkräfte, rechte Seite von Gl. (5.36), kommen zwei Terme dazu:

$$-\sum_i \int_0^{l_i} [\delta\beta_y \mu_{my} \ddot{\beta}_y + \delta\beta_z \mu_{mz} \ddot{\beta}_z] \mathrm{d}x_i.$$

Partielle Integration und Ordnung nach δu, δv, δw, $\delta\beta_y$ und $\delta\beta_z$ ergibt als Eulergleichungen unter anderem

$$\delta v\colon\ -Q_y' - p_y + \mu \ddot{v} = 0,$$

$$\delta\beta_z\colon\ Q_y + M_z' + \mu_{mz} \ddot{\beta}_z = 0.$$

Gleichgewicht am Balkenelement liefert die gleichen Beziehungen (Bild 13.5):

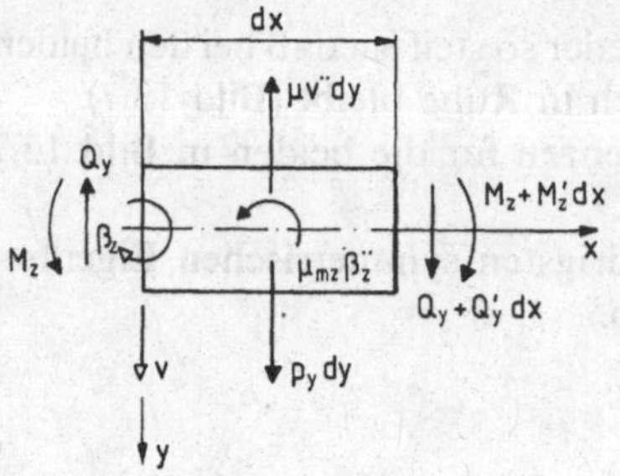

Bild 13.5. Schnittkräfte und Belastungen an einem Balkenelement

Das Vorzeichen der Querkraft in der Momentengleichgewichtsbedingung weicht von dem der entsprechenden Gleichungen in Tabelle 5.1 ab. Das ist eine Folge der mathematischen Vorzeichendefinitionen von Momenten und Querkräften!

13.6 Lösungen zu Kapitel 6

Aufgabe 6.1

Die beiden Ansatzfunktionen lauten

$$w_{1a}(\xi) = \sin \pi \xi, \quad \text{bzw.} \quad w_{1b}(\xi) = \xi(3 - 4\xi^2) \quad \text{für} \quad \xi \leqq \tfrac{1}{2}.$$

Als Rayleigh-Quotienten erhält man

$$R[w_{1a}] = \frac{\dfrac{B\pi^4}{2l^3} + c}{\dfrac{\mu l}{2} + m}, \quad R[w_{1b}] = \frac{\dfrac{48B}{l^3} + c}{\dfrac{17}{35}\mu l + m}.$$

Die Ergebnisse für die beiden Grenzfälle *a* und *b* (mit der Federsteifigkeit $c = 0$) sind in Bild 13.6 zusammengestellt.

	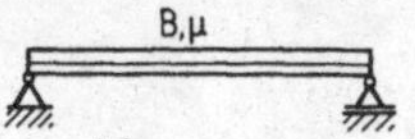	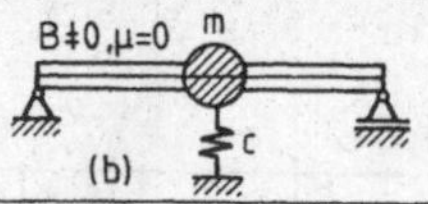
$R[w_{1a}]$	$\sqrt{\frac{B\pi^4}{\mu l^4}} = \omega_{1a,ex}$	$\sqrt{\frac{\frac{B\pi^4}{2l^3}+c}{m}}$ (Fehler für c=0: +0,73 %)
$R[w_{1b}]$	$\sqrt{\frac{1680\,B}{17\,l^4}}$ (Fehler: +0,72 %)	$\sqrt{\frac{\frac{48\,B}{l^3}+c}{m}} = \omega_{1b,ex}$

Bild 13.6. Rayleigh-Quotient für Balken mit Einzelmasse und Einzelfeder

Der Fehler ist deswegen so niedrig, weil die Ansatzfunktionen nicht nur die geometrischen Randbedingungen, sondern auch die Rand- und Übergangsbedingungen für den Biegemomentenverlauf erfüllen.

Die Näherungsformel versagt, wenn die Einzelfeder so steif ist, daß bei den beiden funtersten Eigenformen die Einzelmasse praktisch in Ruhe bleibt (Bild 13.7).

Man sollte also zur Kontrolle die Eigenfrequenzen für die beiden in Bild 13.7 angegebenen Formen mit ausrechnen.

Gegebenenfalls ist für die Ermittlung der niedrigsten symmetrischen Eigenfrequenz ein zweigliedriger Ritz-Ansatz erforderlich.

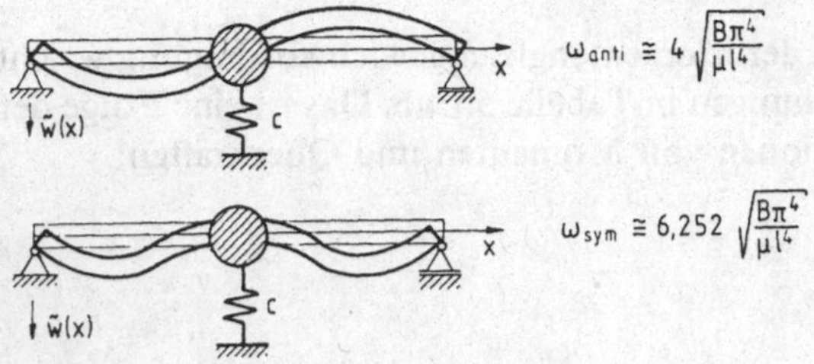

Bild 13.7. Niedrigste antimetrische und niedrigste symmetrische Eigenform bei sehr steifer Einzelfeder *c*

Aufgabe 6.2

Für ein Scheibentragwerk (Bild 13.8) konstanter Dicke *t* ergibt sich als Rayleigh-Quotient

$$R[u, v] = \frac{\int_F (\varepsilon_x \sigma_x + \varepsilon_y \sigma_y + \gamma_{xy} \tau_{xy}) \mathrm{d}F}{\int_F \varrho (u^2 + v^2) \mathrm{d}F}$$

mit $\varepsilon_x = \partial u / \partial x$, $\varepsilon_y = \partial v / \partial y$, $\gamma_{xy} = \partial u / \partial y + \partial v / \partial x$;

$$\sigma_x = \frac{E}{1 - \nu^2} (\varepsilon_x + \nu \varepsilon_y), \quad \sigma_y = \frac{E}{1 - \nu^2} (\varepsilon_y + \nu \varepsilon_x), \quad \tau_{xy} = G \gamma_{xy}.$$

	①	②	③	④	⑤
Ansatz-funktion		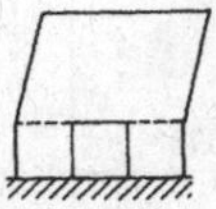	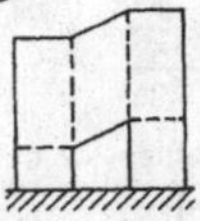		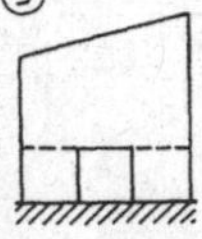
Rayleigh-Quotient $(\varrho a^2/G) \cdot R_i$	$\frac{3}{10}$	$\frac{3}{4}$	$\frac{3}{4(1-\nu)} + \frac{3}{2}$	$\frac{39}{119(1-\nu)} + \frac{6}{119}$	$\frac{3}{2(1-\nu)} + \frac{4}{3}$

Bild 13.8. Rayleigh-Quotient für verschiedene Verschiebungsansätze

Ritz–Verfahren mit a_1 und a_4:

$$\frac{G}{a^2}\begin{bmatrix} 1 & \frac{1}{2} \\ \frac{1}{2} & \frac{13}{6(1-\nu)}+\frac{1}{3} \end{bmatrix}\begin{Bmatrix} a_1 \\ a_4 \end{Bmatrix} - \omega^2 \varrho \begin{bmatrix} \frac{10}{3} & -3 \\ -3 & \frac{119}{18} \end{bmatrix}\begin{Bmatrix} a_1 \\ a_4 \end{Bmatrix} = \begin{Bmatrix} 0 \\ 0 \end{Bmatrix}.$$

Niedrigste Eigenfrequenz ($\nu = 1/3$):

$$\omega_1^2 < 0{,}17267\, G/(\varrho a^2).$$

13.7 Lösungen zu Kapitel 7

Aufgabe 7.1

$$\boldsymbol{u}_{\mathrm{i}} = \boldsymbol{T}_{\mathrm{i}} \boldsymbol{u}_{\mathrm{i}}^*$$

mit der Transformationsmatrix

$$\begin{bmatrix} -\mathrm{s} & \mathrm{c} & 0 & 0 & 0 & 0 \\ 0 & 0 & 1 & 0 & 0 & 0 \\ 0 & 0 & 0 & -\mathrm{s} & \mathrm{c} & 0 \\ 0 & 0 & 0 & 0 & 0 & 1 \\ \mathrm{c} & \mathrm{s} & 0 & 0 & 0 & 0 \\ 0 & 0 & 0 & \mathrm{c} & \mathrm{s} & 0 \end{bmatrix}, \quad \mathrm{s} = \sin\alpha_{\mathrm{i}},\ \mathrm{c} = \cos\alpha_{\mathrm{i}}.$$

Indextafel:

0	0	0	1	2	3	90°
1	2	3	4	5	6	90°
4	5	6	7	8	9	20°
1	2	3	10	11	12	0°
10	11	12	7	8	9	90°
0	0	13	10	11	12	90°

Im Falle eines Gleitlagers tritt eine Unbekannte (Querverschiebung) mehr auf. Gibt man dieser Unbekannten den Index 14, so lautet die letzte Zeile

14	0	13	10	11	12	90°

.

Aufgabe 7.2

Auf die Angabe der Lösung dieser Aufgabe wird verzichtet.

Aufgabe 7.3

Auf die Angabe der Lösung wird weitgehend verzichtet, da die Aufgabe in einer Lehrveranstaltung der Autoren behandelt wird. Mit einem Verschiebungsvektor der Form

$$\boldsymbol{v}^{*\mathrm{T}} = \{u_2^*, \beta_2^* h, w_3^*, \beta_3^* h, \beta_4^* h\}$$

ergeben sich die folgende Massen- und Steifigkeitsmatrix:

$$\boldsymbol{S}^* = \frac{B}{l^3} \begin{bmatrix} 24 & 6 & 0 & 0 & 6 \\ 6 & 8 & 6 & 2 & 0 \\ 0 & 6 & 24 & 0 & -6 \\ 0 & 2 & 0 & 8 & 2 \\ 6 & 0 & -6 & 2 & 8 \end{bmatrix},$$

normierte Steifigkeitsmatrix

$$\boldsymbol{M}^* = \frac{\mu l}{420} \begin{bmatrix} m^{*} + 732 & 22 & 0 & 0 & 22 \\ 22 & 8 & -13 & -3 & 0 \\ 0 & -13 & 732 & 0 & 13 \\ 0 & -3 & 0 & 8 & -3 \\ 22 & 0 & 13 & -3 & 8 \end{bmatrix}$$

normierte Massenmatrix

mit $m^* = 420\, m/(\mu l)$.

Aufgabe 7.4

Die Querschnittswerte eines Stabes ⓘ werden durch Mittelwertbildung aus den Werten der beiden anschließenden Knoten $i-1$ und i ermittelt (Bild 7.23), z.B.

$$B_{\mathrm{Stab}\,ⓘ} = (B_i + B_{i-1})/2,$$

ebenso der Verdrehwinkel

$$\alpha_{\mathrm{Stab}\,ⓘ} = (\alpha_i + \alpha_{i-1})/2.$$

Da das elementbezogene Hauptachsenkoordinatensystem (x_i, y_i, z_i) gegenüber dem globalen System verdreht ist, muß eine Transformation eingeschaltet werden. Mit

$$\boldsymbol{u}_i^T = \{u_0, v_0, w_0, \beta_{x0}, \beta_{y0}, \beta_{z0}; u_1, v_1, w_1, \ldots\}_i,$$

$$\boldsymbol{u}_i^{*T} = \{u_0^*, v_0^*, w_0^*, \beta_{x0}^*, \beta_{y0}^*, \beta_{z0}^*; u_1, v_1, w_1, \ldots\}_i$$

lautet beispielsweise die Transformationsbeziehung für die Verschiebungsgrößen am Stabanfang

$$\begin{Bmatrix} u_0 \\ v_0 \\ w_0 \end{Bmatrix}_i = \begin{bmatrix} 1 & 0 & 0 \\ 0 & c & s \\ 0 & -s & c \end{bmatrix}_{\text{Stab}\,(i)} \begin{Bmatrix} u_0^* \\ v_0^* \\ w_0^* \end{Bmatrix}_i .$$

Für das Programm müssen nur die Winkel $\alpha_{\text{Stab}\,(i)}$ eingegeben werden.

Aufgabe 7.5

Eigenwertgleichung:

$$\det \frac{B}{\mathrm{Cc}-1}\begin{bmatrix} 2(\Lambda l)(\mathrm{Cc}-\mathrm{Sc}) & (\Lambda l)^2(\mathrm{C}-\mathrm{c}) \\ (\Lambda l)^2(\mathrm{C}-\mathrm{c}) & (\Lambda l)^3(\mathrm{Cs}+\mathrm{Sc}) \end{bmatrix} = 0.$$

Analytisch ausgewertete Eigenwertgleichung:

$$(\mathrm{C}+\mathrm{c})^2 - 4\mathrm{C}^2\mathrm{c}^2 = 0.$$

Da es sich um ein Kontinuum handelt, lassen sich unendlich viele Eigenwerte berechnen. Man erhält für die drei niedrigsten Eigenwerte und die zugehörigen Eigenkreisfrequenzen

$$\Lambda_1 l = 2{,}0295, \qquad \omega_1^2 = 4{,}1189^2\, B/(\mu l^4);$$

$$\Lambda_2 l = 4{,}1973, \qquad \omega_2^2 = 17{,}617^2\, B/(\mu l^4);$$

$$\Lambda_3 l = 5{,}2391, \qquad \omega_3^2 = 27{,}448^2\, B/(\mu l^4).$$

Eine Kontrollrechnung für den niedrigsten Eigenwert mit Massen- und Steifigkeitsmatrix von Gln. (7.7) und (7.10) ergab

$$(\Lambda_1 l)_{\text{FEM}} = 2{,}045,$$

einen Wert, der erwartungsgemäß geringfügig größer ist als die „exakte" Lösung. Bei größeren Matrizen ist eine analytische Auswertung der Determinante praktisch unmöglich. Man geht dann wie beim Übertragungsmatrizenverfahren numerisch vor, erhält aber zusätzlich zu den Nullstellen auch noch Unendlichkeitsstellen, was die numerische Nullstellensuche erschweren kann.

Aufgabe 7.6

Es muß gelten

$$\boldsymbol{s}_i = \boldsymbol{S}_i \boldsymbol{u}_{i,\text{Starrkörper}} = \boldsymbol{0}.$$

Beim ebenen Biegebalken mit $\boldsymbol{u}_i^T = \{w_0, \beta_0, w_1, \beta_1\}$ gilt für den Starrkörperverschiebungsvektor

$$\boldsymbol{u}_{i,\,\text{Starrkörper}} = \begin{bmatrix} 1 & 1/2 \\ 0 & 1 \\ 1 & -1/2 \\ 0 & 1 \end{bmatrix} \begin{Bmatrix} q_1 \\ q_2 \end{Bmatrix}.$$

Die Kontrolle liefert für die Steifigkeitsmatrizen von Gln. (7.7) und (7.43) jeweils, wie es auch sein muß, $\boldsymbol{s}_i = 0$.

Eine Kontrolle der Massenmatrix ist ebenfalls möglich. Man ermittelt die kinetische Energie

$$2T = \dot{\tilde{\boldsymbol{u}}}_{i,\,st}^{T} \boldsymbol{M}_i \dot{\tilde{\boldsymbol{u}}}_{i,\,st}.$$

Da es sich bei den beiden Starrkörperverschiebungszuständen um eine Translation (q_1) und um eine Rotation (q_2) handelt, muß gelten

$$2T = m\dot{\tilde{q}}_1^{\,2} + \Theta\dot{\tilde{q}}_2^{\,2},$$

wobei die Masse m und das Massenträgheitsmoment Θ des Stabes von Hand berechnet werden müssen.

Aufgabe 7.7

$$\boldsymbol{S}_{Di} = \frac{l D_0 D_1}{D_0 + D_1} \begin{bmatrix} 1 & -1 \\ -1 & 1 \end{bmatrix}$$

$$\boldsymbol{M}_{Di} = \frac{1}{60(D_0 + D_1)^2} \left[\begin{array}{c|c} \begin{array}{l} 2D_0^2(\mu_0 + 5\mu_1) \\ +4D_0D_1(2\mu_0 + 7\mu_1) \\ +2D_1^2(5\mu_0 + 11\mu_1) \end{array} & \begin{array}{l} D_0^2(5\mu_0 + 3\mu_1) \\ +12D_0D_1(\mu_0 + \mu_1) \\ +D_1^2(3\mu_0 + 5\mu_1) \end{array} \\ \hline \text{symmetrisch} & \begin{array}{l} 2D_0^2(11\mu_0 + \mu_1) \\ +4D_0D_1(7\mu_0 + 2\mu_1) \\ +2D_1^2(5\mu_0 + \mu_1) \end{array} \end{array} \right]$$

$$u(\xi) = \frac{1}{D_0 + D_1} [u_0\{D_1\xi(2-\xi) + D_0\xi^2\} + u_1\{D_1(1-\xi)^2 + D_0(1-\xi^2)\}]$$

Bei komplizierteren Problemen muß $\boldsymbol{M}$ mit einem Formelmanipulationsprogramm (á la REDUCE) oder numerisch ermittelt werden.

Aufgabe 7.8

Die Ansatzfunktionen $f_{xj}(\xi)$ und $f_{yj}(\eta)$ etc. enthalten den Schubparameter k_x bzw. k_y. Bei Steifigkeitssprüngen an den Elementgrenzen müssen sich dann auch

Sprünge in den Verschiebungsverläufen und in den Normalneigungen ergeben, falls k_x und k_y ebenfalls einen Sprung besitzen, d.h. falls $(B_x/S_x)_{\text{links}} \neq (B_x/S_x)_{\text{rechts}}$. Stetigkeit in Verschiebungen und Neigungen herrscht dann nur noch in den Knotenpunkten!

Aufgabe 7.9

Bei Unterteilung der Quadratplatte in vier Elemente und Ausnutzung der Doppelsymmetrie ergibt sich als Eigenwertgleichung

$$\frac{B}{a^4}\left(\frac{936}{210}+\frac{936}{210}+2\,\frac{1296}{900}\right)-\frac{p}{a^2}\frac{5616}{12600}-\mu\omega^2\frac{24336}{176400}=0$$

und daraus

$$\omega \cong 36{,}984\sqrt{\frac{B}{\mu(2a)^4}}\sqrt{\left(1-\frac{p}{p_{\text{crit}}}\right)},\quad p_{\text{crit}}=105{,}8\frac{B}{(2a)^2}$$

Aufgabe 7.10

Das zur Indextafel gehörende Balkentragwerk ist in Bild 13.9 dargestellt.

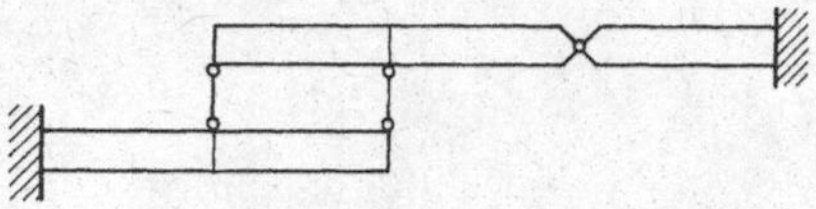

Bild 13.9. Balkentragwerk

13.8 Lösungen zu Kapitel 8

Aufgabe 8.1

Fall a: x–z-Ebene: $u_y = 0$; $\varphi_x = 0$; $\varphi_z = 0$;

y–z-Ebene: $u_y = 0$, $u_z = 0$; $\varphi_x = 0$.

Fall b: x–z-Ebene: $u_x = 0$, $u_z = 0$; $\varphi_y = 0$;

y–z-Ebene: $u_y = 0$; $u_z = 0$; $\varphi_x = 0$.

Aufgabe 8.2

Ohne Ausnutzung der Symmetrieeigenschaft ergibt sich als Unbekanntenzahl $N = 12 \times 6 = 72$ und als (halbe) Bandbreite $B = 30$.

Die Antimetrie-Randbedingungen sind in Bild 13.10 dargestellt. Von den Stäben 3, 10 und 17 dürfen bei der Berechnung des halben Systems nur die halben Querschnittswerte berücksichtigt werden! Man erhält $N = 36$ und $B = 18$.

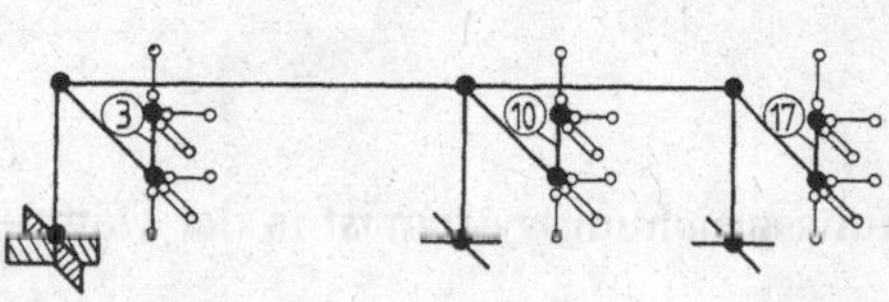

Bild 13.10. Antimetrierandbedingungen bei einem Rahmenfundament. Verschiebungsfesseln sind mit Einfachstrich, Drehfesseln mit einem Doppelstrich gekennzeichnet

Aufgabe 8.3

Bei Ausnutzung der dritten Symmetrieachse (C–C′) treten bei Schwingungen, die symmetrisch zu dieser Achse sind, Randbedingungen folgender Form auf: $u_n^* = 0$ (n: äußere Normale).

Dies entspricht folgender Randbedingung in u_x^* und u_y^*:

$$u_x^* \cos(x, n) + u_y^* \sin(x, n) = 0.$$

Man muß entweder eine Transformation der Randbedingungen aus dem x^*–y^*- in das n^*–t^*-Koordinatensystem vornehmen oder näherungsweise $u_n^* = 0$ durch eine sehr steife Feder realisieren.

13.9 Lösungen zu Kapitel 9

Aufgabe 9.1

Die Transformationsmatrizen lauten

$$\begin{Bmatrix} \tilde{w} \\ \tilde{\beta} \end{Bmatrix} = \begin{bmatrix} 1 \\ \hline -\dfrac{6}{4l} \end{bmatrix} \{\tilde{w}\}$$

und

$$\begin{Bmatrix} \tilde{w} \\ \tilde{\beta} \end{Bmatrix} = \begin{bmatrix} -\dfrac{4l}{6} \\ \hline 1 \end{bmatrix} \{\tilde{\beta}\}.$$

Aufgabe 9.2

Die Transformationsmatrix der statischen Kondensation ist folgendermaßen besetzt:

$$\begin{Bmatrix} \tilde{\varphi}_1 \\ \tilde{\varphi}_2 \\ \hline \tilde{w}_3 \\ \tilde{\varphi}_3 \end{Bmatrix} = \begin{bmatrix} \dfrac{-3}{7l} & \dfrac{-1}{7} \\ \dfrac{6}{7l} & \dfrac{2}{7} \\ \hline 1 & 0 \\ 0 & 1 \end{bmatrix} \begin{Bmatrix} \tilde{w}_3 \\ \tilde{\varphi}_3 \end{Bmatrix}.$$

Aufgabe 9.3

Das nichtkonservative kondensierte Bewegungsgleichungssystem ist in der Dämpfungsmatrix voll besetzt. Wegen

$$d_{ik}^{red} = \boldsymbol{\varphi}_i^T \boldsymbol{D} \boldsymbol{\varphi}_k = d$$

steht auf allen Positionen der Matrix $\boldsymbol{D}^{\mathrm{red}}$ der Wert d der Dämpfungskonstanten.

Aufgabe 9.4

Lösung siehe Gln. (9.21) und (9.24).

Aufgabe 9.5

Die Matrizenbesetzung und die Anordnung der Freiheitsgrade des Systems zeigen die Bilder 13.11–13.14.

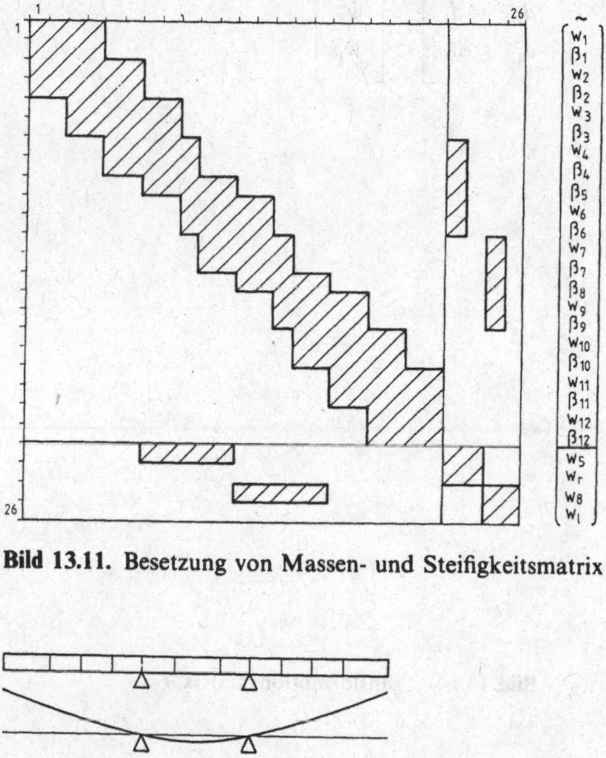

Bild 13.11. Besetzung von Massen- und Steifigkeitsmatrix vor der Reduktion

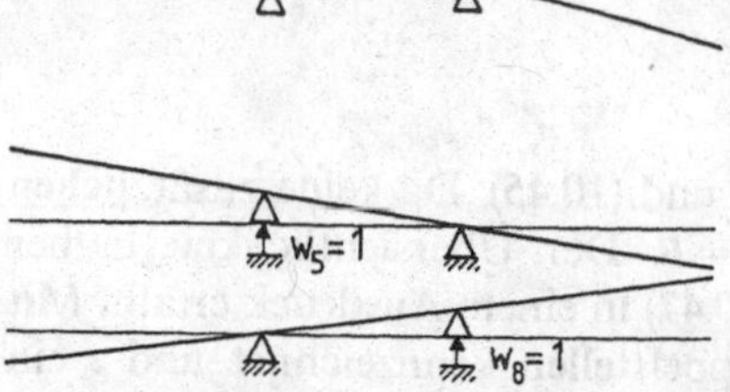

Bild 13.12. Hilfssystem und erste Eigenform

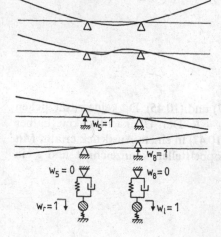

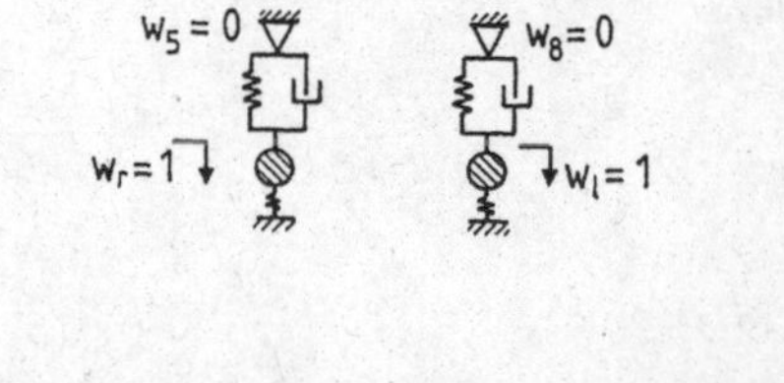

Bild 13.13. Statische Ansatzfiguren

Vor der Reduktion hat die Dämpfungsmatrix folgende Besetzung, wobei d_r und d_l nichtlineare (geschwindigkeitsabhängige) Dämpfungskoeffizienten sind.

$$\left[\begin{array}{c|cc|cc} \vdots & \vdots & & \vdots & \\ \cdots\ \boldsymbol{0} & \boldsymbol{0} & & \boldsymbol{0} & \\ \hline \cdots\ \boldsymbol{0} & d_r & -d_r & \boldsymbol{0} & \\ & -d_r & d_r & & \\ \hline \cdots\ \boldsymbol{0} & \boldsymbol{0} & & d_l & -d_l \\ & & & -d_l & d_l \end{array}\right] \left[\begin{array}{c} \vdots \\ \\ \hline \dot{w}_5 \\ \dot{w}_r \\ \hline \dot{w}_8 \\ \dot{w}_l \end{array}\right]$$

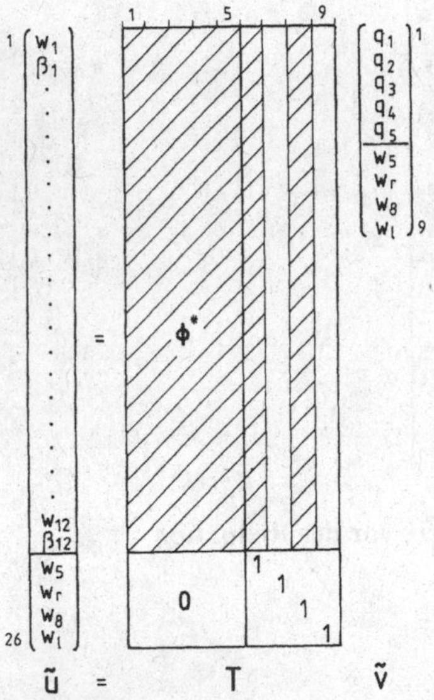

Bild 13.14. Transformationsmatrix $\boldsymbol{T}$

13.10 Lösungen zu Kapitel 10

Aufgabe 10.1

Ausgangspunkt bilden die Gln. (10.51), (10.47) und (10.45). Da keine zusätzlichen Koppelfedern vorhanden sein sollen, ist $\boldsymbol{F}_K = \boldsymbol{0}$. Der Übersichtlichkeit halber werden die beiden Substrukturanteile in Gl. (10.47) in einem Ausdruck erfaßt. Mit der Abkürzung $\boldsymbol{B}^T \boldsymbol{\varphi}_i = \boldsymbol{\varphi}_{Ki}$ (wobei K die Koppelstellen kennzeichnet und i ein Laufindex ist) kann man schreiben

$$\boldsymbol{F}^* = \sum_{i=I_w+1}^{I} \boldsymbol{\varphi}_{Ki}\, s_{gen,i}^{-1}\, \boldsymbol{\varphi}_{Ki}^T .$$

Das ist eine Summe aus dyadischen Produkten. Jedes dieser dyadischen Produkte hat als Matrix den Rang 1. Damit der Summenausdruck keinen Rangabfall mehr hat, muß die Anzahl der dyadischen Produkte (und das ist gerade die Anzahl der vernachlässigten Eigenformen) mindestens so groß sein wie die Abmessung von φ_{Ki}. Und das ist gerade die Anzahl der Koppelstellen.

Aufgabe 10.2

Der residuale Einheitslast-Verschiebungszustand aus Gl. (10.31a) läßt sich auch in der folgenden Form schreiben:

$$F_{res}(x, \bar{x}) = \sum_{j=J+1}^{\infty} [\varphi_j(x)\,\bar{\varphi}_j / s_{gen,\,j}].$$

Daraus ist ersichtlich, daß er nur Anteile aus den vernachlässigten Eigenformen enthält, die natürlich alle masse- und steifigkeitsproportional zu den wesentlichen Eigenformen sind. Eine völlig analoge Argumentation gelingt bei der Matrix $\boldsymbol{F}_{res}\,\boldsymbol{B}$, in der die Verschiebungsvektoren zu den Einheitslasten an den Koppelstellen zusammengefaßt sind. Man braucht sich dazu nur den Aufbau von $\boldsymbol{F}_{res}$ nach Gl. (10.45) anzuschauen.

Aufgabe 10.3

Aufbau der Systemmatrizen siehe Bild 13.15.

Die Rotoranteile (Substruktur R) entsprechen den Anteilen aus Gl. (10.12). Die Fundamentanteile ergeben sich in Analogie zu Gl. (10.32). Die Gleitlagereffekte bleiben zwar bei Substruktur R auf die Koppelunbekannten beschränkt, bei der Substruktur F (Fundament) treten Komponenten der Gleitlagermatrizen nach der modalen Zerlegung bei allen fundamentseitigen Freiheitsgraden auf.

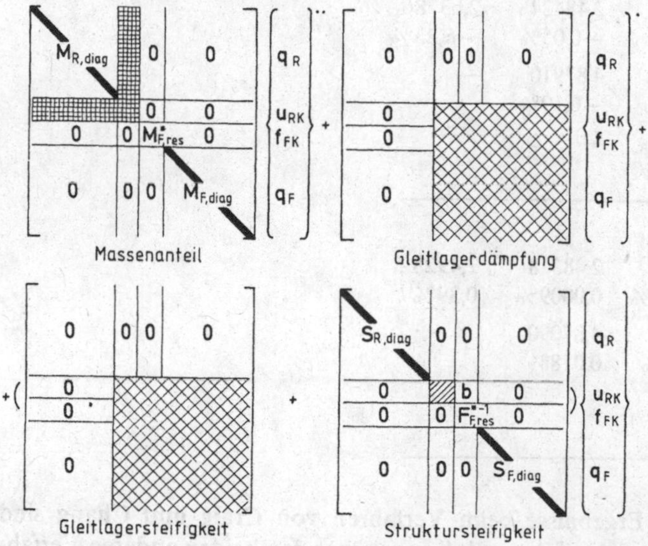

Bild 13.15. Systemmatrizen für das Beispiel Rotor-Fundament

Aufgabe 10.4

Das Verfahren von MacNeal ist nicht anwendbar, da zur Erzeugung der residualen Nachgiebigkeitsmatrix die Steifigkeitsmatrix invertiert werden muß, Gl. (10.43). Bei der ungefesselten Rotorsubstruktur ist dies nicht möglich. Wie man dann vorzugehen hat, ist in knapper Form z.B. in [10.32] angegeben.

Aufgabe 10.5

Die normierten Eigenfrequenzen, die sich bei den drei Verfahren ergeben, sind zusammen mit den Fehlern gegenüber der Vergleichslösung in der nachfolgenden Tabelle zu dieser Aufgabe zusammengestellt.

	Anzahl der berücksichtigten Substruktureigenformen		
	3	2	1
Hou und Goldmann			
$\varkappa_1$	2,51264 1,18%	2,52036 1,49%	3,06186 23,3%
$\varkappa_2$	4,92693 1,16%	4,94656 1,57%	—
$\varkappa_3$	9,06950 0,06%	—	—
MacNeal			
$\varkappa_1$	2,48372 −0,02%	2,48424 −0,05%	2,63786 −6,23%
$\varkappa_2$	4,87403 −0,08%	4,87910 −0,19%	—
$\varkappa_3$	9,06533 −0,02%	—	—
Craig und Chang			
$\varkappa_1$	2,48361 0,00009%	2,48318 0,0009%	2,49282 0,39%
$\varkappa_2$	4,87009 0,0014%	4,87090 0,018%	
$\varkappa_3$	9,06403 0,001%		

Die ausgezeichneten Ergebnisse beim Verfahren von Craig und Chang sind natürlich auch darauf zurückzuführen, daß gegenüber den beiden anderen Verfahren ein zusätzlicher Freiheitsgrad $F_{res}f$ mitgeführt wird.

13.11 Lösungen zu Kapitel 11

Aufgabe 11.1

a) Die Fliehkraft F_4 in Bild 11.12 nimmt bei kleinen Winkeln linear mit der Verdrillung des Rohrholms zu, da der Radius der Flügelspitzenauslenkung mit dem Drillwinkel anwächst. Die Komponente in Umfangsrichtung, die den Flügel kippen möchte, nimmt also auch zu. Die elastische Verdrehung des Holms verursacht eine Rückstellkraft, die ebenfalls dem Drillwinkel proportional ist. Diese Rückstellkraft ist aber drehzahlunabhängig, während F_4 mit Ω^2 wächst. Bei $\Omega = \Omega_{gr}$ kann die Holmdrehsteifigkeit gegen die Fliehkraft nicht mehr an, die bei kleinen Störungen entsteht. Der Flügel kippt.

b) Die Kreiselkräfte koppeln die Eigenformen bei Rotation des Rotors.

c) Die Stabelemente 0 bis 1 und 1 bis 2 sind durch die Fliehkraft axial hoch beansprucht. Hier muß die geometrische Steifigkeit berücksichtigt werden. Die Konstruktion ist aber statisch bestimmt. Die Axialkraft im Rohrholm kann vorab ermittelt werden.

d) Das Zentralrohr ist symmetrisch; der Unterbau ist sehr wahrscheinlich auch symmetrisch. Dann herrscht Isotropie im nichtrotierenden System. Die Bewegungsgleichungen, im rotierenden Koordinatensystem formuliert, bleiben dann zeitinvariant.

e) Lies nach bei [11.5, 11.7].

Aufgabe 11.2

Kinematik

— Ortsvektor:

$$\boldsymbol{r}_k^{(0)} = \boldsymbol{u}_g^{(0)} + \boldsymbol{T}(\boldsymbol{s}_k^{(1)} + \boldsymbol{u}_k^{(1)}),$$

$$\boldsymbol{r}_k^{(1)} = \boldsymbol{T}^T \boldsymbol{u}_g^{(0)} + \boldsymbol{s}_k^{(1)} + \boldsymbol{u}_k^{(1)}$$

$$= \boldsymbol{u}_g^{(1)} + \boldsymbol{s}_k^{(1)} + \boldsymbol{u}_k^{(1)}$$

mit $\boldsymbol{T}$ nach Gl. (11.4);

— Absolutbeschleunigung, inertial:

$$\ddot{\boldsymbol{r}}_k^{(0)} = \ddot{\boldsymbol{u}}_g^{(0)} + \ddot{\boldsymbol{T}}(\boldsymbol{s}_k^{(1)} + \boldsymbol{u}_k^{(1)}) + 2\,\dot{\boldsymbol{T}}(\boldsymbol{0} + \dot{\boldsymbol{u}}_k^{(1)}) + \boldsymbol{T}(\boldsymbol{0} + \ddot{\boldsymbol{u}}_k^{(1)});$$

— Virtuelle Verschiebungen:

$$\delta\boldsymbol{r}_k^{(0)} = \delta\boldsymbol{u}_g^{(0)} + \boldsymbol{T}(0 + \delta\boldsymbol{u}_k^{(1)}),$$

$$\delta\boldsymbol{r}_k^{(1)} = \boldsymbol{T}^T\,\delta\boldsymbol{u}_g^{(0)} + \delta\boldsymbol{u}_k^{(1)}$$

$$= \delta\boldsymbol{u}_g^{(1)} + \delta\boldsymbol{u}_k^{(1)};$$

Virtuelle Arbeiten

$$\delta W_m = \delta V_e^A + \delta V_e^B$$

— δV_e^A der rotierenden Flügel:

$$\delta V_e^A = \sum_k \delta \boldsymbol{u}_k^{(1)T} \begin{bmatrix} c_{Fx}^{(1)} & & \\ & c_{Fy}^{(1)} & \\ & & c_{Fz}^{(1)} \end{bmatrix} \boldsymbol{u}_k^{(1)},$$

wobei $c_{Fy}^{(1)}$ und $c_{Fz}^{(1)}$ noch von der Drehzahl Ω abhängen, die gegenüber Querbewegungen versteift.

— δV_e^B des Turms:

$$\delta V_e^B = \delta \boldsymbol{u}_g^{(0)T} \underbrace{\begin{bmatrix} c_{gx}^{(0)} & & \\ & c_{gy}^{(0)} & \\ & & c_{gz}^{(0)} \end{bmatrix}}_{\boldsymbol{C}_g} \boldsymbol{u}_g^{(0)} = \delta \boldsymbol{u}_g^{(1)} \boldsymbol{T}^T \boldsymbol{C}_g \boldsymbol{T} \boldsymbol{u}_g^{(1)};$$

— δW_m Massenterme von Gondel und Flügeln:

$$-\delta W_m = \delta \boldsymbol{u}_g^{(0)T} m_g \ddot{\boldsymbol{u}}_g^{(0)} + \sum_k \delta \boldsymbol{r}_k^{(1)T} m_k \boldsymbol{T}^T \ddot{\boldsymbol{r}}_k^{(0)}$$

$$= \delta \boldsymbol{u}_g^{(1)T} \boldsymbol{T}^T m_g \boldsymbol{T} \ddot{\boldsymbol{u}}_g^{(1)} + \sum_k (\delta \boldsymbol{u}_g^{(1)T} + \delta \boldsymbol{u}_k^{(1)T}) m_k \cdot$$

$$\boldsymbol{T}^T (\ddot{\boldsymbol{u}}_g^{(0)} + \ddot{\boldsymbol{T}}(\boldsymbol{s}_k^{(1)} + \boldsymbol{u}_k^{(1)}) + 2\,\dot{\boldsymbol{T}} \dot{\boldsymbol{u}}_k^{(1)} + \boldsymbol{T} \ddot{\boldsymbol{u}}_k^{(1)}),$$

wobei $\quad \boldsymbol{T}^T \ddot{\boldsymbol{u}}_g^{(0)} = \ddot{\boldsymbol{u}}_g^{(1)};$

Gesamtgleichungssystem, zeitvariant

$$\boldsymbol{M}_s \ddot{\boldsymbol{u}}^{(1)} + \boldsymbol{G}(\Omega) \dot{\boldsymbol{u}}^{(1)} - \Omega^2 \boldsymbol{M}_\Omega \boldsymbol{u}^{(1)} + \boldsymbol{S}(\Omega, t) \boldsymbol{u}^{(1)} = \boldsymbol{p}^{(1)}(\Omega);$$

— zeitvariante Steifigkeitsmatrix $\boldsymbol{S}(\Omega, t) = \boldsymbol{S}_s + \boldsymbol{S}_{geo}$:

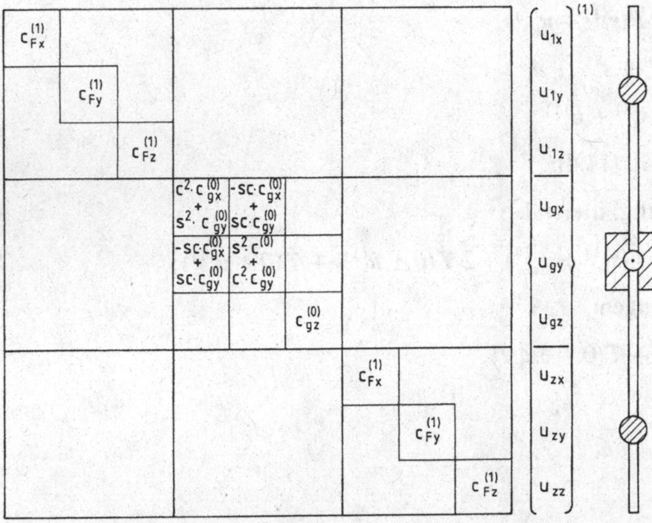

mit c = cos Ωt und s = sin Ωt

— Matrizen M_s und M_Ω:

m			m					
	m			m				
		(m)			(m)			
m			(m_g) $+2m$			m		
	m			(m_g) $+2m$			m	
		(m)			$\left(\begin{matrix} m_g \\ +2m \end{matrix}\right)$			(m)
			m			m		
				m			m	
					(m)			(m)

wobei in M_Ω die eingeklammerten Terme entfallen.

— gyroskopische Matrix $G(\Omega)$:

2Ω

	−m			−m				
m			m					
	−m			−2m			−m	
m			2m			m		
				−m			−m	
			m			m		

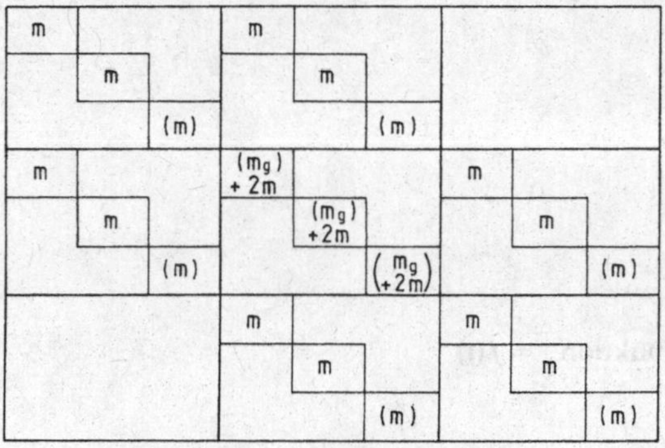

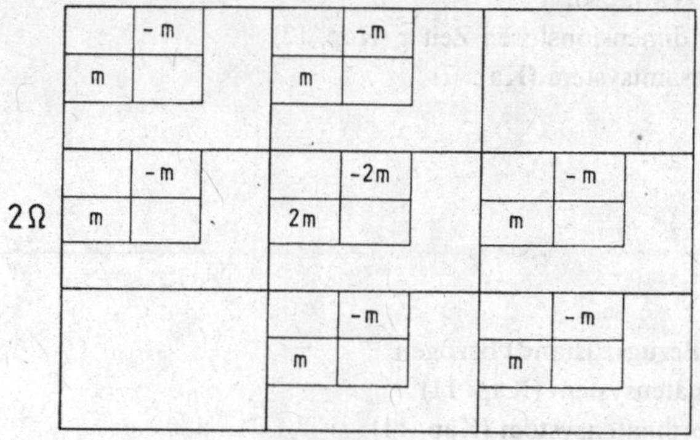

Symbole und Bezeichnungen

Allgemein verwendete Symbole

$\tilde{}$	zeitlich veränderliche Funktion $\tilde{f} = f(t)$
{ }	Vektor
[ ]	Matrix
$\lceil\ \rfloor$, $\left[\diagdown s_j \diagdown\right]$	Diagonalmatrix
$\langle\ \rangle$	antimetrische 3 × 3-Matrix für Kreuzprodukt in Matrizenschreibweise
$(\ )^{\cdot}$	Zeitableitung
$(\ )'$	Ableitung nach der Variablen x
	Ableitung nach der dimensionslosen Zeit τ (Kap. 12)
*	bezogen auf das Gesamtsystem (Kap. 7)

hochgestelle Indizes

+	zu $e^{+i\Omega t}$ gehörig
−	zu $e^{-i\Omega t}$ gehörig
(0)	auf Ausgangslage (Bezugszustand) bezogen
	raumfestes Koordinatensystem (Kap. 11)
(1)	mitrotierendes Koordinatensystem (Kap. 11)
red	reduziert
T	transponiert

tiefgestellte Indizes

i . . . n	Laufindizes
I . . . N	Maximalwerte der Laufindizes
a	äußere, antimetrisch
c	Cosinusanteil
diag	Diagonalmatrix
e	elastisch
F	Fundament
g	geometrisch
gen	generalisiert
H	Hauptunbekannte (Kap. 9)

i	innere Unbekannte (Kap. 10)
k	Koppelunbekannte
l	links, Funktionswert für $x=l$
m	Masse
N	Nebenunbekannte (Kap. 9)
o	Funktionswert für $x=0$
res	Residualgröße
r	Radius, rechts
R	Rotor
s	symmetrisch, Sinusanteil
stat	statisch, stationär
sub	substrukturbezogen (Kap. 10)
sys	systembezogen (Kap. 10)
t	Torsion
w	wesentliche Unbekannte (Kap. 10)
x, y, z	Koordinatenrichtungen

Kleinbuchstaben

a_l	Koeffizienten von Verschiebungsansätzen
c	Federkonstante
$\hat{c}$	Drehfederkonstante
d	Dekrement, Rangabfall, Dämpfungskonstante
e	Exzentrizität
$f(t)$	Funktionsverlauf
$f_i(\xi)$	Ansatzfunktion für Balkenverschiebungen
g	Gravitationskonstante
$g_i(\xi)$	Ansatzfunktion für Balkenquerschnittsneigung
$h_i(\xi, \eta)$	Ansatzfunktion für Plattenquerverschiebung (Kap. 7)
$h_i(\xi, \eta)$	Ansatzfunktion für Stablängsverschiebung (Kap. 11)
$h_{xi}(\xi, \eta)$	Ansatzfunktion für Plattenquerschnittsneigung
k	Bettungsziffer, Schubparameter (Kap. 7)
l	Länge
m	Masse
m_x, m_y	Biegemomente der Platte (je Längeneinheit)
m_{xy}	Drillmoment der Platte
n_x, n_y	Normalkräfte der Scheibe (pro Längeneinheit)
n_{xy}	Schubkraft der Scheibe
$p\ (p_x, p_y, p_z)$	Linienlast
p_{mx}, p_{my}, p_{mz}	Momentenbelastung
p	($\hat{=}$ d/dt, Kap. 10)
q	generalisierte Verschiebung, modaler Freiheitsgrad
$q\ (q_x, q_y)$	Querkräfte (pro Längeneinheit)
r	Radius
r_j	generalisierte Belastung
s, s_j	Steifigkeit, generalisierte Steifigkeit
t	Zeit Plattendicke

t_{ij}	Komponenten der Übertragungsmatrix
u; v, w	Stablängsverschiebung; Balkenverschiebungen
u, v; w	Scheibenverschiebungen; Plattenverschiebung
x, y, z	Koordinaten

Großbuchstaben

$A_x(A_y)$	antimetrischer Zustand bezüglich der Ebene mit der Normalen $x(y)$
$B(B_y, B_z)$	Biegesteifigkeit (bei Biegung um y-, z-Achse)
D	Dehnsteifigkeit; Dämpfungsgrad, Lehrsches Dämpfungsmaß
E	Elastizitätsmodul
F	Fläche, Federkraft
EI,	Biegesteifigkeit
F_y, F_z	Schubflächen beim Balken
$F(x, \bar{x})$	Nachgiebigkeitszahl
$F(\mathrm{i}\Omega)$	Frequenzgang
G	Gleitmodul
I_y, I_z	Flächenträgheitsmoment
I_t	Torsionsträgheitsmoment
J_i	Abkürzung für Integrale
M (M_y, M_z)	Balkenbiegemoment (bei Biegung um y-, z-Achse)
M_x	Torsionsmoment
M	Einzelmasse
N	Normalkraft
$N^{(0)}$	Normalkraft im Bezugszustand
P, P_F	Einzellast, Federkraft
Q (Q_y, Q_z)	Balkenquerkraft (in y-, z-Richtung)
$R_i(x)$	Rayleighfunktionen
$R[\,.\,.\,]$	Rayleighquotient
Re( )	Realteil einer komplexen Zahl
S	Schubsteifigkeit
S_{ij}	Koeffizient der Steifigkeitsmatrix
$S_x(S_y)$	symmetrischer Zustand bezüglich der Ebene mit der Flächennormalen $x(y)$
T	Periodendauer
$V(V_e)$	potentielle Energie (Formänderungsenergie)
$V^{(0)}$	potentielle Energie aus Anfangslasten
W_a (W_m)	Arbeit der äußeren Kräfte (Massenkräfte)
X, Y, Z	Kraft in x-, y-, z-Richtung
X_j	statisch Unbestimmte

Griechische Buchstaben

α	Realteil der Wurzel
$\beta(\beta_y, \beta_z)$	Querschnittsneigung (Drehung um y-, z-Achse)

β_x	Stabdrehwinkel
β	Quotient aus Eigenfrequenz und Erregerfrequenz
γ	dimensionslose Amplitude
$\gamma\ (\gamma_{xy}, \gamma_{xz}, \gamma_{yz})$	Schubverzerrungen
δ	virtuelle Größe
Δ	Inkrement, Zuwachs
$\varepsilon\ (\varepsilon_x, \varepsilon_y)$	Dehnung
$\varepsilon_{lin}\ (\varepsilon_{quadr})$	lineare (quadratische) Dehnungsanteile
ε	Exzentrizität; Steigparameter
η	Quotient aus Erregerfrequenz und Eigenfrequenz
Θ	Drehträgheit
$\varkappa(\varkappa_y, \varkappa_z)$	Balkenkrümmungen
$\varkappa_x$	Balkenverdrehung
$\varkappa_x, \varkappa_y, (\varkappa_{xy})$	Plattenkrümmungen, (Verwindung)
λ	Eigenwert, Abkürzung bei Übertragungsmatrizen
μ	Massenbelegung
$\mu_{mx}, \mu_{my}, \mu_{mz}$	Drehmassenbelegungen (Kap. 5, 7, 10)
$\hat{\mu}$	Drehmassenbelegung (Kap. 2)
ν	Querkontraktionszahl
ξ, η	dimensionslose Koordinaten
ϱ	Dichte
σ	Schubparameter
τ	(dimensionslose) Zeit
φ	Winkelgröße; Eigenform, Eigenfunktion
ψ	Winkel (bei rotierenden Systemen)
ω	Eigenkreisfrequenz, Imaginärteil der Wurzel
Ω	Erregerkreisfrequenz

Vektoren und Matrizen aus lateinischen Buchstaben

Komponentenweise geschriebene Vektoren werden durch { }, Matrizen durch [ ] gekennzeichnet.

$\boldsymbol{a}$	Verschiebungsvektor (Kap. 2), Beschleunigungsvektor
$\boldsymbol{A}_i$	Boolesche Matrix zur Transformation von Elementebene auf Systemebene
$\boldsymbol{B}$	Boolesche Matrix
$\boldsymbol{d}^*$	belastungsbedingte residuale Relativverschiebungen in Koppelelementen (Kap. 10)
$\boldsymbol{D}$	Dämpfungsmatrix
$\boldsymbol{f}$	Vektor von Ansatzfunktionen für Balkenverschiebungen (Kap. 7), Koppelkraftvektor (Kap. 10)
$\boldsymbol{F}$	Nachgiebigkeitsmatrix
$\boldsymbol{F}_k$	Matrix der Koppelnachgiebigkeiten
$\boldsymbol{F}^*$	Matrix der Koppelnachgiebigkeiten mit Residualeffekten

$\boldsymbol{h}$	Vektor der Plattenansatzfunktionen (Kap. 7) bzw. Stabansatzfunktion (Kap. 11)
$\boldsymbol{I}$	Einheitsmatrix
$\boldsymbol{M}$	Massenmatrix
$\boldsymbol{p}$	Belastungsvektor
$\boldsymbol{q}$	Vektor generalisierter (modaler) Verschiebungen
$\boldsymbol{r}$	Lagevektor eines Punktes
$\boldsymbol{s}$	Vektor zum Schwerpunkt eines unverschobenen Körpers (Kap. 11)
$\boldsymbol{S}$	Steifigkeitsmatrix
$\boldsymbol{T}$	Transformationsmatrix, Übertragungsmatrix (Kap. 2 und 4)
$\boldsymbol{T}^{m}$, $\boldsymbol{T}^{c}$	Übertragungsmatrix für Einzelmasse und Einzelfeder
$\boldsymbol{T}^{B}$, $\boldsymbol{T}^{\mu B}$	Übertragungsmatrix für Balken (masselos, mit Massenbelegung)
$\boldsymbol{u}$	Verschiebungsvektor
$\boldsymbol{U}$	Modalmatrix (Kap. 12)
$\boldsymbol{x}$	Zustandsvektor beim Übertragungsverfahren

Vektoren und Matrizen aus griechischen Buchstaben

$\boldsymbol{\varkappa}$	Vektor der Verwindungen bei der Platte
$\boldsymbol{\varphi}$	Eigenvektor
$\boldsymbol{\Phi}$	Modalmatrix, Fundamentalmatrix (Kap. 12)

Literatur

Kapitel 2

2.1 Marguerre, K.: Abriß der Schwingungslehre. In: Stahlbau — Ein Handbuch für Studium und Praxis, 2. Aufl. Köln: Stahlbau-Verlags-GmbH 1961, 386–423

2.2 Saal, G.; Saal, H.: Grundformeln des Weggrößen- und Übertragungsverfahrens für Stäbe. Der Stahlbau 5 (1981) 134–142

2.3 Stein, P.: Ein Beitrag zur Berücksichtigung des Schubes und der Rotationsträgheit beim Stab mit konstanter Längskraft. Der Stahlbau 48 (1979) 269–274

2.4 Winkler, E.: Die Lehre von der Elastizität und Festigkeit. Prag 1867

2.5 Blevins, R.D.: Formulas for natural frequency and mode shape. New York: Van Nostrand Reinhold Company 1979

2.6 Engl, A.: Ursachen periodischer Verschleißerscheinungen an Laufringen von Druckmaschinen. Diss., RWTH Aachen 1985

2.7 Timoshenko, S.P.: On the correction for shear of the differential equation for the transverse vibrations of prismatic bars. Philos. Mag., Series 6, 41 (1921), 744–746

2.8 Timoshenko, S.P.: On the transverse vibrations of bars of uniform cross section. Philos. Mag., Series 6, 43 (1922), 125–131

2.9 Stephen, N.G.: Considerations on second order beam theories. Int. J. Solids Struct. 17 (1981) 325–333

2.10 Szilard, R.: Theory and Analysis of Plates. Engelwood Cliffs: Prentice-Hall 1974

2.11 Marguerre, K. and Woernle, H.-T.: Elastic Plates. Waltham: Blaisdell Publishing 1969

2.12 Girkmann, K.: Flächentragwerke, 4. Aufl. Wien: Springer 1956

2.13 Reissner, E.: On bending of elastic plates. Q Appl Mech 5 (1947) 55–68

2.14 Mindlin, R.D.: Influence of rotatory inertia and shear on flexural vibrations of isotropic elastic plates. J Appl Mech 18 (1951) 31–38

2.15 Mindlin, R.D.; Deresiewicz, H.: Thickness shear and flexural vibrations of circular discs. J. Appl. Phys 29 (1954) 1329–1332

2.16 Irretier, H.: Die Berechnung der Schwingungen rotierender, beschaufelter Scheiben mittels eines Anfangswertverfahrens. Diss., TU Hannover 1978

2.17 Irretier, H.: The natural and forced vibrations of a wheel disc. J. Sound Vib. 87 (1983) 161–177

2.18 Rayleigh, J.W.S.: Theory of Sound. 2nd edn. New York: Dover Pubication 1945

2.19 Stattford, J.W.: Natural frequencies of beams and plates on an elastic foundation with a constant medium. J. Franklin Inst. 284 (1967) 262–264

2.20 Hohenemser, K. und Prager, W.: Dynamik der Stabwerke. Berlin: Springer 1933

2.21 Kloušek, V.: Dynamik der Durchlaufträger und Rahmen. Leipzig: VEB Fachbuchverlag 1953

2.22 Kloušek, V.: Dynamik der Baukonstruktionen. Berlin: VEB Verlag für Bauwesen 1962

Kapitel 3

3.1 Bishop, R.E.D.; Johnson, D.C.: The mechanics of vibration. Cambridge: Cambridge University Press 1960

3.2 Gasch, R.: Eignung der Schwingungsmessung zur Ermittlung der dynamischen Beanspruchung von Bauteilen. Berlin, München, Düsseldorf: Verlag W. Ernst & Sohn, Reihe "Aus der Bauforschung", 52, 1969

3.3 Blevins, R.D.: Formulas for natural frequency and mode shape. New York: Van Nostrand Reinhold Company 1979

Kapitel 4

4.1 Holzer, H.: Die Berechnung der Drehschwingungen. Berlin: Springer 1921

4.2 Fuhrke, H.: Bestimmung von Balkenschwingungen mit Hilfe des Matrizenkalküls. Ing Arch 23 (1955) 329–384

4.3 Uhrig, R.: Elastostatik und Elastokinetik in Matrizenschreibweise — Das Verfahren der Übertragungsmatrizen. Berlin: Springer 1973

4.4 Pestel, E.C.; Leckie, F.A.: Matrix methods in elastomechanics. New York: McGraw-Hill 1963

Kapitel 5

5.1 Funk, D.: Variationsrechnung und ihre Anwendung in Physik und Technik. Berlin: Springer 1962

5.2 Wlassow, W.S.: Dünnwandige elastische Stäbe, Band 1 und 2. Berlin: VEB Verlag für Bauwesen 1964

5.3 Roick, K.; Carl, J.; Lindner, J.: Biegetorsionsprobleme gerader, dünnwandiger Stäbe. Berlin, München, Düsseldorf: Verlag Wilhelm Ernst und Sohn 1972

5.4 Flügge, W.; Marguerre, K.: Wölbkräfte in dünnwandigen Profilstäben. Ing Arch 18 (1954)

5.5 Kindmann, R.: Traglastermittlung ebener Stabwerke mit räumlicher Beanspruchung. Institut für konstruktiven Ingenieurbau, Ruhr-Universität Bochum, Mitt. Nr. 81–3, Februar 1981

5.6 Mehn, R.: Ein Beitrag zur Theorie von anisotropen dünnwandigen Stäben. Fortschritt-Berichte VDI, Reihe 1: Konstruktionstechnik/Maschinenbau, Nr. 141 Düsseldorf: VDI-Verlag 1986

5.7 Hapel, K.-H.: Torsion von Containerschiffen. Eine Studienhilfe für Schiffsstatiker. TU Berlin, Institut für Schiffstechnik. Berlin 1975

5.8 Eschenauer, H. und Schnell, W.: Elastizitätstheorie I. Grundlagen, Scheiben und Platten. Mannheim-Wien-Zürich: Bibliographisches Institut 1981

5.9 Schnell, W. und Eschenauer, H.: Elastizitätstheorie II, Schalen. Mannheim-Wien-Zürich: Bibliographisches Institut 1984

5.10 Washizu, K.: Variational methods in elasticity and plasticity. 3rd ed. Oxford: Pergamon Press 1982

5.11 Nowotny, B.: Erdbebenberechnung der Betonstruktur und des Reaktordruckgefäßes eines AEG-Siedewasserreaktors. In: Finite Element Congreß, IKO Software Service, Baden-Baden 1972

Kapitel 6

6.1 Rayleigh, J.W.S.: The theory of sound, 2nd edn. New York: Dover Publications 1945

6.2 Ritz, W.: Über eine neue Methode zur Lösung gewisser Variationsprobleme der mathematischen Physik. J. reine angew. Math. 35 (1908), H.1, 1–61

6.3 Courant, R.: Variational methods for the solution of problems of equilibrium and vibrations. Bull. American Math. Soc. Vol. 49 (1943) 1–23

6.4 Zurmühl, R.: Praktische Mathematik für Ingenieure und Physiker. 5. Aufl. Berlin: Springer 1965

Kapitel 7

7.1 Zurmühl, R.: Ein Matrizenverfahren zur Behandlung von Biegeschwingungen nach der Deformationsmethode. Ing Arch 22 (1963) 201–213

7.2 Uhrig, R.: Zur Berechnung der Steifigkeitsmatrizen des Balkens. Der Stahlbau 4 (1965) 123–125

7.3 Uhrig, R.: Finite Berechnung von Schwingungen mit kontinuierlich verteilter Masse und Nachgiebigkeit. Ing Arch 24 (1965) 95–108

7.4 Knothe, K.: Vergleichende Darstellung verschiedener Verfahren zur Berechnung der Eigenschwingungen von Rahmentragwerken. Fortschr.-Ber. VDI-Z. Reihe 11, Nr. 9 Düsseldorf: VDI-Verlag 1971

7.5 Zienkiewicz, O.C.: Methode der finiten Elemente. München, Wien: Hanser 1975

7.6 Gallagher, R.H.: Finite-Element-Analysis. Berlin: Springer 1976

7.7 Tong, P.; Rossettos, J.N.: Finite element method — basic techniques and implementation. Cambridge, Massachusetts: MIT Press 1977

7.8 Schwarz, H.-R.: Methode der finiten Elemente. Stuttgart: Teubner: 1984

7.9 Zienkiewicz, O.C.: The finite element method, 3rd edn. New York: McGraw-Hill 1977

7.10 Argyris, J.H.; Mlejnek, H.R.: Die Methode der finiten Elemente in der elementaren Strukturmechanik. Band I: Verschiebungsmethode in der Statik. Braunschweig: Vieweg-Verlag 1986

7.11 Argyris, J.H.; Mlejnek, H.R.: Die Methode der finiten Elemente in der elementaren Strukturmechanik. Band II: Kraft- und gemischte Methoden, Nichtlinearitäten. Braunschweig: Vieweg-Verlag 1987

7.12 Bathe, K.-J.: Finite-Elemente-Methoden. Berlin: Springer 1986

7.13 Kikuchi, N.: Finite element methods in mechanics. Cambridge: Cambridge University Press 1986

7.14 Brebbia, C. (Ed.): Finite Element Systems, A Handbook. A computational Mechanics Centre Publication; Berlin: Springer 1982

7.15 Kardestuncer, H. (Ed.): Finite element handbook. New York: McGraw-Hill 1984

7.16 Ashwell, D.G.; Gallagher, R.H. (Eds.): Finite elements for thin shells and curved members. London: Wiley 1976

7.17 Kamal, M.M.; Wolf, J.A. (Eds.): Finite element applications in vibration problems. New York: American Society of Mechanical Engineers 1977

7.18 Bogner, F.K.; Fox, R.L.; Schmit, L.A.: The generation of interelement, compatible stiffness and mass matrices by use of interpolation formulas. Proc. (1st.) Conf. on Matrix Meth. in Struct. Mech. AFFDL TR (1965) 66–80

7.19 Schaefer, H.: Eine einfache Konstruktion von Koordinatenfunktionen für die numerische Lösung zweidimensionaler Randwertprobleme nach Rayleigh-Ritz. Ing Arch 25 (1966) 73–81

7.20 Hinton, E.; Owen, D.R.J. (eds.): Finite element software for plates and shells. Swansea: Pineridge Press 1983

7.21 Zienkiewicz, O.C.; Taylor, R.L.; Too, J.M.: Reduced integration in general analysis of plates and shells. Int. J. Numerical Methods Eng. 3 (1971) 275–290

7.22 Hinton, E.; Razzaque, A.; Zienkiewicz, O.C.; Davies, J.D.: Simple finite element solution for plates of homogeneous, sandwich and cellular construction. Proc. ICE, Part II, 59 (1975) 43–65

7.23 Pugh, E.D.L.; Hinton, E.; Zienkiewicz, O.C.: A study of quadrilateral plate bending elements with reduced integration. Int. J. Numerical Methods Eng. 12 (1978) 1059–1079

7.24 Hinton, E.; Salonen, E.M.; Bicanic, N.: A study of locking phenomena in isoparametric elements. 3rd MAFELAP Conf. Brunel Univ., Uxbridge 1978, Proc. (ed. J.R. Whiteman) London: Academic Press 1979

7.25 Malkus, D.S.; Hughes, T.J.R.: Mixed finite elements — reduced and selective integration techniques: a unification of concepts. Comp. Meth. in Appl. Mech. Eng. 15 (1978) 63–81

7.26 Atluri, S.N.; Gallagher, R.H.; Zienkiewicz, O.C. (eds.): Hybrid and mixed finite element methods. New York: Wiley-Interscience 1983

7.27 Noor, A.K. and Peters, J.M.: Mixed models and reduced/selective integration. Displacement models for vibration analysis of shells. In: [26], 537–564

7.28 Karamanlidis, D.; Le The, H.: Berechnung dünner Plattentragwerke nach dem Finite-Elemente-Verfahren. VDI-Forschungsh. 621 Düsseldorf: VDI-Verlag 1984

7.29 Karamanlidis, D.; Atluri, S.N.: Mixed finite element models for plate bending analysis. Theory. Comput. Struct. 19 (1984) 431–445

7.30 Karamanlidis, D.; Le The, Hung; Atluri, S.N.: Mixed finite element models for plate bending analysis: A new element and its applications. Comput. Struct. 19 (1984) 565–581

7.31 Kloušek, V.: Dynamik der Baukonstruktionen, Berlin: VEB Verlag für Bauwesen 1962

Kapitel 8

8.1 Heiß, P.: Untersuchungen über das Körperschall- und Abstrahlverhalten eines Reisezugwagens. Diss., TU Berlin 1986

Kapitel 9

9.1 Guyan, R.J.: Reduction of stiffness and mass matrices. AIAA-J. 3 (1965) No.2

9.2 Nordmann, R.: Ein Näherungsverfahren zur Berechnung der Eigenwerte und Eigenformen von Turborotoren mit Gleitlagern, Spalterregung, äußerer und innerer Dämpfung, Diss., TH Darmstadt 1974

9.3 Försching, R.: Grundlagen der Aeroelastik. Berlin: Springer 1974

9.4 Gasch, R.: Laufstabilität von rotierenden Wellen. Ing. Arch. 42 (1973) 58–68

9.5 Kim, T.D.; Lee, C.W.: Finite element analysis of rotor bearing systems using a modal transformation matrix. J. Sound Vibration 111 No. 3 (1986) 441–456

9.6 Gasch, R.; Pfützner, H.: Rotordynamik — Eine Einführung. Berlin: Springer 1975

9.7 Hurty, W.C.: Dynamic analysis of structural systems using component modes. AIAA-J. 3 (1965) 678–685

9.8 Hintz, R.M.: Analytical methods in component modal synthesis. AIAA-J. 13 (1975) 1007–1016

9.9 Craig, R.R.; Chang, Ch.-J.: On the use of attachment modes in substructure coupling for dynamic analysis. Paper 77–405 presented at Dynamics & Structural Dynamics, AIAA/ASME 18th Structure, Structural Dynamics and Material Conf., San Diego, 1977

Kapitel 10

10.1 Hurty, W.C.: Vibrations of structural systems by component modal synthesis. Proc. ASCE 86, EM 4 (1960) 51–69

10.2 Hurty, W.C.: Dynamic analysis of structural systems using component modes. AIAA-J. 3 (1965) 678–685

10.3 Craig, R.R.; Bampton, M.C.C.: Coupling of substructures for dynamic analysis. AIAA-J. 6 (1968) 1313–1319.

10.4 Jäcker, M.: Berechnung und Bewertung der Eigenschwingungen des gekoppelten Systems Rotor-Fundament. VDI-Berichte 221 (1974) 145–150.

10.5 Jäcker M.: Konservative und nichtkonservative Ansätze zur Beurteilung des unwuchterzwungenen Schwingungsverhaltens großer Rotor-Fundament-Systeme. VDI-Berichte 269 (1976) Düsseldorf, (1976) 165–174

10.6 Jäcker, M.; Knothe, K.: Unwuchterzwungene Schwingungen von Rotor und Fundament bei grossen Turbosätzen. ILR-Mitt. 61, TU Berlin 1979

10.7 Jäcker, M.; Knothe, K.: The determination of eigenvibrations and unbalance response of large rotor-foundation-systems by modal condensation. Proc. 112. Euromech. Coll., Matrafüred, Ungarn, 21.–23. Febr. (1979) 211–232

10.8 Jäcker, M.: Vibration analysis of large rotor-bearing-foundation-systems using a modal condensation for the reduction of unknowns. Proc. Sec. Int. Conf. "Vibrations in Rotating Machinery", Inst. of Mech. Eng. C 280/80 (1980) 195–202

10.9 Jainski, T.: Modal resolution of transient vibrations in rotor-bearing-foundation system caused by electrical system faults. Proc. of the Int. Conf. "Rotordynamic problems in power plants" Sept. 28–Oct. 1 Rome (1982) 177–189

10.10 Bosin, D.: Laufstabilität großer Rotor-Gleitlager-Fundament-Konstruktionen. ILR-Mitt. 124, TU Berlin 1983

10.11 Glienicke, J.: Federungs- und Dämpfungskonstanten von Gleitlagern für Turbomaschinen und deren Einfluß auf das Schwingungsverhalten eines einfachen Rotors. Diss., TH Karlsruhe 1966

10.12 Glienicke, J.: Experimentelle Ermittlung der statischen und dynamischen Eigenschaften von Gleitlagern für schnellaufende Wellen; Einfluß der Schmierspaltgeometrie und Lagerbreite. VDI-Fortschrittb., R. 1 Nr. 22, 1970

10.13 Knothe, K.; Jäcker, M.; Eberle, H.; Klemmer, M.: Generalisierte Kondensation bei der Eigenschwingungsberechnung elastischer Strukturen. ILR-Mitt. 3 TU Berlin 1974

10.14 Krämer, E.: Gemeinsame Schwingungsberechnung von Rotor und Fundament bei Turbomaschinen. VDI-Berichte, Nr. 381 (1980) 121–128

10.15 Krämer, E.: Computation of vibrations of the coupled system machine-foundation In: Proc. of the Sec. Int. Conf. "Vibrations in Rotating Machinery". Cambridge, Inst. of Mech. Eng. C 300/80 (1980) 333–337

10.16 Hou, S.N.: Review of modal synthesis techniques and a new approach. Shock Vib. Bull. 40, No. 4 (1969) 25–39

10.17 Goldmann, R.L.: Vibration analysis by dynamic partitioning. AIAA-J. 7 (1969) 1152–1154

10.18 Benfield, W.A.; Bodley, C.S.; Morosow, G.: Modal synthesis methods. Symposium on substructure testing and synthesis. NASA Marshall Space Flight Center, Aug. 1972

10.19 Benfield, W.A.; Hruda, R.F.: Vibration Analysis of Structures by Component Mode Substitution. AIAA-J. 9 (1971) 1255–1261

10.20 Hurty, W.C., Collins, J.D.; Hart, G.C.: Dynamic analysis of large structures by modal synthesis technique. Computers & Structures 1 (1971) 535–563

10.21 MacNeal, R.H.: A hybrid method of component synthesis. Computers & Structures 1 (1971) 581–601

10.22 Craig, R.R.; Chang, C.-J.: Free interface method of substructure coupling for dynamic analysis. AIAA-J. 14 (1976) 1633–1635

10.23 Hintz, R.M.: Analytical methods in component modal synthesis. AIAA-J. 13 (1975) 1007–1016

10.24 Schmidt. K.-J.: Eigenschwingungsanalyse gekoppelter Strukturen. Fortschrittsberichte der VDI-Z., R. 11, Nr. 39, 1981

10.25 Petersmann, N.: Substrukturtechnik und Kondensation bei der Schwingungsanalyse. Fortschrittsberichte VDI-Z., R. 11 Nr. 76, 1986

10.26 Rubin, S.: Improved component-mode representation for structural dynamic analysis. AIAA-J. 13 (1975) 995–1006

10.27 Ruge, P.: Schwingungsberechnung zusammengesetzter Strukturen durch modale Synthese. Ing. Arch. 52 (1982) 177–182

10.28 Knothe, K.; Jäcker, M.; Eberle, H.; Klemmer, M.: Generalisierte Kondensation bei der Eigenschwingungsberechnung elastischer Strukturen. ILR-Mitt. 3 TU Berlin 1974

10.29 Knothe, K.; Hempelmann, K.: Modale Synthese bei Verwendung von Substrukturen mit gefesselten oder freien Koppelstellen. ILR-Mitt. 191 TU Berlin 1987

10.30 Craig, R.R.; Chang, C.J.: On the use of attachment modes in substructure coupling for dynamic analysis. Paper presented at Dynamics & Structural Dynamics, AIAA/ASME 18th Structure, Structural Dynamics and Material Conf. 1977

10.31 Craig, R.R.: Structural dynamics, an introduction to computer methods. New York: Wiley 1981

10.32 Yoo, W.S.; Haug, E.J.: Dynamics of articulated structures. Part I, Theory and part II, Computer implementation and applications. J. Struct. Mech. 14 (1986) 105–126, 177–189.

10.33 Ripke, B.: Lateral- und Vertikalschwingungen einer auf diskreten Schwellen gelagerten Schiene unter harmonisch veränderlicher Einzellast. ILR-Mitt. 190 TU Berlin 1987

10.34 Gasch, R.; Maurer, J.; Sarfeld, W.: Unwuchterzwungene Schwingungen und Stabilität des Systems Laval-Läufer, Wälz- oder Gleitlager, Blockfundament, elastischer Halbraum. ILR-Mitt. 125 TU Berlin 1983

Kapitel 11

11.1 Laurenson, R.M.: Modal analysis of rotating flexible structures. AIAA-J. 14 (1976) 1444–1450

11.2 Gasch, R.; Irmscher, M.: Person, M.: Generierung der linearen zeitvarianten Bewegungsgleichungen von gekoppelten rotierenden und nicht-rotierenden elastischen Strukturen am Beispiel einer Windturbine (I). ILR-Mitt. 139 TU Berlin, 1984

11.3 Irmscher, M.: Generierung der linearen zeitvarianten Bewegungsgleichungen von gekoppelten rotierenden und nicht-rotierenden elastischen Strukturen am Beispiel einer Windturbine (II). ILR-Mitt. 166 TU Berlin 1984

11.4 Kehl, K.; Keim, W.; Kießling, F.; Rippl, A.: Zur Dynamik von großen Windkraftanlagen. VDI-Berichte 381 (1980)

11.5 Meirovitch, L.: A new method of solution of the eigenvalue problem for gyroskopic systems. AIAA-J. 12 (1974) 1337–1342

11.6 Ficence, I.P.; Saia, A.: Aspects of the dynamics of a vertical axis wind turbine. Wind energy conversion, Proc. of the 1983 5th BWEA Wind energy conf. Cambridge: Cambridge University Press 1983

11.7 Courtney, M.S.: Simplified dynamic behaviour of a straight bladed vertical axis wind turbine. Wind energy conversion, Proc. of the 1983 5th BWEA Wind energy conference, Cambridge: Cambridge Univerisity Press 1983

11.8 Kießling, F.: Modellierung des aero-elastischen Gesamtsystems einer Windturbine mit Hilfe symbolischer Programmierung. DFVLR-FB 84–10

11.9 Person, M.: Zur Dynamik von Windturbinen mit Gelenkflügeln — Stabilität und erzwungene Schwingungen von Ein- und Mehrflüglern. Düsseldorf: VDI-Verlag Reihe 11. Nr. 104 (1988)

Kapitel 12

12.1 Floquet, G.: Sur les équations différentielles linéaires à coefficients périodiques. Ann. Ecole Norm. (2) 12 (1883) 37–89

12.2 Hill, G.W.: On the part of the motion of the linear perigee which is a function of the mean motions of the sun and moon. Acta Mathematica 8 (1886) 1–36

12.3 Ince, E.L.: Periodic Solutions of a Linear Differential Equation of the Second Order with Periodic Coefficients. Proc. Cambridge. Philos. Soc. 24 (1926), 44–46.

12.4 Strutt, M.J.O.: Lamésche, Matthieusche und verwandte Funktionen in Physik und Technik. Berlin: Springer 1932

12.5 Klotter, K.; Kotowski, G.: Über die Stabilität der Bewegung des Pendels mit oscillierendem Aufhängepunkt. ZAMM 19 (1936) 289–296

12.6 Müller, P.C.; Schiehlen, W.O.: Lineare Schwingungen. Wiesbaden: Akademische Verlagsgesellschaft 1976

12.7 Eicher, N.: Einführung in die Berechnung parameter-erregter Schwingungen. TU-Dok. Weiterbildung, H. 1 TU Berlin 1981

12.8 Eicher, N. (Hrsg): Parameter-erregte Schwingungen in Theorie und Praxis. TU-Dok. Weiterbildung, H. 6 TU Berlin 1982

12.9 Gasch, R.: Dynamic behaviour of a simple rotor with a cross-sectional crack paper C 178/76, IMEC Conf. Vibrations in rotating machinery, Cambridge 1976

12.10 Gasch, R.; Person, M.; Weitz, B.: Dynamic behaviour of the laval rotor with a cracked hollow shaft — A comparison of crackmodels. Paper C 366–028, IMEC Conf. Vibrations in rotating machinery, Edinburgh 1988

12.11 Hsu, C.S.: On approximating a general linear periodic system. J. Math. Anal. Appl. 45 (1974) 234–351

12.12 Friedmann, P.; Hammond, C. E.; Wood, T.: Efficient numerical treatment of periodic systems with application to stability problems. Int. J. Numer. Methods Eng. 11 (1977), 117–136

12.13 Wiedemann, M.: Empfindlichkeit der Stabilität von periodischen zeitvarianten Schwingungssystemen gegenüber Parameteränderungen — Anwendung auf Windturbinen. Diplomarbeit TU Berlin 1986

12.14 Yakubovich, V.A.; Starzhinskii, V.M.: Linear differential equations with periodic coefficients. New York: Wiley 1975

12.15 Naab, K.; Weyh, B.: Näherungsverfahren zur Berechnung von Fundamentalmatrizen parameter-erregter Systeme. ZAMM 67 (1987) 4, T 113–T 115

Sachverzeichnis

9 783540 507710